RÈGNE VÉGÉTAL

TEXTES

Paris. — Imprimerie de P.-A. Bourdier et Cie, rue Mazarine, 30.

LE
RÈGNE VÉGÉTAL

DIVISÉ EN

TRAITÉ DE BOTANIQUE GÉNÉRALE, FLORE MÉDICALE ET USUELLE

HORTICULTURE BOTANIQUE ET PRATIQUE

(PLANTES POTAGÈRES, ARBRES FRUITIERS, VÉGÉTAUX D'ORNEMENT)

PLANTES AGRICOLES ET FORESTIÈRES

HISTOIRE BIOGRAPHIQUE ET BIBLIOGRAPHIQUE DE LA BOTANIQUE

PAR MM.

A. DUPUIS
professeur d'histoire naturelle,
ancien professeur de botanique et de sylviculture
à l'Institut agronomique de Grignon,
membre de plusieurs Académies
et Sociétés savantes, etc.

O. REVEIL
docteur en médecine,
pharmacien en chef des hôpitaux,
professeur agrégé à la Faculté de médecine de Paris
et à l'École supérieure de pharmacie,
membre de plusieurs Sociétés savantes, etc.

FR. GÉRARD
botaniste-micrographe,
membre de plusieurs Sociétés savantes, l'un des
collaborateurs du Dictionnaire
d'histoire naturelle.

F. HÉRINCQ
botaniste attaché au Muséum d'histoire naturelle
rédacteur en chef de l'Horticulteur français,
membre de plusieurs Sociétés
savantes, etc

ET D'APRÈS LES TRAVAUX DES PLUS ÉMINENTS BOTANISTES FRANÇAIS ET ÉTRANGERS

Formant (avec l'Histoire de la Botanique)

Dix-sept beaux volumes

dont neuf volumes grand in-8° jésus de textes

ET HUIT ATLAS PETIT IN-QUARTO DE PLANCHES GRAVÉES

Les atlas renfermant (avec des textes descriptifs en regard)

PLUS DE 3000 DESSINS DE PLANTES OU DE DÉTAILS BOTANIQUES

FINEMENT COLORIÉS

PARIS

LIBRAIRIE DES SCIENCES NATURELLES
ET DES ARTS ILLUSTRÉS
Théodore MORGAND, libraire-éditeur
RUE BONAPARTE, 5
—
Réserve de tous droits.

1865

FLORE MÉDICALE

USUELLE ET INDUSTRIELLE

DU XIX' SIÈCLE

ACCOMPAGNÉE DE TROIS ATLAS ICONOGRAPHIQUES

TEXTE

Paris. — Imprimerie de P.-A. BOURDIER et C°, rue des Poitevins, 6.

FLORE

MÉDICALE

USUELLE ET INDUSTRIELLE

DU XIXᵉ SIÈCLE

PAR MM.

A. DUPUIS

professeur d'histoire naturelle,
ancien professeur de botanique et de sylviculture
à l'Institut agronomique de Grignon,
membre de plusieurs Académies
et Sociétés savantes, etc.

*(Pour la description, l'habitat et la culture
des plantes)*

O. REVEIL

docteur en médecine,
pharmacien en chef des hôpitaux,
professeur agrégé à la Faculté de médecine de Paris
et à l'École supérieure de pharmacie,
membre de plusieurs Sociétés savantes, etc.

*(Pour la partie chimique, la matière médicale
et la thérapeutique).*

DONNANT

LA DESCRIPTION, LA CULTURE, LA COMPOSITION CHIMIQUE

LES PROPRIÉTÉS CURATIVES OU DANGEREUSES, LES USAGES ÉCONOMIQUES

ET INDUSTRIELS DES PLANTES

TOME DEUXIÈME

PARIS

LIBRAIRIE DES SCIENCES NATURELLES

ET DES ARTS ILLUSTRÉS

Théodore MORGAND, libraire-éditeur

RUE BONAPARTE, 5

FLORE MÉDICALE

DU XIXᵉ SIÈCLE

ÉGLANTIER

Rosa canina L. *R. sepium* Thuill.
(Rosacées – Rosées.)

L'Églantier, appelé aussi Rosier sauvage, Rosier des chiens, Rosier des haies, Cynorrhodon, etc., est un arbrisseau buissonnant, à tiges diffuses, rameuses, munies d'aiguillons recourbés, épars, ainsi que les rameaux, qui sont effilés, cylindriques et glabres. Les feuilles, alternes, pétiolées, munies de stipules, ailées, imparipennées, se composent de cinq ou sept folioles sessiles, ovales, arrondies, obtuses, fortement dentées en scie, un peu glauques. Les fleurs, grandes, roses, plus rarement blanches, courtement pédonculées, sont groupées par cinq ou six en corymbes terminaux. Elles présentent un calice monosépale, adhérent, à tube ovoïde, allongé, glabre, à limbe divisé en cinq lobes foliacés, allongés, très-aigus, pennatifides et étalés; une corolle à cinq pétales sessiles, cordiformes, un peu concaves, étalés; une centaine d'étamines incluses, insérées à la gorge du calice, en dehors d'un disque pariétal, qui la bouche presque entièrement; des pistils, au nombre de douze à quinze, renfermés à l'intérieur du tube calicinal et insérés sur ses parois, à ovaire velu, surmonté d'un style grêle et filiforme terminé par un stigmate en tête et glanduleux. Le fruit se compose d'akènes cornés, durs, anguleux, pointus, hérissés de poils rudes, renfermés dans le calice persistant, dont les parois se sont épaissies en devenant charnues et d'un rouge foncé.

Habitat. — L'églantier est abondamment répandu dans presque toute l'Europe; il habite les bois, les buissons, les haies, etc.

Culture. — Cet arbuste est cultivé en grand chez les pépiniéristes, qui l'emploient comme sujet pour greffer les rosiers. On le multiplie facilement de graines et de rejetons. Les individus sauvages sont seuls employés pour les usages médicaux, auxquels ils suffisent amplement.

PARTIES USITÉES. — Les calices développés ou cynorrhodons, les pétales, le duvet des semences, les galles ou bédegar, la racine.

RÉCOLTE. — Les calices développés, connus en pharmacie sous le nom de cynorrhodons, sont récoltés à leur maturité parfaite, c'est-à-dire lorsqu'ils ont pris une teinte jaune-rougeâtre ou d'un rouge de corail ; ils sont assez gros, lisses, couronnés par les divisions flétries du calice ; à l'intérieur, on trouve un parenchyme jaune ferme, acide et astringent, au milieu duquel on remarque de petits fruits secs mêlés de poils et des débris des pistils. Pour préparer la conserve de cynorrhodons, on prend indistinctement les fruits des *Rosa canina, arvensis, sepium,* on les récolte un peu avant leur maturité, on sépare les débris du calice et du pédoncule, y compris le petit renflement qui est au sommet, on ouvre le calice renflé, et on rejette les fruits (akènes) et les poils qui les accompagnent; on arrose les parties rouges et charnues avec du vin blanc, et on abandonne le tout dans un lieu frais, en ayant le soin d'agiter de temps en temps ; lorsque la masse est ramollie, on les écrase dans un mortier, et on passe à travers un tamis ; deux parties de cette pulpe, mêlées avec trois parties de sucre, constituent la conserve de cynorrhodon, qui est d'une couleur orange, et qu'on emploie comme astringente à la dose de cinq à trente grammes.

Les pétales de l'églantier sont très-rarement employés, ils sont blancs ou roses, peu odorants; on les récolte à leur parfait épanouissement.

Le nom de *R. canina* a été donné à ce rosier, parce qu'autrefois sa racine était très-employée contre la rage. De nos jours encore dans plusieurs localités, et notamment dans les départements de l'Isère, de la Haute-Loire, de la Loire, de l'Aveyron, du Puy-de-Dôme, etc., la racine d'églantier est la base de remèdes populaires contre cette maladie dans lesquels nos paysans ont malheureusement la plus grande confiance; d'ailleurs, la racine peu employée peut être récoltée à toutes les époques de l'année.

Le duvet qui entoure les akènes est récolté à la maturité du fruit ; il est peu usité.

On trouve souvent sur tous les rosiers sauvages une excroissance

spongieuse, *fungus rosaceus* offic., *spongia cynorrhodon* Pline, qui est
le résultat de la piqûre d'un insecte, le *cynips rosæ*; les anciennes
pharmacopées désignent ces galles sous le nom de *Bédegars* ou *Galles
d'Églantier*; elles sont divisées à l'intérieur en un grand nombre de
cellules qui renferment des larves d'insectes qui y passent l'hiver
sous forme de *nymphes*, et en sortent au printemps sous forme
d'insectes complets; autrefois, les bédegars étaient usités comme
diurétiques, lithontriptiques, anthelminthiques, etc.; aujour-
d'hui, ils sont tout à fait inusités. En Sicile, on les emploie contre
la dysenterie.

COMPOSITION CHIMIQUE. — Toutes les parties de l'églantier et des
divers rosiers sauvages que l'on confond avec lui sont riches en
tannin; les pétales sont peu odorants.

M. Bils (*Journ. de pharm. de Trommsdorf*, VIII, 63) a analysé les
cynorrhodons; il y a trouvé une huile volatile, une huile grasse, du
sucre incristallisable, de la myricine, une résine solide, une résine
molle, de la fibre, de l'albumine, de la gomme, de l'acide citrique,
de l'acide malique, des sels, etc.

USAGES. — Nous ne voulons parler ici que des usages du *R. canina*
et de ses succédanés, et nullement des autres roses, pour lesquelles
nous renverrons à l'article Rosier. Quoique M. Loiseleur-Deslongchamps ait trouvé que les fleurs pulvérisées purgeaient à la dose de
15 ou 20 grammes, elles ne sont jamais employées pour cet usage;
la conserve de cynorrhodon, dont nous avons parlé, est seule employée
comme astringente contre la diarrhée; elle agit très-bien chez les
petits enfants, qui la prennent avec plaisir; en Allemagne, à Strasbourg, à Colmar, etc., on fait avec le cynorrhodon des confitures que
l'on sert sur les tables, et que l'on mange avec les viandes; la décoction des calices, préparés comme nous l'avons dit, est souvent
employée contre la diarrhée.

Le duvet qui entoure les akènes, appliqué sur la peau, y détermine un prurit assez vif, avec gonflement et inflammation passagère
des parties; on les a proposés à la dose de 15 à 50 centigrammes
mêlés à du miel, contre les lombrics; ils ne déterminent aucune
irritation intestinale. Cependant, ils sont peu employés à cet usage.

ÉLATÉRIUM

Ecbalium elaterium Rich. *Momordica elaterium* L.
(Cucurbitacées.)

L'Élatérium, appelé aussi Concombre sauvage, Concombre d'âne
ou d'attrape, Giclet, Momordique piquante, etc., est une plante annuelle, à racine longue, grosse, charnue, fibreuse, blanchâtre. Les
tiges, longues de 0^m,30 à 0^m,70, cylindriques, striées, épaisses, charnues, succulentes, hérissées de poils rudes, un peu glauques, rameuses, couchées, portent des feuilles alternes, longuement pétiolées,
à limbe large, cordiforme, à trois angles arrondis, ondulées et un peu
dentées sur les bords, épaisses, charnues, hispides, rudes au toucher,
d'un vert peu intense en dessus, plus pâles et blanchâtres en dessous.
Les fleurs sont monoïques, d'un jaune pâle; les mâles en grappes
axillaires, les femelles solitaires. Elles présentent un calice adhérent,
à tube ovoïde, à limbe divisé en cinq lobes étroits, aigus, étalés; une
corolle à cinq divisions, grandes, ovales, aiguës, étalées. Les mâles
ont cinq étamines, insérées sur le calice, soudées deux par deux, à
anthères uniloculaires, courbées en S; les femelles ont des étamines
réduites aux filets; un ovaire infère, à trois loges multiovulées, surmonté d'un style cylindrique à trois divisions, terminées chacune par
un stigmate en fer à cheval. Le fruit est une baie ovoïde, allongée,
couronnée par le calice, hérissée de poils rudes, renfermant une
pulpe mucilagineuse, dans laquelle sont disséminées de nombreuses
graines. A la maturité, ce fruit se détache du pédoncule au moindre
choc ou même spontanément, et lance avec explosion, par l'ouverture qui en résulte, le mucilage et les graines.

Habitat. — L'élatérium croît dans les régions méridionales de
l'Europe. Il habite surtout les lieux stériles, les plages sablonneuses,
les bords des champs et des chemins, les décombres, etc. On ne le
cultive que dans les jardins botaniques.

Parties usitées. — Les fruits et les racines.

Récolte. — Les fruits doivent être récoltés en automne, un peu
avant leur maturité; la racine, à la même époque ou au printemps;
celle-ci ressemble un peu à celle de la bryone; on les donne quelquefois l'une pour l'autre dans le commerce.

Composition chimique. — Toutes les parties de l'élatérium renferment un suc extrêmement âcre et amer. M. Morus en a extrait une matière qu'il a nommée *Élatérine*, qui a été étudiée par M. Zwenger. Ce corps cristallise en lames hexagonales fusibles, décomposables par la chaleur, insolubles dans l'eau, peu solubles dans l'éther, très-solubles dans l'alcool ; il se dissout dans l'acide sulfurique en formant une liqueur rouge, qui dépose lorsqu'on l'étend dans une substance brune peu connue. L'acide azotique dissout l'élatérine sans l'altérer ; l'acétate de plomb et l'azotate d'argent la précipitent de sa dissolution alcoolique ; c'est un purgatif et un vomitif violent. Sa formule est $= C^{20} H^{14} O^5$.

D'après MM. Braconnot et Paris, le concombre sauvage contient, outre l'élatérine, une matière amylacée, de l'extractif non purgatif, de l'albumine végétale et quelques sels ; le dépôt du suc d'élatérium était employé autrefois sous le nom de *Fécule d'élatérium*.

Usages. — Le concombre sauvage est un purgatif drastique très-violent, dont l'action se porte surtout sur le gros intestin, qu'il irrite et enflamme ; on l'emploie peu aujourd'hui. Cependant, on a quelquefois fait usage de l'extrait, qu'il ne faut pas confondre avec le sédiment féculent qui se dépose dans le suc, qu'on a quelquefois desséché à une douce chaleur, et employé en médecine, mais qui est bien différent de l'extrait de suc.

Les anciens faisaient grand usage de l'élatérium contre les hydropisies ; Sydenham le considérait comme un puissant hydragogue ; Bontius, Mercurialis, Schulze, etc., lui ont attribué une grande efficacité contre les collections séreuses ; Bright dit avoir guéri par l'élatérium deux personnes atteintes d'albuminurie avec hydropisie, et quelques médecins anglais, parmi lesquels nous citerons M. Todd, en ont retiré de grands avantages dans l'anasarque, avec signes évidents d'affection du cœur ; les Anglais en font grand usage : ils emploient surtout l'extrait préparé avec le sédiment du suc dont nous avons parlé, et qui est beaucoup moins actif que l'extrait de suc ; il doit être employé avec prudence, mais il ne présente pas plus de dangers dans son emploi que la coloquinte ou l'huile de croton-tiglium.

L'action irritante qu'exerce l'élatérium sur le rectum l'a fait prescrire contre l'aménorrhée, contre les ascarides vermiculaires et les autres entozoaires. Gilibert l'a vu administrer avec succès contre le tænia ; les Arabes l'emploient, dit-on, contre la jaunisse ; Dioscoride

l'administrait pour combattre la difficulté de respirer, et Hippocrate
conseillait de faire manger de l'élatérium à une chèvre pour en
faire boire le lait à un enfant qu'on voulait purger; on l'a encore
employé contre la paraplégie, la scrofule, la goutte, etc., mais sans
grands avantages.

M. Morus employait l'élatérine, 5 centigrammes dans 30 grammes
d'alcool; il en donnait 30 à 40 gouttes. D'après M. Devergie, c'est
un poison énergique; un seizième de grain suffit pour produire les
effets ordinaires de l'élatérium.

D'après M. Bird, son action est plus certaine que celle de l'extrait,
il la conseille dans les hydropisies essentielles et les maladies cutanées chroniques. La dose est de 1 à 3 milligrammes.

D'après M. Loiseleur-Deslongchamps (*Manuel des Plantes indigènes*, 71), la racine de concombre sauvage desséchée purge doucement sans coliques. Dioscoride et Avicenne la donnaient comme purgative à la dose de 75 centigrammes; Fallope allait jusqu'à 1 drachme
(1 gr. 20); elle était regardée comme vomitive. Extérieurement, en
fomentations ou en cataplasmes, la racine était conseillée pour résou-
dre les engorgements œdémateux des jambes. Aujourd'hui, elle est
tout à fait inusitée.

ÉPIAIRE

Stachys sylvatica et recta L.
(Labiées-Stachydées.)

L'Épiaire des bois (*S. sylvatica L.*), vulgairement Grande Épiaire,
Stachyde des bois, Ortie puante, etc., est une plante vivace, à rhizome
longuement traçant, muni de racines fibreuses. La tige, haute de
$0^m,50$ à 1 mètre, tétragone, simple, rarement rameuse, dressée,
velue, porte des feuilles opposées, longuement pétiolées, assez grandes,
ovales-acuminées, fortement dentées en scie, molles, ridées, velues,
d'un vert foncé. Les fleurs, d'un rouge pourpré, sont groupées en
fascicules axillaires opposés, formant de faux verticilles, dont la
réunion constitue de longs épis lâches, terminaux. Elles présentent
un calice tubuleux, évasé, velu, glanduleux, à cinq dents lancéolées
subulées, un peu piquantes; une corolle bilabiée, beaucoup plus
longue que le calice, tachée de blanc à la gorge; quatre étamines
didynames, à anthères blanches; un ovaire composé de quatre carpelles uniovulées, surmonté d'un style filiforme terminé par un

stigmate bifide. Le fruit se compose de quatre akènes ovoïdes et glabres.

L'épiaire dressée (*S. recta* L., *S. Sideritis* Vill.), vulgairement Crapaudine, est aussi vivace et se distingue de la précédente par sa souche presque ligneuse; ses tiges, plus nombreuses, plus courtes, étalées ou ascendantes, diffuses; ses feuilles presque sessiles, les supérieures terminées en pointe épineuse; enfin, sa corolle jaune, à tube plus court que le calice.

HABITAT. — Ces deux plantes sont communes en Europe; la première, dans les lieux frais et couverts, les bois, les buissons, les haies touffues; la seconde, dans les lieux secs, au bord des champs, sur la lisière des bois, etc.

CULTURE. — Les épiaires ne sont cultivées que dans les jardins botaniques; on les propage aisément par leurs graines, semées aussitôt après la maturité, ou par éclats de pieds, opérés au printemps.

PARTIES USITÉES. — Les sommités fleuries.

RÉCOLTE. — La plante entière est récoltée à l'époque de la floraison, avant l'épanouissement des bourgeons floraux; on la met en petits paquets peu serrés, on en fait des guirlandes, que l'on fait sécher au soleil.

COMPOSITION CHIMIQUE. — L'épiaire répand une odeur désagréable, repoussante; l'analyse n'en a pas été faite.

USAGES. — L'odeur fétide que répand cette plante la fait employer dans les campagnes comme emménagogue et contre l'hystérie; on la regarde aussi comme diurétique. Associée au lierre terrestre, on l'a employée contre l'asthme humide, les catarrhes pulmonaires chroniques; le suc a été administré contre l'aménorrhée. M. Cazin l'a employée comme telle avec succès; les paysans font macérer les feuilles dans l'huile, et celle-ci est ensuite employée en topique contre les brûlures.

Le *S. palustris* L. ou Ortie rouge, qui est abondant au bord des eaux, a été vanté comme fébrifuge. En Angleterre et dans le nord de l'Europe, en temps de disette, on mettait sa racine réduite en poudre dans le pain. On peut en retirer de l'amidon; les tiges souterraines sont blanches, nombreuses; quoique très-fades, quelques personnes les mangent; les cochons les recherchent dans la terre. Le *S. recta*, plante de nos pelouses, passe pour être excitante et vulnéraire.

Les *Stachys* sont aujourd'hui abandonnés dans la matière médicale. Les bestiaux les recherchent peu ; les insectes les attaquent rarement. On cite la larve du *phalæna pilleriana* L., qui vit sur le stachys des marais.

Le *S. Germanica* L. se distingue par son duvet blanc abondant ; les fleurs, réunies en verticilles épais, lui ont fait donner le nom d'*Épi fleuri*. Le *S. lanata* Jacq. présente une souche traçante, des feuilles et des tiges tomenteuses d'un blanc argenté. Le *S. Alpina*, si commun sur les Alpes et les Pyrénées, que l'on trouve dans la forêt de Montmorency, et celle de Villers-Cotterets, se distingue par ses calices grands et évasés, d'un brun rougeâtre, par la lèvre supérieure de sa corolle velue, par sa tige rougeâtre sur ses angles. On connaît encore les *S. Herálea* All., *intermedia* de Tenore, et *barbata* de Lapeyrouse. Les *S. palustris* L., *hirta* L., *arvensis* L., *annua* L., *maritima* L., *glutinosa* L., etc. ; aucun d'eux n'a reçu d'applications en médecine.

On prétend que le *S. sylvatica* donne une teinture jaune, et que ses tiges peuvent se préparer et se filer comme le chanvre.

ÉPILOBE

Epilobium spicatum Lam., *E. angustifolium* L.
(Onagrarides.)

L'Épilobe en épis ou à feuilles étroites, vulgairement appelé Laurier de Saint-Antoine, est une plante vivace, à racines traçantes. Les tiges, hautes d'un mètre et plus, glabres, souvent rougeâtres, dressées, simples ou rameuses au sommet, portent des feuilles alternes, sessiles, lancéolées, dentées, glabres, un peu glauques en dessous, à nervures anastomosées en réseau. Les fleurs, purpurines, assez grandes, sont disposées en grappes terminales. Elles présentent un calice à tube adhérent à l'ovaire, tétragone, à limbe profondément partagé en quatre divisions lancéolées, colorées, caduques ; une corolle à quatre pétales obovales, entiers ou à peine échancrés, insérés sur un anneau glanduleux au sommet du tube du calice et opposés en croix ; huit étamines arquées ; un ovaire infère, très-long, tétragone, à quatre loges pluriovulées, surmonté d'un style simple terminé par un stigmate divisé en quatre lobes en croix. Le fruit est une capsule tétragone, linéaire, s'ouvrant en quatre valves, à quatre loges renfermant chacune un grand nombre de graines tuberculeuses, chagrinées, couronnées par une longue aigrette soyeuse.

Ce genre renferme encore un grand nombre d'autres espèces, parmi lesquelles on remarque les épilobes velu (*E. hirsutum* L.), des marais (*E. palustre* L.), rose (*E. roseum* L.), etc.

HABITAT. — Les épilobes sont communs en Europe. La plupart des espèces croissent dans les lieux humides, au bord des ruisseaux, dans les marais, etc. On ne les cultive que dans les jardins botaniques, où on les propage très-facilement par éclats de pieds.

PARTIES USITÉES. — Les feuilles, les inflorescences, les aigrettes qui surmontent les graines.

RÉCOLTE. — Les feuilles doivent être récoltées au moment de la floraison, les inflorescences à l'époque de l'anthèse ; on coupe les sommités, on les attache en petits paquets peu serrés, que l'on dispose en guirlandes, et que l'on fait sécher au grenier ou au séchoir.

COMPOSITION CHIMIQUE. — Les épilobes, comme toutes les plantes qui croissent dans l'eau ou dans les lieux humides, sont des plantes très-aqueuses, inodores, peu amères, un peu astringentes.

USAGES. — D'après Lemery, les feuilles et les fleurs des épilobes étaient autrefois estimées comme vulnéraires, détersives et agglutinantes (Lemery, *Dict. des drogues,* 185), elles sont aujourd'hui tout à fait inusitées.

Valmont-Bomare rapporte qu'en Suède les aigrettes longues et soyeuses qui surmontent les graines ont été mêlées et battues avec du coton pour faire une bonne ouate et même des étoffes ; mais le peu d'abondance de cette matière et les difficultés de récolte et d'exploitation l'ont fait abandonner de nos jours.

ÉPIMÈDE

Epimedium Alpinum L.
(Berbéridées.)

L'Épimède des Alpes, vulgairement appelé Chapeau d'évêque, est une plante vivace, à souche rampante. Les tiges, hautes de $0^m,20$ à $0^m,30$, sont cylindriques, grêles, trichotomes au sommet, garnies d'écailles à la base, munies de deux nœuds renflés et velus, d'où naissent des feuilles pétiolées, biternées, à folioles cordiformes-lancéolées, acuminées, dentelées, rougeâtres sur les bords. Les fleurs

sont petites, groupées en panicules lâches, latérales, naissant au-dessous des feuilles. Elles présentent un calice à quatre sépales rouge-
brun, accompagné de deux petites bractées en dehors de la base;
une corolle à huit pétales jaunes, disposés sur deux rangs, les extérieurs plans, les intérieurs recourbés en cornet; quatre étamines,
opposées aux pétales; un ovaire ovoïde, uniloculaire, multiovulé,
accompagné d'un style latéral, cylindrique, terminé par un stigmate
en tête.

Le fruit est une capsule en forme de silique, oblongue, uniloculaire, polysperme, s'ouvrant en deux valves (Pl. 4).

Nous citerons encore l'Épimède à grandes fleurs (*E. macranthum*
Dcne), facile à distinguer du précédent par ses tiges brunâtres, et
ses fleurs blanches, plus grandes, munies de longs éperons droits.

Habitat. — L'épimède des Alpes croit dans les régions montagneuses du centre de l'Europe, notamment dans les lieux ombragés.
L'épimède à grandes fleurs est originaire du Japon.

Culture. — Les épimèdes ne sont cultivés que dans les jardins
botaniques ou dans les massifs d'agrément. Ce sont des plantes assez
rustiques et peu difficiles sur le sol, mais qui viennent mieux en
terre de bruyère. On les multiplie facilement par la séparation des
touffes, pratiquée en automne; les jeunes pieds fleurissent l'année
suivante. Il est bon de rentrer, en hiver, les espèces japonaises, en
orangerie ou sous châssis froid.

Parties usitées. — La plante entière, les fruits, les graines.

Récolte. — Sous le nom d'*épimedium* Dioscoride (lib. IV, c. 19)
indique une plante impossible à reconnaître qui avait, dit-on, la
propriété de rendre stérile.

La plante entière est rarement employée aujourd'hui; les fruits,
comme tous ceux des berbéridées, sont récoltés à leur maturité, les
graines séparées du péricarpe sont desséchées à part.

Composition chimique. — On ne connaît pas la composition des
fruits capsulaires des *épimedium*; les graines sont astringentes et
renferment du tannin.

Les fruits des berbéridées en général sont chargés d'un suc acide
qui contient des acides citrique et malique; on en fait un sirop rafraîchissant. Au Japon on emploie à cet usage les fruits du *Nandina
domestica* et dans l'Amérique du Nord ceux du *Mahonia fascicularis*,
que l'on cultive en France comme plantes d'ornement.

Usages. — Les *epimedium* sont tout à fait inusités aujourd'hui. Leurs feuilles amères ont été déjà employées en médecine comme sudorifiques et alexipharmaques.

ÉPINE-VINETTE

Berberis vulgaris L.
(Berbéridées.)

L'Épine-Vinette ou Vinettier est un arbrisseau buissonnant, à racines traçantes jaunes. Les tiges, hautes de 1 à 2 mètres ou plus, dressées, couvertes d'une écorce gris cendré, se divisent en rameaux diffus épineux, portant des feuilles d'abord fasciculées, plus tard alternes, pétiolées, ovales-obtuses, fortement dentées en scie, glabres, d'un vert glauque, plus pâle en dessous. Les fleurs, d'un beau jaune, portées sur des pédicules minces munis d'une petite bractée à la base, sont groupées en grappes axillaires, simples, allongées et pendantes. Elles présentent un calice à six sépales, disposés sur deux rangs, le plus souvent offrant en dehors une sorte de calicule formé de trois petites bractées ; une corolle à six pétales, également sur deux rangs, un peu concaves, échancrés au sommet, avec deux glandes rougeâtres à la base ; six étamines à filets courts, aplatis, très-irritables ; un ovaire simple, ovoïde, allongé, triovulé, surmonté d'un stigmate sessile, épais, discoïde, large, à rebords saillants. Le fruit est une petite baie, ovoïde-allongée, ombiliquée au sommet, d'un beau rouge (plus rarement violette ou blanchâtre), contenant deux ou trois graines oblongues (Pl. 2).

Habitat. — Cet arbrisseau est assez abondamment répandu en Europe ; il croît dans les bois, les haies, les lieux incultes et sauvages, etc.

Culture. — L'épine-vinette est fréquemment cultivée dans les parcs et les jardins d'agrément. Elle est très-rustique et croît dans presque tous les sols et à toute exposition. On pourrait la propager de graines ; mais, comme les jeunes plants ne lèvent que la seconde année et demandent quelques soins, on préfère la multiplication par boutures ou marcottes, ou bien encore par rejetons, que l'on sépare en automne pour les replanter. La taille se réduit à enlever le bois mort et à éclaircir les parties trop touffues.

Parties usitées. — L'écorce, les racines, les feuilles, les fruits, les semences.

RÉCOLTE. — L'écorce, le bois et les racines sont récoltés à l'automne pour les besoins de la teinture ; les feuilles sont cueillies au moment de la floraison, les fruits à leur parfaite maturité ; il y a des variétés dont les fruits sont jaunes, violets, pourpres, noirâtres ou blancs ; une autre n'a pas de semences ; on les fait dessécher, et ils ne perdent en se desséchant ni leur forme, ni leur couleur.

La racine est ligneuse d'un jaune pur, à structure rayonnée comme celle des ménispermées, l'écorce est quelquefois substituée à celle de grenadier, mais elle est plus jaune.

COMPOSITION CHIMIQUE. — D'après MM. Buchner, Herberger et Polex, la racine d'épine-vinette contient de l'huile, de la cire, une graisse, de la chlorophylle, une résine, de la berbérine, de l'oxyacanthine, de la gomme, des malates et des phosphates, et de la fibre ligneuse.

La *berbérine* a été découverte par MM. Buchner et Herberger, M. Fleitmann a constaté le premier ses propriétés alcalines ; elle constitue la matière colorante de l'épine-vinette ; déposée de sa solution aqueuse, elle présente l'aspect d'aiguilles jaunes déliées, elle ramène au bleu le tournesol rougi par les acides, elle forme des sels cristallisables et inaltérables au contact de l'air ; elle fond à 120°, sa formule est $C^{42} H^{18} Az O^9$.

L'*oxyacanthine*, découverte par M. Polex, est blanche, fusible, cristallisable ; sa saveur est âcre et amère, peu soluble dans l'eau froide, plus soluble dans l'eau bouillante, l'alcool et l'éther, les huiles grasses et volatiles, elle forme des sels dont quelques-uns cristallisent.

Les feuilles ont une saveur aigrelette et renferment de l'acide malique, les baies ont une saveur rafraîchissante agréable, elles contiennent des acides malique et citrique.

USAGES. — La racine et les tiges de l'épine-vinette sont employées dans les teintures en jaune ; en menuiserie, on s'en sert pour colorer le bois, et en Pologne on l'utilise pour teindre le cuir ; le suc des baies donne avec l'alun une couleur d'un rouge éclatant ; avec les baies on prépare un rob, un sirop, des confitures assez estimées dans les ménages ; vertes elles remplacent les câpres ; fermentées avec de l'eau et du miel, elles fournissent une boisson aigrelette rafraîchissante.

Autrefois employés contre la jaunisse, les hydropisies, les engorgements du foie et de la rate, la racine et le bois d'épine-vinette sont à peu près inusités aujourd'hui ; on les a vantés comme toniques amers et légèrement purgatifs ; récemment on les a préconisés, ainsi que les feuilles, contre les fièvres intermittentes, typhoïdes et bilieuses, avec les feuilles, les fruits et le miel on en prépare dans les campagnes une sorte de limonade que l'on emploie contre la dysenterie et le scorbut. D'après Prosper Alpin, les Égyptiens font un fréquent usage des fruits dans les fièvres putrides et malignes, ils l'associent au fenouil.

D'après M. Buchner, la berbérine est tonique et purgative à la dose de 50 à 70 centigrammes. On l'a vantée dans ces derniers temps comme fébrifuge.

Les fleurs de *berberis vulgaris* répandent une odeur désagréable ; elles passent pour nuire aux blés en leur causant une sorte d'*uredo* (*U. segetum*) que l'on nomme vulgairement rouille ; cette croyance populaire, quoique défendue par plusieurs auteurs, est regardée en général comme un préjugé.

ÉPURGE

Euphorbia lathyris L.
(Euphorbiacées – Euphorbiées.)

L'Épurge, appelée aussi Catapuce, et quelquefois Grande-Ésule, est une plante bisannuelle, à racine pivotante, blanche, ramifiée, fibreuse. La tige, haute de 0^m,65 à un mètre, ferme, dressée, glabre, d'un vert glauque, simple à la base, rameuse au sommet, porte des feuilles opposées, décussées, sessiles, lancéolées, obtuses, entières, glabres, d'un vert glauque, plus clair en dessous. Les fleurs, vert-jaunâtre, monoïques, sont réunies en ombelles terminales, une fleur femelle entourée de plusieurs mâles, le tout renfermé dans un involucre caliciforme, composé de feuilles de même forme que les caulinaires, soudées à la base, et de bractées, dont cinq extérieures en forme de croissant à cornes glanduleuses, cinq intérieures dressées, minces et frangées. L'ombelle est très-ample, ordinairement à quatre rayons dichotomes, terminés en grappes unilatérales. Les fleurs mâles, au nombre de quinze à vingt, consistent chacune en une étamine dressée, plus longue que l'involucre, à anthère didyme, à lobes globuleux. La fleur femelle, solitaire au centre de l'involucre et portée sur un long pédicelle recourbé, est réduite à un ovaire à trois loges uniovulées, surmonté de trois styles simples terminés chacun par un stigmate bifide. Le fruit est une capsule très-grosse, lisse, à péricarpe charnu-subéreux, composé de trois coques, dont chacune renferme une grosse graine ovoïde, tronquée à la base, rugueuse, réticulée et d'un brun mat ou jaunâtre.

HABITAT. — L'épurge croît dans l'Europe centrale et méridionale; on la trouve dans les lieux ombragés, les haies, les villages, au bord des chemins et des champs cultivés, au voisinage des vieux châteaux, etc.

CULTURE. — Cette plante n'est cultivée que dans les jardins botaniques. Elle demande une terre fraîche et substantielle, et se propage par ses graines, semées en place au printemps. Elle se resème d'elle-même.

PARTIES USITÉES. — Les racines, les feuilles, les graines.

RÉCOLTE. — La racine d'épurge se récolte au printemps et à l'automne; les feuilles, qui sont rarement employées, doivent être cueillies à l'époque de la floraison; elles exigent de grandes précautions pour la dessiccation, qui doit être faite très-promptement.

Les graines sont récoltées à la maturité du fruit. Elles sont plus petites que celles de croton-tiglium, leur épisperme est légèrement chagriné, il présente une teinte jaune-grisâtre, avec de petits points bleu-clair; on y remarque une caroncule proéminente.

COMPOSITION CHIMIQUE. — L'épurge fraîche laisse écouler de toutes ses parties, quand on la coupe, un suc laiteux, âcre, corrosif, qui n'est pas utilisé; les graines analysées par M. Soubeiran lui ont fourni une huile fixe, jaune (40 pour 100 environ), de la stéarine, une huile brune, âcre, une matière cristalline, une résine brune, une matière colorante extractive, de l'albumine végétale.

La stéarine est blanche et insipide, l'huile jaune est purgative; mais M. Soubeiran croit qu'elle doit cette propriété à des matières étrangères à sa nature; c'est l'huile brune-âcre qui est le principe actif; elle a une odeur et une saveur désagréables; elle est entièrement soluble dans l'alcool et dans l'éther.

L'huile d'épurge peut être obtenue par expression à froid ou à chaud, par les dissolvants, tels que l'alcool, l'éther, le sulfure de carbone, les essences de pétrole rectifiées, etc. Le Codex a adopté l'huile obtenue par expression.

USAGES. — Les anciens connaissaient les propriétés actives de l'épurge. Hippocrate a cité deux cas d'empoisonnement par cette plante. Pline et Dioscoride la signalent comme un purgatif violent.

M. Orfila la range dans les poisons irritants ; elle cause une inflammation très-vive, irrite le système nerveux, produit des superpurgations, des selles sanguinolentes, des coliques violentes et souvent des vomissements ; topiquement, elle détermine des boutons, des phlyctènes, et l'inflammation peut s'étendre au tissu cellulaire sous-cutané ; c'est peut-être cette énergie d'action qui fait qu'elle est peu employée.

Cependant les paysans de nos campagnes mâchent quelques graines d'épurge lorsqu'ils veulent se purger, et l'émulsion des semences, ou l'huile émulsionnée par un jaune d'œuf, ou même associée à la magnésie, sont quelquefois administrées ; mais il est prudent d'employer simultanément les émollients tels que les décoctions de racines de guimauve et de graines de lin.

Carlo Calderini, qui, le premier, a obtenu l'huile d'épurge, la considérait comme un purgatif doux à la dose de trois gouttes chez les enfants, et de six à huit chez les adultes ; elle produit, dit cet auteur, des évacuations alvines sans coliques et sans ténesme ; ce n'est que lorsqu'elle est rance qu'elle cause des coliques ; cependant Lupis et Canella ont observé qu'elle déterminait souvent des vomissements, mais il paraîtrait que l'épurge d'Italie est plus active, et elle ne purge qu'autant qu'elle est administrée à faibles doses.

L. Frank pensait que l'huile d'épurge pouvait être employée contre le tænia. M. Martin Solon l'a administrée à la dose de un à deux grammes dans l'albuminurie chronique ; M. Valleix a remarqué que son usage continué irritait le canal intestinal ; on la fait prendre quelquefois en lavement à la dose de un à deux grammes, soit émulsionnée, soit dans une décoction de mercuriale. A l'extérieur, en frictions, elle est rubéfiante ; on l'a employée contre les affections bronchiques, la sciatique ; les feuilles en frictions déterminent une assez vive rubéfaction.

Le suc est employé pour détruire les verrues, et dans le traitement de la teigne ; mais, dans ce dernier cas, l'application n'est pas toujours sans danger.

La racine et l'écorce de la tige de l'épurge sont aussi purgatives, mais à un moindre degré que les semences.

En médecine homœopathique on fait un assez fréquent usage de l'épurge ; son signe est *Aep*, son abréviation *Lath*.

ÉRANTHIS

Eranthis hyemalis Salisb. *Helleborus hyemalis* L.
(Renonculacées-Helléborées.)

L'Éranthis ou Hellébore d'hiver est une petite plante vivace, à rhizome épais, arrondi, charnu, tubéreux, couvert de fibres radicales sur toute sa surface. La tige, haute de $0^m,10$ à $0^m,15$, dressée, porte à sa base une seule feuille radicale, longuement pétiolée, arrondie, palmée ou presque peltée, à trois segments divisés chacun en trois lobes oblongs ou linéaires, glabres, d'un beau vert. Les fleurs, d'un beau jaune d'or, paraissant avant les feuilles, sont solitaires à l'extrémité de la tige et accompagnées d'un involucre formé de deux bractées foliacées, découpées, persistantes. Elles présentent un calice pétaloïde, composé de cinq à huit sépales jaunes, caducs ; une corolle ayant le même nombre de pétales, très-courts, tubuleux, tronqués obliquement, nectariformes, à deux lèvres inégales ; des étamines en nombre indéfini ; un pistil composé de trois à huit ovaires libres, uniloculaires, multiovulés, surmontés chacun d'un style court terminé par un stigmate obtus. Le fruit se compose de trois à huit follicules, libres, un peu divergents, prolongés en bec, s'ouvrant par la suture ventrale et contenant de nombreuses graines arrondies, un peu anguleuses, finement chagrinées (Pl. 3).

Habitat. — Cette plante croît dans les régions centrales de l'Europe ; elle habite les lieux montueux, humides, couverts, les bois, etc.

Culture. — L'éranthis d'hiver est quelquefois cultivé dans les parcs et les jardins d'agrément, à cause de la précocité de ses fleurs. Il demande une terre fraîche, légère, humide, et une exposition ombragée. On le multiplie de graines semées en place au printemps, ou mieux d'éclats de pieds, faits en automne. Il est bon de le placer sur la lisière des massifs, où il se resème ordinairement de lui-même. On ne cultive pas l'éranthis pour l'usage médical.

Parties usitées. — Les fleurs, les racines.

Récolte. — Les fleurs de l'hellébore d'hiver ou helléborine paraissent avant les feuilles vers le mois de janvier et même avant cette époque ; on les récolte à cette époque, on les fait sécher à l'étuve ; les racines, qui sont peu employées, ainsi que les fleurs, possèdent leur maximum d'action après la chute des fleurs.

Composition chimique. — Vauquelin a analysé la racine de l'*eranthis hyemalis*; il y a trouvé une huile extrêmement âcre, de l'amidon très-pur, une substance végéto-animale, du ligneux, des traces de sucre et de la matière extractive colorée. (*Ann. du Museum*, VIII, 87.)

Usages. — Les hellébores exercent sur toute la paroi intestinale une irritation locale qui peut aller depuis la plus légère rougeur jusqu'aux accidents inflammatoires les plus graves; ils agissent aussi sur le système nerveux.

L'Eranthis hyemalis est inusité; par ses propriétés, il se rapproche beaucoup plus des renoncules que des hellébores.

ERGOT

Sclerotium clavus D. C. *Claviceps purpurea* Tul. *Sphacelia segetum* Léveillé.
(Champignons.)

On désigne vulgairement sous le nom d'Ergot du seigle, un petit champignon parasite qui occupe la place de l'ovaire dans certaines graminées et particulièrement dans le seigle. C'est d'abord une masse molle, visqueuse, d'un blanc jaunâtre; puis cette masse devient solide, s'allonge, sort de l'épi, et forme alors un corps brun-violet oblong, presque cylindrique ou irrégulièrement tétraédrique, long de $0^m,01$ à $0^m,03$ sur $0^m,003$ de diamètre, aminci aux deux extrémités, obtus au sommet où se trouve une matière molle, visqueuse et blanchâtre qui coule le long de la partie solide. Dans l'ergot du commerce, cette matière manque; le champignon est plus ou moins arqué, ressemblant pour la forme à un ergot de coq, souvent marqué d'un sillon longitudinal, crevassé en long et en travers; sa cassure est homogène, blanchâtre vers le centre, teintée de couleur vineuse à la circonférence.

L'ergot, selon MM. Léveillé et Tulasne, est un champignon arrêté dans son développement. Planté dans la terre humide, il continue son évolution et donne naissance à un petit champignon muni d'une tête et d'un support; c'est à cet état que M. Tulasne a donné le nom de *claviceps purpurea*.

Habitat. — On trouve ce champignon parasite dans les épis du seigle, du blé, et de beaucoup d'autres graminées.

Parties usitées. — Tout le champignon.

Récolte. — L'ergot de seigle n'est pas récolté isolément, on le trouve dans les moissons où on le trie, puis on le fait sécher ; il s'altère rapidement, surtout lorsqu'il est pulvérisé, aussi recommande-t-on de le réduire en poudre seulement au moment du besoin. Aux caractères de l'ergot que nous avons donnés, nous ajouterons les suivants : il est ferme, solide, un peu élastique ; sa cassure est nette, compacte, homogène, blanche au centre, d'une teinte violacée vineuse à la circonférence ; sa saveur, peu marquée d'abord, est bientôt suivie d'une astriction dans l'arrière-bouche, son odeur rappelle celle des champignons. Respiré en masse, il présente une odeur forte et désagréable ; à l'humidité, il se putréfie, devient la proie d'un sarcopte analogue à celui du fromage et répand alors une odeur infecte.

Le blé, avons-nous dit, porte souvent un ergot dont l'aspect est le même que celui du froment ; il en est question dans l'*Histoire de l'Académie des sciences*, publiée en 1710 (sur le blé cornu appelé ergot). Desfontaines le décrit dans les *Annales de chimie et de physique*, t. III, p. 203 : MM. Mérat et Delens et presque tous les auteurs de matière médicale le signalent ; M. Mialhe (*Union médicale*, 15 juin 1850) a constaté l'identité de ses effets avec ceux de l'ergot de seigle.

Composition chimique. — Vauquelin a analysé l'ergot de seigle ; M. Wiggers (*Journal de pharmacie*, t. XVIII, p. 525) y a trouvé : huile grasse, non saponifiable, 35 ; matière grasse cristallisable, 1,05 ; cérine, 0,76 ; ergotine, 1,25 ; osmazome, 7,76 ; sucre cristallisable, 1,55 ; gomme et principe colorant rouge, 2,33 ; albumine végétale, 1,46 ; fongine, 46,19 ; phosphate acide de potasse, 4,42 ; phosphate de chaux, 0,29 ; silice, 0,14.

L'ergotine de M. Wiggers n'est pas celle que l'on trouve dans le commerce, et dont on doit la connaissance à M. Bonjean, pharmacien à Chambéry ; celle-ci est un extrait variable dans sa composition comme dans ses propriétés, dont les effets sont moins certains que ceux de l'ergot ; le nom d'*ergotine* ne convient nullement à ce produit, puisqu'on ne donne la terminaison en *ine* qu'à des principes immédiats définis, et le plus souvent à des alcalis organiques. Or, le produit tant prôné par M. Bonjean n'est qu'un extrait informe qui ne mérite pas plus son nom que les propriétés merveilleuses qu'on lui a attribuées.

Pour préparer la prétendue ergotine, M. Bonjean épuise la poudre d'ergot par l'eau, et il fait évaporer après filtration jusqu'à consistance de sirop; on y ajoute de l'alcool qui précipite les parties gommeuses et les sels insolubles dans l'alcool, puis on fait évaporer à siccité; il est évident qu'outre le principe extractif, il y a dans le produit obtenu les sels déliquescents, l'osmazome, le sucre, etc., etc. D'ailleurs, cet extrait présente des consistances très-variables, et il est très-hygrométrique.

L'ergotine de M. Wiggers est pulvérulente, d'un rouge brun, d'une saveur âcre, amère, infusible, insoluble dans l'eau, l'éther et les acides étendus; soluble dans l'alcool, l'acide acétique et la potasse caustique; l'acide azotique bouillant la décompose en lui donnant une teinte jaune; l'acide sulfurique la dissout en se colorant en rouge brun; elle est très-vénéneuse.

M. Wiggers conseille, pour obtenir l'ergotine, d'enlever à l'ergot les matières grasses et cireuses, de reprendre le résidu par l'alcool, de concentrer la liqueur par évaporation, et de précipiter l'ergotine au moyen de l'eau; il est probable que le produit ainsi obtenu n'est pas non plus un principe immédiat, mais plutôt une résine mêlée de substances colorantes.

Le sucre extrait par M. Wiggers de l'ergot de seigle a été reconnu par M. Mitscherlich pour un sucre particulier qui a été étudié et décrit par lui sous le nom de *mycose*.

L'ergot de blé a été étudié au point de vue chimique par M. C. Leperdriel dans une thèse soutenue en 1862 devant l'école de pharmacie de Montpellier. D'après l'auteur, cet ergot contient 15 centièmes de principe toxique, huile grasse et résine, et 20 pour cent d'ergotine ou principe efficace; d'après ce travail, l'ergot de blé serait moins altérable, plus efficace et moins toxique que celui du seigle.

Usages. — M. F. Boudet a démontré que c'était dans l'huile que l'on retrouvait toutes les propriétés toxiques de l'ergot; l'action utile, celle que l'on recherche, se trouve dans l'extrait aqueux.

Les expériences faites récemment, et celles qui viennent de nous être communiquées par M. Depaul, professeur de clinique d'accouchements à la Faculté de médecine de Paris, ont démontré que l'ergot de blé agit de la même manière et à la même dose que celui du seigle; aucun essai n'a été fait dans le but d'étudier leur action toxique respective ; nous ne savons donc pas s'il est exact que le champignon du blé soit moins vénéneux que celui du seigle ; mais il reste parfaitement établi que le premier se conserve mieux, qu'il est moins sujet à être attaqué par les acarus dont nous avons parlé, qu'il est moins hygrométrique ; c'est ce qu'ont démontré MM. Grandclément et Gauthier-Laroze, et il faut reconnaître que c'est un point important.

D'après M. Rams Batham, l'infusion d'ergot de seigle doit être limpide et avoir une couleur de chair foncée ; si elle était lacto-mucilagineuse, ce serait une preuve que l'ergot est altéré.

La genèse de l'ergot a beaucoup préoccupé les naturalistes ; M. Debourge croyait que c'était un produit animal ; d'après M. Parola, il serait dû à une maladie des graminées qui produirait une sécrétion accidentelle du pédoncule de l'épillet ; M. De Candolle a démontré que l'ergot était un champignon qu'il nomme *Sclerotium clavus* ; Friès, en 1823, en fit le genre *spermœdia*, dans lequel il fit entrer un genre voisin, le genre *puspulum*. MM. Philippart, Phœsus et Kett, ont adopté l'opinion que l'ergot était une maladie du seigle produite par un champignon ; et, d'après M. Léveillé, son apparition est précédée d'un suc mielleux qui constitue un champignon de l'ordre des *Gymnomycetes*, et qu'il a nommé *Sphacelia segetum* : l'ergot serait donc l'ovaire altéré et non fécondé du seigle surmonté de la sphacélie qui est la partie active ; l'ergot par lui-même serait inerte. (*Mémoires de la société Linnéenne* de Paris, t. V, p. 565.)

M. Fée admet plusieurs opinions sur la nature de l'ergot : il nomme *nosocaria* (grain malade) l'ovule anormal et hypertrophié ; il nomme *sacculus* la feuille carpellaire destinée à former le péricarpe, détachée et soulevée par la sphacélie qui se développe dans la fleur des graminées entre l'ovule fécondé ou non ; de sorte que, pour lui, l'ergot est tout à la fois un champignon et un produit pathologique, une hypertrophie de l'albumen.

Pour l'ergot de blé, on admet la même genèse que pour l'ergot de seigle ; tout ce que nous dirons, dans la suite, de ce dernier s'appliquera tout aussi bien au premier.

On appelle *seigle ergoté* le seigle contenant des proportions variables d'ergot. Dans six ou sept départements de la France, les paysans n'ont pas d'autre nourriture que le pain fabriqué avec ce seigle ; celui-ci détermine un enivrement auquel se complaisent ceux qui

l'éprouvent ; il est analogue à celui que produisent les boissons alcooliques ; il n'est suivi d'aucun des symptômes de dégoût et de malaise
qui surviennent après l'ingestion d'une très-grande quantité de liqueurs
fermentées ; mais cette inébriation ne se manifeste que lorsque le
seigle est très-fortement ergoté.

On a attribué à tort, selon nous, des épidémies terribles, décrites
sous les noms d'*ergotisme*, d'*ergot*, de *convulsio cerealis epidemica*, à
l'usage du pain ergoté ; mais on a démontré la ressemblance de ces
épidémies diverses avec l'*acrodynie* qui régna épidémiquement à
Paris, en 1828 et 1829, et qui n'était certainement pas produite par
le seigle ergoté, puisque la population parisienne ne mange jamais
de seigle. Toutefois, l'ergot est un poison assez violent ; et après
l'enivrement on voit souvent survenir le sphacèle des mains et des
pieds, dû très-probablement à l'oblitération des vaisseaux artériels
de la partie.

Les propriétés médicales de l'ergot de seigle n'étaient pas connues
des anciens ; Murray n'en fait aucune mention ; c'est par tradition
populaire que les vertus obstétricales de cette substance ont été
connues, et la propriété qu'elle possède de déterminer des contrac-
tions utérines dans les cas d'inertie de cet organe, a été mise à
profit dans les cas d'accouchements laborieux. Parmi les nombreux
travaux publiés sur cette question, nous citerons ceux de Stearns,
d'Olivier Prescott, de Chaussier, de madame Lachapelle, de MM. Gou-
pil, Villeneuve, etc.

Nous ne pouvons ici qu'énumérer les cas dans lesquels l'ergot doit
être employé. On l'administre en poudre récemment préparée à la
dose de un gramme à un gramme cinquante ou deux grammes dans
l'inertie de la matrice, lorsque la délivrance est tardive, lorsqu'on
veut expulser les caillots de l'utérus, dans les hémorrhagies utérines
puerpérales ou non puerpérales ; il calme quelquefois les coliques
utérines.

Outre la contraction de l'utérus, l'ergot de seigle détermine la
dilatation des pupilles, la céphalalgie, des vertiges, de l'assoupissement, avec nausées et vomissements lorsque la dose est trop forte,
des démangeaisons, la fatigue des membres, etc.

Outre les cas de congestions et d'hémorrhagies utérines en dehors
de l'état puerpéral, on a appliqué l'ergot à d'autres hémorrhagies, et
Sparzani, le premier, l'appliqua contre l'épistaxis, l'hémoptysie,

l'hématémèse, l'hématurie, etc.; Pignacca et Cabini répétèrent ces expériences, et remportèrent quelques succès; Bazzoni a fait connaître trois observations de leucorrhée rebelle guérie par l'ergot; on l'a encore employé pour combattre le flux immodéré des lochies, l'abaissement et la chute de la matrice, la métrite chronique, les engorgements utérins, etc.

L'ergot a été placé dans la classe des excitants du système musculaire; aussi l'a-t-on employé contre la paraplégie, les paralysies essentielles de l'enfance, l'inertie ou la paralysie du rectum et de la vessie.

Nous préférons, dans tous les cas, l'usage de l'ergot à celui de l'ergotine; lorsqu'on voudra employer celle-ci, nous conseillons l'ergotine évaporée dans le vide et renfermée dans des petits tubes contenant chacun 10 ou 20 centigrammes d'ergotine représentant une dose. Nous bannissons sans pitié de la thérapeutique cette prétendue ergotine imparfaitement soluble dans l'eau, de consistance variable, sur l'action de laquelle le médecin ne peut pas compter, malgré les promesses que l'on fait dans les prospectus.

L'ergot et l'ergotine exercent une action sédative marquée; aussi en a-t-on conseillé l'emploi dans quelques espèces d'hystéries, contre les fièvres intermittentes, contre le rhumatisme et même les fièvres typhoïdes; dans les bronchites aiguës ou chroniques, dans les infiltrations cellulaires, sans compter les vomissements périodiques opiniâtres et le hoquet que M. Bonjean a vu guérir par l'ergotine; mais de pareils faits auraient besoin, avant d'être admis, d'être contrôlés scientifiquement; c'est ce qu'a d'ailleurs déjà fait M. Fée, et il n'a pas obtenu à beaucoup près des résultats aussi brillants que ceux de M. Bonjean et de M. Sédillot. Pour le savant professeur de Strasbourg, la solution aqueuse d'ergotine, employée *intus et extra*, doit être placée à la tête des liquides hémostatiques; elle ne coagule pas le sang; c'est donc un *hémostatique* et non un *hémoplastique*. La solution le plus fréquemment employée, est préparée au vingtième ou au dixième; on en arrose les plaies, et on en fait des pansements permanents, non-seulement dans les hémorrhagies, mais encore pour panser les plaies saignantes et gangréneuses, les ulcères sordides ou scrofuleux. Elle aurait, comme l'ergot, la propriété singulière de tarir les suppurations.

ÉRYTHRÉE

Erythræa centaurium Rich. *Chironia centaurium* Lam. *Gentiana* L.
(Gentianées - Chironiées.)

L'Érythrée centaurelle, vulgairement appelée Petite Centaurée,
Herbe au centaure, Herbe à Chiron, Herbe aux mille florins, etc., est
une plante annuelle, à racines petites, blanchâtres, fibreuses. La
tige, haute de 0^m,35 environ, dressée, grêle, lisse, glabre, à quatre
angles mousses, rameuse au sommet, porte des feuilles opposées,
sessiles, ovales, aiguës, entières, vert-jaunâtre. Les fleurs, roses, plus
rarement blanches, sont groupées en cymes corymbiformes terminales. Elles présentent un calice cylindrique, à cinq divisions étroites,
dressées ; une corolle en entonnoir, à tube étroit et strié, à limbe
partagé en cinq divisions égales, ovales, obtuses ; cinq étamines à
peine saillantes ; un ovaire simple, allongé, presque linéaire, à une
seule loge multiovulée, surmonté d'un style simple, terminé par un
stigmate bifide. Le fruit est une capsule allongée, pointue, polysperme, renfermée dans la corolle et le calice persistants.

HABITAT. — La petite centaurée est commune en Europe ; elle
habite les bois, les prés, les lieux incultes, etc. On ne la cultive que
dans les jardins botaniques, où il est facile de la propager par ses
graines semées au printemps.

PARTIES USITÉES. — Les sommités fleuries.

RÉCOLTE. — On récolte la petite centaurée à l'époque de la floraison, qui a lieu en juin, juillet ou août ; on la coupe au pied, on en
fait de petites bottes de la grosseur de trois doigts ; on les entoure de
papier gris pour empêcher la décoloration ; on les fait sécher rapidement dans un grenier aéré ; pour cela on les dispose en guirlandes ;
d'après M. Henry (*Journ. analyt. de médecine*, 1828, p. 165), elle
est d'autant plus active, que sa floraison est plus avancée ; M. Méhu a
constaté que par la dessiccation elle perdait la plus grande partie de
ses propriétés, surtout lorsqu'elle était mal opérée ; les sommités dé-
colorées sont à peu près inactives.

COMPOSITION CHIMIQUE. — La petite centaurée a été étudiée au point
de vue chimique par Vauquelin, Henry, et par MM. Moretti, Chevallier, Dulong d'Astafort, Stollmann et Méhu. D'après Moretti (*Journ.
de pharm.*, t. V, p. 98), cette plante contient une matière amère

extractive, un acide libre, une matière muqueuse, de l'extractif, des sels. En 1830, M. Dulong d'Astafort y a découvert un principe qu'il nomme *centaurium?* qui serait, d'après lui, le principe actif.

C'est à M. Méhu, pharmacien en chef de l'hôpital Necker, que l'on doit l'étude la plus complète qui ait été faite sur la petite centaurée; il a vu qu'elle perdait 62 à 63 pour 180 de son poids par la dessiccation; sèche, Cullen et Murray préféraient employer les feuilles; elles sont, disent-ils, plus amères; pour la même raison, Loiseleur-Deslongchamps choisit les fleurs; les remarques de M. Méhu donneraient raison aux premiers observateurs; d'ailleurs, l'âge de la plante, le terrain, l'exposition, ont très-certainement une grande influence sur les propriétés de cette plante, et nous avons constaté nous-même que la variété naine des dunes de Gascogne était plus amère.

Elle laisse 56 à 58 pour 100 de cendres blanches, dont les cinq sixièmes sont du sulfate de chaux, le reste est formé de chlorure de potassium, de sulfate et de carbonate de potasse; elle rend les quatre cinquièmes de son poids de poudre. La plante a donné à l'analyse de l'apothème, une matière amère, une matière cristallisée ou *érythro-centaurine*, une matière céroïde (Méhu).

La matière cristallisée ou *érythro-centaurine* existe en très-minime quantité dans la plante, $\frac{1}{3000}$ à $\frac{1}{5000}$ du poids de la plante sèche, et elle disparaît si elle a été soumise à l'insolation; elle se présente en beaux cristaux aiguillés incolores; solubles dans les divers dissolvants, ils rougissent sous l'influence de la lumière, redeviennent incolores en se dissolvant dans l'eau, pour reprendre la couleur rouge rubis au contact des rayons solaires; elle n'est pas azotée; l'analyse élémentaire n'en a pas été faite.

La matière céroïde produit par l'acide azotique une résine que M. Méhu nomme *centauri-rétine*; quant à la matière amère, les dissolvants la partagent en une matière *molle* et une *sèche* mal définies.

USAGES. — C'est surtout sous la forme d'infusion qu'on emploie la petite centaurée; la dose est de 10 à 30 grammes pour un litre d'eau bouillante; on emploie rarement le suc, le sirop et la teinture, plus souvent l'eau distillée, la poudre, le vin et l'extrait; à l'extérieur, la décoction a été quelquefois ordonnée en lotions, fomentations, lavements, etc., etc.

La petite centaurée est placée dans les toniques amers à côté de la gentiane et du ménianthe; elle est considérée comme tonique, stomachique, fébrifuge et vermifuge; elle peut exciter la muqueuse intestinale de manière à produire des évacuations alvines et le vomissement, accidents qui persistent quelquefois assez longtemps pour qu'on soit obligé d'administrer de faibles doses d'opium. C'est le fébrifuge par excellence des campagnes; il guérit les fièvres intermittentes dites de saison, et toujours, d'après Biett, les fièvres quotidiennes. Selon Roques, on l'associe avec succès à l'éther; on administre le mélange dans l'apyrexie; Frank employait souvent avec succès une mixture faite avec la petite centaurée et les amandes amères; Gesner et Wauters la regardent comme un excellent succédané du quinquina; mais c'est certainement exagérer ses propriétés, que de dire avec Wedelius (*de Centauria minore*, Iéna, 1713), qu'appliquée en cataplasmes, elle guérit les ulcères et les trajets fistuleux, et de la préconiser comme vermifuge; mais on l'emploie avec succès dans les affections atoniques du tube digestif, dans les fièvres muqueuses, la chorée, etc., etc.

ESTRAGON

Artemisia dracunculus L.
(Composées-Sénécionidées.)

L'Estragon, appelé aussi vulgairement Dragone, Herbe Dragon, Fargon, Serpentine, etc., est une plante vivace, à racines repliées et tordues sur elles-mêmes. Sa tige, haute de 0^m,60 à 0^m,90, herbacée, cylindrique, glabre, dressée, rameuse, porte des feuilles alternes, sessiles, entières, lancéolées, très-étroites, charnues et glabres. Les fleurs, petites, jaunâtres, sont disposées en capitules globuleux, à réceptacle garni de soies, entourés d'un involucre formé de sept ou huit folioles ovales, inégales, glabres et charnues. Ces capitules sont groupés en petits épis axillaires, dont la réunion constitue une longue panicule terminale. Chaque fleur présente une corolle tubuleuse; cinq étamines, soudées par les anthères; un ovaire cylindrique, surmonté d'un style simple, terminé par un stigmate bifide. Le fruit est un akène cylindrique, dépourvu d'aigrette et terminé par un disque étroit.

Habitat. — Cette plante est regardée comme originaire de la Sibérie. Elle habite aussi l'est de l'Europe, les bords de la mer Caspienne, la Tartarie, la Mongolie chinoise, etc. On la trouve surtout dans les régions froides et montueuses. Elle est aujourd'hui cultivée dans tous les jardins potagers.

CULTURE. — L'estragon demande une terre franche, légère, fraîche, et surtout bien meuble. On le propage, dans le Midi, de graines récoltées au commencement de l'été et semées à la fin de l'hiver. Dans le Nord, on préfère la multiplication par éclats de pieds, plantés en avril et mai. On peut aussi séparer les touffes en automne et planter en bordure à une bonne exposition. On aura soin d'arroser pendant les grandes sécheresses, et, à l'entrée de l'hiver, de couvrir les souches de terreau et de litière, du moins dans les climats froids, après avoir coupé les tiges en terre. L'estragon est surtout cultivé comme plante condimentaire.

PARTIES USITÉES. — Les sommités fleuries.

RÉCOLTE. — L'estragon, qui n'est guère employé que dans l'art culinaire, est toujours cueilli au moment du besoin ; par dessiccation il perd toute son odeur ou à peu près, mais son arome se conserve très-bien lorsqu'il est dissous dans un liquide conservateur, comme par exemple le vinaigre.

COMPOSITION CHIMIQUE. — L'estragon a une saveur piquante un peu âcre, mais agréable ; son odeur est très-aromatique ; on en extrait par distillation une huile essentielle verte, dont l'odeur est qualifiée de fortifiante par quelques auteurs. D'après M. Gerhart, cette essence est formée d'un hydrogène carboné liquide, et d'une essence oxygénée qui a la même composition et présente les mêmes réactions chimiques que l'essence concrète d'anis ; sa formule est $C^{20}H^{12}O^2$. Elle est peu soluble dans l'eau, soluble dans l'alcool, l'éther et l'acide acétique ; le vinaigre à l'estragon est souvent préparé avec du vinaigre dans lequel on a fait dissoudre une petite quantité d'essence brute, telle que la distillation la fournit.

USAGES. — On prétend que le nom d'estragon a été donné à cette plante, à cause de la forme ondulée de sa racine qui ressemble à un serpent dragon ; elle est inusitée en médecine, quoiqu'on lui ait attribué et qu'elle possède réellement des propriétés stomachiques. Dans les campagnes, on l'emploie quelquefois comme emménagogue et on l'a conseillée comme antiscorbutique.

On fait entrer l'estragon dans les salades, les ragoûts, pour relever la saveur fade des viandes blanches ; on en met macérer dans du vinaigre, auquel il communique une saveur forte très-recherchée ; on

en confit avec les cornichons, on en aromatise la moutarde de
table. Il est regardé comme un bon excitant de l'appétit.

Nous citerons comme se rapprochant de l'estragon, par ses propriétés, l'*Artemisia Indica* W., que les médecins indiens considèrent
comme un bon stomachique. D'après Ainslie, ils l'emploient comme
antispasmodique contre l'aménorrhée, l'hystérie ; ils en font des
fumigations antiseptiques. On lui substitue l'*A. Maderaspatana*
L. *Grangea maderaspatana* Lamk.

ÉSULE

Euphorbia Esula L.
(Euphorbiacées – Euphorbiées.)

L'Ésule est une plante vivace, à souche presque ligneuse, ramifiée, traçante, munie de racines fibreuses. Les tiges, hautes de 0^m,30
à 0^m,80, glabres, un peu glauques, dressées ou ascendantes, simples,
quelquefois rameuses au sommet, portent des feuilles alternes, sessiles, oblongues, lancéolées ou linéaires, aiguës ou obtuses, atténuées
à la base, entières ou légèrement dentées, assez fermes, glabres, un
peu glauques. Les fleurs, monoïques, d'un vert jaunâtre, sont groupées en ombelles terminales, à rayons le plus souvent nombreux
et bifurqués, entourés d'un involucre à feuilles ovales ou oblongues,
à bractées libres, ovales-triangulaires, plus larges que longues, obtuses ou un peu aiguës, souvent jaunes lors de la floraison. Les fleurs
mâles consistent chacune en une seule étamine, insérée vers la base
de l'involucre, à filet articulé, à anthère divisée en deux lobes globuleux. Les fleurs femelles, solitaires au centre de l'ombelle et entourées par les fleurs mâles, sont longuement pédicellées et réduites
à un ovaire à trois loges uniovulées, surmonté de trois styles. Le
fruit est une capsule formée de trois coques uniloculaires finement
chagrinées et renfermant chacune une seule graine lisse et d'un
blanc cendré.

On appelle souvent *Grande ésule* l'Épurge (*Euphorbia lathyris* L.)
et l'Euphorbe des marais (*E. palustris* L.) ; *Petite ésule*, l'Euphorbe
fluette (*E. exigua* L.) et l'Euphorbe petit-cyprès ou Tithymale (*E. cyparissias* L.) ; *Ésule ronde*, l'*Euphorbia peplus* L. ; etc.

Habitat. — L'euphorbe ésule est assez répandue en Europe, mais
surtout dans les régions méridionales. Elle habite les coteaux pier-

reux, les bois sablonneux, les bords des chemins, etc. On ne la cultive que dans les jardins botaniques, où elle est facile à propager, soit par graines, soit par éclats de pieds.

PARTIES USITÉES. — La racine et l'écorce de la racine ; la plante entière.

RÉCOLTE. — On ne sait pas positivement quelle était la plante que les anciens employaient sous le nom d'ésule, ou plutôt on croit qu'ils donnaient ce nom à un certain nombre d'euphorbes à feuilles linéaires plus ou moins semblables à celles du pin, tels que les *Euphorbia esula*, *Pithyusa*, *Gerardiana*, *Cyparissias*, *palustris*, *exigua*, *Peplus*, etc., etc. On a pris quelquefois pour elle l'*Antirrhinum linaria* L.; on les distingue par l'absence du suc laiteux ; de là cette phrase :

Esula lactescit, sine lacte linaria crescit.

D'après Coste (*Mat. méd. indig.* 13), l'ésule était l'ipécacuanha des anciens, qui n'avaient ni cette racine ni l'émétique ; seulement, pour en diminuer l'énergie, on la faisait torréfier légèrement, ou tremper dans du vinaigre.

La racine d'ésule peut être récoltée vers la fin de l'année ou l'automne ; c'est surtout l'écorce qu'on employait autrefois.

COMPOSITION CHIMIQUE. — On trouve dans toute la plante un suc blanc gommo-résineux, très-abondant, très-âcre et très-actif ; appliqué sur la peau, il détermine une vive rubéfaction, suivie bientôt de vésication, de sorte qu'il peut servir pour remplacer la moutarde, le garou et les cantharides. Il est très-probable que par son évaporation on obtiendrait une espèce de cire-résine analogue à celle de l'euphorbe. (Voyez ce mot.)

USAGES. — Pris à l'intérieur à forte dose, le suc de l'ésule peut déterminer un empoisonnement à la manière des poisons irritants et caustiques ; aussi l'administre-t-on avec la plus grande prudence chez les sujets forts et robustes, et on s'en abstient chez les personnes dont la constitution est faible et nerveuse. D'après Palla, les habitants de Mourom, en Russie, se purgent avec le suc de cette plante ou avec la racine, ils l'emploient contre les fièvres intermittentes, les maladies chroniques, etc.; mais elle est avec raison abandonnée en France comme trop âcre et trop active. Scopoli (*Flora Carn.* 435) dit avoir vu la mort survenir chez une personne qui avait mis un

gramme cinquante centigrammes de poudre de racine, et une autre
perdit un œil pour s'être frotté les paupières avec le suc de cette
plante ; aussi avons-nous de la peine à comprendre qu'on l'ait autrefois
conseillé contre la cataracte, quoiqu'on eût soin de l'étendre d'eau.

Dans un mémoire publié en 1811 et intitulé : *Recherches et
observations sur la possibilité de remplacer l'ipéca par les racines de
plusieurs euphorbes indigènes*, Loiseleur-Deslongchamps a indiqué
surtout la racine de l'euphorbe de Gérard, *E. Gerardiana* Jacq.,
comme succédané de l'ipécacuanha ; sur vingt-deux individus âgés
de six à soixante ans, auxquels il avait fait prendre de 30 centigrammes à 1 gramme 20 centigrammes de cette poudre, il y a eu
chez tous, excepté chez quatre, des vomissements et des selles abondantes, sans coliques ou avec légères coliques. Les anciens l'employaient comme purgatif hydragogue ; aujourd'hui elle est abandonnée à cause de son action trop violente. On employait aussi la
racine de l'*euphorbia ipecacuanha*.

ÉTHUSE

Æthusa Cynapium L.
(Ombellifères - Séselinées.)

L'Éthuse, Faux Persil, appelée aussi Petite Ciguë, Ciguë des jardins,
Ache des chiens, etc., est une plante annuelle, à racine fusiforme,
allongée, un peu ramifiée, blanche, pivotante. La tige, haute
de 0^m,35 à 0^m,65, droite, cylindrique, fistuleuse, striée, glabre, rameuse, ferme, rougeâtre à la base, d'un vert glauque au sommet,
porte des feuilles alternes, à pétioles embrassants, à limbe deux ou
trois fois penné, à folioles étroites, aiguës, découpées, vert-foncé en
dessus, plus pâles en dessous, luisantes. Les fleurs, blanches, nombreuses, sont disposées en ombelles terminales, planes, d'environ
vingt rayons, dépourvues d'involucre, mais munies d'involucelles,
composées de quatre ou cinq folioles longues, étroites, linéaires, capillaires, rabattues et pendantes du côté extérieur. Elles présentent
un calice à cinq dents très-courtes ; une corolle à cinq pétales inégaux, échancrés en cœur, étalés ; cinq étamines à anthères blanchâtres, globuleuses ; un ovaire simple, à deux loges uniovulées,
surmonté de deux styles très-courts. Le fruit est un diakène arrondi,
un peu comprimé, d'un vert foncé, présentant dix côtes saillantes.

Cette plante est souvent confondue avec le persil, dont elle est pourtant facile à distinguer par sa tige rougeâtre à la base et glauque au sommet; ses feuilles, d'un vert foncé et sombre à découpures étroites, ses involucelles unilatéraux, et surtout par son odeur vireuse. Les mêmes caractères ne permettent pas de la confondre non plus avec le cerfeuil.

HABITAT. — La petite ciguë se trouve dans presque toute l'Europe; elle habite surtout les bois, les lieux cultivés, les jardins, etc.

CULTURE. — Cette plante n'est cultivée que dans les jardins botaniques; il suffit de répandre ses graines au printemps, ou mieux d'en transplanter un pied sauvage, car elle se ressème d'elle-même très-facilement.

PARTIES USITÉES. — Les feuilles, les fruits.

RÉCOLTE. — La petite ciguë n'est pas employée des médecins, quoiqu'elle possède à peu près les mêmes propriétés que la ciguë officinale *conium maculatum*. On ne doit, dans aucun cas, les substituer l'une à l'autre. Quelques auteurs regardent la première comme plus active, quoique aucune expérience clinique ait été faite pour justifier cette croyance, et qu'aucune analyse chimique soit venue démontrer l'identité ou même l'analogie de composition de ces deux plantes; quoi qu'il en soit, ses propriétés toxiques sont incontestables. Outre qu'elles ont été constatées par Vicat, Hallez et Orfila, les cas, malheureusement trop fréquents d'empoisonnement, auxquels elle a donné lieu, ne laissent aucun doute à cet égard.

La petite ciguë tire son nom d'*Ethusa* de αἴθω, je brûle, et celui de *Cynapium* de κύων, chien. Elle fleurit pendant tout l'été. C'est à l'époque de la floraison que les feuilles sont les plus actives; on doit les faire sécher rapidement dans un séchoir bien aéré et à l'obscurité, car elles se décolorent et jaunissent facilement; en même temps elles perdent la plus grande partie de leur activité; bien séchées, elles présentent une odeur vireuse des plus prononcées. Les fruits ou diakènes recouverts par le calice persistant ressemblent à ceux de la grande ciguë, mais ils sont plus petits. On les récolte avant leur maturité complète, c'est-à-dire avant la séparation des méricarpes; on les fait sécher rapidement à l'étuve ou au séchoir; ils présentent cinq côtes saillantes, dont deux marginales plus développées; les commissures présentent deux vaisseaux et les vallécules un seul.

Composition chimique. — L'odeur désagréable que répand la petite ciguë, lorsqu'on la froisse, fait supposer qu'elle contient de la *conine*, base organique non oxygénée, dont nous avons fait l'histoire en parlant de la grande ciguë ; il est même très-probable que c'est à elle qu'elle doit ses propriétés vénéneuses, mais aucune analyse, aucune expérience précise ne donnent une certitude complète à cet égard. Les fruits sont plus actifs que les feuilles.

Usages. — Les faits rapportés par Bulliard, Virey, Rivière, Vicat, Haller, Orfila, etc., démontrent les propriétés vénéneuses de la petite ciguë ; mêlée ou confondue avec le persil et le cerfeuil, elle a été la cause d'accidents graves ; c'est à tort que des auteurs recommandables ont conseillé l'eau vinaigrée pour combattre cet empoisonnement ; les expériences de M. Orfila ont prouvé que cet acide, loin de neutraliser l'action de ce poison, en facilitait au contraire l'absorption ; il est donc plus nuisible qu'utile dans la première période de l'empoisonnement. Il faut dans ces cas, avant tout, provoquer les vomissements, administrer ensuite les émollients, et la solution étendue d'iodure de potassium ioduré ; plus tard, on peut sans danger faire boire les limonades végétales au vinaigre ou au citron.

EUPATOIRE

Eupatorium cannabinum Lin.
(Composées – Corymbifères.)

Cette Eupatoire est une herbe vivace, plus ou moins poilue, haute de $0^m,80$ à $1^m,20$, à tiges dressées, souvent rougeâtres, un peu anguleuses ou striées. Les feuilles sont opposées, brièvement pétiolées, glanduleuses en dessous, lancéolées, rarement entières, le plus souvent divisées en 3 ou 5 segments dentés, dont le terminal est plus grand. Les fleurs sont roses ou purpurines, toutes hermaphrodites, tubuleuses, réunies, ordinairement par 5, en petits capitules cylindriques, disposés en grappes corymbiformes très-rameuses. L'involucre est composé de folioles inégales, imbriquées, un peu concaves, obtuses ; les extérieures sont ovales, les intérieures linéaires-oblongues, scarieuses sur les bords, de couleur rose au sommet. Le réceptacle est presque plan, dépourvu de paillettes. Le calice est composé de nombreux poils roides ; la corolle est monopétale, glanduleuse, à 5 dents, à tube s'évasant graduellement de la base au sommet. Les étamines, au nombre de 5, sont soudées par les anthères qui se prolongent au sommet en un appendice lancéolé obtus. L'ovaire est infère, uniloculaire, uniovulé, surmonté d'un style dépassant le tube de la corolle, hérissé de petits poils à sa base, divisé au sommet en deux branches stigmatifères pubescentes, cylindracées, obtuses, arquées, convergentes par le haut. L'akène est oblong, à 5 côtes saillantes, de couleur noire, muni de glandes résineuses, couronné d'une aigrette de longs poils blancs dentés, disposés sur un seul rang.

HABITAT. — L'*Eupatorium cannabinum* est très-commun dans toute la France; il croit sur le bord des eaux et dans les lieux marécageux.

CULTURE. — Cette plante n'est cultivée que dans les jardins botaniques; on la récolte à l'état sauvage pour l'usage médicinal.

PARTIES USITÉES. — Les racines, les feuilles, rarement les fruits.

RÉCOLTE. — La racine doit être récoltée au printemps; on la lave pour en séparer la terre, et on la fait sécher. Elle est fibreuse et blanchâtre; elle est plus active à l'état frais. La plante doit être cueillie un peu avant la floraison; on emploie le plus souvent les sommités fleuries, prises au moment où les boutons floraux commencent à se montrer. En Russie on a employé les fruits que l'on récolte à leur maturité; on les sépare du calice, et on les fait sécher.

COMPOSITION CHIMIQUE. — Toutes les parties de la plante ont une odeur faiblement aromatique, une saveur amère et piquante; nous avons parlé ailleurs de l'aya-pana (*E. aya-pana* Vent.); mais d'autres espèces ont une odeur fort agréable; tels sont par exemple l'*E. dalea, E. citronium dalea* DC de la Jamaïque, dont les feuilles exhalent une odeur de vanille très-persistante, et l'*E. aromatisans* DC., de l'île de Cuba, qui sert à aromatiser les cigares de la Havane. Enfin on croit que les feuilles de *trebel* décrites par Virey (*Journal de pharmacie*, t. XIV, p. 306), qui sont employées aux mêmes usages, et que Knith a reconnues pour appartenir au *Piqueria trinervia* de Cavanilles, est la même plante que l'*E. triplinerve* de Vahl, qui possède une odeur de fève tonka ou de mélilot beaucoup plus prononcée que l'aya-pana.

D'après M. Boudet (*Bull. de pharm.*, t. III, p. 97), la racine d'eupatoire d'Avicenne contient de l'amidon, une matière animale, une huile volatile, de la résine, un principe amer, âcre, du nitrate de potasse, du malate et du phosphate de chaux, de la silice et des traces de fer.

M. Righini (*Journal de pharmacie*, t. XIV, p. 623) a trouvé dans les feuilles et les fleurs de l'eupatoire un principe qu'il a nommé *eupatorine*, et qu'il croit être un alcali organique : c'est une poudre blanche, d'une saveur amère et piquante, insoluble dans l'eau, soluble dans l'éther et dans l'alcool absolu ; elle forme avec l'acide sulfurique un sel qui cristallise en aiguilles soyeuses.

Usages. — L'eupatoire était connue des anciens. Dioscoride, Galien, Paul d'Égine et surtout Avicenne (lib. II, Tra. II) en font mention. L'infusion des feuilles et des fleurs est indiquée par les vieux auteurs comme utile dans les obstructions; d'après Ferrein (*Mat. méd.*, t. III, p. 191), elle convient pour combattre l'engorgement splénique qui accompagne ou qui suit les fièvres intermittentes; en Russie on emploie les fruits contre la rage; Martius (*Bull. des sciences médicales de Férussac*, t. XIII, p. 355) dit qu'on l'applique en cataplasmes comme résolutive contre l'hydrocèle et les tumeurs.

La racine d'eupatoire est purgative et vomitive ; Gessner dit avoir constaté ses propriétés diurétiques; Loiseleur-Deslongchamps assure n'avoir obtenu aucun effet à la dose de 3 grammes; mais Chomel (*Hist. des plantes usuelles*, t. II, p. 167) a porté la dose jusqu'à 60 grammes; il la donnait en infusion dans du vin blanc. Ces différences d'action peuvent tenir, d'après M. Guersant, à ce que cette racine aurait été recueillie à différentes époques ; d'après Roques, les habitants des campagnes l'emploient contre l'hydropisie ; Tournefort et Boerhaave en faisaient usage contre la chlorose, les engorgements abdominaux, etc. Dubois de Tournay affirme qu'elle est utile dans la grippe et la toux opiniâtre; M. Cazin dit en avoir retiré de bons effets contre les engorgements abdominaux, et en lotions contre les infiltrations cellulaires.

L'eupatoire de Mésué est l'*Achillea ageratum* L.

EUPHORBE

Euphorbia officinarum, antiquorum et Canariensis L.
(Euphorbiacées-Euphorbiées.)

Le genre Euphorbe renferme environ trois cents espèces. Nous parlerons seulement, dans cet article, d'un petit nombre d'entre elles, qui ont des propriétés spéciales et dont le port rappelle celui des Cierges, genre de Cactées.

L'euphorbe officinale (*E. officinarum* L.) ressemble au cierge du Pérou (*C. Peruvianus*). Sa tige, dressée, charnue, épaisse, haute de 1 à 2 mètres, de la grosseur du bras, est relevée de côtes longitudinales, saillantes et épineuses, portant des feuilles réduites à l'état d'épines. Les fleurs, assez petites, jaunâtres, forment, à la partie supérieure des côtes, des ombelles solitaires et presque sessiles, entourées d'un involucre à dix divisions disposées sur deux rangs, les extérieures arrondies et très-obtuses. Le fruit est une capsule formée de trois coques monospermes (Pl. 4).

L'euphorbe des anciens (*E. antiquorum* L.) diffère de la précédente par ses côtes amincies, dans l'intervalle desquelles se trouvent les fleurs.

L'euphorbe des Canaries (*E. Canariensis* L.) a une tige de deux mètres et plus, charnue, épaisse, présentant à la base cinq ou six angles calleux, qui se réduisent à quatre dans la partie supérieure ; ses rameaux nombreux, étalés, arqués, d'un vert noirâtre, sont dépourvus de feuilles et portent des aiguillons courts, géminés ; les ombelles (vulgairement *fleurs*) ont un involucre rouge sombre et sont groupées par trois.

HABITAT. — La première de ces espèces croît en Afrique et dans l'Inde ; la seconde se trouve sur les côtes d'Afrique, et la troisième, comme l'indique son nom, aux îles Canaries.

CULTURE. — Ces euphorbes exigent, sous nos climats, la serre tempérée ou une orangerie bien éclairée, et une terre sèche et légère. On les propage de graines, semées sur couche chaude ou sous châssis, et mieux de boutures faites avec des rameaux ou mamelons. On doit arroser modérément.

PARTIES USITÉES. — La gomme-résine ou cire-résine, qu'on obtient par incision.

RÉCOLTE. — Les *euphorbia antiquorum* L., *Canariensis* L., *officinarum* L., *cereiformis* L., et toutes les euphorbes cactiformes donnent, lorsqu'on les incise, un suc blanc qui se concrète en larmes sèches nommées *euphorbe*, gomme, *résine d'euphorbe*, que M. Fée a proposé d'appeler *euphorbium*, pour éviter l'équivoque ; mais la forme toujours identique des larmes indique qu'elle a dû couler naturellement, et les débris de rameaux épineux toujours quadrangulaires qu'on y trouve quelquefois font supposer que l'*E. officina-rum* n'est pas la source principale, mais plutôt qu'elle est produite par les *E. Canariensis* et *antiquorum*. Elle nous arrive d'Afrique et de l'Inde en surons de 100 à 150 kilogrammes; il en vient du cap de Bonne-Espérance et des revers de l'Atlas; on l'extrait environ tous les quatre ans; les personnes chargées de la récolte s'attachent autour du nez et de la bouche un linge mouillé pour se préserver de la poussière qui en résulte; on prend les mêmes précautions dans les pharmacies, lorsqu'on la pulvérise. D'après Bruce, en Abyssinie elle porte le nom de *kol-quall*; il ajoute qu'en vieillissant les branches se fanent et qu'elles se recouvrent d'une poudre très-irritante et très-âcre.

La résine d'euphorbe se présente en petites larmes irrégulières, jaunâtres, friables, translucides, avec un ou plusieurs trous portant ou non les débris des épines sur lesquelles elles se sont concrétées; un de ces aiguillons est recourbé; elle est inodore; sa saveur, d'abord peu sensible, devient bientôt âcre, brûlante et corrosive; sa poudre est un puissant sternutatoire; la couleur des larmes est blanc-jaunâtre ou brun-jaunâtre; dans les cavités, on trouve quelquefois des débris de pédoncule et des fruits; leur cassure est vitreuse; elle fond très-peu dans la bouche; elle est très-peu soluble dans l'eau; elle se dissout mieux dans l'alcool (Pl. 4).

Composition chimique. — La gomme-résine d'euphorbe a été analysée par MM. Braconnot, Pelletier et Brandes; ils y ont trouvé une résine, de la cire, des malates de potasse et de chaux, du ligneux, de la bassorine, et une huile volatile. Brandes y a trouvé, en plus, du caoutchouc, et Buchner et Herberger en ont extrait une matière particulière, qu'ils ont nommée *euphorbine*. Elle est sèche, cassante, incolore, d'une saveur amère et âcre, insoluble dans l'eau, dans l'éther et dans les huiles; avec les acides elle forme des combinaisons incristallisables.

L'euphorbe ne contient pas de gomme soluble dans l'eau; c'est donc à tort qu'on lui donne le nom de *gomme-résine*; celui de *cire-résine* lui conviendrait mieux. La résine est brun-rougeâtre; elle possède une faible odeur; elle est fusible et soluble dans l'alcool et les huiles grasses; elle se dissout mal dans les alcalis, très-bien dans les acides azotique et sulfurique. La résine d'euphorbe traitée par l'alcool chaud, on obtient, par le refroidissement, une sous-résine cris-

talline isomérique avec la sous-résine élémi, et qui, d'après
M. Johnston, a pour formule $C^{40}H^{30}O^6$. La cire de l'euphorbe se rapproche de celle d'abeilles.

On a remarqué que toutes les plantes très-charnues renfermaient
des quantités assez grandes de bimalate de chaux, de sorte qu'on
pourrait croire que la production de ce sel dans l'économie végétale
causerait l'hypertrophie du parenchyme. Les cactus, les joubarbes,
les *sedum*, les agaves, les aloès sont tous riches en bimalate de
chaux.

USAGES. — L'euphorbe est un des poisons irritants et caustiques
les plus violents que l'on connaisse, huit grammes appliqués sur la
cuisse d'un chien l'ont fait périr rapidement ; elle entrait autrefois
dans un grand nombre de pilules, de pommades et d'onguents ; elle
fait partie de l'emplâtre perpétuel de Jannin ; on l'employait pour
remplacer les cantharides ; mais, d'après Murray, elle agit autant sur
la vessie que les cantharides elles-mêmes.

D'après Paterson (*Voyage CXXXVI*), au Cap on se sert des fruits
de l'euphorbe des officines pour faire périr les animaux nuisibles.
A Mogador (*Jackson, Journal d'Édimbourg*, VI, 457) on s'en sert
pour le tannage des cuirs, ce qui expliquerait, d'après quelques auteurs, la qualité de ceux de ce pays.

Les Mongols emploient l'euphorbe comme vésicant. Bichat
(*Cours manuscrit de Mat. méd.*), la conseillait comme sternutatoire
dans la céphalée, l'angine, les congestions cérébrales ; on la mitigeait
avec la poudre de muguet de mai ; même dans ces cas elle a souvent
produit des accidents graves, qui ont fait renoncer à son emploi.

EUPHRAISE

Euphrasia officinalis Lin.
(Personées - Rhinanthées.)

L'Euphraise officinale est une petite plante annuelle pubescente,
haute de $0^m,05$ à $0^m,30$, considérée comme parasite par M. Decaisne.
Sa tige est dressée, grêle, cylindrique, rameuse dès la base. Les
feuilles sont sessiles, d'un vert gai, ovales, dentées, à dents obtuses
dans les feuilles inférieures ; les feuilles florales sont plus petites,
ovales, à dents plus profondes et acuminées. Les fleurs sont presque
sessiles, solitaires à l'aisselle des feuilles supérieures, blanches ou

violetées, veinées de violet. Le calice est velu, glanduleux, monosépale, à tube marqué de cinq côtes saillantes, divisé en quatre lobes
lancéolés-acuminés. La corolle est un peu velue, monopétale à deux
lèvres, dont la supérieure, un peu en casque, est large, échancrée en
deux lobes court-dentés et à palais jaune ; l'inférieure est à trois lobes,
maculée de jaune à sa base. Les étamines, au nombre de quatre,
sont didynames, plus courtes que le casque, à anthères inégalement
mucronées inférieurement, plus longuement aristées dans les deux
étamines, plus courtes, de couleur brunâtre, chargées de poils le long
de la ligne de déhiscence. L'ovaire est libre à deux loges, surmonté
d'un style filiforme, terminé par un stigmate en tête. Le fruit est une
capsule velue supérieurement, à deux loges polyspermes, ovoïde-
oblongue, comprimée du côté de la cloison, s'ouvrant en deux valves
bifides. Les graines sont ovoïdes-allongées, longitudinalement striées
et parcourues dans la longueur par un raphé saillant.

Habitat. — Cette espèce est indigène à toute la France ; elle croît
dans les prairies, les pelouses sèches et le bord des bois.

Culture. — L'euphraise n'est pas cultivée pour le commerce des
plantes officinales. Sa culture offre de grandes difficultés, comme
celle, du reste, de toutes les plantes parasites. Il faudrait semer ses
graines dans un endroit où, préalablement, on eût fait venir les espèces
sur lesquelles elle croît ; ce que la science n'a pas encore fait connaître d'une manière positive.

Parties usitées. — Les sommités fleuries.

Récolte. — On doit la cueillir en fleurs avant le parfait épanouissement des boutons ; sa dessiccation, comme d'ailleurs celle de
toutes les pédiculariées, se fait avec difficulté ; il faut avoir le soin
de les réunir en petits paquets peu serrés qu'on enveloppe de papier ;
on les dispose ensuite en guirlandes, et on les fait sécher au soleil.
Malgré toutes ces précautions, elle présente toujours une teinte noire
assez prononcée ; elle s'altère rapidement en vieillissant.

Composition chimique. — L'odeur de l'euphraise est presque nulle ;
sa saveur est amère et astringente ; elle est riche en tannin ou plutôt en *quercitron*, car elle noircit fortement les sels de fer, et elle ne
précipite pas la solution de gélatine.

Usages. — Le nom de cette plante, *euphrasia*, exprime la joie, le
plaisir. Les Anglais la nomment *Eye-bright*, lumière de l'œil. On l'a,
en effet, regardée comme propre à guérir les maladies des yeux.

D'après Chaumeton, la tache jaune qu'on observe sur ses fleurs a la forme d'un œil, et à l'époque où le ridicule système des signatures était en vigueur, on en avait conclu que l'euphraise devait être un remède souverain dans les maladies des yeux.

Aujourd'hui l'euphraise est tout à fait inusitée ; elle a pu être utile comme astringente dans les ophthalmies chroniques, mais nous sommes loin de l'époque où Matthiole lui attribuait la propriété de guérir la cataracte, l'épiphora, etc. D'ailleurs, cette erreur était partagée par des hommes illustres, tels que Fabrice de Hilden, Lanzoni, Camerarius, Hoffmann, Ray, Jean Franck, etc. Aujourd'hui il est démontré que ses propriétés sont à peu près nulles ; le nom de *casse-lunette*, qu'on lui a donné quelquefois, venait de l'usage qu'on en faisait.

On a encore attribué à l'euphraise la propriété d'être utile contre le vertige, les céphalées, la jaunisse. D'après Adanson, loin d'être utile, elle serait nuisible à l'estomac, ce qui paraît peu probable.

EXOSTEMMA

Exostemma longiflorum et Caribæum Ræm. et Sch.
(Rubiacées–Cinchonées.)

L'Exostemma à longues fleurs (*E. longiflorum* R. et Sch., *Cinchona longiflora* Lamb.), désigné aussi sous le nom de Faux quinquina, est un arbre d'environ 10 mètres de hauteur, à feuilles opposées, linéaires–lancéolées, atténuées aux deux extrémités, glabres, munies de stipules interpétiolaires. Les fleurs, blanc-rosé, odorantes, sont solitaires à l'extrémité de courts pédoncules axillaires. Elles présentent un calice ovoïde, à cinq dents longues, lancéolées–linéaires ; une corolle à tube cylindrique, court, à limbe partagé en cinq lobes linéaires ; cinq étamines, insérées sur la gorge de la corolle et alternant avec ses divisions, à anthères linéaires, saillantes ; un pistil à ovaire infère, à deux loges multiovulées, couronné par un disque charnu, et surmonté d'un style filiforme, terminé par un stigmate en massue. Le fruit est une petite capsule, couronnée par le limbe du calice, divisée en deux loges qui contiennent chacune plusieurs graines imbriquées, arrondies, à albumen charnu, et entourées d'une aile membraneuse.

L'exostemma des Antilles (*E. Caribæum* R. et Sch., *Cinchona Cari-*

bœa Jacq., *C. Jamaïcensis* Wright) diffère surtout du précédent par sa taille plus petite, de 6 à 7 mètres ; ses feuilles ovales-lancéolées, acuminées ; ses fleurs blanches ; son calice à cinq dents obtuses ; sa corolle plus longue.

HABITAT. — Les exostemma croissent dans les régions centrales de l'Amérique ; la première espèce se trouve à Caracas ; la seconde aux Antilles, comme son nom l'indique.

CULTURE. — Peu cultivés dans leur pays natal, les exostemma ne se trouvent, en Europe, que dans les serres chaudes des jardins botaniques. Ils exigent une chaleur constante et une terre substantielle. On les multiplie de boutures tenues sur couche chaude ou dans une bonne tannée.

PARTIES USITÉES. — Les écorces.

RÉCOLTE. — Les écorces des différents exostemma, dont la récolte s'opère en Amérique, portent les noms de quinquina Piton ou de Sainte-Lucie (*E. floribunda* Rœm. et Schult) ; de quinquina Caraïbe (*E. Carybæa*) ; de quinquina du Pérou (*E. Peruviana*) ; de quinquina Piauhi ou du Brésil (*E. Sauzanum* Mart., *Esenbeckia febrifuga?* Mart., *Evodia febrifuga?* Aug. Saint-Hilaire).

Le quinquina Piton se trouve dans le commerce sous différentes formes ; tantôt c'est une écorce roulée, cylindrique, grosse comme le doigt, avec un épiderme d'un gris foncé mince, ridé longitudinalement ou recouvert de plaques cryptogamiques, blanches et tuberculeuses, avec des fissures transversales peu apparentes ; d'autres fois, l'épiderme est épais, fongueux, crevassé, blanchâtre à l'extérieur, jaunâtre à l'intérieur ; toujours l'écorce est mince, fibreuse, facile à briser ; sa cassure est d'un gris jaunâtre ; la surface interne est plus ou moins noire, entremêlée de fibres blanches ; son odeur est faible, mais nauséeuse ; sa saveur est extrêmement amère ; la poudre est d'un brun terne.

M. Guibourt décrit un autre quinquina Piton, que nous avons trouvé souvent dans les collections. Les écorces en sont très-minces et très-larges ; leur surface est lisse ou faiblement chagrinée ; elles sont d'un gris sombre ou rougeâtre ; la poudre est d'un brun pâle ou blanchâtre. Quelquefois on y trouve des écorces plus épaisses, mais ayant le même aspect ; elles paraissent appartenir au tronc. Peut-être est-ce le *Pitaya* du commerce anglais, que l'on connaît aussi sous le nom de *Quinquina bicolor*.

Le quinquina Caraïbe (*E. Carybœa*) a été décrit par Murray ; l'écorce du tronc est en fragments un peu convexes, assez épais, recouverts d'un épiderme gercé, jaunâtre, spongieux, friable ; le liber est dur, fibreux, d'un brun verdâtre, formé de fibres plates qui se séparent facilement les unes des autres. Dans une autre variété décrite par M. Guibourt, qui paraissait appartenir à des branches plus jeunes, la cassure était nette, non fibreuse, d'un jaune orangé foncé.

L'écorce de quinquina du Pérou, décrite par M. Guibourt sur un échantillon trouvé chez André Thouin, professeur au Jardin du Roi, se rapporte aux descriptions faites par MM. de Humboldt et Bonpland dans les *Plantes équinoxiales recueillies au Mexique*, etc. ; elle est lisse, luisante, d'un gris sombre, parsemée de petits tubercules blancs, ou couverte d'un épiderme mince et cendré, portant divers cryptogames. Le liber est vert, mince, fibreux ; la poudre est verdâtre, amère, un peu sucrée ; son odeur est nauséabonde.

L'écorce de quinquina du Brésil ou du Piauhi est tout à fait semblable à celle du quinquina Caraïbe. M. Guibourt ne pense pas qu'elle soit produite par l'*esenbeckia febrifuga*. Il l'attribue plutôt à un exostemma ; le liber est fibreux, brunâtre ou verdâtre ; il est amer ; il colore la salive en jaune.

Composition chimique.—Le quinquina Piton a été analysé par Fourcroy ; MM. Pelletier et Caventou n'y ont pas trouvé d'alcaloïde ; macéré dans l'eau, il donne un liquide rouge très-foncé, très-amer, ne rougissant pas le tournesol, présentant plutôt une réaction alcaline. M. Buchner a extrait du quinquina du Brésil un alcali organique, qu'il a nommé *esenbeckine*?? Gomez prétend y avoir trouvé de la *cinchonine*, quoique les exostemma ou faux quinquinas passent généralement pour ne fournir à l'analyse ni quinine ni cinchonine.

Usages. — Quoique réputées fébrifuges dans les lieux de production, les écorces des exostemma sont loin de mériter cette réputation ; elles sont très-amères et agissent comme telles ; elles rentrent dans le groupe des faux quinquinas. La poudre de l'écorce du quinquina Piton est vomitive. Les Brésiliens regardent comme particulièrement fébrifuge une espèce appelée par eux *quina do moto*, et connue dans la science sous le nom d'*exostemma cuspidata*.

FABAGELLE

Zygophyllum fabago L.
(Zygophyllées.)

La Fabagelle est une plante vivace, à racine épaisse au collet, rameuse et blanchâtre. Les tiges, hautes de $0^m,70$ à 1 mètre, cylindriques, un peu grêles, droites, rameuses, glabres, verdâtres, portent des feuilles opposées, pédalées, à pétiole assez court, accompagné de deux petites stipules géminées, terminé par une pointe subulée, et muni de deux folioles latérales, planes, entières, lisses, vertes, un peu charnues. Les fleurs, latérales, axillaires et terminales, naissant ordinairement par deux à chaque nœud, sont portées sur des pédoncules simples plus courts que les feuilles; elles ne s'ouvrent que médiocrement et paraissent un peu irrégulières. Le calice est à cinq folioles ovales ou oblongues; la corolle, à cinq pétales oblongs, obtus, un peu plus longs que le calice, d'un rouge orangé à la base et blanchâtre au sommet. A l'intérieur, on trouve dix étamines inclinées latéralement, ainsi que le style, et un ovaire oblong, prismatique. Le fruit est une capsule prismatique, présentant à l'intérieur cinq angles, et divisée en cinq loges qui renferment plusieurs graines anguleuses (Pl. 5).

HABITAT. — Cette plante passe pour avoir été apportée de la Mauritanie et des régions voisines en Europe. Elle est assez commune dans toute l'Afrique, plus rare dans les îles orientales de la Méditerranée, dans l'Asie médiane et la Syrie. On la trouve surtout dans les lieux secs. Elle peut croître en pleine terre jusque sous le climat de Paris.

L'Amérique, particulièrement aux environs de Carthagène, produit des fabagelles arborescentes.

CULTURE. — La fabagelle n'est cultivée que dans les jardins botaniques ou d'agrément. Elle demande une exposition chaude, une terre sablonneuse et sèche, car elle craint surtout l'humidité. On la propage de graines, de boutures ou d'éclats.

PARTIES USITÉES. — Les feuilles, la racine.

COMPOSITION CHIMIQUE. — L'analyse des feuilles de fabagelle n'a pas été faite ; elles renferment un suc âcre et très-amer.

USAGES. — Les feuilles de fabagelle sont tout à fait inusitées aujourd'hui. D'après Gmelin (*Découvertes des Russes*, t. III, p. 436), à Astracan, on fait confire dans du vinaigre les boutons floraux en guise de câpres. Réputées autrefois comme vermifuges, les fabagelles ne sont plus employées en médecine. Quelques espèces possèdent néanmoins des propriétés assez énergiques. Les Hottentots appellent *Nauta* le *Zygophyllum herbaceum* Thunb.; ils le regardent comme un poison pour les moutons; il en est de même du *Z. sessilifolium*, qui croît chez eux en buisson (Thunberg, *Voyage*, t. II, p. 96).

Quoique le nom scientifique de *Zygophyllum* donné à la fabagelle vienne de ζύγος, joug, paire, φύλλον, feuille, par allusion à la disposition des feuilles, il existe cependant en Égypte, aux environs du Caire, et en Arabie, des espèces à feuilles simples. Chez les Arabes, la fabagelle simple (*Zygophyllum simplex* L.) donne, par contusion et expression, un suc, dit-on, propre à faire disparaître les taches de la peau (*Encycl. bot.*, t. II, p. 441).

FENOUIL

Fœniculum officinale All. *Anethum fœniculum* L.
(Ombellifères - Sésélinées.)

Le Fenouil, appelé aussi Aneth ou Anis doux, est une plante bisannuelle ou vivace, à racine fusiforme, allongée, de la grosseur du doigt, ronde et blanchâtre. Les tiges, hautes de 1 à 2 mètres, cylindriques, fistuleuses, rondes ou légèrement aplaties, glabres, lisses, un peu striées, d'un vert gai ou glauque, rameuses, dressées, portent des feuilles alternes, très-grandes, à pétiole membraneux et largement embrassant, à limbe plusieurs fois ailé, à divisions principales opposées, découpées en un grand nombre de segments simples, capillaires, subulés, d'un vert plus foncé que la tige. Les fleurs, jaunes et petites, sont groupées en ombelles terminales, composées d'une douzaine de rayons, dépourvues d'involucre et d'involucelles. Elles présentent un calice à cinq dents très-petites; une corolle à cinq pétales entiers, égaux, repliés en dedans au sommet; cinq étamines très-longues, étalées; un ovaire simple, à deux loges uniovulées, surmonté de deux styles courts. Le fruit, presque cylindrique, se compose de deux akènes oblongs, à cinq côtes saillantes, presque égales.

Habitat. — Cette plante croît dans les régions chaudes et tempérées de l'Europe; on la trouve surtout dans les lieux secs. Cultivée dans les jardins, et quelquefois dans les vignes, elle a produit plusieurs variétés. Il en est une surtout, très-répandue en Italie, que l'on connaît en France sous les noms de fenouil doux ou sucré, et d'anis de Paris.

Culture. — Le fenouil vient bien dans tous les sols; il préfère cependant une terre sèche, légère et chaude. On le propage de graines semées en place. Il se ressème ensuite de lui-même. Le fenouil doux d'Italie se cultive comme le céleri ; mais il ne tarde pas à perdre en France les qualités qui le distinguent dans son pays natal. Aussi est-il bon de faire venir tous les ans de nouvelle graine de ce pays.

Parties usitées. — Les fruits (improprement semences), les racines, rarement les feuilles.

Récolte. — Les fruits du fenouil ont été connus de toute l'antiquité ; mais il a existé une certaine confusion dans l'histoire de cette plante, qui a disparu aujourd'hui, grâce aux recherches de M. Guibourt. On croit, d'après la comparaison des textes de Dioscoride avec ceux de Pline et de Galien, que le μάραθρον (*marathrum*), dont le premier de ces auteurs parle dans sa matière médicale, est le fenouil; mais plus loin il traite d'une autre plante qu'il nomme ἱππομάραθρον (*hippomarathrum*), qui est un grand *marathrum* sauvage ; on a cru voir dans cette plante le fenouil sauvage ; mais M. Guibourt croit qu'il s'agit d'une espèce de *Cachrys;* enfin Dioscoride mentionne un autre *hippomarathrum* à feuilles longues, menues et étroites, à semence ronde pareille à celle de la coriandre.

G. Bauhin, dans son *Pinax*, mentionne sept espèces de fenouil ; après lui, les auteurs n'en ont nettement distingué que deux espèces, l'une à tige plus élevée, à semences plus petites, âcres et brunes, l'autre à tige plus basse, à semences plus grosses, pâles et sucrées. A. P. De Candolle, dans son *Prodromus*, en distingue trois espèces, qui sont les *fœniculum vulgare* Gært., *dulce* C. B. et J. B., et *piperitum* D. C. Méral et Delens, dans leur *Dictionnaire de matière médicale et de thérapeutique générale*, distinguent quatre espèces de fenouil : ce sont les *fœniculum vulgare*, *F. officinale*, fenouil de Florence ou fenouil doux du commerce, *F. dulce* des Bauhin et de De Candolle, et le *F. piperitum* de De Candolle.

D'après M. Guibourt, voici quelles sont les espèces de fenouil du commerce :

1° *Fenouil vulgaire d'Allemagne*. Fruit entier, non divisé, sans pédoncule, ovoïde-elliptique, long de 0ᵐ,004, large de moins de 0ᵐ,002, surmonté de deux styles courts, épais à la base, droit ou courbé, gris-foncé, odeur forte de fenouil, saveur aromatique, piquante, menthée ; c'est le *F. vulgare Germanicum* de G. Bauhin.

2° *Fenouil âcre d'Italie*, ressemble au précédent, mais moins foncé; fruits souvent entiers, avec pédoncules; mais d'autres sont divisés en deux méricarpes; odeur forte, saveur un peu âcre, non amère, très-aromatique. M. Guibourt croit qu'il est fourni par le *F. vulgare Italicum semine oblongo, gustu acuto* G. Bauhin.

3° *Fenouil doux majeur*. C'est le véritable fenouil du commerce; on le désigne sous le nom de *fenouil de Florence*. M. Guibourt croit qu'il vient des environs de Nîmes; il est long de 0^m,010 à 0^m,015, large de 0^m,003, renflé à sa partie supérieure, pourvu d'un pédoncule formant un angle marqué avec l'axe du fruit, cylindrique, à huit côtes dont deux doubles, fruit presque droit ou largement arqué, vert-pâle blanchâtre, odeur douce et agréable, saveur aromatique, sucrée. C'est le *fœniculum dulce* de G. Bauhin, et le *F. dulce majore et albo semine* de J. Bauhin.

4° *Fenouil doux mineur d'Italie*. Fruit long de 0^m,006 à 0^m,007, épais de 0^m,002 et plus, quelquefois entier, droit ou recourbé, mais le plus souvent séparé en deux méricarpes, côtes blanches, odeur forte et franche de fenouil, saveur aromatique sucrée; d'après M. Guibourt, il se rapporte au *F. mediolanense* G. B. et au *F. dulce vulgari simile* J. Bauhin.

5° *Fenouil amer de Nîmes*. Ce fruit est très-petit, il ressemble au carvi, il est long de 0^m,003 à 0^m,004; entier ou divisé, droit ou arqué, d'un blanc verdâtre, odeur de fenouil vert, saveur amère et aromatique; on se demande s'il ne serait pas produit par le *F. sylvestre* de G. Bauhin. M. Guibourt a trouvé dans le commerce, sous le nom de *fenouillet*, un fruit très-petit, arrondi, blanchâtre, d'une odeur agréable, différente de celle du fenouil; il pense que ce fruit est produit par un *séséli*, probablement le *glaucum*.

Le fenouil doux majeur (*fœniculum officinale*) est le seul qui soit usité en pharmacie; il est gros, d'un vert pâle; en vieillissant, il devient jaune-brunâtre.

La racine de fenouil employée vient du *F. vulgare* ou fenouil doux majeur dégénéré; elle est formée d'une écorce fibreuse blanchâtre, d'un cœur ligneux à couches concentriques, odeur douce, agréable, saveur de carottes; elle se distingue de la racine de persil par son cœur ligneux; d'ailleurs elle est plus blanche.

COMPOSITION CHIMIQUE. — Le fenouil doit son action stimulante à une huile essentielle répandue dans toutes les parties de la plante, et plus spécialement accumulée dans les conduits oléifères que l'on trouve dans les vallécules des fruits; cette essence, que l'on sépare par distillation, est limpide, d'une pesanteur spécifique de 0,983 à 0,985 ; à 5 degrés au-dessus de 0, elle se concrète en un stéaroptène qui paraît avoir la même composition que celui de l'anis vert, et il reste une essence liquide qui, d'après M. Cahours, ne contient pas d'oxygène, et qui aurait la même composition que l'essence de térébenthine.

Usages. — Les fruits du fenouil étaient employés par Hippocrate pour augmenter la sécrétion du lait; on les considère comme toniques, stimulants, stomachiques, cordiaux et carminatifs; d'après Cullen, on les emploie en Angleterre contre la colique des enfants; on leur préfère en général la coriandre et l'anis; seuls ou associés à d'autres substances, on les a autrefois prescrits comme emménagogues, fébrifuges; ils entrent dans les électuaires de *Mithridate*, le *philonium Romanum*, le *diaphœnix*, le *catholicon*, la *confection d'hamech*, la *thériaque*, le *lénitif*, le *sirop de stœchas*, l'*eau vulnéraire*; la racine fait partie, avec celles de persil, d'ache, d'asperges et de petit houx, des *cinq racines apéritives*; elle entre dans l'*eau générale*, etc.; les fruits entraient dans les quatre semences chaudes; l'essence est prescrite quelquefois à la dose de 4 à 10 gouttes comme stomachique, cordiale et carminative; d'après Tragus et Arnaud de Villeneuve, les feuilles en infusion ou sous forme d'eau distillée jouissent de la réputation de conserver la vue; en cataplasmes ou en décoction dans l'eau et dans le vin, elles sont résolutives; à l'intérieur, les préparations de fenouil ont été autrefois prescrites contre la gastralgie, l'atonie de l'estomac et les coliques venteuses.

FENUGREC

Trigonella Fœnum Græcum L.
(Légumineuses-Lotées.)

Le Fenugrec, appelé aussi Sénégré, est une plante annuelle, à racine grêle, très-rameuse, fibreuse. La tige, haute de 0^m,35 environ, cylindrique, un peu creuse, striée, légèrement pubescente, dressée, presque simple, porte des feuilles alternes à pétioles courts, accompagnés de deux stipules entières, lancéolées, subulées, pubescentes, à limbe divisé en trois folioles ovales, oblongues, obtuses ou échancrées au sommet, denticulées sur les bords, glabres, d'un vert assez foncé en dessus, plus pâle et cendré en dessous. Les fleurs, d'un jaune pâle, sont sessiles, axillaires, solitaires ou géminées, dressées. Elles présentent un calice tubuleux, presque cylindrique, velu, un peu membraneux et transparent, à cinq divisions égales subulées et ciliées ; une corolle papilionacée, beaucoup plus longue que le calice, comprimée latéralement, à étendard ovale, obtus, obcordé, comprimé et peu ouvert, à ailes rapprochées et obtuses, ainsi que la carène, qui est très-courte ; dix étamines diadelphes, courtes, à anthères simples ; un ovaire allongé, à une seule loge multiovulée, surmonté d'un style et d'un stigmate simples. Le fruit est une gousse très-longue, presque cylindrique, étroite, arquée, dressée, terminée en longue pointe conique, et renfermant une douzaine de graines oblongues, un peu comprimées, tronquées aux deux extrémités, bosselées et brunâtres.

Habitat. — Le fenugrec croît dans les régions méridionales de la France et de l'Europe ; on le trouve surtout aux bords des champs. Il peut croître en pleine terre jusque dans nos départements du Nord.

Culture. — Cette plante est peu cultivée pour l'usage médical. Elle demande une bonne exposition, une terre légère et chaude. Il suffit de semer ses graines en place, au printemps. Elle ne demande ensuite que les soins ordinaires.

Parties usitées. — Les graines, la plante entière.

Récolte. — La graine de fenugrec doit être choisie récente ; on la récolte à la maturité des fruits ; elle doit être choisie grosse, de couleur jaune, très-odorante ; elle est rhomboïdale, demi-transparente ; en vieillissant, elle perd son odeur et devient brune.

Composition chimique. — Deux principes dominent dans les graines de fenugrec ; elles sont toujours désignées en droguerie sous le nom de foenugrec ; elles renferment environ trois huitièmes d'une matière mucilagineuse, et un principe actif d'une odeur très-agréable, analogue à celle du mélilot et de la fève Tonka, qui appartiennent à la même famille, dont la nature est inconnue, mais qui pourrait bien être due à la présence de la *coumarine*.

M. Bosson, pharmacien à Mantes, a trouvé dans le fenugrec une huile fixe et âcre, de l'acide malique, une huile volatile, une matière amère, une matière colorante jaune, et un principe aromatique.

USAGES. — Le fenugrec entre dans l'*huile de fenugrec* ou de *mucilage* qui, lui-même, est le principe aromatique de l'*onguent d'althea*. Cette graine fait partie des *farines émollientes* ; elle entrait autrefois dans un grand nombre de préparations qui sont aujourd'hui abandonnées.

Le fenugrec a de tout temps été considérée comme émollient, résolutif, maturatif et adoucissant ; on l'a employé en décoction, sous forme de lavements contre la diarrhée, la dyssenterie, et en général contre toutes les inflammations intestinales ; à l'extérieur, la décoction a été aussi utilisée à cause de ses propriétés adoucissantes contre les ophthalmies, les aphtes, les gerçures du mamelon ; en cataplasmes, comme maturatif pour favoriser la résolution des phlegmons.

Prosper Alpin assure qu'en Égypte, où le fenugrec se nomme *helbé*, *helbech*, on mange les jeunes pousses pour engraisser (*Flora Ægypt.*, 63). Les Arabes le mangent ; ils le regardent comme un excellent stomachique, et comme un spécifique contre les vers, la dyssenterie ; il sert pour assaisonner les sauces. D'après Sonnini (*Voyage*, I, 380), grillé comme le café, il sert, avec le miel, de l'eau et du suc de citron, à faire une boisson agréable. Chardin rapporte qu'en Perse, où il porte le nom de *kambalec*, il couvre des champs entiers (*Voyage en Perse*, III, 298). Il était connu des anciens. Mésué le faisait entrer dans un looch et dans un sirop.

Les usages médicaux du fenugrec sont aujourd'hui extrêmement bornés ; il est plus recherché comme plante économique. Les Grecs et les Égyptiens le plaçaient au rang des meilleures plantes fourragères. De nos jours on le cultive encore comme fourrage, principalement dans le Languedoc et le Dauphiné. La matière colorante jaune a été employée en teinture. (Voyez *Annales de Chimie*, t. IV, 116.)

FÉRULE

Ferula communis, ferulago, etc. L.
(Ombellifères–Peucédanées.)

Les Férules sont en général de grandes plantes herbacées, bisannuelles ou vivaces, à tige droite, fistuleuse, portant des feuilles alternes, dont le pétiole large et membraneux se termine par un limbe surdécomposé, à découpures menues, linéaires. Les fleurs, jaunâtres, sont disposées en ombelles terminales à rayons nombreux, entourées d'un involucre formé de quelques folioles membraneuses et caduques ; les ombelles latérales supérieures sont le plus souvent opposées ou ternées. Les ombellules, composées de fleurs régulières, toutes fertiles, sont entourées d'involucelles formés de folioles très-courtes et pointues. Chaque fleur présente cinq pétales presque égaux, cordés ou oblongs. Le fruit est ovale, comprimé, relevé, sur chaque face, de trois côtes longitudinales.

Ce genre renferme environ douze espèces, qui sécrètent pour la plupart un suc gommo-résineux d'une odeur désagréable. Les plus remarquables sont les suivantes :

1° Férule commune (*Ferula communis* L.), à tige haute de 2 mètres, épaisse, cylindrique, à feuilles très-grandes, divisées en segments linéaires très-longs.

2° Férule de Tanger (*F. Tingitana* L.), espèce bisannuelle, à tige haute de 3 mètres, et dont les feuilles se divisent en folioles découpées à peu près comme celles du persil.

3° Férule pinnatifide (*F. ferulago* L.), bisannuelle ou vivace, à tige haute de $2^m,50$, portant des feuilles à folioles moins larges, mais plus longues que dans l'espèce précédente, et d'un vert plus foncé.

4° Férule orientale (*F. Orientalis* L.), à tige rougeâtre, haute de 1 mètre, à feuilles d'un vert gai, à folioles glabres à la base et velues à l'extrémité.

5° Férule nodiflore (*F. nodiflora* L.), à tige haute de 1 mètre à $1^m,50$, portant des feuilles tripennées, à folioles linéaires, à ombelles verticillées autour des nœuds du sommet de la tige.

6° Férule assa fétida (*F. asa fœtida* Lam.), décrite dans un article spécial. (Voyez Assa fétida.)

Habitat. — Les férules sont des plantes propres aux régions chaudes et tempérées de l'ancien continent. Elles habitent surtout les bords du bassin méditerranéen.

Culture. — Ces plantes ne sont guère cultivées que dans les jardins botaniques ou d'agrément. Elles demandent une exposition chaude et éclairée, une terre légère, sèche et profonde. On les propage de graines, semées, autant que possible, en place aussitôt après leur maturité, ou au printemps, en terrines et sous châssis ; on arrose alors le semis, et on repique les jeunes plants dès qu'ils sont un peu forts.

PARTIES USITÉES. — Les sucs concrétés obtenus par incision, et formant diverses gommes-résines.

RÉCOLTE. — Le *ferula Persica* Willd. est généralement regardé comme fournissant le *Sagapenum*. Olivier croit que cette plante produit la gomme-ammoniaque, et Hope, l'assa-fœtida (*Trans. phil.*, XXX, 36, t. 3 et 4). Le sagapénum était connu des anciens et figure dans plusieurs médicaments composés qu'ils nous ont laissés. Comme l'assa-fœtida, il est recueilli en Perse, en Médie, en Arabie, etc. Il se présente en masses et rarement en larmes; il est mou, demi-transparent, d'une couleur plus foncée que celle du galbanum; il est mêlé de fruits, d'ombellifères et d'autres impuretés. Sa saveur et son odeur sont celles de l'assa-fœtida affaiblies; il diffère de celle-ci en ce qu'il ne rougit pas au contact de l'air et de la lumière.

Le sagapénum ou *gomme séraphique* se présente quelquefois en larmes arrondies, agglutinées, irrégulières, de la grosseur d'une noisette, légèrement transparente, d'une cassure cornée, d'une odeur résineuse, analogue à celle de la résine du pin, un peu alliacée; elle se ramollit par la chaleur, s'enflamme facilement et brûle avec beaucoup de fumée; on la nomme aussi *serapinum*. Enfin, on rencontre quelquefois dans le commerce un sagapénum très-impur, de couleur foncée, d'une odeur forte, qui arrive enveloppé dans des toiles bleues. On y trouve quelquefois mélangées des larmes de bdellium et de gomme ammoniaque, etc.

COMPOSITION CHIMIQUE. — Le sagapénum est une gomme-résine; le principe résineux y domine sur la gomme; à la distillation, il fournit une huile volatile. Voici d'ailleurs la composition que lui a assignée M. Pelletier : résine, 54,26, gomme, 31,94, malate acide de chaux, 0,40, huile volatile et perte, 11,80, matière particulière à laquelle on attribue toutes ses propriétés, 0,60, bassorine, 1,00 (*Bulletin de pharm.*, t. III, p. 481).

USAGES. — Le sagapénum entre dans la thériaque et l'emplâtre diachylon gommé; il est considéré comme résolutif et anti-spasmodique. Les Grecs, les Romains et les Arabes l'employaient comme fondant, et pour activer les fonctions des organes digestifs. Ferrein le regardait comme purgatif à la dose de un à quatre grammes; il l'employait contre l'épilepsie, l'hystérie, etc. Aujourd'hui il est très-peu usité.

Le *Faskook*, auquel M. Jackson attribue la gomme ammoniaque, et qui croît dans le Maroc, produit une gomme-résine nommée à Tanger *fusôgh* ou *fasôngh*, qui découlerait, d'après M. Lindley, non pas du *F. orientalis*, auquel Sprengel attribue le faskook de M. Jackson, mais bien du *F. Tingitana* ; les larmes qui forment cette gomme-résine sont moins blanches et moins opaques que celles de la gomme ammoniaque ; elles présentent quelquefois une teinte bleuâtre. M. Guibourt la désigne sous le nom de *fausse gomme ammoniaque de Tanger* ; il croit que ce produit est différent de la gomme ammoniaque de Dioscoride.

Le Galbanum produit par le *Bubon galbanum* L. du cap de Bonne-Espérance a été attribué, pendant quelque temps et à tort, à une plante que Lobel avait décrite et figurée sous le nom de *Ferula galbanifera*.

La *Ferula glauca* L., qui croit dans le Levant et en Italie, est couverte d'une poussière glauque résinoïde ; elle fournit un suc lactescent, âcre et très-odorant.

FICAIRE

Ficaria ranunculoides Mench. L. *Ranunculus ficaria* L.
(Renonculacées-Renonculées.)

La Ficaire, appelée aussi Éclairette, Grenouillette, Herbe aux hémorrhoïdes, Herbe du siège, Petite chélidoine, Petite éclaire, Petite scrophulaire, Pissenlit doux, etc., est une petite plante vivace, à racines fibreuses, granuleuses, présentant des renflements tuberculeux, ovoïdes, charnus. La souche, très-courte ou presque nulle, donne naissance à plusieurs tiges ou hampes, longues de $0^m,40$ à 0,20 au plus, lisses, couchées ou ascendantes et formant une large touffe. Elles portent des feuilles alternes, à pétiole élargi et engaînant à la base, à limbe cordiforme obtus, crénelé, anguleux, épais, luisant, très-glabre, d'un vert foncé en dessus, plus pâle en dessous. Les fleurs, jaune d'or, sont solitaires à l'extrémité de longs pédoncules axillaires et presque radicaux. Elles présentent un calice à trois sépales presque herbacés, caducs ; une corolle de six à neuf pétales d'un beau jaune, souvent verdâtres en dehors, brièvement onguiculés et transparents à la base, munis intérieurement d'une fossette nectarifère cachée par une écaille ; des étamines en nombre indéfini, libres et hypogynes, à anthères oblongues ; un pistil composé d'ovaires nombreux, libres, à une seule loge uniovulée, disposés en capitule globuleux. Le fruit se compose de nombreux akènes obtus, portés sur un réceptacle arrondi (Pl. 6).

HABITAT. — Cette plante se rencontre dans presque toute l'Europe et jusque dans le nord de l'Afrique. Elle habite surtout les prés humides, les lieux couverts et ombragés, les buissons, la lisière des bois, etc.

CULTURE. — On ne la cultive que dans les jardins botaniques ; elle demande un sol humide, et se propage très-facilement soit de graines semées en place, soit d'éclats de pied.

PARTIES USITÉES. — Toute la plante, les racines.

RÉCOLTE. — La ficaire jouit de propriétés bien différentes, selon l'époque à laquelle on la récolte ; très-jeune, elle peut être mangée en salade, et dans le Nord on la vend, en guise de pissenlit ; plus âgée, on ne la mange que cuite ; les racines, très-âcres avant la floraison, abondent plus tard en fécule et peuvent servir d'aliment. Pour ses usages en médecine, on ne l'emploie que fraîche ; elle perd toutes ses propriétés par la dessiccation.

COMPOSITION CHIMIQUE. — La ficaire renferme un principe poivré, beaucoup moins âcre que celui des autres renoncules ; elle contient une matière volatile qui se dissipe ou se dissout par la coction.

USAGES. — Galien et Dioscoride avaient remarqué que la ficaire devenait plus âcre en avançant en âge. Matthiole et d'autres auteurs ont avancé qu'on pouvait manger les feuilles cuites comme des épinards ; c'est ce que l'on fait encore de nos jours dans l'Upland, et les boutons floraux, peu développés, se font confire au vinaigre comme des câpres.

Dans leur jeunesse, les racines de la ficaire sont âcres et vénéneuses ; leur suc, mêlé avec du beurre frais, a été préconisé pour guérir les hémorrhoïdes ; Boerhaave les employait pilées, ainsi que les feuilles, contre cette maladie ; il en prescrivait aussi la décoction comme un remède assuré. Bulliard recommanda de laver les ulcères invétérés avec le suc ou avec la décoction ; il ajoute que ces lotions apaisent les douleurs hémorrhoïdales ; on l'a employée aussi en cataplasmes. Parmi les préjugés si répandus dans la médecine populaire, on peut citer celui qui fait attribuer aux tubercules de cette plante portés dans la poche, la propriété de préserver des hémorrhoïdes.

La ficaire exhale une odeur analogue à celle des crucifères ; aussi l'a-t-on conseillée comme anti-scorbutique, purgative et diurétique; on l'appliquait topiquement sur les tumeurs scrofuleuses, et les racines fraîches ont été quelquefois employées comme rubéfiantes; elle est aujourd'hui inusitée.

Les cochons recherchent les racines de ficaire; les abeilles butinent volontiers sur les fleurs; les chèvres et les moutons la broutent; les vaches et les chevaux la mangent, mais sans la rechercher.

FIGUIER

Ficus carica-L.
(Morées.)

Le Figuier est un arbre, dont la tige peut atteindre la taille de 10 mètres, mais qui reste généralement beaucoup plus bas dans nos cultures. Elle se divise en nombreux rameaux, terminés par des bourgeons très-pointus, et portant des feuilles alternes, grandes, à pétiole cylindrique et pubescent, à limbe large, échancré en cœur à la base, palmé, à cinq lobes arrondis et obtus, épais, ferme, d'un vert foncé et luisant à la face supérieure, plus clair à l'inférieure, qui est couverte de poils rudes et courts. Les fleurs, monoïques, très-petites, blanchâtres, pédicellées, sont renfermées dans un involucre pyriforme charnu, dont elles occupent toute la face interne, et qui est muni, à la base, de deux ou trois petites écailles, tandis que le sommet est percé d'un trou (*œil*) bouché par de nombreuses écailles scarieuses disposées sur plusieurs rangs. Les fleurs mâles, situées à la partie supérieure, présentent un calice à trois divisions, et trois étamines saillantes. Les fleurs femelles, beaucoup plus nombreuses, occupent le milieu et le fond du réceptacle, et présentent un calice à cinq divisions, un ovaire à une seule loge uniovulée, muni d'un style latéral terminé par un stigmate filiforme et bifide. Le fruit (ou ce que l'on désigne vulgairement sous ce nom) se compose du réceptacle, devenu épais et charnu, et de nombreux akènes très-petits (véritables fruits, vulgairement appelés *graines*) adhérant par des pédicelles charnus à la paroi interne du réceptacle.

Habitat. — Le figuier est originaire de l'Orient. Introduit par les Phocéens dans le midi de la France, au sixième siècle avant l'ère chrétienne, il est aujourd'hui cultivé en grand dans le Midi, et même, avec quelques soins, jusque sous le climat de Paris. Il a pro-

duit par la culture de nombreuses variétés dans la forme, le volume,
la couleur, la qualité et l'époque de maturité des fruits.

PARTIES USITÉES. — L'inflorescence fécondée et arrivée à maturité,
nommée *figue*.

RÉCOLTE. — Les figues sont récoltées à leur maturité ; il est peu
de fruits sur lesquels le climat ait autant d'influence que sur les
figues ; aux environs de Paris elles sont plus sucrées et se conservent
mal ; celles du midi de la France et de l'Europe se conservent très-
bien ; on en distingue un grand nombre de variétés : les plus communes sont 1° les *petites figues blanches* ; elles viennent de Marseille ;
elles sont petites, blanches, très-parfumées et très-sucrées ; 2° les
figues violettes, beaucoup plus grosses que les précédentes, violettes
ou bleuâtres ; elles proviennent de la figue *Mouissonne*, de Provence ;
elles se conservent parfaitement ; moins recherchées pour la table
que les autres sortes, on doit les préférer pour l'usage médical ; 3° les
figues grasses proviennent de la *grosse figue blanche*, ou de la *figue
jaune de Provence* ; elles sont moins sucrées, visqueuses, et facilement
attaquées par les mites.

Dans l'Orient, on pratique depuis un temps immémorial la fécondation artificielle pour augmenter la production des figuiers. Cette
opération, qui porte le nom de *caprification*, consiste à rapprocher
des branches du figuier cultivé celles du figuier sauvage ou *caprifi-
guier*, chargées de boutons à fruits, qui ne donnent que des fruits
non mangeables, et de fleurs mâles. On croit que le transport du
pollen se fait par l'intermédiaire d'un insecte, le *Cynips psenes* L.,
qui sort imprégné de poussière fécondante du figuier sauvage, pour
se loger dans la fleur femelle.

D'après Tournefort, un figuier caprifié peut porter jusqu'à deux
cent quatre-vingts livres de fruits, tandis que les nôtres n'en portent
que de vingt-cinq à trente livres ; il est vrai que celles-ci sont meilleures. D'après d'autres auteurs, le cynips, en se logeant dans les
fleurs femelles et les piquant, y détermine une affluence de sucs qui
fait grossir les fruits.

COMPOSITION CHIMIQUE. — Les figues contiennent du sucre analogue
à celui du raisin ; elles renferment en outre une matière mucilagineuse abondante et très-probablement de la pectine et de l'acide
pectique.

Toutes les plantes du genre *Ficus* produisent, par incision, un suc

blanc qui, par évaporation, fournit le caoutchouc (voyez ce mot),
nous citerons plus particulièrement, comme pouvant être exploités
dans ce but, le figuier élastique *F. elastica*, le figuier des pagodes
F. religiosa, qui fournit la gomme-laque, le figuier du Bengale
F. Bengalensis, et le figuier des Indes *F. Indica*.

Usages. — La figue fait partie, avec la datte, la jujube et le raisin, des quatre fruits pectoraux qui entrent dans la composition des
sirops et des pâtes pectorales, si employés contre les rhumes, les
catarrhes, les inflammations de poitrine, de la bouche, du larynx;
bouillies dans l'eau ou dans du lait, on les emploie souvent sous
forme de gargarisme. Les anciens les croyaient utiles comme diurétiques pour dissoudre la pierre.

La figue est la base de la nourriture de certaines populations afri-
caines; on en mange beaucoup en Italie et en Espagne. Chez nous,
on les sert comme hors-d'œuvre ou au dessert. Aux Canaries et en
Portugal, on en prépare par fermentation un vin qui produit à la
distillation une eau-de-vie agréable et très-recherchée. Les Romains
en fabriquaient du vin et du vinaigre; ils en faisaient entrer dans
un mortier indestructible appelé *mallha*; les athlètes s'en nourrissaient pour augmenter leurs forces. On les accusait d'engendrer la
vermine. Cette opinion, qui remonte à Galien, a été détruite par
Garidel.

FILIPENDULE

Spiræa filipendula L.
(Rosacées – Spirées.)

La Filipendule est une plante vivace, à racines fibreuses, grêles,
donnant naissance, près de leur extrémité, à des renflements tuberculeux, ovoïdes, bruns, de la grosseur d'une noisette. Les tiges, hautes de 0^m,30 à 0^m,60, dressées, rondes, glabres, d'un vert clair,
presque simples ou à peine rameuses au sommet, portent des feuilles
alternes, très-longues, à stipules dentées, à limbe divisé en quinze
à vingt paires de segments très-inégaux, à lobes ciliés, glabres, d'un
beau vert foncé en dessus, plus clair en dessous; les radicales sont
longuement pétiolées, les caulinaires embrassantes. Les fleurs, blanches, quelquefois rosées en dehors, odorantes, sont très-nombreuses
et groupées en élégants corymbes terminaux. Elles présentent un
calice à cinq divisions petites, courtes, réfléchies; une corolle à cinq

pétales ovales, écartés ; des étamines nombreuses, filiformes, plus courtes que les pétales, à anthères arrondies ; un pistil composé d'une douzaine de carpelles verticillées, à une seule loge pluriovulée, surmontées de styles terminaux, marcescents. Le fruit se compose d'une douzaine de petits follicules secs, pubescents, renfermant chacun un petit nombre de graines.

Habitat. — Cette plante est répandue dans la plus grande partie de l'Europe ; elle croît surtout dans les clairières des bois, sur les côteaux secs et sablonneux, quelquefois dans les prés.

Culture. — Assez abondante à l'état sauvage pour suffire aux besoins de la médecine, qui l'emploie rarement, la filipendule n'est cultivée que dans les jardins botaniques ou d'agrément. Peu exigeante pour le sol, elle se propage très-facilement par graines, par éclats de pieds ou simplement par tubercules.

Parties usitées. — Les racines, les feuilles.

Récolte. — Les racines de filipendule sont récoltées à la fin de l'automne ; leur nom vient de ce que les racines portent des espèces de tubercules allongés fusiformes, de la grosseur d'une olive et au-dessus, qui pendent à des fibrilles très-menues ; elles sont brunes, rougeâtres en dehors, blanches en dedans ; leur saveur est amère et astringente ; on ne trouve généralement dans le commerce de la droguerie que les racines tubériformes isolées.

Composition chimique. — Les racines fraîches exhalent une odeur analogue à celle des fleurs d'oranger ; elles contiennent assez d'amidon pour qu'on ait pu y recourir dans les temps de disette ; elles sont riches en tannin comme la plupart des racines de la même famille ; aussi les a-t-on quelquefois employées, ainsi que les feuilles, pour tanner les cuirs ; râpées fraîches et traitées par l'eau, on obtient une solution de couleur rosée, renfermant du tannin, et il se dépose une fécule dont Bergius a obtenu une excellente colle ; après les avoir pulvérisées et fait cuire, Gilibert en a isolé une matière amylacée bonne à manger.

Usages. — La racine de filipendule est un léger astringent ; on l'a employée, à la dose de 50 à 60 grammes, en décoction contre les diarrhées et la dysenterie ; on la regardait autrefois comme diurétique et lithontriptique ; on l'employait, ainsi que les feuilles, contre les hydropisies ; la poudre des racines a été usitée contre la leucorrhée, les hémorrhoïdes et les scrofules.

Parmi les plantes du genre Spiræa, qui jouissent des mêmes propriétés que la filipendule, nous citerons la reine des prés, ou ulmaire, *Spiræa ulmaria*, la *barbe de chêne* ou *barbe de bouc*, *S. aruncus* L., le *S. tomentosa* L., des États-Unis, le *S. trifoliata* L. (*Gillenia trifoliata* Mœnch), du même pays, dont la racine est connue sous les noms d'*indian medicine* et d'*ipécacuanha des Indiens*. Elle possède, d'après Barton et Chapmann, des propriétés vomitives qui, au rapport de Bigelow, ont été très-exagérées. Cependant Cox assure qu'il croit dans le Kenctucky une spirée dont les propriétés émétiques sont très-marquées.

FLUTEAU

Alisma Plantago L.
(Alismacées-Alismées.)

Le Fluteau ou Plantain d'eau est une plante vivace, à rhizome tubéreux, fibreux, blanchâtre. Les feuilles, toutes radicales, disposées en rosette ou en fascicule, ont un long pétiole engainant à la base, terminé par un limbe ovale-oblong ou lancéolé, un peu cordiforme, entier, glabre, marqué de cinq ou sept nervures. La tige, haute de 0^m,50 à un mètre, est dressée, dépourvue de feuilles, glabre, cylindrique, et se divise au sommet en rameaux floraux verticillés. Les fleurs, assez petites, blanc-rosé, sont groupées en petits bouquets terminaux, garnis de bractées scarieuses, et dont l'ensemble constitue une grande panicule terminale. Elles présentent un périanthe à six divisions, alternant sur deux rangs; les trois extérieures herbacées, lancéolées, concaves, persistantes; les trois intérieures pétaloïdes, plus grandes, caduques; six étamines opposées deux à deux aux trois divisions intérieures du périanthe; un pistil composé d'ovaires nombreux, uniovulés, verticillés, surmontés chacun d'un style court, latéral, terminé par un très-petit stigmate en tête. Le fruit se compose de nombreuses carpelles monospermes, arrondies au sommet et verticillées sur un seul rang.

Nous citerons encore les fluteaux nageant (*A. natans* L.) et renoncule (*A. ranunculoïdes* L.).

Habitat. — Ces plantes sont communes en Europe. Elles croissent dans les lieux humides ou marécageux, les terrains tourbeux, au bord des eaux, le long des fossés, etc. On ne les cultive que dans les jardins botaniques, où on les propage avec la plus grande facilité par la division des vieux pieds.

PARTIES USITÉES. — Le rhizome et les feuilles.

RÉCOLTE. — Les rhizomes peuvent être récoltés pendant toute l'année ; ils sont actifs, surtout lorsqu'ils sont frais ; ils perdent d'ailleurs à peu près toutes leurs propriétés par la dessiccation ; les feuilles peuvent être cueillies pendant la floraison.

COMPOSITION CHIMIQUE. — Les feuilles possèdent une saveur légèrement amère et styptique ; elles contiennent du tannin ; du moins leur infusion précipite par le sulfate de fer ; les rhizomes frais présentent une odeur chloro-iodée des plus remarquables ; elle est due très-probablement à une huile essentielle très-fugace, car elle disparaît par la dessiccation ; elle mériterait un examen chimique plus approfondi.

USAGES. — Le plantain d'eau est une des plantes les plus préconisées par le vulgaire contre la rage. Sa réputation date de 1717, époque à laquelle Lewshin annonça ses propriétés antirabiques ; on l'employait non-seulement comme prophylactique de la rage, mais encore contre l'hydrophobie confirmée. En Russie, dans le gouvernement de Tula, on en fait usage depuis plus de cinquante ans, et son efficacité ne s'est jamais démentie, dit Lewshin, qui assure avoir été lui-même témoin d'une guérison ; Burdach lui-même a publié des observations favorables à cette médication ; mais de nombreux essais, faits en France et dans d'autres pays, n'ont pas été malheureusement suivis de bons résultats.

Dans la méthode de traitement de la rage par le rhizome du plantain d'eau, comme dans la plupart des traitements de la même maladie, on recommandait des précautions qui paraissaient être les conditions indispensables du succès ; c'est ainsi que l'on recommandait de cueillir le rhizome pendant l'été, de le faire sécher à l'ombre, de le pulvériser ; on fait manger au malade une tranche de pain couvert de beurre saupoudré de poudre.

Les feuilles et les rhizomes frais sont certainement rubéfiants ; il paraît cependant que les Kalmoucks mangent ces tubercules, et M. le professeur Fée en a ingéré une grande quantité sans éprouver d'accident. (*Hist. natur. pharm.*, t. I, p. 344.)

Dehaen regardait le plantain d'eau comme diurétique ; il le substituait à l'*uva ursi*. Wauthers dit l'avoir employé avec succès contre les douleurs néphrétiques, l'hématurie et les rétentions d'urine.

D'après le docteur Hochstetter (*Revue de Thérap. médico-chirurg.*, mars 1858, page 154), la poudre de rhizome du plantain d'eau lui a réussi à la dose de 15 centigrammes à deux grammes contre la chorée et l'épilepsie. Elle est peu employée aujourd'hui.

FRAGON

Ruscus aculeatus L.
(Liliacées - Asparagées.)

Le Fragon, appelé aussi Brusc, Houx frêlon, Petit houx, Buis piquant, Buis sauvage, Myrte épineux, etc., est un arbrisseau à souche horizontale, traçante, de la grosseur du doigt, émettant de nombreuses racines fibreuses, grêles, pivotantes, blanchâtres. Les tiges aériennes, hautes de $0^m,50$ à 1 mètre, verticales, fermes, très-flexibles, très-rameuses, portent des feuilles alternes, simples, très-petites, avortées et réduites à des écailles membraneuses, de l'aisselle desquelles naissent des rameaux aplatis, foliacés, ovales, pointus et piquants, qu'on a longtemps regardés et qu'on regarde souvent encore comme des feuilles. Les fleurs, dioïques, petites, presque sessiles, blanches, sont solitaires au milieu de la face supérieure des rameaux aplatis, et sont d'abord renfermées dans une petite spathe membraneuse. Elles présentent un calice à six sépales blanchâtres, disposés sur deux rangs ; trois étamines monadelphes, à filets formant par leur réunion un godet urcéolé, violacé ou rougeâtre, qui porte les anthères ; un ovaire à trois loges biovulées, surmonté d'un style simple, très-court, que termine un stigmate en tête. Le fruit est une baie globuleuse, d'un rouge vif, du volume d'une petite cerise, renfermant une à trois graines assez grosses, globuleuses, dures et blanchâtres.

On peut citer encore les fragons hypophylle (*R. hypophyllum* L.), et à grappes (*R. racemosus* L., *Danaïda racemosa* Link), désignés quelquefois sous le nom de laurier alexandrin.

Habitat. — La première espèce est répandue dans presque toute l'Europe ; les deux autres sont propres aux régions méridionales. On ne les cultive que dans les jardins botaniques ou d'agrément.

Parties usitées. — Le rhizome, appelé vulgairement racine.

Récolte. — La racine de petit houx peut être récoltée à l'automne ou pendant l'hiver; on la coupe par fragments et on la fait sécher à l'étuve; elle est blanchâtre, de la grosseur du petit doigt, longue, noueuse, articulée, présentant de distance en distance des anneaux rapprochés, et portant, à la partie inférieure surtout, un grand nombre de radicules blanches, longues, pleines et ligneuses; en masse elle présente une légère odeur térébinthacée; sa saveur est sucrée et amère.

On peut substituer sans inconvénient à la racine de petit houx, ou employer concurremment celle de deux espèces voisines; l'une est l'*hypoglosse* ou *bistingua* (*R. hypoglossum* L.) et l'autre est le *laurier alexandrin* (*R. hypophyllum* L.).

COMPOSITION CHIMIQUE. — L'analyse de la racine de petit houx n'a pas été faite; on sait qu'elle renferme un principe amer peu abondant, du sucre et une matière légèrement odorante, et très-probablement de l'asparagine.

USAGES. — La racine de petit houx fait partie, avec celles d'asperges, d'ache, de fenouil et de persil, des cinq racines apéritives, si employées comme diurétiques ou apéritives, sous forme de sirop ou de tisane. On l'emploie dans les hydropisies, l'ictère, la gravelle, les engorgements viscéraux, etc. On en faisait usage au temps de Dioscoride. Le fruit ou baie a été regardé comme laxatif. D'après M. Pignol, les graines torréfiées sont employées en Corse comme succédanées du café. Les jeunes pousses, que l'on mange quelquefois en guise d'asperges, sont considérées comme diurétiques. En Italie, on se sert des branches, dont les rameaux sont piquants, pour envelopper les viandes et en éloigner les souris, d'où leur vient le nom de *Pongilopi*, pique-souris.

FRAISIER

Fragaria vesca L.
(Rosacées-Dryadées.)

Le Fraisier est une plante vivace, à souche courte, donnant naissance à de nombreuses racines fibreuses, chevelues, rougeâtres. Les tiges sont de deux sortes : les unes rampantes (*stolons* ou *coulants*), présentant de distance en distance des nœuds qui produisent des feuilles en dessus et des racines adventives en dessous; les autres dressées, florifères, hautes de 0^m,10 à 0^m,30, nues ou portant une seule feuille florale, velues ainsi que le reste de la plante. Les feuilles, presque toutes radicales, sont longuement pétiolées et divisées en trois folioles sessiles, ovales, un peu onduleuses, dentées, vert-foncé en dessus, pubescentes, blanchâtres en dessous. Les fleurs sont blanches, grandes, réunies en cimes corymbiformes pauciflores à l'extrémité des axes florifères. Elles présentent un calice à cinq divisions, étalé à la maturité du fruit et accompagné d'un calicule aussi à cinq divisions ; une corolle rosacée, à cinq pétales entiers, arrondis, concaves, brièvement onguiculés ; des étamines nombreuses, insérées sur le calice ; un pistil composé d'ovaires nombreux, réunis en capitule hémisphérique au centre de la fleur et portés sur un réceptacle globuleux et charnu. Le fruit (*fraise*) se compose de ce réceptacle, qui devient pulpeux, sucré et parfumé, et de nombreux akènes, petits, durs et granuleux, qui sont les véritables fruits.

Nous citerons encore dans ce genre les fraisiers des collines (*F. collina* Ehrh.), à grandes fleurs (*F. grandiflora* Ehrh.), de Virginie (*F. Virginiana* L.), etc.

Habitat. — Le fraisier est répandu dans presque toute l'Europe. On le trouve surtout dans les bois. Cultivé en grand dans les jardins et dans les champs, il a donné naissance à d'innombrables variétés.

Parties usitées. — Les racines, les feuilles, et les réceptacles charnus (fraises).

Récolte. — Les racines du fraisier doivent être récoltées à l'automne ou pendant l'hiver ; après les avoir arrachées, on les dépouille des radicelles, on les lave et on les fait sécher ; ce sont des souches ligneuses longues de $0^m,06$ à $0^m,08$, de la grosseur du doigt, d'une couleur brune, inodore, d'une saveur astringente ; elles sont recouvertes d'écailles accumulées vers le sommet.

Les feuilles doivent être cueillies très-jeunes ; on les fait sécher pour l'usage ; elles sont peu usitées ; les fraises sont récoltées à leur maturité ; elles doivent être mangées immédiatement, car elles perdent leur saveur agréable et leur arome ; pour la préparation du sirop et des confitures, il vaut mieux les cueillir un peu avant leur complète maturité.

Composition chimique. — La racine de fraisier contient du tannin et de l'acide gallique ; les feuilles, employées autrefois en infusion théiforme, renferment les mêmes principes ; les fraises ont été étudiées par M. Buignet, qui a suivi pas à pas la formation du sucre dans ces fruits et ses transformations ; les proportions de ce principe varient beaucoup, selon les variétés et selon le climat. D'après M. Buignet, la variété des fraises *collina d'Ehrhardt* renferme pour 100 de matière sucrée : 56 de sucre de canne et 44 de sucre interverti.

Les fraises contiennent en outre de la pectine et de l'acide pectique, de l'acide malique, et un arome difficile à isoler, mais que l'on peut obtenir sous forme d'hydrolat, d'après M. Stanislas-Martin (*Bull. de Thérap.*, t. 48, p. 544).

Usages. — La racine et les feuilles de fraisier sont considérées comme diurétiques et astringentes ; on les emploie encore quelquefois dans les affections des voies urinaires, dans l'hématurie, les hémorrhagies passives, contre la diarrhée, la gonorrhée, la blennorrhagie, etc. Nebel préconisait les feuilles pilées comme topique contre les ulcères ; distillées avec le fruit, elles donnent un hydrolat autrefois usité comme cosmétique ; la décoction avec les racines est employée en gargarismes contre l'angine. D'après M. Klekzinsky, de Vienne, les feuilles du fraisier des forêts cueillies immédiatement après la maturité des fruits, séchées et légèrement torréfiées sur des plaques chaudes, servent à préparer une infusion qui peut remplacer celle du thé de Chine.

Tout le monde connaît les usages économiques de la fraise ; comme elle est très-riche en sucre, on peut, par fermentation, en obtenir une liqueur vineuse, qui se conserve mal, mais qui produit un bon alcool par distillation. L'alimentation par les fraises a été souvent employée comme médication. M. Gelnecke les a employées comme anthelminthiques contre le tænia ; s'il faut ajouter peu de foi aux faits rapportés par Van-Swieten, qui dit avoir vu guérir des maniaques, qui avaient mangé des quantités énormes de fraises ; ceux de Schulze, de Hoffmann et de Gilibert, qui assurent avoir vu guérir des phthisiques par l'emploi de ces fruits ; il n'en est pas moins vrai que leur usage immodéré ou exclusif peut déterminer, comme l'a démontré M. Liebig, des changements notables dans la composition des urines ; elles diminuent la quantité d'acide urique, et on comprend dès lors comment l'illustre Linné parvenait à se garantir des attaques de goutte en faisant des fraises son unique nourriture, et on ne doit plus être surpris des faits signalés par Gessner et par Boerhaave, qui disent avoir vu employer ce moyen avec succès contre la gravelle, les calculs, les néphrites calculeuses, etc. Les recherches physiologiques sur l'alimentation par les végétaux et surtout par les fruits acides, rendent parfaitement compte du résultat de ces observations, et on se rappelle que MM. Liébig et Woëlher ont démontré que tous les fruits renfermant de la potasse et un acide organique rendaient les urines alcalines ; or, la médication alcaline est une des plus préconisées contre les affections goutteuses et calculeuses. Manger des fraises, c'est un moyen détourné d'administrer des alcalis.

M. Champouillon a proposé, pour rendre les fraises plus diurétiques, de les arroser avec du nitrate de potasse en solution étendue.

En médecine homœopathique, on fait usage de la racine de fraisier ; son signe est *A/g*, son abréviation *fragar* ; on en prépare une teinture mère.

FRAMBOISIER

Rubus Idæus L.
(Rosacées-Dryadées.)

Le Framboisier est un sous-arbrisseau à racines ligneuses, rampantes. Les tiges, hautes de 1 à 2 mètres, ligneuses, assez grêles, vertes, striées, dressées, à rameaux arqués, cylindriques, glabres, d'un vert glauque, armées d'aiguillons faibles et droits, portent des feuilles alternes, à pétiole faiblement épineux, à limbe imparipenné, les inférieures à cinq, les supérieures à trois folioles sessiles, ovales, aiguës, cordées à la base, dentées en scie, glabres en dessus, tomenteuses-argentées en dessous. Les fleurs sont blanches et réunies en petites grappes à l'aisselle des feuilles supérieures, sur des pédoncules glabres, rameux, un peu épineux. Elles présentent un calice presque plane dans la partie centrale, à cinq divisions ovales, lancéolées, aiguës, un peu velues sur les bords et réfléchies en dessous ; une corolle à cinq pétales petits, arrondis, un peu obtus, dressés et connivents ; des étamines assez nombreuses, plus courtes que la corolle ; un pistil composé de nombreux ovaires globuleux, réniformes, velus, réunis en capitule, sur un réceptacle conique, au centre de la fleur, et surmontés chacun d'un long style grêle que termine un stigmate très-petit. Le fruit (*framboise*) est une réunion de petites drupes rouges, jaunâtres ou blanches, charnues, succulentes, monospermes, très-serrées entre elles et portées sur un réceptacle conoïde allongé.

HABITAT. — Le framboisier est assez répandu dans les régions tempérées et septentrionales de l'Europe ; on le trouve surtout dans les bois humides, montueux, sur les rochers, etc. On le cultive en grand depuis longtemps dans les vergers et les jardins, où il a produit d'assez nombreuses variétés. Il se plaît de préférence à l'exposition du nord. On ne le cultive pas pour l'usage médical. Comme il épuise beaucoup le sol, on doit lui donner d'abondantes fumures, ou bien changer les touffes de place tous les trois ans.

PARTIES USITÉES. — Les feuilles, les fruits.

RÉCOLTE. — Les feuilles rarement employées doivent être récoltées à l'époque de la floraison ; les fruits ou framboises sont cueillis à leur maturité pour être mangés, et un peu avant cette époque pour les préparations culinaires et pharmaceutiques. Elles s'altèrent rapidement.

COMPOSITION CHIMIQUE. — Les feuilles du framboisier se rapprochent par leurs propriétés et leur composition de celles de la ronce ; elles renferment du tannin en assez grande quantité. Les fruits contiennent, d'après M. Bley, une huile essentielle, de l'acide malique, de l'acide citrique, de la pectine, du sucre, une matière colorante rouge, et une matière azotée.

USAGES. — On emploie en gargarismes les feuilles du framboisier comme styptiques et détersives contre les inflammations de la bouche, du pharynx et de la gorge. D'après Macquart, les fleurs seraient sudorifiques, comme celles du sureau.

Le fruit du framboisier, très-recherché sur nos tables et dans la confiserie et la pâtisserie, est très-riche en sucre ; on peut donc en obtenir un vin par fermentation et de l'alcool par distillation du liquide fermenté ; les framboises écrasées et abandonnées au frais pendant vingt-quatre heures, éprouvent la fermentation pectique, et par filtration on obtient un suc qui, chauffé très-légèrement avec un peu moins que le double de son poids de sucre de canne, produit le sirop de framboises, très-employé, délayé dans l'eau comme boisson d'agrément, et dont on fait usage dans les fièvres bilieuses et inflammatoires, dans l'angine, le scorbut, etc. On emploie dans les mêmes cas le *sirop de vinaigre framboisé*, que l'on obtient en faisant macérer des framboises dans du vinaigre blanc, filtrant, et faisant dissoudre dans le liquide obtenu, et à froid, le double de son poids de sucre. Enfin la gelée de framboises s'obtient en chauffant avec un peu d'eau ces fruits dans une bassine en cuivre rouge non étamée, passant avec expression légère à travers un linge très-propre et faisant dissoudre dans le jus produit, une quantité suffisante de sucre de canne.

Les framboises servent à aromatiser les glaces ; on les conserve entières soit dans du sirop en vase clos par la méthode d'Appert, soit dans de l'alcool faible légèrement sucré.

FRÊNE

Fraxinus excelsior, Ornus et *rotundifolia* L.
(Oléinées-Fraxinées.)

Le Frêne élevé ou commun (*Fraxinus excelsior* L.) est un grand arbre, dont la tige, haute de 20 à 25 mètres, droite, couverte d'une écorce grisâtre, se divise en rameaux opposés, portant des bourgeons noirs et des feuilles opposées, grandes, imparipennées, présentant neuf à treize folioles ovales-lancéolées, acuminées, glabres en dessus, pubescentes en dessous. Les fleurs, polygames, verdâtres, peu apparentes, naissant avant les feuilles, sont groupées en panicules opposées, munies de bractées, penchées après la floraison. Elles sont dépourvues de calice et de corolle, et présentent deux étamines et un ovaire à deux loges biovulées, surmonté d'un style simple et d'un stigmate à deux lobes étalés. Le fruit est une samare membraneuse, coriace, oblongue, renflée à la base et presque foliacée au sommet.

Le frêne à fleurs (*F. Ornus* L., *Ornus Europæa* Pers.) atteint 8 à 10 mètres d'élévation ; ses rameaux portent des bourgeons veloutés et des feuilles à trois ou quatre paires de folioles. Ses fleurs ont un calice à quatre sépales et une corolle à quatre pétales linéaires, beaucoup plus longs que le calice ; elles sont disposées en panicules latérales et fournies. Le fruit est une samare étroite, linéaire-lancéolée et obtuse.

Le frêne à feuilles rondes ou à la manne (*F. rotundifolia* Lam., *Ornus rotundifolia* Pers.) se distingue du précédent par sa taille moins élevée ; ses feuilles, à deux ou quatre paires de folioles arrondies, glabres, à dents obtuses et à pétioles canaliculés.

HABITAT. — La première espèce de frêne habite les régions tempérées de l'Europe, où elle est très-répandue dans les bois. Les deux autres sont propres aux régions méridionales ; on ne les cultive guère que dans les jardins botaniques ou d'agrément.

PARTIES USITÉES. — L'écorce, l'écorce de la racine, les feuilles, les fruits, la manne.

RÉCOLTE. — Les feuilles de frêne doivent être récoltées jeunes, lorsqu'elles laissent suinter une matière gommeuse et visqueuse, ce qui a lieu chez nous vers le mois de mai ou de juin ; on les fait sécher à l'ombre ; les écorces sont enlevées au printemps, et mieux à l'automne ; on les prend sur les branches de trois à quatre ans, on les fait sécher et on les conserve au sec.

Le *F. rotundifolia* et le *F. excelsior*, mais surtout le premier, donnent, en Sicile et en Calabre, un suc concrété nommé *manne*. Quelques botanistes ont voulu faire de ces deux arbres le genre *ornus*, se basant sur la présence d'une corolle, et parce que les fleurs sont hermaphrodites, tandis que dans les autres frênes, la corolle manque et les fleurs sont polygames ; en général, on n'admet pas cette séparation.

Le frêne à feuilles rondes cultivé laisse écouler spontanément, ou à la suite de la piqûre d'une cigale, nommée *cycada orni*, un suc sucré formant la manne ; mais celui du commerce est le plus souvent obtenu à la suite d'incisions pratiquées sur les arbres depuis juillet jusqu'à octobre ; suivant l'époque et aussi suivant que la saison a été plus ou moins pluvieuse, on obtient des produits variables en qualité.

La *manne en larmes* se récolte en juillet et août, la température étant alors assez élevée pour concréter le suc sur l'arbre ou sur des fétus en paille, que l'on dispose à cet effet ; elle vient exclusivement de Sicile.

La *manne en sorte* coule le long des arbres et se salit pendant le mois de septembre et d'octobre ; elle contient de petites larmes agglutinées par des parties molles et noirâtres. Ces larmes portent le nom de *marrons*. La manne en sorte se divise en manne de Sicile ou *manne Géracy*, et en manne de Calabre ou *manne Capacy* ; celle-ci contient de plus belles larmes ; elle fermente et se transforme rapidement en une autre sorte, qu'on appelle *manne grasse*. La manne Géracy se conserve plus longtemps, mais au bout de deux ans elle jaunit également, se ramollit et fermente.

On a donné le nom de manne à d'autres substances dont nous avons parlé au mot *Alhagi* (voyez ce mot). On a nommé *manne tombée du ciel* une plante que l'on croit être le *lichen esculentus* de Pallas.

COMPOSITION CHIMIQUE. — M. Thénard, qui avait analysé la manne,

y avait trouvé un principe doux et cristallisable, nommé *mannite*, du
sucre, et un principe nauséeux et inscristallisable. M. Leuchtewasse
a trouvé dans la manne en larmes ; eau, 11,6 ; matière insoluble, 0,4 ;
sucre, 9,1 ; mannite, 42,6 ; substance mucilagineuse, résine et acide
organique, matières azotées, 40,0 ; cendre, 1,3. Les mannes en sorte
renferment moins de mannite.

M. Keller a trouvé dans l'écorce de frène un principe immédiat
cristallisant en prismes hexagonaux qu'il a nommé *fraxinine* ; elle est
soluble dans l'alcool et dans l'eau, et peu soluble dans l'éther ; elle a
été étudiée par M. Mandet, pharmacien à Tarare, et par M. Mouchon, de Lyon, qui la nomme *fraxinite*. D'après quelques auteurs,
ce ne serait pas un principe immédiat, mais bien un principe amer,
combiné à un tannin particulier. M. Garat a trouvé dans l'écorce de
frène 16 pour 100 de malate de chaux ; elle est, de plus, très-riche
en tannin ; les feuilles contiennent les mêmes principes, mais en
moins grande abondance.

Usages. — La manne est fréquemment employée comme purgatif
léger, à la dose de 20 à 40 grammes ; c'est surtout la manne en larmes dont on fait usage, quoiqu'elle soit considérée comme moins
active que la manne en sorte. En Sicile, lorsqu'elle est récente, on
s'en sert pour sucrer les mets en guise de sucre. A dose plus faible,
2 à 6 grammes, elle est regardée comme expectorante. Elle convient
surtout pour les très-jeunes enfants ; elle entrait dans la composition
des médecines noires et de la marmelade de Zanetti, etc., etc.

L'écorce de frène était autrefois très-usitée comme fébrifuge ;
Boerhaave dit qu'elle agit comme le quinquina à dose double. Chris-
tophe Helwig (*de quinquina Europeorum*, 1712) l'appelle le quinquina
d'Europe. Kniphof, dans son *Examen des fébrifuges* (Erfurt, 1747),
l'a placée à côté du quinquina. Coste et Wilmet l'administraient à
la dose de 8 grammes, répétée de quatre en quatre heures, contre les fièvres d'accès. Burtin et Murray (*Appar-medi*, t. III, p. 535)
la donnaient à la même dose que le quinquina entre les deux accès.
Mais, d'un autre côté, Torti (*Thérap. spe.*, p. 19), et Linné (*de febrib.
interm.*, Causa, p. 56), n'en ont obtenu aucun bon effet, et Chaumeton est arrivé aux mêmes résultats. Les expériences faites avec la
fraxinine comme antifébrifuge n'ont donné aucun résultat satisfaisant.

L'écorce de frène a été autrefois employée comme astringente dans la diarrhée et la dysenterie. Cependant M. Martin Solon la regardait comme éméto-cathartique; mais on sait aujourd'hui que ses propriétés purgatives sont très-douteuses, et elle est maintenant complétement abandonnée.

Les feuilles de frêne purgent à dose double du séné, sans laisser une irritation aussi persistante dans les intestins. MM. Pouget et Peyraud leur ont attribué une action spécifique dans les affections rhumatismales et goutteuses, et c'est aujourd'hui un remède populaire; dans ces maladies, il produit souvent de bons effets. La dose est de un à deux grammes, que l'on fait infuser pendant trois heures dans deux tasses d'eau bouillante; dans les cas de goutte aiguë, on double la dose, surtout au commencement des accès. Ces feuilles sont cependant aujourd'hui beaucoup moins employées.

Autrefois on employait beaucoup les graines de frêne comme hydragogues et diurétiques contre les engorgements hépatiques et spléniques; à dose élevée, elles sont, d'après M. Cazin, plus purgatives que les feuilles; elles sont tout à fait inusitées depuis longtemps.

Depuis Pline, qui disait que l'ombrage des frênes chassait les serpents, on a, à diverses époques, employé les feuilles sans succès comme anthelminthiques.

FUMETERRE

Fumaria officinalis L.
(Fumariacées.)

La Fumeterre officinale, appelée aussi dans quelques localités Fiel de terre, est une plante annuelle, à racine pivotante, blanchâtre, grêle, chevelue. Les tiges, longues de $0^m,20$ à $0^m,80$, anguleuses, rameuses, diffuses, inclinées ou couchées, tendres, cassantes, succulentes, glabres, glauques, rarement rougeâtres, portent des feuilles alternes, pétiolées, bipennées, à folioles écartées, découpées en lobes étroits et aigus, glabres et d'un vert clair ou glauque. Les fleurs petites, d'un pourpre violacé, courtement pédonculées, et accompagnées de petites bractées, sont réunies en grappes lâches terminales. Elles présentent un calice à deux sépales ovales-lancéolés, aigus, attachés par leur partie moyenne; une corolle irrégulière, oblongue, tubulée, à quatre pétales inégaux, hypogynes, connivents et caducs; le supérieur plus grand, prolongé à la base en éperon court et obtus; les deux latéraux onguiculés à la base et cohérents au sommet;

l'inférieur long, étroit et canaliculé. Les étaminés, au nombre de six, sont diadelphes et soudées en deux faisceaux égaux. L'ovaire est libre, ovoïde, formé de deux carpelles, à une seule loge renfermant deux ou trois ovules, et surmonté d'un style articulé et caduc. Le fruit est une petite capsule ovoïde, un peu comprimée et glabre.

Nous citerons encore les fumeterres moyenne (*F. media* Loisel.), à épis (*F. spicata* Lam.), grimpante (*F. capreolata* L.), à petites fleurs (*F. parviflora* Lam.), de Vaillant (*F. Vaillantii* Loisel.), etc.

Le *fumaria bulbosa* est un corydalis; nous en avons déjà parlé (voyez *Corydalis*).

Habitat. — Toutes ces espèces sont répandues en Europe; elles croissent dans les champs, les jardins, les vignes, au bord des chemins, etc. On ne les cultive que dans les jardins botaniques, où il suffit de les semer en place au printemps.

Parties usitées. — Toute la plante en fleurs.

Récolte. — Elle se fait en mai, juin et juillet, au commencement de l'anthèse; on arrache la plante, on enlève les racines et les feuilles inférieures; on dispose par petits paquets peu serrés et on fait sécher rapidement au soleil; lorsqu'elle est mal desséchée, elle noircit.

La fumeterre grimpante (*F. capreolata* L.), et la fumeterre moyenne (*F. media* Loisel.), peuvent être substituées à la plante officinale, quoique quelques auteurs les regardent comme plus actives; il n'en est pas de même d'une autre espèce qui croît également dans nos champs, qui fleurit à la même époque, qui ressemble beaucoup à la fumeterre officinale, et qui s'en distingue en ce qu'elle est complétement dépourvue d'amertume; cette espèce est la fumeterre de Vaillant (*F. Vaillantii*); elle a les pédicelles fructifères plus longs que les bractées, les grappes courtes, les fleurs roses, les feuilles très-profondément divisées à lobes linéaires et planes, entièrement glauques.

Composition chimique. — La fumeterre écrasée répand une odeur herbacée; sa saveur est amère; elle augmente par la dessiccation. M. Peschier, de Genève, y a trouvé un principe immédiat mal défini qu'il a nommé *fumarine*, de l'extractif, de la résine, un acide cristallisable; la fumarine, peu étudiée, a une saveur amère; elle est visqueuse, soluble dans l'eau, l'alcool et l'éther.

On avait cru trouver du malate de chaux dans la fumeterre, mais
M. Winckler a démontré que cette plante renfermait un acide particulier cristallisable, volatil, soluble dans l'alcool et dans l'éther,
inattaquable par l'acide azotique; il l'a nommé acide *fumarique*; et
M. Demarçay (*Annales de chimie et de physique*, t. LVI, p. 81 et 429)
a démontré qu'il était semblable à l'acide *paramaléique* obtenu, par
M. Pelouze, de la distillation de l'acide malique, et dont la formule
est C^4HO^3, HO. Cet acide existe encore dans le lichen d'Islande, le
Glaucium luteum, et les champignons.

USAGES. — Les médecins anciens, tels que Galien, Oribase,
Aétius, Avicenne, Mésué, regardaient la fumeterre comme tonique,
fondante, dépurative; ils l'administraient dans la débilité des voies
digestives, l'ictère, les engorgements des viscères abdominaux,
dans les affections scrofuleuses, cutanées et scorbutiques, etc. Les
modernes, comme Gilibert, Pinel, Sprengel, Strandberg, Hoffmann,
ont constaté son efficacité incontestable dans les scrofules et les
maladies cutanées; mais on a certainement beaucoup exagéré ses
effets comme vermifuge et contre la lèpre. Strandberg et Pinel l'ont
beaucoup vantée contre les dartres invétérées. Desbois, de Rochefort,
qui plaçait le siége des affections cutanées dans le foie, considère
la fumeterre infusée dans du lait comme un des meilleurs herpétiques.

M. Hannon, de Bruxelles, loin de regarder la fumeterre comme
tonique et dépurative, la considère comme hyposthénisante; et la fumarine, d'après cet auteur, serait légèrement excitante.

La fumeterre a été quelquefois appliquée, sous forme de cataplasmes, contre les dartres; on faisait aussi, dans les mêmes cas, des
lotions avec des décoctions dans du lait ou dans l'eau.

GALANGA

Alpinia galanga Willd. *Maranta galanga* L.
(Amomées.)

Le Galanga ou Languas est une plante vivace, à rhizome tubéreux, noueux, rampant, émettant des racines fibreuses, très-longues, verticales. Les tiges, hautes de 2 mètres et plus, cylindriques, glabres, simples, dressées, portent dans leur partie inférieure des feuilles avortées et réduites à des gaînes terminées en pointe, et dans le haut des feuilles normales, alternes, distiques, glabres, à pétioles élargis et engaînants, à limbe oblong, lancéolé, aigu, marqué de nervures latérales obliques, très-fines et très-rapprochées. Les fleurs, blanchâtres et pédonculées, sont réunies en une grappe ou panicule oblongue, étroite, terminale. Elles présentent un périanthe double : l'extérieur (calice) à trois divisions; l'intérieur (corolle) à six divisions disposées sur deux rangs, les trois externes ovales, lancéolées, réfléchies, presque égales, très-écartées, les trois internes très-inégales, deux étant rudimentaires, et la troisième (labelle) large, onguiculée, spatulée, concave, un peu charnue, dressée, légèrement crénelée au sommet; une étamine à filet, pétaloïde aplati, portant une grosse anthère, divisée en deux loges ; un ovaire infère, à trois loges multiovulées, surmonté d'un style filiforme, qui passe entre les deux loges de l'anthère, et se termine par un stigmate trigone. Le fruit est une petite capsule ovoïde, un peu charnue, rougeâtre, couronnée par les restes du périanthe, et s'ouvrant en trois loges, qui renferment des graines arrondies, à texte dur et un peu rugueux (Pl. 7).

Cette plante, encore peu connue, paraît présenter quelques variétés mal déterminées. On a donné du reste le nom de *galanga* à d'autres végétaux de la même famille (*Kœmpferia*) ou même de celle des cannacées.

Habitat. — Le galanga croît aux Indes orientales; il fréquente surtout les lieux humides, et on le cultive dans les jardins. Sous nos climats, il exige la serre chaude, et se cultive comme les autres amomées, cardamome, curcuma, etc. (Voyez ces mots.)

Parties usitées. — Les racines.

Récolte. — Les racines de galanga sont fibreuses, rougeâtres, marquées de franges circulaires; leur saveur est aromatique, âcre; on distingue dans le commerce le grand et le petit galanga.

Le *petit galanga* ou *galanga de la Chine, vrai galanga officinal*, est le *galanga minor* de Matthiole et de G. Bauhin. On en trouve deux sortes dans le commerce qui ne paraissent différer que par l'âge de la plante; la plus petite a 0^m,005 à 0^m,010 de diamètre, et la plus grosse 0^m,014 à 0^m,025; toutes les deux sont rougeâtres, ramifiées, marquées d'impressions circulaires, faisant une légère saillie; leur texture est fibreuse, l'odeur forte, aromatique, la saveur très-âcre et aromatique; la poudre est rougeâtre.

Le *maranta galanga* de Linné est devenu l'*alpinia galanga* de Wildenow; c'est le *grand galanga* de Rumphius, auquel on a attribué le *galanga officinal*. M. Guibourt fait remarquer que cet auteur dit positivement que cette plante se produit par le galanga de la Chine ou galanga des pharmacies; il pense que celui-ci a pour origine le *Languas chinensis*, de Retz, ou *Hellenia chinensis* W., que les Malais nomment *sina Languas* ou *galanga de Chine*, dont les caractères se rapportent à notre galanga officinal, sauf la couleur blanche qui est indiquée; mais il est possible qu'à son état naturel cette racine soit recouverte d'une pellicule blanchâtre, ou que la couleur rougeâtre de notre galanga puisse être attribuée à l'action de l'air sur l'huile volatile et le tannin.

La deuxième sorte de galanga est appelée *galanga léger*; par sa grosseur il tient le milieu entre les plus gros morceaux et les plus petits du précédent; elle est frangée comme elle, mais son épiderme est lisse et luisant; il est odorant, sapide comme la première sorte et se distingue par sa très-grande légèreté; de plus, la racine présente des renflements ovoïdes. M. Guibourt croit que la plante qui produit ce galanga est voisine de la précédente, et ce n'est, dit-il, ni le *Kæmpferia galanga* L., ni aucun autre *kæmpferia*.

La troisième sorte porte le nom de *grand galanga* ou *galanga de l'Inde* ou de Java. G. Bauhin le représente dans son édition de *Matthiole*. Si on le rapproche des descriptions de Rumphius et d'Ainslie, il est difficile de ne pas croire qu'il soit produit par le *galanga major* R. (*Maranta galanga* L., *Alpinia galanga* W.). M. Guibourt l'a parfaitement décrit; il se distingue par son intérieur blanc-grisâtre, plus foncé au centre qu'à la circonférence; il est plus tendre, il est moins aromatique et plus âcre que les précédents; il contient beau-

coup d'amidon et ne noircit pas les sels de fer; c'est une mauvaise
sorte de galanga.

COMPOSITION CHIMIQUE. — D'après M. Morin, la racine de galanga
contient une matière résineuse, une sous-résine, une huile volatile
blanchâtre, très-balsamique, de l'osmazôme, de l'amidon, du soufre,
une matière colorante brune, du ligneux, de l'oxalate de chaux et
de l'acétate acide de potasse. (*Journal de pharm.*, IX, 258.) Cette analyse aurait besoin d'être refaite. Par le sulfure de carbone, on extrait
du galanga pulvérisé une matière aromatique, qui a été proposée
comme condiment et épice.

USAGES. — Comme le gingembre et la zédoaire, le galanga est un
stimulant; il excite les fonctions digestives; aussi est-il regardé
comme stomachique, cordial; on l'emploie surtout en Angleterre et
dans l'Inde comme condiment; on en fait souvent un abus, qui peut
devenir funeste en déterminant des inflammations chroniques des
muqueuses digestives; on le prescrit dans les fièvres contagieuses
pestilentielles, le typhus, dans les débilités de l'estomac; lorsqu'on
veut donner de la tonicité aux tissus, on le fait prendre dans du vin
contre quelques nécroses par atonie; on le regarde comme un remède contre le mal de mer; en médecine vétérinaire, les Arabes
s'en servent pour donner du feu aux chevaux. Il est peu usité en
France; il entre dans la composition de l'*eau thériacale*, de l'*eau générale*, du *baume de Fioraventi*, etc.

Les médecins homœopathes prescrivent rarement le galanga; il
est placé par eux parmi les stimulants; son signe est *Aga*, et son
abréviation *Galang*.

GALBANUM

Galbanum officinale Don.
(Ombellifères – Silérinées.)

Le Galbanum est un arbrisseau, dont la tige, haute d'environ
2 mètres, arrondie, dressée, glabre, porte des feuilles alternes, très-
grandes, à pétiole engaînant, à limbe plusieurs fois découpé en segments cunéiformes, dentés, glabres et glauques. Les fleurs, jaune-
verdâtre, sont disposées en ombelles terminales, à rayons nombreux,
pourvues d'involucres et d'involucelles formés de plusieurs folioles
linéaires. Elles présentent un calice à limbe presque nul; une corolle
à cinq pétales obovales entiers, aigus et roulés en dedans au som-

met ; cinq étamines ; un ovaire simple, à deux loges uniovulées, surmonté de deux styles divergents. Le fruit est un diakène comprimé, lenticulaire, à bords dilatés et formant une aile arrondie ; chaque carpelle est marquée de cinq côtes, et la columelle est bipartite.

HABITAT. — Cette plante se trouve en Syrie ; elle croît surtout dans les lieux secs. On ne la cultive que dans les jardins botaniques, où elle exige l'orangerie ou la serre tempérée.

PARTIES USITÉES. — La gomme-résine qui découle de la plante à la suite d'incisions.

RÉCOLTE. — Tous les auteurs s'accordent à dire que le galbanum vient de Syrie ; Lobel, ayant trouvé dans du galbanum pris à Anvers des fruits d'ombellifère, les sema et en obtint une plante qu'il décrivit et figura sous le nom de *Ferula galbanifera* (*Observ.*, p. 451). Plus tard, Paul Hermann, dans son *Paradisus batavus* (page 163, fig. 43) donne la description d'une plante originaire du cap de Bonne-Espérance, qui laisse écouler spontanément ou par incisions une gomme-résine présentant tous les caractères du galbanum : cette plante était le *Bubon galbanum* L., *Selinum galbanum* Spreng (*Flore médicale*. IV, t. 175), originaire de l'Éthiopie ; le mot de galbanum vient de *Khêlbenâh*, d'où les Grecs ont fait Χαλβάνη, et les latins *galbanum*.

On obtient le galbanum en incisant le collet de la racine ou les branches ; le suc se concrète sur place, et, pour le détacher, on enlève des fragments de bois avec lui ; pendant les fortes chaleurs de l'été, il découle aussi spontanément des articulations de la tige ; il vient en caisses du poids de cent à deux cents livres.

M. Guibourt distingue deux sortes de galbanum dans le commerce, et il ne peut dire de quelles contrées elles sont tirées.

Le *galbanum mou* se trouve sous deux formes en *larmes* et en *masse ;* le premier est en larmes molles, s'aplatissant sous les doigts, jaunes, vernissées, gluantes, s'agglutinant entre elles ; sa cassure est grenue ; son odeur est forte, persistante, un peu fétide ; sa saveur est âcre et amère ; le galbanum en masse est plus riche en huile volatile ; aussi les larmes sont-elles réunies en une seule masse, dont le fond est plus foncé ; les larmes et la masse se distinguent de la gomme ammoniaque en ce que celle-ci est plus dure, plus blanche, moins odorante, et elle se ramollit beaucoup plus difficilement ; sa cassure est laiteuse au lieu d'être huileuse, et elle rougit à l'air et à la lumière, tandis que le galbanum devient seulement brunâtre.

Le galbanum mou ressemble beaucoup plus au sagapenum, mais l'odeur de celui-ci se rapproche beaucoup plus de celle de l'assafœtida.

Le *galbanum sec* se trouve également en *larmes* ou en *masse*, mais il est beaucoup plus sec, non gluant et visqueux ; il est jaune, verdâtre à l'extérieur, blanc et opaque à l'intérieur, peu consistant ; sa cassure est inégale, non conchoïde ; ces deux caractères le distinguent de la gomme ammoniaque ; son odeur est forte, assez agréable ; il renferme des impuretés, tels que tronçons, tiges, débris de pédoncules ou de fruits, dont les caractères se rapprochent de ceux de la plante semée par Lebel, examinée par Don et qu'il attribue au *galbanum officinale* (*Arch. de Botan.*, tome I, p. 373).

Composition chimique. — D'après Pelletier, le galbanum contient : résine, 66,86 ; gomme 19,28 ; bois et impuretés, 7,52 ; malate acide de chaux, traces ; huile volatile et perte, 6,34. D'après Meissner, le galbanum en masse contient de l'adragantine ; par la distillation sèche du galbanum, on obtient vers 130° centigrades une huile d'un beau bleu indigo, soluble dans l'alcool, inaltérable par les acides et les alcalis étendus. Distillé avec de l'eau, le galbanum donne une huile essentielle incolore qui jaunit en vieillissant ; l'eau bouillante dissout environ le quart de son poids de galbanum ; il est soluble dans le vinaigre et l'alcool étendu.

Usages. — Le galbanum fait partie des emplâtres diachylon gommé et diabotanum, il entre dans la thériaque, le diascordium, le baume de Fioraventi, etc., etc. Les anciens le considéraient comme résolutif et fondant ; on l'employait contre l'obstruction des viscères, dans les débilités de l'estomac, comme les autres gommes-résines ; on l'a employé comme carminatif et antispasmodique ; on l'administrait surtout contre l'hystérie. Murray le regarde comme plus actif que la gomme ammoniaque. Le docteur Arnold l'a préconisé contre les ophthalmies scrofuleuses ; il l'employait dissous dans l'alcool contre l'agitation spasmodique des paupières ; dissous dans le vinaigre, on s'en servait pour détruire les cors aux pieds ; il est à peu près inusité aujourd'hui.

En médecine homœopathique, le galbanum est considéré comme antispasmodique ; son signe est *Mgb* et son abréviation *Galban.*

GAROU

Daphne gnidium L.
(Thymélées.)

Le Garou, appelé aussi Sain-bois et Lauréole paniculée, est un arbuste à racine longue, de la grosseur du doigt, fibreuse, grisâtre. La tige, haute de $0^m,60$ à 1 mètre, se divise presque dès la base en rameaux nombreux, effilés, flexibles, portant des feuilles alternes, sessiles, lancéolées-linéaires, aiguës, lisses, glabres et d'un vert foncé. Les fleurs, blanches, pubescentes, odorantes, sont groupées en bouquets terminaux. Elles présentent un calice pétaloïde, monosépale, à quatre divisions; huit étamines; un ovaire simple, globuleux, surmonté d'un style court terminé par un stigmate arrondi. Le fruit est une petite baie globuleuse, sèche, noirâtre à la maturité, monosperme.

HABITAT. — Cet arbuste croit dans les lieux incultes et arides des régions méridionales de l'Europe. On le cultive dans les jardins, comme les autres espèces du genre *Daphne*.

PARTIES USITÉES. — L'écorce du bois et des racines, le bois, les feuilles, les fruits, les graines.

RÉCOLTE. — Le bois qui servait autrefois à fabriquer des pois à cautères très-irritants était récolté à l'automne; les fruits et les graines étaient cueillis à leur maturité; les feuilles, en été, à l'époque de la floraison; l'écorce était autrefois détachée du bois sec, que l'on faisait tremper dans de l'eau ou dans du vinaigre. Mais il faut préférer celle que nous fournit le commerce, qui est récoltée au printemps, sur la plante fraîche : elle est mince, roulée longitudinalement en petits paquets; elle est très-fibreuse et difficile à rompre; l'épiderme mince, ridé, gris-foncé, demi-transparent, se détache facilement; il est marqué de distance en distance de taches blanches tuberculeuses; sous l'épiderme on trouve une enveloppe herbacée assez abondante, et sous celle-ci un liber formé de fibres longitudinales, très-tenaces, couvertes d'une soie fine, blanche, luisante, qui, en s'introduisant dans la peau, produit de vives démangeaisons; l'écorce a une odeur faible, mais nauséeuse; sa saveur est âcre et corrosive; les morceaux sont longs de $0^m,30$ à $0^m,60$, larges de $0^m,025$ à $0,060$; il faut la choisir large et bien séchée. Elle nous vient d'Italie, d'Espague, de Grèce. On le récolte dans les Alpes, les Pyrénées, dans l'Aunis, à la Rochelle, et surtout à l'île de Noirmoutiers.

COMPOSITION CHIMIQUE. — L'écorce de garou a été analysée par Vauquelin, Gmelin, Coldefy-Dorly, Dublanc jeune et de Bar ; elle a la même composition que celle du *daphne mezereum* (voyez mézéréum). La *daphnine*, extraite du garou par Vauquelin, est en cristaux incolores, amers, astringents, peu solubles dans l'eau froide, très-solubles dans l'eau bouillante, l'alcool et l'éther ; elle se volatilise quand on la chauffe, en répandant des vapeurs âcres ; elle n'est nullement vésicante ; son étude chimique est incomplète ; elle est neutre.

L'écorce de garou contient une résine âcre, irritante, vésicante, qui paraît être la matière active ; mais c'est un principe complexe qui paraît devoir son action vésicante à l'huile jaune qu'elle renferme.

USAGES. — Toutes les parties du garou sont purgatives, mais leur action, extrêmement irritante, rend leur emploi dangereux. Les graines étaient autrefois employées comme purgatives, sous le nom de *Grana gnidia* ou de *Cocca gnidia* ; les habitants du Midi appelaient le garou *coquenaudier* ; les feuilles sont moins actives et moins dangereuses que les graines.

Dioscoride désigne le garou sous le nom de θυμέλαια ; il employait les graines enveloppées dans de la farine, des baies de raisin, ou du miel ; les baies servaient aussi à purger. Les feuilles, d'après Garidel, sont extrêmement actives. Loiseleur-Deslongchamps assure qu'on peut les administrer à assez forte dose sans inconvénients ; il les employait en décoction à l'intérieur et en lotions contre les maladies cutanées.

Les anciens faisaient usage de l'écorce de garou à l'intérieur contre la syphilis invétérée, les maladies de la peau, etc., etc. Russel, Wright, Swédiaur l'employaient dans ces maladies, et Home ajoute qu'elle guérit les engorgements de toute nature. Cullen la préconisait pour le pansement des ulcères, mais Wedel et Hoffmann se sont élevés avec juste raison contre son usage ; c'est un remède dangereux, un poison violent, comme l'ont démontré les expériences d'Orfila ; et aujourd'hui son emploi est borné aux usages externes.

L'écorce de garou fraîche, appliquée sur la peau, détermine une

vésication rapide ; on obtient les mêmes effets avec l'écorce sèche
que l'on a fait macérer dans du vinaigre ; elle sert à préparer une
pommade épispastique très-active et très-irritante, qui agit bien lorsqu'on veut aviver et irriter les exutoires; on s'en sert pour fabriquer des papiers irritants destinés aux pansements des vésicatoires,
surtout chez les enfants et chez les vieillards, lorsqu'on craint
l'action particulière des cantharides sur la muqueuse vésicale.

Les *pois de garou* étaient faits avec le bois; on s'en servait pour
augmenter la suppuration des cautères; ils sont aujourd'hui tout à
fait inusités.

La médecine vétérinaire tire souvent parti des propriétés du garou
comme irritant pour le pansement des sétons; on reproche à ces préparations de faire souvent saigner les plaies.

Les écorces des *Daphne Laureola* L., *Mezereum* L., *Thymelea* L.,
Tartonraira L. jouissent toutes des mêmes propriétés; toutefois,
celle du *D. Laureola* est regardée comme moins active, et, d'après
M. Hétet, celle du *D. Tartonraira*, si commun sur les bords de la
Méditerranée, est beaucoup plus énergique.

GATTILIER

Vitex agnus castus L.
(Verbénacées-Viticées.)

Le Gattilier commun, appelé aussi Poivre sauvage ou Petit poivre,
est un arbrisseau dont la tige se divise presque dès la base en nombreux rameaux tétragones, flexibles, un peu pubescents, d'un gris
cendré, rougeâtres à l'extrémité. Ils portent des feuilles opposées,
longuement pétiolées, digitées, à cinq ou sept folioles ovales très-
allongées, pointues, entières, légèrement pubescentes et douces au
toucher, d'un vert clair en dessus, cotonneuses et blanchâtres en
dessous, d'une odeur forte, aromatique, assez agréable. Les fleurs,
d'un pourpre violacé, quelquefois blanches, sont groupées en faux
verticilles, dont la réunion constitue des épis lâches, droits, nus, terminaux. Elles présentent un calice blanchâtre et cotonneux, à tube
court et campanulé, à limbe divisé en cinq dents; une corolle bilabiée, à tube deux fois plus long que le calice, à limbe divisé en deux
lèvres partagées elles-mêmes : la supérieure en deux segments, l'inférieure en trois; quatre étamines didynames, droites, saillantes; un

ovaire globuleux, à quatre loges uniovulées, surmonté d'un style simple terminé par un stigmate bifide. Le fruit est une drupe charnue, à peu près de la grosseur d'un grain de poivre, contenant un noyau à quatre loges, dont chacune renferme une graine aromatique, d'une saveur amère, âcre, piquante et comme poivrée.

HABITAT. — Le gattilier se trouve dans les régions méridionales de la France et de l'Europe ; il habite surtout les lieux humides et les bords des cours d'eau.

CULTURE. — Cet arbrisseau croît dans tous les sols, mais de préférence dans les terres humides ou souvent arrosées. Il demande une exposition ombragée. On le propage de graines semées au printemps, ou bien de marcottes faites à la même époque. Dans le Nord, il est bon de lui donner un abri pendant l'hiver.

PARTIES USITÉES. — Les fruits et les semences.

RÉCOLTE. — Les fruits du gattilier viennent de l'Italie, de la Sicile, du Levant ; ceux que l'on récolte sur la plante cultivée dans nos jardins sont moins estimés et moins aromatiques ; ce sont de petites baies sèches d'un gris bleuâtre assez dures, d'une odeur assez douce lorsqu'ils sont secs et entiers, mais en dégageant une fort désagréable, analogue à celle du staphisaigre ; lorsqu'on les écrase, leur saveur est âcre et aromatique.

COMPOSITION CHIMIQUE. — L'analyse chimique du gattilier et de ses fruits n'a pas été faite ; il est probable qu'il renferme une huile essentielle aromatique.

USAGES. — Le fruit du gattilier était très-employé chez les Grecs par les personnes qui faisaient vœu de chasteté sous le nom de αγνος, c'est-à-dire *chaste* ; on y a joint celui de *castus*, qui signifie la même chose ; mais ses vertus anti-aphrodisiaques, célébrées par les Grecs et par les Romains, sont extrêmement douteuses. Au rapport de Dioscoride, de Galien et de Pline, les prêtresses en jonchaient les temples, lorsqu'elles célébraient les fêtes de la chaste Cérès. Naguère encore, un certain Michaels s'était acquis une grande réputation en préparant une eau distillée et une essence de chasteté dont on faisait grand usage dans les couvents ; et Chomel parle d'un pasteur, doué d'une grande piété et d'un zèle apostolique, qui préparait avec les fruits un remède infaillible pour entretenir la chasteté et réprimer les désirs vénériens. Arnaud de Villeneuve assure qu'il suffit, pour amortir tout sentiment voluptueux, de porter sur soi un couteau dont le manche est fait avec le bois d'*agnus castus*.

D'après Lientaud, les fruits d'agnus castus doivent être placés dans les anti-hystériques et sédatifs ; à l'extérieur, on les a employés quelquefois comme résolutifs ; à l'intérieur, on les a prescrits sous forme d'infusion ou d'émulsion, à la dose de 20 à 30 grammes, contre les engorgements viscéraux, les embarras gastriques, etc. Aujourd'hui ils sont tout à fait inusités.

Les médecins homœopathes prescrivent quelquefois l'agnus castus contre l'impuissance, la gonorrhée secondaire, les règles supprimées, l'agalactie, etc., etc. Son signe est *San*, et son abréviation *Agn : Cast*.

GAYAC

Guayacum officinale L.
(Zygophyllées.)

Le Gayac officinal est un arbre élevé, dont la tige, haute de 15 à 18 mètres, se divise en rameaux presque articulés, couverts d'une écorce rugueuse et grisâtre, portant des feuilles opposées, paripennées, composées de deux ou trois paires de folioles opposées, sessiles, ovales, obtuses, entières, glabres, longues de $0^m,03$ à $0^m,04$, persistantes. Les fleurs, bleues, portées sur de longs pédoncules pubescents, sont réunies, au nombre de huit à dix, à l'aisselle des feuilles supérieures. Elles présentent un calice profondément partagé en cinq divisions presque égales, obtuses, un peu pubescentes en dehors ; une corolle régulière à cinq pétales plans, étalés, obovales, obtus, rétrécis en onglet à la base ; dix étamines dressées, à filets grêles, à anthères allongées, se roulant après la fécondation ; un ovaire pédicellé, ovoïde, comprimé, à cinq loges, surmonté d'un style simple. Le fruit est une capsule un peu charnue en dehors, quelquefois globuleuse, à cinq côtes et à cinq loges, mais le plus souvent comprimée, presque cordiforme, présentant comme deux ailes et divisée en deux loges (Pl. 8).

Le gayac du commerce ou Bois saint (*G. sanctum* L.) se distingue du précédent par sa taille moins élevée ; ses feuilles de cinq à sept paires de folioles plus petites et mucronées ; ses capsules tétragones, à quatre loges, renfermant des graines ovoïdes, rouges.

Habitat. — Ces deux espèces croissent dans les régions

chaudes de l'Amérique centrale, au Mexique, aux Antilles, etc.

Culture. — Les gayacs sont peu cultivés dans leur pays natal, et chez nous, ils ne se trouvent guère que dans les serres chaudes des jardins botaniques. Leur accroissement est très-lent, et leur multiplication, qui se fait par boutures étouffées, présente quelques difficultés.

Parties usitées. — L'écorce, le bois, la résine.

Récolte. — Le bois de gayac officinal nous vient de la Jamaïque, de Saint-Domingue, de Cuba, des îles Lucayes, etc. ; il arrive en fragments d'un fort diamètre, recouverts souvent de leur écorce ; il est très-dur ; sa densité est de 1,33. L'aubier est jaune et moins dense que le duramen, qui est plus dur et vert ; il est très-compacte ; ses couches sont alternativement dirigées à droite et à gauche et se croisent en formant des angles de 30° environ ; coupé perpendiculairement à l'axe, et examiné à la loupe, après avoir été poli, on observe une rayure rayonnante très-fine et très-serrée, parsemée de gros vaisseaux coupés renfermant de la résine verte. Ce bois est peu odorant à froid, mais chauffé, il répand une odeur de benjoin. C'est la râpure qu'on emploie le plus souvent pour les préparations pharmaceutiques ; elle est jaunâtre et verdit à l'air et à la lumière ; elle verdit également au contact des hypochlorites, ce que ne font pas les autres bois, avec lesquels on la mélange, le buis, par exemple. Bouillie dans l'eau, la râpure du gayac fournit un extrait aqueux qui possède une odeur fort agréable, rappelant celle de la vanille ; le bois de gayac sert à faire des mortiers, des pilons, des roulettes de lit, des poulies et une infinité d'autres objets qui exigent l'usage d'un bois dur.

Dans le commerce, on trouve plusieurs variétés de bois de gayac : le plus commun, que M. Guibourt attribue au gayac officinal, est en bûches cylindriques de 0^m,18 de diamètre offrant un aubier de 0^m,020 à 0^m,023 d'épaisseur ; il est régulier, séparé du bois, jaune, moucheté de vert ; le cœur est vert-noirâtre foncé ; il est inodore.

Dans une autre sorte, que M. Guibourt nomme *gayac à couches irrégulières*, l'aubier est plus épais ; la matière résineuse, qui donne au bois sa couleur verte, est irrégulièrement répartie ; elle y est moins abondante ; le bois est moins foncé, et les bûches ne sont pas cylindriques.

M. Guibourt nomme *gayac à odeur de vanille* un bois très-dense, très-serré, d'un vert noirâtre très-foncé, d'une odeur aromatique vanillée très-prononcée même lorsqu'il est entier.

L'écorce de gayac est en morceaux plats ou un peu cintrés, très-durs, compactes, épais de $0^m,003$ à $0^m,005$, couverts d'une couche jaunâtre, et au-dessous sa coloration est vert-foncé, le liber est jaune et très-uni à l'intérieur; elle renferme une matière résineuse différente de celle du bois.

Le *Guajacum sanctum* L. ou *Gayac* à fruit tétragone, est abondant à Saint-Domingue, à Porto-Rico et au Mexique; M. Guibourt pense que c'est lui qui est décrit dans Hernandez sous le nom de *Hoaxacan*; il fournit un bois jaune fauve, uniforme, à structure fibreuse; il ne verdit pas à la lumière; il présente, dans sa coupe transversale, une rayure fine parsemée de points blancs.

L'écorce est recouverte d'un épiderme crevassé noirâtre; elle est couverte d'une résine transparente, jaune verdâtre; c'est elle que Geoffroy a décrite dans sa *Matière médicale*.

Sous le nom de *Gayacan de Caracas*, M. Guibourt a décrit le bois du *guajacum arboreum* D. C. Il est fauve verdâtre, nuancé de couches concentriques; le cœur est plus foncé; il verdit à l'air; il est plus âcre que les autres gayacs; aussi les ouvriers qui le travaillent le nomment-ils *Gayac pique-nez*; il se distingue surtout par sa rayure fine et rayonnante en lignes droites non ondulées, avec un nombre considérable de petits vaisseaux blanchâtres, disposés par lignes tremblées dirigées dans le sens des rayons (Guibourt).

Sous le nom de *Gayac du Chili*, M. Guibourt signale encore un bois produit par le *Porliera hygrometrica* R. P., dont l'aubier est jaune pâle et très-dur; le cœur également très-dur et très-pesant; il est d'un vert noirâtre; il contient une résine qui verdit à la lumière comme celle de gayac.

Sous les noms de *bois d'écaille*, de vrai *bois de grenadille* et de *grenadille*, on emploie en ébénisterie trois bois qui ressemblent beaucoup au gayac.

La résine de gayac, que l'on trouve dans le commerce, peut être obtenue en traitant la râpure par l'alcool; mais le plus souvent elle provient d'incisions, de blessures faites aux arbres; quelquefois aussi on perce les bûches dans leur axe avec une tarière, et on place ces bûches sur le feu de manière à liquéfier et faire couler la résine que l'on reçoit dans des calebasses; cette résine se présente en masses d'un

brun verdâtre, friables ; les lames sont d'un vert jaunâtre ; elle verdit
à la lumière ; elle contient des impuretés telles que débris d'écorces
et autres ; elle répand, lorsqu'on la frotte, une odeur très-agréable de
vanille et de benjoin ; elle se ramollit sous la dent ; sa saveur, d'abord
nulle, devient bientôt âcre ; elle est soluble dans l'alcool ; cette solution est précipitée en blanc par l'eau, en gris cendré par l'acide
chlorhydrique, en vert pâle par l'acide sulfurique, en bleu pâle par le
chlore ; l'acide azotique la colore d'abord en vert, puis en bleu, enfin
en brun, avec précipité de même couleur : un papier imprégné de
teinture de gayac, exposé aux vapeurs nitreuses, prend une belle
teinte bleue.

La résine de gayac n'est pas soluble dans les huiles fixes et l'essence de térébenthine, ce caractère la distingue d'autres résines
avec lesquelles on pourrait la confondre ; certaines substances organiques comme le mucilage de gomme arabique, les racines fraîches
de guimauve, de raifort, de chicorée, la bleuissent ; le savon et le
sublimé corrosif lui donnent la même coloration.

D'après M. Biot, la résine de gayac contient deux matières, l'une
est jaune et la lumière est sans action sur elle ; l'autre est incolore
ou jaunâtre ; la lumière la plus réfrangible la teint en bleu, et la
lumière la moins réfrangible lui rend sa couleur primitive ; toutes
les teintes vertes que présente la résine de gayac viennent du mélange
du bleu et du jaune.

Composition chimique. — Le bois de gayac contient de la guayacine, une résine particulière abondante, de l'acide guayacique, une
matière à odeur de vanille, une matière extractive, de l'extractif
muqueux, probablement de la gomme et de l'albumine ; l'écorce a
une composition analogue ; l'huile essentielle obtenue par distillation
sèche par M. Deville est analogue à l'*hydrure de salycile*. M. Deville
la nomme *hydrure de guayacyle* ; elle est composée de $C^{14} H^8 O^4$.
D'après M. Thierry, la résine de gayac contient un acide qu'il nomme
guayacique ; il est volatil, soluble dans l'éther, l'alcool et dans l'eau ;
il diffère des acides benzoïque et cinnamique par sa plus grande
solubilité. M. Deville l'a trouvé composé de $C^{12} H^8 O^6$.

Tromsdorff regarde la guayacine comme la partie active du bois
et de la résine ; elle est amorphe, compacte, jaune, inodore, amère et
âcre ; elle est peu soluble dans l'eau froide ; elle se dissout bien dans
l'alcool bouillant ; elle se combine aux alcools. Il est très-probable

que la guayacine de Tromsdorff n'est que l'acide guayacique impur de M. Thierry.

Usages. — Le bois de gayac râpé fait partie, avec la squine, le sassafras et la salsepareille, des quatre bois sudorifiques; il est employé sous forme de tisane, d'extrait, deteinture, de résine contre les affections vénériennes anciennes, les maladies de la peau, etc. Les Espagnols, en le rapportant d'Amérique, en 1508, le présentèrent comme un anti-syphilitique précieux; ils le regardaient comme un remède surnaturel le nommaient *bois saint, bois de vie.* Hutten le vanta contre la syphilis; Fracastor en fit l'éloge dans le III⁰ livre de son poëme intitulé *Syphilis sive morbus gallicus* (1530). Aujourd'hui il est à peu près abandonné; cependant on l'emploie quelquefois comme adjuvant du mercure, et la plupart des pilules mercurielles renferment de l'extrait de gayac. Mead, Pringle, Solenander, Tode et Barthez ont beaucoup vanté le gayac contre la goutte et les rhumatismes, les névralgies rhumatismales, les maladies de la peau, les scrofules, la leucorrhée, etc. Mais c'est surtout la résine de gayac qui a été préconisée contre la goutte. Dissoute dans du rhum ou tafia, elle constitue le fameux remède des Caraïbes, si employé à la Martinique contre cette maladie. Fowler préférait la teinture alcoolique. Dewes, de Philadelphie, associait cette teinture aux alcalins pour faciliter la menstruation. Cullen et Hunter l'ont vantée comme anti-syphilitique. Enfin, cette teinture entre dans plusieurs eaux dentifrices anglaises, pour le pansement des ulcères de la bouche.

GENÊT

Genista tinctoria, scoparia et purgans L.
(Légumineuses - Lotées.)

Le Genêt des teinturiers ou Genestrole (*Genista tinctoria* L.) est un arbuste, dont les tiges, hautes de 0^m,50 à 1 mètre, cylindriques, striées, un peu anguleuses, glabres, ascendantes, portent des feuilles alternes, lancéolées, aiguës, glabres ou un peu pubescentes, d'un vert foncé. Les fleurs, jaunes, sont réunies en grappes à l'extrémité des rameaux. Elles présentent un calice à deux lèvres terminées, la supérieure par deux dents, l'inférieure par trois; une corolle papilionacée, à étendard redressé, à carène abaissée, ne recouvrant pas complétement les organes sexuels; dix étamines monadelphes; un ovaire simple, uniloculaire, pluriovulé, surmonté d'un style simple un peu courbé au sommet et terminé par un petit stigmate. Le fruit est une gousse allongée, comprimée, glabre, brune à la maturité, renfermant plusieurs graines réniformes.

Le genêt à balais (*G. scoparia* Lam., *sarothamnus scoparius* Godr., *spartium scoparium* L.) a une tige d'un à deux mètres; des rameaux nombreux, effilés, anguleux, dressés; des feuilles pubescentes-soyeuses, les inférieures pétiolées et à trois folioles; les supérieures presque sessiles et réduites à une foliole. Les fleurs, jaune d'or, sont groupées en grappes terminales; le style est filiforme, très-allongé, roulé en spirale pendant la floraison. Le fruit est une gousse comprimée, polysperme, velue-hérissée sur les bords.

Le genêt purgatif ou griot (*G. purgans* D. C., *sarothamnus* Godr., *spartium* L.) est caractérisé par ses tiges hautes de $0^m,50$ au plus, droites et très-rameuses; ses rameaux presque nus, les plus jeunes soyeux; ses feuilles alternes, petites et lancéolées; ses fleurs jaunes, latérales et solitaires; sa gousse noire, velue sur les bords.

HABITAT. — Ces trois espèces croissent en Europe, dans les bois et les buissons, les terrains montueux et sablonneux, etc. On ne les cultive guère que dans les jardins botaniques.

PARTIES USITÉES. — La plante entière, les fleurs, les graines, l'écorce.

RÉCOLTE. — Les feuilles des genêts et les rameaux doivent être récoltés avant la floraison, les fleurs à l'époque de leur entier épanouissement; on les fait sécher rapidement à l'ombre et on les conserve à l'abri de la lumière; il ne faut les cueillir que lorsqu'elles ne sont pas mouillées; dans le cas contraire, elles noircissent par la dessiccation. L'écorce, rarement employée, est détachée à l'automne, et les graines sont cueillies lorsque les gousses sont parfaitement sèches et avant leur déhiscence.

COMPOSITION CHIMIQUE. — La matière jaune des genêts, et plus spécialement celle du *G. tinctoria*, était employée autrefois en teinture; aujourd'hui elle est remplacée par la gaude. M. Stenhouse a extrait des divers genêts, et plus spécialement des *G. scoparia et angulosa*, *spartium scoparium* L., une matière gélatineuse qu'il nomme *scoparine*; elle se présente sous la forme de cristaux étoilés jaunes, solubles dans l'eau bouillante et dans l'alcool; leur formule est $C^{20} H^{11} O^{10}$. M. Stenhouse assure que c'est à la Scoparine que sont dus les effets des genêts. Le même chimiste a extrait des eaux-mères qui lui ont fourni la scoparine, un autre principe qu'il nomme *spartéine* ; c'est une base organique, liquide, volatile, incolore, amère, qui jouit de propriétés narcotiques très-prononcées.

Les genêts sont riches en fibres textiles. En Espagne, en Calabre, et dans d'autres pays, on en extrait par le rouissage des fibres très-solides, qui servent à fabriquer des toiles très-résistantes, qui peuvent prendre la teinture.

Usages. — Dioscoride mentionne les fleurs et les semences d'un genêt comme purgatives. Pline leur attribue les mêmes propriétés ; il ajoute qu'elles sont diurétiques, et les dit efficaces contre la sciatique. Arnaud de Villeneuve affirme que la poudre des fleurs guérit, l'hydropisie et les scrofules. Cardan préconisait les racines dans les mêmes cas. Cullen employait comme purgatif et diurétique la décoction des jeunes pousses. Mead rapporte un cas de guérison d'hydropisie ascite obtenue par l'administration des graines de moutarde, associées à la décoction de sommités de genêt. A peu près abandonnées de nos jours, les préparations de genêt ont été vantées par des médecins anglais contre l'albuminurie, M. Rayer dit en avoir obtenu de bons effets, et M. le docteur Grazia y Alvares a cité un cas de guérison de néphrite albumineuse obtenue par l'administration de l'infusion des fleurs de genêt. Dans les mêmes cas, ainsi que dans l'anasarque, la gravelle, les engorgements viscéraux survenus à la suite de fièvres intermittentes, on prétend avoir employé avec succès le vin préparé avec les cendres de genêt.

Dans les abcès froids, l'œdème, les tumeurs scrofuleuses, on a employé les cataplasmes préparés avec les branches, les fleurs et les gousses des genêts.

D'après M. Stenhouse, la scoparine peut remplacer toutes les préparations du genêt, et une seule goutte de spartéine dissoute dans l'alcool peut produire un narcotisme prononcé.

Levrat employait les fleurs de genêt d'Espagne contre l'ascite. M. Cazin les a administrées avec avantage dans l'albuminurie avec anasarque. Le docteur Marochetti a vanté le *genista tinctoria* contre la rage. Plusieurs médecins les ont employées sans succès dans ces cas. Les paysans emploient comme purgatif le genêt purgatif ou genêt griot *spartium purgans* L.

GENÉVRIER

Juniperus communis et *Oxycedrus* L.
(Conifères - Cupressinées.)

Le Genévrier commun est un petit arbre ou un arbrisseau, à racines fortes, très-rameuses. La tige se ramifie souvent dès la base en formant un buisson ; d'autres fois elle atteint la hauteur de 4 à 5 mètres, et se couvre d'une écorce rougeâtre et rugueuse, ainsi que les rameaux, qui sont nombreux, diffus et terminés par de jeunes pousses un peu pendantes. Les feuilles sont verticillées par trois, sessiles, linéaires, très-aiguës, piquantes, glabres, fermes, d'un beau vert, marquées d'une raie blanche longitudinale. Les fleurs sont dioïques, disposées en petits chatons axillaires et solitaires, dépourvues d'enveloppes florales et réduites aux organes sexuels, qui sont abrités par des bractées. Les mâles, réunies au nombre de dix environ, en petits chatons un peu coniques, présentent trois ou quatre étamines. Les femelles sont groupées par trois en chatons plus ou moins petits et se réduisent chacune à un ovule nu, situé à l'aisselle d'une écaille. Le fruit (vulgairement *baie*) est un petit strobile charnu, bleu noirâtre à la maturité et renfermant trois graines.

Le genévrier Cade (J. *oxycedrus* L.) se distingue du précédent par sa taille plus élevée, ses feuilles marquées de deux raies blanches longitudinales, et son fruit plus gros, arrondi et jaune orangé.

Nous citerons encore le genévrier de Phénicie (*J. Phœnicea* L.), le genévrier de Lycie (*J. Lycia* L.), qui n'en est qu'une variété ; la sabine (*J. Sabina* L.), qui fera l'objet d'un article spécial.

Habitat. — Le genévrier commun est répandu dans les forêts et sur les bruyères de presque toute l'Europe. Il paraît rechercher de préférence les terrains crayeux. Les genévriers Cade et de Phénicie habitent les bords du bassin méditerranéen. Toutes ces espèces ne sont guère cultivées que dans les jardins botaniques.

Parties usitées. — Le bois, l'écorce, les rameaux, les fruits.

Récolte. — Le bois de genévrier ressemble à celui du cyprès ; il peut être employé aux mêmes usages ; on doit le récolter à l'automne, ainsi que l'écorce ; les rameaux sont rarement usités ; on les cueille à l'époque de la floraison ; les fruits doivent être récoltés à leur maturité, en octobre et novembre ; on les fait sécher au grenier,

sur des claies ; ils sont de la grosseur d'un pois, d'une couleur violet
noirâtre ; ils ne mûrissent qu'au bout de deux ans ; ils renferment une
pulpe succulente, aromatique, d'une saveur résineuse, amère et sucrée ; il faut rejeter de l'usage ceux qui sont trop secs.

Composition chimique. — Les fruits du genévrier contiennent de
l'huile volatile, de la cire, de la résine, une matière extractive, une
matière sucrée, de la gomme, des sels de chaux et de potasse. D'après
Tromsdorff, la matière sucrée est cristallisable et analogue au sucre
de raisin ; M. Nicolet a obtenu la résine de ces fruits cristallisée ;
l'huile essentielle incolore a une densité de 0ᵐ,911. Suivant M. Dumas, elle est isomérique avec l'essence de térébenthine ; Tromsdorff
a remarqué qu'elle était plus abondante dans les fruits avant leur maturité ; plus tard elle se résinifie.

Dans le nord de la France, en Belgique, en Hollande et en Allemagne, on obtient par fermentation et distillation des fruits du genévrier une liqueur alcoolique désignée sous les noms de *genièvre* ou
d'*eau de vie de genièvre;* les Suédois préparent avec les mêmes fruits
une espèce de bière, qui est regardée comme saine et salutaire ; on
assure que dans les pays chauds les genévriers laissent couler spontanément, ou à la suite d'incisions, une résine nommée *gomme ou vernis du genévrier*, qui n'a reçu aucune application ; l'*extrait de genièvre*, des pharmacies, qui est mou, grenu, aromatique et sucré,
s'obtient par macération dans l'eau, des fruits contusés et évaporation.

Le bois du *G. oxycedrus*, brûlé dans un fourneau sans courant
d'air, produit l'*huile de cade*, liquide brunâtre huileux, d'une odeur
résineuse empireumatique, inflammable, d'une saveur âcre et caustique, très-employée contre la gale des moutons et des chevaux ; on
lui substitue le goudron de pin, qui lui est inférieur.

Nous avons parlé ailleurs des *J. Bermudiana* et *Virginiana*, dont
le bois, connu sous le nom de *bois de cèdre*, sert à faire des crayons
et les stéthoscopes, etc. (Voyez Cèdre).

Usages. — Les fruits du genévrier sont stimulants, toniques, diurétiques, stomachiques, diaphorétiques, etc. ; ils facilitent la digestion, dissipent les flatuosités, augmentent l'appétit, provoquent les
sueurs, augmentent les sécrétions muqueuses ; c'est surtout dans les
affections catarrhales de la vessie et du poumon qu'on les a employés.
Van-Swienten, Hoffmann, Vogel, Rosenstein, Meckel, Smidt, Hecker,
Loiseleur-Deslongchamps, Lange, Demangeon les ont employés dans

les maladies de poitrine et de la vessie, contre la leucorrhée, la blennorrhée, la bronchorrée, le scorbut, les engorgements viscéraux, l'asthme humide, les affections goutteuses et rhumatismales, les dyspepsies, les maladies de la peau, les scrofules, etc. Macérés dans du vin, on les a employés dans les fièvres intermittentes automnales; il est vrai qu'on leur associait souvent l'absinthe et d'autres plantes amères et stimulantes. En fumigations, soit seules, soit mélangées avec d'autres plantes aromatiques, les baies de genièvre ont été employées dans les aphonies, les laryngites et les pharyngites, les catarrhes pulmonaires, l'asthme, etc. Leur décoction à l'extérieur a été appliquée comme tonique et résolutive dans un grand nombre de maladies.

L'huile de cade, employée depuis longtemps comme remède populaire dans certaines maladies de la peau, a été préconisée par M. Serre d'Alais; on l'emploie tantôt pure, tantôt mélangée à l'axonge, sous forme de pommade; c'est surtout contre la gale et contre les affections eczémateuses qu'elle a produit de bons effets. M. Devergie en reconnaît l'utilité dans le traitement des dartres sécrétantes et des ophthalmies scrofuleuses.

GENTIANE

Gentiana lutea L.
(Gentianées - Chironiées.)

La Gentiane jaune ou grande Gentiane est une belle plante vivace, à racine cylindrique, longue et grosse, charnue, spongieuse, ridée, rugueuse, brun jaunâtre, rameuse, pivotante. La tige, haute d'environ un mètre, cylindrique, simple, dressée, porte des feuilles opposées, grandes, entières, d'un vert clair, lisses, à nervures fortement saillantes en dessous; les radicales rétrécies en pétiole à la base, les caulinaires sessiles, largement connées, ovales, un peu aiguës. Les fleurs, grandes, nombreuses et d'un beau jaune, sont réunies en grappe feuillée terminale. Elles présentent un calice membraneux, mince, à cinq divisions aiguës, fendu d'un côté jusqu'à la base; une corolle régulière, monopétale, presque rotacée, profondément partagée en cinq divisions aiguës, lancéolées, étroites, ponctuées; cinq étamines courtes, dressées, à anthères oblongues; un ovaire ovoïde, allongé, conique au sommet, à une seule loge multiovulée, surmonté d'un style simple terminé par deux stigmates divergents. A la base de l'ovaire se trouvent cinq nectaires glanduleux, arrondis. Le fruit est une capsule ovoïde, à quatre angles arrondis, allongée, uniloculaire, s'ouvrant en deux valves, et renfermant, attachées sur deux placentas pariétaux, un grand nombre de graines orbiculaires, aplaties et membraneuses sur les bords (Pl. 9).

Nous citerons les Gentianes pourprée (*G. purpurea* L.), croisette (*G. cruciata* L.), des marais (*G. pneumonenthe* L.), etc.

HABITAT. — La grande gentiane habite les régions centrales de l'Europe. Elle croît dans les lieux montueux, surtout dans les terrains calcaires, dans les bois, les pâturages, les prés secs, etc. Comme elle est assez abondante à l'état sauvage pour suffire aux usages médicaux, on ne la cultive que dans les jardins botaniques ou d'agrément.

PARTIES USITÉES. — Les racines.

RÉCOLTE. — La racine de gentiane ne doit être récoltée qu'à la fin de la deuxième année après la chute des feuilles. Après l'avoir arrachée, mondée des radicelles et des écailles du collet, on la lave pour en séparer la terre, et on la fait sécher tantôt entière, tantôt coupée par tronçons d'un centimètre de long environ ; quelquefois aussi on la fend longitudinalement.

La racine de gentiane du commerce nous vient des Alpes, des Pyrénées, de la Bourgogne, des Vosges, de la Franche-Comté, où elle croît abondamment dans les bois : sa grosseur varie depuis celle du pouce jusqu'à celle du poignet, elle est longue et rameuse ; elle est rugueuse à l'extérieur, jaune et spongieuse à l'intérieur ; son odeur forte rappelle un peu celle des miels communs ; sa saveur est franchement amère ; on doit la choisir bien saine et médiocrement grosse.

Les racines des *G. purpurea* et *punctata* jouissent des mêmes propriétés ; cependant elles sont plus amères ; la première est surtout employée en Allemagne et dans le nord de l'Europe ; on a prétendu à tort que l'on mélangeait leurs racines, ainsi que celles des *G. pannonea* et *Amarella* L., avec celles du *G. lutea* ; il n'est pas exact non plus qu'on fraude cette dernière avec les racines d'aconit, de belladone et d'ellébore blanc ; dans tous les cas, il serait bien facile de reconnaître ces dernières racines, dont les caractères physiques sont bien différents de ceux de la gentiane.

Composition chimique. — La racine de gentiane est un de nos meilleurs médicaments indigènes ; elle contient un principe odorant fugace, du gentisin, de la glu, une matière huileuse verdâtre, du sucre incristallisable, de la gomme, de l'acide pectique, de la matière colorante fauve, un acide organique.

M. Planche a constaté dans la gentiane la présence d'un principe nauséabond volatil, qui donne à l'eau distillée la propriété de causer des nausées et une sorte d'ivresse.

Le *gentianin*, extrait de la gentiane par MM. Henry et Caventou, est un principe cristallin que ces chimistes ont considéré comme le principe amer de cette racine. MM. Leconte et Tromsdorff ont fait voir que ce principe cristallisable était une simple matière colorante non amère ; ils l'ont nommée *gentisin* ; elle est jaune pâle ; elle cristallise en longues aiguilles insipides et inodores ; chauffés, ces cristaux se décomposent et se volatilisent en partie ; ils sont peu solubles dans l'eau, plus à chaud qu'à froid ; peu solubles dans l'éther, ils forment, avec les alcalis de véritables sels (*gentisates*). La matière amère est, d'après M. Leconte, une substance extractive, incristallisable, très-soluble dans l'eau et dans l'alcool ; quant à la glu, M. Leconte a démontré que c'était un mélange d'huile, de cire et de caoutchouc.

Usages. — La racine de gentiane est rangée dans la classe des toniques amers ; considérée comme fébrifuge, anthelmintique et antiseptique, elle a été employée en poudre sous forme de tisane, de sirop, d'extrait, de teinture et de vin, contre les fièvres intermittentes automnales ; dans les dyspepsies, les flatuosités, les scrofules, l'ictère, le scorbut, la chlorose, certaines hydropisies, les maladies de la peau, etc., Haller la regardait comme un excellent anti-goutteux. Tout en reconnaissant son efficacité dans certains cas, MM. Trousseau et Pidoux lui refusent toute action spéciale. Boerhaave la vantait contre les fièvres intermittentes. Dans le Nord, elle est souvent administrée dans du vin contre la cachexie paludéenne. Vicat, Willis, Eller, Alibert, Julia de Fontenelle en font le plus grand cas ; mais nous croyons, avec MM. Trousseau et Pidoux, que c'est un fébrifuge relatif, qui peut être utile pour s'opposer au retour des accès pendant les convalescences, mais qu'elle est loin de valoir le quinquina.

La racine de gentiane entre dans les élixirs de longue vie et de Peyrilhe, si longtemps employés comme anti-scrofuleux. Le sirop et le vin de gentiane conviennent parfaitement dans les cas d'atonie générale, et plus spécialement dans celle des organes digestifs.

En chirurgie, la racine de gentiane est employée avec de grands avantages pour dilater les trajets fistuleux en guise d'éponges préparées.

Les médecins homœopathes emploient la gentiane comme tonique amer dans un grand nombre de maladies. Son signe est *Agt*, et son abréviation *Gent*.

GÉRANION

Geranium Robertianum L.
(Géraniacées.)

Le Géranion Robertin, appelé aussi Herbe à Robert, Herbe à l'esquinancie, etc., est une plante vivace, à racines grêles et chevelues. La tige, haute de 0ᵐ,35 à 0ᵐ,50, cylindrique, articulée, noueuse, géniculée, rougeâtre, velue, très-rameuse, dichotome, dressée, porte des feuilles opposées, pétiolées, palmatiséquées, à trois ou cinq segments pennatifides, vertes en dessus, souvent rougeâtres, surtout en dessous, un peu velues ; les supérieures presque sessiles. Les fleurs, rouges, géminées, sont portées sur des pédoncules axillaires plus longs que les feuilles et bifurqués à leur sommet. Elles présentent un calice tubuleux, renflé à la base, à cinq sépales ovales, lancéolés, aigus, rougeâtres, connivents après la floraison ; une corolle à cinq pétales obovales, arrondis, obtus, entiers, longuement onguiculés, deux fois plus longs que le calice ; dix étamines fertiles, alternativement longues et courtes ; un ovaire libre, à cinq loges biovulées, surmonté d'un style simple terminé par cinq stigmates divergents. Le fruit se compose de cinq coques indéhiscentes, presque glabres ou légèrement velues, se séparant souvent de leurs prolongements à la maturité, et restant suspendues à de longs filaments soyeux.

Nous citerons encore dans ce genre le Géranion rosat (*G. capitatum* L., *Pelargonium capitatum* Ait.), à tiges sous-ligneuses et diffuses, portant des feuilles lobées, ondulées et velues, et des fleurs à calice monosépale et à sept étamines fertiles ; et le Géranion musqué (*G. moschatum* L., *Erodium moschatum* Willd.), plante annuelle, à tiges striées, portant des feuilles pennées, découpées, des fleurs groupées en ombelles terminales et munies seulement de cinq étamines.

HABITAT. — Les Géranions Robertin et musqué sont communs en Europe, dans les haies, les lieux sablonneux, sur les vieux murs, etc. Le Géranion rosat est originaire du cap de Bonne-Espérance. On commence à le cultiver en grand pour les besoins de la parfumerie.

PARTIES USITÉES. — Les plantes entières, les feuilles, les fleurs, rarement les racines.

RÉCOLTE. — Les plantes sont récoltées à l'époque de la floraison ; les fleurs à leur parfait épanouissement ; celles-ci ne sont employées que fraîches ; on dispose les plantes par paquets et en guirlandes pour les faire sécher.

COMPOSITION CHIMIQUE. — La plupart des géraniums, des érodiums et des pélargoniums répandent une odeur très-forte, due à des huiles volatiles ; ainsi l'*erodium moschatum* Wild, si répandu dans les lieux sablonneux du midi de la France, exhale une odeur de musc des plus prononcées ; d'autres donnent à la distillation des essences d'une odeur aromatique quelquefois fatigante et désagréable, dans lesquelles dominent les odeurs de musc, de citron, de térébenthine et de rose. Les espèces les plus aromatiques sont les *pelargonium zonale, odoratissimum, fragrans, peltatum, cucullatum, capitatum, graveolens, radula, roseum,* Willd, *balsameum, suaveolens ;* les *P. capitatum* Ait, *roseum* Willd (variété du *radula*, et *odoratissimum* Willd), leurs feuilles donnent à la distillation une essence qui sert à falsifier l'essence de roses. Cette fraude se reconnaît par l'acide sulfurique concentré, qui n'altère en rien la pureté et la suavité de l'essence de roses, tandis qu'il développe dans l'essence de pélargonium une odeur forte et désagréable ; la vapeur d'iode ne brunit pas l'essence de roses, tandis qu'elle colore en brun foncé l'essence de pélargonium ; celle-ci est, de plus, colorée en vert-pomme par les vapeurs nitreuses, tandis que celle de roses est colorée en jaune foncé par les mêmes vapeurs.

M. Redtenbacher a isolé des feuilles du *P. roseum* un acide qu'il a nommé *Pélargonique ;* il a pour formule $C^{18}H^{17}O^3$, HO ; il se produit par l'action de l'acide azotique sur les corps gras et sur l'essence de rue (Gerhardt). C'est un liquide huileux, incolore, d'une odeur faible et désagréable, peu soluble dans l'eau, très-soluble dans l'alcool et dans l'éther ; il bout à 260° et distille sans altération.

USAGES. — Un grand nombre de géraniums, de pélargoniums et d'érodiums, ainsi que les essences qu'ils fournissent sont employés en parfumerie.

Les *G. Robertianum, sanguineum* et *pratense* ont été vantés autrefois pour guérir le cancer, dissoudre le sang coagulé, arrêter les hémorrhagies et guérir la phthisie. Aujourd'hui ces plantes sont tout à fait inusitées et justement abandonnées, malgré ce qu'en ont dit Desbois, de Rochefort, qui les employait en cataplasmes dans les maux de gorge, J. Dolaeus, qui les regardait comme un excellent remède contre la teigne, et Joël, qui employait le suc exprimé contre le cancer ulcéré. Pallas les dit vulnéraires, et Gmelin rapporte qu'en Sibérie on s'en sert contre les oppressions du cœur et de la poitrine (*Flora, Sib.* III, 274).

D'après Thunberg, le *geranium (pelargonium) cucullatum* est employé au Cap comme émollient. Au Chili, d'après Feuillée, on emploie le *G. columbinum* L. ou pied de pigeon, pour apaiser les douleurs des dents et raffermir les gencives. Forskal rapporte que les Arabes mangent les racines du *P. hirtum* Burin, qui paraît être une variété du *G. crassifolium* Desf. Enfin, au cap de Bonne-Espérance, on se sert comme d'une torche du bois du *G. (pelargonium) spinosum* L., qui est résineux et qui répand en brûlant une odeur agréable.

Aujourd'hui, presque toutes les plantes de cette famille, assez importantes en parfumerie, ne sont d'aucune utilité en médecine.

GERMANDRÉE

Teucrium chamædrys L.
(Labiées-Ajugoïdées.)

La Germandrée, petit chêne ou chênette, est une plante vivace ou un petit sous-arbrisseau, à racines ligneuses, un peu fibreuses, traçantes. Les tiges, hautes de 0^m,15 à 0^m,25, sous-frutescentes, à quatre angles mousses, grêles, pubescentes, couchées ou ascendantes, portent des feuilles opposées, presque sessiles, ovales-obtuses, crénelées, épaisses et fermes, luisantes, glabres et d'un vert foncé en dessus, vert jaunâtre et légèrement pubescentes en dessous. Les fleurs, purpurines, rosées ou blanchâtres, courtement pédonculées à l'aisselle de petites bractées, forment de faux verticilles, dont la réunion constitue un épi lâche, terminal. Elles présentent un calice tubuleux, rougeâtre, pubescent, à deux lèvres, la supérieure entière, l'inférieure à quatre petites dents aiguës; une corolle monopétale, irrégulière, pubescente, à tube cylindrique, un peu comprimé, recourbé, à limbe divisé en deux lèvres, la supérieure très-courte et profondément bilobée, l'inférieure à trois lobes, dont deux latéraux très-petits, ovales, aigus, et un médian très-grand, dilaté, arrondi, un peu concave et échancré ; quatre étamines didynames, à filets grêles, subulés, glabres, saillants et coudés au sommet, à anthères ovoïdes-réniformes et rougeâtres ; un ovaire composé de quatre petits carpelles ovoïdes, surmonté d'un style simple et d'un stigmate bifide. Le fruit est un tétrakène, entouré par le calice persistant.

Le genre *teucrium* renferme encore quelques autres espèces (ivette, marum, scordium) qui seront l'objet d'articles spéciaux.

HABITAT. — La germandrée se trouve dans presque toute l'Europe ; elle croît dans les lieux montueux, stériles et pierreux, dans les bois, etc.

CULTURE. — La germandrée croît à peu près dans tous les sols. Elle se propage très-facilement de graines, semées en place ou sur couche, ou par la séparation des pieds, faite au printemps ou à l'automne.

PARTIES USITÉES. — Les feuilles et les sommités fleuries.

RÉCOLTE. — Le petit chêne doit être récolté à l'époque de la floraison ; en juin, il perd par la dessiccation la plus grande partie de son odeur, mais il conserve son amertume ; il doit être rejeté lorsqu'il est tout à fait inodore ; on en fait de petits paquets que l'on dispose en guirlandes et que l'on fait sécher au grenier enveloppés dans du papier gris.

COMPOSITION CHIMIQUE. — Le chamédrys répand une odeur faiblement aromatique, due à une huile essentielle ; elle renferme un principe amer et une matière extractive. L'eau dissout des principes actifs ; l'alcool n'en prend qu'une partie.

USAGES. — Depuis Pline, qui dit que la germandrée est très-efficace contre la toux invétérée, les affections pituitaires, l'hydropisie commençante, etc., jusqu'à nos jours, cette plante a été employée comme expectorante et tonique amer. D'après Prosper Alpin, les Égyptiens l'employaient contre les fièvres intermittentes, contre lesquelles Matthiole, Boerhaave, Rivière, Chomel, Baumer, etc., ont proclamé ses bons effets. En Italie, c'est un remède populaire, et on la désigne sous le nom d'herbe aux fièvres. Les anciens, les Grecs d'abord et les Arabes ensuite, l'employaient contre les engorgements

de la rate et du foie ; ce qui pourrait bien avoir, comme le font remarquer MM. Trousseau et Pidoux, quelques rapports avec ses propriétés
fébrifuges.

Au rapport de Vésale, la germandrée fut employée pour combattre
la goutte, dont était atteint Charles-Quint. Senner et Solenander l'ont
vantée contre cette maladie, et Tournefort dit que de son temps
c'était un remède populaire contre cette affection ; il ajoute que, pour
son compte, il n'en a obtenu aucun bon effet. Cependant Carrère
prétend l'avoir employée avec avantages, et Bodart croit à ses prétendues propriétés anti-goutteuses ; il est vrai qu'il ajoute qu'elle agit
alors en rétablissant les fonctions digestives perverties. Peut-être
aussi, en raison de son huile volatile, pourrait-elle activer la circulation et la respiration, et conséquemment rendre plus complète la
combustion des aliments plastiques. Mais encore, dans cette hypo-
thèse, beaucoup d'autres labiées devraient lui être préférées. Tout
en reconnaissant que l'infusion de germandrée peut convenir dans
quelques cas de fièvres muqueuses, et comme léger expectorant dans
les catarrhes pulmonaires, nous croyons, pour notre compte, que
c'est avec raison qu'elle est aujourd'hui à peu près abandonnée et
qu'on a bien fait de lui préférer d'autres plantes plus actives, comme
l'hysope, par exemple.

GINGEMBRE

Amomum zingiber L. *Zingiber officinale* Rosc.
(Amomées.)

Le Gingembre est une grande plante vivace, à rhizome tuberculeux, irrégulièrement coudé, de la grosseur du pouce, coriace, jaunâtre, produisant des tiges aériennes ou hampes cylindriques hautes
de 0ᵐ,60 à 0ᵐ,70 ; elles portent des feuilles alternes, distiques, lancéolées, longues, glabres, terminées à la base en une longue gaine
fendue. Les fleurs, portées sur des hampes nues, longues de 0ᵐ,25
à 0ᵐ,30 et placées à côté des tiges feuillées, forment un épi ovoïde,
imbriqué d'écailles verdâtres, et marqué à son sommet d'une pointe
rouge ; elles sont jaunâtres, avec un *labelle* ou tablier pourpre, varié
de brun ou de jaunâtre. Elles n'ont qu'une seule étamine épigyne,
à anthère bilobée ; un ovaire à trois loges, un style grêle, terminé par
un stigmate concave. Le fruit est une capsule polysperme, à trois
loges, s'ouvrant en trois valves (Pl. 40).

Habitat. — Cette plante est originaire des Indes Orientales; elle croît, d'après quelques voyageurs, aux environs de Zingi ou Gingi, d'où ses différents noms. On la trouve en Chine, sur les côtes de Malabar, à Ceylan, dans les îles de la Sonde, aux Moluques, aux Philippines, à Java, à Sumatra, etc. On l'a importée au Mexique, au Brésil, et aux Antilles où on la cultive en grand.

Culture. — Le gingembre demande une terre substantielle, fraiche et ombragée; après l'avoir ameublie par des labours énergiques, on y plante des tronçons de rhizomes dans des sillons profonds de 0ᵐ,15 à 0ᵐ,20 et espacés de 0ᵐ,40 à 0ᵐ,50; cette plantation se fait ordinairement dans la saison des pluies, au moment où ces rhizomes entrent en végétation. Il n'y a plus ensuite qu'à chausser les jeunes plants dès qu'ils se montrent, et à les garantir des mauvaises herbes par des binages. Dans nos climats, on ne peut élever le gingembre qu'en serre chaude.

Parties usitées. — Les rhizomes ou racines.

Récolte. — Elle se fait spécialement aux Antilles, où, depuis le commencement de ce siècle seulement, le *gingembre officinal* est cultivé et prospère. Auparavant, cette récolte ne s'opérait qu'aux Indes Orientales. Le commerce nous fournit deux sortes de gingembre, le *gris* et le *blanc*. Le dernier vient particulièrement de la Jamaïque. On a pu croire que le gingembre blanc était une variété produite par la culture ou par la transplantation. Duncan pensait que c'était le gingembre gris (qu'il appelle noir) pelé à l'état frais (*Edimb. new. dispens.*, p.271). Il est même possible que l'on obtienne de la sorte ou par macération dans l'eau un faux gingembre blanc que l'on blanchit ensuite avec l'hypochlorate de chaux et la chaux, comme cela se pratique pour le poivre blanc; mais Rumphius (*Herbarium Amboinense*, 1755) a désigné deux gingembres dans le pays natal de ces plantes (*Zingiber album* et *rubrum*).

Le *gingembre gris* est de la grosseur du doigt; il se compose de tubercules ramifiés et comprimés, réunis au nombre de trois ou quatre, recouverts d'une écorce grise jaunâtre, ridée et marquée d'anneaux peu apparents; au-dessous de la première couche grise (cuticule) se trouve une couche grise ou brune. La cuticule, que les auteurs nomment à tort épiderme, est détruite par place, et laisse voir des taches noirâtres; l'intérieur des rhizomes est blanc jaunâtre; son odeur est fort aromatique, sa saveur âcre; sa poudre, qui est jaunâtre, provoque l'éternument : il est souvent piqué des vers ; il faut le choisir sain, dur et pesant. M. Guibourt partage l'opinion de Rumphius, qui ne croit pas que ce gingembre ait été trempé dans l'eau bouillante, mais bien dans une solution alcaline ou roulé dans de la cendre sèche ; on trouve en effet à sa surface de petites particules siliceuses.

Le *gingembre blanc* est plus grêle, plus allongé, plus plat et plus ramifié que le précédent ; son écorce est fibreuse, jaunâtre, striée longitudinalement, sans anneaux transversaux. Le plus souvent elle est enlevée avec soin ; la racine est blanche à l'extérieur et à l'intérieur ; sa poudre est blanche. Ce gingembre est plus léger, plus tendre, plus fibreux que le gris ; il a une odeur forte, moins aromatique, sa saveur est plus forte et plus brûlante.

M. Guibourt fait connaître encore deux autres sortes de gingembre que l'on a trouvées dans le commerce. L'une, le *gingembre sauvage*, est en souches beaucoup plus volumineuses, d'une saveur aromatique et amère ; elle est produite par le *Lampujun majus* de Rumphius, *Kastou-inschi-kua* de Rheede, *Zingiber zerumbeth* de Roxburgh et de Roscoë, qui, d'après M. Guibourt, a été confondu avec le *Zingiber latifolium sylvestre* d'Hermann (*Hort. Lugel*, p. 636), qui est une espèce de zédoaire.

L'autre espèce que l'on a trouvée quelquefois dans le commerce appartient au *Zingiber cassummar* de Roxburgh et de Roscoë. Ce sont des tubercules volumineux, articulés, marqués de franges circulaires, blancs en dehors, orangés à l'intérieur et très-aromatiques. (Guibourt, *Hist. nat. des drog. simples.*)

Composition chimique. — Morin et Bucholz qui ont analysé le gingembre, l'ont trouvé composé de résine molle, de sous-résine, d'huile volatile, de matière extraite de gomme, d'amidon et de matière azotée ; la résine molle est le principe actif ; M. Béral a proposé de l'appeler *piperoïde de gingembre* ; il en a fait la base de plusieurs préparations qui ne sont pas employées.

Usages. — Le gingembre entrait dans la plupart des médicaments officinaux des Grecs, des Arabes, tels que la thériaque, le diascordium, la confection Hamech, etc. C'est un excellent stimulant stomachique, très-vanté par Dioscoride. On en fait un très-grand usage dans l'Inde et en Angleterre pour faciliter la digestion ; on en met dans les sauces, dans certaines bières, etc. Les nourrices en mettent dans les tisanes des petits enfants pour guérir la colique ; on s'en sert contre les catarrhes chroniques, les extinctions de voix. On l'associe aux cathartiques pour rendre leur administration plus facile et pour dissiper les coliques venteuses. Murray l'employait avec succès contre les tranchées.

La racine ou rhizome du *Z. cassumunar*, connue en Angleterre sous le nom de *cassumunar* ou *cassumuniar*, de *racine du Bengale* ou *zédoaire jaune*, a été autrefois très-vantée contre la céphalalgie, l'hystérie, l'apoplexie, etc. Elle n'est plus employée aujourd'hui.

Les Indiens, d'après Rheede, font entrer dans le pain, dans les temps de disette, la poudre du *Z. Zerumbet*.

Le gingembre, comme toutes les autres racines ou graines aromatiques des *Amomées*, est un excellent stomachique ; c'est un des digestifs les plus efficaces que l'on connaisse ; il agit en surexcitant le tube digestif, en activant ses fonctions et en augmentant les sécrétions gastriques, intestinales et biliaires, si nécessaires surtout dans les pays chauds à l'accomplissement d'une bonne digestion. Malheureusement on en fait souvent abus et alors il fatigue et peut déterminer des inflammations du canal digestif.

GINSENG

Aralia quinquefolia Decne. *Panax quinquefolium* L.
(Araliacées.)

Le Ginseng, connu chez nous sous le nom de mandragore de Chine, est une plante vivace, à racine simple, un peu striée, blanche, pivotante. La tige haute de 0^{m}40 à 0^{m}50, cylindrique, simple, grêle, glabre et lisse, porte dans sa partie supérieure trois feuilles verticillées, longuement pétiolées, digitées, à cinq folioles presque sessiles, ovales, dentées, divergentes. Les fleurs, blanches, polygames sont groupées en ombelle terminale. Elles présentent un calice à cinq petites dents, une corolle à cinq pétales planes, cinq étamines, un ovaire infère surmonté de deux styles. Le fruit est une petite baie globuleuse, un peu comprimée, à deux loges monospermes

HABITAT. — Cette plante croît en Chine, au Japon, dans la grande Tartarie. On la trouve également au Canada, dans la Pensylvanie, la Virginie. Elle n'est cultivée que dans quelques jardins botaniques.

PARTIES USITÉES. — Les racines.

RÉCOLTE. — La racine de l'*Aralia quinquefolia* est un des ginseng des Chinois ; elle croît dans la Tartarie chinoise, le père Duhalde l'a trouvée au Canada ; elle nous vient de ce pays, tantôt isolée, tantôt mélangée à la serpentaire de Virginie ; elle est très-estimée dans l'Asie Orientale, où elle se vendait trois fois son poids d'argent. Les ambassadeurs Siamois en apportèrent à Louis XIV, mais depuis qu'on la trouve en Amérique et qu'elle a été transportée au Chili, elle est moins rare, moins estimée et très-peu employée.

La racine de ginseng ou gen-seng est de la grosseur du petit doigt, fusiforme, cylindrique ou renflée à sa partie supérieure ; elle est marquée d'un grand nombre d'impressions circulaires ; souvent elle se partage en deux branches ressemblant aux cuisses d'un homme, ce qui, dit-on, lui a valu son nom et la réputation d'être aphrodisiaque. En effet, les Iroquois la nomment *Garent-oguen* qui veut dire cuisse d'homme, dont on a fait *Ginseng*. La couleur de la racine varie du blanc au jaunâtre, elle possède une faible odeur de racine d'ombellifère, sa saveur est amère, âcre et sucrée. Suivant l'illustre sinologue Abel Rémusat, le mot ginseng vient de *Jin-chen* qui veut dire ternaire de l'homme, ce qui fait trois avec l'homme et le ciel.

On a longtemps confondu le ginseng avec une autre racine qui lui ressemble, laquelle vient de la Morée et est cultivée en Chine et au Japon. C'est le ninsin (*Sium nensi* L.), ombellifère voisine du chervi (*Sium sisarum* L.) ; mais on distingue facilement la racine de ginseng par le collet tortueux qui la surmonte, où se trouve marquée tantôt à droite, tantôt à gauche, l'empreinte de la tige unique que la plante pousse chaque année, tandis que le ninsin pousse un amas de racines tuberculeuses. C'est sans doute de cette confusion du ninsin avec le ginseng que sont venus les noms de *Nisi-ginseng*, *ninzi*, *nindsin*, *sium ninsi*, que l'on donne quelquefois à cette dernière racine.

La racine de ginseng se trouve quelquefois dans le commerce disposée en chapelets à l'aide d'une ficelle.

COMPOSITION CHIMIQUE. — Le ginseng n'a pas été analysé. Coxe (*American dispens.*, page 434), a remarqué qu'il possédait une saveur sucrée analogue de celle de la réglisse ; elle renferme un principe amer. M. Garrigues y a, il est vrai, trouvé une matière particulière qu'il désigne sous le nom de *Panaquilon*, mais on ne sait rien de positif sur les propriétés de cette substance. Le ginseng d'Amérique paraît être plus aromatique et plus actif que celui de Chine ; les Américains ne font aucun cas de ce dernier.

USAGES. — Le docteur Vandermonde a traduit un ouvrage chinois intitulé *Pen-Sau-Kan-Mou-Li-Tchi-Sin*, d'après lequel les Asiatiques considèrent le ginseng comme une panacée universelle ; ils l'emploient dans toutes les maladies, et leurs médecins ont écrit des volumes entiers sur ce merveilleux spécifique qu'ils nomment *Simple spiritueux*, *Esprit pur de la terre*, *Recette d'immortalité*, etc. C'est surtout contre la diarrhée, les dérangements d'estomac, les engourdissements, les paralysies, les convulsions qu'ils l'emploient. Les médecins hollandais en ont fait aussi un fréquent usage, mais c'est plus particulièrement comme aphrodisiaque, comme propre à prolonger les appétits de la jeunesse et à soutenir les forces que le ginseng a été très-célèbre. Aujourd'hui il est justement abandonné, et sans nier qu'il ne puisse exercer des effets légèrement excitants, on a fait justice de toutes les propriétés merveilleuses qu'on lui attribuait jadis.

GIROFLÉE

Cheiranthus Cheiri L.
(Crucifères-Arabidées.)

La Giroflée commune, appelée aussi Giroflée de muraille, Muret, Ravenelle jaune, Violier jaune, etc., est une plante vivace, à racines rameuses et traçantes. La tige haute de 0^{m}25 à 0^{m}50, sousfrutescente dans sa partie inférieure, se divise dès la base en rameaux anguleux, pubescents au sommet, portant des feuilles alternes, atténuées en pétiole, oblongues-lancéolées, entières, un peu charnues, d'un vert pâle en dessous, persistant quelquefois pendant l'hiver. Les fleurs jaunes et d'une odeur suave, sont groupées en un corymbe terminal qui s'allonge et se transforme en grappe par les progrès de la floraison. Elles présentent un calice à quatre sépales disposés sur deux rangs et opposés en croix, les deux intérieurs gibbeux à la base ; une corolle à quatre pétales onguiculés et opposés en croix ; six étamines tétradynames ; un ovaire simple, allongé, tétragone, à deux loges multiovulées, surmonté d'un style simple, très-

court, épais, terminé par un stigmate bifide à lobes courbés en dehors. Le fruit est une silique linéaire, à quatre angles arrondis,
deux valves convexes renfermant de nombreuses graines ovoïdes-
comprimées (Pl. 11).

La giroflée blanchâtre ou des jardins (*C. incanus* L., *Matthiola incana* R. Br., *Hesperis violaria* Lam.) se distingue de la précédente
par sa tige et ses feuilles blanchâtres et cotonneuses, ses sépales et ses
pétales violets, sa silique cylindrique comprimée, ses graines à rebord membraneux. Quelques botanistes rapportent à cette espèce,
comme variété, la giroflée annuelle ou quarantaine (*C. annuus* L.,
Matthiola annua Sweert.)

HABITAT. — La giroflée commune habite presque toute l'Europe ;
elle se trouve particulièrement sur les rochers et les vieux murs.
La seconde espèce croît dans les sables maritimes. Ces plantes ne
sont cultivées que dans les jardins botaniques et d'agrément.

PARTIES USITÉES. — Les rameaux fleuris, les fleurs, les semences.

RÉCOLTE. — La giroflée est une des premières fleurs du printemps; elle fleurit en mai et juin ; on en cueille les rameaux fleuris à
l'époque de la floraison, on les dispose en petits paquets peu serrés,
que l'on attache en guirlandes, et on les fait sécher au grenier, au
séchoir ; les fleurs isolées se décolorent facilement, on doit les conserver à l'abri de la lumière ; elles perdent en grande partie leur
arome par la dessiccation. Lorsqu'on veut employer les graines, on
cueille les fruits avant leur déhiscence et on fait sécher les siliques ;
la maturité des graines achevée, on les sépare du péricarpe et on les
fait sécher à l'ombre, dans un lieu chaud.

COMPOSITION CHIMIQUE. — La giroflée n'a pas été analysée. L'odeur
assez forte qu'elle exhale et sa saveur piquante font supposer
qu'elle renferme une huile essentielle toute faite, ou que, comme
d'autres plantes de la même famille, elle contiendrait les éléments
nécessaires à la formation de cette essence, qui probablement est
sulfurée et qui ne prendrait naissance qu'au contact de l'eau et d'une
température convenable.

USAGES. — Galien rapporte (*Simpl.* liv. VII,) que les Grecs employaient la giroflée contre l'avortement ; ses fleurs étaient regardées
comme céphaliques, cordiales, anodines, anti-spasmodiques; on les
employait comme diurétiques et emménagogues dans la chlorose, l'a-
ménorrhée, les paralysies ; dans les campagnes c'était un remède

vulgaire contre la gravelle et les hydropisies ; on les employait infusées dans du vin blanc. Dans quelques pharmacopées, on trouve sous le nom *d'huile de keiri*, la formule d'une huile obtenue par digestion des fleurs. Les semences étaient administrées en poudre à la dose de 4 à 6 grammes contre la dyssenterie ; l'huile était appliquée topiquement contre les contusions et les douleurs nerveuses et rhumatismales.

GIROFLIER

Caryophyllus aromaticus L.
(Myrtacées - Myrtées.)

Le Giroflier est un arbre de moyenne grandeur, dont la tige, haute de 8 à 10 mètres, se divise en rameaux dont l'ensemble forme une cime pyramidale très-élégante. Ils portent des feuilles opposées, un peu soudées à la base, ovales, entières, pointues, lisses, longuement pétiolées et marquées de nombreuses nervures latérales presque perpendiculaires à la nervure médiane ; ces feuilles sont persistantes. Les fleurs roses, à pédoncules articulés, sont groupées en corymbe terminal et munies de petites bractées caduques. Elles présentent un calice rougeâtre, rugueux, en entonnoir, à tube étroit, allongé, soudé avec l'ovaire, à limbe partagé en quatre divisions épaisses, charnues, aiguës ; une corolle à quatre pétales, des étamines nombreuses insérées, comme les pétales, autour du sommet de l'ovaire, qui est infère et à une seule loge uniovulée. Le fruit est une drupe sèche, ovoïde, couronnée par les dents du calice persistant (Pl. 12).

Habitat. — Le giroflier est originaire des Moluques, d'où il a été successivement importé aux îles Maurice et de la Réunion (Bourbon), à Mahé, à Sumatra, à la Guyane, dans les Antilles Françaises, etc.

Culture. — Cet arbre est très-délicat ; il préfère l'exposition de l'Est et les terres fortes, profondes et fraîches. On le propage par graines semées en place ou par boutures, faites à l'époque où la séve commence à monter. Les jeunes sujets exigent beaucoup de soins ; il leur faut un ombrage qui les abrite contre le soleil, sans les soustraire aux influences de la pluie et de la rosée. Aussi le giroflier vient-il très-bien sous le couvert des arbres à feuillage clair et léger et à racines peu étendues, ou mieux encore sur les défrichements partiels opérés dans les parties humides des bois.

En Europe, on ne peut le cultiver qu'en haute serre chaude, où du reste sa culture et sa conservation sont assez difficiles.

PARTIES USITÉES. — Les fleurs non épanouies ou clous de girofle, les pédoncules brisés ou griffes de girofle, l'essence de girofle.

RÉCOLTE. — Les clous de girofle nous viennent principalement des Moluques, de l'île de la Réunion et de Cayenne. On cueille les boutons avant que les fleurs soient détachées; quand les pétales non séparés forment un corps globuleux au-dessus du calice, on les fait sécher au soleil; ils brunissent en séchant; lorsqu'on les comprime à la base du tube calicinal, ils laissent suinter une huile essentielle, âcre, d'un brun rougeâtre, ce qui n'a pas lieu lorsqu'ils ont été soumis à une distillation préalable, opération à laquelle se sont, dit-on, quelquefois livrés les Hollandais, avant de les mettre dans le commerce.

D'après M. Guibourt, voici quelles sont les trois sortes de girofle que l'on trouve dans le négoce :

1° Le Girofle des *Moluques* ou *Girofle anglais* qui est fourni par la compagnie des Indes; il est brun clair, gros, bien nourri, obtus, pesant, obscurément quadrangulaire; sa saveur est âcre et brûlante; 2° le *Girofle de Bourbon* (ou *de la Réunion*), plus petit que le précédent; 3° le *Girofle* de Cayenne, petit, grêle, aigu, noirâtre, peu aromatique, moins estimé.

Sous les noms *d'antofle* ou *mère de girofle*, on trouve quelquefois dans le commerce les fleurs du giroflier épanouies sur l'arbre; on en distingue deux sortes selon qu'elles ont été cueillies à une époque plus ou moins éloignée de la floraison. Tantôt elles sont tubuleuses, cylindriques, terminées par les quatre pointes du calice, sans corolle et sans étamines, celles-ci étant tombées; elles possèdent une odeur prononcée de girofle. Tantôt, lorsque les fleurs sont bien épanouies, ce sont des corps ovoïdes couronnés par les quatre dents du calice qui sont recourbées en dedans; à l'intérieur on trouve une semence dure, marquée d'une rainure longitudinale, ondulée; ce produit est peu aromatique et peu estimé.

On désigne sous le nom de *griffes de girofle* les pédoncules brisés du giroflier; ce sont de petites branches grisâtres, minces, d'une odeur et d'une saveur assez prononcées; elles sont employées par les distillateurs en guise de girofle. Au Brésil, sous le nom de *Craveiro da terra* ou *Girofle indigène*, on emploie les boutons du *Calyptran-*

thes aromatica A. St-Hil., et les jeunes fruits de l'*Eugenia pseudo-caryophyllus* D. C.; les noix ou *baies de Ravensara* ou *noix* de girofle sont produites par le *Ravensara aromatica*, Sonn, *Evodia ravensara* Gœrt., *Agatophyllum aromaticum* Juss., qui croit à Madagascar et qui appartient à la famille des Laurinées.

COMPOSITION CHIMIQUE. — D'après Trommsdorff, les girofles contiennent sur 100 parties : huile volatile 18, matière extractive et astringente 17, gomme 13, résine 5, fibre végétale 28, eau 18. M. Lodibert à trouvé dans le girofle des Moluques un principe qu'il a nommé *caryophylline*; M. Bonastre a constaté sa présence en petite quantité dans le girofle de Bourbon ; il n'en a pas trouvé dans celui de Cayenne.

Entrevue par M. Baget et découverte par MM. Lodibert et Bonastre, la *caryophylline* est une résine brillante, satinée, cristallisée, insipide et inodore, fusible, volatile, insoluble dans l'eau, se dissolvant dans l'alcool et dans l'éther ; l'acide sulfurique concentré la colore en rouge coquelicot ; elle est isomérique avec le camphre et contient $C^{20} H^{16} O^{2}$.

L'huile essentielle s'obtient par la distillation du girofle avec de l'eau saturée de sel marin ; elle est âcre, sa densité est de 1,064, peu volatile, ne se solidifie pas à — 20°; l'acide azotique la colore en vert ou en rouge ; avec la potasse et l'ammoniaque elle se prend en masse cristalline.

L'essence de girofle contient trois produits différents : 1° une huile essentielle hydrocarbonée isomère de l'essence de térébenthine et celle du *dryobalanops camphora* $C^{20} H^{16}$ découverte par M. Ettling ; 2° une huile oxygénée (acide eugénique de M. Dumas) qui est composée de $C^{20} H^{12} O^{3}$; elle se combine aux alcalis ; 3° un stéaroptène (eugénine de M. Persoz) qui contient un équivalent d'oxygène de moins que l'acide eugénique ; il est en lames minces, blanches et noires ; il absorbe l'oxygène et se résinifie ; il est soluble dans l'eau et dans l'alcool.

USAGES. — Le girofle entre dans le laudanum de Sydenham et dans un grand nombre d'alcoolats composés. On en fait grand usage, ainsi que de son essence, en parfumerie et pour la fabrication des liqueurs ; c'est un des excitants les plus puissants que possède la thérapeutique ; c'est surtout comme condiment qu'on l'emploie dans l'art culinaire, on s'en sert pour rehausser la saveur des sauces et les rendre plus digestives; en médecine on l'emploie comme la cannelle et aux mêmes doses (voyez le mot *cannelle*); l'essence placée sur du coton sert à cautériser les dents cariées.

GLAUCIÈRE

Glaucium flavum Krantz. *Chelidonium glaucum* L.
(Papavéracées.)

La Glaucière jaune ou pavot cornu, comme on l'appelle vulgairement, est une plante bisannuelle, à racines fibreuses et traçantes. La tige, haute de 0^m,30 à 0^m,60, robuste, glabre, glauque, rameuse, ascendante, porte des feuilles alternes, grandes, pennatifides, à lobes sinués ou dentés, velues, pulvérulentes, glauques; les inférieures pétiolées, les supérieures sessiles et embrassantes. Les fleurs, grandes, d'un beau jaune doré, sont généralement solitaires, à l'extrémité de pédoncules courts, épais, glabres, qui terminent la tige et les rameaux. Elles présentent un calice à deux sépales caducs, verdâtres, à poils transparents; une corolle à quatre pétales larges, obovales, disposés sur deux rangs et décussés; des étamines au nombre de vingt environ, hypogynes; un ovaire simple, allongé, à deux loges multiovulées, surmonté d'un style très-court et d'un stigmate à deux lobes lamelleux. Le fruit est une capsule siliquiforme, longue de 0^m,15 à 0^m,25, rude, légèrement tuberculeuse, divisée en deux loges par une cloison spongieuse, s'ouvrant en deux valves du sommet à la base et renfermant de nombreuses graines attachées sur deux placentas persistant avec la cloison.

Nous citerons aussi les glaucières fauve (*G. fulvum* Sm., *Chelidonium fulvum* Poir.) et corniculée (*G. corniculatum* Curt., *Chelidonium corniculatum* L.)

HABITAT. — Ces trois espèces habitent les lieux sablonneux et maritimes du midi de l'Europe. La première est naturalisée dans quelques localités du nord de la France. Elle n'est guère cultivée que dans les jardins botaniques. Dans ces derniers temps, on a proposé de la cultiver en grand, comme plante oléagineuse.

PARTIES USITÉES. — Les feuilles, les fleurs.

RÉCOLTE. — On récolte la plante pendant la floraison; sa dessiccation s'opère avec difficulté, elle doit être faite rapidement au séchoir.

Composition chimique. — La glaucière répand une odeur vireuse ; sa saveur est amère et piquante ; son extrait exhale une odeur narcotique qui rappelle celle de l'opium ; aussi s'en sert-on, d'après Landerer, pour falsifier ce produit : quand on blesse la plante, il s'en écoule un suc jaune, âcre, caustique et vénéneux. M. Probst a trouvé dans la racine de *l'acide chélidonique* et deux alcaloïdes, la *chélidonine* et la *chélérythrine* semblables à ceux que l'on trouve dans la grande chélidoine. Les graines renferment une huile fixe analogue à celle que l'on extrait du pavot noir ou pavot à œillette. M. Cloës a démontré que cette plante pouvait être exploitée avec avantage comme plante oléagineuse.

Usages. — La glaucière jaune et surtout la rouge possèdent des propriétés narcotiques très-prononcées ; d'après Charles Worth, elles provoquent des accidents graves qui se manifestent plus particulièrement par une altération de l'organe de la vision, par suite de laquelle tous les objets sont vus jaunes.

Les paysans, dans certaines provinces, d'après Garidel, emploient les feuilles de glaucière pour déterger les plaies et panser les ulcères qui surviennent à la suite des contusions et des écorchures ; on les applique à cet usage en médecine vétérinaire, surtout pour les chevaux. Les feuilles pilées et mélangées à l'huile sont employées en cataplasmes, contre les panaris commençants, l'irritation phlegmasique des vésicatoires. M. Girard de Lyon a constaté les bons effets de cette préparation contre les plaies contuses avec déchirement, et les douleurs hémorrhoïdales. M. Cazin dit avoir employé avec succès le suc jaune mêlé au suc de jusquiame et au jaune d'œuf contre la constriction spasmodique de l'anus ; mais c'est un remède populaire peu employé de nos jours et tout à fait inusité par la médecine rationnelle. En Portugal on faisait autrefois prendre les feuilles de glaucière infusées dans du vin blanc aux personnes atteintes de la pierre.

GLÉCHOME

Glechoma hederacea L. *Nepeta glechoma* Benth.
(Labiées—Népétées.)

Le Gléchome hédéracé, vulgairement appelé Lierre terrestre, Lierrette, Rondotte, Herbe de Saint-Jean, etc., est une petite plante vivace, à racines grêles, rampantes, blanchâtres. La tige, haute de

0^m,25 à 0^m,50, tétragone, rougeâtre, un peu pubescente, couchée ou
ascendante, émet de distance en distance de nombreux rejets ram-
pants. Elle porte des feuilles opposées, longuement pétiolées, réniformes, arrondies, crénelées, d'un vert foncé, quelquefois rougeâtres
en dessous. Les fleurs, rose violacé, plus rarement blanches, sont
courtement pédonculées et réunies au nombre de deux à quatre à
l'aisselle des feuilles supérieures. Elles présentent un calice tubuleux,
cylindrique, strié, à cinq dents très-aiguës, un peu inégales ; une
corolle à tube très-long, à gorge très-dilatée, à limbe partagé en
deux lèvres, la supérieure droite presque plane, échancrée, l'inférieure étalée à trois lobes, dont le médian est beaucoup plus grand ;
quatre étamines didynames rapprochées sous la lèvre supérieure de
la corolle, portant des anthères à lobes divergents, rapprochées par
paire en forme de croix ; un ovaire composé de quatre carpelles surmonté d'un style simple, que termine un stigmate bifide. Le fruit se
compose de quatre akènes ovoïdes, finement ponctués, entourés par
le calice persistant.

HABITAT. — Le lierre terrestre est commun dans toutes les régions
de l'Europe ; il croît dans les bois, les haies, les prairies, les buissons, les lieux ombragés, le long des murs et des fossés, etc.

CULTURE. — Cette plante, étant assez abondante à l'état sauvage
pour suffire aux besoins, n'est cultivée que dans les jardins botaniques. On la propage très-facilement par graines semées en place au
printemps ou par éclats de pied faits dans cette saison ou à l'automne.

PARTIES USITÉES. — Les feuilles, les sommités fleuries.

RÉCOLTE. — Le lierre terrestre doit être récolté lorsqu'il est en
fleurs, ce qui arrive en juin et juillet ; après l'avoir arraché on en coupe
la racine, on en détache les feuilles inférieures pour les attacher en
paquets, que l'on dispose en guirlandes et que l'on fait sécher à
l'étuve ou au soleil ; on emploie rarement les feuilles isolées ; elles
doivent être conservées dans un lieu sec à l'abri du contact de l'air ;
elles sont sujettes à noircir.

COMPOSITION CHIMIQUE. — Quoique possédant une odeur forte, assez
prononcée, le lierre terrestre est loin de posséder le principe aromatique si abondant dans la plupart des labiées. Cependant il renferme
une petite quantité d'huile essentielle ; il est riche en principe amer ;
il possède une saveur douceâtre, amère, âcre et piquante ; on s'en

est servi en Angleterre pour donner de l'amertume à la bière, qu'il a, dit-on, la propriété de clarifier.

Usages. — Dans les campagnes, le lierre terrestre, connu sous le nom de *drienne*, est considéré comme un léger excitant auquel on attribue la propriété de faciliter l'expectoration. Autrefois très-vanté par Baglivi sous la forme de teinture contre les débilités de l'estomac, les flatuosités et la dyspepsie, par Cullen, contre les tubercules pulmonaires, il était recommandé par Simon Paulli, Ettmuller, Morton, Willis, contre la phthisie, la pneumonie et la pleurésie. Daniel Semuert et Plater l'employaient contre les calculs, les graviers et les maladies de vessie. On en faisait grand cas à une époque comme fébrifuge ; mais aujourd'hui on sait à quoi s'en tenir sur ses prétendues propriétés merveilleuses, et c'est tout au plus si, sur les indications très-anciennes de Lazare Rivière, de Sauvages, etc., on l'emploie encore quelquefois comme expectorant sous forme de tisane dans les catarrhes chroniques et dans la période atonique des bronchites. Son infusion facilite certainement l'expectoration, mais elle est bien loin de posséder les propriétés bienfaisantes qu'on lui avait attribuées.

A l'extérieur, le lierre terrestre a été employé autrefois comme tonique et résolutif. J. Bauhin en faisait des cataplasmes, qu'il appliquait chauds sur le ventre des femmes pour calmer les tranchées qui précèdent et qui suivent les couches ; on en faisait un onguent contre la brûlure ; on l'employait pour déterger les vieux ulcères. Ces vieux remèdes sont aujourd'hui justement abandonnés.

GLOBULAIRE

Globularia alypum L.
(Globulariées.)

La globulaire turbith est un arbrisseau à racines épaisses et noirâtres. La tige, haute d'environ un mètre, droite, brun-rougeâtre, se divise en nombreux rameaux anguleux, striés, rougeâtres, un peu glauques, glabres, effilés, dressés, devenant grisâtres en vieillissant, portant des feuilles alternes, presque sessiles, obovales, lancéolées, aiguës, entières, fermes, d'un vert glauque, dressées, les inférieures courtement pétiolées. Les fleurs petites, bleuâtres, sont réunies en capitules globuleux, terminaux, sessiles, à réceptacle spongieux, convexe et garni de paillettes, entouré d'un involucre à écailles imbriquées, brunes, scarieuses, ciliées sur les bords. Elles présentent un calice monosépale, légèrement tubuleux, très-velu, fendu aux deux tiers de sa hauteur en cinq dents linéaires, aiguës, subulées ; une corolle irrégulière, monopétale, ligulée, à tube un peu arqué et évasé vers la gorge, à limbe allongé, roulé en dehors, fendu jusqu'au tiers de sa longueur en trois lanières étroites et obtuses ; quatre étamines égales, dressées, saillantes, insérées au sommet du tube de la corolle : un ovaire libre, ovoïde, allongé, glabre, uniloculaire, uniovulé, surmonté d'un style assez court, grêle, filiforme, incliné et terminé par un très-petit stigmate bifide. Le fruit est un akène ovoïde, très-petit, jaunâtre, lisse et luisant, complétement enveloppé par le calice persistant.

La globulaire commune (*G. vulgaris* L.) est une petite plante vivace, à tige courte, rameuse, formant une touffe qui se termine par des capitules de fleurs bleuâtres ou blanchâtres.

Habitat. — La globulaire turbith croît dans les régions méridionales de l'Europe. La globulaire commune s'avance jusque dans le Nord. Ces deux plantes ne sont cultivées que dans les jardins botaniques, où la première est assez difficile à conserver.

Parties usitées. — Les feuilles, l'inflorescence.

Récolte. — Les feuilles de globulaires doivent être récoltées à l'époque de la floraison; on les fait sécher rapidement au soleil, et on les conserve dans un endroit sec; les fleurs, rarement employées, sont cueillies au moment de l'épanouissement ; on en sépare les pédoncules et l'involucre et on les fait sécher.

Composition chimique. — L'analyse de la globulaire n'a pas été faite. Les feuilles présentent une saveur âcre, très-amère, désagréable ; on leur avait attribué des propriétés dangereuses. J. Bauhin la nomme *herbe terrible*, *herba terribilis*, *frutex terribilis* ; c'est sous ces noms qu'elle est désignée dans les ouvrages de Lobel, de Dalechamps de Bauhin etc., mais Clusius (de Lécluse) qui l'avait très-employée en province et observée en Espagne, la nommait *coronillas de los frayles*, petite couronne des moines), Ramel fit connaître qu'elle n'avait rien de terrible, et les faits publiés par Ramel, de Candolle, Gilibert et Loiseleur Deslongchamps, démontrèrent que la globulaire turbith était un purgatif qui n'avait rien de dangereux.

Usages. — La globulaire turbith est employée dans un grand

nombre de localités comme un purgatif doux dont les paysans font
un très-fréquent usage ; elle peut très-bien remplacer le séné, mais
il faut en doubler la dose; son infusion et sa décoction présentent
une couleur verdâtre et une saveur légèrement âcre et très-amère,
elles n'ont pas les saveurs nauséeuses du séné. Ramel et Clusius
la regardaient comme hydragogue et fébrifuge ; aussi l'a-t-on employée, mais sans succès, contre les fièvres intermittentes et les
hydropisies.

On a souvent confondu la globulaire turbith avec la racine de
turbith, produite par le *convolvulus turpethum*, qui est un drastique violent et avec *l'alypum* de Dioscoride, qui est très-probablement un *Euphorbia*, puisqu'il a, dit-il, un suc âcre et caustique,
qui agit vivement sur les intestins, etc. (*Dioscoride lib.* IV,. C. 173).
Le *G. alypum L.* parait être le *catafrage* de Pline; c'est le *turbith
bleu* des officines, il est très-peu employé ; on peut lui substituer
le *globularia vulgaris*, ou marguerite bleue, qui croit sur les coteaux calcaires, dans les pâturages; elle est cependant moins active.

GOMMIER

Eucalyptus globulus et *resinifera* Lab.
(Myrtacées – Leptospermées.)

Le Gommier bleu (*Eucalyptus globulus* Lab.) est un arbre à racines
fortes, pivotantes et traçantes. La tige, haute de 50 mètres, droite,
régulière, couverte d'une écorce glabre, gris-cendré, se divise en rameaux tétragones, dressés ou étalés, à feuilles opposées et presque
cordiformes sur les jeunes pousses, alternes, pétiolées, falciformes,
coriaces et d'un vert glauque sur les rameaux adultes. Les fleurs sont
ordinairement solitaires, quelquefois germinées ou ternées, à l'aisselle des feuilles. Elles présentent un calice monosépale, campanulé,
à tube turbiné, anguleux ; des étamines nombreuses, insérées sur le
calice, à filets allongés, à anthères ovoïdes ; un ovaire simple, arrondi, à quatre loges multiovulées, surmonté d'un style simple terminé par un petit stigmate convexe.

Le fruit est une capsule turbinée, anguleuse, déprimée, ordinairement à quatre loges, renfermant plusieurs graines ovoïdes et
noirâtres.

Le gommier résineux (*E. resinifera* Smith, *Metrosideros gummi-*

fera Gærtn), se distingue du précédent par ses branches flexibles et pendantes ; ses feuilles oblongues, terminées en pointe allongée, et ses fleurs en ombelles.

Nous citerons encore les gommiers gigantesque (*E. robusta* Sm.), à feuilles en cœur (*E. cordata* Lab.), huileux (*E. oleosa* Muell.), poivré (*E. piperita* Labill.), etc.

Habitat. — Ces arbres sont originaires de l'Australie, où ils croissent dans les lieux sablonneux, sur les bords de la mer, etc. Presque tous peuvent être cultivés en pleine terre, en Algérie et jusque dans le midi de la France. Mais, sous le climat de Paris, ils exigent l'orangerie ou la serre tempérée.

Parties usitées. — Les feuilles, l'écorce, les fruits, l'huile essentielle, la matière sucrée, la matière résineuse ou espèce de kino.

Récolte. — Les feuilles et l'écorce des eucalyptus ne se trouvent pas dans le commerce : les fruits employés à la Nouvelle-Hollande pour remplacer les épices, ne nous arrivent pas en France.

L'*Eucalyptus mannifera*, fournit, d'après le docteur Mudie, une manne abondante, analysée par M. Johnston.

Il découle spontanément des tiges des E. *resinifera* et *robusta*, un suc qui se dessèche sur le tronc. D'après le voyageur White, on peut, par des incisions, obtenir de cet arbre deux cent vingt-sept litres de ce suc. Lorsqu'il est desséché, il se présente sous la forme de masses irrégulières, dures, compactes, formées de larmes agglutinées : il est non opaque ; à l'intérieur sa couleur est d'un rouge foncé, il est inodore, peu friable, sa saveur est peu astringente ; dans l'eau froide, il se gonfle et devient mou et gélatineux ; il est complétement soluble dans l'eau bouillante, sauf les impuretés qu'il peut contenir ; sa solution est précipitée par l'alcool, ce qui démontre la présence d'une gomme mêlée au suc rouge des *Eucalyptus*.

Murray (*Apparatus med.*, t. VI, page 203) a décrit sous le nom de *kino*, un produit très-rare que M. Duncan, d'Édimbourg, appelle *kino de Botany-bay* (*Edinburgh new dispensary* 1830, p. 448) ; il est en morceaux paraissant avoir été moulés dans un vase ; on coupe ces masses en fragments du poids de 500 grammes environ, qui sont déformés par le frottement réciproque et qui présentent des fissures ; à la partie inférieure on trouve des bandes de feuilles de palmier ; leur face supérieure présente des sortes d'efflorescences grisâtres, ou une poussière rouge-brun venant des masses elles-mêmes. Ce kino est assez friable, inodore, peu astrigent; il se dissout dans l'alcool, et la solution est précipitable par l'eau. D'après Thompson, ce produit ne serait pas venu dans le commerce depuis 1810, et M. Guibourt pense que c'est un produit artificiel obtenu par l'évaporation du suc, provenant d'incisions faites sur le tronc de l'*E. resinifera*.

Nous citerons encore parmi les plantes qui donnent des *kinos*, les *Butea frondosa et superba*, et le *Pterocarpus marsupium*, qui produisent la *gomme astringente de Gambie*, de Fothergill, et le kino de l'Inde Orientale ou d'Amboine; nous y reviendrons en parlant des *Pterocarpus*.

Le *kino de la Jamaïque* est le *troisième kino en extrait de* M. Duncan (*Edimburgh new disp.*, p. 489), on en distingue de plusieurs sortes, qui toutes sont estimées; on croit qu'il est produit par le *cocoloba uvifera* de la famille des Polygonées.

Le *kino de la Colombie* et celui de *New-York* ou du *Brésil*, sont attribués au *rhizophora mangle*; nous y reviendrons plus tard.

Composition chimique. — Nous avons déjà dit que le suc concret des eucalyptus contenait une assez grande quantité de gomme; il renferme en outre une matière colorante rouge soluble dans l'eau et du tannin.

L'huile essentielle, obtenue par la distillation des feuilles des eucalyptus, est analogue à celle de cajeput, produite par un *Melaleuca* qui appartient à la même famille.

Le sucre, extrait par M. Johnston de la manne de l'*E. mannifera,* est cristallisé en aiguilles, ou en prismes radiés; il est soluble dans l'eau et dans l'alcool, surtout dans ce dernier liquide bouillant. Desséché à 82°, il a pour formule $C^{24} H^{21} O^{21}$.

La manne d'Australie qui vient de la terre de Van-Diemen, et qui est produite par plusieurs *eucalyptus*, a été étudiée par M. le professeur Berthelot, qui en a extrait un sucre analogue à celui qui est fourni par la canne, et qu'il a nommé *melitose*, sa formule est $C^{12} H^{11} O^{11} + 3 aq$. Desséché à 130°, il présente la même composition que le sucre de canne, il est dextrogire, ne réduit pas l'oxyde de cuivre, il fermente en se dédoublant et produisant de l'*eucalyne*, les acides le dédoublent en glycose et en eucalyne; traité par l'acide azotique, il donne de l'acide mucique. L'*eucalyne* $C^{12} H^{12} O^{12}$ est dextrogyre, et elle réduit l'oxyde de cuivre, elle ne fermente pas, même après avoir éprouvé l'action des acides.

USAGES. — Le suc concret des eucalyptus est analogue au kino, non-seulement par son aspect, mais encore par ses propriétés thérapeutiques, on l'a employé comme astringent contre les diarrhées rebelles et la dyssenterie. M. White, médecin à Sydney, l'a employé contre les flux séreux.

La manne de l'*eucalyptus mannifera*, est analogue à celle du frêne ; on l'emploie aux mêmes usages en Australie (*bot. soci. of London*, page 13. 1830). Le gommier rouge, *E. resinifera* ou *reedgom* des Anglais, sert en Australie à construire des cabanes ; tous ces produits sont inusités en France.

GOYAVIER

Psidium piriferum L.
(Myrtacées-Myrtées.)

Le Goyavier blanc ou Goyavier poire est un arbre à racines longues et fortes. La tige, haute de 6 à 7 mètres, rarement droite, ordinairement tordue, couverte d'une écorce très-mince, unie, vert rougeâtre, se divise en rameaux opposés, tétragones, qui portent, surtout vers leur extrémité, des feuilles opposées, ovales, entières, longues de $0^m,10$ et larges de $0^m,05$, d'un vert clair en dessus, pâle en dessous. Les fleurs, blanches et d'une odeur agréable, sont réunies en petites grappes axillaires, pédonculées. Elles présentent un calice à quatre divisions, muni extérieurement à la base de deux petites écailles ; une corolle à quatre pétales ; des étamines nombreuses, épigynes ; un ovaire ovoïde, adhérent, à quatre loges multiovulées. Le fruit est une drupe jaunâtre, de la grosseur d'un œuf de poule, à quatres loges, remplie d'une pulpe charnue, dans laquelle se trouvent de nombreuses graines blanchâtres.

Le Goyavier pomme, appelé aussi Goyavier rouge ou des savanes (*P. Pomiferum* L.) est regardé par quelques botanistes comme une simple variété du précédent ; il s'en distingue surtout par ses fruits arrondis, plus acides, plus astringents, et moins agréables au goût.

Nous citerons encore les goyaviers à fruit pourpre (*P. cattleyanum* Lindl.), de la Trinité (*P. polycarpum* Lamb.), savoureux (*P. sapidissimum* Jacq.), citronnelle (*P. aromaticum* Aubl.), etc.

Habitat. — Le goyavier blanc habite, comme le goyavier rouge, les Indes orientales et plusieurs contrées de l'Amérique ; on les cultive en grand aux Antilles. Le goyavier à fruit pourpre est originaire de Chine. Le goyavier citronnelle croît à la Guyane.

Culture. — Les goyaviers sont surtout cultivés comme arbres fruitiers, dans les régions chaudes et tempérées des deux continents ; on les trouve même en Algérie et jusqu'en Provence.

Parties usitées. — Les fruits.

Récolte. — On récolte les goyaves, gouyaves, ou fruits du Goyavier, un peu avant leur maturité, lorsque l'épicarpe est encore vert : il jaunit plus tard ; suivant les variétés la chair et les semences sont blanches ou rouges ; en vieillissant, le mésocarpe devient comme blet, la pulpe est sucrée, juteuse, agréable, un peu astringente avant la maturité. On mange ces fruits crus, pelés et privés de leurs graines ; on les coupe par quartiers et on les assaisonne avec du vin, du sucre, de la cannelle, etc.; pour les conserver, on les fait sécher ou on les confit soit au sirop, soit à l'eau-de-vie ; on en fait des compotes et diverses autres préparations.

Composition chimique. — On ne connaît pas d'analyse des goyaves ; on sait cependant que leur épicarpe contient une huile essentielle aromatique, et que leur pulpe est riche en sucre ; on peut, par fermentation et distillation, en obtenir un bon alcool, qui est légèrement aromatisé. Elles renferment probablement encore un acide organique cristallisable et de la pectine et de l'acide pectique.

Usages. — Les racines, les feuilles et les bourgeons des goyaviers sont employés comme astringent au Brésil et aux Antilles, contre la diarrhée, la dyssenterie, etc. Les fruits mûrs sont quelquefois donnés aux malades, comme laxatifs, rafraîchissants et pectoraux; ceux du *P. cattleyanum*, sont petits, peu sucrés, ceux du *P. aromaticum* Aublet, de Cayenne, sont bons à manger, tandis que ceux du *P. grandiflorum* Aublet, également de Cayenne, sont âcres et astringents. A la Havane on prépare avec les fruits du goyavier des marmelades et des gelées, mais pour celles-ci, on est obligé d'ajouter une petite quantité de colle de poisson.

GRATIOLE

Gratiola officinalis L.
(Personées – Gratiolées.)

La Gratiole officinale, appelée vulgairement Herbe à pauvre homme, est une plante vivace, à rhizome noueux, blanchâtre, rampant, émettant de chaque nœud des racines fibreuses, capillaires, verticales. La tige, haute de 0^m,35 à 0^m,50, simple, arrondie, noueuse, glabre, marquée de deux sillons opposés et alternativement interrompus à chaque nœud, dressée, porte des feuilles opposées, sessiles, un peu embrassantes, ovales-lancéolées, légèrement dentées, lisses, glabres, d'un vert jaunâtre et marquées de trois sillons en dessus. Les fleurs, purpurines ou blanchâtres, sont solitaires à l'extrémité de pédoncules grêles et axillaires, dont chacun est muni, à son sommet, de deux bractées lancéolées, aiguës, entières, redressées, dépassant les sépales. Elles présentent un calice à cinq sépales lancéolés, aigus, étroits, le supérieur un peu plus grand ; une corolle monopétale, irrégulière, à tube allongé, à limbe partagé en deux lèvres, la supérieure échancrée et redressée, l'inférieure trifide et munie de poils jaunes en dedans ; quatre étamines, dont deux seulement fertiles, à anthères globuleuses ; un ovaire simple, ovoïde, pointu, à deux loges multiovulées, inséré sur un disque jaune qui forme un bourrelet autour de sa base, et surmonté d'un style simple, glabre, et s'épaississant vers le sommet, qui se termine par un stigmate aplati. Le fruit est une capsule ovoïde, glabre, à deux loges renfermant chacune un grand nombre de petites graines d'un jaune roussâtre (Pl. 13).

Habitat. — La gratiole est commune dans toutes les régions tempérées de l'Europe. Elle croît dans les endroits humides, sur les bords des ruisseaux, des étangs, etc. Assez abondante pour suffire aux besoins de la médecine, elle n'est cultivée que dans les jardins botaniques, où on la propage facilement, dans un sol frais, par graines ou par éclats.

Parties usitées. — La plante entière et la racine.

Récolte. — On doit récolter la gratiole, au moment de la floraison ou pendant la floraison ; on la fait déssécher au grenier ou au séchoir, disposée en paquets et en guirlandes ; l'opération doit être terminée rapidement, car la gratiole noircirait et perdrait de ses propriétés ; elle n'est guère employée que sèche.

COMPOSITION CHIMIQUE. — L'analyse de la gratiole, faite par Vauquelin, ne nous a pas appris grand'chose ; il y a trouvé une matière résinoïde amère, du malate acide de chaux, de la gomme, du chlorure de sodium, un acide végétal et un sel à base de potasse ; la matière résinoïde est peu soluble dans l'eau, mais elle se dissout facilement à l'aide des autres principes ; on a proposé de la nommer *gratioline* ; c'est à elle que la plante doit ses propriétés purgatives. Le marc de la gratiole contient du phosphate de chaux, un acide végétal, un autre sel calcaire, du fer et de la silice (*Vauquelin ann. de chimie* t. LXXII page 191.)

USAGES. — L'usage fréquent que font de la gratiole les habitants des campagnes, comme purgatif, lui a valu le nom d'*herbe à pauvre homme*, mais comme elle est assez énergique, il en résulte quelquefois des accidents fâcheux ; à dose un peu élevée, c'est un drastique puissant, aussi énergique, sans contredit, que l'aloès et la gomme-gutte ; mais à dose modérée, c'est un cathartique actif qui est certainement trop négligé, et qui pourrait heureusement remplacer le séné comme purgatif.

Cependant, il faut se rappeler que la gratiole est une plante active. Orfila la place dans les irritants ; il a vu des chiens périr en trois heures, après avoir pris trois grammes de cette plante, et M. Bouvier a observé quatre cas de nymphomanie chez des femmes qui avaient pris des lavements avec une forte poignée de gratiole, conseillée par des herboristes ; elle a été très-vantée par Heurnius, Ettmuller, Harman, Willemet et Coste, contre l'œdème et les hydropisies ; elle fait, dit-on, partie de l'eau *médicinale d'Husson*, et très-probablement de *l'eau de Meunier*.

Conseillée comme vomitive, la gratiole n'est pas constante dans ses effets, comme l'ont observé Wauthers et M. Cazin ; Wendl en faisait grand usage comme purgatif dans la scrofule ; Bergius la prescrivait contre les fièvres intermittentes de saison. M. Cazin l'associe dans ces cas à l'écorce de saule, à l'absinthe et à la racine d'angélique ; il la fait prendre dans du vin blanc ou dans de la bière ; mais on sait que ces fièvres guérissent le plus souvent sans médication ; il n'y a donc rien à conclure des faits cités.

Hufleland employait la poudre de gratiole à la dose de 8 grammes

dans la scrofule ; Joel l'administrait à la même dose, dans l'hydropisie, mêlée à la cannelle et à l'anis vert. D'après Hanin, un her-
boriste de Paris s'était acquis une grande réputation en faisant prendre du vin de gratiole dans les hydropisies ; mais nous l'avons déjà
dit, c'est un remède dangereux, qui a besoin, pour être employé, de
toute la science et la prudence du médecin ; et, quoique Muhebeck,
Wolff et Scudamore l'aient employée contre la goutte, elle n'est plus
usitée aujourd'hui dans cette maladie ; l'eau *médicinale d'Husson*
dont l'usage est si répandu en Angleterre contre les affections goutteuses et rhumatismales, doit surtout son action au colchique.

La gratiole a encore été prescrite sous la forme de lavements
comme anthelmintique et surtout contre les ascarides vermiculaires ;
on l'a employée sous la même forme comme révulsif dans les affections cérébrales.

D'après Kroskevski (Desruelles, *Mal vénér.*, t. I, page 280), la gratiole est très-utile dans les ulcères, les nécroses, les caries, les douleurs ostéocopes, etc. Stoll et Swediaur l'annexaient au rob de
sureau et au sublimé corrosif, contre les dartres et les plaies syphilitiques ; mais c'est certainement au sublimé qu'il fallait reporter dans
ces cas les bons effets observés. Matthiole et Cesalpin croyaient
que la gratiole pilée et appliquée sur les plaies hâtait la cautérisation ; Murray adopte cette opinion sans qu'elle ait jamais été
démontrée par aucun fait.

En résumé, la gratiole est une plante vulgaire, commune, qui
pourrait très-certainement rendre de grands services, si les médecins l'employaient plus souvent et la soumettaient à une observation
clinique rigoureuse.

Quoique peu employée en médecine homœopathique, la gratiole
est mentionnée dans les auteurs ; son signe est *Agi* et son abréviation *Grat.*

GRENADIER

Punica granatum L.
(Granatées.)

Le Grenadier commun est un arbre de moyenne grandeur. Sa
tige, haute de 5 à 7 mètres, irrégulière et tordue, se divise presque dès la base en nombreux rameaux opposés, tétragones, épineux,
portant des feuilles opposées, courtement pétiolées, lancéolées, en-

tières, lisses et luisantes, glabres, d'un beau vert. Les fleurs, d'un
beau rouge, sont presque solitaires et sessiles au sommet des rameaux. Elles présentent un calice en entonnoir, épais et charnu,
coloré, à tube adhérent avec l'ovaire, à limbe partagé en cinq divisions triangulaires, obtuses; une corolle à cinq pétales sessiles, arrondis, entiers, un peu chiffonnés, insérés au sommet du tube calicinal,
ainsi que les étamines qui sont très-nombreuses, à filets rouges et
subulés, à anthères réniformes. L'ovaire est infère, adhérent avec
la base du tube du calice, à plusieurs loges disposées sur deux étages
superposés, renfermant un grand nombre d'ovules attachés à des
placentas gros et saillants qui occupent la base et le côté interne de
chaque loge ; il est surmonté d'un style simple, renflé à la base,
lisse, glabre, terminé par un stigmate glanduleux, discoïde et aplati.
Le fruit est une capsule globuleuse, de la grosseur du poing, couronnée par les dents du calice ; le péricarpe dur, coriace, d'un
jaune rougeâtre, est partagé intérieurement en un grand nombre de
loges disposées sur deux étages, séparées par des cloisons membraneuses et renfermant chacune une graine polyédrique, irrégulière, à
tégument charnu et succulent.

Habitat. — Le grenadier est originaire du nord de l'Afrique;
il s'est propagé dans le midi de l'Europe, où on le cultive en grand
comme arbre fruitier.

Parties usitées. — L'écorce de la racine, les fleurs, les fruits, l'é-
corce des fruits.

Récolte. — Les fleurs du grenadier, sauvage ou cultivé, sont connues dans le commerce sous le nom de *balaustes* ; on les récolte à
leur parfait épanouissement ; on doit préférer celles de l'arbre sauvage ; on les fait dessécher rapidement et on les conserve dans un
endroit sec, pour ne pas leur enlever leur belle couleur rouge. Les
fruits sont récoltés à leur maturité ; il nous en vient de l'Espagne et
du Maroc ; il se conservent très-longtemps si l'on a le soin de fermer
l'ouverture supérieure calicinale avec un petit tampon d'étoupe.
Ces fruits, nommés grenades, sont très-recherchés ; ce sont les graines que l'on mange ; leur tégument charnu et succulent est rouge,
sucré et un peu acide. L'écorce du fruit, formée par le calice, porte
le nom de *Malicorium* (cuir de pomme) ; elle se trouve dans la droguerie en fragments secs, durs, coriaces, d'un brun rougeâtre à l'extérieur et jaunâtres en dedans ; leur saveur est amère et astringente.

La racine de grenadier, dont on emploie surtout l'écorce, nous vient de l'Espagne, du Portugal, du Maroc, de l'Algérie, de la Provence, etc.; elle est noueuse, ligneuse, pesante, jaune; sa saveur est astringente; l'écorce est gris cendré en dehors, jaune en dedans; elle porte des fragments de bois qui y adhèrent; son liber est rude; elle est fibreuse, astringente et non amère; humectée d'eau, elle teint le papier en jaune, qui devient noir au contact d'un sel de fer. On falsifie, dit-on, l'écorce de grenadier du commerce avec celle de berberis ou épine-vinette et de buis; la première se distingue par sa couleur vive et par la belle coloration jaune qu'elle donne à la salive, quand on la mâche; on reconnaît la seconde à son amertume, à son liber lisse et luisant et en ce qu'elle ne porte jamais de bois adhérent. Mais une fraude beaucoup plus fréquente consiste à mélanger l'écorce des tiges avec celle des racines; on reconnaît l'écorce des racines à l'absence de productions cryptogamiques, tandis que sur celle des tiges, on trouve divers cryptogames, tels que l'*opographa serpentina*, le *verrucaria leimitata*, etc. Quant au mélange de l'écorce de racine de grenadier avec l'angusture vraie, il serait facile de le reconnaître à simple vue, et s'il existait, on ne pourrait le regarder comme le résultat d'une fraude, puisque l'angusture coûte plus cher que le grenadier.

COMPOSITION CHIMIQUE. — Les fleurs et les écorces des fruits sont riches en tannin et en acide gallique; l'écorce de racine a été analysée par M. Mitouard, et plus tard par M. Latour de Trie; elle contient du tannin, de l'acide gallique, de la résine, de la cire, de la matière grasse, de la mannite, et, suivant M. Landerer, une matière amère cristalline, nommée *grenatine*, différente de la matière cristallisée, sucrée, blanche, que M. Latour avait nommée *grenadine* et qui est de la *mannite*. L'épisperme que l'on mange renferme du sucre, de l'acide gallique et de l'acide tartrique.

USAGES. — Les fleurs ou balaustes et l'écorce des fruits, ou malicorium, sont d'excellents astringents que l'on emploie dans l'Inde et le Levant pour expulser les vers et surtout le ténia; l'écorce de racine et surtout *l'écorce fraîche de racine de grenadier sauvage* est un des téniacides les plus constants dans leurs effets; elle réussit très-bien contre le botryocéphale à anneaux courts, mais elle est moins efficace contre le botryocéphale à anneaux longs; le plus souvent les insuccès doivent être attribués au mauvais choix de l'écorce,

ou au mode vicieux d'administration ; on doit suivre pour l'emploi
de ce médicament les préceptes indiqués par MM. Mérat et Legendre ; il est d'ailleurs inutile, comme on l'a prétendu, d'avoir exclusivement recours à l'écorce de racine fraîche ; les observations publiées par MM. Legendre, Grisolle, Dechambre, etc., ont démontré
que l'écorce sèche macérée dans l'eau pendant vingt-quatre heures,
et administrée en apozème concentré produisait les meilleurs effets.

En Abyssinie où le ténia est extrêmement commun, on fait usage
de l'écorce de racine de grenadier ; elle est nommée *Roman* en tigré
en ambara et en gheèse (ancienne langue des Abyssins). On l'administre en décoction concentrée, mais elle est moins certaine dans
ses effets que le cousso, ou kousso, et le musenna ou mousena etc.,
dont nous parlerons plus loin.

Les différentes parties du grenadier, mais plus spécialement les
fleurs et les écorces des fruits, ont été employées souvent en raison
de leur astringence, contre la diarrhée, la dyssenterie, les flux
muqueux, les engorgements articulaires, les inflammations de la
bouche, des gencives, du larynx, dans la leucorrhée, la chute du
rectum. Avec les graines charnues, on prépare un sirop d'agrément,
qui jouit de propriétés tempérantes et rafraîchissantes.

Les propriétés anthelmintiques de l'écorce de grenadier étaient
connues des anciens : Dioscoride les mentionne, Caton le censeur
la conseille contre les vers. Oubliée pendant longtemps, elle fut
remise en honneur par Buchanan, en 1807 ; plus tard elle fut étudiée au point de vue thérapeutique, par Gomez, Mérat, Legendre,
Grisolle, Giscaro, Dechambre, Breton, Seaton, etc.; la dose est de
soixante grammes pour deux verres d'eau.

La médecine homœopathique fait usage de l'écorce de grenadier
comme astringente et anthelmintique ; son signe est *Mya* et son abréviation *granat*.

GROSEILLIER

Ribes rubrum et *nigrum* L.
(Ribésiées.)

Le groseillier commun (*Ribes rubrum* L.) est un arbrisseau haut
de un à deux mètres, dont la tige, couverte d'une écorce d'un brun
cendré, se divise dès la base en rameaux portant des feuilles alternes,
pétiolées, échancrées à la base, à cinq lobes dentés, d'un vert clair,

glabres ou à peine pubescentes. Les fleurs, d'un jaune verdâtre, sont disposées en grappes axillaires pendantes ; les pédicelles sont munis, à leur base, de bractées très-courtes, obtuses. Elles présentent un calice glabre, tubuleux, à limbe rotacé, partagé en cinq lobes étalés ; une corolle à cinq pétales glabres, insérés à la gorge du calice, ainsi que les cinq étamines ; un ovaire infère, simple, globuleux, pluriovulé, surmonté de deux styles plus ou moins soudés. Le fruit est une petite baie globuleuse, charnue, succulente, rouge, plus rarement blanche, couronnée par les dents du calice, et renfermant un petit nombre de graines mucilagineuses.

Le groseillier noir ou cassis (*R. nigrum* L.) se distingue du précédent par ses feuilles glanduleuses, aromatiques ; ses fleurs verdâtres, rougeâtres en dedans ; son calice pubescent, glanduleux, à limbe élargi et campanulé ; son fruit noir et aromatique.

Le groseillier à maquereau (*R. uva crispa* L.) est un arbrisseau très-rameux, à branches diffuses, armées de fortes épines, portant des feuilles velues pubescentes, et des fleurs solitaires, géminées ou ternées, à pétales pubescents. Le fruit, verdâtre ou rougeâtre, est plus gros et moins acide que dans le groseillier commun.

HABITAT. — Ces trois arbrisseaux, qui habitent les bois et les haies de l'Europe centrale, sont cultivés dans tous les jardins fruitiers.

PARTIES USITÉES. — Les fruits.

RÉCOLTE. — Lorsqu'on veut les manger, les fruits des divers ribes doivent être récoltés à leur maturité ; pour la préparation des gelées, des sirops et des conserves, on doit cueillir les fruits avant qu'ils soient tout à fait mûrs.

COMPOSITION CHIMIQUE. — Les fruits des divers groseilliers, et surtout ceux du groseillier rouge contiennent de l'acide citrique, de l'acide malique, de la pectine, du sucre, une matière azotée, une matière colorante. La quantité d'acide citrique contenu dans les groseilles rouges et les groseilles à maquereau, est assez grande pour que M. Tilloy de Dijon ait proposé de l'extraire industriellement. Les fruits et les feuilles de la groseille noire ou cassis (*R. nigrum* L.), renferment en outre un principe aromatique très-odorant.

USAGES. — La groseille est beaucoup plus importante sous le rapport économique et industriel qu'au point de vue médical. Dans les années d'abondance, les fruits écrasés donnent, par fermentation, un vin assez agréable, qui se conserve mal, mais qui donne par distillation un alcool très-estimé ; les fruits écrasés avec quelques cerises aigres (merises), donnent un suc épais, visqueux, qui, étant abandonné à la cave pendant vingt-quatre heures, subit la fermentation pectique, pendant laquelle il se prend en masse et s'éclaircit ; ce suc, filtré, peut se conserver d'une année à l'autre dans des bouteilles, par le procédé d'Appert. Lorsque dans ce suc on fait fondre, à une très-douce chaleur, le double de son poids de sucre, on obtient le sirop de groseilles, très-employé à la dose de 60 à 100 grammes dans un litre d'eau, comme tempérant et rafraîchissant dans les phlegmasies aiguës, les fièvres adynamiques etc., etc. Les groseilles chauffées avec un peu d'eau, donnent un suc qui étant additionné d'une quantité suffisante de sucre, produit la *gelée de groseilles*. Celle que l'on prépare à Bar-sur-Aube est très-réputée ; elle renferme en suspension des groseilles rouges ou blanches, qui ont été privées de leurs pepins. Les groseilles servent aussi à préparer des glaces.

Dans quelques contrées du Nord, on fait sécher les groseilles dans un four légèrement chauffé ; on les conserve ensuite dans des bocaux ou des boîtes de fer-blanc parfaitement clos.

La groseille à maquereau tire son nom de l'usage que l'on en fait en Angleterre pour accommoder les poissons de ce nom ; on en fait des confitures et on en prépare des tartes très-estimées.

Les fruits du groseillier noir ou cassis, écrasés et mêlés à de bonne eau-de-vie, servent à préparer la liqueur connue sous le nom de *cassis* ; on l'aromatise avec le girofle, la cannelle, etc. et on la sucre ; celle qui est préparée en Bourgogne, jouit d'une très-grande réputation.

On assure que la gelée de groseilles, appliquée sur les brûlures, calme les douleurs et prévient la formation des phlyctènes ; le suc de groseilles et le sirop sont regardés comme diurétiques ; mêlés à l'eau, ils forment une boisson agréable que l'on donne aux malades atteints de scorbut, de rougeole, de scarlatine, de gastrite, d'entérite, de phlegmasies gastro-intestinales chroniques, etc., etc.

GUI

Viscum album L.
(Loranthacées.)

Le Gui, généralement désigné sous le nom de Gui de chêne, est un arbrisseau parasite, s'implantant sur l'écorce des arbres par un empâtement radiculaire. La tige, longue de 0^m,35 à 0^m,65, se divise dès la base en rameaux nombreux, articulés, dichotomes ou polychotomes, divergents, diffus, rudes au toucher, glabres, formant une touffe globuleuse; ils portent des feuilles opposées, épaisses, charnues, oblongues, obtuses, d'un vert jaunâtre, marquées de cinq nervures parallèles et convergentes, et atténuées en une base canaliculée un peu embrassante. Les fleurs dioïques, verdâtres, petites, peu apparentes, sessiles, accompagnées de courtes bractées, sont groupées en petit nombre à l'extrémité des rameaux. Les mâles présentent un calice à limbe quadrifide; quatre étamines, à anthères sessiles, soudées dans toute leur étendue à la face interne des divisions du calice. Les femelles ont un calice à tube soudé avec l'ovaire, à limbe très-court, partagé en quatre petites dents; une corolle à quatre pétales écailleux, charnus, élargis à la base; un ovaire infère à une seule loge contenant trois ovules dont deux rudimentaires, surmonté d'un stigmate sessile et obtus. Le fruit est une baie mucilagineuse, blanche, du volume et de la forme d'une groseille, couronnée par le rebord du calice, et renfermant une petite graine verte.

Habitat. — Le gui se trouve dans la plus grande partie de l'Europe. Il vit en parasite sur les arbres, notamment sur le pommier, le poirier, le peuplier, le sorbier, l'aubépine, etc. On le trouve très-rarement sur le chêne. C'est, dans certaines contrées, un fléau redouté des agriculteurs, et qui se propage avec une déplorable facilité. Il n'y a donc pas lieu de s'occuper de sa culture, qui ne pourrait guère intéresser que les physiologistes.

Parties usitées. — L'écorce et les fruits.

Récolte. — Le gui pousse sur plusieurs arbres, rarement sur le chêne; son nom lui vient du celte *gwid*, arbuste, arbuste par excellence; les druides, prêtres des Gaulois, le cueillaient en grande cérémonie; ils le coupaient avec une serpe d'or en prononçant des paroles mystiques et avec des chants d'allégresse; ils s'en servaient pour bénir de l'eau qu'ils distribuaient au peuple ; ils lui persuadaient que cette eau purifiait, donnait la fécondité, guérissait la plupart des maladies, détruisait les sortiléges, etc., *Ad viscum druidæ clamare solebant*, dit Pline (Lib. vxi, c. 44). Virgile en parle dans l'*Énéide* (Lib. vi).

Il est reconnu aujourd'hui que le gui du chêne ne possède aucune propriété particulière ; on le recueille en automne ; on en sépare l'écorce, on la fait sécher et on la conserve dans des vases bien fermés dans un lieu sec ; les fruits ne sont employés que frais.

Composition chimique. — A l'état frais, le gui possède une odeur désagréable, une saveur âcre et amère ; c'est surtout dans l'écorce que résident les principes actifs ; on y a trouvé une matière glutineuse analogue au caoutchouc, un extrait résineux, un extrait muqueux et un principe astringent. D'après M. Henry (*Journ. de pharm.*, t. V, p. 338), les fruits du gui contiennent de la glu, de la cire, de la gomme, une matière visqueuse, insoluble, de la chlorophylle, des sels à base de potasse, de chaux et de magnésie, de l'oxyde de fer, etc.

Les feuilles et les tiges du gui, pourries dans un lieu humide et pilées avec de l'eau fraîche, donnent une sorte de glu moins estimée que celle que l'on prépare avec l'écorce de houx ; elle contient un principe particulier auquel M. Macaire (*Journ. de chim. médicale*, février 1834) a donné le nom de *viscine*.

Usages. — Un grand nombre d'auteurs anciens, parmi lesquels nous citerons Pline, Théophraste, Matthiole, Paracelse, ont beaucoup vanté le gui contre l'épilepsie ; Dalechamp, Boyle, Koelder, Colbatch, Jacobi, Henry, Fraser, disent en avoir obtenu de grands avantages contre cette redoutable maladie ; Dehaen le place sur la même ligne que la valériane ; Boerhaave disait l'avoir employé avec succès contre les névroses ; Koelder s'en servait pour combattre l'asthme convulsif ; Colbatch l'a préconisé contre la chorée ; Brandley, contre l'hystérie ; Franck, contre la toux convulsive rebelle ; Dumont de Gand, contre la coqueluche ; et Dubois de Tournay a publié des observations qui tendent à appuyer ces faits. Mais, d'un autre côté, Tissot, Cullen, Desbois de Rochefort et Peyrilhe, lui refusent toute espèce d'action ; et ce n'est pas, croyons-nous, sans motif, que leur opinion a prévalu, car aujourd'hui le gui est tout à fait abandonné

M. Guersant (*Dict. des scien. méd.*, t. XIX) pense que le mode d'administration du gui n'est pas sans influence sur ses propriétés; il recommande de préférence l'écorce; mais une longue expérience a démontré que même les propriétés de celle-ci étaient insignifiantes, et que c'est sans raison et sans résultat qu'on l'employait autrefois à l'intérieur contre la diarrhée, la dyssenterie, les écoulements hémorrhoïdaux, la goutte, l'apoplexie; à l'extérieur, en cataplasmes, contre les douleurs, les engorgements lymphatiques, l'œdème, etc.

GUIMAUVE

Althæa officinalis L.
(Malvacées - Malvées.)

La Guimauve officinale est une plante vivace, à racine longue d'environ $0^m,35$, de la grosseur du doigt, fusiforme, charnue, mucilagineuse, blanc jaunâtre, simple ou quelquefois rameuse, pivotante. La tige, haute d'un mètre à $1^m,50$, cylindrique, cotonneuse, rameuse, dressée, ferme, porte des feuilles alternes, pétiolées, cordiformes, à trois ou cinq lobes peu marqués, aigus, crénelés, molles et douces au toucher, d'un vert blanchâtre, surtout en dessous. Les fleurs, blanchâtres ou rosées, presque sessiles à l'aisselle des feuilles supérieures, forment une sorte de grappe terminale. Elles présentent un calicule de six à neuf divisions étroites et aiguës; un calice monosépale à cinq divisions ovales, très-aiguës, acuminées; une corolle à cinq pétales cordiformes, légèrement soudés à la base entre eux et avec les filets des étamines, qui sont en nombre indéfini et monadelphes; un ovaire composé de plusieurs carpelles cunéiformes verticillés, surmontés par un nombre égal de styles. Le fruit est déprimé, orbiculaire, composé de carpelles nombreux, tomenteux, verticillés autour du prolongement de l'axe, se séparant à la maturité, et renfermant chacun une seule graine réniforme et mucilagineuse.

Habitat. — La guimauve croît dans presque toute l'Europe centrale et méridionale; elle habite les champs, les bords des ruisseaux, etc.

Culture. — Cette plante est cultivée en grand pour les usages médicaux. Elle est rustique et croît dans tous les terrains, mais de préférence dans les sols légers, frais, humides même et assez profonds. On la propage en général par graines, que l'on sème au printemps, en planche ou sur couche, et de préférence à l'exposition de l'est. On peut encore la multiplier par éclats de pied faits à l'automne; mais ce procédé ne donne pas d'aussi bons résultats.

PARTIES USITÉES. — Les racines, les feuilles, les fleurs.

RÉCOLTE. — La racine de guimauve peut être arrachée dès la seconde année; celle que le commerce nous fournit vient du midi de la France, et principalement de Nîmes et de Narbonne; elle est blanche, mondée de son écorce, d'une odeur faible, d'une saveur mucilagineuse, un peu sucrée. Elle doit être choisie sèche et peu fibreuse; on la fait sécher au soleil ou au four très-légèrement chauffé; on lui a, dit-on, substitué quelquefois la racine de la rose trémière ou alcée dont nous avons parlé (tome I, page 42); elle est plus grosse, plus fibreuse, moins mucilagineuse; elle jouit d'ailleurs des mêmes propriétés et est très-employée en Orient.

On a prétendu à tort que l'on blanchissait la racine de guimauve avec l'eau de chaux; il est certain, au contraire, que les alcalis caustiques et terreux colorent cette racine en jaune.

Les feuilles de guimauve sont d'autant plus mucilagineuses, qu'elles sont cueillies plus jeunes. On attend cependant qu'elles aient acquis leur parfait accroissement, ce qui a lieu en juin avant la floraison; on préfère celles du sommet des rameaux; on les fait sécher à l'étuve et mieux au grenier; les fleurs doivent être cueillies en juillet, vers midi, lorsque la rosée est parfaitement dissipée et par un temps sec; on doit les faire sécher rapidement à l'ombre et les conserver à l'abri de l'humidité; on doit repousser celles qui sont noires.

COMPOSITION CHIMIQUE. — Toutes les parties de la guimauve sont riches en matière mucilagineuse; la racine renferme de la gomme, de l'amidon, une matière colorante jaune, de l'albumine, de l'asparagine, du sucre de canne, une huile fixe. L'*asparagine* est une substance azotée, très-intéressante au point de vue chimique, dont nous avons parlé dans la *Botanique générale*. Quoiqu'on lui ait attribué des propriétés diurétiques, elle n'intervient nullement dans les propriétés thérapeutiques de la racine de guimauve; c'est la même substance que M. Bacon, pharmacien à Caen, a extraite de la guimauve en 1827, et qu'il avait désignée sous le nom d'*althéine*.

Usages. — Les feuilles et les racines de guimauve constituent un de nos meilleurs émollients; on les emploie en décoction *intus et extra* dans toutes les inflammations, les phlegmasies aiguës, locales ou générales, en décoction et sous forme de cataplasmes; on s'en sert pour calmer les douleurs et hâter la maturité des abcès, des phlegmons; en infusion, sous forme de lavements, comme émollientes et légèrement laxatives; les fleurs, en infusion, sont données sous forme de tisane, dans les catarrhes, pour calmer la toux; on préfère la décoction des racines dans les inflammations gastriques et intestinales, pour combattre les empoisonnements par les substances âcres et irritantes.

Une racine de guimauve, bien propre et bien nettoyée, constitue le meilleur hochet que l'on puisse donner aux enfants pour calmer les douleurs de la dentition. On s'en est servi quelquefois, en guise d'éponges préparées, pour dilater les trajets fistuleux; mais on préfère, en général, la racine de gentiane pour cet usage.

La racine de guimauve entre dans le sirop de ce nom; mais la pâte dite de guimauve, du *Codex*, n'en contient pas.

Dans divers pays, plusieurs plantes sont employées pour remplacer la guimauve. Dans l'Inde, en Amérique et en Afrique, on emploie la racine du *Sida rhomboïda* L.; à la Réunion (Bourbon), c'est du *Waltheria indica* que l'on se sert, d'après Dupetit-Thouars.

GUTTIER

Cambogia gutta L. *Mangostana cambogia* Gaertn. *Garcinia* Rich.
(Guttifères.)

Le Guttier ou Mangostan-Guttier est un grand arbre, lactescent dans presque toutes ses parties. La tige se divise en rameaux nombreux, couverts d'une écorce noirâtre, portant des feuilles opposées, pétiolées, ovales, aiguës, entières, coriaces, glabres, luisantes, marquées de nervures latérales parallèles. Les fleurs, petites, hermaphrodites, sont groupées en petits bouquets sessiles à l'aisselle des feuilles qui terminent les jeunes rameaux. Elles présentent un calice monosépale, caduc, profondément divisé en quatre lobes obtus; une corolle à quatre pétales concaves, très-obtus, alternant avec les divisions du calice ; seize étamines hypogynes, libres ; un ovaire simple, libre, globuleux, à huit loges uniovulées, surmonté d'un style très-court que terminent quatre stigmates presque sessiles et persistants. Le fruit est une capsule globuleuse, jaunâtre, de la grosseur d'une orange, marquée de huit côtes peu saillantes ; l'enveloppe extérieure est dure et coriace comme celle de la grenade ; l'intérieur est divisé, par des cloisons minces et membraneuses, en huit loges remplies d'une pulpe charnue et contenant chacune une seule graine dépourvue d'albumen.

On donne encore le nom de guttier à quelques autres espèces de la même famille : *Stalagmites cambogioïdes* Murr. (*Guttifera vera* Kœnig), *Xanthochymus pictorius* et *ovalifolius* Roxb., etc.

HABITAT. — Tous ces arbres croissent dans l'Inde, sur la côte de Coromandel, etc. Peu cultivés dans leur pays natal, ils sont à peine connus en Europe, et on ne les trouve que bien rarement dans les grands jardins botaniques ; ils exigent la serre chaude, où leur conservation et leur propagation sont assez difficiles.

PARTIES USITÉES. — La gomme-gutte ou suc concrété.

RÉCOLTE. — C'est Charles de Lécluse, dit *Clusius*, qui, le premier, a mentionné la gomme-gutte ; elle fut apportée de Chine, en 1603, par l'amiral hollandais Van Neck ; les naturels nomment ce suc *ghittu jemon* ; il figure sous le nom de *Gutta gamba* dans la pharmacopée d'Amsterdam, de 1639, dans celle de Zwelser, publiée en 1653, et dans celle de Toulouse, en 1695 ; elle était, d'après Murrey, employée surtout en peinture.

Lécluse regardait la gomme-gutte comme un suc d'euphorbe ; Bontius supposait qu'elle était fournie par une plante semblable à l'*Ésula indica*, qu'il figura. C'est Paul Hermann qui, en 1677, fit connaître que la gomme-gutte était produite par deux arbres appelés *Careapulli*, que les botanistes modernes ont nommés *Garcinia cambogia* et *Garcinia morella*. Le *Carcapulli* d'Acosta est le *Coddam pulli* de Rheede ; le *Fructus malo aureo aemulus* de G. Bauhin. C'est donc Paul Hermann qui a indiqué le premier la véritable origine de la gomme-gutte. Mais, en 1747, Linné publia, sous le titre de *Flora ceylanica*, une liste de plantes de Ceylan, et il confondit, sous le nom de *Cambogia gutta* les deux arbres distingués par Hermann. Plus tard, Gœrtner confondit dans le genre *Mangostana* les deux genres *Garcinia* et *Cambogia* de Linné ; il distinguait, comme Hermann, les deux carcapulli d'Acosta et de Lynschoten ; il nomma le premier *Mangostana cambogia*, et le second *Mangostana morella* ; Desrousseaux leur restitua le nom générique de *Garcinia* ; il nomma le premier G. cambogia, et le second G. morella ; de sorte qu'après les travaux de Rheede, de Kœnig, de Murrey, de R. Graham, la synonymie de cette plante est ainsi établie d'après M. Guibourt :

Hebradendron cambogioïdes Grah. (Comp. to the Botan. may, n° 19, p. 193) ;

Stalagmitis cambogioïdes Murr. (*App. med.*, t. IV, p. 654 ; Moon's cat. of plants in Ceylan. part. I, pag. 73) ;

Garcinia morella Desrousseaux (*Dict. encycl.*, t. III, pag. 701) ;

Mangostana morella Gœrt., t. 105. *Guttœfera vera* Kœnig. Mss. ;

Kanna ghoraka Herm. *Carcapulli* de Lynschoten, etc. ;

Gomme-gutte de Ceylan. Elle a été décrite par M. Christison ; elle est en masse arrondie et aplatie, du poids de 400 grammes environ ; elle est formée de larmes agglomérées, laissant entre elles des intervalles ; elle n'a pas été purifiée comme celle de Siam ; elle ne s'émulsionne pas avec l'eau, et ne pourrait pas servir pour la peinture.

Gomme-gutte du commerce en canons ou *en bâtons* (*pipe Camboge* Engl.). Elle vient de Siam et de Camboge ; elle arrive de Chine en Angleterre par Singapore ; mais il paraît qu'il en vient aussi de Bornéo ; les Malais l'envoient à Singapore, où les Chinois la purifient et la façonnent ; les rouleaux ont de $0^m,03$ à $0^m,06$ de diamètre, roulés à la main ou coulés dans des tiges de bambou comme le démontrent les impressions longitudinales et parallèles qu'elle présente ; sa couleur est jaune-orange, un peu fauve, recouverte souvent d'une poussière jaune verdâtre : elle est opaque, à cassure conchoïde ; elle est inodore ; sa saveur, nulle d'abord, devient bientôt âcre ; quelquefois plusieurs canons sont soudés ensemble.

Gomme-gutte du commerce en masses ou en gâteaux (*cake Camboge* Engl.). Cette sorte est en masses informes, bien différentes de celles qui résultent de la soudure des canons ; ces masses pèsent de 1000 à 1500 grammes ; elle renferme des débris de branches et de pétioles ; elle forme avec l'eau une émulsion jaune et gluante.

Gomme-gutte du Garcinia cambogia; *Mangostana cambogia* de Gœrtner ; *Cambogia gutta* Lin. ; *Coddam pulli* Rheed ; *Carcapulli* d'Acosta, dont le véritable nom indien paraît être *Ghorka* ou *Carcapulli*, et son nom chingalais *Ghoraka*. Cet arbre a été regardé, pendant longtemps, comme étant la source de la gomme-gutte du commerce. Mais le produit qu'il fournit diffère de la vraie gomme-gutte par l'huile volatile qu'il contient, par sa résine qui est soluble dans l'éther.

Nous signalerons encore comme se rapprochant de la gomme-gutte la gomme-résine du *Xanthochymus pictorius*, la *résine de massi*, qui découle du *massi* (*Moronobea coccinea* Aub.), grand arbre de la Guyanne, et le *calaba* ou *galba* des Antilles (*Calophyllum calaba* Jacq.), dont nous avons parlé précédemment, et qui produit le *baume de Marie*.

Composition chimique. — D'après M. Christison, la gomme-gutte en canons ou en bâtons contient : résine séchée à 104° centigrade, 74,2 ; arabine, 21,8 ; eau, 4,8. La gomme-gutte en masses renferme : résine, 64,7 ; arabine, 20,2 ; fécule, 5,6 ; ligneux, 5,3 ; eau, 4,2. Enfin, celle du *Garcinia cambogia* contient : résine, 66 ; arabine, 14 ; huile volatile, 12 ; fibre corticale, 5 ; perte, 3.

Usages. — La gomme-gutte est surtout employée dans les arts pour la peinture ; elle sert à colorer en jaune les fleurs artificielles. C'est la variété en canons qui est la plus estimée. C'est un des purgatifs drastiques les plus puissants que l'on connaisse ; elle entre dans la composition des pilules de Bontius, et écossaises d'Anderson ; elle agit plus particulièrement sur le gros intestin ; on l'administre à la dose de 30 centigrammes à 1 gramme ; les médecins homœopathes l'emploient quelquefois ; son signe est *Igt*, et son abréviation *Gutt*. Ils la prescrivent comme dérivatif contre les hémorrhoïdes.

HABZÉLI

Habzelia Æthiopica Alph. D. C. *Unona* Dun. *Uvaria* A. Rich.
(Anonacées.)

L'Habzéli d'Éthiopie, appelé aussi Canang d'Éthiopie, Maniguette, Poivre des nègres, etc., est un arbre de moyenne grandeur et d'un port élégant. La tige, haute de 8 à 10 mètres, se divise en rameaux portant des feuilles alternes, ovales lancéolées, aiguës, glabres, lisses, d'un vert glauque en dessous. Les fleurs, blanches, sont solitaires à l'extrémité de pédoncules axillaires. Elles présentent un calice à trois divisions; une corolle à six pétales disposés sur deux rangs, les intérieurs plus petits; des étamines en nombre indéfini, à filets très-courts, claviformes, à anthères allongées; un pistil composé d'ovaires nombreux, libres, sessiles, à une seule loge pluriovulée, surmontés d'un style court, terminés par un stigmate obtus. Le fruit se compose de plusieurs gousses charnues, cylindriques, noirâtres, longues de 0^m,07 à 0^m,08, de la grosseur d'une plume, fibreuses, flexibles, ridées, partagées en plusieurs loges dont chacune renferme une graine ovoïde et noirâtre (Pl. 14).

L'habzéli aromatique (*H. aromatica* Alph. D. C.) se distingue du précédent par ses feuilles oblongues, acuminées, glabres, à pétioles velus; ses fleurs violettes, solitaires ou géminées; ses fruits pédicellés.

Nous citerons encore les habzélis ondulé (*H. undulata* Alph. D. C.) et à fruits en ombelle (*H. discreta* Alph. D. C.).

HABITAT. — Ces arbres habitent les régions chaudes des deux continents; ils se trouvent surtout dans les bois.

CULTURE. — Les Habzélis ne peuvent être cultivés chez nous qu'en serre chaude; ils demandent une bonne terre franche et douce, mélangée de terre de bruyère. On les multiplie de graines, et, à défaut, de boutures ou de marcottes.

PARTIES USITÉES. — Les fruits.

RÉCOLTE. — Les fruits de l'*Habzelia Æthiopica* sont connus dans le commerce sous le nom de *poivre d'Éthiopie*; ils y sont d'ailleurs très-rares; ils nous viennent du Congo et du Sénégal, où ils portent aussi le nom de *poivre de singe*. D'après M. Perrotet, dans ce dernier pays on les nomme *N. Ghiarr*. Ces fruits deviennent presque monoliformes par la dessiccation ; chaque étranglement contient une graine, et chaque fruit de quatre à dix. Celles-ci sont lisses, noires, recouvertes d'un arille formé de deux membranes blanches ; les graines sont disposées obliquement en une seule série longitudinale ; elles adhèrent fortement à la pulpe fibreuse desséchée qui les entoure.

COMPOSITION CHIMIQUE. — Le poivre de Guinée n'a pas été analysé ; il présente une faible odeur aromatique qui rappelle celle du curcuma et du gingembre (Guibourt) ; les semences ont une saveur beaucoup moins piquante et rance.

USAGES. — On ne trouve les fruits, connus sous le nom de poivre d'Éthiopie, que dans les droguiers ; ils paraissent avoir été mentionnés, pour la première fois, par Sérapion, sous les noms de *Habzeli* et de *Grana zelom*.

D'après M. Perrotet, les nègres se servent du poivre d'Éthiopie pour aromatiser leurs aliments ; il ne faut pas le confondre avec une espèce de canang aromatique qu'Aublet a trouvé dans la Guyane, dont les nègres se servent en place de poivre ; c'est l'*Unona aromatica* Dun. (*Habzelia aromatica* A. D. C.). Le fruit de l'*Unona musaria*, représenté par Rumphius (t. V, p. 42), s'en rapproche beaucoup. La première de ces plantes se trouve à la Guyane et à l'Ile-de-France ; d'après Poiret, l'*Uvaria concolor* de Willes n'en est pas distinct.

La présence du principe aromatique doit faire placer le poivre d'Éthiopie dans les stimulants généraux, et parmi les épices aromatiques destinés à faciliter la digestion ; on le regarde comme sialagogue, et les Abyssiniens l'emploient contre les douleurs de dents.

D'après Lindley, le *Piper æthiopicum* des boutiques est le fruit de l'*Uvaria aromatica*. On pense que cette espèce est le *filfil ool* du Soudan ou *poivre du Soudan*, mentionné par les auteurs persans. Les nègres d'Oware emploient les fruits de l'*Habzelia undulata* A. D. C comme condiments, et les baies de l'*Habzelia discreta* L. de Surinam sont prescrites comme stomachiques et digestives. D'ailleurs, plusieurs de ces fruits entrent dans la composition de masticatoires, ou ils sont mâchés seuls pour combattre, contre les anorexies, les affections asthéniques de l'estomac et des intestins, ainsi que l'énervement déterminé par les grandes chaleurs.

HELLÉBORE

Helleborus niger L. *H. grandiflorus* Salisb.
(Renonculacées-Helléborées.)

L'Hellébore noir ou Rose de Noël est une plante vivace, à racine de la longueur et de la grosseur du doigt, brun noirâtre, marquée d'anneaux circulaires, portant des vestiges d'écailles foliacées, couverte de fibres radiculaires grêles. Les feuilles, toutes radicales, sont grandes, longuement pétiolées, coriaces, fermes, pennatiséquées, à folioles dentées, d'un beau vert foncé et luisant. Les tiges, ou hampes, sont nues, hautes de 0ᵐ,20 à 0ᵐ,30. Les fleurs, grandes, blanc rosé, sont solitaires ou géminées au sommet de ces tiges. Elles présentent un calice pétaloïde, à cinq sépales persistants ; une corolle à dix pétales très-courts, tubuleux, nectariformes ; des étamines très-courtes, en nombre indéfini ; un pistil composé de cinq à dix ovaires à une seule loge multiovulée, surmontés d'un style simple. Le fruit se compose de cinq à dix follicules verticillées, coriaces, couronnées par le style, s'ouvrant par la suture interne et renfermant de nombreuses graines (Pl. 15).

Nous devons citer également les Hellébores vert (*H. viridis* L.) fétide ou pied-de-griffon (*H. fœtidus* L.) et d'Orient (*H. orientalis* L.).

HABITAT. — Toutes ces espèces, sauf la dernière, sont répandues dans l'Europe centrale et méridionale. Elles habitent surtout les lieux montueux, les bois, les pelouses sèches, les prairies élevées. Le nom spécifique de l'hellébore d'Orient rappelle suffisamment sa patrie.

CULTURE. — On ne cultive guère dans les jardins que l'hellébore noir. Il demande une terre fraîche et une exposition à demi ombragée. On le multiplie par graines, semées aussitôt après leur maturité, ou par éclats de pied. Les autres espèces pourraient se cultiver de la même manière.

PARTIES USITÉES. — Les racines.

RÉCOLTE. — La racine de l'hellébore doit être récoltée à l'automne. Elle est très-rare dans le commerce en France ; très-commune en Allemagne et en Suisse, d'où elle nous vient. Elle perd la plus grande partie de ses propriétés par la dessiccation ; elle s'altère rapidement, surtout lorsqu'elle est pulvérisée; il faut donc la choisir récente; elle est quelquefois mélangée avec les racines des *H. fœtidus* et *viridis*, mais non avec celles de l'hellébore blanc (*veratrum album* et *V. nigrum*) qui sont beaucoup plus actives et plus faciles à distingner. On a prétendu qu'elle était souvent mélangée, non par fraude, mais bien par négligence ou ignorance avec les racines de l'*arnica montana*, de l'*adonis vernalis*, de l'*aconitum napellus*, de l'*astrantia major*; mais ces mélanges sont bien faciles à reconnaître, car toutes ces racines n'ont ni la couleur, ni la forme, ni la structure de celle de l'hellébore.

La racine de l'*H. niger* est noire en dehors et blanche en dedans; elle présente un tronçon très-court avec des radicules de la même couleur, très-cassantes; sa saveur est âcre, nauséeuse, désagréable.

On a vendu pendant longtemps à Paris, sous le nom d'hellébore noir, la racine de l'*Helleborus viridis* L.; celle-ci est formée de plusieurs tronçons d'un brun noirâtre, irréguliers, portant un grand nombre de radicules; elle est plus dure et plus ligneuse que la précédente, ce qui tient à ce qu'elle est vivace, tandis que celle de l'*H. niger* est bisannuelle, c'est-à-dire que la racine se détruit tous les deux ans, à mesure que la nouvelle se produit; son odeur est d'ailleurs forte, nauséeuse, et sa saveur très-amère; cette amertume, signalée par Murray, est, d'après M. Guibourt, un bon caractère de cette espèce.

L'hellébore fétide, ou pied de griffon, *H. fœtidus* L., donne une racine très-employée en hippiatrique pour irriter et faire couler les sétous des chevaux; son tronc est pivotant, ligneux, d'un gris noirâtre, avec de nombreuses radicules ramifiées; son goût est désagréable, mais elle est à peine âcre et nullement amère.

Plusieurs racines ont été vendues dans le commerce à diverses époques sous le nom d'hellébore noir; d'après Murray (*Apparatus medicaminum*, tom. III, pag. 48), la seule racine vendue en France, sous ce nom, serait celle de l'*Actea spicata* ou *herbe de Saint-Christophe*; et les caractères que Bergius attribue, dans sa *Materia medica*, à la racine de l'*Actea racemosa*, plante américaine, sont ceux du faux hellébore noir du commerce; cette substitution des racines des *Actea* à celles de l'*Helleborus niger*, a été encore récemment signalée et constatée. Mais le plus souvent c'est la racine de l'hellébore pied de griffon que l'on vend pour celle de l'hellébore noir.

COMPOSITION CHIMIQUE. — D'après MM. Feneulle et Capron, la racine d'hellébore noir contient : huile volatile, huile grasse, acide volatil, matière résineuse, cire, principe amer, muqueux, ulmine, gallate de potasse, gallate acide de chaux, sel à base d'ammoniaque ; et d'après Vauquelin : huile âcre et caustique, amidon, substance végéto-animale, sucre, matière extractive. Pour les auteurs de la première analyse, la matière active de la racine d'hellébore résiderait dans le mélange d'acide volatil et de matière grasse, et Vauquelin attribue l'action de cette racine à l'huile âcre qu'il a signalée, mais qui parait être la même chose que le mélange de corps gras et d'acide volatil de MM. Feneulle et Capron. M. Bastick a séparé de l'hellébore une matière cristalline qui n'a pas été étudiée suffisamment; on l'a nommée *helléborine*; elle se présente sous la forme de cristaux transparents, d'une saveur désagréable et mordicante; elle est neutre, non volatile, à peine soluble dans l'eau, peu soluble dans l'éther, très-soluble dans l'alcool; elle est azotée.

USAGES. — La racine d'hellébore est un drastique violent employé beaucoup autrefois contre les maladies du cerveau et surtout dans la folie; elle entre dans la composition des *pilules de Bacher*. On l'administre encore quelquefois contre la gale, en poudre ou sous forme de pommade, de décoction, de teinture, de vin, de vinaigre ou d'extrait.

La racine d'hellébore est un poison irritant, violent; d'après Orfila, elle perd une grande partie de ses propriétés en vieillissant; et, par la dessiccation, sa saveur d'abord douceâtre, devient bientôt âcre et mordicante; elle excorie la peau et détermine, d'après Emmert, des vomissements lorsqu'on l'applique sur les plaies; à l'intérieur, elle détermine des vomissements, des déjections alvines abondantes, des vertiges, des tremblements, une grande prostration des forces, des convulsions, un froid excessif et la mort. A l'autopsie, on constate une vive inflammation du canal digestif. Venel combattait les accidents produits par l'hellébore à l'aide des laxatifs et des aromatiques; mais les boissons délayantes et émollientes, et l'opium conviennent beaucoup mieux; quand aux tisanes acidulées qui ont été conseillées, elles sont très-certainement beaucoup plus nuisibles qu'utiles.

Les propriétés irritantes de l'hellébore noir ont été mises à profit;

Cullen l'employait en décoction contre les teignes et la gale; il est
vrai qu'il l'associait à un sulfure alcalin; les Anglais l'emploient
encore aujourd'hui dans ces mêmes maladies; Peyrilhe conseillait
de faire avec cette racine des pois à cautères très-irritants; mais
c'est surtout contre les névroses et les névralgies qu'elle a été autrefois employée; et il n'est peut-être pas de maladies ou de lésions des
centres et des conducteurs nerveux contre lesquelles elle n'ait été
administrée. Mais, autant les anciens en usaient, et, on peut le dire,
en abusaient, autant aujourd'hui est-elle abandonnée à l'empirisme;
la médecine vétérinaire seule en tire quelquefois un excellent parti;
cet abandon doit être autant attribué à l'action irritante, caustique
et dangereuse qu'elle exerce sur l'économie animale, qu'aux subs-
titutions, aux fraudes, aux mélanges dont elle a été l'objet; mais
surtout et par-dessus tout aux éloges pompeux, aux exagérations
outrées que lui ont prodigués Musa, Brassavole, Lorris, Vogel, Frei-
nel, Brunner, Hildanus, Mead, etc.

Les anciens employaient beaucoup l'hellébore contre la folie; on
suppose que c'est l'*H. orientalis* qu'ils administraient; Hippocrate,
Mésué, Arétée, Avicenne, Celse, et plus récemment Baglivi, Junc-
ker, etc., en faisaient un très-fréquent usage; elle pousse en
abondance dans l'île d'Anticyre, d'où l'expression *Anticyram na-
viget*, d'Horace, pour dire qu'on avait le cerveau malade; et, pour
faire entendre qu'une personne était folle, on disait qu'elle était
allée à Anticyre; aussi, les historiens et les poëtes ont-ils de tout
temps célébré les cures merveilleuses opérées par *l'helléborisme*
dans l'île d'Anticyre.

D'après Wooré, la racine de l'*H. viridis* est employée contre les
maladies de la peau; d'après Targioni, en Italie on la substitue à
l'hellébore noir, et en Allemagne à l'hellébore d'Orient. On ne sait
pas positivement quel était l'hellébore des anciens; l'hellébore noir
de Dioscoride, qu'il nomme *melampodium*, est certainement un *helleborus*. Tournefort n'a trouvé, dans l'île d'Anticyre et en Thessalie,
que l'*H. orientalis*.

HENNÉ

Lawsonia inermis L. *L. alba* Lam. *Alcana Arabum* Bell.
(Salicariées.)

Le Henné, appelé aussi Alcanna, Lausone, Mindi, Réséda des Antilles, etc., est un arbrisseau dont la tige, haute de 3 à 4 mètres, couverte d'une écorce ridée, se divise en rameaux étalés, diffus, glabres, roides, aigus, légèrement tétragones au sommet, portant des feuilles opposées, presque sessiles, petites, ovales-lancéolées, entières, atténuées aux deux extrémités, glabres. Les fleurs, petites, blanches ou blanc jaunâtre, odorantes, sont disposées en panicules rameuses terminales. Elles présentent un calice à quatre divisions aiguës, glabres, persistantes; une corolle à quatre pétales ovales, étalés; huit étamines, plus longues que les pétales; un ovaire arrondi, à quatre loges multiovulées, surmonté d'un style et d'un stigmate simples. Le fruit est une capsule arrondie, pisiforme, brunâtre, à quatre loges polyspermes, surmontée par le style persistant.

Le henné épineux de Linné (*L. spinosa* L.) n'est qu'une simple variété du précédent, dont il se distingue par les extrémités de ses ramuscules plus aiguës et un peu piquantes.

Le henné à fleurs pourpres (*L. purpurea* Lam.), que Linné a confondu au contraire avec le *L. inermis*, en diffère surtout par ses feuilles deux fois plus longues; ses fleurs inodores, d'un pourpre bleuâtre, à calice velu et à pétales connivents; ses fruits bacciformes, oblongs et bleuâtres.

Habitat. — Le henné est originaire de l'Orient; on le trouve aux Indes, en Perse, en Arabie, en Égypte et jusqu'en Algérie; c'est de l'Inde sans doute qu'il a été introduit à Cuba et à Saint-Domingue, où il est naturalisé.

Culture. — Le henné est l'objet de cultures assez importantes aux Indes et aux Antilles. En Europe, on ne le trouve que dans les jardins botaniques, où il exige la serre chaude. On le propage assez facilement de boutures et de graines, mais il est peu répandu.

Parties usitées. — Les feuilles.

Récolte. — Le henné paraît être l'*acopher* de l'Écriture dans tout l'Orient. En Perse, en Égypte, dans l'Inde et en Amérique, il

s'en fait un commerce considérable; il y en a deux variétés : le
L. inermis et le *L. spinosa*, que Lamarck a réunis sous le nom de
L. alba; son nom arabe est *al hanneth* ou *el hanna*, dont on a fait
alcanna, alcanna vera (forskal flo arab. Ægypt. LV). Pline l'appelle
Cyprus, parce qu'il vient dans l'île de Chypre; les Grecs le nommaient κύπρος; il a été employé à divers usages dès la plus haute
antiquité; on en trouve dans les momies; dans l'Inde, on le nomme
maïl-auschi.

Le *L. inermis* et *L. spinosa* ont été décrits par Dioscoride, Pline,
G. Bauhin, etc., et surtout par Laurence Garcin, en 1748; il pré-
sente une fleur odorante que l'on vend au Caire comme le lilas à
Paris.

On trouve rarement les feuilles de henné entières dans le commerce; il est le plus souvent en poudre, d'un brun jaunâtre; celui
d'Égypte, qui est moins estimé, contient 20 pour 100 de sable; celui
d'Arabie ne renferme que 5 pour 100. D'ailleurs, d'après le docteur
Figari-Bey, professeur d'histoire naturelle au Caire, et selon M. Abd-
el-Aziz-Herraouy, qui a publié un travail important sur le henné,
celui d'Égypte et celui d'Arabie, en tenant compte des impuretés
qu'ils contiennent, sont identiques.

Composition chimique. — D'après Berthollet, le henné ne contient
pas de tannin, mais bien de l'acide gallique; son infusion précipite
en noir la solution de sulfate de fer (*Journ. de pharm.*, t. X, p. 405).
Les fleurs exhalent une odeur fort hircine; on la met dans les appartements, et on en prépare une eau distillée, préparée comme cosmétique (Olivier, *Voyage*, II, pag. 174).

D'après M. Abd-el-Aziz-Herraouy, l'eau froide n'enlève rien au
henné; l'eau bouillante lui prend son principe colorant; l'éther
s'empare de la matière colorante verte, tandis que l'alcool dissout
le principe actif; celui-ci est brun, résinoïde, soluble dans l'eau
bouillante; il possède toutes les propriétés du tannin, c'est-à-dire
qu'il précipite la gélatine, noircit les sels de fer et réduit les sels de
cuivre; M. Abd-el-Aziz nomme ce principe *acide henno-tannique*.

Usages. — En médecine, le henné est peu employé; on s'en sert
comme astringent, sous forme d'infusion, pour lotionner les ulcères
et les plaies; on l'a employé contre les maladies de la peau. D'après
Ainslie (*Mal. ind.*, t. II, p. 190), l'extrait est employé à cet usage
dans l'Inde; mais c'est surtout pour teindre les cheveux, les ongles,

les pieds et les mains; pour colorer les crins, les chevaux, la laine, le cuir, le bois, etc., que cette substance est employée dans tout l'Orient. Pierre Belon dit que, de son temps, en Égypte on la cultivait exprès pour les revenus du pacha, et qu'on en chargeait des vaisseaux pour Constantinople. En Perse, tous les habitants jeunes et vieux teignent leurs cheveux en noir tous les huit jours; ils emploient pour cela le henné, qui leur donne une teinte jaune, et par-dessus ils appliquent une poudre de plante indigofère inconnue; délayée dans de l'eau, il en résulte un beau noir.

HÉPATIQUE

Hepatica triloba Chain. *Anemone hepatica* L.
(Renonculacées—Anémonées.)

L'Hépatique trilobée, appelée aussi Anémone hépatique, Hépatique printanière, Herbe de la Trinité, etc., est une petite plante vivace, à souche courte, émettant inférieurement des racines fibreuses. Les feuilles, toutes radicales, sont longuement pétiolées, échancrées à la base, à trois lobes arrondis, un peu aigus, coriaces, d'un beau vert foncé et luisant en dessus, plus pâles en dessous. Les fleurs, bleues, rosées ou blanches, sont solitaires à l'extrémité de hampes grêles, velues, soyeuses, longues de $0^m,10$ à $0^m,15$. Elles présentent un involucre caliciforme, très-rapproché de la fleur, à trois folioles entières, ovales, aigües, pubescentes; un calice pétaloïde, de six à neuf sépales ovales lancéolés; des étamines en nombre indéfini, très-courtes, à anthères blanc jaunâtre; un pistil composé d'ovaires nombreux, libres, à une seule loge uniovulée, surmontés d'un style court et simple. Le fruit se compose de nombreux akènes surmontés du style persistant (Pl. 16).

On trouve encore dans ce genre quelques espèces si peu distinctes de la précédente, que plusieurs auteurs n'en font que des variétés.

Habitat. — L'anémone hépatique est répandue dans les diverses régions de l'Europe; elle habite surtout les bois montagneux. On la cultive fréquemment dans les jardins, où elle fleurit au premier printemps.

Culture. — Cette plante est très-rustique; et, bien que préférant la terre de bruyère, elle réussit dans tous les terrains frais et ombragés. On la propage aisément par graines. On peut aussi, quand les touffes sont fortes, les diviser, soit pendant la floraison, soit en automne, en éclats, qu'on aura soin de ne pas faire trop petits.

PARTIES USITÉES. — Les feuilles et les fleurs.

RÉCOLTE. — Les fleurs de cette plante paraissent au commencement de mars ; les feuilles peuvent être récoltées à l'époque de la floraison ; on les fait sécher à l'étuve ou au grenier.

COMPOSITION CHIMIQUE. — L'analyse de l'hépatique n'a pas été faite, mais c'est à tort que Peyrilhe la signale comme inerte et insipide ; quoique moins âcre que les autres renonculacées, elle n'en renferme pas moins un principe actif.

USAGES. — D'après quelques auteurs, le nom d'hépatique aurait été donné à cette plante, parce qu'on en a fait usage contre les affections du foie ; elle était regardée autrefois comme vulnéraire, rafraîchissante et astringente ; on l'employait en gargarismes contre les affections de la gorge, dans les obstructions du foie ; en Amérique elle a été très-employée à une époque contre les affections des poumons ; enfin, on l'a vantée contre les hernies, sous forme de cataplasmes, dans les maladies cutanées et les affections des voies urinaires ; on lui attribuait en effet des propriétés diurétiques ; mais toutes ces vertus ont été reconnues fausses, et aujourd'hui l'hépatique n'est plus employée en médecine.

On préparait aussi une eau distillée d'hépatique, dont les dames faisaient usage comme cosmétique pour blanchir la peau du visage brunie par le soleil.

HERNIAIRE

Herniaria glabra L.
(Paronychiées—Illécébrées.)

L'Herniaire glabre, vulgairement appelée Herniole, Turquette, Herbe du Turc, etc., est une petite plante annuelle ou bisannuelle, à racines grêles, fibreuses, blanchâtres. Les tiges, longues de 0^m,10 à 0^m,20, très-nombreuses, grêles, étalées et appliquées sur le sol, glabres, très-rameuses, diffuses, portent des feuilles opposées à la base, alternes à l'extrémité, entières, petites, ovales oblongues, glabres, vert jaunâtre, accompagnées de petites stipules scarieuses. Les fleurs, très-petites, vertes, herbacées, forment de petits bouquets latéraux, presque sessiles à l'aisselle des feuilles, dès la base de la plante. Elles présentent un calice à cinq divisions obtuses, un peu concaves, glabres, jaunâtres à la face interne ; une corolle à cinq pétales filiformes ; cinq étamines, insérées sur un disque charnu qui revêt la gorge du calice ; un ovaire libre, uniloculaire par avortement, uniovulé, surmonté de deux styles courts. Le fruit est une petite capsule membraneuse, oblongue, monosperme, indéhiscente, enveloppée par le calice persistant.

L'Herniaire velue (*H. hirsuta* L.), regardée par quelques botanistes comme une simple variété de la précédente, en diffère par ses feuilles pubescentes et fortement ciliées ; ses tiges velues, hérissées, ainsi que le calice, dont chaque division se termine au sommet par une longue soie ; ses fleurs plus grandes et ses fruits plus gros.

HABITAT. — L'herniaire est commune dans presque toutes les régions de l'Europe ; elle croît en abondance dans les terrains incultes et sablonneux, les champs en friche, au bord des étangs, etc. On ne la cultive que dans les jardins botaniques, où il suffit de semer ses graines en place, au mois de mars.

PARTIES USITÉES. — Toute la plante.

RÉCOLTE. — Cette plante peut être cueillie pendant tout l'été. Cependant il vaut mieux la récolter à l'époque de la floraison, qui a lieu en juillet et août. On la fait sécher au grenier ou au séchoir, et on la dispose en petites bottes cubiques un peu comprimées ; elle se conserve très-bien à l'abri de l'humidité.

COMPOSITION CHIMIQUE. — L'herniaire est inodore ; elle possède une saveur légèrement amère et astringente ; son infusion colore en brun foncé les persels de fer, ce qui indique plutôt la présence de la matière astringente, nommée quercitrin, plutôt que celle du tannin.

USAGES. — Matthiole prétendait que la turquette contusée et appliquée sur les hernies les faisait disparaître. Employée autrefois contre la morsure des vipères et dans les maladies des yeux, elle fut bientôt abandonnée, lorsque M. Herpain, de Mons, la vanta comme un excellent diurétique et voulut remettre en vogue une plante usitée par les anciens dans les maladies des voies urinaires. Quoique M. le docteur Van Denbrouk ait appuyé les assertions de M. Herpain, la réputation diurétique lithontriptique n'a pas résisté aux justes critiques de Bergius, de Spidman, de Peyrilhe et de Murray ; et avec Mérat et Délens, nous regardons son action comme nulle.

Au Chili, on a employé comme stomachique et anti-pleurétique l'H. *Payco Molina*.

HIÉBLE

Sambucus ebulus L.
(Caprifoliacées-Sambucées.)

L'Hièble ou Yèble, appelé aussi petit Sureau, est une plante vivace, à racines longues, grosses, charnues, rameuses, blanchâtres. Les tiges, haute de 1 mètre à 1^m,50, herbacées, annuelles, robustes, glabres, cannelées, à moelle très-abondante, simples, dressées, portent des feuilles opposées, à pétiole muni de deux stipules foliacées, ovales aiguës, dentées, inégales, à limbe imparipenné, composé de cinq à onze folioles presque sessiles, oblongues lancéolées, dentées, glabres et d'un vert foncé. Les fleurs, blanches, quelquefois rougeâtres en dehors, odorantes, sont groupées en corymbes plans, terminaux. Elles présentent un calice à tube soudé avec l'ovaire, à limbe divisé en cinq lobes très-petits; une corolle rotacée, à limbe partagé en cinq divisions; cinq étamines libres, à anthères noirâtres, insérées sur le tube de la corolle; un ovaire infère, offrant trois à cinq loges uniovulées, surmonté d'un même nombre de stigmates sessiles. Le fruit est une petite baie charnue, noire, à suc d'un rouge foncé, et renferme trois à cinq petites graines.

Habitat.— L'hièble est répandu dans toute l'Europe; il croît dans les champs incultes, particulièrement dans les bonnes terres fortes et argileuses, au bord des chemins, des fossés humides, etc.

Culture. — Cette plante, étant assez abondante à l'état sauvage pour suffire aux besoins de la médecine, n'est cultivée que dans les jardins botaniques, et quelquefois aussi dans les parcs d'agrément. Elle croît dans tous les sols, mais mieux dans les terres fortes et fertiles. On la propage aisément de graines, semées au printemps ou à l'automne, ou mieux par éclats de racines. Elle pousse avec une grande vigueur, et ne demande aucun soin.

Parties usitées. — La seconde écorce de la racine, la moelle, les feuilles, les fleurs, les baies et les semences.

Récolte. — L'écorce de la racine doit être récoltée à l'automne : on enlève la première couche (épiderme) et on coupe par petites lanières; on fait sécher le reste de l'écorce à l'étuve, et on conserve à l'abri de l'humidité. Les feuilles, rarement employées sèches, sont récoltées pendant tout l'été : les fleurs doivent être cueillies à leur parfait épanouissement, par un temps sec, et après que la rosée du matin a été dissipée ; on les fait sécher rapidement au soleil et on les enferme en les comprimant dans des sacs en papier que l'on a soin de placer à l'abri de l'humidité. Lorsque la dessiccation est mal opérée, elles noircissent. Les fruits sont récoltés lorsqu'ils sont bien mûrs, c'est-à-dire lorsqu'ils sont tout à fait noirs ; la moelle peut être séparée de la tige à l'automne, lorsqu'elle commence à sécher et qu'elle est tout à fait blanche.

COMPOSITION CHIMIQUE. — Toutes les parties de l'hièble correspondent, par leur composition et leur propriété, à celles des sureaux. Cependant l'odeur de ses feuilles est plus vireuse, et celle de ses fleurs moins suave ; les baies contiennent les mêmes principes ; cependant leur suc est plus rouge et plus persistant ; celui des fruits du *S. nigra* est brun verdâtre.

USAGES. — La partie la plus active de l'hièble paraît être l'écorce de la racine. C'est un purgatif diurétique dont les paysans font un fréquent usage, ainsi que des feuilles ; à petite dose elle est considérée comme diurétique, et on l'a regardée pendant quelque temps comme un spécifique des hydropisies. Les semences, quoique purgatives, sont rarement usitées ; elles contiennent une huile mucilagineuse que Haller recommandait dans les hydropisies. Les fleurs, comme celles du sureau, sont calmantes et sudorifiques ; on les emploie en infusion, sous forme de lotions et de fomentations ; le suc des baies, évaporé en consistance d'extrait, constitue le *Rob d'hièble*, qui est un léger laxatif que l'on administre à la dose de quatre à dix grammes.

Les feuilles contusées ou bouillies dans l'eau sont employées dans les campagnes, sous forme de cataplasmes, contre les engorgements articulaires, lymphatiques, glanduleux, etc.

D'après Linné, les feuilles d'hièble, placées dans des tas de blé, chassent les souris. Les fleurs, en infusion théiforme, entrent dans des boissons alcooliques fermentées, et on s'en sert pour imiter le bouquet du sauterne ; la moelle, séchée et imprégnée d'une solution de nitrate de potasse, a été usitée pour appliquer des moxas ; avec le jus des baies et l'alun on fabrique une liqueur destinée à colorer les vins, qui est connue sous le nom de *teinte ou vin de Fismes*. C'est dans la ville de ce nom qu'on la prépare, et on en fait un grand commerce. Cette industrie, très-ancienne, qui est tolérée, sinon autorisée, constitue une véritable fraude.

En général, on préfère les préparations du sureau à celles de l'hièble.

HORMIN

Salvia horminum L. *S. colorata* Thore. *Hormínum sativum* Mill.
(Labiées - Monardées.)

L'Hormin, appelé aussi Sauge Ormin ou Prudhomme, est une plante annuelle, à racines grêles et fibreuses. La tige, haute de $0^m,30$ à $0^m,50$, tétragone, velue, dressée, rameuse dès la base, porte des feuilles opposées, ovales oblongues, irrégulièrement crénelées, obtuses, hérissées de poils blanchâtres ; les supérieures ovales cordiformes ; les florales larges, aiguës, bractéiformes, bleu violacé, fortement veinées de bleu plus foncé, formant par leur réunion une touffe membraneuse colorée. Les fleurs, très-petites, pourpre violacé, sont réunies par cinq ou six en faux verticilles, dont l'ensemble constitue une grappe allongée. Elles présentent un calice tubuleux, pubescent, à cinq dents inégales ; une corolle irrégulière, à deux lèvres, la supérieure voûtée et un peu échancrée, l'inférieure trilobée ; deux étamines, à filets très-courts, à anthères séparées par un connectif filiforme très-long ; un ovaire composé de quatre carpelles, surmonté d'un style simple à stigmate bifide. Le fruit se compose de quatre akènes ovoïdes trigones, entourés par le calice persistant.

Cette plante présente une variété à bractées et à fleurs blanches.

HABITAT. — L'hormin croît dans les régions méridionales de l'Europe. Il habite surtout les lieux secs.

CULTURE. — Cette plante est peu cultivée en dehors des jardins botaniques ou d'agrément. Elle demande une exposition chaude et une terre légère. On sème en place, en avril et mai. On peut aussi semer en pépinière, et repiquer de même, pour planter à demeure, quand le jeune plant est assez fort. Il est bon d'arroser en été. On peut faire avec cette plante des massifs, des corbeilles ou même des bordures, dans les jardins paysagers.

PARTIES USITÉES. — Les feuilles, les semences.

RÉCOLTE. — Les feuilles d'hormin doivent être récoltées au moment de la floraison ; on les fait dessécher au grenier ; elles perdent la plus grande partie de leur odeur et de leurs propriétés par la dessiccation; les fruits sont cueillis à leur maturité; on en sépare le péricarpe et on fait sécher les graines qui sont très-petites.

Composition chimique. — L'hormin, comme toutes les plantes du genre *Salvia*, renferme deux principes : une huile essentielle volatile, et une substance amère fixe.

Usages. — Dioscoride parle de l'hormin (*lib.* II, 128), Pline le mentionne dans le dernier chapitre de son livre XXII; il était regardé comme aphrodisiaque et employé dans les maux d'yeux ; il est aujourd'hui tout à fait inusité. Infusé dans du vin ou dans de la bière, il leur donne, dit-on, une propriété enivrante.

Dans l'Inde, on emploie aux mêmes usages que notre sauge officinale (voyez ce mot) le *S. Bengalensis* Rottl., qui possède une odeur camphrée très-prononcée. Il en est de même du *S. leucantha* Cav., qui croît aux Antilles (*Flore médicale des Antilles*, III, 303), et les Péruviens emploient contre la pleurésie l'infusion des feuilles du *S. integrifolia* Ruiz et Pavon, contre les obstructions la décoction du *S. radicans* Ruiz et Pavon, et le *S. sagitta* Ruiz et Pavon remplace au Pérou notre sauge.

Sous le nom de *semences de Chia*, les médecins homœopathes ont souvent employé des semences du *S. Hispanica* qui viennent du Mexique. Elles sont plus petites que les graines de psyllium ; elles ressemblent à de très-petits ricins ; leur épisperme est luisant, gris, tacheté de brun. Trempées dans l'eau, elles se gonflent et s'entourent d'un mucilage épais, comme le font les graines de psyllium et de coing ; ce mucilage se dissout dans l'eau chaude et forme aussi une boisson adoucissante, agréable, qui sert de boisson habituelle aux malades.

HOUBLON

Humulus lupulus L.
(Urticées - Cannabinées.)

Le Houblon est une plante vivace, à racines fortes, rameuses, drageonnantes. Les tiges, longues de plusieurs mètres, grêles, un peu anguleuses, rudes, couvertes de poils courts, robustes et crochus, sarmenteuses et volubiles, portent des feuilles opposées, munies de stipules, pétiolées, cordées à la base, palmées, à trois ou cinq lobes ovales-acuminés dentés, vert foncé et rudes en dessus, munies en dessous de glandes résineuses. Les fleurs sont petites, verdâtres et dioïques. Les fleurs mâles, disposées en grappes rameuses opposées ou en panicules, axillaires et terminales, ont un calice à cinq sépales presque égaux ; cinq étamines à filets très-courts, à anthères longues, dressées, munies d'un connectif prolongé en pointe. Les fleurs femelles sont réunies par paires à l'aisselle de bractées membraneuses foliacées, dont l'ensemble constitue des épis compactes, ovoïdes ou arrondis, axillaires et terminaux, pédonculés, solitaires ou groupés en panicule. Elles présentent un calice réduit à un seul sépale membraneux et accrescent ; un ovaire libre, ovoïde, à une seule loge uniovulée, surmonté de deux styles terminés par de longs stigmates filiformes. Le fruit est une sorte de cône, composé des bractées et des sépales foliacés, à l'aisselle desquels se trouvent des akènes ovoïdes un peu comprimés, entourés de granules jaunes, résineux, odorants et amers (*lupuline* ou lupulin).

HABITAT. — Le houblon est répandu dans presque toutes les régions de l'Europe ; il croît dans les haies, les buissons, sur la lisière des bois, dans les lieux frais et ombragés. Il est recherché dans les jardins d'agrément comme plante grimpante. Mais on le cultive surtout en grand dans quelques provinces, telles que l'Alsace, les Flandres, etc., pour la fabrication de la bière. Cette culture est du domaine de l'économie rurale.

PARTIES USITÉES. — Les fleurs femelles ou cônes, les feuilles, les jeunes pousses, la matière jaune que l'on trouve à la base des écailles (lupulin ou lupuline), les racines.

RÉCOLTE. — Les cônes verts du houblon sont récoltés vers la fin du mois d'août ; par la dessiccation, ils deviennent jaunes ; elle s'opère au four ou à l'étuve ; lorsqu'ils sont secs, on les comprime dans des sacs. Les jeunes pousses du houblon, que l'on mange dans le Nord en guise d'asperges, sont cueillies lorsqu'elles sont encore très-tendres ; les feuilles, rarement employées, sont récoltées en juillet, et les racines à l'automne.

Le houblon du commerce, tamisé à travers un tamis de crin, donne de petits granules jaunes, que l'on monde des impuretés par plusieurs tamisages successifs ; c'est le *lupulin* ou *lupuline* ; ces granules, considérés d'abord comme un principe immédiat, avaient été signalés par Planche, en 1813, comme possédant les principales propriétés du houblon. En 1827 M. Raspail fit voir que cette matière, qui, à la loupe, paraît sous forme de petites gouttes résineuses, transparentes et homogènes, était organisée ; il la considéra comme un pollen isolé, et la nomma *pollen des organes foliacés*; M. Lebaillif constata l'organisation de ces granules; M. Guibourt n'admit pas l'opinion de M. Raspail sur ce pollen solitaire ; et M. J. Personne, dans un travail important sur le houblon, a fait voir que ces granules étaient d'une nature glanduleuse ; il a étudié leur organogénie, et a vu qu'ils commençaient par une cellule formée au milieu de celles de l'épiderme, et qu'à son entier développement elle sécrétait une matière résineuse, ce qui ne contredit pas l'opinion de MM. Chevallier et Payen, qui regardaient le lupulin comme le produit d'un organe destiné à protéger le fruit contre l'humidité, au moyen de la matière résineuse qu'il sécrète.

Composition chimique. — Le houblon et le lupulin ont été étudiés au point de vue chimique par MM. Planche, Yves de New-York, Payen et Chevallier, Lebaillif, Pelletan et J. Personne. Suivant MM. Payen et Chevallier, le lupulin contient : huile volatile, lupuline, résine, gomme, matière extractive, osmazome (traces), matière grasse, acide malique, malate de chaux, sels. Le docteur Yves a trouvé qu'il renfermait, sur 120 parties, 3 de tannin, 10 de matière extractive, 11 de principe amer, 12 de fécule, 36 de résine et 46 de ligneux. M. J. Personne y a trouvé une huile volatile et de l'acide valérianique. L'huile volatile est jaunâtre, d'une odeur prononcée de houblon, d'un goût âcre; elle est plus lourde que l'eau ; elle fut prise d'abord pour le principe narcotique, mais ce fait a été contredit par Wagner.

Le lupulin est sous forme de petits grains dont la couleur varie d'un jaune verdâtre au jaune d'or; il est peu soluble dans l'eau ; il se dissout mieux dans l'alcool et dans l'éther ; il possède une odeur d'ail très-prononcée, désagréable, sa saveur est âcre ; la grosseur des grains varie de 20 à 30 centièmes de millimètre.

Quoiqu'on ait donné souvent le nom de *lupuline* au lupulin, on désigne plus particulièrement, sous le premier de ces noms et sous celui de *lupulite*, le principe amer du lupulin qu'on en extrait par l'alcool ; elle est blanche ou jaunâtre, transparente, sans odeur, incristallisable, soluble dans 20 parties d'eau froide et dans 5 parties d'eau bouillante ; peu soluble dans l'éther, très-soluble dans l'alcool, elle est neutre et non azotée (Liébig).

Usages. — Les cônes de houblon sont regardés comme fondants, toniques, amers et dépuratifs ; on les emploie sous forme de tisane, et rarement d'extrait, dans les maladies de la peau, les scrofules, le rachitisme, etc. Le houblon excite l'appétit et favorise les digestions ; il augmente l'énergie vitale et la vigueur des organes ; à dose élevée, il détermine l'accélération du pouls, élève la chaleur animale, produit la cardialgie, des troubles intestinaux sans déjections alvines ; il excite le système nerveux, détermine des pesanteurs de tête, l'engourdissement des membres, quelquefois des vomissements, sans vertiges ni céphalalgie ; on lui attribue des propriétés narcotiques que M. J. Personne n'a pu constater ; d'après M. Walter-Jauncey, il est sédatif et anodin, c'est-à-dire qu'il calme la douleur sans produire le sommeil.

Toutes les propriétés du houblon se trouvent réunies et même exagérées dans le lupulin ; aussi a-t-on cherché à substituer celui-ci aux cônes autrefois employés.

Suivant M. Yves, le lupulin serait aromatique, tonique et narcotique ; il pourrait, dit-il, remplacer l'opium, et n'a pas, comme lui, l'inconvénient de fatiguer l'estomac et d'amener la constipation ; cette propriété a été constatée par M. W. Byrd Page de Philadelphie ; il ajoute qu'il exerce une action sédative puissante sur les organes génitaux de l'homme ; aussi M. Pescheck l'a-t-il employé contre les pollutions nocturnes, et MM. Debout et Van Den Corput, contre la spermatorrhée ; M. Zambaco a constaté ses propriétés antiérectiles ; d'après M. Debout, c'est à l'élément volatil du lupulin qu'il faudrait attribuer les propriétés anaphrodisiaques. Le lupulin pur, en teinture ou sous forme de saccharure, a été employé avec succès à la dose de un à six grammes contre les érections nocturnes, pour combattre l'éréthisme morbide des organes génitaux. D'après M. Walter Jauncey, le lupulin contiendrait deux principes distincts : l'un, qui est l'huile, serait sédatif et anodin ; l'autre, le principe amer, lupuline ou lupulite, exercerait une action tonique sur les organes digestifs.

Le houblon, outre sa propriété tonique incontestable, a été regardé, avec moins de raison peut-être, comme diurétique, diaphorétique, anthelmintique. Quoique ses propriétés sédatives soient encore contestées, les médecins anglais l'emploient pour combattre l'insomnie, en faisant coucher les malades sur un oreiller rempli de houblon odorant. On l'emploie dans toutes les cachexies, dans les cas de débilité générale, d'affaiblissement des organes digestifs ; mais c'est à tort, nous le croyons, que Desroches l'a vanté contre le rhumatisme, Freake, dans la goutte, Graunt, contre les calculs. D'après Coste et Willemet, la racine de houblon peut être substituée à la salsepareille.

En médecine homœopathique, on emploie le houblon comme sédatif et dépuratif, son signe est *Shu*, et son abréviation *Hum*.

Tout le monde connaît l'usage que l'on fait du houblon pour la fabrication de la bière; il a pour but, dans cette boisson, de lui donner une saveur amère, de l'aromatiser, et de l'empêcher de s'acidifier; malheureusement on le remplace par d'autres plantes amères moins chères, qui sont loin de posséder les mêmes propriétés, et dont quelques-uns sont dangereuses; on a employé la gentiane, le buis, le quassia amara, l'absinthe, le trèfle d'eau et même, dit-on, les noix vomiques; depuis quelques années, on s'est servi aussi de l'*acide picrique*.

Tous les bestiaux mangent le houblon; les abeilles recherchent les cônes; les tiges, macérées dans l'eau, servent à faire des liens.

HOUX

Ilex aquifolium L.
(Ilicinées.)

Le Houx est un arbre de moyenne grandeur, à racines fortes et ramifiées. La tige, haute de 6 à 8 mètres, droite, couverte d'une écorce lisse et d'un vert grisâtre, se divise en rameaux droits, flexibles, verts, portant des feuilles alternes, pétiolées, ovales, ondulées sur les bords, dentées et fortement épineuses, épaisses, coriaces, lisses, d'un vert foncé et très-luisant en dessus, plus pâle en dessous. Les fleurs, polygames, petites, blanchâtres, presque sessiles, forment de petits bouquets courts et serrés dans les aisselles des feuilles. Elles présentent un calice très-petit, à quatre dents aiguës; une corolle monopétale, rotacée, très-profondément divisée en quatre lobes obtus, étalés, un peu concaves; quatre étamines courtes, dressées, à anthères ovoïdes; un ovaire globuleux, déprimé, à quatre loges uniovulées, surmonté d'un style simple et d'un stigmate quadrilobé. Le fruit est une baie globuleuse, pisiforme, déprimée, ombiliquée au sommet, d'un rouge vif, renfermant quatre petits noyaux osseux.

On trouve encore dans ce genre plusieurs espèces intéressantes, parmi lesquelles nous signalerons le houx des Florides ou Apalachine (*Ilex vomitorium* Ait.), et surtout le houx du Paraguay ou Maté (*Ilex Paraguayensis* Saint-Hil.), qui fera le sujet d'un article spécial.

Habitat. — Le houx épineux est très-répandu en Europe ; il croît dans les lieux incultes, frais, un peu couverts ; on le trouve surtout dans les bois, les haies, les buissons, etc.

Culture. — Le houx demande une bonne terre et une exposition ombragée ; on le propage de graines semées, aussitôt après leur maturité, dans du sable et à l'ombre. Au printemps suivant, on repique les jeunes plants sur couche, et un ou deux ans après, à l'automne, en pépinière. On ne les plante à demeure que lorsqu'ils sont assez forts.

Parties usitées. — Les feuilles, l'écorce, les fruits.

Récolte. — Les feuilles de houx peuvent être récoltées pendant toute l'année ; on préfère les cueillir à l'automne ; les fruits, rarement employés, sont récoltés à la maturité, c'est-à-dire lorsqu'ils ont pris une belle couleur rouge. Le bois du houx, très-blanc et très-dur dans les jeunes arbres, est susceptible d'un beau poli ; il est recherché par les tourneurs, les couteliers, et pour la marqueterie, parce qu'il prend bien la teinte noire et qu'il peut servir à imiter l'ébène.

La seconde écorce de houx (liber) sert à préparer la glu, que l'on obtient en faisant bouillir l'écorce, récoltée en juillet, pendant huit ou dix heures, et en enfouissant le tout en terre dans un pot pendant vingt jours environ, puis on lave avec de l'eau, et on bat fortement dans un mortier ; on obtient ainsi une substance visqueuse, molle, tenace, élastique, qui sert surtout à prendre les oiseaux.

Composition chimique. — L'analyse des feuilles de houx a été faite par M. Lassaigne ; elle ne présente rien de particulier. M. Deleschamps en a extrait un principe cristallin et amer, nommé *ilicine*, que ce pharmacien regarde comme le principe actif de la plante, et qu'il a proposé bien à tort comme un succédané du sulfate de quinine.

Usages. — D'après Barbier, les feuilles de houx déterminent, lorsqu'on en ingère l'infusion dans l'estomac, de la pesanteur avec chaleur à l'épigastre, qui s'étend bientôt à d'autres parties du corps ;

il survient plus tard des coliques et quelques rapports âcres, et des vomituritions glaireuses. Les baies provoquent les vomissements et sont purgatives.

Autrefois, administrées par Paracelse dans les affections arthritiques, vantées depuis contre la pleurésie, le catarrhe chronique, le rhumatisme et même la variole, employées par Durande, Rousseau, Reil, Constantin, Raymond, Delorme, Serrurier, Magendie et Bodin, Saint-Amand, Hubert, etc., contre les fièvres intermittentes, les feuilles et l'écorce de houx sont aujourd'hui justement abandonnées et reléguées parmi les remèdes populaires, depuis surtout que le professeur Chomel a démontré que les assertions de Rousseau, de Magendie et des autres médecins que nous venons de nommer, étaient exagérées, et que le houx guérissait les fièvres intermittentes qui guérissent sans aucune médication.

La glu, autrefois recommandée comme maturative et résolutive contre les engorgements scrofuleux et les tumeurs blanches, est tout à fait inusitée.

Les feuilles de *l'ilex vomitorium* ou *houx apalachine*, ou *thé des Apalaches*, sont employées par les sauvages de la Caroline, de la Virginie et de la Floride, en guise de thé; ils leur attribuent des propriétés diurétiques, toniques et diaphorétiques; à dose élevée, elles purgent et font vomir.

Le *maté* ou *thé du Paraguay*, dont on fait un si grand usage dans l'Amérique méridionale, est produit par *l'ilex paraguayensis*; c'est le *cassine gouguba* de Martius. Nous y reviendrons plus loin. (Voyez Maté.)

HYDROCOTYLE
Hydrocotyle vulgaris et Asiatica L.
(Ombellifères – Hydrocotylées.)

L'Hydrocotyle commune (*H. vulgaris* L.), appelée aussi Écuelle d'eau, est une plante vivace, à racines grêles, fibreuses, blanchâtres. La tige, de longueur très-variable, grêle, vert pâle, noueuse, rampante, émettant à chaque nœud des faisceaux de racines, porte des feuilles alternes ou géminées, longuement pétiolées, arrondies, peltées, à nervures rayonnantes, à bords crénelés, d'un vert pâle, glabres. Les fleurs, blanchâtres, très-petites, sont disposées en verticilles entourés d'involucelles formés de quelques folioles, et portés sur des pédoncules nus, axillaires. Elles présentent un calice à cinq petites dents ; une corolle à cinq pétales très-petits, entiers, à sommet droit ; cinq étamines épigynes, courtes ; un ovaire infère, ovoïde, à deux loges uniovulées, surmonté de deux styles distincts. Le fruit est un diakène lenticulaire, presque didyme, échancré à la base, à columelle adhérente.

L'hydrocotyle d'Asie (*H. Asiatica* L.) est également une plante vivace. Ses tiges, légèrement velues, émettent à chaque nœud, comme dans l'espèce précédente, des racines fasciculées, des feuilles solitaires ou géminées et des pédoncules floraux. Les feuilles arrondies, réniformes, échancrées à la base, à sept nervures rayonnantes, à bords régulièrement crénelés, sont portées sur des pétioles pubescents. Les fleurs, petites, purpurines, sont groupées par trois ou quatre en ombelles capitulées au sommet de courts pédoncules pubescents.

Habitat. — L'hydrocotyle commune est répandue dans toute l'Europe. L'hydrocotyle d'Asie se trouve aux Indes orientales et au cap de Bonne Espérance. Ces plantes croissent dans les lieux très-humides, les marais tourbeux, au bord des étangs et des ruisseaux, etc.

Culture. — Les hydrocotyles ne sont cultivées que dans les jardins botaniques. On les multiplie facilement par la séparation des rejetons. La seconde espèce exige l'orangerie sous nos climats.

Parties usitées. — Les racines, les feuilles.

Récolte. — L'*H. vulgaris* est regardée comme une plante nuisible, quoique Lemery l'ait indiquée comme diurétique, détersive et vulnéraire ; elle n'est pas employée.

L'*H. asiatica* est le *pes equinus* de Rhumphius ; M. Boileau la décrit sous le nom de *Belibaque* ; Reede, sous celui de *Codagen* ; et enfin, Rumphius, sous celui de *Pancaga*. On emploie les feuilles et la racine. Celle-ci est ronde, charnue, grisâtre ; elle est très-hygrométrique et se conserve mal en poudre ; elle vient des Indes orientales. On en prépare un extrait, qui est vert foncé, qui présente une odeur vireuse très-prononcée.

Composition chimique. — M. Lépine, pharmacien de la marine, a extrait de l'*H. asiatica* une substance particulière qu'il a nommée *vellarine*, et qui paraît être le principe actif ; il y a trouvé en outre une huile jaune, une résine verte, une résine brune, un extrait sucré, un autre non sucré, un troisième amer, de la gomme, de l'amidon et du ligneux.

La *vellarine*, du nom tamoul de la plante *vallarai*, est une huile épaisse jaune pâle, amère, piquante, d'une odeur forte, vireuse ; elle s'altère à l'air et fond à 100°.

USAGES. — D'après Horsfield, l'*H. asiatica* est employée dans l'Inde comme diurétique. Ainslie dit que ses feuilles, associées au fenugrec, sont prescrites en infusion contre les fièvres et les maladies des intestins. (Mat., *Ind.*, II, 473.) C'est une plante active, et nous avons de la peine à croire qu'on la mange, comme on l'a prétendu. (*Bull. des sciences méd. de Férussac*, XVII, 288.)

C'est surtout contre la lèpre et contre les autres maladies de la peau que l'extrait hydro-alcoolique d'hydrocotyle asiatique a été préconisé. Les faits rapportés par M. le docteur Boileau, de l'île Maurice, par M. Poupeau, chirurgien de la marine, et par MM. Houbert et Leroux, ont démontré l'efficacité de cette préparation contre l'éléphantiasis des Grecs et l'éléphantiasis des Arabes. On l'a employée contre les dartres avec le même succès ; et plusieurs faits cités par les médecins que nous venons de nommer, tendraient à faire penser, s'ils étaient confirmés, que cette plante pourrait être employée avec succès contre les syphilides, les ulcères, les rhumatismes chroniques et les scrofules.

En France, l'*H. asiatica* a été employé. M. Devergie a constaté ses bons effets dans les eczémas chroniques rebelles, et M. Cazenave a amélioré un éléphantiasis des Arabes et guéri plusieurs éruptions vésiculeuses par l'usage de l'extrait. Les hypersthésies douloureuses, avec ou sans papules, ont été calmées par ce médicament.

On fait avec l'extrait hydro-alcoolique un sirop et des granules ; mais il vaut mieux que le médecin formule lui-même ces préparations. M. Devergie conseille des pilules contenant chacune deux centigrammes et demi d'extrait ; il en faut prendre de une à six par jour ; les feuilles sont administrées sous forme de tisane, qui se prépare par infusion, à la dose de huit grammes pour un litre d'eau ; on en prend trois verres par jour.

Aux Antilles et au Brésil, le suc de l'*H. gummifera* Lam., *H. umbellata* Lin., est employé, d'après Martius, contre l'hypocondrie, les affections du foie et des reins. D'après Pison, son odeur est aromatique et son goût agréable. Au Brésil, on la nomme *acaciroba* et *acaricabo*. Aublet assure que les racines sont vulnéraires et diurétiques. (*Guyane*, 284.) A forte dose, le suc est vomitif.

HYDROPELTIS

Hydropeltis purpurea Mich. *Brasenia peltata* Pursh.
(Cabombées.)

L'Hydropeltis pourpre est une plante vivace, aquatique, à rhizome rampant, submergé, émettant en dessous des racines fibreuses. Elle est couverte, dans toutes ses parties, d'une matière visqueuse. La tige, assez faible, porte des feuilles alternes, pétiolées, à limbe ovale, pelté ou en bouclier, d'où vient le nom de la plante. Les fleurs, pourpres, larges de 0^m,03, sont solitaires à l'extrémité de longs pédoncules axillaires. Elles présentent un calice à trois sépales un peu colorés; une corolle à trois pétales; des étamines nombreuses, hypogynes; un pistil composé de plusieurs carpelles libres, uniloculaires. Le fruit se compose de plusieurs capsules, couronnées par le style, entourées par le calice persistant et renfermant des graines globuleuses ovoïdes (Pl. 17).

Le cabomba aquatique (*Cabomba aquatica* Aubl.), appartient au genre voisin, qui donne son nom à la famille. C'est aussi une plante vivace, qui a quelque ressemblance avec la renoncule d'eau. Les fleurs jaunes sont solitaires à l'extrémité de longs pédoncules axillaires. Elles ont un calice à trois sépales colorés; une corolle à trois pétales; six étamines; un pistil composé de deux carpelles à ovaire libre, uniloculaire. Le fruit renferme plusieurs graines globuleuses.

HABITAT. — Ces plantes sont propres au nouveau continent. Les hydropeltis croissent à la Caroline. Les cabomba habitent surtout la Guyane. On les trouve dans les eaux vives ou stagnantes.

CULTURE. — Les cabombées ne sont cultivées que dans les jardins botaniques. On les met en pots que l'on plonge dans un bassin, en plein air, pendant l'été, et dans une serre tempérée durant l'hiver.

PARTIES USITÉES. — Les feuilles.

COMPOSITION CHIMIQUE. — On ne sait absolument rien sur la composition chimique et les propriétés des *hydropeltis* et des *cabomba*.

USAGES. — Les hydropeltis et les cabomba sont à peu près inusités. Cependant les feuilles de l'*Hydropeltis purpurea* sont légèrement astringentes, et passent même, en Amérique, pour un bon remède contre la phthisie.

HYPOCISTE

Cytinus hypocistis L.
(Cytinées.)

L'Hypociste, appelé aussi Cytinelle ou Cytinet, est une plante vivace, parasite, charnue. La tige, haute de $0^m,15$ environ, simple, épaisse, droite, rougeâtre, quelquefois jaunâtre, porte, au lieu de feuilles, de petites écailles charnues, imbriquées, ovales, rouges, souvent teintées de jaune à la base. Les fleurs, monoïques, petites, rougeâtres, axillaires, presque sessiles, accompagnées de bractées, sont groupées en épi terminal, globuleux. Elles présentent un calice coloré, pétaloïde, campanulé ou tubuleux, à limbe partagé en trois à six divisions ovales oblongues, un peu inégales, velues extérieurement et ciliées sur les bords, persistantes. Les fleurs mâles, placées à la partie supérieure de l'épi, renferment huit étamines ou plutôt des étamines en nombre double de celui des divisions du calice, à filets soudés entre eux en une colonne cylindrique, et avec le tube du calice par des cloisons membraneuses qui alternent avec ses divisions, à anthères soudées aussi en un seul corps, surmonté d'appendices qui sont des stigmates rudimentaires. Les fleurs femelles, situées au-dessous des mâles, ont un ovaire infère, à une seule loge présentant huit placentas pariétaux multiovulés, surmontés de styles réunis en un cylindre adhérent au tube du calice par des cloisons membraneuses, et terminé par un stigmate arrondi, charnu, marqué de huit sillons en étoile. Le fruit est une baie ovoïde, couronnée, coriace, à intérieur pulpeux, renfermant un grand nombre de petites graines arrondies.

HABITAT. — L'hypociste se trouve dans tout le pourtour du bassin méditerranéen, où il vit en parasite sur les racines des cistes, notamment du ciste de Montpellier. Il n'est pas cultivé.

PARTIES USITÉES. — Le suc extrait de la plante.

RÉCOLTE. — Le suc d'hypociste s'obtient en contusant les fruits selon les uns, toute la plante selon les autres ; on exprime pour obtenir le suc, et on le fait évaporer au soleil en consistance d'extrait ; d'après quelques auteurs, ce suc serait obtenu par macération ou par décoction de la plante dans l'eau, et par évaporation du liquide obtenu au moyen du feu.

Le suc d'hypociste du commerce est en masses de deux à trois

kilogrammes ; elles sont formées par la réunion de petits pains orbiculaires du poids de trente grammes à peu près ; elles se sont soudées
et déformées par leur compression mutuelle, et dans la masse on
distingue encore leur surface propre, qui est grisàtre ; cet extrait a
une cassure noire et luisante, une saveur aigrelette et astringente ;
celui du commerce est souvent altéré avec du suc de réglisse qui lui
donne sa saveur douceâtre et sucrée.

COMPOSITION CHIMIQUE. — D'après Bergues, le suc d'hypociste
forme de l'encre avec du sulfate de fer ; il précipite, dit-on, la gélatine,
quoiqu'il ne contienne pas de tannin ; d'après MM. Pelletier et
Caventou, qui l'ont analysé, il contient une matière charbonneuse
insoluble dans l'eau et l'alcool, une matière colorante soluble dans
l'eau, et une autre dans l'alcool ne précipitant pas la gélatine ; de
l'acide gallique, une matière soluble dans l'eau précipitant la gélatine, une autre matière soluble dans l'alcool précipitant la gélatine.

USAGES. — Le suc d'hypociste entre dans la *thériaque* ; il faisait
partie autrefois du *mithridate*, de l'*emplâtre contre les ruptures*, etc. ;
il est aujourd'hui à peu près abandonné ; on le regardait comme
astringent et tonique ; on le conseillait contre les gonorrhées, les
diarrhées rebelles, la dyssenterie, les hémorrhagies, etc. ; on l'administrait à la dose de un à deux grammes dissous dans un liquide
approprié.

HYSSOPE

Hyssopus officinalis L.
(Labiées-Saturéiées.)

L'Hyssope officinale est une plante vivace, à racine ligneuse, forte,
rameuse et fibreuse. La tige, haute de 0^m,35 à 0^m,65, sous-frutes-
cente à la base, tétragone au sommet, dressée, se divise en rameaux
peu nombreux, effilés, tétragones, un peu pulvérulents, d'un vert
clair, dressés, portant des feuilles opposées, sessiles, ovales lancéolées, étroites, aiguës, entières, vert foncé, glabres ou légèrement pubescentes, un peu pulvérulentes et glanduleuses, surtout à la face
inférieure. Les fleurs, bleues, roses ou blanchâtres, sont groupées, à
l'aisselle des feuilles supérieures, en petits glomérules, dont la réunion constitue un épi feuillé, terminal et unilatéral. Elles présentent
un calice tubuleux, cylindrique, un peu évasé au sommet, d'un vert
plus ou moins violacé, strié, à cinq dents aiguës, un peu inégales ;

une corolle irrégulière, tubuleuse, à tube grêle, recourbé, à limbe
divisé en deux lèvres, la supérieure courte et un peu échancrée,
l'inférieure trilobée; quatre étamines didynames, saillantes; un pistil composé de quatre carpelles, surmonté d'un long style, à stigmate
bifide. Le fruit est un tétrakène.

Habitat. — Cette plante croît dans les régions tempérées et méridionales de l'Europe; elle habite surtout les lieux montueux.

Culture. — L'hyssope est cultivée en grand dans quelques localités pour l'usage de la médecine. Elle préfère les terres légères, calcaires, sèches et bien exposées au soleil. On la propage de graines,
semées en planches ou eu terrines bien drainées, au commencement
du printemps, ou bien encore de boutures ou d'éclats de pieds,
faits à la même époque. Les jeunes plants sont repiqués en place,
dès qu'ils sont assez développés. Il est bon de renouveler les planches
tous les trois ou quatre ans, en éclatant les pieds, au printemps ou
à l'automne.

Parties usitées. — Les sommités fleuries.

Récolte. — Les sommités et les feuilles se récoltent pendant la
floraison; on dispose la plante en paquets de la grosseur du bras,
et en guirlandes, et on fait sécher au grenier ou au séchoir. On
conserve la plante sèche à l'abri de la lumière et de l'humidité.

Composition chimique. — Quoique M. Herberger ait cru avoir
trouvé dans l'hyssope un précipité immédiat qu'il a nommé *hysopine*,
on attribue avec raison les propriétés de cette plante à l'huile essentielle qu'elle contient; elle renferme en outre un principe amer; et,
d'après Proust, l'hyssope des pays chauds donne à la distillation un
camphre analogue à celui des laurinées.

Lorsque l'essence d'hyssope est récemment préparée, elle est incolore, mais elle jaunit au contact de l'air et se résinifie. D'après
M. Stenhouse, elle bout à 160°, et son point d'ébullition s'élève
à 180°; ce qui indique que c'est un mélange d'au moins deux essences : celle qui se vaporise à 160°, renferme : carbone, 84.18; hydrogène, 11,00; oxygène, 4,82; et celle qui bout à 180°, contient :
carbone, 80,31; hydrogène, 10,43; oxygène, 9,24.

Usages. — L'hyssope est regardée avec raison comme expectorante et béchique; moins stimulante que la mélisse et les menthes,
elle l'est plus que le marrube, la germandrée et le lierre terrestre,
qui sont plus spécialement toniques; elle a plus d'avantages, d'après

MM. Trousseau et Pidoux, dans l'asthme et dans les affections nerveuses des organes respiratoires ; M. le professeur Chomel l'administrait souvent, ainsi que la germandrée, dans la convalescence des fièvres typhoïdes à forme adynamique, ainsi que dans les maladies aiguës, suivies d'épuisement et d'atonie des organes.

Quoiqu'on prépare un sirop et une eau distillée d'hyssope, c'est presque uniquement l'infusion que l'on emploie à la dose de dix à quinze grammes pour un litre d'eau bouillante ; cette infusion, sucrée avec du miel et quelquefois avec de l'oxymel scillitique, convient parfaitement dans les affections catarrhales du poumon ; on l'a souvent associée dans ces maladies à la gomme ammoniaque ; mais c'est alors qu'elle agit plus particulièrement dans la débilité des voies digestives, les coliques venteuses, l'aménorrhée ; quoiqu'on l'ait beaucoup vantée dans les affections des reins et les exanthèmes, en raison des propriétés diurétiques et sudorifiques qu'on lui attribuait, elle est peu usitée dans ces cas ; quant à ses propriétés vermifuges, signalées par Roseinstein, elles sont nulles ou à peu près.

La décoction d'hyssope a été employée à l'extérieur, sous forme de gargarismes, dans les inflammations de la gorge, et en lotions ou en cataplasmes contre les contusions.

ICICA

Icica heptaphylla Aubl.
(Burséracées – Amyridées.)

L'Icica heptaphylle, appelé aussi Icique, Iciquier, Aroucou, est un arbre dont la tige, haute de 10 à 15 mètres, à suc propre transparent, balsamique, gommo-résineux, se divise en rameaux qui portent des feuilles alternes, pétiolées, imparipennées, à sept folioles. Les fleurs, petites, blanches, sont disposées en panicules axillaires ou terminales. Elles présentent un calice persistant, à quatre dents ; une corolle de quatre pétales à onglet dressé, à limbe étalé ; huit étamines incluses, insérées, ainsi que les pétales, sur un disque annulaire, glanduleux, qui entoure l'ovaire, et portant des anthères à deux loges ; un pistil à ovaire libre, ovoïde, à quatre loges uniovulées, surmonté d'un style simple très-court, terminé par un stigmate en tête, marqué de quatre sillons en croix. Le fruit est une drupe à enveloppe coriace, pulpeuse à l'intérieur, s'ouvrant en quatre valves, dont chacune recouvre un noyau osseux, monosperme.

Nous citerons encore les Icicas Acouchi (*I. acuchi* Aubl.), à fleurs vertes, vulgairement appelé Bois d'encens (*I. viridiflora* Aubl.), faux cèdre (*I. altissima* Aubl.), balsamifère ou Aracouchini (*I. balsamifera* Aubl.), etc.

Habitat. — Ce genre, dont les espèces sont loin d'être bien connues et déterminées, habite les régions chaudes de l'Amérique centrale, particulièrement la Guyane. On trouve surtout les iciquiers dans les lieux sablonneux, aux bords de la mer, etc. Ils ne sont pas cultivés en Europe, et on ne les rencontre pas même dans les jardins botaniques, où ils ne pourraient probablement être conservés qu'en serre chaude et avec beaucoup de soins.

Parties usitées. — Les résines qu'on en extrait ou tacamaques, élémis ; on emploie aussi le bois.

Récolte. — On connaît à Cayenne deux espèces de bois de roses : l'un désigné sous le nom de *bois de rose mâle*, est le bois de Licari *Licaria guianensis* ; l'autre est le *bois de rose femelle*, ou cèdre blanc ; il est tendre, léger, d'un blanc verdâtre ; il jaunit à l'air ; il possède une odeur forte, analogue à celle du citron ou de la bergamotte.

Aussi M. Guibourt voudrait-il qu'on le désignât sous le nom de *bois de citron de Cayenne* ; il croit que ce bois est produit par l'*icica altissima* Aubl.

Parmi les résines produites par les iciquiers, on trouve celles que l'on désigne sous les noms de *chibou, cachibou, takamahaca* ou *tacamaque, alouchi, aracouchini, caragne* et *élémi du Brésil*. Toutes sont retirées des arbres qui croissent sur la côte occidentale d'Afrique, à Madagascar, dans l'Inde, les îles Malaises et les Philippines, et appartenant à la même tribu. Ces résines jouissent de propriétés semblables, ce qui rend leur distinction très-difficile. Nous allons les indiquer brièvement.

La *résine élémi du Brésil* est produite par un arbre qui a été décrit par Marcgraff et Pison sous le nom d'*icicariba (Icica icicariba* D.C.). A la suite d'incisions, la résine en découle abondamment. Vingt-quatre heures après on la récolte et on la renferme dans des caisses qui peuvent en contenir 100 à 150 kilogrammes. Elle est molle et onctueuse, mais elle devient sèche et cassante en vieillissant ; sa couleur varie du blanc au jaune et au vert. Son odeur est analogue à celle du fenouil. Par la distillation, on peut en retirer une essence. Il faut préférer cette résine récente et odorante ; soluble en partie dans l'alcool froid et en entier dans l'alcool bouillant, à l'exception des impuretés qu'elle peut contenir ; par le refroidissement de la solution alcoolique bouillante, il se dépose des aiguilles opaques, inodores et insipides que l'on a nommées *élémine*. Elle est quelquefois falsifiée par du galipot ; elle est alors beaucoup plus soluble dans l'alcool.

Nous parlerons ailleurs des autres sortes d'élémi, ainsi que des tacamaques produites par d'autres arbres que les iciquiers.

Parmi les tacamaques produites par les iciquiers, on comprend :

1° La *tacamaque jaune huileuse*. Cette résine a été tantôt désignée sous le nom de tacamaque, d'autres fois sous celui d'*animé*. Elle se présente sous deux formes. D'après M. Guibourt, les descriptions de l'animé, faites par Monardès de Meuves, Lémery, Geoffroy et Murray doivent être rapportées à la tacamaque jaune huileuse.

La première est en larmes qui varient de grosseur, depuis celle d'une aveline jusqu'à celle d'un abricot. Elles sont opaques, recouvertes d'une poussière blanche. Leur odeur rappelle celle du cumin. Elles ont une saveur douce et agréable. Elles contiennent une essence ;

sont solubles dans l'alcool, à l'exception d'un résidu blanc, soluble
dans l'eau, et d'une résine insoluble dans l'alcool et l'éther.

La seconde espèce semble avoir fait partie de bâtons cylindriques de 4 à 5 centimètres de diamètre; les fragments sont opaques,
friables à la circonférence, transparents et mous à l'intérieur ; l'odeur
est moins forte que celle de la précédente ; elle perd son essence en
devenant friable ; elle cristallise facilement. On attribue ces deux
résines à l'*icica decandra* Aubl.

2° La *tacamaque incolore*. Cette résine a été aussi désignée sous le
nom d'encens de Cayenne. Elle est en bâtons demi-cylindriques, longs
de 0^m,12 à 0^m,15 ; larges de 0^m,027 à 0^m,034, amincis aux extrémités.
Elle est opaque et devient transparente en s'agglutinant. Son odeur
est forte, semblable à celle de la précédente ; elle est riche en huile
volatile. Sa saveur est douce, parfumée et plus tard amère ; elle est
produite par l'*icica heptaphylla* ou par l'*icica guianensis* Aubl., qui
paraissent être une même espèce, à laquelle il faudrait réunir,
d'après M. Guibourt, l'*icica tacamahaca* H. B. Ces arbres laissent
couler une résine blanche d'une odeur de citron, désignée par Aublet sous le nom d'*encens*.

3° *Tacamaque jaune terreuse*. Est très-abondante dans le commerce ; elle se vend comme résine animé ; elle est en masses considérables, aplaties, friables et noires à l'extérieur, jaune de nuances
diverses à l'intérieur. Son odeur, d'après M. Guibourt, est analogue
à celle de l'arnica ; sa saveur est douce, et plus tard amère. Elle est
fusible et entièrement soluble dans l'alcool.

4° *Tacamaque rougeâtre*. Cette résine a été trouvée, par M. Guibourt, mélangée à la tacamaque jaune huileuse ; il pense que c'est
la tacamaque de Monardès, et la première tacamaque de Bergius,
attribuée par lui à l'*elaphrium tomentosum*. Elle est en larmes
détachées d'un jaune-rougeâtre, ressemblant à l'encens d'Afrique.
Quelques larmes sont grisâtres et farineuses. M. Guibourt croit
qu'elle contient une matière gommeuse et qu'elle se rapproche du
bdellium ; cependant elle est très-odorante ; on l'attribue à un
icica.

La *résine alouchi*. Pomet et Lémery supposent que cette résine est
fournie par l'arbre qui produit l'écorce de Winther et la cannelle
blanche, qu'ils confondent ensemble; mais cela est inexact; elle
possède l'odeur des résines d'*icica*, et M. Guibourt croit que son nom

est une altération du nom *aracouchi*, que porte à Cayenne l'*icica aracouchi* d'Aublet.

La *résine caragne*. Les Indiens et les Espagnols nomment *caranna*
une résine à odeur de tacamaque qui, suivant Monardès, est apportée de la partie intérieure du continent de l'Amérique, des environs
de Carthagène. On l'a attribuée à un arbre du Mexique, nommé, par
Hernandez, *arbor insaniæ caragna nuncupata*. Elle est en masses enveloppées de feuilles de roseau. On a pu croire qu'elle était produite
par l'*icica carana* D. C. Mais, suivant le docteur Hancock, elle est
fournie par l'*aniba guianensis* Aubl.; *cedrota longifolia* Wild.

COMPOSITION CHIMIQUE. — Toutes les résines des térébinthacées, des
burséracées, sont composées d'un mélange de matières résineuses
diverses et d'essences. Voici deux analyses faites par M. Bonastre.

La résine alouchi contient : résine soluble dans l'alcool froid, 68,2 ;
résine cristallisable insoluble dans l'alcool froid, 20,5 ; huile volatile, 1,6 ; extrait amer, 1,1 ; acide libre et sel ammoniacal, 0,06 ;
impuretés, 4,1 ; perte, 3,9. Total, 100.

La résine élémi du Brésil contient : résine transparente, soluble
dans l'alcool froid, 60 ; élémine, 24 ; essence, 12,50 ; extrait amer
et impuretés, 1,50. Total, 100.

USAGES. — Les résines des iciquiers sont employées pour la fabrication des vernis, pour calfater les navires ; on les brûle dans les
églises comme encens. Elles entrent dans la composition d'onguents
et d'emplâtres composés ; on les a employées comme parfums. Dans
les pays de production, on les a administrées dans du vin contre
l'épilepsie, la dyspnée. On s'en sert comme stimulants à la place de
la térébenthine. Elles entrent dans la composition de quelques
alcools composés ; on ne les emploie jamais à l'état de pureté.

IF

Taxus baccata L.
(Conifères - Taxinées.)

L'If commun ou d'Europe est un arbre dont la tige, haute de 10 à
12 mètres, droite, arrondie, couverte d'une écorce rougeâtre, se
divise en rameaux nombreux, minces, striés, flexibles, portant des
feuilles alternes, distiques, presque sessiles, très-étroites, aiguës,
planes, d'un vert sombre, persistantes. Les fleurs sont dioïques. Les

mâles forment des chatons très-petits, globuleux-ovoïdes, solitaires et presque sessiles à l'aisselle des feuilles supérieures, environnés à leur base de bractées écailleuses obtuses et imbriquées. Elles consistent chacune en un connectif écailleux pelté, lobé, portant à sa face inférieure trois à huit lobes d'anthère disposés circulairement. Les fleurs femelles forment également de petits chatons, en forme de bourgeons, à pédicelles munis d'écailles imbriquées. Chacune d'elles consiste en une écaille cupuliforme, très-courte, accrescente, entourant un seul ovule nu, ovoïde, dressé, ouvert au sommet. Le fruit est un petit cône arrondi, drupacé, composé de l'écaille cupuliforme accrue, charnue succulente, d'un beau rouge, qui renferme, sans y adhérer, une graine ovoïde oblongue, à testa crustacé, osseux, dépourvu d'aile, brunâtre.

HABITAT. — L'If est répandu dans les régions centrales et méridionales de l'Europe. Il habite surtout la zone subalpine des régions montagneuses, et se trouve aussi naturalisé dans les plaines.

CULTURE. — L'If est surtout cultivé dans les parcs et les plantations d'ornement, dans les cimetières. On le propage de graines et de marcottes. Malgré la lenteur de sa croissance, il a été très-recherché autrefois dans les jardins, à cause de sa docilité à la taille, qui permet de le soumettre aux formes les plus variées et les plus bizarres.

PARTIES USITÉES. — Les feuilles, le bois, les fruits.

RÉCOLTE. — Les feuilles de l'if peuvent être récoltées pendant toute l'année ; leur dessiccation et leur conservation sont des plus faciles. Les fruits ne sont plus usités ; on les récoltait à leur maturité, c'est-à-dire lorsque le pédoncule bacciforme est devenu rouge. Le bois, qui doit être coupé pendant l'hiver, était d'un jaune rougeâtre, veiné ; son grain est fin, et il est susceptible de poli ; il résiste longtemps aux diverses influences atmosphériques, et il est très-recherché des ébénistes, des luthiers et des tourneurs.

COMPOSITION CHIMIQUE. — Nous ne possédons aucune analyse complète et exacte des feuilles d'if. MM. Chevallier et Lassaigne ont trouvé dans les fruits (sphalérocarpe de de Mirbel) une matière sucrée, fermentescible, non cristallisable, de la gomme, des acides malique et phosphorique, une matière grasse d'un rouge carmin (*Journal de pharm.*, IV, 558). Ces fruits, quand ils sont mûrs, sont très-remarquables par l'abondance d'une matière mucilagineuse et visqueuse qu'ils contiennent.

D'après M. Paretti, la racine d'if renferme de la chlorophylle, du tannin, de l'acide gallique, du malate de chaux, de la résine, du mucilage, de l'huile volatile amère, une matière colorante jaune et du sucre (*Journ. de pharm.*, XIV, 538).

Usages. — Les feuilles et les jeunes rameaux de l'if sont des poisons irritants, violents qui ont très-souvent occasionné la mort des chevaux qui en ont mangé, et quoique Théophraste rapporte que cette plante n'empoisonne pas les ruminants, il est démontré aujourd'hui par de nombreux faits qu'elle tue les poules, et qu'elle a été très-souvent la cause de la mort de l'homme. Les fruits paraissent n'exercer aucune action nuisible, et il n'est pas exact que son ombrage soit dangereux, comme on l'avait prétendu.

Les propriétés toxiques de l'if étaient connues des anciens. Galien, Pline, Dioscoride et Matthiole le regardent comme très-délétère. D'après Strabon, son suc servait à empoisonner les flèches des Gaulois, et César rapporte (*de Bello Gallico*, lib. IV), que Cativulcus, roi des Éburoniens, périt empoisonné par le suc de l'if. Les faits rapportés par Bulliard, par Gérard, botaniste anglais, démontrent que ses émanations ne sont pas dangereuses ; toutefois, Harmand de Montgarny cite le fait d'une jeune fille dont le corps fut couvert d'une éruption miliaire après avoir dormi sous un if ; mais cet érythème pourrait bien avoir d'autres causes, et Rai assure que les ouvriers qui élaguent ces arbres sont souvent incommodés.

Quoique très-dangereux, l'if a été préconisé contre les affections catarrhales et calculeuses. Dans l'ouest de la France, il est regardé par les paysans comme un puissant abortif, et les femmes qui en font un fréquent usage sont souvent les victimes de leur coupable ignorance. Les faits cités par MM. Duchesne, Chevallier et Raynal ne laissent aucun doute à cet égard. Percy regardait les fruits comme adoucissants et béchiques ; il les administrait sous forme de gelée contre la toux, la coqueluche, la gravelle, les catarrhes, etc.

L'if est une plante dangereuse que les médecins ont eu raison de bannir de la thérapeutique : on mange au Japon les fruits du *taxus japonica* Lam. ; ceux du *T. nucifera* sont employés contre l'incontinence d'urine.

IMPÉRATOIRE

Imperatoria Ostruthium L. *Peucedanum Ostruthium* Koch.
(Ombellifères-Peucédanées.)

L'Impératoire des montagnes, appelée aussi Benjoin français, Autruche, etc., est une plante vivace, à racine tuberculeuse, ovoïde, charnue, brune, rugueuse, sillonnée transversalement, divisée en de nombreuses ramifications qui sont souvent terminées par de petits tubercules. La tige, haute de $0^m,50$ à 1 mètre, cylindrique, fistuleuse, forte, glabre, dressée, porte des feuilles alternes, pétiolées, larges, glabres, d'un vert clair ; les radicales très-grandes, longuement pétiolées, à trois ou cinq folioles larges, ovales, à trois lobes ou segments dentés ; les caulinaires peu nombreuses, à pétiole court, élargi et membraneux à la base, à limbe divisé en trois folioles dentées et lobées. Les fleurs, blanches, sont disposées en ombelles terminales, ouvertes, assez grandes, dépourvues d'involucre, munies d'involucelles à bractées peu nombreuses, courtes et étroites. Elles présentent un calice adhérent, à cinq dents ; une corolle à cinq pétales presque égaux, cordiformes, réfléchis en dedans ; cinq étamines assez courtes, à anthères arrondies ; un ovaire infère, surmonté de deux styles à stigmate globuleux. Le fruit est un diakène, marqué sur chaque face de trois côtes saillantes, entouré d'une aile membraneuse, échancrée au sommet.

Habitat. — L'impératoire croît dans toutes les régions centrales et méridionales de l'Europe. On la trouve dans les régions montagneuses, les prairies élevées et quelquefois dans les plaines.

Culture. — Cette plante vient à toutes les expositions et dans tous les sols, à l'exception de ceux qui sont trop humides. On peut la propager par graines ; mais il vaut mieux le faire par la division des vieux pieds, opérée à l'automne. Enfin, on peut encore relever les rejetons, et les replanter en bonne terre.

Parties usitées. — Les racines.

Récolte. — La racine d'impératoire nous vient plus spécialement des montagnes de la Savoie, où elle porte le nom d'*otours*. Il en vient aussi de l'Auvergne. On l'arrache en hiver, et, après l'avoir lavée, on la fait sécher ; quelquefois on la coupe en morceaux ; elle perd une partie de son action par la dessiccation, surtout en vieillissant.

Elle est grosse comme le doigt, rugueuse à l'extérieur et marquée d'espèces d'anneaux. Son odeur est analogue à celle de l'angélique, mais moins forte ; sa saveur est âcre et aromatique ; il faut rejeter celle qui est inodore, noire et vermoulue.

Composition chimique. — Lorsqu'on coupe la racine fraîche d'impératoire, il s'écoule un suc blanc laiteux qui renferme une matière résineuse et une huile essentielle que l'on peut séparer par distillation et à laquelle elle doit son action.

Usages. — Elle entre dans l'eau thériacale, l'esprit carminatif de Sylvius, l'orviétan, etc. Les vétérinaires l'emploient comme fortifiante ; Hoffmann l'appelait *divinum remedium* ; il l'employait contre les coliques. Forestus l'a vantée contre l'hystérie ; Horstius dans les hydropisies ; Chomel dans la néphrite, l'asthme et les rétentions d'urine ; Lesage dans les fièvres intermittentes, et il prétend avoir obtenu des résultats plus avantageux qu'avec le quinquina dans les fièvres quartes rebelles. C'est là une assertion que nous ne chercherons même pas à réfuter. Baglivi l'administrait en poudre dans les fièvres adynamiques, et Roques la regarde comme très-utile dans ces cas. Il est nécessaire d'ajouter qu'on a reconnu l'inexactitude des assertions de Decker, qui disait l'avoir employée avec succès contre les paralysies de la langue ; celles de Spitta, qui assure avoir guéri le delirium tremens avec cette racine ; et surtout celles de Millius (*Bull. des sciences médicales de Férussac*, t. I, p. 153), qui dit avoir guéri un cancer ulcéré de la face avec la poudre de cette racine. Ce sont là autant d'observations dont il ne faut tenir aucun compte.

L'impératoire mâchée, soit seule, soit mêlée avec d'autres substances aromatiques ou irritantes, excite la salivation ; aussi Cullen la conseillait-il comme anti-odontalgique. C'est en excitant la salivation qu'elle agit. Elle peut certainement, dans certains cas, calmer les douleurs de dents, et alors la pyrèthre est bien préférable ; mais nous ne pouvons admettre avec quelques auteurs que cette supersécrétion salivaire puisse être utile contre les paralysies de la langue. En résumé, la racine d'impératoire jouit des mêmes propriétés que celles d'angélique, de méum, d'ache, de livêche, etc., et, comme celle-ci se conserve mieux, il faut la préférer et bannir l'impératoire de la matière médicale.

En Suisse, on se sert de cette racine pour aromatiser les fromages de Glaris.

INDIGOTIER

Indigofera tinctoria, anil et argentea L.
(Légumineuses - Lotées.)

L'Indigotier tinctorial ou des Indes (*Indigofera tinctoria* L., *I. Indica* Lam.) est un sous-arbrisseau, dont les tiges dressées, hautes d'un mètre environ, portent des feuilles alternes, munies de stipules, pétiolées, imparipennées, à trois ou quatre paires de folioles ovales, un peu pubescentes en dessous. Les fleurs, rougeâtres, sont réunies en grappes axillaires plus courtes que les feuilles. Elles présentent un calice petit, campanulé, urcéolé, à cinq divisions presque égales, aiguës; une corolle papilionacée, à étendard arrondi et réfléchi, à ailes de même longueur que la carène, qui est gibbeuse à la base; dix étamines diadelphes, à anthères mucronées; un ovaire simple, pluriovulé, surmonté d'un style filiforme et d'un stigmate simple. Le fruit est une gousse cylindrique, bosselée, arquée, réfléchie, divisée, par de fausses cloisons membraneuses transversales, en plusieurs loges ou articles monospermes.

L'Indigotier franc ou Anil (*I. anil* L.) diffère du précédent par ses feuilles de trois à sept paires de folioles presque glabres en dessous; ses fleurs pourpres; sa gousse arquée, réfléchie, comprimée, non bosselée, à sutures écailleuses saillantes.

L'Indigotier argenté (*I. argentea* L.; *I. articulata* Gouan; *I. glauca* Lam.; *I. tinctoria* Forsk., non L.) est un sous-arbrisseau à tiges de 0^m,60, rameuses, pubescentes soyeuses, blanchâtres, ainsi que les feuilles, qui ont trois à cinq paires de folioles obovales; à fleurs pourpres; à gousses pendantes un peu comprimées, bosselées, blanchâtres, renfermant deux à quatre graines.

HABITAT. — Les indigotiers tinctorial et argenté habitent l'Inde, l'Égypte, l'Afrique centrale, etc. L'indigotier anil est propre aux régions chaudes de l'Amérique.

CULTURE. — Cultivés en grand, comme plantes annuelles, dans les régions chaudes des deux continents, ces indigotiers ne se trouvent, en Europe, que dans les jardins botaniques, où ils exigent l'orangerie ou la serre tempérée.

PARTIES USITÉES. — Les feuilles, la matière colorante qu'on en extrait.

Récolte. — L'indigo est une matière colorante extraite des feuilles des plantes suivantes : 1° l'indigotier sauvage, *I. argentea*, qui fournit le plus bel indigo, mais en petite quantité ; 2° l'*I. disperma*, de Guatemala ; 3° l'*I. anil* ; 4° l'*I. tinctoria* ou indigotier français, qui donne beaucoup de produits, mais moins beau que les précédents. Dans d'autres familles, nous citerons le *pastel, guède* ou *vouède isatis tinctoria* des crucifères, et un indigo de Chine, produit par le *polygonum tinctorium*, polygonées, sur lesquels nous reviendrons plus loin.

L'indigotier des légumineuses est une plante bisannuelle ; mais le plus souvent on l'épuise par des coupes successives ; la première donne le meilleur produit ; la plante est mise à tremper dans l'eau, dans une cuve nommée *trempoir* ; jusqu'à ce qu'une écume irisée vienne surnager, on soutire et on fait couler le liquide dans une autre cuve inférieure nommée batterie ; on agite très-fortement, jusqu'à ce que la liqueur soit devenue bleue et qu'elle soit caillebotée ; on y ajoute alors de l'eau de chaux pour précipiter la matière colorante et empêcher la putréfaction ; on laisse déposer, on décante, on lave et on fait égoutter sur des toiles, puis on fait sécher à l'ombre, dans des caisses en bois à fond de toile.

L'indigo est une substance sèche d'un bleu foncé, avec des reflets violets et cuivrés ; sa cassure est uniforme et fine. Il ne happe pas à la langue, comme le bleu de Prusse, avec lequel on peut le confondre. Frotté avec l'ongle, il prend un aspect cuivré. Il est insoluble dans l'eau.

Les diverses sortes d'indigo sont distinguées par le nom du pays qui les fournit ; ainsi l'indigo de l'Inde se distingue en *Bengale, Madras, Coromandel*, etc. ; l'*indigo Guatemala* ou *indigo flore*, qui est le plus estimé ; l'*indigo de la Louisiane*, etc. L'indigo flore est le plus léger et le plus recherché ; il se distingue par sa belle couleur bleue violette. L'indigo du Bengale s'en rapproche le plus ; celui de la Louisiane est plus compacte, plus foncé.

Composition chimique. — L'indigo de Guatemala a été analysé par M. Chevreul à l'aide de la féconde méthode des dissolvants ; par l'eau il a obtenu : ammoniaque, matière verte, indigo blanc, peu ; extractif, gomme, 12 ; par l'alcool : matière verte, résine rouge, indigo bleu, peu, 30 ; par l'acide chlorhydrique, résine rouge, carbonate de chaux, peroxyde de fer, alumine, 2 ; il est resté un résidu formé de bleu, 3 ; indigo bleu, 45.

L'indigo blanc, tel qu'il existe dans les plantes, a été analysé par M. Dumas. Sa composition est la suivante : $= C^{16} H^6 Az O^2$, par exposition à l'air, un équivalent d'hydrogène est brûlé et on obtient l'indigo bleu $= C^{16} H^5 Az O^2 + HO$. Tous les corps désoxydants, tels que les sels de protoxyde de fer, l'orpiment ou trisulfure d'arsenic transforment l'indigo bleu en indigo blanc. C'est sur cette réaction qu'est basée la teinture en bleu par l'indigo. C'est de l'indigo blanc que la matière colorante dépose sur les étoffes, et celles-ci, exposées à l'air, le tranforment en indigo bleu.

L'indigo chauffé doucement laisse dégager de belles vapeurs pourpres qui se condensent et constituent l'indigotine ou indigo pur, que l'on peut d'ailleurs isoler par la méthode des dissolvants ; elle est d'un très-beau bleu violet, inaltérable à l'air ; la chaleur la volatilise et la décompose en partie ; elle est insoluble dans l'eau, l'alcool, les alcalis et les acides faibles ; l'acide sulfurique la dissout avec belle coloration bleue, et forme le *bleu en liqueur*, qui est la base du *bleu de Saxe*. D'après Berzélius, cette solution contient deux acides copulés, qu'il nomme acides *sulfo-indigotique*, et *hyposulfo-indigotique*. Il se forme en même temps un composé pourpre insoluble dans la liqueur acide étendue, mais soluble dans l'eau pure. C'est l'acide *sulfo-purpurique*. L'indigotine oxydée par un mélange d'acide sulfurique et de bichromate de potasse forme l'izatine $= C^{16} H^5 Az O^5$, découverte par Laurent, qui en a fait une étude si complète. Elle cristallise en prismes rhomboïdaux de couleur aurore foncée très-éclatante.

L'acide azotique étendu d'eau transforme l'indigo en *acide indigotique* cristallisable, incolore, volatil, dont la formule est $C^{14} H^5 Az O^{10}$ ou par $C^{14} H^4 Az O^9 + HO$ une molécule d'eau pouvant être remplacée par une base. L'acide nitrique concentré transforme l'indigo en acide *picrique* ou *carbo-azotique*, ou *nitro-picrique*, nommé aussi amer de Walter, qui se forme d'ailleurs par l'action du même acide sur un grand nombre d'autres corps, tels que la benzine, la soie, la salicine, etc. Cet acide a pour formule $C^{12} H^2 Az^3 O^{14}$; un équivalent d'eau peut être remplacé par un équivalent de base.

L'indigo chauffé avec la potasse et de l'eau forme de l'*isatine* et de l'*acide anthranilique* (Fritzche). D'ailleurs, l'indigo a été l'objet d'un des plus beaux travaux de la chimie moderne ; il a été fait par M. Laurent.

Usages. — L'indigo est une des matières tinctoriales les plus précieuses; elle fournit une des couleurs bleues des plus solides. Aussi, sa consommation dans l'industrie est-elle considérable.

En médecine, l'indigo est peu usité; cependant on l'a vanté contre l'épilepsie à la dose de 30 à 40 grammes, à prendre dans la journée; mêlé à du miel, il a souvent produit de bons effets. D'après Laënnec, les racines de l'*indigofera anil* sont néphrétiques et combattent l'action des poisons, mais ce sont là des assertions que rien ne justifie. Les feuilles sont purgatives; on les emploie, d'après Ainslie, contre les affections des reins, et les nègres les font macérer, dit-on, dans du rhum, pour détruire la vermine.

L'*Indigofera tinctoria* L. est l'*Ameri* de Ramphius, le *Colinil* de Rheede. On l'emploie aux Antilles comme fébrifuge, et contre l'épilepsie. C'est la racine dont on fait usage. Les feuilles sont employées comme celles du précédent. D'ailleurs, tous ces produits sont inconnus et inusités chez nous.

Les médecins homœopathes prescrivent quelquefois l'indigo contre les névroses; mais comme il n'agit qu'à doses très-élevées, ils doivent s'écarter de leurs habitudes posologiques lorsqu'ils veulent l'administrer. Son signe est *Oid* et son abréviation *Indigo*.

IPÉCACUANHA

Cephaëlis ipecacuanha Rich. *Callicocca ipecacuanha* Gomez et Brot.
Ipecacuanha fusca Pison.
(Rubiacées – Cofféacées.)

L'Ipécacuanha vrai ou Ipécacuanha annelé est un petit arbuste, à rhizome rampant, horizontal, émettant des racines fibreuses, capillaires, presque ligneuses, brunâtres, souvent tuberculeuses et marquées d'empreintes annulaires très-rapprochées. La tige, haute d'environ 0^m,50, à quatre angles mousses, légèrement pubescente, simple, dressée, porte, dans sa partie supérieure, six ou huit feuilles opposées, décussées, presque sessiles, longues, ovales, acuminées, entières, à peine pubescentes, accompagnées de deux stipules assez grandes, opposées, réunies à leur base, pubescentes, placées entre les feuilles et dont le sommet est découpé en cinq ou six lanières étroites. Les fleurs, petites, blanches, sont groupées en un petit bouquet terminal, dont la base est entourée d'un involucre, formé de quatre grandes bractées ou folioles pubescentes. Elles présentent un calice adhérent, à cinq dents; une corolle en entonnoir, à tube cylindrique, à limbe divisé en cinq lobes longs et aigus ; cinq étamines, insérées sur le tube de la corolle; un ovaire infère, ovoïde, à deux loges uniovulées, surmonté d'un style simple terminé par deux stigmates linéaires divergents. Le fruit est une petite drupe, ovoïde, peu charnue, noirâtre, renfermant deux petits noyaux blanchâtres, qui se séparent à la maturité (Pl. 18).

HABITAT. — L'ipécacuanha est originaire du Brésil ; il habite les lieux ombragés et surtout les forêts épaisses. On le cultive dans plusieurs contrées de l'Amérique méridionale. En Europe, on ne le trouve guère que dans les grands jardins botaniques; il exige la serre chaude, où il est assez difficile de le conserver et de le multiplier.

PARTIES USITÉES. — Les racines ou rhizomes.

RÉCOLTE. — Nous ne parlerons ici que de l'ipécacuanha officinal ; nous traiterons plus loin de l'ipécacuanha strié (*Psychotria emetica* L.), et de l'ipécacuanha ondulé (*Richardsonia Brasiliensis*). Nous dirons alors quelques mots des faux ipécacuanhas.

Lorsque, en 1672, l'ipécacuanha fut apporté en Europe, il était connu sous le nom de *béconquille* et de *mine d'or*; il fut d'abord peu employé : ce n'est qu'en 1686 qu'il fut préconisé par Adrien Helvétius, médecin de Reims, et, en 1690, Louis XIV en acheta le secret d'un nommé Grenier, et le publia ; il était à cette époque extrèmement rare, et son nom fut donné à plusieurs racines plus ou moins vomitives; il en résulta une certaine confusion dans l'histoire de cette racine. Aujourd'hui que l'origine des différentes racines qui ont usurpé ce nom est parfaitement connue, on ne range plus parmi les ipécacuanhas que la première espèce employée, et quelques autres analogues fournies par des plantes de la même famille ; celles qui appartiennent à d'autres familles, quoique possédant des propriétés vomitives, sont désignées sous le nom de *faux ipécacuanha*.

Le *Cephaëlis ipécacuanha* produit seul la racine officinale ; on en distingue plusieurs sortes ou variétés. M. Guibourt admet les suivantes :

1° *Ipécacuanha officinal* ou *annelé mineur*, deux variétés.

A. *Ipécacuanha gris noirâtre* Guib.; *ipécacuanha brun* Lem.; *ipécacuanha gris, ou annelé* Mérat; il est de la grosseur d'une plume à écrire, mince à son extrémité supérieure, long de 0^m,08 à 0^m,12, tortu, recourbé dans tous les sens; le cœur ligneux ou *meditullium* est blanc jaunâtre; l'écorce est épaisse, disposée en anneaux qui font le tour de l'axe, facile à séparer; l'épiderme gris noirâtre recouvre une écorce dure, cornée, grise, d'une saveur âcre un peu aromatique; son odeur, lorsqu'elle est respirée en masse, est irritante et nauséeuse.

B. *Ipécacuanha annelé gris rougeâtre* Guib.; *ipécacuanha gris rouge* de Lémery et de Mérat; son écorce est moins foncée, plus rouge, sa saveur n'est pas aromatique; son odeur est moins forte; Mérat dit qu'il est plus amer, mais ce caractère, d'après M. Guibourt, est peu appréciable; l'écorce est plus amylacée et moins active; Pelletier y a trouvé moins d'émétine.

2° *Ipécacuanha annelé majeur*, *ipécacuanha gris blanc*, de Mérat; il a été regardé comme une variété du précédent; mais comme il en est venu de grandes quantités du Brésil sans aucun mélange, M. Guibourt pense que c'est une sorte distincte, produite peut-être par un autre cephælis. Il est souvent mêlé de souches et de tiges; les racines rompues sont longues de 0^m,15 et épaisses de 0^m,005 à 0^m,006; moins tortueuses que les précédentes, les anneaux sont plus réguliers, moins saillants, quelquefois nuls; l'écorce, très-épaisse, est dure, cornée, translucide, d'un gris jaunâtre ou rougeâtre; l'odeur est forte, la saveur âcre et irritante, etc.

COMPOSITION CHIMIQUE. — L'ipécacuanha a été analysé par MM. Pelletier et Magendie, Richard et Barruel; il contient un acide nommé *acide ipécacuanhique*, qui est combiné à une base, l'émétine; de la gomme, de l'amidon, de la cire végétale, une matière grasse huileuse, une matière extractive.

L'*émétine* est jaunâtre; elle brunit à l'air; elle est inodore, amère, à peu près insoluble dans l'éther et dans l'eau froide, assez soluble dans l'eau chaude, très-soluble dans l'alcool; elle fond à 50°. Elle est très-vomitive. L'ipécacuanha officinal en contient environ le dixième de son poids.

USAGES. — Les expériences de M. Bretonneau ont démontré que la poudre d'ipécacuanha, mise en contact de la peau dénudée ou des muqueuses, déterminait une inflammation locale des plus énergiques; dans l'estomac ou dans le rectum, cette inflammation est produite. C'est un des vomitifs les plus précieux. Son action est moins rapide que celle de l'émétique, mais elle dure plus longtemps; il faut l'administrer en poudre très-fine, délayée dans une grande quantité d'infusion chaude. On le fait prendre en petites doses, souvent répétées. Il purge quelquefois, surtout lorsqu'il ne fait pas vomir. On l'associe souvent à l'émétique.

Piron considérait l'ipécacuanha comme le meilleur remède contre la dysentérie ; aussi l'a-t-on appelé *racine anti-dysentérique*. Cette propriété de l'ipécacuanha a été admise sans contestation, seulement on fait ressortir l'importance qu'il y avait à l'administrer à doses fractionnées, souvent répétées, et à poursuivre son usage pendant plusieurs jours. Il est également très-efficace contre les diarrhées ; mais ici encore le mode d'administration varie selon la nature et les causes de la diarrhée ; on le mélange souvent alors au calomel.

La poudre ou le sirop d'ipécacuanha sont souvent employés à faibles doses comme d'excellents expectorants. Ils combattent la dyspnée ; ils sont très-précieux contre la coqueluche ; mais c'est surtout dans l'état puerpéral que MM. Trousseau et Pidoux vantent avec raison leurs bons effets.

L'ipécacuanha a été vanté par Barbeyrac, Gianelli, Dalberg, contre la ménorrhagie, l'hémoptysie, le flux immodéré des hémorrhoïdes. Baglivi l'appelle *infallibile remedium influxibus dysentericis aliisque hemorrhagiis*. Dans le croup, l'angine couenneuse, etc., il faut préférer comme vomitif l'ipécacuanha à l'émétique. Il en est de même dans les empoisonnements par les irritants.

Sous le signe *Aïc* et l'abréviation *Ipec*, l'ipécacuanha est employé par les médecins homœopathes dans un grand nombre d'affections : dans les embarras gastriques, les affections nerveuses, les hémorrhagies, les fièvres, etc., etc.

IRIS

Iris Germanica, Florentina, pseudo-acorus, etc. L.
(Iridées.)

L'Iris germanique ou d'Allemagne, appelée aussi Iris ou Glayeul des jardins, Flambe, etc., est une plante vivace, à rhizome épais, charnu, tub'reux, rameux et rampant, émettant de nombreuses fibres radicales. Les feuilles, radicales, sont ensiformes, pliées longitudinalement et soudées dans presque toute leur longueur par les deux moitiés de leur face interne, équitantes à la base, assez larges, un peu arquées, plus courtes que la tige, qui est haute de $0^m,50$

à 0^m,80, rameuse et pluriflore. Les fleurs, très-grandes, d'un beau violet veiné, sont solitaires, sessiles à l'extrémité des rameaux et entourées chacune d'une spathe herbacée dans sa partie inférieure. Elles présentent un périanthe régulier, à tube très-long, trigone, herbacé, à limbe partagé en six divisions pétaloïdes, disposées et alternant sur deux rangs, les trois extérieures munies en dedans d'une tige longitudinale de poils blanchâtres à sommet jaune, les intérieures obovales, brusquement rétrécies et canaliculées à la base; trois étamines insérées à la base des divisions extérieures du périanthe, à filets grêles, appliqués contre la face intérieure des stigmates, à anthères longues et linéaires; un pistil à ovaire infère, à trois loges multiovulées, surmonté d'un style trigone et de trois stigmates dilatés, pétaloïdes, carénés en dessus, concaves en dessous et élargis au sommet. Le fruit est une capsule trigone, à trois loges renfermant un grand nombre de graines déprimées-planes, bordées, à testa membraneux.

L'Iris de Florence (*I. florentina* L.) se distingue de la précédente par son rhizome vivace, plus odorant; ses feuilles plus étroites; sa tige plus courte; ses fleurs toujours blanches et son tube calicinal plus court. Elle est aussi vivace, comme les espèces suivantes.

L'Iris des marais, vulgairement Glayeul des marais (*I. pseudoacorus* L.) a ses feuilles radicales lancéolées-linéaires, égalant presque la longueur de la tige, qui est haute de 0^m,50 à 0^m,90, rameuse et pluriflore; les fleurs grandes, d'un beau jaune, pédicellées, réunies en petit nombre au sommet des rameaux; les divisions intérieures du périanthe veinées de brun à la base, mais ne présentant pas de lignes de poils.

L'Iris fétide (*Iris fœtidissima* L.), vulgairement Gigot, spatule ou glayeul puant, est caractérisée par ses feuilles, qui exhalent par le frottement une odeur désagréable; sa tige, de 0^m,40 à 0^m,60, anguleuse d'un côté; ses fleurs bleuâtres, assez petites, longuement pédicellées; enfin, par ses graines rouges et arrondies.

Habitat. — Ces diverses espèces sont communes dans les lieux incultes de l'Europe centrale et méridionale; l'iris des marais croît, comme son nom l'indique, dans les terrains humides ou inondés. On ne les cultive guère que dans les jardins botaniques ou d'agrément.

Parties usitées. — Les rhizomes, improprement appelés racines.

Récolte. — La souche de l'iris flambe est horizontale, charnue, articulée, recouverte d'un épiderme gris; son odeur est vireuse, sa saveur âcre ; à l'intérieur elle est grisâtre ; sèche, elle répand une odeur prononcée de violette.

L'iris des pharmacies est produit par l'*I. florentina* ; il nous vient de la Toscane et d'autres parties de l'Italie. Il est blanc, d'une saveur âcre et amère ; son odeur est celle de la violette. C'est avec lui que l'on prépare les pois d'iris destinés au pansement des cautères. Il entre dans plusieurs compositions pharmaceutiques. Les parfumeurs en font très-grand usage.

La souche de l'*Iris faux acore*, ou *Iris jaune des marais*, est rougeâtre, légère, percée de trous ; la graine torréfiée a été employée comme succédanée du café. (William Skrimshire).

Composition chimique. — D'après Vogel, le rhizome de l'iris de Florence contient une huile très-âcre et très-amère, une huile volatile, une matière âcre, jaune, soluble dans l'eau, de la gomme et de l'amidon. L'huile volatile est solide, nacrée, lamelleuse ; elle possède une odeur de violette très-prononcée. Elle a été analysée par M. Dumas.

Tous les iris contiennent une substance âcre, mal connue. Vogel croit que l'action vomitive et purgative est due à une matière extractive amère et à une huile âcre. M. Lecanu a extrait ces deux corps de l'iris fétide. La souche de l'*iris pseudo-acorus* ne contient pas d'huile volatile.

Usages. — L'odeur de violette très-prononcée que possèdent les rhizomes des iris les font souvent employer en parfumerie et en confiserie. A cause de leur âcreté on les emploie pour fabriquer des pois destinés à irriter et faire suppurer les cautères. C'est à peu près leur seul usage ; nos paysans les emploient comme purgatifs ; à haute dose ils sont vomitifs ; à faible dose, on les a regardés comme un stimulant des poumons et comme propres à faciliter l'expectoration dans les catarrhes chroniques.

Malgré les assertions de Plater, de Rivière, de Ruffus, de Lesther et de Werlhoff, l'iris n'agit pas mieux dans les infiltrations cellulaires et les épanchements séreux que le font les autres purgatifs ; mais comme son action est très-incertaine, il n'est plus employé. Ettmuler employait le suc comme hydragogue, Rivière, Amatus Lusitanus, Brassavole le prescrivaient contre les hydropisies ; Mesué le mêlait au nard indien ; Zapata donnait la souche à manger aux scrofuleux. On l'a employée contre les maladies de la peau, et,

malgré ce qu'en ont dit un grand nombre d'auteurs, elle est inefficace contre la rage.

Le rhizome de l'Iris jaune a été employé en Flandre comme sternutatoire ; on le faisait priser pour dissiper les céphalalgies opiniâtres et les odontalgies. Ce remède n'est pas sans danger. L'iris fétide,
autrefois vanté par Bourgeois comme emménagogue et contre l'hystérie, n'est plus employé aujourd'hui.

IVRAIE

Lolium temulentum L.
(Graminées - Triticées.)

L'Ivraie enivrante est une plante annuelle à racines fibreuses,
capillaires, fasciculées. Les tiges, solitaires ou peu nombreuses,
hautes de 0^m,60 à 0^m,90, dressées, fistuleuses, noueuses, portent des
feuilles alternes, glabres, à gaîne fendue dans toute sa longueur, à
limbe plan, très-long, presque linéaire, un peu rude au toucher.
Les fleurs, verdâtres, herbacées, peu apparentes, sont groupées en
épillets sessiles, alternes, comprimés d'avant en arrière, et dont la
réunion constitue un épi distique à la partie supérieure de la tige ou
chaume. Chaque épillet, qui regarde l'axe de l'épi par le dos des
fleurs, présente une glume à deux valves, la supérieure ordinairement nulle dans les épillets latéraux ; l'inférieure herbacée, mutique,
non carénée, égalant ou dépassant l'épillet. Chaque fleur présente
en outre une glumelle à deux valves, la supérieure à double carène
ciliée, l'inférieure convexe, ovale-oblongue, munie ou non d'une
arête au-dessous du sommet ; deux glumellules entières ou vaguement bilobées ; trois étamines à filets grêles et pendants, à anthères
bilobées ; un ovaire simple, glabre, surmonté de deux stigmates plumeux, sessiles, terminaux. Le fruit est un caryopse oblong, plan d'un
côté et convexe de l'autre.

HABITAT. — Cette plante est commune dans toute l'Europe ; on la
trouve dans les moissons, les champs sablonneux, les terrains en
friche. Il n'y a pas lieu de s'occuper de sa culture ; elle est tellement
abondante qu'elle fait quelquefois le désespoir de l'agriculteur. Aussi
ne la cultive-t-on que dans les jardins botaniques, où il suffit de
semer ses graines en place au printemps. Dans les champs, on recherche plutôt les moyens de l'extirper.

Parties usitées. — Les fruits.

Récolte. — L'ivraie enivrante ne possède pas les mêmes propriétés à diverses époques de sa végétation ; c'est à la maturité des fruits qu'elle est plus active ; aussi la récolte-t-on à cette époque. Cependant, d'après Loiseleur-Deslongchamps, elle serait plus active avant leur maturité.

Composition chimique. — L'ivraie, mêlée à la farine de froment, dont on se sert pour faire du pain, peut déterminer des accidents mortels. D'après Tessier, elle empêche la fermentation panaire lorsqu'elle est mêlée à la farine dans la proportion d'un neuvième ; son action vénéneuse a été constatée par MM. Tessier, Gallet, Sarazin, Clabaud et Gaspard. D'après ces derniers auteurs, elle ne l'est point pour les cochons, les vaches, les canards et les poulets. Bourgeois ajoute qu'on engraisse les volailles avec la pâte d'ivraie.

M. Gallet attribue à une matière résineuse et à l'eau de végétation les accidents produits par l'ivraie. Au moyen de l'éther, l'un de nous a extrait des fruits une matière résineuse très-active ; mais ce sont MM. Filhol et Baillet qui nous ont appris la véritable composition de cette substance ; ils ont vu que l'huile verte contenait de la chlorophylle et de la xanthine, qu'elle n'était pas complétement saponifiable ; la partie qui ne se saponifie pas est solide, molle, de couleur jaune orangé, insoluble dans l'eau, très-soluble dans l'alcool et l'éther ; elle est neutre et incristallisable ; elle est vénéneuse et détermine des tremblements généraux sans narcotisme. Le résidu laissé par l'éther étant épuisé par l'eau, on obtient du sucre, de la dextrine, des matières albuminoïdes, une substance extractive qui possède une action narcotique prononcée, et qui ne détermine aucun des phénomènes convulsifs produits par la substance jaune.

MM. Filhol et Baillet ont constaté que le *L. linicole* est au moins aussi actif que le *temulentum* ; le *L. perenne* est peu actif et le *L. Italicum* ne l'est pas du tout.

Usages. — En Allemagne, les fruits du *L. temulentum* sont employés comme stupéfiants ; on compare leurs effets à ceux produits par l'aconit. On en fait usage en poudre, à la dose de cinq à dix centigrammes, quatre à six fois par jour, contre la céphalalgie, la méningite rhumatismale, etc.

Les symptômes produits par l'ivraie à dose toxique sont les suivants : pesanteur de tête avec douleur frontale, vertiges, tintements d'oreilles, tremblement de la langue, gène de la déglutition, de la prononciation et de la respiration, épigastralgie, vomissements, inappétence, envies d'uriner, tremblement général, sueurs froides, grande lassitude, assoupissement. Séeger, qui a observé plusieurs cas d'empoisonnement par cette substance, considère le tremblement général comme le symptôme dominant et caractéristique. Gallet regarde le sucre comme l'antidote de l'ivraie. Il vaut certainement mieux provoquer ou faciliter les vomissements, et recourir aux boissons légèrement excitantes, comme l'infusion de camomille, puis on administre des boissons alcooliques et éthérées.

Parmentier a proposé de soumettre le blé mélangé d'ivraie à la chaleur du four avant de le faire cuire. Rien ne démontre l'efficacité de cette méthode, et il vaut mieux, certainement, *séparer l'ivraie du bon grain*.

D'après Dioscoride (lib. II, p. 93), on employait de son temps l'ivraie en topique contre les ulcères, les dartres et les écrouelles. On l'a considérée comme anti-septique, résolutive et détersive. On en appliquait des cataplasmes sur les articulations gonflées et douloureuses. Aujourd'hui elle est à peu près inusitée ; mais les travaux de MM. Filhol et Baillet ayant éclairé son étude, elle pourra recevoir d'utiles applications.

JALAP

Convolvulus jalapa L., *C. officinalis* Pelletan. *Ipomœa purgans* Wender.
(Convolvulacées.)

Le Jalap est une plante vivace, à racine portant des tubercules charnus, arrondis ou ovoïdes, brunâtres, lactescents. La tige, haute de plusieurs mètres, cylindrique, rameuse, volubile, porte des feuilles alternes, pétiolées, entières, cordiformes, aiguës, à lobes arrondis, glabres, d'un vert clair en dessus, glauques en dessous. Les fleurs, d'un rose clair, sont solitaires, rarement géminées à l'extrémité de longs pédoncules axillaires, munis de deux petites bractées vers leur partie supérieure. Elles présentent un calice persistant, à cinq divisions profondes; une corolle campanulée ou en entonnoir, à tube long, renflé dans sa partie moyenne, à limbe vaguement divisé en cinq lobes; cinq étamines saillantes; un ovaire simple, surmonté d'un style que termine un stigmate bilobé. Le fruit est une capsule globuleuse, à deux loges monospermes, entourée par le calice persistant (Pl. 19).

HABITAT. — Cette plante est originaire du Mexique, où elle vit dans les forêts. Elle n'est cultivée que dans les jardins botaniques.

PARTIES USITÉES. — Les racines, la résine qu'on en extrait.

RÉCOLTE. — Le jalap vient du Mexique et tire son nom de la ville de *Xalapa*, aux environs de laquelle il croît en abondance. Considéré tour à tour comme une *bryone*, un *liseron*, une *belle de nuit*, une *rhubarbe*, confondu longtemps avec d'autres plantes, son origine est aujourd'hui parfaitement connue.

En 1570, Monardès publia son histoire des *Médicaments du Nouveau-Monde* ; il y parle du *méchoacan* et du *méchoacan sauvage*, qui pourrait être le jalap.

En 1619, Antoine Colin, apothicaire lyonnais, dans sa traduction de l'ouvrage de Monardès, décrivit le jalap; il fit connaître cette racine sous son véritable nom et la compara au méchoacan.

En 1620, Gaspard Bauhin, dans son *Prodromus Theatri Botanici*, décrivit le jalap sous le nom de *Bryona mechoacana nigricans ab Alexandrinis et Massiliensibus Jalapium dicta*. Il en fait remonter l'arrivée en France en 1609, et il le nomme *méchoacan noir* ou *mâle*. Plus tard Ray, Plunkenet, Sloane, firent du jalap un convolvulus.

Plumier et de Lignon, et plus tard Tournefort le mentionnent sous le nom de *Jalapa* (*Mirabilis* L.) *officinarum fructu rugoso*. Linné l'attribua au *Mirabilis longiflora*, et Bergius au *M. dichotoma*. A la même époque, Houston avait rapporté d'Amérique une plante à racine purgative, que B. de Jussieu reconnut pour un liseron et que Linné nomma *Convolvulus jalapa*.

En 1777, Thierry de Menonville décrivit une plante trouvée près de la Vera Cruz. C'était la même que celle de Houston et de Linné, et que Michaux avait décrite sous le nom d'*Ipomœa macrorhyza*. Desfontaines la décrivit sous le nom Linéen, et on a cru jusqu'en ces derniers temps que cette plante, qui est le *Batatas jalapa* Chois., produisait le jalap officinal.

C'est Redman Coxe qui a décrit le premier, en 1827, le vrai jalap. Il le crut semblable à l'*Ipomœa macrorhyza*; et il le nomma *Ipomœa jalapa vel macrorhyza*. En 1831, M. Daniel Smith démontra que la plante décrite par Coxe fournissait le vrai jalap. Un pharmacien français, qui a longtemps habité le Mexique, M. Ledanois, a mis hors de doute l'origine du jalap. La plante a été décrite par M. G. Pelletan sous le nom de *Convolvulus officinalis*, et M. Guibourt, auquel nous empruntons ces détails, le nomme, avec M. Bentham, *Exogonum purga*. Les Mexicains le nomment *Tolonpad*.

Le jalap officinal est pyriforme, avec ou sans radicules ; les tubercules sont quelquefois accolés entre eux ; les fragments sont plus ou moins gros, ils peuvent peser jusqu'à une livre. On y trouve souvent des incisions profondes, qu'on y a pratiquées pour faciliter la dessiccation. Souvent aussi les tubercules sont coupés par moitié ou par quart. Sa surface est grise rougeâtre, veinée de noir ; l'intérieur, gris sale, est ondulé et présente des points brillants. L'odeur est nauséabonde ; la saveur âcre et irritante ; il est souvent piqué de vers, selon l'observation de M. Henry ; il est alors plus actif, plus riche en résine et doit être réservé pour la préparation de cette substance.

Sous le nom de *jalap mâle*, ou *jalap léger*, on trouve souvent, dans le commerce, une racine que M. Guibourt désigne avec juste raison sous le nom de *Jalap fusiforme*. Elle est produite par l'*Ipomœa Orizabensis* Ledanois, *Convolvulus Orizabensis* Pell. C'est une racine grosse, fusiforme, ramifiée à sa partie inférieure. Dans le commerce, il est en rouelles larges de $0^m,035$ à $0^m,080$, ou en fragments plus longs et moins larges. Leur couleur est noire à l'extérieur et plus blanche à l'intérieur. L'odeur et la saveur sont les mêmes que celles du jalap officinal, mais plus faibles.

On trouve depuis quelques années, dans le commerce, de petits tubercules de jalap, gros comme une noix et au-dessus, pyriformes, durs, peu riches en résine, et contenant beaucoup d'amidon. Cette racine porte le nom de *Jalap de Tampico*. On prétend que c'est le jalap officinal cultivé.

On trouve aussi souvent de *faux jalaps*, tantôt isolés, tantôt mélangés à des jalaps vrais ; ils sont le plus souvent produits par des *mirabilis*. Celui qui a été désigné sous le nom de jalap à odeur de rose est attribué à la *patate à odeur de rose* (Grosourdy). D'autres fois, ce sont des racines ou des rhyzomes de nature inconnue, et l'un de nous a reconnu, dans un faux jalap, la présence d'excroissances qui viennent sur la tige du goyavier et des tubercules de dahlia.

COMPOSITION CHIMIQUE. — D'après M. F. Cadet, la racine de jalap officinal contient : eau, 4,8 ; résine, 10 ; extrait gommeux, 4,4 ; fécule, 2,5 ; albumine, 2,5 ; ligneux, 29 ; phosphate de chaux, 0,8 ; chlorure de potassium, 1,6 ; carbonate de potasse, 0,4 ; carbonate de chaux, 0,4 ; silice, 0,5 ; perte, 3,5 ; total, 100. M. Ledanois a trouvé dans 100 parties de jalap fusiforme ; résine : 8 ; extrait gommeux, 25,6 ; amidon, 3,2 ; albumen, 2,4 ; ligneux, 5,8 ; eau et perte, 2,8.

La quantité de résine varie, dans le jalap officinal, de 8 à 20 pour 100. La résine de jalap est brune, âcre, soluble dans l'alcool ; l'éther la sépare en deux espèces de résines, l'une molle, qui forme les trois dixièmes de son poids ; l'autre, sèche et cassante, que l'éther redissout : la résine de jalap est insoluble dans les huiles volatiles, tandis que certaines résines, avec lesquelles on la falsifie, le sont.

M. le professeur Guibourt a récemment décrit deux nouvelles sortes de jalap, qu'il désigne sous les noms de *Jalaps digités*, *majeur* et *mineur*. Leur origine est inconnue ; mais il croit pouvoir les attribuer à l'*Ipomœa metistlanica*, Chois. Ils renferment beaucoup plus de sucre incristallisable (mélasse) et beaucoup moins de résine que le jalap officinal ; aussi doivent-ils être exclus de l'emploi médical et réservés à l'extraction de la résine.

USAGES. — Le jalap est un purgatif drastique des plus puissants ; on l'emploie en poudre, à la dose de un à deux grammes, tantôt pure, tantôt mélangée avec 10 à 20 centigrammes de calomel ; les teintures, simple ou composée (eau-de-vie allemande) purgent à la dose de 15 à 50 grammes ; on en fait un extrait alcoolique qui est peu employé ; la résine l'est plus souvent à la dose de 20 à 60 centigrammes ; on l'administre dans du lait ou dans une émulsion d'amandes.

La médecine homœopathique fait quelquefois usage du jalap comme purgatif, lorsque, surtout, on veut agir sur le gros intestin. Son signe est *App*, et son abréviation *Jalap*.

JASMIN

Jasminum officinale L.
(Jasminées.)

Le Jasmin blanc ou officinal est un arbrisseau dont la tige, longue parfois de plusieurs mètres, sarmenteuse et volubile, se divise en rameaux longs, grêles, arrondis, striés, glabres, d'un vert foncé, portant des feuilles opposées, pétiolées, pennatifides, à cinq ou sept folioles ovales, aiguës, entières, glabres et d'un vert très-foncé, surtout en dessus. Les fleurs, blanches, d'une odeur suave, longuement pédonculées, sont réunies en petits bouquets axillaires et terminaux, accompagnés de deux bractées linéaires. Elles présentent un calice campanulé, à tube court, à limbe divisé en cinq lanières longues et très-étroites ; une corolle en coupe, à tube très-long et un peu strié, à limbe partagé en cinq divisions ovales, lancéolées, aiguës, un peu concaves ; cinq étamines incluses, insérées vers le milieu de la hauteur du tube, à filets courts et aplatis, à anthères ovoïdes, oblongues, un peu comprimées ; un ovaire simple, libre, arrondi, à deux loges biovulées, surmonté d'un style filiforme terminé par deux stigmates allongés. Le fruit est une baie ovoïde, glabre, à deux loges contenant chacune ordinairement une graine aplatie.

Habitat. — Originaire de l'Orient, le jasmin blanc est aujourd'hui presque naturalisé dans le midi de l'Europe. On le cultive dans un grand nombre de jardins.

Culture. — Le jasmin peut croître en plein air jusque dans le nord de la France ; il vient dans tous les sols et à toute exposition, mais mieux dans une terre légère et chaude et à l'exposition du midi, surtout s'il est palissé contre un mur. On le multiplie facilement de graines, de rejetons, de boutures et de marcottes. Il demande à être arrosé et tondu de temps en temps. Quand le froid détruit les tiges, il en repousse de nouvelles ; mais il faut, dans le Nord, couvrir les pieds avec de la litière.

PARTIES USITÉES. — Les fleurs.

RÉCOLTE. — Les fleurs du jasmin officinal sont récoltées à l'époque de leur épanouissement ; il faut les cueillir le matin. Elles ne sont employées que fraîches ; par la dessiccation elles perdent tout à fait leur odeur, qui est extrêmement fugace.

COMPOSITION CHIMIQUE. — Outre le jasmin officinal, on peut employer, pour la parfumerie, le jasmin d'Arabie, *J. sambac* Ait, qui est cultivé dans l'Inde et dans toute l'Arabie ; le jasmin Jonquille *J. odoratissimum* L., cultivé en Europe ; le jasmin d'Espagne ou jasmin grandiflore *J. grandiflorum*, originaire de l'Inde.

Les fleurs de toutes ces plantes doivent leur odeur suave à une huile essentielle, qui est tellement fugace qu'on ne peut l'obtenir qu'en dissolution dans l'huile (huile de jasmin) dans la graisse (graisse de jasmin) ou dans l'eau et l'alcool (esprit de jasmin). Pour obtenir cette odeur, on imprègne d'huile d'olives de coton cardé, que l'on place au milieu des fleurs dont on veut enlever le parfum. Ce coton est ensuite soumis à la presse, et on obtient ainsi une huile d'une odeur suave, qui, traitée par l'alcool, cède son parfum à ce liquide.

Ce procédé est connu sous le nom d'*enfleurage*. On est parvenu à isoler l'essence du jasmin par une autre méthode ; elle consiste à traiter les fleurs par du sulfure de carbone et à chauffer celui-ci en vase clos, à la température de 65° environ (Millon). L'essence de jasmin, ainsi isolée, possède une odeur des plus agréables. Refroidie à 0°, elle laisse déposer un stéaroptène blanc, cristallisé, inodore, fusible à 125°, peu soluble dans l'eau, très-soluble dans l'alcool, l'éther, les huiles fixes et volatiles. Ce stéaroptène forme, avec l'iode, un composé brun qui prend peu à peu une teinte vert-pré.

USAGES. — L'essence de jasmin n'est usitée qu'en parfumerie ; elle sert à préparer des eaux de senteur et des pommades. La racine du *J. angustifolium* L. est employée dans l'Inde contre les dartres (Ainslie, *Mat. ind.*, II, p. 52). En Turquie, on cultive le jasmin sur une seule tige, de manière à obtenir des axes droits et longs, que l'on perfore pour fabriquer des tuyaux de pipe très-recherchés.

JOUBARBE

Sempervivum tectorum L.
(Crassulacées.)

La grande Joubarbe ou Joubarbe des toits, appelée aussi Artichaut bâtard, est une plante vivace, à racines fibreuses, ramifiées, fasciculées, traçantes. La tige, haute de 0ᵐ,30 à 0,60, cylindrique, épaisse, robuste, velue glanduleuse, dressée, émet à sa base de nombreux rejets terminés par des rosettes globuleuses de feuilles imbriquées, et se divise au sommet en rameaux nombreux, étalés et recourbés en dehors. Elle est couverte de feuilles alternes, sessiles, oblongues ou obovales, pointues, épaisses, charnues, tendres, d'un vert gai ; les radicales plus larges, ciliées, réunies et imbriquées en rosettes globuleuses ; les caulinaires velues et distantes. Les fleurs, rose pourpre, striées, grandes, insérées sur des pédoncules très-courts, sont disposées en épis unilatéraux scorpioïdes dont la réunion constitue un corymbe terminal au sommet de la tige. Elles présentent un calice velu glanduleux, à douze divisions linéaires-lancéolées ; une corolle à douze pétales lancéolés linéaires, velus glanduleux, deux fois plus longs que le calice ; vingt-quatre étamines rougeâtres, à anthères arrondies ; douze écailles hypogynes, très-petites, convexes, dentées, glanduliformes ; un pistil composé de douze carpelles distincts, à une seule loge multiovulée, surmontés de styles très-courts et de stigmates très-petits. Le fruit se compose de douze petits follicules velus glanduleux, rapprochés à la base, divergents au sommet, et renfermant chacun plusieurs graines oblongues.

Habitat. — La joubarbe des toits est commune en Europe. On la trouve dans les fentes des rochers, dans les lieux pierreux, sur les vieux murs, les toits de chaume, etc.

Culture. — Cette plante se multiplie très-facilement par graines, par drageons ou par éclats de touffes, et ne demande aucun soin.

Parties usitées. — Les feuilles.

Récolte. — Les feuilles de joubarbe ne sont employées que fraîches ; il faut les choisir grosses et charnues, et les cueillir avant que la tige soit développée.

Composition chimique. — Le suc de la joubarbe est âcre et astringent ; il contient beaucoup d'albumine et de malate de chaux.

Usages. — La joubarbe est un remède vulgaire contre les cors, les plaies gangreneuses, les ulcères sordides, la brûlure, etc. Le suc était autrefois employé contre les fièvres bilieuses, inflammatoires et même intermittentes. On l'a conseillée contre la diarrhée, les maladies convulsives, la chorée, l'épilepsie, etc. Boerhaave recommandait le suc dans la dysentérie, et Roques affirme qu'il lui a réussi. Un médecin bavarois, Reichel, le regardait comme un narcotique spécifique contre certaines affections spasmodiques. Tournefort dit qu'il n'y a pas de meilleur remède pour les chevaux fourbus que de leur faire avaler 500 grammes de suc de joubarbe ; mais, en médecine humaine comme en médecine vétérinaire, cette plante est justement abandonnée. C'est surtout à l'extérieur que le jus de joubarbe a été préconisé. On le conseillait sur du coton contre la surdité. Forestus l'employait en onctions mêlé à la craie contre les ulcérations serpigineuses de la face chez les enfants. M. Cazin dit l'avoir employé avec succès contre l'eczéma aigu. On l'a vanté contre les ophthalmies, et le professeur Boyer l'appliquait sur les irritations de la peau, les dartres, les ulcérations profondes ; on en faisait des pommades et des onguents qu'on prescrivait contre les brûlures, les hémorroïdes, et les feuilles en cataplasmes avec du vinaigre appliquées sur le scrotum arrêtent, dit-on, à l'instant les hémorragies nasales !

La joubarbe est aujourd'hui tout à fait abandonnée et inusitée dans la thérapeutique rationnelle.

JUJUBIER

Rhamnus Zizyphus L. *Zizyphus vulgaris* Lam.
(Rhamnées – Zizyphées.)

Le Jujubier est un arbre de moyenne grandeur, à racines traçantes et très-drageonnantes. La tige, haute de 6 à 10 mètres, tortueuse, couverte d'une écorce brune, raboteuse, rude, crevassée, se garnit, dès la base, de nombreuses branches à écorce brun rougeâtre, émettant des rameaux annuels verts, grêles, filiformes, flexueux, épineux ; ceux-ci portent des feuilles alternes, brièvement pétiolées, ovales-oblongues, acuminées, arrondies à la base, dentées, assez fermes, d'un vert clair et brillant, et marquées de trois ou cinq nervures longitudinales fortement saillantes. Les fleurs, d'un jaune pâle, petites, sont solitaires à l'extrémité de courts pédoncules axillaires. Elles présentent un calice à cinq sépales; une corolle à cinq pétales; cinq étamines, à filets courts, à anthères d'un beau rouge vif; un pistil composé de deux carpelles insérés sur un disque glanduleux, surmonté d'un style simple que termine un petit stigmate globuleux. Le fruit (*jujube*) est une drupe ovoïde, à peau lisse, coriace et rouge brun; à chair jaunâtre, molle et visqueuse à la maturité; à noyau allongé, ligneux, très-dur, rugueux, divisé en deux loges, dont chacune renferme une graine aplatie, arrondie, lenticulaire et jaunâtre.

HABITAT. — Cet arbre habite le bassin méditerranéen; il est assez répandu dans toute l'Europe méridionale. Il peut croître en pleine terre jusque sous le climat de Paris; mais il y végète péniblement et son fruit n'y mûrit pas.

CULTURE. — Le jujubier est surtout cultivé comme arbre fruitier; on le trouve aussi dans les plantations d'agrément, et on le plante même pour faire des haies. Nous ne nous étendrons pas sur ce sujet, qui appartient essentiellement au domaine de l'arboriculture.

PARTIES USITÉES. — Les fruits.

RÉCOLTE. — Le jujubier, originaire de la Syrie, a été apporté en Italie sous le règne d'Auguste. Il est aujourd'hui naturalisé dans la Provence et surtout aux îles d'Hyères, d'où nous recevons ses fruits. On les récolte à leur maturité et on les fait sécher au soleil. Il faut les choisir gros, rouges, bien charnus.

COMPOSITION CHIMIQUE. — L'analyse des fruits du jujubier n'a pas été faite; leur saveur est douce, mucilagineuse et sucrée, un peu astringente. C'est le mucilage et le sucre qu'ils contiennent qui les font rechercher.

USAGES. — La jujube fait partie des quatre fruits pectoraux avec le raisin, la datte et la figue. On en faisait autrefois un sirop et on l'employait en tisane comme émollient et béchique. Elle entrait dans la pâte de jujubes, d'où on l'a supprimée à tort depuis longtemps, de sorte que la prétendue pâte de jujubes des pharmaciens et des confiseurs n'est qu'une préparation de sucre et de gomme aromatisée avec un peu d'eau de fleurs d'oranger.

Les jujubes, à peu près inusitées en médecine, ont une saveur légèrement styptique. Les Indiens les mangent. D'après Ainslie (*Mat. ind.*, t. II, p. 96), les Witiens prescrivent les racines en décoction contre les fièvres. En Cochinchine, on mange les fruits du *Z. agrestis* Lour.

D'après Leprieur et Perrotet, les fruits du *Z. bardei* du Sénégal sont
vénéneux, et les Nègres emploient ses racines contre la gonorrhée
(*Flora Senegalensis*, page 146). On croit que c'est la même espèce
dont Adanson assure que les Sénégaliens usent contre les maladies
vénériennes (Ferrein, *Mat. méd.*, t. III, p. 339), et Forskal dit
qu'en Arabie on lave les ulcères avec la décoction des feuilles sèches
du *Z. Napeca* Lam., *Rhamnus spina Christi* L., ainsi nommé parce
que la couronne d'épines qui figure dans la Passion fut faite avec ses
rameaux ; les Arabes le nomment *Nabka*. Les fruits des *Z. Ænoplia*
Lam. (*Rhamnus œnoplia* L.), *Orthacaulha* Dec., *Sativus, Trinervius*
Rottler sont mangés dans différents pays.

Le *Zizyphus sativa* Gaertner, *Z. Lotus* Lam., *Z. Lotos* Desf.,
Rhamnus Lotus L., vient en abondance dans la régence de Tunis,
dans l'île de Zerbi, pays habité par les Lotophages. Clusius, Shaw et
J. Bauhin avaient signalé cet arbre comme fournissant le fameux
Lotos des anciens. Théophraste et Polybe nous ont appris que les
habitants de ce pays s'en nourrissaient, ainsi que leurs esclaves et
leurs bestiaux. Ils en préparaient une sorte de liqueur dont ils
s'abreuvaient, et Homère ajoute que ces fruits avaient un goût si
délicieux qu'ils faisaient perdre aux étrangers le souvenir de leur
patrie, et qu'Ulysse fut obligé d'enlever de force ceux de ses compa-
gnons qu'il avait envoyés pour reconnaître le pays (Guibourt, *Drog.
simple*, t. III, p. 493, 4ᵉ édition).

On extrait par décoction, des feuilles et des rameaux du jujubier,
un extrait très-astringent, que l'on prépare en grande abondance en
Algérie, et qui nous paraît devoir remplacer un jour le cachou dans
toutes ses applications.

JULIENNE

Hesperis matronalis L.
(Crucifères-Sisymbriées.)

La Julienne des jardins, appelée aussi vulgairement Beurrée, Cas-
solette, Damas, Girarde, etc., est une plante vivace, à racine ramifiée, fibreuse. La tige, haute de 0ᵐ,40 à 0ᵐ,80, rude, pubescente ou
velue, dressée, simple ou rameuse dans sa partie supérieure, porte
des feuilles alternes, dentées, un peu rudes : les radicales oblongues,
atténuées à la base en pétiole ; les caulinaires ovales-lancéolées, acuminées, presque sessiles. Les fleurs, pourpres, violettes ou blanches,

très-odorantes, sont groupées en un corymbe terminal qui s'allonge et se transforme en grappe par les progrès de la floraison. Elles présentent un calice à quatre sépales dressés, connivents, disposés sur deux rangs, les deux extérieurs gibbeux à la base ; une corolle à quatre pétales longuement onguiculés, à limbe obovale, apiculé, arrondi ou échancré au sommet ; six étamines tétradynames ; un ovaire simple, allongé, presque cylindrique, à deux loges multiovulées, surmonté d'un style très-court et d'un stigmate presque sessile, à deux lobes lamelleux dressés et connivents. Le fruit est une silique linéaire, allongée, presque cylindrique, à deux valves convexes, glabre, ascendante, un peu toruleuse, à deux loges renfermant de nombreuses graines oblongues (Pl. 20).

Cette plante présente plusieurs variétés, dont une à fleurs inodores, d'autres à fleurs doubles diversement colorées, etc.

Habitat. — La julienne habite les régions centrales et méridionales de l'Europe. On la trouve dans les endroits ombragés, les haies, les buissons, les bois montueux, etc.

Culture. — Cette plante est surtout cultivée dans les jardins d'agrément. Elle croit dans tous les sols et à toute exposition. On la propage très-facilement de graines ou d'éclats de pieds.

Parties usitées. — La plante entière.

Récolte. — On récolte la julienne pendant la floraison ; elle n'est vraiment active que fraîche ; elle perd à peu près toutes ses propriétés par la dessiccation.

Composition chimique. — Par sa composition chimique et ses propriétés, cette plante se rapproche du cresson, du cochléaria, du raifort, de la cardamine, etc. Sa saveur est piquante, un peu âcre ; contusée et appliquée sur la peau, elle détermine une vive rubéfaction. Cette action irritante est due à une huile essentielle, qui, probablement, ne préexiste pas, et qui ne se forme que lorsqu'on vient à briser le tissu de la plante, car l'odeur forte ne se développe que lorsqu'on froisse les parties.

Usages. — Boerhaave et Clusius regardaient la julienne comme sudorifique, incisive et apéritive. Dans les vieux dispensaires, elle est désignée sous le nom de *viola matronalis*, parce que les dames aimaient à s'en parer, et que ses fleurs sont violettes. Elle est antiscorbutique au même titre que les autres crucifères ses congénères, quoique moins active. Autrefois employée contre l'asthme, les convulsions, la toux, le cancer, la gangrène, etc., elle est aujourd'hui tout à fait inusitée.

Nous reconnaissons toutefois que dans certains cas urgents, dans les campagnes, lorsqu'on n'aura sous la main ni moutarde, ni cresson, ou toute autre plante analogue, la julienne contusée pourra être appliquée avec avantage, non pas comme résolutive, détersive et maturative, comme on l'a dit trop souvent, mais bien comme rubéfiante. La julienne est une plante que le médecin doit connaître, mais qu'il emploiera le moins possible.

JUSQUIAME

Hyoscyamus niger L.
(Solanées.)

La Jusquiame noire ou commune, appelée aussi Hanebane, Potelée, Herbe de Sainte-Apolline, herbe caniculaire, etc., est une plante annuelle ou bisannuelle, à racine fusiforme, épaisse, ridée, brunâtre. La tige, haute de 0^m,30 à 0^m,80, cylindrique, robuste, dressée, recourbée, vert grisâtre, couverte de longs poils visqueux, rameuse dans sa partie supérieure, porte des feuilles alternes, grandes, ovales, aiguës, profondément sinuées, molles, velues et visqueuses ; les radicales pétiolées ; les caulinaires sessiles et un peu embrassantes. Les fleurs, jaune pâle, veiné de pourpre noirâtre, presque sessiles, sont groupées en épi feuillé terminal, unilatéral, roulé en crosse au sommet. Elles présentent un calice campanulé, à tube renflé et pubescent, à limbe divisé en cinq lobes lancéolés mucronés ; une corolle en entonnoir, à tube cylindrique, à limbe oblique divisé en cinq lobes inégaux et obtus ; cinq étamines un peu saillantes, à filets un peu arqués ; un ovaire à deux carpelles, à deux loges multiovulées, surmonté d'un style simple terminé par un stigmate en tête. Le fruit est une pyxide, s'ouvrant au sommet par un opercule en forme de calotte, contenue dans l'intérieur du calice persistant, et renfermant de nombreuses graines petites, arrondies, ridées, réticulées et d'un blanc grisâtre (Pl. 21).

La jusquiame blanche (*H. albus* L.) est annuelle et se distingue de la précédente par sa taille moins élevée ; ses tiges moins rameuses, plus blanches, plus cotonneuses ; ses feuilles pétiolées ; sa corolle jaune pâle, plus petite, à tube verdâtre intérieurement.

HABITAT. — La jusquiame noire est commune en Europe ; elle croît dans les décombres, les lieux incultes, au bord des chemins, etc. La jusquiame blanche habite le Midi. Ces deux plantes ne sont cultivées que dans les jardins botaniques.

PARTIES USITÉES. — Les racines, les feuilles, les graines.

RÉCOLTE. — On récolte la jusquiame lorsqu'elle est en pleine végétation, un peu avant l'anthèse. On la fait sécher d'abord au soleil ou au séchoir, puis à l'étuve. La racine, rarement employée, doit être préférée à la fin de la seconde année. Sa ressemblance avec celles du navet, de la chicorée et surtout du panais a souvent été la cause d'accidents mortels. Les graines sont cueillies à la maturité du fruit. On les fait sécher à l'étuve. La jusquiame mal desséchée est noire ; il faut alors la rejeter.

COMPOSITION CHIMIQUE. — Les *H. niger, albus* et *aureus* L. possèdent à peu près la même composition et jouissent des mêmes propriétés. La première est seule employée. Toutes dégagent, lorsqu'elles sont fraiches, une odeur vireuse repoussante, qui disparaît en partie par la dessiccation. Leur saveur, d'abord fade, devient bientôt âcre, nauséabonde et amère. Geiger et Hesse en ont extrait un alcaloïde qu'ils ont nommé *Hyosciamine*. Elle cristallise en aiguilles soyeuses. Sa saveur est âcre et désagréable. Elle dilate fortement la pupille. Elle est volatile sans décomposition. L'iode la précipite en brun ; l'infusion de noix de Galle en blanc ; le chlorure d'or en blanc jaunâtre ; le chlorure de platine ne la précipite pas. Abandonnée dans l'eau et au contact de l'air, elle s'altère, se colore, devient incristallisable, sans rien perdre de ses propriétés physiologiques et thérapeutiques.

USAGES. — La jusquiame est un des poisons narcotico-âcres des plus violents. Moins active que le stramonium et la belladone, elle détermine des accidents graves qui peuvent occasionner la mort. D'après Wepfer (*Tractatus de cicuta aquatica*), des moines qui avaient mangé par erreur de la jusquiame en salade, éprouvèrent, quelques heures après, des douleurs d'entrailles, des malaises, des vertiges, des hallucinations, du délire, de la diplopie chez quelques-uns ; de l'amblyopie chez d'autres ; tous guérirent.

La jusquiame s'administre dans les mêmes cas que la belladone et le stramonium ; seulement à dose plus élevée. Elle était peu connue chez les anciens. Dioscoride la donnait pour calmer les douleurs

(lib. 6, cap. 69). Celse s'en servait en collyre, et il injectait son suc
dans les oreilles contre l'otorrhée purulente. C'est Storck (*de Stra-
monio, Hyosciamo*, etc., p. 28) qui l'a le mieux étudiée. Il cite des faits
nombreux qui prouvent ses bons effets dans les névroses; et, malgré
les dénégations de Greding, les observations de Storck, appuyées
d'ailleurs par celles de Collin, sont restées l'expression de la vérité,
tout en faisant la part de l'exagération habituelle du médecin de
Vienne. Witt l'employait dans les maladies nerveuses. Stoll la préférait à l'opium. Woltze la faisait prendre dans la colique saturnine.
Roseinstein l'administrait avec succès contre la toux nerveuse (Murray, *App. méd.*, t. I, p. 666). On l'a souvent employée dans la coqueluche avec autant de succès que la belladone ou que le stramonium.

Mais c'est surtout dans les névralgies que la jusquiame est efficace.
Les faits rapportés par Breiting, Méglin, Chailli, Burdin, etc., ne
laissent aucun doute à cet égard. Il n'y a pas jusqu'aux rhumatalgies
qui n'en aient été heureusement modifiées. M. Michéa l'a appliquée
au traitement de l'aliénation mentale. Elle a paru bien agir dans
l'épilepsie. M. Troubine a conseillé les fumigations de jusquiame
contre l'odontalgie. Plater l'a vantée dans les flux hémorroïdaux.
MM. Chanel et Magliari assurent qu'elle aide à la réduction des hernies et des paraphymosis. Enfin la jusquiame est souveraine pour calmer la toux et procurer le sommeil. A l'extérieur, sous forme de cataplasmes, elle est maturative et narcotique.

La jusquiame est employée en poudre, sous forme de teinture et
d'extrait. Celui-ci entre dans les pilules de Méglin, et les graines font
partie des pilules de cynoglosse.

En médecine homœopathique, on fait souvent usage de la jusquiame, surtout après la belladone. On l'emploie dans un grand
nombre de maladies, mais plus particulièrement dans les affections
nerveuses. Son signe est *Shy* et son abréviation *Hyosc.*

KALMIE

Kalmia latifolia et *angustifolia* L.
(Éricinées – Rhodorées.)

La Kalmie à larges feuilles (*K. latifolia* L.) est un arbrisseau, dont la tige, haute de 2 à 4 mètres, ordinairement courbée, à écorce rude et légèrement colorée, porte des feuilles alternes, pétiolées, lancéolées, entières, longues de $0^m,08$, larges de $0^m,03$, épaisses, glabres et d'un vert foncé. Les fleurs, d'abord blanches et panachées de rouge, plus tard carnées, sont disposées en corymbes terminaux. Elles présentent un calice persistant, à cinq divisions petites, ovales, aiguës, épaisses; une corolle monopétale, en coupe, à tube cylindrique, plus long que le calice, à limbe entier, creusé à sa base et dans son pourtour de dix fossettes nectarifères, qui font saillie au dehors; dix étamines, à filets courts, subulés, droits, étalés, à anthères simples, encastrées avant la fécondation dans les fossettes de la corolle; un ovaire arrondi, à cinq loges multiovulées, surmonté d'un style simple, filiforme, terminé par un stigmate obtus. Le fruit est une capsule globuleuse, à cinq loges polyspermes.

La kalmie à feuilles étroites (*K. angustifolia* L.) diffère de la précédente par sa taille plus petite; ses feuilles ovales, longues de $0^m,04$, larges de $0^m,01$, et d'un vert clair; ses fleurs d'un beau rouge.

Habitat. — Ces arbrisseaux sont originaires de l'Amérique du Nord, particulièrement des États-Unis, où ils croissent dans les endroits humides et ombragés.

Culture. — Les kalmies ne sont guère cultivées que dans les jardins botaniques ou d'agrément. Elles demandent la terre de bruyère un peu humide, et une exposition demi-ombragée. On les propage de rejetons, de boutures faites avec les jeunes rameaux, et mieux de graines, semées, aussitôt la maturité, en terrines remplies de terre de bruyère, qu'on abrite sous châssis ou sous bâche durant l'hiver.

Parties usitées. — Les feuilles, les fleurs.

Récolte. — Les feuilles, toujours vertes, peuvent être récoltées à toutes les époques de l'année, particulièrement au printemps, où elles sont plus actives. Les fleurs, très-recherchées des fleuristes, sont cueillies au moment de leur épanouissement. On trouve sur les feuilles, les pédoncules, et autour des graines une poussière brune que l'on voit également sur les *Andromeda* et les *Rhododendrum*, qui est employée vulgairement, aux États-Unis, comme sternutatoire. Son usage peut présenter de graves inconvénients.

Composition chimique. — Le principe actif et même vénéneux des kalmias est attribué à une matière résineuse, dont la nature est inconnue, l'analyse n'en ayant pas été faite. Certains insectes, et notamment les abeilles, butinent sur les fleurs une matière sucrée ; le miel qu'elles produisent alors est toxique. En général, le miel récolté dans les pays de bruyères (*mel ericeum*, de Pline) est jaune, sirupeux et peu estimé (*Encyclop. métod.*, *Botanique*, t. I, 477). Mais celui que les abeilles de la Pensylvanie, de la Caroline méridionale, de la Géorgie et des deux Florides recueillent sur les *Kalmia angustifolia, latifolia* et *hirsuta* L. et sur l'*Andromeda Mariana* L. cause souvent, selon B.-S. Barton (*Trans. of American soc. at Philadelphia*, V. 51), des maux d'estomac, des vertiges et du délire. D'ailleurs, les empoisonnements par les miels ne sont pas rares. Xénophon (*de Exped. Cyri*, lib. IV) rapporte qu'en Colchide les soldats de l'armée des dix mille furent pris d'un délire furieux pour avoir mangé un miel particulier, dans plusieurs villages. Ce fait, révoqué en doute par quelques écrivains, a été confirmé par le P. Lambert (Tournefort, *Voyage du Levant*, II, 228), et par Guldenstaedt, le compagnon de Pallas, qui ont reconnu que les fleurs de l'*Azalea Pontica* L., et peut-être celles du *Rhododendrum ponticum* donnaient au miel de la Mingrélie des propriétés délétères, et plus récemment A. de Saint-Hilaire a rapporté un cas d'empoisonnement dont il faillit être victime, avec deux de ses guides, produit par un miel fourni par une guêpe du Brésil nommée *Lecheguana* (*Polistas Lecheguana* Latr.). Mais ce miel n'est délétère que lorsqu'il a été récolté sur des plantes vénéneuses, appartenant probablement à la famille des apocinées.

Usages. — Les feuilles et les fleurs des kalmies sont tout à fait inusitées en France. D'après Barton, la décoction des feuilles sert, en Amérique, à empoisonner les animaux et même les hommes. Bigelow assure que les faisans qui mangent les jeunes pousses périssent et ont leur chair vénéneuse. On leur a attribué des effets narcotiques que cet auteur n'a pu constater. La décoction du *K. latifolia* et sa poudre ont été employées contre la teigne et la gale, et à l'intérieur, à faible dose, contre les dartres et la syphilis. Ce sont, en résumé, des plantes vénéneuses qu'on fera bien de laisser aux parterres, dont elles sont un des plus beaux ornements.

KANANG

Uvaria odorata, tripetala, etc. Lam.
(Anonacées.)

Le Kanang odorant, appelé aussi Alanguilan de la Chine, Uvaire odorante, etc., est un arbre dont la tige, haute de 12 à 15 mètres, épaisse, cylindrique, se divise en rameaux lisses, divergents, à écorce gris cendré ou jaunâtre, portant des feuilles alternes, courtement pétiolées, ovales-oblongues ou lancéolées, arrondies et obliques à la base, acuminées au sommet, lisses et glabres. Les fleurs, vert brunâtre, pendantes, sont axillaires, solitaires, pédonculées. Elles présentent un calice très-petit, à trois divisions réfléchies ; une corolle à six pétales linéaires lancéolées, alternant sur deux rangs ; des étamines nombreuses, à filets très-courts, à anthères linéaires ; un pistil composé d'une dizaine de carpelles à une seule loge uniovulée. Les fruits sont des baies oblongues, cylindriques, à pulpe visqueuse, renfermant des graines brunes et luisantes.

Le Kanang à trois pétales (*U. tripetala* Lam.) est un arbre de la taille du précédent, à feuilles alternes, grandes, lancéolées, granuleuses en dessus, cotonneuses en dessous, à fleurs verdâtres, odorantes, presque solitaires, ayant les trois pétales extérieurs trèsgrands ; à baies ovoïdes, de la grosseur d'une prune, contenant, dans un brou un peu dur, une pulpe mucilagineuse où se trouvent trois graines aplaties.

Le Kanang narum (*U. narum* D. C.) est un arbrisseau rampant, à tige sarmenteuse, portant des feuilles lancéolées, pointues ; à fleurs d'abord vert brunâtre, puis rouge foncé ; à fruits presque lisses, jaune rougeâtre et portés sur de longs pédoncules.

Nous citerons encore les kanangs de Ceylan (*U. Zeilanica* L.), à longues feuilles (*U. longifolia* Lam.), etc.

HABITAT. — Ces arbres croissent en Chine, aux Moluques, aux Philippines, dans l'Inde, à Ceylan, etc. Leur culture est celle des habzélis.

PARTIES USITÉES. — Les feuilles, le bois, les racines, les fruits.

Récolte. —Les produits des kanangs ou canangs ne se trouvent pas dans le commerce de la droguerie. On les récolte à mesure du besoin et on en fait usage exclusivement sur les lieux de production.

Composition chimique.—Les différentes parties des *Uvaria* possèdent une odeur et une saveur aromatique qui les font employer comme condiments, en guise de poivre. Les fleurs sont très-odorantes ; on en fait des pommades et des huiles qui sont employées comme cosmétiques. Leur arome, qui se rapproche de ceux du narcisse et de l'œillet, les font rechercher. Aussi les Malais, les Chinois et les Javanais les plantent-ils autour de leurs habitations ; ils en décorent leurs vêtements, leurs lits, leurs appartements. Les feuilles et les écorces sont fibreuses ; on en fait des tissus et des cordes d'instruments de musique. Les fruits sont mangés crus dans plusieurs pays.

Usages. — Les Indiens préparent avec les fruits de l'*U. odorata* les fleurs de *champac*, le *curcuma* et l'*huile de Palme* une pommade qu'ils nomment *Borri-Borri* ou *Borbori*, dont ils enduisent le corps des fébricitants pour rappeler la chaleur, surtout par les temps froids et pluvieux. On pense que ce cosmétique est analogue ou semblable à celui que l'on vend à Paris sous le nom d'*huile de Macassar*.

Aux îles Moluques, on emploie contre la colique l'écorce et la racine du kanang musical *U. Musaria* Dun.

Les racines du *kanang narum* servent à préparer, par distillation, une huile aromatique, légère, limpide, verdâtre, à laquelle on attribue des propriétés toniques. Elle est employée comme stimulante, ainsi que l'écorce. Celle-ci, broyée dans l'eau, sert à préparer au Bengale et aux Moluques un gargarisme qu'on emploie contre les aphtes et le scorbut. Son infusion est appliquée en fomentation dans les maladies vermineuses. On l'administre à l'intérieur contre les affections du foie et les fièvres.

L'*Uvaria Tripetala* Lam., que l'on trouve aux Moluques et aux Philippines, présente des graines d'une odeur agréable et aromatique dont les femmes d'Amboine préparent une espèce d'onguent dont elles se frottent le corps pour se parfumer. Quand on incise cet arbre, il s'écoule un suc visqueux et aromatique qui se concrète en une gomme blanche qui est très-balsamique.

Le bois des *U. Longifolia* Lam., *Tripetala* Lam., quoique blanc et léger, est très-employé pour les constructions.

Les graines de l'*U. amayon*, en Tamoul *amayon* sont appelées par les Espagnols *Granos del Paraiso*, graines du Paradis. Elles sont rouges et odorantes. Elles sont considérées comme vomitives, et on les fait mâcher comme contre-poison. L'herbe qui les produit croît à Java, au Bengale, à Pondichéry et sur les côtes de Coromandel. Il ne faut pas les confondre avec la *maniguette*, qui porte aussi le nom de *graine du Paradis*, qui est produite par un amome.

Les *U. Lanotan*, et *Cabog*, en Tamoul *Lanotan* et *Cabog* donnent aussi des bois de construction. L'*U. camphorata* en Tayal *Taghivalai*, en Bissaya, *Dalaganum*, *Dalaga* donne des racines qui, d'après Blanco, répandent l'odeur de camphre lorsqu'on les brûle. Elles sont regardées comme un puissant abortif. Nous citerons encore les *U. corniculata, obtusa*, *Burahol*, Blum, *latifolia, dumetorum* et *sylvatica*, dont on mange les fruits dans divers pays et dont les bois servent aux constructions.

KETMIE

Hibiscus esculentus et *Syriacus* L.
(Malvacées—Hibiscées.)

La Ketmie comestible (*H. esculentus* L.), appelée aussi Gombaud, Gombo, Guiabo, etc., est une plante annuelle, dont la tige, haute de 0ᵐ,60 à 1ᵐ,30, épaisse, simple, porte des feuilles alternes, pétiolées, très-grandes, cordées à la base, palmées, à cinq lobes obtus et dentés, d'un vert foncé. Les fleurs, d'un jaune soufre, à centre pourpre, sont solitaires à l'extrémité de pédoncules axillaires. Elles présentent un calicule à dix folioles caduques; un calice monosépale, à cinq divisions, se rompant en long; une corolle à cinq pétales obovales; des étamines nombreuses, monadelphes; un ovaire à cinq loges pluriovulées, surmonté d'un style simple qui passe au centre du tube staminal, et se divise à son sommet en cinq branches terminées chacune par un petit stigmate en tête. Le fruit est une capsule conique ou pyramidale, sillonnée, longue de 0ᵐ,08 à 0ᵐ,10 sur 0ᵐ,03 à 0ᵐ,04 de diamètre à la base, s'ouvrant par cinq valves et divisée en cinq loges dont chacune renferme plusieurs graines assez grosses, réniformes, verdâtres, légèrement sillonnées d'aspérités grises.

La ketmie de Syrie (*H. Syriacus* L.), vulgairement Guimauve en arbre, est un arbrisseau, dont la tige, haute de 2 mètres et plus, se divise en rameaux portant des feuilles alternes, pétiolées, ovales, cunéiformes, à trois lobes dentés. Le calicule est à six ou sept folioles ; les fleurs sont d'un rouge pourpre, quelquefois blanches ou panachées.

Nous citerons encore les Ketmie vésiculeuse (*H. trionum* L.), Rose de Chine (*H. Rosa Sinensis* L.), rose (*H. roseus* Thor.), etc.

HABITAT. — La ketmie comestible est originaire de l'Amérique méridionale. Les autres espèces croissent dans des régions très-diverses des deux continents. On les cultive dans les jardins.

PARTIES USITÉES. — Les racines, les fruits.

RÉCOLTE. — La racine, employée aux Antilles et en Turquie pour remplacer celle de la guimauve, est arrachée avant la floraison. On la lave à grande eau ; on en sépare l'écorce et on la fait sécher.

Les fruits sont récoltés très-jeunes, lorsque l'ovaire est à peine développé. On les enfile avec une ficelle et on les fait sécher, sous forme de chapelets. Ils ont une couleur grisâtre. Ils sont recouverts d'un duvet un peu rude. Au sommet, ils présentent une espèce de bec, formé par les cinq divisions de la capsule.

COMPOSITION CHIMIQUE. — Toutes les parties des ketmies sont riches en mucilage ; mais il abonde surtout dans les fruits. Ceux-ci renferment, en outre, un peu d'acide libre qui leur donne quelque chose d'agréable au goût. La racine renferme de l'*asparagine*.

USAGES. — Dans les contrées chaudes de l'Asie, de l'Afrique et de l'Amérique on fait une grande consommation des fruits de ketmie, appelés gombo ou *bamia*. On en prépare des potages et on en extrait, au moyen de l'eau bouillante, un mucilage abondant que l'on emploie pour donner de la consistance aux aliments liquides. On mange ce fruit cuit au naturel ou assaisonné d'épices. Aux Antilles, on en fait l'espèce de potage nommé *calalou*. En Égypte, on croit que l'alimentation par le gombo préserve de la pierre. Les feuilles des ketmies sont acidules et comestibles. On les emploie comme émollientes. Dans l'Indoustan, l'écorce de ces malvacées sert à fabriquer des cordes. Les graines, un peu musquées lorsqu'elles sont sèches, sont utilisées en parfumerie ; on les torréfie pour les employer comme succédanées du café. Au Japon, on fait du papier avec les fibres de l'*Hibiscus Manihot* L. D'après Thunberg (*Voyage au Japon*, t. IV, p. 139), on met la racine de cette espèce à macérer dans l'eau, et, par ce moyen, on obtient un mucilage émollient. L'*Hibiscus populneus* L. croît dans les îles de la mer des Indes et dans l'Indoustan. Son suc est administré à l'intérieur, à Calcutta, contre diverses maladies de la peau. Les Javanais se servent de l'écorce pour fabriquer des nattes. D'après Lesson (*Voyage médic.*, p. 46), la ketmie rose de Chine (*H. Rosa sinensis*) est employée contre les maladies des yeux, et Rhéede dit que dans l'Indoustan sa racine, saturée avec de l'huile, est regardée comme utile dans la ménorrhagie. Il ajoute que son usage rend les femmes stériles, et Rumphius assure qu'elle les fait avorter. Les pétales sont employés, en Chine, pour noircir les sourcils, les cheveux et le cuir des souliers (De Candolle, *Essai*, p. 82). Toutes les autres ketmies jouissent de propriétés analogues. Le fruit du gombo est la base des préparations dites pectorales, que le charlatanisme vante sous les noms de pâte et de sirop de *nafé d'Arabie*, et qui n'agissent certainement pas mieux que ne le feraient la pâte et le sirop de guimauve.

<h1 style="text-align:center">KOUSSO</h1>

Brayera anthelminthica Kunth. *Hagenia Abyssinica* Lam.
(Rosacées - Agrimoniées.)

Le Kousso ou Cousso est un arbre dont la tige, haute de 10 à 20 mètres, se divise en nombreux rameaux inclinés, marqués de cicatrices annelées, velues à l'extrémité, portant des feuilles alternes, pétiolées, grandes, imparipennées, à six ou sept paires de folioles sessiles, lancéolées aiguës, dentées, vert foncé, entremêlées d'autres folioles arrondies, bien plus petites. Les fleurs, très-petites, blanchâtres, polygames, accompagnées de bractéoles, sont groupées en larges panicules terminales et compactes. Elles présentent un calice turbiné à la base, très-velu, terminé par un limbe à cinq divisions oblongues, obtuses, glabres, étalées ; une corolle à cinq pétales linéaires ; une vingtaine d'étamines ; un pistil composé de deux ovaires libres, à style terminal. Le fruit n'est pas connu.

Habitat. — Le kousso croit sur les montagnes de l'Abyssinie. Son introduction dans nos jardins est récente.

Parties usitées. — Les inflorescences.

Récolte. — La récolte du kousso se fait en Abyssinie. Lorsque, en 1824, Kunth examina le kousso rapporté de Constantinople sous le nom de *cabotz* et de *cotz*, par le docteur Brayer, ce savant botaniste put croire avoir affaire à une plante nouvelle, et il lui donna le nom de *Brayera anthelminthica*, qui lui est resté. Cependant il avait été décrit antérieurement par Bruce sous le nom de *Bankesia abyssinica* et par Lamark sous celui de *Hagenia abyssinica*.

Les inflorescences du kousso ou cousso, telles qu'elles existent dans le commerce, présentent l'aspect de fleurs de muguet de mai ou de tilleul brisées. Leur saveur, d'abord fade ou mucilagineuse, devient bientôt très-âcre. Leur odeur, quoique très-faible, rappelle un peu celle du sureau et devient plus sensible au contact de l'eau bouillante. On croit qu'après trois ans de récolte, il perd ses propriétés, mais en vase bien fermé, dans un lieu sec et à l'obscurité, il peut très-certainement être conservé plus longtemps.

En Abyssinie, on distingue deux sortes de kousso : le rouge, qui est formé par les fleurs femelles, et un second nommé *cosso esels*, qui est fourni par les fleurs mâles. En France, ils nous arrivent mélangés.

COMPOSITION CHIMIQUE. — Quoique l'analyse de cette plante intéressante ait été faite par plusieurs chimistes, elle laisse encore beaucoup à désirer, et les recherches dont elle a été l'objet ne s'accordent nullement. MM. Benoit Viale et Vincent Latini, professeurs à l'Université de Rome, y ont trouvé un produit ammoniacal formé par un acide organique qu'ils ont nommé *agénique*, et le sel *agénate* d'ammoniaque. Mais cet acide n'a pas été suffisamment étudié, pas plus au point de vue chimique que sous le rapport physiologique et thérapeutique. Stromeyer a trouvé dans le kousso une résine amère, du tannin et un alcaloïde nommé *cossein*. M. Wittstein a trouvé dans les fleurs une matière grasse, de la chlorophylle, de la cire, une résine âcre et amère, une résine insipide, du sucre, de la gomme, du tannin, du ligneux et des sels. M. Willing dit en avoir isolé une huile volatile odorante, de l'acide tannique colorant les sels de fer en vert, une matière extractive, un acide cristallisable et une résine astringente et odorante.

Le *cossein* de Stromeyer est la *cossine*, ou *coussine*, *koussine* de quelques auteurs, la *tœniine* de M. Paveri. Sa nature n'est pas parfaitement déterminée : elle a été étudiée par M. A. Vée.

USAGES. — Le kousso est le téniacide le plus efficace que l'on connaisse. Les Abyssiniens sont tous atteints du tœnia, ce qui tient à l'usage immodéré qu'ils font de la viande crue ou peu cuite du porc ; car il est parfaitement démontré aujourd'hui que les cysticerques qui constituent la ladrerie de cet animal ne sont que les larves du tœnia. Les expériences de MM. Kuchenmeister, Leukart et Van Bénéden, Humbert, etc., ne laissent aucun doute à cet égard. Le kousso s'administre, en Abyssinie, dans une sorte de bière (Bouga) faite avec le *Poa abyssinica*. Ils le prennent le matin à jeun, et ils ne font le premier repas qu'après l'expulsion du ver. M. Courbon rapporte que le jour de l'administration du remède, le domestique se présente à son maître avec une croix de paille à la main, en disant *encotach* (cadeau). Le maître prend le kousso et donne une étrenne.

La dose de kousso est de 30 à 35 grammes. On l'administre en poudre délayée dans un liquide chaud. Après l'avoir pris, on ressent une certaine âcreté, des nausées, du malaise, du dégoût. Une heure après l'administration, il survient une selle ordinaire; une heure plus tard, une selle liquide, et quatre ou cinq heures après le tœnia est expulsé sous forme de pelotte blanchâtre.

M. Hannon, de Bruxelles, a administré le kousso avec succès à la dose de 4 à 10 grammes contre les ascarides lombricoïdes des enfants.

Le kousso est employé depuis longtemps en Angleterre et en Allemagne. En France, on ne le connaît bien que depuis 1840, époque à laquelle M. Aubert Roche le présenta à l'Académie de médecine. Deux ans plus tard, M. Rocher d'Héricourt en rapporta de grandes quantités. L'arbre qui le produit est abondant sur tout le plateau éthiopien, dans les provinces du Samen, du Lasta, du Gojam et du Golta.

LAITUE

Lactuca sativa et *virosa* L.
(Composées – Chicoracées.)

La Laitue commune ou cultivée (*L. sativa* L.) est une plante bisannuelle, à racine pivotante, un peu fibreuse. La tige, haute de $0^m,50$ à 1 mètre et plus dans quelques variétés, cylindrique, presque pleine, glabre, lisse, dressée, simple à la base, rameuse au sommet, porte des feuilles alternes, sessiles, succulentes ; les radicales ovales, arrondies, ondulées, entières, sinuées ou dentées, obtuses, atténuées à la base, semi-amplexicaules, disposées en rosette ; les caulinaires cordiformes, dentées, presque auriculées, amplexicaules. Les fleurs, jaunes, sont groupées en capitules dont la réunion constitue une panicule corymbiforme terminale, et dont le réceptacle plane est entouré d'un involucre ovoïde, allongé, à folioles ovales, allongées, presque obtuses, glabres et imbriquées. Chaque fleur présente un calice en aigrette ; une corolle ligulée, partagée en cinq dents à l'extrémité ; cinq étamines épigynes, soudées par les anthères ; un pistil à ovaire infère, à une seule loge uniovulée, surmonté d'un style simple terminé par un stigmate bifide. Les fruits sont des akènes ovoïdes, comprimés, striés, surmontés d'une aigrette stipitée à soies capillaires.

Cette plante a produit par la culture un grand nombre de variétés appelées Laitues frisées, pommées, romaines, etc.

La laitue vireuse (*L. virosa* L.) est aussi bisannuelle et diffère de la précédente par sa tige un peu moins élevée, fistuleuse ; ses feuilles entières, à nervure moyenne couverte d'aiguillons ; ses capitules disposées en panicule étalée, et ses akènes d'un brun foncé. Quelques auteurs rapportent à cette espèce, comme variété, la Laitue scariole (*L. scariola* L.).

HABITAT. — La laitue cultivée, originaire d'Asie, est aujourd'hui cultivée dans tous les jardins maraîchers, et quelquefois aussi en grand par l'usage médical. La laitue vireuse habite l'Europe ; elle croît dans les lieux incultes, au bord des chemins, sur la lisière des bois, etc. On ne la cultive que dans les jardins botaniques, où il suffit de semer ses graines en place.

PARTIES USITÉES. — Les tiges, les feuilles, rarement les fruits.

Récolte. — Les fruits de la laitue ont été autrefois employés ; on les récoltait à leur maturité ; ils sont aujourd'hui inusités. Les tiges et les feuilles sont employées fraîches : elles servent à préparer une eau distillée, qui est souvent employée sans que jamais aucune observation ait démontré ses bons effets. L'eau distillée de suc de laitue se conserve très-mal ; on n'en fait aucun usage. La *thridace* est l'extrait sec de tiges de laitues montées. Il faut préférer le suc des écorces de laitues. Le *lactucarium* est le suc évaporé et obtenu par incisions des tiges des diverses laitues. C'est sans raison aucune qu'on a prétendu qu'il fallait préférer pour sa préparation le *L. altissima*, qui, d'ailleurs, n'est qu'une variété du *L. sativa*.

M. Mouchon avait proposé de faire dessécher la laitue pour en obtenir en toute saison de l'eau distillée, et un extrait hydro-alcoolique.

Le lactucarium se présente en petites masses d'un brun rougeâtre, d'une odeur forte, qui rappelle un peu celle du bouc. Sa saveur est amère et un peu âcre. Il est très-peu soluble dans l'eau et imparfaitement soluble dans l'alcool rectifié.

Composition chimique. — D'après M. Aubergier, le suc de laitue et le lactucarium renferment un principe amer soluble dans l'eau et dans l'alcool, insoluble dans l'éther, de la mannite, de l'asparamide, de l'albumine, de la résine, de la cire, un acide indéterminé et des sels.

M. Walz, qui a analysé la laitue vireuse, y a trouvé une matière grasse, soluble à 125°, l'odeur de laitue, de la lactucine ; une résine qui fond à 25° ; une résine insipide, une résine âcre, une matière brune analogue à l'ulmine, une matière brune qui paraît être alcaline, de l'acide oxalique.

La lactucine cristallise ; sa saveur est amère ; elle est soluble dans 60 à 80 parties d'eau froide, plus soluble dans l'eau chaude, soluble dans l'alcool et dans l'éther. Elle a été découverte par M. Lenoir dans la laitue vireuse, et par M. Aubergier dans la laitue cultivée ; elle paraît être sans influence sur l'action de ces plantes.

Usages. — Les anciens vantaient les propriétés calmantes de la laitue. Hippocrate la connaissait. Celse la plaçait à côté de l'opium et la donnait aux phthisiques. Galien la mangeait en salade pour se procurer le sommeil. Le poëte Martial la mangeait pour rafraîchir ses entrailles ; il l'appelait le *repos de la bonne chère, grataque nobi-*

lium requies lactuca ciborum. Abandonnée pendant longtemps, la laitue fut remise en honneur au dix-septième siècle par Lanzoni. Employée depuis cette époque sous forme d'eau distillée, elle a été regardée comme narcotique et calmante et employée contre la toux, les maladies nerveuses, etc. La *laitue vireuse* était regardée comme plus narcotique. D'après MM. Trousseau et Pidoux, ce n'est qu'à la dose de huit grammes que son extrait produit quelque effet, et M. Fouquier a pu doubler cette dose sans observer aucun phénomène de narcotisme. Aujourd'hui, les préparations de laitue sont de nouveau abandonnées.

Le nom de laitue vient de *lac*, lait (plante laiteuse); on a longtemps cru que ce végétal donnait du lait aux nourrices, ce qui était une erreur grossière.

La *thridace*, naguère si vantée comme calmante et expectorante, est, à présent, généralement considérée comme tout à fait inerte.

Quant au *lactucarium*, mentionné par Dioscoride, remis en honneur, en Angleterre d'abord, par MM. Young, Duncan et Probart, recueilli et vulgarisé en France par M. Aubergier, de Clermont-Ferrand, qui réussit à donner à ce produit, dans la matière médicale, une certaine importance que les faits ne justifient pas, il est reconnu que ses effets calmants et narcotiques tiennent surtout à l'opium introduit dans ses préparations.

La laitue et ses préparations sont rarement prescrites par les médecins homœopathes. Cependant on trouve cette plante consignée dans leur Codex, sous le signe *Alt.*, et l'abréviation *Lact.*

LAMIER

Lamium album L.
(Labiées - Stachidées.)

Le Lamier blanc, appelé aussi Lamion, Ortie blanche, Ortie morte, Archangélique, est une plante vivace, à racines fibreuses, un peu rampantes, blanchâtres. Les tiges, hautes de 0^m,25 à 0^m,50, tétragones, succulentes, velues, ascendantes, simples ou rameuses, portent des feuilles opposées, pétiolées, ovales, cordées à la base, longuement acuminées, dentées. Les fleurs, blanches, assez grandes, sont groupées en petits glomérules à l'aisselle des feuilles supé-

rieures. Elles présentent un calice tubuleux campanulé, pubescent,
à cinq dents presque égales, aiguës, ciliées; une corolle à tube ascendant, contracté à la base, portant à l'intérieur un anneau de poils,
oblique, à gorge insensiblement dilatée, à limbe bilabié; quatre
étamines didynames, à anthères noirâtres; un ovaire composé de
quatre carpelles uniovulés, surmonté d'un style simple terminé par
un stigmate bifide. Le fruit se compose de quatre akènes, à trois
angles aigus, tronqués au sommet, et entourés par le calice persistant.

Le Lamier maculé (*L. maculatum* L.) est aussi vivace, et diffère
du précédent par sa taille plus élevée, et ses corolles purpurines,
ponctuées de rouge, à anneau de poils horizontal.

Le Lamier pourpre, vulgairement Ortie rouge (*L. purpureum* L.)
et le Lamier amplexicaule (*L. amplexicaule* L.) sont des plantes
annuelles, dont la corolle purpurine a le tube droit et la gorge très-
dilatée.

Le Lamier jaune ou Galéobdolon, vulgairement Ortie jaune
(*L. galeobdolon* Crantz, *Galeopsis Galeobdolon* L., *Galeobdolon
luteum* Huds.), est une plante vivace, à souche longuement traçante,
émettant de longues fibres radicales, et à fleurs assez grandes, d'un
beau jaune.

Habitat. — Ces plantes sont communes en Europe; on les trouve
dans les lieux cultivés et herbeux, les friches, les décombres, les
bois, au bord des chemins, etc. On ne les cultive que dans les jardins
botaniques.

Parties usitées. — Les feuilles et les fleurs.

Récolte. — On peut récolter la plante, pour la faire sécher, au
moment de la floraison. Mais le plus souvent on emploie les fleurs
mondées, que l'on fait dessécher rapidement au soleil, car elles sont
sujettes à noircir. Par la dessiccation, les plantes et les fleurs perdent
leur saveur et le peu d'odeur qu'elles possédaient.

Composition chimique. — La saveur amère de cette plante est due
à un principe extractif. Son astringence doit être attribuée au tannin
qu'elle renferme en petite proportion. Quoique son odeur soit forte
et désagréable, on n'en a extrait aucune huile essentielle.

Usages. — Le nom d'Ortie blanche a été donné à cette plante à
cause de la forme de ses feuilles. Du temps de Pline, on l'estimait
déjà comme astringente, et on l'utilisait contre les hémorrhagies, la

leucorrhée, etc. On l'administrait en infusion ou on faisait prendre le suc à assez forte dose. On l'a employée aussi comme anti-scrofuleuse; mais, malgré l'opinion du docteur Consbruch, qui assure n'avoir jamais rien trouvé de meilleur contre la leucorrhée, elle est aujourd'hui à peu près tout à fait abandonnée, et nous croyons que c'est avec juste raison. Cependant l'infusion des fleurs est quelquefois prescrite contre la bronchorrée et les affections catarrhales en général.

On a également donné le nom d'ortie morte au *stachys palustris* L., de la même tribu.

Les médecins homœopathes indiquent le *Lamium album* comme étant peu connu dans ses effets. Cependant ils l'ont inscrit dans leur Codex sous le signe *Mil* et l'abréviation *Lam*. Ils indiquent son emploi dans une foule de maladies.

LAMINAIRE

Laminaria saccharina et *digitata* Lamx.
(Algues-Fucacées.)

Les Laminaires sont des algues à crampons (vulgairement racines) fibreux, ramifiées; à stipe cylindrique, épais, plus ou moins long, terminé par une fronde membraneuse ou coriace, brun verdâtre, recouverte d'un enduit muqueux, renfermant à l'intérieur un principe gélatineux et sucré très-abondant, qui, par la dessiccation, apparaît à la surface sous forme d'efflorescence farineuse et blanchâtre. Les fructifications forment des sortes de renflements pyriformes, disposés dans le tissu des lames de la fronde.

La laminaire sucrière (*Laminaria saccharina* Lamx., *Fucus saccharinus* L.) a un stipe cylindrique, court, de la grosseur du doigt; une fronde longue de 2 à 3 mètres, membraneuse, un peu coriace, roux verdâtre, ovoïde, lancéolée, aiguë, ondulée et frisée sur les bords.

La laminaire digitée (*L. digitata* Lamx., *Fucus digitatus* L.), vulgairement appelée Fouet des sorcières, a un stipe semblable à celui de l'espèce précédente, brun, devenant noirâtre par la dessiccation, terminé par une fronde épaisse, coriace et comme cornée, brunâtre, d'abord cordée et entière, puis se divisant très-profondément à son extrémité en longues lanières (Pl. 22).

La laminaire bulbeuse (*L. bulbosa* Lamx., *Fucus bulbosus* L.) a une sorte de bulbe creux, souvent très-gros, donnant naissance à un stipe très-long, épais, comprimé, simple, terminé par une fronde conique, flabelliforme, profondément divisée en lanières longues et linéaires.

HABITAT. — Les laminaires habitent généralement les mers septentrionales. Les trois espèces que nous avons décrites sont abondamment répandues sur toutes les côtes océaniques de la France. Elles flottent dans l'eau, et se fixent par leurs crampons sur les rochers sous-marins.

PARTIES USITÉES. — Toute la plante.

RÉCOLTE. — Pour les usages industriels comme pour les emplois en médecine, les divers fucus peuvent être récoltés à toutes les époques de l'année. On les fait dessécher au soleil.

COMPOSITION CHIMIQUE. — D'après M. Gaultier de Claubry, c'est la laminaire digitée qui fournit le plus d'iode. D'après M. John, le *Fucus vesiculosus* contient : corps gras, 2 ; squelette du fucus (*fungine*), 78 ; mucilage brun rougeâtre, matière extractive, sulfate de soude, chlorure de sodium, 4 ; sulfate de chaux, sulfate de magnésie, phosphate de chaux, 12,9 ; sulfate de soude, chlorure de sodium, 3,4 ; iodure de sodium indéterminé, oxyde de fer de manganèse, silice, acide particulier, traces. La *fungine* se rapproche de la cellulose. Braconnot la représente par la formule $C^{12} H^{10} O^{10}$; mais, d'après M. Lœwig, sa composition correspondrait plutôt à $C^{24} H^{21} O^{21}$.

En distillant diverses algues avec de l'acide sulfurique, M. Stenhouse a obtenu un liquide oléagineux, incolore, qui bout à 171°, qui est soluble dans l'eau et isomère avec le *furfurol* ou *huile de son*, dont la formule est $C^{10} H^{4} O^{4}$.

Nous avons dit précédemment que les cendres de la laminaire digitée étaient celles qui renfermaient le plus d'iode ; voici d'ailleurs quelle est la composition de ces cendres : potasse, 20,66 ; soude, 7,65 ; chaux, 10,94 ; magnésie, 6,86 ; oxyde de fer, 0,57 ; chlorure de sodium, 26,48 ; iodure de sodium, 3,34 ; acide sulfurique, 12,23 ; acide phosphorique, 2,36 ; silice, 1,44 ; acide carbonique, 8,18 ; charbon, 0,53 (Pelouze et Frémy, *Traité de chimie générale*, t. VI, p. 438). Tandis que la proportion d'iodure de sodium contenue dans les cendres des autres algues varie de 0,40 à 1,50.

La plupart des algues, et principalement la *L. saccharina*, se

recouvrent après leur mort d'efflorescences sucrées qui ont été confondues avec le sucre cristallisable (Leman., *Diction. des sciences naturelles*). Étudiées par Biarne Povelsen, rapprochées de la mannite
par Vauquelin, qui cependant les distinguait de cette substance,
elles ont été confondues avec elle par T.-L. Phipson, tandis qu'il
est très-probable que ces cristaux sucrés sont un isomère de la mannite et semblables à la *phycite*, extraite du *Protococcus vulgaris*,
algue, phycée, celle-ci cristallise en prismes rectangulaires d'une
saveur sucrée, fondant à 112° et dégageant à 160° une odeur caractéristique qui les distingue. M. L. Soubeiran, qui a étudié la substance sucrée des fucus, croit avec Phipson qu'elle est le produit de
l'oxydation de la matière mucilagineuse intercellulaire, mais il la
décrit sous le nom de mannite, et c'est par erreur qu'il confond la
matière albumineuse avec le mucilage. Dans tous les cas, M. L. Soubeiran a démontré que cette matière sucrée ne préexistait pas dans
les fucus vivants, et qu'elle ne se formait qu'après la mort de la
plante.

Usages. — Plusieurs algues sont employées comme aliments dans
l'Islande, le Nordland, la Norwége, etc. On les fait sécher et on
les réduit en poudre que l'on mélange à la farine pour faire du
pain.

A l'intensité près, toutes les algues jouissent des mêmes propriétés; aussi M. Boinet les emploie-t-il indistinctement en poudre
pour les faire entrer dans l'alimentation iodée; il en prépare un vin
par fermentation avec le jus de raisin, qui est très-iodé et agréable
à boire; il en fait fabriquer un pain iodé, etc.

Les frondes de la laminaire digitée sextuplent environ de volume
lorsqu'on les fait tremper dans l'eau; elles sont de la grosseur d'une
plume à écrire environ. M. Sloane d'Ayr et M. Wilson de Glascow
ont proposé ces cylindres pour remplacer l'éponge à la ficelle et dilater les trajets fistuleux. On peut à volonté amincir ces cylindres ou
en réunir plusieurs selon le diamètre de la plaie; il faut, dans tous
les cas, les râcler pour effacer les rides de la surface. Nous devons
ajouter que la laminaire digitée essayée pour dilater la plaie que le
général Garibaldi portait au pied a parfaitement réussi.

LAPSANE

Lapsana communis L.
(Composées – Chicoracées.)

La Lapsane ou Lampsane, appelée aussi Herbe aux mamelles, est une plante annuelle, à racines fibreuses, fasciculées, blanchâtres. La tige haute de 0ᵐ,30 à 0ᵐ,60, légèrement pubescente, rameuse, dressée, porte des feuilles alternes, les inférieures lyrées, à lobe terminal très-grand et anguleux, les supérieures simplement dentées. Les fleurs, jaunes, sont groupées en capitules terminaux, solitaires à l'extrémité de pédoncules grêles et nus, et dont la réunion constitue une panicule lâche terminale. Le réceptacle est nu et entouré d'un involucre de huit à dix folioles égales, glabres, disposées sur un seul rang, muni d'écailles courtes à sa base. Les corolles sont toutes ligulées. Le fruit est un akène un peu comprimé et strié.

La petite Lapsane (*L. minima* Lam., *Arnoseris minima* Gærtn., *Hyoseris minima* L.) se distingue de la précédente par sa taille plus petite, et ses akènes terminés par un rebord court, anguleux, en forme de couronne.

Habitat. — Ces deux plantes sont communes en Europe. On les trouve dans les lieux cultivés, les champs sablonneux, les remblais, etc.

Parties usitées. — Les feuilles, les racines.

Récolte. — Cette plante ne croît guère chez nous que dans les jardins, elle est peu usitée et on ne l'emploie que fraîche, on la récolte avant la floraison.

Composition chimique. — Par ses propriétés thérapeutiques et alimentaires, et par sa composition, la *lapsane* ou *lampsane* se rapproche de la chicorée, l'analyse n'en a pas été faite.

Usages. — On regardait autrefois les feuilles comme calmantes et astringentes, on les appliquait sous forme de cataplasmes sur les endroits enflammés, contre les engorgements mammaires, chez les nourrices et les nouvelles accouchées, d'après Pline (*lib.* XX. *c.* 9). Son nom vient de λάπτω, purger, on lui attribue en effet des propriétés laxatives, mais c'est bien à tort ; les feuilles et surtout les racines, ainsi que celles de l'*Hyoseris minima* L. ou petite lapsane, sont mangées dans plusieurs localités du Levant, on les dit aussi bonnes que celles du salsifis, d'après Belon (Singularités 465), on les vend en bottes sur les marchés de Constantinople, on en fait la soupe et on accommode les feuilles comme les épinards.

Les anciens désignaient sous le nom de *Lampsane* une espèce de chou sauvage; le *Brassica arvensis* L. probablement.

LARDIZABAL

Lardizabala biternata Ruiz et Pav.
(Lardizabalées.)

Le Lardizabal biterné est un arbrisseau, dont la tige, haute de plusieurs mètres, couverte d'une écorce brune et rude, se divise en rameaux grimpants, volubiles, portant des feuilles alternes, à pétioles articulés, à limbe deux fois terné, à folioles entières, dentées, coriaces, lisses et luisantes. Les fleurs, dioïques, violet foncé, sont réunies en grappes axillaires rameuses, à pédoncule commun accompagné de deux grandes bractées cordiformes, luisantes. Elles présentent un calice à six divisions disposées sur deux rangs; une corolle à six pétales hypogynes, coriaces, carénés à la base, plus courts que le calice. Les mâles ont six étamines opposées aux pétales, à filets monadelphes, à anthères munies d'un connectif saillant; un pistil rudimentaire. Les femelles présentent six étamines libres et stériles; un pistil composé de trois ovaires distincts, uniloculaires, multiovulés, surmontés d'un stigmate sessile et aigu. Le fruit est ovoïde, arrondi, charnu, lisse, vert jaunâtre, renfermant un grand nombre de graines petites et réniformes (Pl. 23).

Le lardizabal triterné (*L. triternata* R. et P.), diffère surtout du précédent par ses feuilles trois fois ternées.

Habitat. — Ces deux espèces habitent le Pérou et le Chili; on les trouve dans les vallées abritées, les bois humides, les haies, etc. On les cultive dans quelques localités.

Culture. — Le lardizabal est encore peu répandu dans nos jardins. Il est probable qu'il pourrait être cultivé en pleine terre, à la condition d'être couvert de litière pendant l'hiver. Il demande une exposition aérée, la terre de bruyère ou un mélange de terre franche et de gravier. On le multiplie de boutures sous cloche et sous châssis.

Parties usitées. — Les fruits.

Récolte. — Au Chili, le fruit de lardizabal biterné porte le nom de *Coquil*, sa saveur est agréable, il est assez recherché ; on prétend qu'il est dangereux, et qu'il acquiert des propriétés nuisibles lorsque la plante a pris pour appui le *Rhus causticus*, mais ce fait n'est pas démontré.

Composition chimique. — Les fruits sont très-sucrés et très-mucilagineux, l'analyse n'en a pas été faite.

Usages. — Les tiges flexibles du lardizabal biterné, sont employées au Chili, par les habitants des campagnes, comme on fait chez nous l'osier ; on en fait des toits, des clôtures, des palissades, des cerceaux, des paniers ; on croit que c'est le *Cogul* de Molina dont on se sert pour faire des câbles qui résistent à l'humidité ; on enlève l'écorce, on les fait macérer dans l'eau pendant vingt-quatre heures et on les passe au feu pour les rendre plus flexibles.

Au Chili et au Pérou, on confond souvent le *L. triternata* avec le précédent ; il jouit d'ailleurs de propriétés identiques.

Dans la même famille des Lardizabalées, on trouve encore les *Burasaia* qui se distinguent par leur amertume et leurs propriétés toniques ; les *Stauntonia*, dont les fruits sont émollients et rafraîchissants, et qui donnent un suc employé contre les ophthalmies. Les fruits du *Stauntonia angustifolia* du Népaul, sont désignés par les habitants du pays sous le nom de *Goupli* et de *Bégal*, ils font partie du régime alimentaire des habitants de cette région asiatique.

LASER

Laserpitium siler et *Gallicum* L.
(Ombellifères – Thapsiées.)

Le Laser siler est une plante vivace, à racine épaisse. La tige haute de $0^m,50$ à 1 mètre, porte des feuilles alternes, deux ou trois fois ailées, à segments lancéolés ou ovales, atténués en coin à la base, mucronés, entiers, d'un vert pâle, à nervures transparentes ; les inférieures à pétiole comprimé, les supérieures sessiles sur une gaîne ventrue. Les fleurs, blanches ou rosées, sont groupées en ombelles terminales de trente à quarante rayons, à involucre et involucelles formés de plusieurs folioles étalées. Elles présentent un calice à cinq dents ; une corolle à cinq pétales obovales échancrés ; cinq étamines saillantes ; un ovaire infère, cylindrique, un peu com-

primé, à deux loges uniovulées, surmonté de deux styles divergents.
Le fruit est un diakène cylindrique, oblong, presque linéaire, arrondi à la base, glabre, portant sur chaque face quatre ailes larges,
membraneuses, entières.

Le laser de France (*L. Gallicum* L.) est aussi vivace, et se distingue du précédent par ses feuilles décomposées, à segments opposés, divariqués, cunéiformes à la base, entiers ou lobés, verts et luisants en dessus, plus pâles en dessous; les inférieures à pétioles
cylindriques; les supérieures sessiles sur une gaîne courte, non ventrue; ses ombelles de vingt à cinquante rayons; son fruit ovale,
tronqué à la base, glabre, à ailes marginales plus larges que les
dorsales.

Citons aussi le laser à larges feuilles (*L. latifolium* L.).

HABITAT. — Sauf cette dernière espèce, qu'on trouve dans le
Nord, les lasers sont propres aux régions méridionales, où ils croissent dans les bois montueux, sur les rochers, etc. Ces plantes ne
sont cultivées que dans les jardins botaniques.

PARTIES USITÉES. — Les feuilles, les racines, les fruits, la résine.

RÉCOLTE. — Les feuilles sont récoltées au moment de la floraison,
les racines au printemps ou à l'automne, les fruits à leur maturité.
Toutes ces parties perdent la plus grande partie de leurs propriétés
par la dessiccation; on préférait les employer fraiches.

COMPOSITION CHIMIQUE. — Les laserpitium doivent leur odeur forte
et pénétrante à un suc laiteux, amer, âcre, qui n'a pas été examiné
chimiquement; on ne sait pas non plus quelle était la nature et la
composition du laser des anciens.

USAGES. — L'origine du *Laser* des anciens est encore aujourd'hui
douteuse, c'est une substance gommo-résineuse que les Romains
estimaient au poids de l'or; on le tirait de la Cyrénaïque, les Grecs
le nommaient *sylphion*, la plante qui le fournissait était appelée *Laserpitium*, et le pays qui le produisait était désigné sous le nom de
Regio sylphifera. D'après Sprengel, sa découverte est due à Aristée,
qui vivait 607 ans avant l'ère chrétienne. Le laserpitium croissait
non-seulement en Cyrénaïque, mais encore en Syrie et en Médie.
Dioscoride rapporte que ses racines, qui étaient employées comme
condiment, s'appelaient *magydaris*; ses tiges, grosses comme celles
des férules, *maspeton*; ses feuilles semblables à celles de l'ache,
maspeta. Le *Laser*, ou résine obtenue par incision de la racine, était

roux, transparent, d'une odeur forte, d'une saveur âcre et piquante. On lui attribuait des propriétés merveilleuses, comme celle de rajeunir, de rendre la vue, de guérir de tout poison, les plaies venimeuses, etc. A Rome, on l'enfermait dans le trésor de l'État. L'histoire rapporte que sous le consulat de C. Valérius et de M. Herennius, on en vendit publiquement trente livres, et sous J. César, cent onze livres furent vendues pour subvenir aux frais de la première guerre civile (*Pline*, lib. XIX, c. 3). Plus tard il vint à manquer tout à fait, et une tige de laserpitium fut présentée à l'empereur Néron en grande pompe, comme une chose très-rare; il devint inconnu aux générations suivantes et on ne le connaissait que par son image, qui était représentée sur les médailles frappées en son honneur.

On a beaucoup discuté sur l'origine du laser; on s'accorde généralement à dire qu'il était produit par une ombellifère. Stapel l'attribue, dans son commentaire sur Théophraste, au *Ligusticum latifolium* L.; Linné désigne le *Laserpitium siler* L.; Sprengel le *Ferula Tingitana* L.; Desfontaines le *Laserpitium gummiferum*; l'abbé Della Cella le *Thapsia sylphium*, et M. Pacho croit qu'il était produit par le *Laserpitium derias* (*Voyage dans la Cyrénaïque*, Paris, 1827, in-4°). Scaliger a écrit de longues considérations sur le laser; rappelons enfin que l'opopanax a été attribué au *Laserpitium chironium*, confondu aujourd'hui avec l'*Opopanax chironium* Koch, qui paraît être le même que le *Laserpitium latifolium* L., dont la racine était employée comme carminative, anti-hystérique et échauffante; ses propriétés purgatives lui avaient valu le nom de Turbith des montagnes. Peyrilhe dit que c'est un purgatif violent et Bergius se plaint de ce qu'on le néglige. C'est le *Seseli d'Éthiopie*, la *Panacée d'Hercule* des anciens, et la *Gentiana alba* des vieux formulaires.

Tous ces produits sont aujourd'hui tout à fait inusités.

LATHRÉE

Lathræa clandestina et *squamaria* L.
(Arobanchées.)

La Lathrée clandestine (*Lathræa clandestina* L., *Clandestina rectiflora* Lam.) appelée aussi Clandestine de Léon, madrate, herbe cachée, herbe de la matrice, etc., est une plante vivace, dont les racines sont remplacées par de petits suçoirs tuberculeux, et la tige et les feuilles réduites à une souche souterraine munie d'écailles courtes, épaisses, charnues, blanchâtres, imbriquées. Les fleurs, pourpre violacé, assez longuement pédonculées et accompagnées de bractées demi-embrassantes, sont groupées en corymbe terminal. Elles présentent un calice campanulé, à quatre divisions; une corolle à deux lèvres, la supérieure longue, concave, courbée, apiculée, l'inférieure plus courte et tribolée, quatre étamines didynames, à anthères velues, presque saillantes; un ovaire uniloculaire, multiovulé, muni d'une glande à sa base, surmonté d'un style simple, recourbé au sommet et terminé par un stigmate bilobé. Le fruit est une capsule ovoïde, uniloculaire, se séparant à la maturité en deux valves, et renfermant un grand nombre de graines très-petites, attachées à deux placentas pariétaux, linéaires.

La lathrée écailleuse (*L. squammaria* L.) diffère de la précédente par son rhizome rameux et tortueux; sa tige aérienne dressée, simple, haute de 0^m,10 à 0^m,15; ses bractées grandes, obovales, blanches, lavées de pourpre, imbriquées; ses fleurs pendantes, blanches, lavées de pourpre, en grappe terminale unilatérale, et ses capsules coniques.

Habitat. — Ces plantes sont assez répandues en Europe; elles habitent surtout les lieux humides et ombragés, et vivent en parasites sur les racines des aunes, des peupliers et de quelques autres arbres. On ne les cultive pas.

Parties usitées. — La plante entière.

Récolte. — Cette plante vit en parasite sur les racines de plusieurs arbres; à l'époque où elle jouissait d'une grande célébrité, on préférait celle qui croissait sur les racines du hêtre. Les fleurs sont les seules parties saillantes au-dessus du sol.

Composition chimique. — La clandestine n'a jamais été analysée, on ne sait rien sur sa composition chimique.

Usages. — La clandestine est aujourd'hui tout à fait inusitée. Linné a réuni, sous le nom de *Lathræa*, les genres *clandestina, phelippœa* et *amblatum*, que les botanistes modernes ont séparés de nouveau.

Nous signalons la clandestine comme un nouvel exemple de la crédulité populaire; elle a joui en effet à une certaine époque d'une très-grande réputation, comme propre à rendre fertiles les femmes stériles ; on l'employait dans ce but, dans le plus profond mystère, et Daléchamps lui attribue cette propriété avec bien d'autres ; il ne dit pas qu'à sa connaissance elle ait réussi, mais il paraît que les gens riches, qui désirent avoir des enfants, en font assez souvent usage. MM. Mérat et Delens disent qu'en 1814 ils ont été consultés sur les propriétés de cette plante, qu'on voulut administrer à une princesse ; ils ajoutent « qu'elle eut le bon esprit de se refuser à l'usage que désiraient lui en faire faire les officieux de sa cour. »

LAURIER

Laurus nobilis L.

(Laurinées.)

Le Laurier noble ou franc, appelé aussi Laurier d'Apollon, Laurier sauce, etc., est un arbre, dont la tige, haute de 8 à 10 mètres, cylindrique, grisâtre dans le bas, verte dans le haut, dressée, se divise en rameaux droits, flexibles, dressés, glabres, d'un beau vert, portant des feuilles alternes, courtement pétiolées, lancéolées, aiguës, ondulées sur les bords, fermes, coriaces, glabres, luisantes, d'un vert foncé surtout en dessus, persistantes. Les fleurs dioïques, d'un jaune blanchâtre ou herbacé, sont groupées en petits fascicules axillaires, entourés d'un involucre formé de quatre petites bractées écailleuses, concaves, obtuses, brunes, caduques. Elles présentent un calice à quatre divisions profondes, obovales, obtuses, concaves, étalées. Les mâles ont douze étamines presque égales, disposées et alternant sur trois rangs, à filets un peu comprimés et légèrement soudés par leur base au fond du calice, à anthères munies d'un connectif saillant. Les femelles renferment quatre rudiments d'étamines ; un ovaire ovoïde à une seule loge uniovulée, surmonté d'un style épais, court, recourbé, marqué d'un sillon longitudinal et terminé par un très-petit stigmate glanduleux. Le fruit est une drupe ovoïde, noire, légèrement charnue, renfermant une graine blanchâtre à testa assez solide et à cotylédons très-volumineux.

HABITAT. — Le laurier franc est originaire des bords du bassin Méditerranéen. Il croît assez bien en pleine terre dans le centre et l'ouest de la France.

CULTURE. — Cet arbre demande une terre légère, fraîche et substantielle. On le propage de graines, semées en pots, sur couche et sous châssis, ainsi que de boutures, de marcottes et de rejetons.

PARTIES USITÉES. — Les feuilles et les fruits.

RÉCOLTE. — Les feuilles plus particulièrement employées fraîches, peuvent être cueillies pendant toute l'année; elles perdent une grande partie de leurs propriétés par la dessiccation. Les fruits improprement appelés *baies de laurier*, nous viennent secs de la Provence, de l'Espagne, de l'Italie et du Maroc; ils sont noirs, globuleux, un peu allongés, très-aromatiques, lorsqu'on les brise on trouve sous le péricarpe desséché une graine renfermant deux gros cotylédons huileux très-odorants. Le bois assez dur répand une odeur agréable, il est assez recherché pour la marqueterie.

COMPOSITION CHIMIQUE. — Par expression à chaud des fruits de laurier pulvérisés, on obtient une huile dite de laurier, qui est molle, verte, de la consistance de l'huile d'olives figée, granuleuse, très-aromatique; dans le commerce elle est souvent préparée avec de l'axonge, chargée par digestion des principes colorant et odorant des feuilles et des fruits de laurier; c'est ce produit que l'on nomme *onguent de laurier*, il ne faut pas le confondre avec l'huile.

M. Bonastre a trouvé dans les fruits de laurier : une huile volatile, de la laurine, de la laurane, une huile grasse de couleur verte, de la cire, une huile liquide, de la résine, de la fécule, un extrait gommeux, de la bassorine, une substance acide, du sucre incristallisable, de l'albumine.

D'après M. Marson, la laurine qui forme la partie solide de l'huile de laurier, constitue une matière grasse particulière; elle est blanche, cristalline, fond à 45°. Elle est peu soluble dans l'alcool et l'éther froid, très-soluble dans l'alcool bouillant. La *laurane* ou *lauro-stéarine*, est sans importance au point de vue médical. La matière grasse peut être extraite des semences de laurier au moyen du sulfure de carbone (Berjot, Lepage).

USAGES. — Les fruits du laurier entrent dans l'eau Thériacale, le baume de Fioraventi, l'esprit carminatif de Sylvius, etc. Toutes les parties de cette plante sont considérées comme excitantes; quant aux propriétés stomachiques, carminatives, expectorantes, diurétiques, sudorifiques, anti-spasmodiques et emménagogues, qu'on a attribuées aux feuilles et aux fruits, s'il est vrai qu'elles peuvent se réaliser dans certaines conditions, il faut ajouter qu'elles ne produisent ces effets que dans certains cas d'atonie et de débilité générale, et alors il existe d'autres stimulants, qui exerceront la même action et qui sont plus faciles à administrer; c'est plus spécialement dans l'inappétence, la débilité de l'estomac, l'aménorrhée avec atonie et le catarrhe pulmonaire, que les feuilles de laurier ont été conseillées. Tantôt en infusion dans l'eau, d'autres fois dans de la bière ou dans du vin; les fruits jouissent des mêmes propriétés, mais ils sont plus actifs. Autrefois très-employés comme abortifs, ils sont tout à fait inusités pour l'usage interne; l'huile et l'onguent de laurier sont employés contre les douleurs rhumatismales; on s'en sert quelquefois pour le pansement des plaies et des ulcères atoniques.

Les feuilles du laurier d'Apollon sont très-employées dans l'art culinaire, aussi lui donne-t-on quelquefois le nom de *laurier sauce*.

LAURIER-CERISE

Cerasus lauro-cerasus Loîs. *Prunus lauro-cerasus* L.
(Rosacées - Amygdalées.)

Le Laurier-cerise, appelé aussi Laurier-amande ou Laurier aux crèmes, est un arbre dont la tige, haute de 6 à 8 mètres, se divise en rameaux portant des feuilles alternes, distiques, ovales allongées, acuminées, dentées, coriaces, lisses, luisantes, d'un beau vert, surtout en dessus, persistantes. Les fleurs, blanches, petites, très-odorantes, sont groupées en épis axillaires dressés. Elles présentent un calice campanulé, à cinq divisions courtes et obtuses; une corolle rosacée, à cinq pétales; des étamines nombreuses, insérées sur le calice; un ovaire simple, à une seule loge uniovulée, surmonté d'un style et d'un stigmate simples. Le fruit est une petite drupe ovoïde, allongée, aiguë, noirâtre, glabre, renfermant un noyau monosperme. (Pl. 24.)

Habitat. — Originaire des bords de la mer Noire, cet arbre a été naturalisé dans les contrées méridionales de l'Europe. On ne le cultive que dans les jardins botaniques ou d'agrément.

Parties usitées. — Les feuilles fraîches.

Récolte. — Il existe dans les jardins deux variétés de laurier-cerise : l'un est appelé *officinal* et l'autre *laurier de la Colchide*. Celui-ci a les feuilles plus courtes, plus obtuses; les nervures sont moins prononcées, d'où il résulte qu'à poids égal il fournit plus de principe actif.

Des recherches intéressantes, faites par MM. Mayet, Marais, Adrian, Plauchud, etc., ont démontré que l'on pouvait récolter les feuilles de laurier-cerise à toutes les époques, pour la préparation de l'eau distillée, mais que cette eau, faite dans les mêmes conditions, était plus active à l'époque de la maturité des fruits, qui a lieu en février et mars. D'après Soubeiran, elle serait plus active en juillet et août. D'ailleurs, tout fait présumer que le nouveau Codex prescrira l'emploi pour l'usage médical d'une eau distillée de laurier-cerise titrée. Il importera moins alors de déterminer d'une manière précise l'époque de la récolte. La dessiccation détruit les principes actifs du laurier-cerise, ou du moins elle annihile les substances qui contribuent à le former; mais elles renferment le principe qui, mis en contact avec l'émulsine, produit l'essence de laurier-cerise et l'acide cyanhydrique.

Composition chimique. — L'eau distillée de laurier-cerise doit son action à une huile essentielle et à l'acide cyanhydrique. Ces corps ne préexistent pas dans les feuilles, car, traitées intactes par l'alcool absolu, on ne dissout pas l'essence et l'acide cyanhydrique, mais bien une substance qui a été isolée par M. Simon de Berlin, et qui concourt à la formation de ces deux principes actifs. Ce corps est analogue à l'amygdaline, et la formation de l'essence et de l'acide cyanhydrique dans le laurier-cerise est analogue, sinon identique avec celle des amandes amères. (Voyez ce mot.)

Il est facile et important de doser l'acide cyanhydrique dans l'eau distillée de laurier-cerise. On se sert, pour cela, d'un des procédés d'analyse par les volumes indiqués par MM. Liebig, Fordos, et Gélis, et Buignet; mais malheureusement on ne peut pas titrer l'huile essentielle qui concourt puissamment à l'action thérapeutique. Aussi la commission du Codex propose-t-elle avec raison de titrer les eaux distillées de laurier-cerise, de manière à ce qu'elles soient toujours les mêmes dans toutes les pharmacies : l'époque de la récolte des feuilles, l'âge de la plante, le procédé de distillation employé, la quantité d'eau recueillie étant autant de causes qui peuvent influer sur sa composition et sur ses propriétés. De nombreuses expériences ont démontré que l'eau distillée, bien bouchée, se conservait parfaitement.

Usages. — A part l'usage des feuilles de laurier-cerise, que l'on fait quelquefois servir dans l'art culinaire, pour aromatiser les crèmes à l'amande amère, c'est le plus souvent l'eau distillée que l'on emploie ; l'essence trop active est réservée pour les besoins de la parfumerie. On prescrit quelquefois les feuilles en infusion, dans les cas où l'eau distillée est indiquée.

L'eau distillée de laurier-cerise convient dans tous les cas où l'acide cyanhydrique médicinal a été employé. C'est surtout comme narcotique et calmant qu'elle produit de bons effets. On l'emploie avec succès dans les névralgies, dans la dyspnée ; elle agit moins bien dans les névroses. On a prétendu qu'elle guérissait des maladies réputées incurables, telles que la rage, le cancer ; mais on ne doit ajouter aucune foi aux récits merveilleux que l'on a faits à ce sujet.

A l'extérieur, l'eau de laurier-cerise a été conseillée contre les affections de la peau. En général, elle ne produit, dans aucune d'elles, des effets assez marqués pour que son emploi se soit étendu.

Le laurier-cerise est un médicament dont les médecins homœopathes font un assez fréquent usage. Ils le considèrent comme narcotique et stupéfiant, mais son action varie selon les cas dans lesquels en l'emploie et la dose que l'on administre. Son signe est *Slo*, et son abréviation *Lauro.-c.*

LAURIER-ROSE

Nerium oleander L.
(Apocynées-Échitées.)

Le Laurier-rose, appelé aussi Laurose, Rosage, Nérion, etc., est un arbrisseau à racines traçantes. La tige, haute de 3 à 5 mètres, se divise en rameaux trifurqués, allongés, pubescents, portant des feuilles verticillées par trois, rarement opposées, sessiles, lancéolées, aiguës, fermes, coriaces, roides, d'un vert souvent grisâtre, persistantes. Les fleurs, grandes, d'un beau rose, sont groupées en cymes corymbiformes terminales. Elles présentent un calice assez petit, campanulé, profondément partagé en cinq lanières linéaires, aiguës, rougeâtres ; une corolle monopétale, régulière, en entonnoir, à tube long et un peu renflé au milieu, à gorge munie de cinq appendices pétaloïdes frangé, à limbe divisé en cinq lobes obtus, égaux, obliques ; cinq étamines incluses, insérées vers le milieu du tube de la corolle, à filets courts, un peu renflés et arqués, à anthères sagittées, amincies au sommet, qui se termine par une longue pointe renflée, couverte de poils blancs, laineux ; un pistil composé de deux carpelles à une seule loge multiovulée, surmonté d'un style court dilaté au sommet et terminé par un stigmate obtus. Le fruit se compose de deux follicules ovoïdes très-allongés, aigus, renfermant un grand nombre de graines munies d'une aigrette soyeuse.

Le Laurier-rose de l'Inde (*N. odorum* Sol.; *N. Indicum* Mill.) se distingue du précédent par ses feuilles plus vertes, plus longues et plus étroites ; ses fleurs odorantes, à divisions plus larges, à appendices plus longs ; et les soies de ses anthères dépassant la gorge de la corolle.

Ces deux espèces ont produit par la culture de nombreuses variétés à fleurs pourpres, roses ou blanches, simples ou doubles.

Habitat. — Le Laurier-rose habite le bord du bassin méditerranéen. On le cultive beaucoup dans les jardins d'agrément; mais, dans le Nord, il exige l'orangerie durant l'hiver.

Parties usitées. — Les feuilles.

Récolte. — Les feuilles doivent être récoltées au commencement de la floraison. Elles sont plus actives dans le Midi que dans le Nord. Dans les pays chauds, elles laissent écouler, lorsqu'on les coupe, un suc blanc très-abondant et très-âcre ; dans les pays froids et tempérés, ce suc est plus rare et moins actif.

Composition chimique. — L'analyse faite par M. Latour (*Journal de pharm.*, tome 32, 3° série, p. 332), a démontré que le laurier-rose contenait de la cire, une matière grasse verte, de la chlorophylle, une matière indifférente, blanche, cristallisable, une résine jaune, âcre, électro-négative, qui est le principe toxique, du tannin, du sucre incristallisable, de l'albumine, de la cellulose, et des sels, chlorures, sulfates et acétates à bases de potasse, de chaux et de magnésie. Distillées avec de l'eau, les feuilles de laurier-rose laissent entraîner une portion de la résine âcre et active. Ce principe existe dans toutes les parties de la plante, et plus en abondance dans l'écorce. La proportion est plus forte dans la plante qui vit à l'état de liberté que dans celle qui est cultivée; la solubilité du principe actif est facilitée par les sels alcalins.

Usages. — A diverses époques on a essayé d'introduire les préparations du laurier-rose dans la thérapeutique, sans qu'on ait pu y réussir. C'est un poison des plus violents. Les faits rapportés par Morgagni, Orfila et Loiseleur-Deslongchamps le prouvent surabondamment. L'on a cité le cas d'empoisonnement de tout un corps d'armée du maréchal Suchet, qui, en Espagne, avait mangé de la viande cuite et embrochée avec des rameaux de cette plante.

Quoiqu'on ait dit que le principe actif du *Nerium oleander* était destructif de l'irritabilité, c'est-à-dire hyposthénisant, on ne sait rien de précis à cet égard; et de nouvelles études seraient indispensables pour bien établir les effets physiologiques et toxiques de ce poison.

Les feuilles sèches sont moins actives que fraîches; pulvérisées, elles sont sternutatoires et peuvent alors devenir dangereuses.

Les feuilles digérées dans l'huile cèdent à ce liquide une grande partie de leur principe actif, et on obtient ainsi un remède populaire contre la gale, employé dans le midi de la France, et que l'on applique avec moins de raison et de succès contre la teigne et les dartres. L'infusion des feuilles fraîches, autrefois employée contre la syphilis, n'est plus usitée, et il en est de même de toutes les plantes du même genre.

LAVANDE

Lavandula vera D.C. *L. officinalis* Auct.
(Labiées – Ocimoïdées.)

La Lavande officinale ou vraie est un sous-arbrisseau à souche ligneuse, courte, rameuse. Les tiges, hautes de $0^m,30$ à $0^m,60$, ligneuses à la base, rapprochées en touffe, se divisent en rameaux tétragones, allongés, grêles, pubescents, blanchâtres, nus dans leur partie moyenne, et portant, dans la partie inférieure, des feuilles opposées, sessiles, lancéolées-linéaires, aiguës, entières, velues et blanchâtres dans leur jeune âge, à bords roulés en dessous. Les fleurs, petites, bleu violacé, sessiles, sont groupées en petits verticilles insérés à l'aisselle des feuilles supérieures transformées en bractées scarieuses, ovales arrondies, aiguës; l'ensemble de ces verticilles constitue un épi grêle terminal, interrompu à la base. Chaque fleur présente un calice ovoïde tubuleux, velu, strié, bleuâtre, à cinq dents inégales, les quatre inférieures très-courtes, la supérieure plus large prolongée en un appendice dilaté en forme d'opercule; une corolle à tube plus long que le calice, à limbe divisé en deux lèvres, la supérieure bilobée, l'inférieure trilobée; quatre étamines incluses, didynames, les deux plus longues en bas; un pistil composé de quatre

petits carpelles libres, surmonté d'un style simple terminé par un
stigmate bifide. Le fruit se compose de quatre akènes oblongs, lisses,
convexes au sommet.

La lavande en épi, vulgairement Spic ou Aspic, Lavande mâle,
Grande lavande, Faux nard, etc. (*L. spica* L.), longtemps confondue
avec la précédente, s'en distingue surtout par ses bractées linéaires,
ses feuilles spatulées, son calice moins cotonneux, etc.

La lavande à larges feuilles, vulgairement Lavande femelle (*L. latifolia* Vill.), espèce très-voisine ou peut-être même simple variété de
la lavande en épi, en diffère par sa taille plus petite; sa tige moins
ligneuse, à rameaux étalés; ses feuilles linéaires lancéolées, longuement atténuées à la base; ses bractées étroites et cotonneuses.

La lavande Stéchas, ou Stéchas arabique (*L. stœchas* L.), est aussi
un sous-arbrisseau, dont la tige, haute de 0ᵐ,35 à 0ᵐ,65, sous-
ligneuse à la base, épaisse, presque droite, se divise en rameaux
nombreux, dressés, portant des feuilles opposées, sessiles, oblongues
linéaires, entières, à bords roulés en dessous. Les fleurs, petites,
pourpre foncé, solitaires à l'aisselle de bractées ovales, pubescentes,
forment par leur réunion des épis terminaux, serrés, ovoïdes, courts,
imbriqués, couronnés par une touffe de bractées colorées en pourpre
bleuâtre.

HABITAT. — Toutes ces plantes croissent sur les bords du bassin
méditerranéen. Elles habitent surtout les lieux secs et arides, et
peuvent croître en pleine terre dans le centre et l'ouest de la
France.

CULTURE. — Les lavandes ne sont guère cultivées que dans les jardins botaniques, et en bordures dans les jardins d'agrément. On
peut les propager de graines semées au printemps; mais il vaut
mieux les multiplier par éclats de pieds, faits dans cette saison ou à
l'automne.

PARTIES USITÉES. — Les sommités fleuries, avant le complet épanouissement des fleurs.

RÉCOLTE. — Toutes les lavandes sont récoltées lorsque les corolles
commencent à s'ouvrir. On coupe les sommités fleuries, on les dispose en paquets et en guirlandes que l'on fait sécher au grenier ou au
séchoir. Quelquefois on trouve les fleurs isolées, dans le commerce de
l'herboristerie; celles du stœchas le sont toujours.

La lavande officinale sert dans le Nord à faire des bordures dans les jardins. Son odeur est moins forte mais plus agréable que celle de la lavande spic ; elle est préférée pour les préparations de l'alcoolat de lavande. La lavande anglaise est la plus usitée ; on la cultive en grand à Mitcham, comté de Surrey.

La lavande mâle ou *Spic* nous vient du midi de la France, de la Sicile, de toute l'Italie et d'Afrique. Elle exhale une odeur forte, très-aromatique ; sur les lieux de production, on en extrait une essence désignée dans le commerce sous le nom d'huile ou d'*essence de spic* ou d'aspic. Elle est employée dans la fabrication des vernis et des peintures fines.

Les fleurs de stœchas nous arrivaient autrefois d'Arabie ; aussi les nommait-on *stœchas d'Arabie* ou *arabique*. Mais aujourd'hui la Provence en fournit suffisamment. Ce sont des sortes d'épis serrés, ovales oblongs, de la grosseur d'une petite olive. Leur couleur est pourpre, blanchâtre ; leur odeur est forte et térébinthacée ; leur saveur âcre, chaude et amère. Elles fournissent moins d'huile essentielle que les précédentes. Elles entrent dans le *sirop de stœchas composé*, qui n'est plus employé.

COMPOSITION CHIMIQUE. — Les lavandes doivent leurs propriétés à une huile essentielle qu'on en retire par distillation. Celle du L. *vera* est légèrement colorée ; son odeur est forte, aromatique ; sa saveur est brûlante et amère ; sa densité est de 0,898 ; elle est soluble dans l'alcool, l'éther et l'acide acétique concentré. D'après Proust, elle laisse déposer un camphre semblable à celui des Laurinées. M. Dumas, qui a vérifié cette assertion, a vu que l'essence produite par la plante des pays chauds laissait déposer, jusqu'à moitié de son poids, de ce stearoptène.

L'essence du L. *spica* est analogue à la précédente, mais son odeur est moins suave. Elle laisse également déposer du camphre.

USAGES. — Les essences de lavande sont employées dans la parfumerie commune : le vinaigre, l'alcoolé et l'alcoolat de lavande, employés comme eaux de senteur, sont regardés comme anti-septiques. On fait avec les sommités fleuries des bouquets et des sachets que les ménagères mettent dans les armoires à linge pour les parfumer.

En médecine, les lavandes sont rarement employées ; elles sont stimulantes ; on les a conseillées dans les affections nerveuses, atoniques, contre la débilité digestive, les catarrhes chroniques, l'asthme humide. Les propriétés emménagogues qu'on leur a attribuées sont nulles. A l'extérieur, les infusions aqueuses ou vineuses sont regardées comme toniques et résolutives. On s'en sert pour lotionner les contusions. L'huile volatile a été employée quelquefois sous forme de liniment contre les douleurs. Bodart dit que l'on fait respirer les fleurs de lavande avec succès dans la dyspnée. D'ailleurs, leur action est analogue à celle de l'hyssope ; celle-ci est préférée.

LÉDON

Ledum palustre et latifolium L.
(Éricinées – Rhodorées.)

Le Lédon des marais ou à feuilles étroites (*L. palustre* L.), appelé vulgairement Romarin sauvage, est un arbuste de $0^m,35$ à $0^m,65$, rameux, diffus, à tige brune, à jeunes rameaux velus et roussâtres, portant des feuilles alternes, sessiles, étroites, linéaires, coriaces, persistantes, à bords repliés en dessus, à face inférieure couverte d'un duvet épais et roussâtre. Les fleurs, blanches, à pédoncules courbés après la floraison, sont réunies en ombelles terminales. Elles présentent un calice petit, à cinq dents ; une corolle à cinq pétales hypogynes, libres, étalés ; dix étamines, plus longues que la corolle ; un ovaire à cinq loges pluriovulées, inséré sur un disque hypogyne glanduleux, et surmonté d'un style simple, que termine un stigmate discoïde, à cinq rayons. Le fruit est une capsule, s'ouvrant, par le décollement des cloisons, en cinq loges, à placentas pendants au sommet de la columelle et portant un grand nombre de petites graines.

Le Lédon à larges feuilles (*L. latifolium* L.), vulgairement appelé Thé du Labrador, se distingue du précédent par sa taille plus élevée, sa forme arrondie plus régulière, son écorce brunâtre, ses feuilles plus larges, ovales oblongues, d'un vert noirâtre en dessus, jaunâtre en dessous ; ses cinq étamines, égalant à peu près la corolle.

HABITAT. — Le lédon à feuilles étroites se trouve surtout dans le nord de l'Europe, où il vit dans les marais. Le lédon à larges feuilles habite les régions septentrionales de l'Amérique.

CULTURE. — Ces arbrisseaux demandent une exposition ombragée et la terre de bruyère fraîche. On les multiplie de graines semées en terrine, de rejetons et de marcottes faites au printemps.

PARTIES USITÉES. — Les feuilles et les sommités.

RÉCOLTE. — La récolte des feuilles doit être faite avant la floraison; celle des sommités, lorsque les bourgeons floraux commencent à s'ouvrir.

COMPOSITION CHIMIQUE. — Toutes les parties des Ledum présentent une odeur forte, vireuse et résineuse, une saveur chaude, piquante, amère et astringente. Les feuilles du *L. palustre* ont été analysées par le docteur Meissner de Halle, qui y a trouvé une huile volatile plus légère que l'eau, de la chlorophylle, de la résine, du tannin, du sucre incristallisable, une matière colorante brune. (*Bulletin des sciences, méd. de Férussac*, tome XII, page 179.) On croit que l'odeur de cette plante éloigne les insectes ; elle concourt, avec le bouleau, à donner au cuir de Russie l'odeur qu'on lui connaît. On prétend qu'en Allemagne on le fait entrer dans certaines bières qui sont ainsi rendues plus enivrantes, et même narcotiques.

M. Bacon, qui a analysé les feuilles du *L. latifolium* y a trouvé du tannin, de l'acide gallique, une matière amère, de la cire, de la résine et des sels. (*Journal de pharm.*, t. IX, p. 558.)

USAGES. — D'après Linné, les feuilles du *L. palustre* sont employées en Westro-Gothie contre la coqueluche (*Amœn. Acad.*, VIII, p. 268), ce qui n'aurait rien de surprenant, puisqu'on leur attribue des propriétés narcotiques et un peu vomitives, on les a crues propres à calmer et à guérir les fièvres éruptives. D'après Odhelius, la décoction est employée contre la lèpre et préconisée contre la gale et la teigne. L'eau distillée a été conseillée contre la céphalalgie. Hufeland prescrivait la tisane par infusion contre les toux nerveuses. Aujourd'hui les ledum sont inusités.

LENTILLE

Lens esculenta Mœnch. *Ervum lens* L. *Vicia lens* Coss.-Germ.
(Légumineuses - Viciées.)

La Lentille, appelée aussi dans quelques localités Arousse ou Arroufle, est une plante annuelle, dont la tige, haute de $0^m,20$ à $0^m,40$, tétragone, pubescente, rameuse, dressée, porte des feuilles alternes, pétiolées, paripennées, présentant cinq à sept paires de folioles oblongues, obovales ou linéaires, accompagnées de deux stipules lancéolées et terminées par une vrille simple ou bifurquée.

Les fleurs, petites, blanches, veinées de violet, sont réunies, au nombre d'une à trois, à l'extrémité de pédoncules axillaires égalant à peu près la longueur des feuilles. Elles présentent un calice à cinq dents égales, velues, longues, linéaires, subulées; une corolle papilionacée; dix étamines diadelphes; un ovaire simple, allongé, comprimé, à une seule loge pauciovulée, surmonté d'un style filiforme terminé par un très-petit stigmate en tête. Le fruit est une gousse pendante, presque rhomboïdale, terminée en bec, glabre, fauve à la maturité, renfermant une ou deux graines comprimées, lenticulaires, lisses, jaunâtres, brunes ou marbrées.

La lentille à une fleur (*Ervum monanthos* L., *Vicia monantha* Coss. — Germ.) est aussi annuelle, et se distingue de la précédente par ses feuilles à folioles linéaires tronquées ou échancrées; ses stipules de deux formes différentes pour la même feuille, l'une linéaire, l'autre réniforme et laciniée; ses fleurs solitaires, à dents calicinales plus courtes.

On donne le nom de lentille du Canada à une variété à graines blanches de la vesce commune (*Vicia sativa* L.).

HABITAT. — La lentille croît dans les moissons, sur les terrains secs et sablonneux du midi de l'Europe. On la cultive en grand dans les champs et les jardins maraîchers.

PARTIES USITÉES. — Les semences.

RÉCOLTE. — Les graines de lentilles sont récoltées à l'automne, un peu avant la déhiscence du fruit; on les bat sur un drap pour faire ouvrir les gousses; et après avoir vanné les graines, on les fait dessécher et on les conserve pour la consommation de l'hiver.

COMPOSITION CHIMIQUE. — Les lentilles sont riches en fécule; leur épisperme contient un peu de tannin. Fourcroy a trouvé dans la farine de l'albumen et un peu d'huile verte (*Ann. du Muséum*, t. VII, p. 12). D'après Braconnot, elles contiennent une quantité considérable d'une matière azotée, soluble dans l'eau, coagulable par l'acide acétique, soluble dans un excès d'acide, très-analogue à la caséine du lait, et que, pour cette raison, on a nommée *caséine animale*, mais qui est cependant plus souvent désignée sous celui de *légumine*. et qui constitue la partie essentiellement nutritive des graines des légumineuses.

USAGES. — Les quatre farines résolutives autrefois très-employées en médecine étaient préparées avec le lupin blanc, *Lupinus albus* L., la fève, *Faba sativa*, l'orobe, *orobus vernus*, que l'on remplaçait souvent par la lentille, *Ervum lens*, ou par l'ers, *Ervum Ervilia*, et la vesce, *Vicia sativa*, appartenant à la famille des légumineuses. Aujourd'hui toutes ces farines sont très-peu employées.

C'est surtout comme plante alimentaire que la lentille est importante ; on la mange en purée, en ragoûts, en potages, en salades, etc. La farine, mélangée avec un peu de sel marin, de sucre ou de mélasse, constitue ces préparations dépourvues de toutes qualités médicinales ou hygiéniques, quoique si vantées par la spéculation et le charlatanisme, comme guérissant de tous les maux, sous les noms de *Revalescière*, de *Revalenta* et d'*Ervalenta*.

Les anciens prescrivaient la décoction de lentilles comme sudorifique et l'employaient contre la variole ; Zacutus la disait utile contre la pleurésie, mais Murray a fait voir qu'elle ne pouvait agir que comme émolliente (*App. méd.*, t. II, p. 453).

D'après Lange, le café de lentilles est un puissant diurétique dont usent les habitants de Cronstadt contre l'hydropisie (*Ancien Journ. de méd.*, t. LXXX, p. 47). On emploie quelquefois la farine en cataplasmes comme résolutive ; elle n'est qu'émolliente. C'est sans raison que l'on a prétendu que l'usage de ce légume dispose aux engorgements, à l'éléphantiasis, etc.

L'*Ervum monanthos* L., que l'on a placée dans les *Vicia* et qui produit la jarosse, est cultivée comme fourrage ; les semences comprimées sont plus épaisses et un peu moins grandes que celles de la lentille ; leur couleur est rougeâtre.

LENTISQUE

Pistacia lentiscus L.
(Térébinthacées - Pistaciées.)

Le Lentisque est un arbrisseau à racines traçantes. Sa tige, haute de 2 à 3 mètres, tortueuse, rameuse, diffuse, porte des feuilles alternes, pétiolées, paripennées, offrant huit à douze folioles ovales, lancéolées, obtuses, glabres, odorantes, persistantes. Les fleurs, petites, rougeâtres, dioïques, sont groupées en panicules axillaires. Elles présentent un calice profondément divisé en cinq lobes lancéolés-linéaires. Les mâles ont cinq étamines; les femelles, un ovaire à une seule loge uniovulée, surmonté d'un style simple terminé par trois stigmates épais. Le fruit est une drupe sèche, très-petite, pisiforme, rougeâtre, contenant un noyau osseux.

Habitat. — Cet arbrisseau est répandu sur tout le pourtour du bassin méditerranéen. Il croît surtout dans les lieux arides et montueux. On ne le cultive que dans les jardins botaniques. Dans le Nord, il exige l'orangerie durant l'hiver.

Parties usitées. — La résine qui en découle ou mastic, le bois, les fruits, les graines.

Récolte. — Le bois du lentisque est jaunâtre, un peu aromatique, résineux; sa saveur est un peu astringente, et on peut le couper en toute saison, mais de préférence à l'automne. Les fruits que l'on mange sont cueillis à leur maturité. Le produit le plus important de cette plante est le *mastic*. La plante n'en donne pas partout; ainsi en Provence, d'après Gassendi, elle n'en fournit pas, ou elle en fournit si peu que cela ne vaut pas la peine d'être ramassé; il en est de même en Algérie. Cette exploitation est particulièrement faite dans l'île de Scio ou de Chio; c'est une des sources de la fortune de cette île; le sultan des Turcs défendait qu'on cultivât ailleurs cette plante. Pour obtenir le *mastic*, on fait au tronc et aux principales branches, du 15 au 20 juillet, des incisions légères et nombreuses; il découle de chacune d'elles un suc liquide qui se concrète sur l'arbre, et forme des larmes sèches qui quelquefois tombent à terre. La première récolte se fait vers la fin d'août; on incise de nouveau pour récolter une seconde fois en septembre. Il est défendu de ramasser cette production. Le mastic se recueille dans vingt et un villages de l'île. Les arbres couchés et rampants en donnent plus que ceux qui sont dressés. La récolte s'élève, dit-on, annuellement à soixante mille ocques (l'ocque vaut 2,500 grammes). La meilleure qualité est destinée à l'usage du sultan; l'autre est envoyée au Caire (Olivier, *Voyage dans l'empire ottoman*, t. I, p. 292). D'après le P. Labat, le lentisque croît en Sénégambie, et il y produit du mastic. Du temps de Galien, il y en avait en Égypte, et il paraît qu'il y en a aussi dans la Natolie.

Le mastic se présente sous la forme de petites larmes dures, sèches, d'un jaune pâle, lisses, cassantes, transparentes, presque sphériques, d'une odeur un peu térébenthacée, brûlant sur les charbons ardents en répandant une fumée noire et épaisse; chauffées dans la bouche, elles adhèrent aux dents. On désigne sous le nom de *mastic mâle* les larmes les plus grosses; la seconde sorte, appelée *mastic femelle*, est celle que l'on ramasse par terre; il est moins estimé.

La sandaraque (*Thuya articulata*), produite par une conifère, ressemble beaucoup au mastic; on la distingue en ce que les larmes sont plus allongées, plus jaunes, et en ce qu'elles se brisent sous la dent sans y adhérer, à leur complète solubilité dans l'alcool, et à leur solubilité beaucoup moins grande dans l'éther et dans l'alcool.

Composition chimique. — Les larmes du mastic sont recouvertes d'une poussière blanchâtre provenant de leur frottement réciproque; leur cassure est vitreuse, leur transparence un peu opaline, leur odeur est douce et agréable, leur saveur un peu aromatique; elles sont incomplétement solubles dans l'alcool, la partie non dissoute est tenace et élastique lorsqu'elle tient de l'alcool interposé et séché, et casssante lorsqu'elle n'en contient pas; elles sont solubles dans l'éther et dans l'essence de térébenthine chaude. Mathews a désigné sous le nom de *Masticine* la partie du mastic insoluble dans l'alcool; c'est, d'après M. Bonastre, une sous-résine, et M. Guibourt en a trouvé une analogue dans la résine animée.

Usages. — Wrenck a vanté le bois de lentisque comme une sorte de panacée contre la goutte; on l'a employé en gargarismes; on en fait des cure-dents. D'après Pline, les fruits du lentisque étaient mangés de son temps confits dans des olives; il raconte que Damocrate guérit la fille du consul Servilius, atteinte d'une maladie chronique, avec le lait d'une chèvre nourrie de feuilles de lentisque (lib. XXIV, c. 7). En Espagne, dans le Levant et en Algérie, on retire de l'amande par expression une huile qui sert à l'éclairage; on en fabriquait aussi en Provence, du temps de Clusius (Tournefort, *Voyage*, t. II, p. 65).

Le mastic est très-employé par les femmes grecques, turques, américaines, juives, etc.; elles le mâchent sans cesse; il parfume l'haleine, raffermit les gencives, conserve la blancheur des dents, augmente la sécrétion salivaire, agit sur l'estomac; il est regardé comme astringent et anti-spasmodique; on l'a employé avec succès pour combattre la diarrhée rebelle des phthisiques. On fait usage en Algérie dans le même but de l'extrait alcoolique de lentisque.

En Orient, le mastic sert à parfumer les liqueurs ; on en met dans le pain, on en brûle dans les appartements ; on le mélange aux eaux de senteur, aux poudres dentifrices ; on en fait des fumigations contre le rhumatisme, la goutte, le rachitisme, les spasmes de la poitrine, différentes douleurs ; à l'intérieur on le donne contre le catarrhe chronique, la leucorrhée, etc. En France, il est peu employé ; Dubois de Rochefort l'a cependant quelquefois administré. En Allemagne, on en prépare une huile, un sirop, une teinture, un élixir, etc. Chez nous, il sert surtout pour la fabrication des vernis fins.

LÉONTICE

Léontice leontopetalum L., *Leontopodium vulgare* Mor.
(Berbéridées.)

La Léontice commune ou Pied-de-Lion est une plante vivace, à rhizome tubéreux, émettant des fibres radicales. La tige, haute de $0^m,30$ à $0^m,40$, verte, striée de pourpre, cylindrique, dressée, porte des feuilles alternes, pétiolées, deux fois ternées, à folioles obovales, presque sessiles. Les fleurs jaunes, fortement veinées, sont groupées en une panicule terminale, accompagnée de bractées foliacées, ovales, entières, stipitées, plus courtes que les pédicelles. Elles présentent un calice à six pétales alternant sur deux rangs, colorés, caducs ; une corolle à six pétales également sur deux rangs, onguiculés, plus courts que les sépales ; six étamines sur deux rangs, à filets planes et très-courts, à anthères biloculaires ; un pistil à ovaire ovoïde-oblong, à une seule loge renfermant quatre ovules, surmonté d'un style court terminé par un stigmate obtus. Le fruit est une capsule membraneuse, vésiculeuse, uniloculaire, renfermant trois ou quatre graines noires et globuleuses (Pl. 25).

La léontice pigamon (*L. thalictroïdes* L., *Caulophyllum thalictroïdes* Mich.) est aussi vivace, et caractérisée par sa tige nue, terminée par trois feuilles pétiolées, deux fois ternées ; ses fleurs jaunes en grappe rameuse, et ses graines d'un bleu foncé.

HABITAT. — La léontice commune croît sur les bords du bassin méditerranéen ; on la trouve dans les terres labourées, les moissons, etc. La léontice pigamon habite les bois montueux de l'Amérique du Nord, et particulièrement de la Virginie.

CULTURE. — Les léontices demandent une terre légère et une

bonne exposition. On les multiplie par la division des tubercules. On doit les couvrir pendant les hivers rigoureux.

PARTIES USITÉES. — Les feuilles, les racines.

RÉCOLTE. — Cette plante n'existe pas dans le commerce de la droguerie. Son nom de *pied-de-lion* lui vient de la forme de ses feuilles, qui imitent, dit-on, la trace du pied du lion.

COMPOSITION CHIMIQUE. — On ne sait rien de positif sur la composition des *léontices*; on prétend que les Arabes mangent les feuilles acides du L. *chrysogonum* L. (*Journ. de Pharm.*, t. IX, p. 209). Ce qui ferait supposer qu'elles renferment de l'acide oxalique ou plutôt de l'acide malique, si communs dans les feuilles et les fruits des plantes de la même famille. Ce qui nous paraît moins probable, c'est qu'on a dit qu'en Perse et dans tout l'Orient, sa racine savonneuse sert à dégraisser les cachemires, ce qui ferait supposer qu'elle est riche en *saponine*, substance neutre très-décrassante qu'on n'a jamais trouvée dans aucune autre berbéridée ; cette assertion d'Olivier est peu probable, et nous croyons avec Mérat et de Lens, que la plante employée en Orient pour dégraisser les laines (*Journ. de Pharm.*, t. XIII, p. 203), est une caryophyllée du genre *gypsophila*, analogue à celui qui produit le *kalvagi* des Arabes, ou saponaire d'Égypte.

USAGES. — D'après Dioscoride, les *léontices* apaisent les douleurs de dents ; administrés en lavement ils calment la sciatique et guérissent la morsure des serpents (lib. III, c. 94). Les Orientaux les ont, dit-on, employés contre la gale, aujourd'hui ils sont tout à fait inusités. En Orient on appelle le L. *Leontopetalum*, *Moïadé*.

D'après M. Bentley, le *L. Thalictroïdes* ou *Caulophyllum Thalictroïdes* ou *cohost bleu* est employé par les peuplades du Nord, comme l'ergot de seigle chez nous, pour faciliter les accouchements ; la dose est de un à deux grammes, le principe actif qu'on en a isolé a été nommé *caulophyllin*. C'est une matière résineuse qui se dépose lorsqu'on traite la teinture alcoolique par l'eau.

Ce sont les rhizomes du cohost que l'on emploie; ils sont longs de plusieurs centimètres, ramifiés et ressemblent à la racine de serpentaire de Virginie ; coupés transversalement on remarque deux couches toutes deux d'un blanc jaunâtre, séparées par un tissu brun foncé. Il est inconnu en France.

LICHEN

Lichen Islandicus et *L. pulmonarius* L.
(Lichénées.)

Les Lichens sont des végétaux cryptogames cellulaires, à fronde ou *thallus* pulvérulent, crustacé, filamenteux, foliacé ou ramifié ; les fructifications (*apothécies*), bombées (*tubercules*) ou en godet (*scutelles*), se composent d'une partie interne productive et d'une externe qui lui sert de réceptacle : l'interne renferme les gongyles ou sporules, tantôt libres et nus, tantôt contenus dans des thèques, ou dans une lame ouverte, ou un *nucleus* ; l'extérieure ou *conceptacle* est plus ou moins évasée ou fermée, plus ou moins dilatée. Les lichens se présentent sous des formes très-variées ; tantôt de larges plaques crustacées, grises, jaunes ou brunes ; tantôt de longs filaments suspendus aux branches des arbres ; d'autres sont rameux et végètent sur le sol ; quelques-uns ressemblent à une poussière grise ou verdâtre, ou plutôt tous les lichens offrent cet aspect dans les premiers temps de leur développement.

Nous réunissons dans un même article toutes les espèces usitées en médecine, et dont une ou deux seulement ont quelque importance.

Le lichen d'Islande (*Lichen Islandicus* L., *Physcia Islandica* D. C., *Cetraria Islandica* Achar.) a des frondes membraneuses, coriaces, sèches et comme cartilagineuses, glabres, d'un gris roussâtre, ramifiées, formant des touffes serrées, d'une hauteur totale d'environ $0^m,10$. Les divisions des frondes sont très-écartées, obtuses, à bords repliés en gouttière et munis de poils ciliés presque épineux. Les fructifications consistent en scutelles sessiles, peu nombreuses, planes, arrondies, d'une couleur pourpre foncée, entourées d'un rebord cilié et placées obliquement au sommet et sur le disque des divisions de la fronde (Pl. 26, fig. 1).

Le lichen pulmonaire (*L. pulmonarius* L., *Lobaria pulmonaria* D. C., *Sticta pulmonaria* Achar.), appelé aussi pulmonaire de chêne, thé des Vosges, etc., a des frondes cartilagineuses très-grandes, étalées, à lobes profonds, anguleux, rameux, tronqués au sommet, d'un roux fauve à la face inférieure, qui est glabre et réticulée, marquée de creux qui correspondent aux bosselures de la face supérieure. Les scutelles sont éparses, peu nombreuses, d'un rouge marron,

d'abord concaves, puis planes, placées sur les bords des frondes. On
remarque encore, sur ces bords et sur les lignes saillantes de la face
supérieure des sorédies ou sortes de petits amas pulvérulents (Pl. 26,
fig. 2).

Nous ne ferons que nommer les lichens aptheux (*L. apthosus* L.,
Peltigera aphthosa D.C.), en entonnoir (*L. pyxidatus* L., *Bæo-
mices* Achar.), des murailles (*L. parietinus* L., *Parmelia parietina*
Achar.), etc.

HABITAT. — Ces diverses espèces sont répandues dans presque
toute l'Europe; elles habitent de préférence les régions montagneuses, les lieux arides, les bois, etc. On les trouve croissant sur
la terre, les pierres, les vieux murs, sur le tronc des arbres, les
bois morts, etc.

PARTIES USITÉES. — Toute la plante.

RÉCOLTE. — Le lichen d'Islande, le seul à peu près employé en
médecine est abondant dans le Nord de l'Europe, surtout en Islande;
on en trouve en France, dans les Vosges, l'Auvergne, les Pyrénées, etc.; il croît sur l'écorce des arbres ou sur terre; il nous arrive sec, il est alors coriace, inodore, d'une saveur amère, il se gonfle dans l'eau froide en cédant au liquide du principe amer et du
mucilage; ainsi gonflé et traité par l'iode, toute la partie externe du
thallus se colore en bleu noirâtre, tandis que la partie interne calcaire conserve sa couleur grisâtre. Lorsqu'on fait bouillir longtemps
le lichen dans l'eau, il se dissout presque en entier et le liquide se
prend en gélée par le refroidissement.

Le lichen pulmonaire tire son nom, d'après quelques auteurs, de
l'analogie d'aspect que présentent ses frondes avec un poumon
coupé; d'après d'autres, de ce qu'on l'a employé contre les maladies
du poumon. Quoique très-commun, il est peu estimé et inusité.

Le lichen pixidé (*L. Pixidatus* L., *Scyphophorus Pixidatus* D.C.),
commun en Auvergne et dans nos bois, était autrefois employé, il
ne l'est plus aujourd'hui. On a beaucoup vanté contre l'épilepsie
l'*usnée du crâne humain*, on la payait, dit-on, jusqu'à mille francs les
30 grammes, c'est le *L. saxatilis* L. (*Parmelia saxatilis* Ad.). Il fallait choisir exclusivement la plante qui croissait sur les crânes hu-
mains exposés à l'air; il est vrai qu'on lui substituait presque toujours le L. *Ricatus* L. (*usnea plicata* D.C.). Tous deux sont aujourd'hui
tout à fait oubliés.

Composition chimique. — Le lichen a été analysé par Proust, Berzélius, Schnopp et Schneidermann, étudié par MM. Robinet, Herberger, etc. Il contient les principes suivants : amidon particulier (*lichénine*), matière amère (*cétrarin* ou *cétrarine*), sucre incristallisable, gomme, graisse, chlorophylle particulière insoluble dans l'acide chlorhydrique (*tallochlore*), matière colorante extractive (*apothème*), squelette amylacé, tartrate et lichénate de potasse, phosphate et lichénate de chaux. D'après MM. Schnopp et Schneidermann, le lichen contient deux acides particuliers qu'ils ont nommés acide *cétrarique* et acide *lichen stéarique*.

La lichénine est brune, insipide, d'une odeur faible de lichen, elle se gonfle très-peu dans l'eau en se dissolvant à peine; elle est soluble dans l'eau bouillante. Par le refroidissement la liqueur se prend en gelée, mais elle perd cette propriété par l'ébullition prolongée; elle est insoluble dans l'alcool, l'iode est sans action sur sa solution, mais il colore en bleu la lichénine gélatineuse; les acides étendus lui font perdre la propriété de se prendre en gelée, et par une ébullition prolongée il se fait d'abord de la gomme, puis du sucre. John a trouvé de l'inuline dans le lichen, M. Payen a vu que l'amidon du lichen était transformé en dextrine et en sucre par la diastase, en même temps qu'il se dépose de l'inuline, de sorte qu'il est probable que la matière amylacée du lichen est un mélange d'amidon et d'inuline.

La matière amère ou *cétrarin* ou *acide cétrarique*, est solide, incolore, inodore, cristallise en aiguilles ténues; elle est très-amère, peu soluble dans l'eau froide, très-soluble dans l'eau bouillante et dans l'alcool absolu.

Pour les usages de la médecine, lorsqu'on veut employer le lichen comme tonique amer, on ne le prive pas du cétrarin, mais lorsqu'on en fait usage comme expectorant, on lui enlève le principe. Herberger conseille de le traiter par l'alcool concentré. Ce procédé, très-bon lorsqu'on veut isoler le cétrarin, est impraticable au point de vue pharmaceutique. Berzélius a proposé la macération dans un liquide alcalin et les lavages prolongés, mais comme on n'est jamais certain d'enlever tout l'alcali, il vaut mieux employer la méthode de M. Robinet, qui consiste à faire une infusion aqueuse et laver ensuite dans l'eau froide; un courant longtemps prolongé d'eau froide est suffisant.

Usages. — Comme tonique amer, c'est-à-dire non privé de cétrarin, le lichen est très-peu employé; lorsque au contraire cette séparation a été effectuée, le lichen est un des émollients adoucissants et expectorants les plus souvent employés sous formes de tisane, de sirop, de gelée ou de pâte. On peut pour ainsi dire l'employer à toute dose dans toutes les maladies de poitrine, il calme la toux et facilite l'expectoration. Depuis 1673, époque à laquelle Borrichius employa le lichen contre les maladies de poitrine, jusqu'à nos jours, le lichen a été usité journellement comme calmant, sous les formes que nous avons fait connaître.

Dans les pays pauvres du Nord, en Norwége principalement, les divers lichens sont employés comme aliments; on les prive du principe amer par des lavages. C'est surtout le lichen esculent *Lichen esculentus* L. *Lecanora esculenta*, que quelques auteurs nomment *manne tombée du ciel* et *manne des Hébreux*, que l'on emploie à cet usage. On prétend que les populations pauvres qui se nourrissent de lichen sont exemptes de l'éléphantiasis, très-commun au contraire chez ceux qui mangent du poisson.

LIERRE

Hedera helix L.
(Araliacées.)

Le Lierre est un arbrisseau à tiges sarmenteuses, grimpantes ou rampantes, de longueur et de grosseur très-variables, émettant sur l'une de leurs faces une ligne presque continue de racines adventives blanchâtres. Elles portent des feuilles alternes, pétiolées, fermes, coriaces, luisantes et d'un beau vert foncé en dessus, plus pâles en dessous, persistantes; les inférieures cordées à la base, palmées, à trois, cinq ou sept lobes triangulaires; les supérieures atténuées à la base, ovales, aiguës, entières. Les fleurs, d'un jaune verdâtre, sont portées sur des pédoncules pubescents, et réunies en ombelles très-denses, arrondies, rapprochées en panicule terminale. Elles présentent un calice pubescent, à tube adhérent, à limbe divisé en cinq dents très-courtes, écartées; une corolle à cinq pétales ovales, aigus, larges et tronqués à la base, pubescents, étalés et un peu réfléchis; cinq étamines courtes, droites, saillantes, insérées sur un disque épigyne qui revêt le sommet du tube du calice; un ovaire

infère, globuleux, à cinq loges uniovulées, surmonté d'un style simple
terminé par un stigmate en tête. Le fruit est une baie globuleuse,
coriace, noire, couronné par le limbe du calice et le style persistants,
à cinq loges monospermes.

HABITAT. — Le lierre est commun dans toute l'Europe ; il croît
dans les lieux frais et ombragés des bois, dans les haies et les buissons, sur les vieux murs et les édifices en ruines ; tantôt il rampe sur
la terre, tantôt il grimpe et vit en faux parasite sur les troncs d'arbre
et les autres appuis.

CULTURE. — Le lierre n'est pas cultivé exclusivement pour l'usage
médical ; mais on le trouve dans presque tous les parcs et les jardins,
où l'on en fait même des bordures. Il croît dans tous les sols et à
toute exposition, et se propage très-facilement de graines, semées
aussitôt après leur maturité, de boutures et de rejetons enracinés,
plantés à l'ombre.

PARTIES USITÉES. — Les feuilles, les baies, l'écorce, la résine.

RÉCOLTE. — Les feuilles qui ne sont employées que fraîches peuvent être récoltées pendant toute l'année ; il en est de même de
l'écorce, qui est facile à reconnaître aux crampons nombreux qu'elle
présente sur sa partie externe. Les fruits, autrefois employés, et qui
ne le sont plus aujourd'hui, étaient cueillis à l'époque de leur maturité, qui a lieu de janvier à mars.

La résine de lierre découle spontanément, ou à la suite d'incisions,
dans les pays chauds, du tronc des vieux lierres. Autrefois employée
en fumigations, elle est aujourd'hui à peu près inusitée. Elle est
d'ailleurs très-variable dans sa composition : tantôt elle est en forme
de résine, d'autres fois de gomme pure. C'est la résine qui était
estimée.

La résine de lierre du commerce présente des morceaux de trois
sortes différentes : les premiers paraissent noirs et opaques, parce
qu'ils sont recouverts d'une croûte présentant cette couleur ; mais
si on l'enlève, ils deviennent transparents et orangés. Leur cassure
est vitreuse ; leur saveur mucilagineuse. Ils donnent une poudre
presque blanche, qui se gonfle dans l'eau sans s'y dissoudre. Cependant il arrive quelquefois que la liqueur filtrée précipite par
l'alcool, ce qui indique la présence de la gomme ; de sorte que,
d'après M. Guibourt, ces fragments seraient composés d'une matière gommeuse insoluble, analogue à celle de la gomme de Bas-

sora et d'une matière soluble ressemblant à celle de la gomme du Sénégal.

La seconde sorte de résine est en fragments irréguliers d'un brun noirâtre, avec des taches ocreuses et des fragments d'écorce adhérents. Leur cassure est brillante et vitreuse, opaque dans les points colorés. Ils sont inodores, donnent une poudre brune et brûlent comme du bois lorsqu'on les expose au feu. Ils sont formés de matières gommeuses analogues à la précédente ; mais dans les cavités on trouve des larmes petites, résineuses, d'un rouge rubis.

Enfin, la troisième sorte de résine de lierre est brun noirâtre, salie extérieurement par une poussière jaune. Elle offre plus rarement des débris d'écorce. Sa cassure est vitreuse, transparente, d'un rouge rubis foncé. Son odeur est résineuse et rance ; sa saveur est forte ; elle donne une poudre jaune très-odorante. C'est cette variété qui a été décrite par De Meuve et Lémery, et qui doit être seule employée.

COMPOSITION CHIMIQUE. — Les feuilles de lierre qui n'ont pas été analysées ont une saveur âcre très-irritante. La résine, appelée quelquefois *hédérée* ou *hédérine*, contient, d'après M. Pelletier, gomme, 7 ; résine, 23 ; acide malique, 0,30 ; ligneux, 69,70. Mais on comprend, d'après ce que nous venons de dire, que sa composition doit beaucoup varier. M. Guibourt, qui a soumis cette résine à l'action de divers dissolvants et réactifs, pense qu'elle renferme un principe immédiat différent des gommes et des résines, et qui pourrait être utilisé en teinture.

USAGES. — Il y a quelques années encore, on se servait des feuilles de lierre pour panser les exutoires. Aujourd'hui on les remplace par des papiers épispastiques. Quoique vantées par Celse contre l'érysipèle, par Baillou contre les engorgements mésentériques, elles sont tout à fait inusitées. Dans les campagnes, la décoction aqueuse est quelquefois employée contre la gale.

Les fruits sont éméto-cathartiques. Hoffmann et Simon Pauli les regardent avec raison comme dangereux. La résine était employée comme aromatique et balsamique ; l'écorce comme purgative.

LILAS

Syringa vulgaris L. *Lilac vulgare* Tourn.
(Oléinées - Syringées.)

Le Lilas commun ou Lilac est un arbrisseau dont la tige, haute
de 3 à 4 mètres, se divise en rameaux opposés, terminés par deux
bourgeons géminés, et portant des feuilles opposées, pétiolées, cordiformes, aiguës, entières, glabres, d'un beau vert sur leurs deux faces.
Les fleurs, violettes ou pourpre violacé, quelquefois blanches, sont
groupées en thyrses terminaux. Elles présentent un calice court,
tubuleux, un peu globuleux, persistant, à quatre dents ; une corolle
en coupe ou en entonnoir, à tube grêle, cylindrique, trois à quatre
fois plus long que le calice, un peu renflé vers la gorge, à limbe
divisé en quatre lobes un peu concaves, étalés ; deux étamines incluses, presque sessiles, insérées vers la partie supérieure du tube de
la corolle ; un ovaire simple, libre, globuleux, à deux loges biovulées, surmonté d'un style court, inclus, terminé par un stigmate
allongé et profondément bifide. Le fruit est une capsule ovoïde,
coriace, un peu comprimée, pointue au sommet, s'ouvrant en
deux valves carénées qui entraînent chacune la moitié de la cloison adhérente au milieu de leur face interne ; l'intérieur est divisé
en deux loges qui renferment chacune deux graines planes, étroitement ailées.

Le Lilas de Perse (*S. Persica* L.) se distingue du précédent par
sa taille plus petite ; ses feuilles lancéolées aiguës, entières ou
irrégulièrement pennatifides ; ses fleurs plus grêles, d'un pourpre
clair.

Nous citerons encore le Lilas Josika (*S. Josikœa* Jacq.)

Habitat. — La véritable patrie du lilas commun n'est pas bien
connue ; on croit cependant que cet arbrisseau est originaire de
l'Orient. Le lilas Josika vient de la Hongrie. Toutes ces espèces sont
fréquemment cultivées dans les jardins d'agrément.

Parties usitées. — Les feuilles, l'écorce, les fleurs, les fruits et
les semences.

Récolte. — Les feuilles doivent être récoltées avant la floraison ;
l'écorce au printemps ou à l'automne ; les fruits à leur maturité,
mais avant la déhiscence des capsules ; les fleurs au moment de

leur épanouissement, car leur odeur, très-fugace, se dissipe après leur éclosion.

Composition chimique. — Toutes les parties du lilas sont d'une amertume très-prononcée. MM. Pétroz et Robinet, qui ont analysé les fruits, y ont trouvé une matière résineuse, une substance sucrée, une autre amère, une matière qui précipite les sels de fer en gris, une espèce de gomme se rapprochant de la bassorine, de l'acide malique, du malate acide de chaux, du nitrate de potasse, et d'autres sels; plus, une matière incristallisable, que l'on trouve surtout dans l'écorce, les bourgeons et les feuilles, qui a été nommée *syringine*. Ce sont des aiguilles radiées, solubles dans dix parties d'eau, et dans l'alcool, insolubles dans l'éther. Leur saveur est amère, douceâtre, nauséabonde et astringente. Elles sont solubles dans l'acide sulfurique concentré avec une coloration jaune verdâtre, qui vire au vert violacé. La dissolution, étendue d'eau, présente une couleur améthyste.

Les fleurs du lilas, très-odorantes, sont employées en parfumerie, où on extrait l'arome par les huiles fixes très-fines par un procédé analogue à celui que l'on emploie pour la tubéreuse et le jasmin, et qui porte le nom d'*enfleurage*. Un chimiste allemand, nommé Weismann, a cependant obtenu, par distillation, de cinq cents grammes de fleurs de lilas, quatre grammes d'une huile essentielle d'une odeur très-suave, analogue à celle du bois de Rhodes.

Usages. — Les feuilles de lilas sont très-amères; les cantharides les mangent avec avidité. C'est, en effet, sur ces arbres qu'on les trouve le plus souvent. Le bois est dur, d'un grain fin, susceptible de prendre un beau poli, et pourrait servir pour faire des ouvrages de tour. A défaut de jasmin, les Turcs emploient les jeunes pousses du lilas pour faire des tuyaux de pipe.

Sans un travail que M. le professeur Cruveilhier, alors médecin à Limoges, publia en 1822, sur l'emploi de l'extrait des fruits de lilas contre les fièvres intermittentes, le lilas n'aurait peut-être jamais été employé en médecine. On l'a considéré comme un tonique amer propre à combattre les affections asthéniques; mais, malgré l'éloge qu'en fit en 1853 M. le docteur Clément de Vallenoy (Cher), le lilas est aujourd'hui tout à fait abandonné, depuis surtout que la société de médecine de Bordeaux a déclaré que ses propriétés fébrifuges étaient nulles. En Russie, on prépare par macération des fleurs, pratiquée au soleil, une *huile de lilas*, qui est très-vantée contre le *rhumatisme articulaire*.

LIN

Linum usitatissimum L.
(Linées.)

Le lin commun ou usuel est une plante annuelle, à racine grêle, simple ou un peu fibreuse. La tige, haute de $0^m,35$ à $0^m,65$, cylindrique, effilée, grêle, glabre, dressée, simple à la base, un peu rameuse au sommet, porte des feuilles alternes, sessiles, lancéolées, étroites, aiguës, entières, d'un vert glauque, glabres, marquées en dessous de trois nervures longitudinales parallèles. Les fleurs, bleu clair ou violacé, assez grandes, sont groupées, sur des pédoncules filiformes, en corymbe terminal. Elles présentent un calice presque campanulé, à cinq sépales ovales, lancéolés, aigus, mucronés, verts au milieu, scarieux et blanchâtres sur les bords, persistants; une corolle à cinq pétales longs, obovales, arrondis, obtus ou un peu crénelés au sommet, atténués en onglet à la base, très-caducs; dix étamines alternativement stériles et fertiles, à filets soudés à la base, à anthères cordiformes sagittées; un ovaire globuleux, à dix loges uniovulées, surmonté de cinq styles filiformes, grêles, terminés par des stigmates obtus. Le fruit est une capsule globuleuse, pointue, entourée par le calice persistant, et divisée en dix loges, dont chacune renferme une graine ovale, aplatie, brune, lisse et luisante.

Le lin cathartique ou purgatif (*L. catharticum* L.) est aussi annuel, et se distingue par sa taille de $0^m,20$ au plus; ses feuilles caulinaires opposées; ses fleurs petites, blanches, à onglet jaunâtre; ses capsules obtuses au sommet, et ses graines un peu concaves d'un côté.

Habitat. — Ces plantes sont communes en Europe; on les trouve surtout dans les champs, au bord des chemins, etc.

Culture. — Le lin usuel est cultivé en grand, dans plusieurs localités, comme plante textile et oléagineuse. Le lin purgatif n'est cultivé que dans les jardins botaniques.

Parties usitées. — Les semences, les fibres des tiges.

Récolte. — Il existe un grand nombre de variétés de lin ; on s'accorde à préférer celle qui vient de Livonie ; celle de Riga ne se ramifie pas, produit peu de graines, mais sa tige s'élève très-haut et donne de bonne filasse ; celle de Window produit de la filasse plus fine ; les variétés d'Italie donnent de très-belles graines, mais peu de filasse ; d'ailleurs les graines importées dégénèrent bientôt.

On doit choisir les graines pesantes, brillantes, d'un jaune d'or ou brun clair, lisses, luisantes, glissantes dans les mains ; elles pétillent lorsqu'on les jette au feu ; placées sur une éponge mouillée, elles doivent germer dans les vingt-quatre heures.

La récolte du lin se fait avant sa parfaite maturité, c'est-à-dire avant la déhiscence des fruits ; on l'arrache et on le met en javelles, que l'on appuie les unes contre les autres, les capsules en haut ; lorsque les tiges sont sèches, on en fait des bottes de six à huit kilogrammes, en les attachant avec deux liens placés au-dessus des racines et au-dessous des fruits ; on l'entasse alors sous des hangars ; les graines sont ensuite détachées en étendant les bottes déliées sur des toiles, et en les battant avec un large instrument de bois à manche recourbé que l'on nomme *batte*; les tiges, privées des graines, sont liées en bottes de dix ou douze kilogrammes, et on les soumet au rouissage dans une eau courante ou dans des routoirs, en se réglant sur les principes indiqués pour le chanvre ; lorsque les fibres se détachent de la tige, on délie les bottes et on étend le lin sur le gazon, où il sèche et blanchit ; il faut avoir le soin de le retourner souvent ; quand il est sec, on le teille au moyen d'un instrument nommé *espadon*; puis on le peigne et on le brosse.

La graine de lin, avant d'être livrée au commerce, est vannée et séchée.

Composition chimique. — La graine de lin contient du mucus végétal, de l'extractif mêlé de quelques sels, du sucre, de l'amidon, de la cire, de la résine molle, de matière colorante jaune, de la gomme, de l'albumine végétale, de l'huile grasse, des sels. Vauquelin avait analysé le mucilage du lin ; il a été examiné plus récemment par M. Meyer et par M. Meuret. La portion que l'on peut extraire par l'eau froide est composée d'arabine, avec un peu d'albumine et des sels ; le résidu laissé par l'eau froide, repris par l'eau bouillante, il reste une matière insoluble qui se gonfle dans l'eau sans s'y dissoudre ; tout le mucilage se trouve dans l'épisperme, d'un peu de résine et d'une huile soluble dans l'alcool. L'huile existe dans l'amande ; sa proportion varie de 30 à 40 pour 100 ; on l'extrait par torréfaction et expression à chaud ; celle qui est destinée aux usages de la médecine doit être obtenue par expression à froid.

Usages. — La farine de graine de lin est un des émollients le plus souvent et le plus utilement employés ; tout le monde connaît les usages si fréquents des cataplasmes que l'on applique quand il s'agit de calmer la douleur et d'apaiser les inflammations. La décoction des graines vantée par Sydenham, Gesner, Dehaen, van Swienten, etc., est employée en lotions, fomentations, injections, etc., et même en tisane comme adoucissant. L'huile de lin est émolliente et laxative ; on l'emploie à l'intérieur et à l'extérieur ; on l'a administrée contre les hémorrhoïdes, le carreau, les ascarides vermiculaires, dans les phlegmasies diverses, et plus particulièrement dans celles des organes respiratoires. Baglivi la vantait contre les pleurésies ; aujourd'hui elle est peu employée.

Pour l'usage extérieur, l'huile de lin a été conseillée contre les maladies de la peau ; battue avec de l'eau de chaux, elle forme une sorte de liniment oléo-calcaire qui est très-efficace pour les brûlures, mais en général on préfère pour cet usage l'huile d'olives.

La *filasse* et l'*étoupe* ont été quelquefois usitées pour les pansements, surtout en médecine vétérinaire ; la *charpie*, qui n'est que du vieux linge effilé, rend de grands services à la chirurgie.

Dans certains pays, on fait manger aux animaux à l'engrais des tourteaux de lin ; leur chair devient alors d'une odeur et d'une saveur des plus désagréables, qui doit les faire rejeter de l'alimentation publique. Jean Bauhin, qui vivait de 1541 à 1613, rapporte qu'à une époque de disette, les habitants de Middelbourg, dans l'île de Walcheren (Hollande), furent obligés de se nourrir de pain fabriqué avec la farine de lin ; il en résulta chez les consommateurs des tuméfactions des différentes parties du corps, et plus spécialement des hypocondres et de la face.

L'huile de lin est siccative ; on l'emploie en peinture ; on la rend plus siccative en la faisant bouillir avec de l'oignon et un peu de litharge ; elle sert à préparer l'encre typographique ; elle entre dans la composition de certains vernis gras ; on l'utilise pour huiler les machines ; en l'épaississant avec de la litharge, on en fabriquait au-

trefois des bougies uréthrales, des sondes, des pessaires et divers
instruments de chirurgie, pour lesquels on préfère aujourd'hui le
caoutchouc.

LINAIRE

Linaria vulgaris Mœnch. *Antirrhinum linaria* L.
(Personées – Antirrhinées.)

La Linaire commune, appelée aussi quelquefois Lin sauvage, est une
plante vivace, à rhizome ligneux, fibreux, blanchâtre, rampant, oblique. Les tiges, hautes de $0^m,25$ à $0^m,50$, cylindriques, lisses, glabres,
vert pâle, simples ou à peine rameuses, dressées, portent des feuilles
alternes, très-rapprochées, sessiles, lancéolées ou linéaires, entières,
glabres, un peu glauques, à nervure moyenne seule très-distincte,
dressées contre la tige. Les fleurs, jaunes, sont groupées en grappes
terminales compactes. Elles présentent un calice à cinq divisions lancéolées aiguës; une corolle irrégulière, personée, grande, jaune pâle,
tachée de jaune safrané, prolongée à la base en un éperon très-long,
droit, renflé à sa naissance et pointu à l'extrémité; quatre étamines
didynames, incluses, à filets blancs et à anthères jaunes; un ovaire à
deux loges multiovulées, surmonté d'un style simple terminé par un
stigmate obtus. Le fruit est une capsule arrondie-oblongue, à deux
loges renfermant de nombreuses graines ailées, noires, lisses et presque
planes.

La linaire auriculée ou velvote (*L. elatine* Desf., *Antirrhinum elatine* L.) est une plante annuelle, à tiges de même longueur que dans
l'espèce précédente, mais couchées-diffuses, velues, ainsi que les
feuilles, qui sont ovales-hastées ou auriculées; les fleurs, jaune pâle,
tachées de bleu violacé à l'intérieur, sont solitaires à l'aisselle des
feuilles et ont l'éperon un peu arqué; le pédoncule est très-long et
glabre. Les graines sont ovoïdes et tuberculeuses.

HABITAT. — Ces deux plantes sont communes en Europe; elles
croissent dans les champs en friche, les lieux sablonneux, au bord
des chemins. On ne les cultive que dans les jardins botaniques.

PARTIES USITÉES. — Les feuilles et les fleurs.

RÉCOLTE. — La linaire n'est employée que sèche; on peut la
récolter pendant toute la saison, c'est-à-dire de mai à septembre; on
la fait sécher au grenier ou au séchoir.

COMPOSITION CHIMIQUE. — L'analyse de la linaire n'a pas été faite;

elle possède une odeur vireuse faible, et une saveur amère et nauséabonde ; elle n'a pas de suc blanc, ce qui la distingue de l'*Euphorbia Cyparissias* L., à laquelle elle ressemble.

USAGES. — Autrefois très-vantée comme diurétique, les anciens
auteurs ont désigné la linaire sous le nom d'*Urinalis* ; elle était aussi
regardée comme purgative. Simon Pauli et Horst, etc., l'ont vantée
en fomentations contre les tumeurs hémorroïdales ; les habitants
des campagnes l'emploient quelquefois à cet usage ; les médecins ne
la prescrivent presque jamais.

Les fleurs employées seules en infusion ou associées à celles du
bouillon blanc ont été conseillées dans les maladies de la peau, et
Jérôme Wolfius, principal du collége d'Augsbourg, en préparait, au
xvie siècle, un onguent qui a été très-célèbre contre les mêmes maladies.

En Suède, on suspend la linaire dans les chambres pour tuer les
mouches ; bouillie dans du lait, on s'en sert dans ce pays contre les
hémorroïdes. Le secret de l'onguent de Jérôme Wolfius fut acheté
par le landgrave Guillaume de Hesse, protecteur des arts et des sciences,
qui pensait s'en être bien trouvé, moyennant une rente annuelle viagère d'un bœuf gras. En faisant connaître sa formule, Wolfius, qui
était un linguiste distingué et qui avait traduit du grec en latin Isocrate et Démosthène, afin qu'on ne confondît pas la linaire avec
l'ésule, à laquelle elleressemble avant la floraison, composa ce vers :

> Esula lactescit, sine lacte linaria crescit,

auquel un plaisant ajouta le suivant :

> Esula nil nobis, sed dat linaria taurum.

Aujourd'hui la linaire est tout à fait inusitée.
La *velvote* ou *linaire auriculée* passe pour être purgative.

LINNÉE

Linnæa borealis L.
(Caprifoliacées – Lonicérées.)

La Linnée boréale est une petite plante vivace, à racines fibreuses.
Les tiges, longues de 1 à 2 mètres, sous-frutescentes, grêles, rampantes, pubescentes, rameuses, portent des feuilles opposées, arron

dies, crénelées, persistantes. Les fleurs, blanches en dehors, veinées de rouge en dedans, un peu velues, penchées, accompagnées chacune de deux bractées subulées et opposées, sont situées à l'extrémité de pédoncules droits, nus, solitaires, terminaux, bifurqués et biflores. Elles présentent un calicule à quatre folioles hispides, glutineuses, alternativement pointues, très-petites, ovales, grandes, conniventes; un calice à tube ovoïde, à limbe divisé en cinq lanières lancéolées, subulées, caduques; une corolle campanulée, turbinée, à limbe partagé en cinq divisions obtuses, presque égales; quatre étamines didynames, incluses, à filets subulés, à anthères comprimées et vacillantes; un ovaire infère, arrondi, à trois loges, dont deux renferment plusieurs ovules stériles, la troisième un seul ovule fertile; l'ovaire est surmonté d'un style simple, grêle, incliné, à peine saillant, terminé par un stigmate globuleux, couvert de petits poils roides. Le fruit est une petite baie sèche, ovoïde, à trois loges, renfermant une graine arrondie, brune, et entourée par le calice persistant.

Habitat. — La linnée croît dans les régions septentrionales et sur les montagnes élevées des régions moyennes de l'Europe; elle se trouve aussi en Sibérie et aux États-Unis; elle habite en général les forêts et préfère les localités ombragées, point trop humides.

Culture. — Cette plante demande une exposition ombragée et la terre de bruyère un peu tourbeuse et fraîche. Elle se multiplie aisément par la division de ses tiges rampantes et traçantes, qui forment des marcottes naturelles. On emploie rarement le semis.

Parties usitées. — Toute la plante.

Récolte. — Le genre Linnæa a été dédié par Grovonius à l'illustre auteur du système végétal. La *Linnæa Borealis* croît dans les forêts ombragées du Nord. On la trouve sur les hautes montagnes, telles que les Alpes, les Cévennes et les Vosges. Elle est commune en Suède et Norwége et en Laponie, etc. On l'emploie sèche. On la récolte lorsqu'elle est en fleurs.

Composition chimique. — L'usage que l'on a fait de cette plante, en guise de thé, peut faire supposer qu'elle possède des propriétés stimulantes et aromatiques.

Usages. — Elle est inusitée en général aujourd'hui hors du royaume de Suède, où on la donne en infusions; on en fait des fomentations ou on l'applique en cataplasmes contre les rhumatismes, la goutte, la sciatique, etc.

LIQUIDAMBAR

Liquidambar styraciflua et *imberbe* L.
(Balsamifluées.)

Le Liquidambar styracifère ou à feuilles d'érable (*L. styraciflua* L.), appelé aussi Copalme d'Amérique, est un arbre dont la tige, haute de 12 à 15 mètres, se divise en rameaux nombreux, qui forment une cime pyramidale, et portent des feuilles alternes, longuement pétiolées, palmées, à cinq ou sept lobes aigus et dentés, visqueuses, à nervures velues en dessous. Les fleurs sont verdâtres, unisexuées et groupées en chatons globuleux, entourés de quatre bractées ; les mâles ont des étamines nombreuses, insérées sur un réceptacle commun entouré de quelques écailles ; les femelles ont un ovaire libre, à deux loges multiovulées, surmonté de deux longs styles filiformes. Le fruit est une sorte de cône renfermant de petites capsules à deux loges polyspermes.

Le liquidambar imberbe ou du Levant (*L. imberbe* Ait., *L. Orientale* Mill.) est un arbre ayant le port du précédent, mais à rameaux plus nombreux et formant une pyramide plus serrée. Les feuilles sont divisées en cinq lobes plus profonds, et ont les nervures glabres. Enfin, le fruit est plus petit.

Habitat. — Le liquidambar styracifère habite le Mexique et les États-Unis. Il croit naturellement dans les terrains bas, argileux et humides. La seconde espèce, comme son nom l'indique, se trouve en Orient.

Culture. — Ces deux arbres demandent une exposition chaude, abritée et ombragée, un terrain léger et frais ou humide. On les multiplie de graines, semées, au printemps, en pots ou en pleine terre, ainsi que de rejetons ou de marcottes par incision, faites, en automne, en terre de bruyère maintenue fraîche.

Parties usitées. — Les sucs résineux ou baumes qu'il produit.

Récolte. — Dans la Floride et le Mexique, où croit le liquidambar, on en obtient deux produits : l'un est liquide, huileux, transparent ; l'autre est mou, blanc et opaque, comme la poix de Bourgogne.

Le *liquidambar liquide* ou *huile de liquidambar* est obtenu par des incisions faites à l'arbre ; le suc résineux qui en découle est reçu dans des vases, et soustrait au contact de l'air. Au bout de quelque temps, on décante la partie liquide, qui est une huile épaisse, jaune ambré, d'une odeur agréable. Sa saveur est âcre, chaude et aromatique. Il rougit fortement le tournesol, ce qu'il doit aux acides benzoïque et cinnamique qu'il contient. L'alcool bouillant ne le dissout pas en entier ; il subsiste un résidu blanc peu considérable, et le liquide filtré se trouble par le refroidissement.

Le *liquidambar mou* ou *blanc* provient soit du dépôt formé par le précédent, soit du baume qui s'est épaissi sur l'arbre au contact de l'air. M. Guibourt pense que les deux baumes fondus ensemble et passés, produiraient le liquidambar mou tel qu'on le trouve dans le commerce. Alors il a l'aspect d'une térébenthine épaisse ; il est gris ardoisé, opaque. Son odeur est moins forte que celle du précédent ; sa saveur est douce, aromatique, mais un peu âcre. Exposé à l'air, il s'épaissit, perd son odeur, devient transparent et laisse s'effleurir à sa surface des cristaux d'acide benzoïque ; il ressemble alors un peu au baume de tolu, mais il s'en distingue par sa plus grande amertume.

Le *styrax* a été distingué du *styrax* ou *storax calamite* par les Arabes. Quoique Geoffroy (Étienne-François) dise (*Tractatus de materia medica sive de medicamentorum simplicium historia*) qu'il était inconnu des Grecs, il est probable pourtant que c'est le styrax liquide qu'ils nommaient, suivant Dioscoride (lib. I, cap. 62) *Stactè* (Στακτή, c'est-à-dire qui distille, qui découle). On a pensé que c'était du storax calamite mêlé à du vin, de l'huile, des térébenthines. On a dit aussi qu'il ne différait du storax que parce qu'il était produit par la décoction de l'écorce et des jeunes rameaux, etc.

On croit plus généralement que le storax liquide tire son origine de l'Arabie et de l'Éthiopie. D'après Petiver, l'arbre qui le produit, nommé *Rosa mallos*, paraît être le *liquidambar orientale* des botanistes, qui diffère peu du *L. styraciflua*, lequel donne, en Amérique, le baume liquidambar. Suivant le même auteur, le styrax liquide serait obtenu par ébullition de l'écorce concassée dans de l'eau de mer. On le purifie par une seconde fusion dans la même eau, et par filtration. Dans le commerce, il est souvent mélangé à d'autres substances, et falsifié.

Le styrax du commerce est gris brunâtre, opaque. Son odeur est très-forte, sa saveur est aromatique et pas trop âcre. Exposé à l'air, il s'épaissit et se recouvre quelquefois de cristaux d'acide cinnamique. L'alcool froid le dissout parfaitement, mais il est soluble dans l'alcool bouillant, sauf les impuretés. Par le refroidissement, la liqueur se trouble.

Aux îles de la Sonde, le *L. altingia* forme un arbre gigantesque, qui produit un suc balsamique, semblable aux précédents, qui ne vient pas jusqu'à nous. Une chose assez singulière, c'est que l'arbre porte, dans son pays d'origine, le nom de *rossa mala*, qui se rapproche de celui de *Rosa mallos*, que l'on donne au *L. orientale*, dans la mer Rouge.

COMPOSITION CHIMIQUE. — Les liquidambars et le styrax liquide se rapprochent par leur composition et par leurs propriétés. M. E. Simon, qui a analysé le liquidambar, y a trouvé une huile volatile, de la résine, de la styracine, et de l'acide cinnamique. La résine se compose de deux substances, l'une dure, l'autre molle. Celle-ci se rapproche de la *cinnaméine* de M. Frémy, et, au contact de l'air, elle se transforme en acide cinnamique.

La *styracine* a été découverte par M. Bonastre et étudiée par M. Simon. Elle cristallise en belles aiguilles allongées blanches, fondant à 50°, insolubles dans l'eau, solubles dans l'alcool bouillant, et un peu dans le même liquide froid ; avec l'acide azotique elle donne de l'acide cyanhydrique et de l'essence d'amandes amères. Les alcalis caustiques la changent en *styrone* cristallisable, en acide cinnamique et en huile pesante (*styracone* Simon), qui bout à 220° et possède une odeur agréable de rose, d'amande et de cannelle. La styracine peut être représentée par $C^{24}H^{11}O^2$.

USAGES. — Les deux liquidambars sont employés en parfumerie ; le styrax liquide entre dans la composition des pilules, du sirop et de l'onguent de ce nom.

Pour les usages de la médecine ou de la pharmacie, le styrax, qui est souvent impur, est purifié par simple fusion ou par l'alcool. Lhéritier croit, et on s'accorde généralement à penser avec lui que le styrax agit, comme le copahu, dans le traitement de la blennorrhée, de la gonorrhée et de la leucorrhée ; mais c'est surtout comme détersif des plaies qu'on l'emploie. En médecine humaine et vétérinaire, c'est l'onguent dont on se sert alors. Le sirop de styrax est employé, comme cordial et stomachique, dans les catarrhes de vessie et d'autres maladies des voies urinaires.

LIS

Lilium candidum **L.**
(Liliacées – Tulipacées.)

Le Lis blanc est une plante vivace, bulbeuse, à tige très-courte ou plateau, émettant en dessous des racines grêles, fibreuses, fasciculées, blanchâtres, et portant en dessus un bulbe ou oignon arrondi, formé d'écailles charnues, épaisses, lancéolées, blanches, imbriquées. Du centre de ces écailles naît une hampe (vulgairement tige), haute de 0^m,60 à 1 mètre, cylindrique, glabre, simple, dressée, vert brunâtre, portant, dans toute sa longueur, des feuilles alternes, sessiles, lancéolées, aiguës, glabres, lisses, ondulées, d'un vert clair. Les fleurs, très-grandes, blanches, très-odorantes, longuement pédonculées, sont disposées en grappe terminale. Elles présentent un périanthe à six divisions libres, marquées d'un sillon glanduleux médian, longitudinal, alternant sur deux rangs, les trois intérieures plus larges ; six étamines à filets longs, grêles, blancs, dressés, à anthères très-longues, jaune doré, oscillantes ; un ovaire simple, à trois angles arrondis, à trois loges multiovulées, surmonté d'un style simple que termine un stigmate trilobé, verdâtre, glanduleux. Le fruit est une capsule allongée, à trois angles arrondis, à trois loges contenant chacune un grand nombre de graines plates, disposées sur deux rangs.

HABITAT. — Le lis est originaire de l'Orient ; il est cultivé aujourd'hui dans tous les jardins de l'Europe.

CULTURE. — Cette belle plante n'est pas cultivée spécialement pour l'usage médical. Elle croît dans presque tous les sols assez profonds, excepté dans ceux qui sont trop secs ou trop compactes, et de préférence à l'exposition du midi. On la propage de graines, et plus souvent de bulbilles qui croissent en abondance autour du bulbe principal, et qu'on sépare quand les feuilles de la plante sont desséchées.

PARTIES USITÉES. — Les bulbes, les fleurs.

RÉCOLTE. — Les bulbes, qui ne sont employés que frais, peuvent être récoltés à toutes les époques de l'année ; mais ils sont plus âcres et plus actifs en hiver et au printemps, avant le développement de la hampe. Les fleurs sont récoltées fraîches pour les usages de la parfu-

merie. En pharmacie, elles sont peu employées ; cependant, l'huile
de lis, autrefois usitée, était préparée souvent avec des fleurs fraîches,
mais quelquefois aussi avec des sèches. Elles perdent, d'ailleurs, tout
leur arome par la dessiccation.

Composition chimique. — Les fleurs de lis, formées par des sépales
blancs, sont extrêmement odorantes. Leur odeur, suave, flagrante, se
rapproche de celle de la jacinthe et de la tubéreuse. Elle est très-recherchée par les parfumeurs, mais elle se dissipe et se détruit par
la distillation, de sorte que, pour isoler cet arome, on est obligé,
comme pour le jasmin, d'employer des moyens détournés, c'est-
à-dire l'expression des fleurs au contact de flanelles imprégnées
d'huile d'olives ou de ben, ou le procédé de dissolution par le sulfure de carbone indiqué par M. E. Millon, de la pharmacie centrale
d'Alger. Ce procédé consiste à faire macérer les fleurs fraîches dans
du sulfure de carbone, et à laisser évaporer spontanément celui-ci.
Le parfum du lis reste pour résidu.

Les étamines du lis portent un pollen abondant, riche en matière
colorante jaune, employée dans les campagnes pour colorer le
beurre, ainsi que pour donner au lait la teinte jaunâtre qui lui est
naturelle, et effacer ainsi la couleur bleuâtre qu'il acquiert quand
on l'a mélangé d'eau, abus si commun.

Les bulbes imbriqués du lis renferment deux principes essen-
tiels : l'un est une essence âcre, irritante, un peu caustique, qui est
quelquefois utilisée comme rubéfiant, et alors on applique la pulpe
du bulbe cru ; l'autre est une matière mucilagineuse abondante, usitée
comme calmante et dépurative, et dans ce cas on prépare la pulpe
cuite par ébullition des bulbes dans l'eau, ou par la coction sous la
cendre ; par la chaleur, le principe âcre et irritant est volatilisé ou
détruit.

Usages. — L'eau distillée de fleurs de lis, autrefois employée dans
les maladies des yeux, et l'huile de lis, dont on frictionnait les membres endoloris, ne sont plus employées aujourd'hui. La pulpe du bulbe
cuit dans de l'eau ou dans du lait est quelquefois appliquée dans les
campagnes sur les tumeurs, les phelgmons, les furoncles, les an-
thrax, et surtout les panaris, comme résolutive et maturative.
Nous ne pensons pas qu'elle agisse mieux que ne le ferait un cataplasme de farine de lin. Aussi cette pulpe est-elle peu employée
dans la médecine rationnelle. L'huile servait aussi au pansement

des plaies et des brûlures, et l'eau distillée était vantée contre la
toux ; les anthères étaient regardées comme anodines et anti-spasmodiques.

LISERON

Convolvulus sepium L. *Calystegia sepium* R. Br.
(Convolvulacées – Convolvulées.)

Le Liseron des haies ou **Liset** est une plante vivace, à rhizome
long, mince, blanchâtre, traçant, émettant un grand nombre de racines fibreuses. La tige, qui atteint souvent plusieurs mètres de longueur, est grêle, anguleuse, plus ou moins torse, striée, glabre, lisse,
souvent rougeâtre, et s'enroule autour des corps voisins. Elle porte
des feuilles alternes, pétiolées, grandes, ovales aiguës, cordées à la
base, presque sagittées, à lobes obliquement tronqués, sinués ou
lâchement dentés. Les fleurs, très-grandes, blanches, terminent des
pédoncules solitaires à l'aisselle des feuilles, très-longs, anguleux,
munis, immédiatement au-dessous du calice, de deux ou quatre
bractées foliacées, ovales, cordées, allongées. Elles présentent un
calice à cinq divisions ovales lancéolées ; une corolle campanulée ou
en entonnoir, très-évasée, marquée de cinq plis longitudinaux ; cinq
étamines incluses ; un ovaire globuleux, à deux loges biovulées, entouré à sa base d'un disque annulaire charnu, et surmonté d'un style
simple, filiforme, terminé par deux stigmates. Le fruit est une capsule arrondie, à deux loges incomplètes, renfermant chacune deux
graines trigones, assez grosses.

On remarque aussi dans ce genre le Liseron des champs (*C. arvensis* L.), la soldanelle (*C. soldanella* L., *Calystegia* R. Br.), et
surtout plusieurs espèces exotiques, Jalap, Méchoacan, Scammonée, Turbith, etc., pour lesquelles nous renvoyons aux articles
spéciaux.

Habitat. — Le liseron des haies est commun en Europe ; il
croît surtout dans les endroits humides et ombragés, au bord des
eaux, etc. On ne le cultive que dans les jardins botaniques, et
quelquefois dans les parcs d'agrément, où il suffit de replanter ses
rhizomes.

Parties usitées. — Les racines, les feuilles.

Récolte. — Les feuilles sont récoltées au mois de juillet, soit qu'on
les fasse sécher, soit qu'on veuille en extraire le suc. Les racines sont

plus actives à la fin de l'automne, ou au commencement de l'hiver. C'est donc à cette époque qu'il faut les arracher.

Composition chimique. — Les fleurs et les feuilles du liseron des haies sont inodores et amères. La racine peut fournir, par l'alcool, une résine âcre et purgative, analogue à celles du jalap et de la scammonée. Elle contient, en outre, des matières grasses, de l'albumine, du sucre, des sels, du soufre, de la silice et du fer. Cette analyse a été faite par M. le professeur Chevallier (*Journ. de pharm.*, t. X, p. 230).

Usages. — Déjà employé au temps de Dioscoride, et presque oublié de nos jours, le liseron est cependant une plante active que Mérat et Delens regardent avec juste raison comme un de nos meilleurs purgatifs indigènes. Ce fut Haller (*Mat. méd.*, t. I, p. 225) qui proposa de substituer cette racine à la scammonée d'Orient. Coste et Wilmet, d'après ce que l'on voit dans leur *Matière médicale*, employaient le suc laiteux comme purgatif à la dose de un à deux grammes. M. Chevallier a constaté que la résine extraite de la racine était aussi purgative que celle du jalap et de la scammonée. M. Cazin dit même qu'elle agit aussi bien que la scammonée, tout en étant moins irritante. Il pense que le suc épaissi du liseron est fébrifuge.

Les feuilles contusées du grand liseron ont été employées en infusion, dans de l'eau, comme purgatives. Les enfants prennent cette infusion sans répugnance, lorsqu'elle est sucrée avec du miel; on peut remplacer les feuilles fraîches par celles qui ont été desséchées. Les feuilles, broyées entre les doigts et appliquées sur les furoncles, jouissent d'une grande réputation dans les campagnes comme maturatives.

Le Petit Liseron, ou *Liseron des Champs, Petit Liset, Campanette*, jouit des mêmes propriétés. Le Liseron à feuilles de guimauve (*C. athæoïdes* L.), si abondant dans les contrées méridionales de l'Europe, et qui est commun en Languedoc et en Provence, a été expérimenté par Loiseleur-Deslongchamps (*Dic. des scienc. méd.*, t. XVIII, p. 329). Ce savant a constaté que la teinture alcoolique purgeait très-bien les enfants, et sans coliques.

LIVÈCHE

Levisticum officinale Koch. *Ligisticum Levisticum* L. *Angelica Levisticum* All.
(Ombellifères – Angélicées.)

La Livèche ou Lévèche, appelée aussi Ache de montagne, Angélique à feuilles d'ache, Sermontaine, Séséli de montagne, etc., est
une plante vivace, à racine assez grosse, charnue, rameuse, fibreuse,
brunâtre. La tige, haute de 1 à 2 mètres, arrondie, fistuleuse, noueuse,
un peu striée, glabre, simple, dressée, porte des feuilles alternes,
très-grandes, pétiolées, deux fois ailées, composées de folioles grandes, rhomboïdales, irrégulières, pointues, dentées dans leur partie
supérieure, planes, luisantes, d'un vert foncé en dessus, plus pâles en
dessous. Les fleurs, jaunes, sont groupées en ombelles terminales, entourées d'un involucre à folioles lancéolées, bordées de blanc, réfléchies et munies d'involucelles semblables. Elles présentent un calice à
bord oblitéré, à cinq dents peu marquées; une corolle à cinq pétales
presque égaux, arrondis, entiers, recourbés en dedans, avec une la-
nière courte, infléchie; cinq étamines un peu saillantes; un ovaire
infère, adhérent, à deux loges uniovulées, surmonté de deux styles
simples, divergents, terminés chacun par un petit stigmate. Le fruit
est un diakène oblong, comprimé, à dix côtes longitudinales ailées,
formé de deux carpelles dont chacun renferme une graine aplatie
d'un côté.

HABITAT. — La livèche croît dans les régions montagneuses des
contrées méridionales; on la trouve surtout dans les prés couverts.

CULTURE. — Cette plante, étant assez abondante à l'état sauvage
pour suffire aux besoins de la médecine, n'est cultivée que dans les
jardins botaniques. Une terre fraîche et profonde est celle qui lui
convient le mieux. On la propage de graines, semées aussitôt après la
maturité, et d'éclats de pieds, faits au printemps ou à l'automne.
Elle ne demande ensuite que les soins ordinaires.

PARTIES USITÉES. — Les racines, rarement les fruits improprement
appelés semences.

RÉCOLTE. — Nous avons déjà dit en parlant de l'ache, que les fruits
et les racines de la livèche étaient les seuls que l'on trouvait dans le
commerce en France, sous les noms de *fruits et de racine d'ache*. La
racine de livèche est épaisse, noirâtre en dehors, blanc jaunâtre en

dedans; son odeur est fort analogue à celle du céleri; sa saveur est âcre et aromatique; sèche, cette racine est de la grosseur du pouce, grise à l'extérieur, ridée dans tous les sens, et présentant souvent des renflements dus a de nouveaux collets; l'intérieur est jaunâtre, spongieux, parfumé, un peu sucré et âcre; l'odeur est celle de toute la plante; elle rappelle celle des ombellifères en général et en particulier celle de l'angélique.

Les fruits d'ache peu odorants en masse, acquièrent une odeur térébenthinée lorsqu'on les froisse; leur saveur amère rappelle un peu celle de la térébenthine. Ils sont peu usités.

Composition chimique. — L'ache fraîche laisse écouler souvent par sa racine un suc gommo-résineux; les fruits renferment une huile essentielle très-odorante, et il est probable que la racine en contient également, ainsi que les autres parties de la plante.

Usages. — Par ses propriétés, la livèche se rapproche de l'angélique et de l'impératoire; sa racine et ses fruits excitent les voies digestives. On leur a attribué la propriété de stimuler l'utérus; aussi Gilibert les employait-il contre l'hystérie avec asthénie, l'aménorrhée, la chlorose; et Pierre Forest, dit Forestus, savant médecin du seizième siècle, regardait la racine comme emmenagogue et l'administrait en poudre ou en macération dans du vin; mais quoique excitante, la livèche est loin d'avoir une action spéciale sur l'uterus et de ranimer les règles comme le prétend Roques. Loiseleur-Deslonchamps a reconnu aux fruits des propriétés carminatives, qu'ils partagent d'ailleurs avec tous les fruits non vénéneux de la même famille. Aujourd'hui on n'en fait plus usage, et contrairement à l'opinion de Mérat et Delens, nous pensons que la livèche, quoique très-aromatique, peut être remplacée avec avantage par l'angélique et d'autres ombellifères très-communes.

D'après Jacques Horstius, qui florissait au seizième siècle, les lotions faites avec la décoction de livèche et de raves guérissent des engelures. La plante fraîche pilée avec du sel de cuisine et du vinaigre, forme une espèce de pulpe que les paysans emploient contre la gale. Enfin on a prétendu que la livèche mêlée aux fourrages guérissait la toux des bestiaux (*Dict. des sc. méd.*, t. XVIII, p. 489).

LOBÉLIE

Lobelia syphilitica L.
(Lobéliacées.)

La lobélie syphilitique, appelée aussi Cardinale bleue, est une plante vivace, à racine fibreuse, charnue, blanchâtre. La tige, haute de $0^m,35$ à $0^m,65$, droite, ferme, anguleuse, velue, simple ou à peine rameuse, porte des feuilles alternes, sessiles, rapprochées, ovales-lancéolées, aiguës, dentées, velues, d'un vert foncé, étalées. Les fleurs, d'un beau bleu violacé, sont solitaires à l'extrémité de courts pédoncules axillaires, et forment par leur réunion un long épi feuillé terminal. Elles présentent un calice à cinq divisions profondes, lancéolées, aiguës, velues, ciliées, à bords repliés en dehors à la base; une corolle monopétale, irrégulière, à tube plus long que le calice, un peu recourbé, à limbe divisé en deux lèvres subdivisées, la supérieure en deux, l'inférieure en trois lobes; cinq étamines, soudées à la fois par les anthères et par les filets, insérées sur le tube du calice; un ovaire semi-infère, à deux loges multiovulées, surmonté d'un style simple, cylindrique, glabre, dépassant les étamines, recourbé et un peu renflé dans sa partie supérieure, qui se termine par un stigmate velu et violacé. Le fruit est une capsule anguleuse, s'ouvrant en deux valves et divisée en deux loges polyspermes (Pl. 27).

Nous citerons encore les lobélies brûlante (*L. urens* L.) et à longues fleurs (*L. longiflora* L.).

HABITAT. — Les lobélies syphilitique et à grandes fleurs sont originaires de l'Amérique du Nord. On les cultive en Europe depuis l'an 1665. La lobélie brûlante est commune dans nos contrées; elle croît dans les lieux sablonneux, au bord des chemins, etc.

CULTURE. — La lobélie syphilitique est souvent cultivée dans les jardins d'agrément. Elle demande la terre de bruyère et une exposition demi-ombragée. On la multiplie par le semis en pépinière ou sur couche, par éclats de pieds ou par boutures de racines.

PARTIES USITÉES. — Les racines, les feuilles, les tiges.

RÉCOLTE. — Aux États-Unis on emploie surtout en médecine le *L. inflata* L. Les quakers du Nouveau-Liban (*New-Lebanon*) récoltent les tiges et les feuilles, les coupent et les compriment sous forme de carrés longs du poids de 250 à 500 grammes. La masse est d'un vert jaunâtre, d'une odeur un peu nauséeuse et irritante; sa saveur est âcre, brûlante, analogue à celle du tabac.

En Amérique on emploie aussi la racine de *Lobelia syphilitica*, qui est cultivée dans nos jardins sous le nom de *Cardinale bleue*. On ne peut pas assurer que la racine du commerce soit produite par le *L. syphilitica*; on croit même que celle qui vient des Alpes doit être attribuée au *L. laurentia* L. (*Laurentia Michelii* D. C.). Quoi qu'il en soit, elle est grosse comme le petit doigt, d'un gris cendré, striée, avec la superficie des lignes dirigée dans tous les sens, de sorte que l'épiderme ressemble un peu à la peau d'un lézard; sa cassure transparente est jaune, comme feuilletée, avec un grand nombre de cellules rayonnantes; elle est molle et cède sous la moindre pression; ce caractère suffit pour la faire distinguer du genseng qui est dur et résistant et avec lequel on pourrait la confondre. D'ailleurs la lobélie présente une odeur aromatique et une saveur sucrée qui se rapprochent de celles des aristoloches.

COMPOSITION CHIMIQUE. — On a trouvé dans la lobélie un principe que Reinsch a découvert en 1843, et qu'il a nommé *Lobéline*. Elle fut plus tard préparée et étudiée par MM. Procter et William Bastick qui ont constaté qu'elle possédait des propriétés analogues à celles de la lobélie, seulement qu'elle était plus active.

La lobélie enflée ou *indian tabacco* des Anglais, contient, d'après M. Procter, un principe odorant volatil, probablement une huile essentielle, un alcaloïde nommé *lobéline*, un acide déjà isolé par M. Péreira et appelé *acide lobélique*, de la gomme, de la chlorophylle, une huile fixe, du ligneux et des sels; les graines sont beaucoup plus riches en lobeline que les feuilles; elles contiennent en outre 30 p. 100 d'une huile fixe incolore.

Par ses propriétés chimiques, la lobeline se rapproche de l'hyosciamine, mais elle est incristallisable; c'est une huile visqueuse, aromatique, jaunâtre, alcaline, plus légère que l'eau, d'une odeur aromatique, d'un goût piquant analogue à celui du tabac; elle est volatile, soluble dans l'eau, mais plus dans l'alcool et dans l'éther; les alcalis la décomposent. Elle forme avec les acides sulfurique, azotique et chlorhydrique, des sels cristallisables que le tannin précipite.

Boissel a analysé la racine de lobélie; il y a trouvé une matière grasse, du sucre, du mucilage, du malate acide de chaux, du malate de potasse, une matière amère très-fugace, des sels et du ligneux.

Toutes les lobélies, quand on les coupe, laissent écouler un suc blanc qui contient du caoutchouc; on peut extraire cette substance du L. *caoutchouc* Humb., qui croît dans la province de Popayan (Nouvelle-Grenade).

USAGES. — En France, les lobélies sont peu usitées. En Angleterre et en Amérique on en fait un très-fréquent usage. D'après M. Procter, 5 centigrammes de lobéline suffisent pour tuer un chat; à dose un peu élevée elle est vomitive et cathartique; à dose plus faible, elle agit comme diaphorétique et expectorante. Elle est regardée comme précieuse dans l'asthme pour diminuer la force des accès; on la recommande contre les catarrhes, le croup, la coqueluche, en général dans les affections du larynx et de la poitrine. Eberle a employé une forte décoction de lobélie contre la hernie étranglée. La teinture a été administrée dans le tétanos.

C'est surtout au Canada que la lobélie syphilitique a été employée contre les maladies vénériennes; d'après Johnson et Kalm peu de médicaments agissent d'une manière aussi prompte et aussi certaine. Malgré cela, et bien qu'en 1780, un médecin de Paris nommé Dupau, ait vanté ses bons effets, des expériences faites à Montpellier ont donné des résultats tellement négatifs qu'on ne l'emploie plus.

La lobélie brûlante (L. *urens* L.), dont le suc âcre est extrêmement irritant, a été proposée contre les fièvres intermittentes; elle est aujourd'hui justement oubliée. Les sauvages de l'Amérique septentrionale emploient la lobélie cardinale comme fébrifuge; aux Antilles, la lobélie à grandes fleurs (L. *longiflora* L.) est appelée *mutta cavallo* et en Espagne où on la cultive, *rabicula cavallos*. Les nègres s'en servent comme poison. Selon Jacquin, elle détermine des ophthalmies violentes quand on la touche. Au Chili et au Pérou, sous le nom de *tupa*, on emploie le suc du L. *tupa* L. contre les douleurs de dents. C'est un vomitif puissant et un poison actif. D'après Thunberg, il y a, au cap de Bonne-Espérance, une lobélie que les Hottentots nomment *karup* et dont ils mangent la racine (*Voyage*, t. II, p. 158), ce qui paraît bien douteux, car toutes les lobélies sont âcres et irritantes; ce sont des poisons violents dont il faut se méfier.

LUNAIRE

Lunaria odorata et *inodora* Lam.
(Crucifères — Alyssinées)

La Lunaire vivace ou odorante (*L. odorata* Lam., *L. rediviva* L.), appelée aussi Bulbonac ou Satinée, est une plante vivace, dont les tiges, hautes de 0ᵐ,40 à 0ᵐ,60, dressées, simples à la base, un peu rameuses au sommet, portent des feuilles alternes, longuement pétiolées, ovales cordiformes, dentées, velues, rugueuses, les supérieures plus étroites, ovales acuminées. Les fleurs, petites, d'un bleu gris de lin ou lilacé, très-odorantes, sont groupées en corymbes terminaux et axillaires, dont l'ensemble constitue une panicule terminale. Elles présentent un calice à quatre sépales disposés sur deux rangs, les deux extérieurs bossués à la base; une corolle à quatre pétales longuement onguiculés, obovales, étalés; six étamines tétradynames, à anthères d'un jaune foncé; un ovaire simple, ovale, aplati, à deux loges multiovulées, surmonté d'un style très-court et d'un stigmate bilobé. Le fruit est une silicule ovale lancéolée, très-aplatie, à cloison mince, large, soyeuse, satinée, brillante, séparant deux loges dont chacune renferme plusieurs graines aplaties, réniformes, ailées (Pl. 28).

La lunaire bisannuelle ou inodore (*L. inodora* Lam., *L. biennis* Mœnch., *L. annua* L.), appelée aussi grande lunaire, monnayère, clef de montre, monnaie du pape, passe-satin, médaille de Judas, etc., est bisannuelle, et diffère de la précédente par sa taille plus élevée; ses feuilles plus pâles, sessiles dans le haut de la tige; ses fleurs inodores, plus grandes, violet pourpré; ses styles trois fois plus longs; ses silicules beaucoup plus grandes, presque rondes, à cloison cartilagineuse, nacrée, persistante.

HABITAT. — Ces deux plantes se trouvent dans les régions centrales et méridionales de l'Europe; elles habitent les forêts montagneuses, les bois escarpés, etc. On ne les cultive que dans les jardins d'agrément, où on les propage par graines, et la première aussi par éclats de pieds.

PARTIES USITÉES. — Les feuilles, les semences.

RÉCOLTE. — Les lunaires, comme toutes les plantes de la même famille, perdent leurs propriétés par la dessiccation, aussi ne les employait-on que fraîches ; les semences sont récoltées à la maturité des fruits, avant leur déhiscence.

Composition chimique. — Les feuilles sont âcres et amères, un peu piquantes, surtout celles du *L. parviflora* Delile, qui vient dans les déserts de l'Égypte ; les Arabes appellent celui-ci *Raschat-Guébéli*, cresson du désert, et ils le mangent comme nous faisons le véritable cresson.

Usages. — Les feuilles de lunaire, ainsi que les semences, sont réputées apéritives, antiscorbutiques et incisives; on les a préconisées comme diurétiques; on les employait autrefois contre l'épilepsie; elles sont maintenant complétement inusitées ; on mange les racines en salade comme celles de la raiponce (*Campanula Rapunculus*).

LUPIN

Lupinus albus L.
(Légumineuses - Lotées.)

Le Lupin blanc est une plante annuelle, à racine dure, un peu fibreuse, pivotante. La tige, haute de 0^m,35 à 0^m,65, cylindrique, velue, dressée, un peu rameuse, porte des feuilles alternes, à pétiole long, muni de deux stipules à la base, à limbe palmé, divisé en cinq ou sept folioles ovales, lancéolées, entières, molles, pubescentes, ciliées, douces au toucher, d'un vert foncé en dessus, plus pâles en dessous. Les fleurs, blanches, courtement pédonculées, sont réunies en grappes terminales dressées. Elles présentent un calice monosépale, velu, à deux lèvres, la supérieure presque entière ou à peine échancrée, l'inférieure à trois dents; une corolle papilionacée, à étendard cordiforme, arrondi, à ailes égalant la carène qui est formée de deux pétales libres dès la base ; dix étamines monadelphes, à anthères alternativement arrondies et oblongues; un ovaire simple, libre, allongé, à une seule loge pluriovulée, surmonté d'un style et d'un stigmate simples. Le fruit est une gousse épaisse, coriace, oblongue, velue, brun noirâtre, renfermant plusieurs graines arrondies, comprimées et blanchâtres.

Habitat. — On ne connaît pas bien la véritable patrie du lupin blanc; on pense toutefois qu'il est originaire de l'Orient, d'où il s'est répandu et naturalisé dans le midi de l'Europe et sur les bords du bassin méditerranéen.

Culture. — Le lupin se trouve répandu soit dans les champs, comme plante fourragère, soit dans les jardins, comme végétal d'agrément. Il demande une terre légère et chaude, et se propage très-facilement de graines, semées en place au printemps.

Parties usitées. — Les graines.

Récolte. — On récolte les semences des lupins à la maturité des gousses; elles sont blanches, assez grosses, un peu aplaties; elles possèdent une saveur amère assez désagréable, que l'eau chaude fait disparaître; on les conserve sèches comme les haricots.

Composition chimique. — Outre le principe amer dont nous avons parlé, les graines de lupin contiennent un peu de tannin, de l'amidon, des traces de sucre, et une matière azotée que l'on retrouve d'ailleurs dans les graines d'un grand nombre de légumineuses, et que M. Braconnot a appelée *Légumine*. Elle a beaucoup d'analogie avec la caséine du lait; elle est soluble dans l'eau, coagulable par l'acide acétique; mais ce précipité est soluble dans un excès d'acide, ce qui la distingue des autres albumines; elle se dissout dans les alcalis libres ou carbonatés et dans les eaux de chaux et de baryte.

Usages. — La farine de lupin entrait, avec celles de fève (*Faba sativa*) et d'orobe (*Orobus vernus*), que l'on remplaçait souvent par celles de l'ers (*Ervum ervilia*) ou de la vesce (*Vicia sativa*), dans les *quatre farines résolutives* qui étaient autrefois très-employées; mais aujourd'hui ces farines sont aussi peu usitées les unes que les autres. Cependant nous devons dire que la *Révalescière*, l'*Ervalenta* et la *Revalenta*, dont un charlatanisme éhonté vante les prodigieux effets, ne sont que de la farine de lentilles (*Ervum lens*) mêlée avec des farines de haricots et de lupin, du sucre et un peu de sel.

En Égypte et en Italie, on mange les graines de lupin, mais c'est une triste nourriture : *Tristis Lupinus*, dit Virgile, quoique ses contemporains ne dédaignassent pas ces graines, que l'on vendait cuites dans les rues de Rome, comme on les vend encore aujourd'hui en Égypte. On prétend que le célèbre peintre grec Protogène vécut pendant sept ans de graines de lupin. Dioscoride et le médecin arabe Jahia, fils de Masouiah, vulgairement appelé Jean Mésué, employaient la farine de lupin pour rétablir l'appétit, combattre les maladies de la peau et faire périr les vers. En Italie et en Catalogne, on se sert des graines, après les avoir dépouillées de leur

amertume en les trempant dans l'eau, pour engraisser les bœufs.
La plante, encore jeune, du lupin blanc, fournit un fourrage que
l'on donne particulièrement aux moutons. En Égypte, dit Sonnini
(*Voyage*, t. III, p. 17), on fait usage de la farine pour adoucir les
mains et effacer les rides du visage. Cette farine entrait autrefois
dans les trochisques de myrrhe.

D'après Bruce (*Voyage*, t. VIII, p. 67-79), le *L. termis* Forsk.
d'Abyssinie est si amer, qu'il communique cette saveur au miel des
abeilles qui butinent sur ses fleurs. On cultive le lupin *termis* dans
le royaume de Naples comme un bon fourrage vert pour les chevaux.
Au Pérou, sous le nom de *Chuchca*, on mange les semences d'un
lupin que l'on cultive dans les jardins pour la beauté de ses fleurs
(Feuillée, *Plante méd.*, t. III, p. 35).

LYCOPERDON

Lycoperdon giganteum D.C. *L. Bovista* L.
(Champignons-Lycoperdacées.)

Le Lycoperdon gigantesque, vulgairement appelé Vesse-de-loup,
est un énorme champignon globuleux, atteignant parfois 0^m,35 de
diamètre, fixé au sol par une très-petite racine. Sous une peau blanc
sale, lisse ou un peu pelucheuse, il renferme une chair ferme et
blanchâtre dans le jeune âge. Plus tard, cette chair prend des teintes
de plus en plus foncées et se change en une poussière brune, formée
par les spores, qui sont attachées à des filaments. A la maturité,
l'enveloppe s'ouvre au sommet, pour laisser échapper ces spores,
dont le singulier mode d'émission a valu à ce cryptogame ses noms
vulgaire et scientifique. Il ne reste plus alors qu'une peau assez
épaisse, molasse et filandreuse, contenant les débris des filaments.

HABITAT. — Ce champignon se trouve dans presque toute l'Europe; il croît, ordinairement solitaire, dans les bois et les pâturages
secs.

PARTIES USITÉES. — Toute la plante, la poussière qu'elle contient
(*Sporidies*).

RÉCOLTE. — D'après Picot et Paulet (*Traité des champignons*), on
mange en Italie la chair des grosses espèces de lycoperdon, telles que
les *L. bovista* L., *L. giganteum* D.C., le *L. corium* Guers., et le *L. hor-
rendum*, qui peut quelquefois acquérir jusqu'à un mètre de diamètre,

et qui, d'après Pallas, est si commun en Russie, etc. On les cueille,
dans ce cas, avant que la partie charnue soit transformée en poussière.
Cette poussière, au contraire, est employée comme hémostatique et
comme anesthésique.

COMPOSITION CHIMIQUE. — Comme la plupart des champignons,
l'analyse des lycoperdons n'a pas été faite. Leur chair est peu aromatique ; elle possède un peu d'âcreté, qu'elle perd par la cuisson.
Plus tard, lorsque la poussière est bien formée, elle est âcre, cause
de la cuisson et de l'inflammation , si elle est portée sur les yeux et
sur les narines. Selon Bulliard, prise à l'intérieur, elle peut être
mortelle.

USAGES. — D'après Tournefort, la poussière des lycoperdons est
astringente ; elle était très-employée autrefois contre les hémorrhagies externes ; et, en Allemagne, les barbiers en mettaient sur les coupures produites par les rasoirs. La chair des grosses espèces *L. giganteum* et autres, desséchée, battue et trempée dans une solution de
nitre, peut servir d'amadou. Thunberg (*Dict. acad.*, tom. I, p. 274)
rapporte que le *L. carcinomale* L. est employé, au cap de Bonne-Espérance, contre le cancer. Le *L. verrucosum* Bull., est regardé comme
aphrodisiaque ; il porte le nom de *Truffe de cerf*, parce que, dit-on,
ces animaux le recherchent pendant le rut.

Dans quelques contrées d'Allemagne, la poussière des lycoperdons
a été employée contre les hémorrhagies traumatiques ; mais on ajoute
que le champignon était préparé, qu'on l'arrosait pendant quinze
jours avec une solution de sulfate de zinc, et que chaque fois on faisait sécher au soleil, puisqu'on réduisait en poudre. Félix Plater
arrêtait le flux hémorroïdal trop abondant en introduisant dans le
rectum la poussière du lycoperdon. Boerhaave, Tulpius, Adrien Helvétius la considéraient comme un excellent hémostatique. Lecat
l'employait pour arrêter les hémorrhagies dans les opérations chi-
rurgicales ; et, d'après Haller, Ravius l'employait contre les hémorrhagies traumatiques, et Paul Hermann l'a vantée contre les excoriations, les pustules, etc. (*Cynosura materia medica*, Strasbourg, 1710).
Il est vrai qu'il la mélangeait avec le colcothar ou peroxyde de fer
anhydre. Après M. Cazin, nous avons nous-même employé avec succès
la vesse-de-loup contre les hémorrhagies nasales rebelles.

En Angleterre, on emploie depuis longtemps la fumée produite
par la combustion lente des lycoperdons pour engourdir les abeilles,

sans les faire périr, lorsqu'on veut enlever le contenu des ruches.
C'est probablement cette application qui a donné à M. Richardson
l'idée d'employer cette même fumée comme anesthésique ne présentant aucun danger. Les expériences faites à ce sujet ne sont pas
assez nombreuses pour que l'on puisse se prononcer sur la valeur
de ce moyen, mais il est très-probable que les effets anesthésiques
constatés sont dus à la production de l'acide carbonique, et surtout
de l'oxyde de carbone.

LYCOPODE

Lycopodium clavatum L.
(Lycopodiacées.)

Le Lycopode est une plante vivace, dont la tige, longue parfois de
plus d'un mètre, couchée, rampante, radicante, se divise en nombreux rameaux ascendants, entièrement recouverts, ainsi que l'axe
primaire, de feuilles alternes, sessiles, linéaires lancéolées, roides, à
une seule nervure médiane peu marquée et se terminant par une longue
soie, imbriquées sur plusieurs rangs. Les organes reproducteurs consistent en sporanges d'un jaune pâle, naissant chacun à l'aisselle
d'une bractée semblable aux feuilles, et disposés en épis allongés,
cylindriques, qui sont portés sur des pédoncules terminaux, ascendants, assez longs, munis de bractées espacées, terminés chacun par
deux ou trois épis, rarement par un seul ; ces sporanges renferment
les spores ou granules (Pl. 29).

HABITAT. — Le lycopode est assez répandu en Europe ; il croît
surtout dans les lieux accidentés, les bois montueux, au pied des
rochers, etc., presque toujours à l'exposition du nord. On ne le cultive que dans les jardins botaniques, où on le propage par éclats de
pieds.

PARTIES USITÉES. — La poussière contenue dans les capsules, et la
plante.

RÉCOLTE. — Le lycopode officinal nous vient de l'Allemagne et de
la Suisse. C'est une poussière d'un jaune tendre, très-fine, légère,
insipide et inodore, inflammable au contact d'une bougie. Aussi lui
a-t-on donné le nom de *Soufre végétal* ; on s'en sert dans les théâtres
pour imiter les éclairs et les incendies.

Le lycopode du commerce est souvent falsifié avec le talc ou la craie
de Briançon, et avec l'amidon. La première de ces substances se préci-

pite au fond de l'eau, lorsqu'on met la poudre sur ce liquide, tandis
que le lycopode surnage. Quant à l'amidon, il est reconnu par l'eau
iodée. On a prétendu que l'on falsifiait le lycopode avec les pollens
de certaines plantes, et notamment avec ceux des pins, des sapins
et des typhas. Nous pensons, comme M. Guibourt, que cette fraude
n'est pas aussi facile qu'on le suppose, et nous nous demandons s'il
ne coûterait pas plus cher de ramasser les pollens des plantes
en question, que ne vaut le lycopode lui-même. D'ailleurs, ces
pollens sont en général très-colorés, et leur examen microsco-
pique permet de les distinguer les uns des autres, et du lycopode
lui-même, avec la plus grande facilité. Cette distinction ne serait
peut-être pas aussi facile avec la *poudre de vieux bois*, poussière jaune
et ténue que les larves d'insectes produisent dans les vieux bois de
charpente, et avec laquelle on a, dit-on, mélangé quelquefois le lycopode; mais encore ici se présente la difficulté de se procurer ce
produit en assez grande abondance pour pouvoir le vendre à un prix
inférieur à celui du lycopode.

COMPOSITION CHIMIQUE. — Le lycopode reste à la surface de l'eau;
par l'agitation une portion se précipite; par la chaleur, tout tombe
au fond, l'eau acquiert une saveur cireuse, et renferme un mucilage qui lui donne la propriété de se prendre en gelée par le refroidissement; l'alcool le pénètre, et l'on obtient par la chaleur une teinture jaune que l'eau précipite en blanc. Ce liquide contient du sucre.
L'éther, au contact du lycopode, prend une teinte jaune verdâtre,
contenant de la cire en dissolution et précipitant abondamment par
l'eau.

Le résidu, insoluble dans tous ces liquides, équivaut à peu près à
0,90 pour cent de la poudre employée. Il est pulvérulent, jaune,
combustible. On l'a nommé *Pallénine*. Il est azoté et se putréfie
lorsqu'il est humide, en formant une masse putride ayant l'aspect du
fromage.

On voit que le lycopode, mouillé avec de l'alcool et examiné au microscope, est formé de granules isolés représentant des sections de
sphères formées par trois plans dirigés vers le centre. Ces grains sont
rarement réunis; mais ils se présentent sous plusieurs formes. Ils
sont imparfaitement transparents, et composés de cellules denses, avec
des granulations à leur surface, dans l'intervalle desquelles on trouve
de petits poils ou appendices terminés en massue.

Usages. — La poudre de lycopode est employée à deux usages à peu près exclusifs : en pharmacie, on s'en sert pour rouler les pilules et les empêcher d'adhérer entre elles ; en médecine, sous le nom de poudre de vieux bois, on l'emploie comme absorbante contre les excoriations, et chez les enfants, pour panser l'érithème des fesses, des aines et des cuisses, qui accompagne la diarrhée et le séjour prolongé dans l'urine ou les matières fécales. Mais il est bien important de ne pas confondre le lycopode avec la poudre de vieux bois, que M. Devergie préfère dans le traitement de certaines dermatoses sécrétantes.

Toutes les gerçures, les inflammations cutanées légères, telles que l'eczéma des bourses et des seins, l'érysipèle, sont traités avantageusement par le lycopode. Helwich, d'après Murray, a étendu son usage au traitement des ulcères serpigineux. Hufeland l'employait contre les ulcérations des paupières. En Pologne, on en jette sur les cheveux des malades atteints de la plique. Aussi a-t-on nommé la plante *Plicaria* et *Herbe à la plique*.

Quoique vanté avec exagération dans certaines maladies, le lycopode n'est pas employé à l'intérieur. On l'a regardé comme utile contre le rhumatisme, l'épilepsie, les néphrites, les rétentions d'urine, etc. D'après Martius (*Bull. des sc. méd.* de Férussac, tom. XXI, p. 430), on l'emploie, dans certaines parties de la Russie, en Hongrie, en Gallicie, contre la rage. Hufeland l'a recommandé contre la diarrhée des enfants et la strangurie.

La plante entière possède des propriétés vomitives, et on rapporte que des paysans tyroliens, qui avaient mangé des légumes cuits dans de l'eau où avait macéré du *L. selago* éprouvèrent des symptômes d'ivresse et des vomissements. Raclius l'employait en infusion contre les rétentions d'urine. Aujourd'hui l'usage en est abandonné.

Le *L. selago* L. ou *sélagine*, commun dans le nord de l'Europe et de la France, est éméto-drastique. Bischoff, Winkler, Zingler, Haller ont constaté ses propriétés. Linné dit qu'en Suède on emploie sa décoction pour détruire la vermine des animaux.

Quoique rarement employé en médecine homœopathique, le lycopode figure au Codex homœopathique sous le signe *Mlp* et l'abréviation *Lyc.*

LYSIMAQUE

Lysimacchia vulgaris et nummularia L.
(Primulacées – Primulées.)

La Lysimaque commune (*L. vulgaris* L.), vulgairement appelée Corneille ou Chasse-bosse, est une plante vivace, à rhizome rampant, muni de racines fibreuses. La tige, haute de $0^m,60$ à 1 mètre, à quatre angles peu marqués, velue, très-rameuse, dressée, porte des feuilles le plus souvent opposées, rarement alternes ou verticillées, brièvement pétiolées, ovales, oblongues, lancéolées, aiguës, pubescentes et d'un vert pâle en dessous. Les fleurs, d'un beau jaune doré, sont disposées en panicules rameuses terminales. Elles présentent un calice monosépale à cinq divisions lancéolées aiguës, ciliées, membraneuses et rouges sur les bords ; une corolle presque rotacée, à tube très-court, à limbe divisé en cinq lobes glanduleux supérieurement ; cinq étamines saillantes, à filets soudés à la base, recouvrant un ovaire uniloculaire, multiovulé, surmonté d'un style et d'un stigmate simples. Le fruit est une capsule membraneuse, globuleuse, à une seule loge polysperme, s'ouvrant à la maturité en cinq valves longitudinales.

La Lysimaque nummulaire (*L. nummularia* L.), vulgairement Monnayère, Herbe aux écus, Herbe à cent maux, etc., est une plante vivace, à tiges longues de $0^m,25$ à $0^m,50$, grêles, glabres, simples ou à peine rameuses, radicantes à la base, portant des feuilles opposées, brièvement pétiolées, ovales ou arrondies, glabres. Les fleurs sont solitaires à l'aisselle des feuilles, opposées, longuement pédonculées. Le calice est à cinq divisions ovales aiguës, cordées à la base. Les étamines sont soudées sur une moindre longueur que dans l'espèce précédente. Les autres caractères sont à peu près les mêmes que dans la lysimaque commune.

HABITAT. — Ces deux plantes sont très-répandues en Europe ; on les trouve dans les lieux humides des bois, sur le bord des eaux, etc. Elles ne sont cultivées que dans les jardins botaniques.

PARTIES USITÉES. — La plante entière.

RÉCOLTE. — Pline rapporte que la lysimaque tire son nom de Lysimachus, fils d'un roi de Sicile, qui fit connaître ses propriétés astringentes. Il ajoute qu'elle empêche les chevaux d'être hargneux.

Les Anglais la nomment *Loose-strife, Chasse-querelle*; et le nom de
Chasse-bosse, qu'on lui donne chez nous, a probablement une origine analogue. On cueille la plante à l'époque de la floraison : on
la fait sécher au grenier ou au séchoir.

COMPOSITION CHIMIQUE.—Les lysimaques ont une saveur astringente
et un peu acide. Par la dessiccation elles perdent une partie de leurs
propriétés.

USAGES. — Érasistrate, petit-fils d'Aristote, faisait grand cas de la
lysimaque; mais quelques commentateurs pensent qu'il voulait parler de la salicaire (*Lythrum salicaria* L.), que quelques auteurs ont
nommée *Lysimachia purpurea*. D'ailleurs, ces deux plantes sont aujourd'hui tout à fait abandonnées. Autrefois, la lysimaque vulgaire
était employée comme vulnéraire et astringente, et on la regardait
comme utile dans les hémorrhagies, la leucorrhée, la diarrhée, la
dyssenterie. La décoction miellée était conseillée contre les aphtes de
la bouche, les amygdalites, les inflammations de la gorge, etc.

La nummulaire est négligée par presque tous les praticiens.
Cependant Boerhaave, et depuis, Lieutaud, en ont fait grand cas
comme astringente. Jérôme Bock, plus connu sous le nom de
Tragus, la recommandait, dans le seizième siècle, aux phthisiques,
et Gattenhof (*Stirpes agri Heipelle*) rapporte que les pâtres la faisaient prendre aux brebis, pulvérisée, mêlée à du sel, pour les préserver de la phthisie pulmonaire. En Alsace, c'est un remède populaire contre les diarrhées, l'hémoptysie et les hémorroïdes. M. Cazin,
qui l'a expérimentée, dit en avoir obtenu de bons effets dans un cas
de ménorrhagie lente et passive. Quoi qu'il en soit, elle est aujour-
d'hui généralement abandonnée dans la pratique médicale, et nous
croyons que c'est avec juste raison.

Les anciens attribuaient aux lysimaques la propriété de faire mou-
rir les serpents et les mouches; ils leur prêtaient bien d'autres mé-
rites encore, dont le temps a fait justice.

MACERON

Smirnium olus atrum L.
(Ombellifères - Smyrnées.)

Le Maceron est une plante bisannuelle, à racine fusiforme, épaisse, rameuse. La tige, haute d'environ un mètre, fistuleuse, striée, rameuse, porte des feuilles alternes, pétiolées, découpées, à segments ovales, crénelés, d'un vert foncé en dessus, plus pâle en dessous ; les radicales trois fois ternées, les supérieures simplement ternées. Les fleurs, d'un jaune verdâtre, sont groupées en ombelle terminale convexe, dépourvue d'involucre, à ombellules entourées d'involucelles formées de folioles très-petites. Elles présentent un calice à limbe oblitéré; une corolle à cinq pétales ovales lancéolés, entiers, acuminés, à pointe infléchie; cinq étamines saillantes ; un ovaire infère, à deux loges uniovulées, surmonté de deux styles divergents. Le fruit est un diakène gros, noir à la maturité, à côtes dorsales fortement saillantes.

Habitat. — Le maceron croît dans le midi de l'Europe ; on le trouve surtout dans les lieux frais et ombragés, au bord des chemins, etc. Très-répandu autrefois comme plante maraîchère, il n'est plus guère cultivé aujourd'hui que dans les jardins botaniques.

Parties usitées. — Les racines, les feuilles, les tiges, les fruits.

Récolte. — Le maceron commun, appelé encore *gros persil de Macédoine*, et qu'il ne faut pas confondre avec le *persil de Macédoine*, produit par l'*atamantha macedonica* D.C., *Bubon macedonicum* L., est une plante qui ne peut être employée que fraîche, car la dessiccation lui enlève tout son arome et ses propriétés.

Composition chimique. — Toutes les parties de la plante dégagent une odeur aromatique due à une huile essentielle ; les racines ont une saveur amère, qu'on leur fait perdre par l'étiolement à la cave.

Usages. — Les jeunes tiges du maceron, blanchies comme le céleri, sont mangées dans certains pays. On employait autrefois beaucoup la plante comme potagère; mais on lui préfère aujourd'hui le persil et les jeunes pousses de céleri, dont la saveur est plus agréable. Les propriétés carminatives qu'on a attribuées aux feuilles et aux fruits sont très-douteuses, et quoiqu'on ait vanté les différentes parties de la plante comme cordiales et anti-scorbutiques, elles ne sont plus usitées.

Le maceron perfolié *Sminium perfoliatum* L., qui se distingue par sa taille plus petite, sa racine napiforme, ses feuilles embrassantes comme perfoliées, et ses fleurs jaunes, croît en Provence, en Italie et en Hongrie. On le cultive quelquefois à Paris, comme plante potagère. Il possède les mêmes propriétés que le maceron commun; mais sa racine, plus grosse et plus charnue, le fait préférer.

MACRE

Trapa natans L.
(Haloragées.)

La Macre, appelée aussi Cornuelle, Écharbot, Châtaigne ou Truffe d'eau, etc., est une plante annuelle, à racines fibreuses et traçantes, à tige grêle, simple, de longueur variable selon la profondeur de l'eau où elle vit, émettant de distance en distance des faisceaux de racines adventives grêles, fibreuses, blanchâtres. Les feuilles qu'elle porte affectent deux formes et deux dispositions différentes : les unes, constamment plongées dans l'eau, sont opposées, écartées, sessiles et découpées en nombreuses lanières d'une extrême ténuité ; les autres, flottantes et étalées à la surface, sont alternes, très-rapprochées, réunies en rosette, rhomboïdales, dentées sur les bords et portées sur de longs pétioles dont la partie moyenne est renflée et vésiculeuse. Les fleurs, petites et blanchâtres, sont portées par de courts pédoncules renflés spongieux, solitaires à l'aisselle des feuilles nageantes. Elles présentent un calice à tube court, soudé avec la base de l'ovaire, à limbe divisé en quatre lobes persistants ; une corolle à quatre pétales plissés ; quatre étamines ; un ovaire semi-infère, à deux loges uniovulées, surmonté d'un style simple, filiforme, que termine un stigmate en tête. Le fruit est une capsule à enveloppe ligneuse, brune, munie de quatre appendices ou cornes, et renfermant une graine à amande farineuse.

Habitat. — La macre se trouve dans l'Europe centrale et méridionale ; elle habite surtout les eaux stagnantes.

Culture. — On a proposé de cultiver cette plante dans les étangs et les marais, pour les utiliser et les assainir. Cette culture est très-simple. Il suffit de jeter dans l'eau quelques fruits, aussitôt après leur maturité. Les graines germeront, et la plante se propagera aisément. Mais il faut, autant que possible, que les eaux aient une profondeur de $0^m,35$ à un mètre.

Parties usitées. — Les fruits.

Récolte. — Les fruits de la macre sont récoltés à leur maturité. Ils sont alors noirs, de la grosseur d'une châtaigne ordinaire. Ils présentent trois cornes divergentes, courtes et pointues.

Composition chimique. — La graine, bonne à manger crue ou cuite, est très-riche eu amidon. D'après Thompson, la résine est vénéneuse (*Encyclopédie botanique*, III, p. 670) ; mais rien n'est certain à cet égard. On dit qu'elle est astringente.

Usages. — La châtaigne d'eau a été très-anciennement employée dans l'alimentation. Les Égyptiens la tenaient probablement en grand honneur, car on en trouve dans les cercueils des momies (*Journ. de pharm.*, XIV, p. 434). Dans presque tous les pays de l'Europe, les paysans s'en nourrissent. Les Thraces en faisaient, dit-on, du pain. Loin de nuire aux poissons, comme on l'a quelquefois prétendu, la macre, pendant les ardeurs de l'été, les protége de l'ombre de ses feuilles qui servent de nourriture aux bestiaux, engraissent les porcs et ont la propriété d'absorber l'air infect des marais. La plante, quoique regardée comme résolutive et astringente, ne paraît pas avoir été employée en médecine.

Le *T. bicornis* LF. et le *T. cochinchinensis*, Loureiro, sont probablement des variétés de notre *Trapa natans*. Les habitants de la Chine et de la Cochinchine les nomment *Pé-Tsf*, et professent pour ces plantes une espèce de culte, ce qui ne les empêche pas d'en faire leur nourriture.

MACROCNÈME

Macrocnemum corymbosum et speciosum P. Br.
(Rubiacées - Hédyotidées.)

Le Macrocnème à corymbes (*M. corymbosum* P. Br.), confondu, avec quelques autres végétaux, sous le nom de *Faux quinquina*, est un grand arbre, à feuilles opposées, munies de stipules, pétiolées, obovales, allongées, cordiformes à la base, luisantes. Les fleurs, pourpre foncé en dehors et d'un blanc pur en dedans, sont groupées en corymbes terminaux, accompagnés de bractées très-grandes et colorées. Elles présentent un calice turbiné, à cinq dents ; une corolle campanulée, à cinq divisions; cinq étamines saillantes: un ovaire infère, à deux loges pluriovulées, surmonté d'un style simple, terminé par un stigmate bifide. Le fruit est une capsule brun pourpre, turbinée, bivalve, à deux loges contenant chacune plusieurs graines jaunâtres, planes, imbriquées, à bords un peu membraneux.

Le Macrocnème superbe (*M. speciosum* P. Br.) est un arbuste dont la tige, haute d'un à deux mètres, porte des feuilles ovales-lancéolées, et des panicules de fleurs nombreuses, presque sessiles, pubescentes, roses en dehors, rouges en dedans, accompagnées de grandes bractées d'un beau rose.

Le Macrocnème écarlate (*M. coccineum* P. Br.) se reconnaît à ses feuilles, longues de 0^m,40, entières et velues, et à ses corymbes de fleurs pourpres accompagnées de bractées écarlates.

Nous citerons aussi les Macrocnèmes à fleurs blanches (*M. candidissimum* P. Br.), tinctorial (*M. tinctorium* P. Br.), de la Jamaïque (*M. Jamaïcense* L.), austral (*M. australe* Rich.), etc.

Habitat. — Ces végétaux croissent dans les régions équatoriales de l'Amérique. Le Macrocnème à ombelles est assez répandu sur la chaîne des Andes ; le Macrocnème superbe se trouve à Caracas ; les autres espèces habitent les bords de l'Orénoque, la Trinité, le Brésil, etc.

Parties usitées. — Les écorces.

Récolte. — On ne connaît pas les caractères qui distinguent les écorces de macrocnème de celles des vrais quinquinas. On sait cependant que les écorces des *Macrocnemum tinctorium* HB., *Condaminea tinctoria* O C., *Cinchona laccifera* Tafalla, que l'on trouve quelquefois dans le commerce, sous le nom d'*écorce de paraguatan*, et que l'on nomme *Socchi*, au Pérou, est en morceaux courts de 0^m,005 à 0^m,015, recourbés en dehors par la dessiccation; râclée à l'extérieur, avec une écorce blanchâtre ou jaunâtre fongueuse, à texture grenue et un peu fibreuse du côté interne, dure et renfermant une grande quantité de matière rouge, qui lui donne une belle coloration foncée, tandis que sa teinte générale est rose. On la trouve au *Musée britannique*, sous le nom de *Cinchona laccifera*, *quina parecida à la chinchona o quina de Mutis*.

Composition chimique. — Les écorces de ces plantes sont toutes astringentes. D'après Tafalla, on obtient un suc épaissi au soleil, qui peut remplacer la laque, en râclant la surface interne des écorces fraîches du *M. tinctorium* (*Bull. de pharm.*, t. II, p. 307).

Usages. — D'après Kunth (*Nova gen. et spec.*, I, p. 199), l'écorce du *M. tinctorium*, qui croît dans les Missions de l'Orénoque, est employée en teinture. D'après Ruiz et Pavon, l'écorce du *M. corymbosum* est un peu amère et visqueuse. Associée au quinquina, elle a été employée dans les fièvres intermittentes. On la mêle quelquefois au quinquina, mais on la distingue par sa couleur blanche. Elle doit être placée parmi les écorces constituant les *quinquinas blancs,* qui sont tous de faux quinquinas.

MAGNOLIA

Magnolia grandiflora, glauca, etc. L.
(Magnoliacées - Magnoliées.)

Le Magnolia ou Magnolier à grandes fleurs (*Magnolia grandiflora* L., (*M. altissima* Catesb.) est un arbre, dont la tige, haute de 20 à 25 mètres, se divise en nombreux rameaux, portant des feuilles alternes, courtement pétiolées, longues de 0^m,15 à 0^m,20, ovales-oblongues, lancéolées, très-entières, fermes, coriaces, d'un vert vif et brillant en dessus, ferrugineuses en dessous, persistantes. Les fleurs, larges de 0^m,15 à 0^m,20, d'un blanc pur, très-odorantes, sont solitaires, dressées, à l'extrémité de courts pédoncules terminaux, accompagnés de bractées spathiformes, très-caduques. Elles présentent un calice à trois sépales étalés, caducs ; une corolle de neuf à douze pétales, disposés sur trois ou quatre rangs, étalés, décidus ; des étamines nombreuses, à filets très-courts, à anthères munies d'un connectif proéminent ; des ovaires nombreux, libres, sessiles, à une seule loge biovulée, groupés en épi imbriqué, terminés chacun par un style et un stigmate simples. Le fruit est une sorte de cône ou strobile, formé de petits follicules coriaces, renfermant chacun une ou deux graines rouges, suspendues à un funicule très-long, blanchâtre, pendant.

Le Magnolier glauque (*M. glauca* L., *M. fragrans* Salisb.) est un petit arbre, dont la tige, haute de 5 à 6 mètres, couverte d'une écorce grise tachetée de blanc, se divise, dès la base, en rameaux nombreux et diffus, verts, portant des feuilles alternes, courtement pétiolées, longues de 0^m,12 à 0^m,15, ovales, entières, lisses, d'un vert gai en dessus, glauques en dessous, caduques. Les fleurs, blanches, très-odorantes, larges de 0^m,08 à 0^m,10, ont neuf ou douze pétales redressés. Le fruit est un cône de la grosseur d'un œuf de poule.

Le Magnolier Yulan (*M. Yulan* Wall., *M. conspicua* Salisb.) est un arbre de 10 à 12 mètres de hauteur, portant des feuilles alternes, pétiolées, obovales, acuminées, pubescentes, longues de 0^m,20 à 0^m,25, paraissant après les fleurs et caduques. Les fleurs, très-nombreuses, blanches, quelquefois teintées de pourpre, odorantes, ont six ou neuf pétales, dressés, ainsi que les styles (Pl. 30).

Nous citerons encore les Magnoliers acuminé (*M. acuminata* L.), auriculé (*M. auriculata* Lam.), à grandes feuilles (*M. macrophylla* Michx), parasol (*M. tripetala* L.), etc.

HABITAT. — Les magnoliers habitent les régions chaudes et tempérées des deux continents. Les deux premières espèces croissent dans l'Amérique du Nord, la Caroline, la Louisiane, les Florides, etc. Le yulan habite la Chine. Les magnoliers sont aujourd'hui fréquemment cultivés dans les parcs et les jardins d'agrément.

PARTIES USITÉES. — Les feuilles, l'écorce, les fleurs.

RÉCOLTE. — Les feuilles des divers magnoliers peuvent être récoltées pendant tout l'été. L'écorce est, dit-on, plus amère au printemps et à l'automne. Les fleurs doivent être cueillies au moment de leur épanouissement. Elles perdent toute leur odeur par la dessiccation.

COMPOSITION CHIMIQUE. — Les feuilles et l'écorce des magnolias renferment un principe amer et aromatique abondant. Dans quelques espéces, les fleurs exhalent une odeur des plus exquises, mais qui, malheureusement, est très-fugace et se détruit par la distillation, de sorte qu'on ne peut guère la séparer que par le procédé d'enfleurage des parfumeurs, c'est-à-dire par expression au contact des huiles fixes très-pures.

USAGES. — Les écorces, qui sont amères et aromatiques, ont, dit-on, des propriétés toniques. Les graines sont regardées comme fébrifuges. Quelques espéces renferment une huile concrète qui se rapproche du camphre ; d'autres, par leur odeur et par leurs propriétés, se rapprochent du sassafras.

Dans les pays où les magnoliers croissent, on en a souvent employé les écorces comme fébrifuges. Chez nous, elles sont tout à fait inusitées.

En Amérique, on fait macérer les fruits à moitié mûrs du *M. acuminata* L. dans de l'eau-de-vie, pour préparer une liqueur amère; les Américains la boivent le matin, dans le but de se préserver des fièvres et des rhumatismes. L'écorce du *M. glauca* est quelquefois désignée sous le nom de *Quinquina de Virginie*. Elle est tonique et fébrifuge, stimulante et diaphorétique. Bigelow dit qu'on l'emploie beaucoup aux États-Unis contre le rhumatisme chronique et les fièvres. C'est à tort qu'on avait dit que cette plante produisait l'*angusture*. Humboldt et Bonpland ont fait voir qu'elle était fournie par le *Cusparia febrifuga*, de la famille des Rutacées.

D'après M. Ledanois, les semences du *M. grandiflora* L. sont employées au Mexique contre les paralysies. On dit qu'à la Martinique on aromatise les liqueurs avec les graines, mais il est plus probable qu'on emploie à cet usage celles du *M. Plumierii* Sw. (*Talauma* Juss.), ainsi que les fleurs. Le bois est nommé *Bois pin*, *Bois cachiment*.

On confit dans du vinaigre les jeunes boutons du *M. yulan* L.; on met les fleurs dans le thé pour l'aromatiser. Les fruits sont employés en infusion contre les affections catarrhales. En France, les produits des magnoliers ne sont pas en usage; ils sont d'ailleurs moins aromatiques que dans leur pays d'origine.

MAIS

Zea mais L.
(Graminées – Panicées.)

Le Maïs, vulgairement appelé Blé de Turquie, Millet, etc., est une plante annuelle, à racines fibreuses, fasciculées, naissant en verticilles sur les nœuds inférieurs. La tige ou chaume, haute de 1 à 2 mètres, cylindrique, pleine, robuste, simple, glabre, porte des feuilles alternes, engaînantes, lancéolées, longues de $0^m,50$ et plus, larges de $0^m,05$ à $0^m,06$. Les fleurs sont monoïques, verdâtres. Les mâles sont groupées en épis allongés, recourbés à leur partie supérieure, et formant par leur réunion une grande panicule terminale. Elles présentent une glume à deux valves convexes, mutiques; une glumelle à deux valves membraneuses, carénées, mutiques, échancrées, l'intérieure plus grande et plus velue; des glumellules trèsminces, tronquées, un peu charnues, membraneuses et transparentes; trois étamines pendantes. Les fleurs femelles sont groupées en épis très-gros, cylindriques, longs de $0^m,20$ environ, axillaires, sessiles, étroitement renfermés dans des bractées engaînantes ventrues. Elles présentent une glume à deux valves larges, membraneuses, mutiques, l'inférieure échancrée; une glumelle à deux valves membraneuses, convexes, arrondies, obtuses; un ovaire simple, ovoïde, glabre, lisse, uniovulé, surmonté d'un style très-long, pendant, terminé par un stigmate pubescent. Le fruit est un caryopse arrondi, réniforme, très-gros, luisant, jaune ou rougeâtre, à albumen farineux très-abondant.

Habitat. — Bien qu'il y ait encore quelque doute sur la vraie patrie du maïs, on s'accorde généralement à le regarder comme originaire du Paraguay. Il est aujourd'hui cultivé en grand dans l'Europe centrale et méridionale ; mais ce sujet est essentiellement du domaine de l'agriculture.

Parties usitées. — Les fruits, improprement nommés semences, les écailles des fruits, le tissu cellulaire de la tige, les stigmates, les jeunes épis avec les ovaires.

Récolte. — Les fruits du maïs sont récoltés à leur maturité, qui a lieu en octobre. On coupe les épis ; on les met d'abord en tas sur les champs, plus tard dans les granges ; on les dépouille de leurs enveloppes pendant les longues soirées d'hiver, puis on les égrène, et on fait sécher les graines au grenier. On conseille de les exposer à la chaleur du four à mesure qu'on veut les transformer en farine. Dans certains pays, on tresse les épis en guirlandes à l'aide de leurs enveloppes, et on les suspend au plancher pour les faire sécher. La tige est arrachée plus tard, après la récolte. Elle sert à faire des litières. Les stigmates doivent être cueillis à la maturité du fruit, avant qu'ils soient flétris. On les fait sécher au soleil.

Composition chimique. — Les tiges et les feuilles de maïs contiennent à une certaine époque du sucre incristallisable. Cependant, d'après Roques (*Plant. usuel*, t. IV, p. 273), M. de Bonrepos, procureur du parlement de Toulouse, en aurait obtenu jadis un pain de sucre cristallisé du poids de six kilogrammes ; et l'on sait que Pallas de Saint-Omer en a, depuis, présenté un pain à Louis XVIII et à l'Académie des sciences. Mais tous les essais industriels faits dans ce sens ont été infructueux ; d'autant plus que le sucre disparaît bientôt des tiges, et que l'on n'y trouve plus que de la *mannite*.

La farine de maïs se distingue de celle des autres céréales par sa coloration jaune ; elle est aussi beaucoup plus riche en matières grasses. L'huile qu'elle contient peut s'altérer en rancissant. Aussi vaut-il mieux ne moudre le grain que par petites quantités, au fur et à mesure des besoins.

MM. Dumas, Boussingault et Payen ont trouvé que la farine d'un maïs blanc, récolté près de Paris, avait la composition suivante : matières azotées, 12 ; amidon, 71 ; matières grasses, 8,70 ; cellulose, 5,80 ; dextrine et sucre, 0,50 ; matière colorante, 0,05 ; sels, 2. Total, 100,05. Une autre variété de maïs, récolté à Haguenau, a donné à M. Boussingault les résultats suivants : albumine, 12,8 ; amidon, 59 ; huile, 7 ; dextrine et sucre, 1,5 ; ligneux et cellulose, 1,5 ; sels, 1,1 ; eau, 17,1. Total, 100.

M. Boussingault a trouvé que la graine avait la composition élémentaire suivante : carbone, 54,3 ; hydrogène, 7,00 ; azote, 16,3 ; oxygène et cendres, 22,4.

D'après Humboldt, un grain de maïs en rend 150 ; au Mexique ou en Alsace, dans une culture espacée, 190 (Schwertz). D'après Sprengel, la tige du maïs est composée de substances solubles dans l'eau, 17 ; substances solubles dans une lessive alcaline, 57,034 ; cire, résine et chlorophylle, 1,740 ; fibre végétale, 24,226. Total, 100. C'est un mauvais fourrage ; mais les feuilles fraîches ou sèches, ainsi que les panicules des fleurs mâles, sont recherchées des animaux.

Usages. — Les enveloppes des fruits, desséchées, sont employées, en Espagne et dans le sud-ouest de la France, pour remplir des paillasses. Le tissu cellulaire de la tige, bouilli dans une solution de nitre, a été proposé par M. Bonafous, pour faire des moxas. Les stigmates secs en infusion théiforme sont très-vantés comme diurétiques, et les jeunes épis, avec les ovaires peu développés, peuvent être confits dans du vinaigre et remplacer avantageusement les cornichons. Dans l'Inde, les fruits sont mangés, avant leur maturité, en guise de petits pois. Avec les fruits mûrs, on fait une boisson alcoolique nommée *Chica*, et qui est analogue à la bière. Avec les tiges broyées, additionnées de feuilles et de jeunes tiges de vigne, on fait également, par fermentation, une boisson agréable, que l'on colore quelquefois avec la betterave et qu'on aromatise avec des fruits du genévrier. Par distillation de ces liquides, on peut obtenir de l'alcool susceptible de se transformer en vinaigre.

Mais c'est surtout comme aliment que le maïs est précieux. Le pain qu'on en prépare (*Miche, Milhas, Méture*, selon les pays), lève mal et est très-indigeste. La farine, délayée dans de l'eau bouillante ou dans du lait salés, constitue les pâtes connues sous les noms de *Gaude, Polenta, Cruchade*, etc. Préalablement torréfiée, elle sert à préparer l'*escoton*, le *pastet*, etc., préparations qui changent de nom dans les divers pays où on les fait. De Rumford considère cet aliment comme le plus sain, le plus nutritif et le plus économique que l'on puisse employer. MM. Mérat et Delens, Munaret regardent les pâtes de maïs comme très-précieuses pour les convalescents et les malades atteints d'inflammations chroniques de l'estomac et des intestins. M. Duchesne recommande cette farine pour préparer des cataplasmes, préférables à ceux qui sont faits avec la farine de lin.

On a reproché à l'alimentation par le maïs de déterminer des diarrhées, la dysentérie, la lienterie, les engorgements abdominaux, mais surtout la pellagre. M. Caron (*Archives gén. de méd.*, t. XXV, p. 120) a cherché à prouver que ces accidents n'avaient lieu que lorsque le maïs n'était pas mûr. D'un autre côté, le nombre des médecins qui nient l'influence du maïs sur l'étiologie de la pellagre est au moins aussi grand que celui des médecins qui l'admettent. Ballardani, et après lui M. Costallat, affirment que cette terrible maladie est produite par un champignon nommé *Verdet* et *Verdérame*, qui se développe sur le maïs altéré. Ils ajoutent qu'on enlève au grain toute vertu malfaisante en le chauffant au four ou en torréfiant la farine, ce qui expliquerait l'absence de la cachexie pellagreuse au Mexique, où on fait torréfier la farine de maïs avant de la cuire. Pour quelques mycologues, ce verdet serait un champignon nommé *Spheria demacium*. Cette sphérie se développe sur un grand nombre d'herbes, et principalement sur les citrouilles. La tige du maïs porte un champignon qu'on a nommé *Sclerotium zeïmm*, et qui produit, dit-on, chez les habitants de la Colombie, une maladie nommée *peladina*. La fleur femelle est souvent le siége du développement d'un champignon qu'on nomme *Charbon* ou *Goître*, que De Candolle attribue à l'*Uredo maïdis*, *Ustilogo maïdis* Tul. Enfin, les tiges portent souvent un autre champignon nommé *Fusisporium aurantiacum*.

MALPIGHIER

Malpighia glabra et *ureus* L.
(Malpighiacées.)

Le Malpighier glabre (*M. glabra* L.), appelé aussi Moureiller, Cerisier des Antilles, est un arbrisseau, dont la tige, haute de 4 à 5 mètres, mince, dressée, se divise en rameaux divariqués, portant des feuilles opposées, courtement pétiolées, ovales, entières, glabres et lisses, munies de deux stipules à la base. Les fleurs, d'un rouge clair, sont groupées en petites ombelles axillaires, accompagnées de bractées. Elles présentent un calice hémisphérique, à cinq divisions peu profondes, portant en dehors deux glandes; une corolle à cinq pétales onguiculés, plissés, étalés; dix étamines, à filets monadelphes à la base; un ovaire simple, libre, à trois loges uniovulées, surmonté de trois styles terminés chacun par un stigmate tronqué. Le fruit est une baie globuleuse, rouge, renfermant des graines osseuses et anguleuses.

Le Malpighier piquant (*M. urens* L.), vulgairement appelé Bois capitaine, diffère du précédent par ses feuilles oblongues, hérissées en dessous de poils en navette jaunâtres, très-acérés et urticants; ses fleurs blanches, lavées de pourpre, insérées par petits bouquets de quatre à six à l'aisselle des feuilles; enfin par ses dix glandes calicinales vésiculeuses, arrondies, transparentes, renfermant un liquide jaunâtre.

Le Malpighier à feuilles étroites (*M. angustifolia* L.) présente une tige haute de 2 à 3 mètres, pourprée, couverte de poils soyeux; des feuilles lancéolées, d'un vert très-foncé en dessus, couvertes en dessous de poils jaunâtres, comme dans le Malpighier piquant; des fleurs purpurines, en petites ombelles, et des fruits d'un rouge vif.

HABITAT. — Ces végétaux se trouvent dans l'Amérique du Sud et aux Antilles. On ne les cultive que dans les jardins botaniques, où ils exigent la serre chaude.

PARTIES USITÉES. — Les feuilles, les écorces, les fruits, les graines.

RÉCOLTE. — Les différentes parties des malpighia ne sont employées que dans les lieux de production; on ne les trouve pas dans le commerce.

COMPOSITION CHIMIQUE. — Les fruits bacciformes et aigrelets des différents malpighia sont mangés, dans divers pays, sous le nom de *Cerise* ou *Merise d'Amérique*. Aux colonies, on mange et on fait des confitures avec les baies du *M. punicifolia* L. On les appelle *Cerises des Antilles*. Il découle du même arbre une gomme analogue à l'arabique, et qui jouit des mêmes propriétés. Quoique l'analyse de ces différents produits n'ait pas été faite, on peut conclure de leur usage et des propriétés qu'on leur attribue, que les fruits renferment du sucre, de la résine ou de l'acide pectique, un ou plusieurs acides organiques, et que l'écorce contient du tannin ou de l'acide gallique, ainsi que des matières colorantes rouges, qui abondent surtout dans le bois. Quant à l'irritation très-vive déterminée par les piquants que l'on trouve sous les feuilles du *M. urens*, on ne sait pas à quoi elle doit être attribuée.

USAGES. — Les produits des malpighias sont inconnus en France. Nous avons déjà dit qu'on mangeait les fruits sous différentes formes dans divers pays. On assure que les amandes du *M. armeniaca* Cav. sont vénéneuses. Aux Antilles, on emploie, sous le nom de *Quinquina des Savanes*, l'écorce du *M. crassifolia* pour remplacer le quinquina et le simarouba, contre la dysentérie (*Flore méd. des Antilles*, t. II, p. 164). A Cayenne, on emploie comme fébrifuge l'écorce du *M. Mourala* Aubl. Sa décoction est usitée comme siccative pour déterger les plaies. Le *M. spicata* Cav. est connu sous le nom de *Bois dysentérique*, de *Mérisier doré*, *Boistan*. Ses fruits, jaunes, quoique peu agréables, sont cependant mangés par les nègres. Ils jouissent de propriétés laxatives, et on les a recommandés dans l'angine (*Flore méd. des Antilles*, t. I, p. 445, t. II, p. 97). Le *M. urens* L., appelé *Bois capitaine*, *Brin d'amour*, *Couhaya*, *Cerisier de Courweth*, a des baies astringentes, employées contre la diarrhée, la leucorrhée, les hémorragies. D'après Nicholson, elles surexcitent les passions, et l'écorce jouit des mêmes propriétés. Le *M. verbascifolia* L. donne un bois qui est employé comme astringent et vulnéraire. Il fournit une matière colorante rouge. Toutes les écorces sont employées dans le tannage des cuirs.

MANCENILLIER

Hippomane mancinella L.
(Euphorbiacées – Hippomanées.)

Le Mancenillier est un arbre, dont la tige, haute de 5 à 7 mètres, couverte d'une écorce épaisse, lisse et grisâtre, se divise en rameaux portant des feuilles alternes, longuement pétiolées, ovales, acuminées, crénelées, épaisses, assez grandes, d'un vert foncé en dessus, pâle en dessous. Les fleurs sont monoïques ; les mâles, disposées en longs chatons ou épis interrompus terminaux, ont un calice turbiné et bifide, et deux étamines à filets très-courts ; les femelles, solitaires au milieu des épis mâles, ont un calice à trois divisions, un ovaire sessile, à sept loges uniovulées, surmonté d'un style simple, très-court, épais, terminé par sept stigmates aigus et étalés. Le fruit, arrondi, lisse, de la grosseur d'une pomme d'api, d'une odeur assez agréable, renferme une chair mollasse, spongieuse, d'un goût fade d'abord, mais qui ne tarde pas à devenir très-caustique et à produire dans l'intérieur de la bouche une sensation de brûlure. (Pl. 31).

Toutes les parties de cet arbre sécrètent un suc propre, laiteux, âcre, caustique, très-vénéneux, qui, en se durcissant, présente l'aspect et les caractères d'une matière gommo-résineuse jaunâtre, opaque et friable.

Il ne faut pas confondre avec cet arbre celui que l'on appelle improprement aux Antilles *Mancenillier de montagne*, et qui appartient au genre sumac (*Rhus*).

HABITAT. — Le Mancenillier croît aux Antilles et dans l'Amérique méridionale, de préférence sur les bords de la mer. Il n'est pas cultivé dans ces régions, où l'on a au contraire soin de le détruire. Il ne se trouve, en Europe, que dans les serres chaudes des jardins botaniques.

PARTIES USITÉES. — Les racines, les feuilles, les fruits.

RÉCOLTE. — On a prétendu que l'atmosphère et l'ombrage du mancenillier étaient vénéneux. M. Ricord-Madiana a pu voyager pendant deux heures sous cet ombrage sans en être incommodé. Cependant, il paraît certain que pour couper cet arbre sans avoir à redouter de graves accidents, il faut être masqué et ganté.

Le fruit se cueille à la maturité. Il présente des sillons qui convergent en dessous, comme la pomme de Calville. Il répand une odeur agréable de citron.

COMPOSITION CHIMIQUE. — Le suc blanc laiteux que répand le mancenillier, quand on le blesse, l'a fait appeler *figuier*, à Cayenne, d'après Aublet. Examiné en France, ce suc a présenté une odeur analogue à celle de l'absinthe. Respiré fortement, il produit des picotements à la figure; fade d'abord, il amène bientôt à la gorge un sentiment de chaleur et d'âcreté; il enflamme et irrite les parties qu'il touche. Les nègres l'emploient pour empoisonner leurs flèches, et le P. Labat dit qu'on ne peut enlever les propriétés vénéneuses de ces armes que par la calcination (*Nouveau voyage aux îles de l'Amérique* (1722), t. II, p. 39, 79).

MM. Orfila et Ollivier d'Angers, ont analysé et expérimenté le

suc de mancenillier. Ils ont vu que c'était un poison âcre et irritant;
qu'il tuait rapidement un chien, lorsqu'on l'introduisait dans l'estomac à la dose de quatre grammes, et à celle de un à deux grammes
si on l'injectait dans les veines. Ils ont trouvé que son principe actif
est un acide cristallin non volatil. M. Pelletier s'est assuré qu'il satu-
rait les bases.

M. Ricord a également analysé le suc du mancenillier. Il y a reconnu
un arome qui se rapproche de celui du pêcher, une matière colorante
jaune, de l'huile essentielle, une substance savonneuse, des cristaux
de *mancenillite*, de la stéarine, de la soude, de l'huile grasse acidi-
fiée, de la résine, de la gomme et du caoutchouc. Quant au gaz
hydrogène carboné, que l'auteur dit avoir trouvé dans ce suc, c'est
très-certainement un produit de décomposition.

Outre le suc dont nous venons de parler, il découle du mancenillier une résine qui ressemble à celle du gayac.

USAGES. — Le bois de mancenillier est léger; il se corrompt facilement; en brûlant, il répand des fumées dangereuses, que l'on emploie, dit-on, pour guérir une sorte de tumeur qui vient aux pieds
des nègres, et que l'on nomme *Crabe*. On fait avec les feuilles un
extrait très-irritant, qui peut remplacer celui de *Rhus toxicodendron*,
et qu'on emploie contre les paralysies et l'éléphantiasis (Descourtils,
Flore méd. des Antilles, t, III, p. 12). C'est un poison très-actif, que
l'on a abandonné avec raison.

On a raconté des choses merveilleuses sur le fruit du mancenillier.
On a prétendu qu'il tuait tous les mammifères et les oiseaux, sauf
l'ara, qui peut s'en nourrir impunément. On ajoute que lorsque les
fruits tombent à la mer, les crabes et les poissons les mangent sans en
être incommodés, mais que la chair de ces animaux devient par suite
très-vénéneuse et mortelle (Bruce, *Voyage*, t. IV, p. 361); mais tous
ces faits auraient besoin d'être confirmés. Descourtils ajoute qu'on
fait cuire le poisson, soupçonné d'en être infecté, avec une cuiller d'argent; si elle noircit, on ne doit pas le manger. M. Ricord préconise
le fruit du mancenillier comme un excellent diurétique. La résine
a été prescrite comme vermifuge.

Pour combattre l'empoisonnement par le mancenillier, on administre des vomitifs et des purgatifs. Plusieurs plantes ont été vantées
comme contre-poison, mais aucune ne paraît très-efficace.

MANDRAGORE

Mandragora officinarum Pers. *Atropa mandragora* L.
(Solanées.)

La Mandragore officinale est une plante vivace, à racine épaisse, fusiforme, charnue, longue, bifurquée ou trifurquée, munie de radicelles minces, blanc jaunâtre. Les feuilles, toutes radicales, sont grandes, entières, ovales, ondulées, molles, glabres, d'un vert foncé, rapprochées et réunies en rosette, les extérieures obtuses, les intérieures acuminées. Les fleurs, blanc pourpré, sont dressées et solitaires à l'extrémité de courts pédoncules radicaux naissant du milieu des feuilles. Elles présentent un calice turbiné, à cinq lanières étroites, linéaires, acuminées; une corolle campanulée, marcescente, un peu velue en dehors, plissée, à tube court, à limbe divisé en cinq lobes; cinq étamines, égalant à peu près la corolle, à filets dilatés et barbus à la base, à anthères épaisses; un ovaire ovoïde ou globuleux, à deux loges pluriovulées, inséré sur un disque annulaire glanduleux, jaune, et surmonté d'un style simple terminé par un stigmate en tête. Le fruit est une baie ovoïde, jaunâtre, charnue, molle et renfermant quelques graines réniformes.

La Mandragore printanière (*M. vernalis* Bert.), souvent confondue avec la précédente, en diffère surtout par ses feuilles plus larges, son calice relativement plus court, sa corolle blanc verdâtre, et son fruit globuleux et beaucoup plus gros.

HABITAT. — Ces deux plantes croissent dans le midi de la France et sur tout le pourtour du bassin méditerranéen. On les trouve dans les champs, les lieux humides et ombragés, etc.

CULTURE. — Les mandragores ne sont guère cultivées que dans les jardins botaniques et quelquefois aussi dans les jardins d'agrément. On les propage de graines ou d'éclats de racines faits au printemps, en terrain sec. Dans le Nord, il faut les couvrir durant l'hiver.

PARTIES USITÉES. — Les racines, les feuilles, les fruits.

RÉCOLTE. — La mandragore tire son nom de μάνδρα, étable, et ἀγορός, nuisible, nuisible aux animaux. Ses racines, grosses et bifurquées, ont été comparées aux cuisses de l'homme; aussi les a-t-on appelées *Anthropomorphon* et *Semihomo*. D'après Matthiole, c'était une profession en Italie que de préparer les racines de mandragore, en

leur donnant des formes humaines. On en fabriquait de fausses avec
d'autres végétaux, tels que la bryone ; on y attachait des idées de
magie ; on leur attribuait la propriété de rendre heureux, de faire
trouver de l'argent, de donner la fécondité, etc. C'était la Circé des
anciens. Les fruits, nommés *Pommes de mandragore*, seraient, d'après
quelques commentateurs de la Bible, le *Dudaïm*, nom hébreu du ba-
nanier (*Mura paradisiaca* L.).

On connaît deux variétés de mandragore. L'une, nommée *Mandragore mâle*, a les feuilles longues et larges, les fleurs blanches, elle est
divisions obtuses ; son fruit est rond et uniloculaire. L'autre variété,
dite *Mandragore femelle*, a les feuilles plus petites, étroites, les fleurs
pourpres, elle est à divisions aiguës, et son fruit est allongé avec un
calice persistant dont les divisions sont plus aiguës.

Composition chimique. — Par sa composition comme par ses propriétés, la mandragore se rapproche de la belladone, mais elle est
moins active.

Usages. — La mandragore entrait autrefois dans le baume tranquille et l'onguent populeum. On la remplace aujourd'hui par la belladone. Pline raconte les cérémonies superstitieuses que l'on faisait
pour arracher sa racine. Hippocrate, Galien et Celse en parlent dans
leurs écrits. On l'employait comme stupéfiante lorsqu'on voulait pratiquer de grandes opérations ; elle calmait les douleurs et produisait un
narcotisme profond dont est venu le proverbe des Latins : *Il a pris la
mandragore*, pour désigner un homme apathique. Boerhaave la prescrivait, bouillie dans du lait, en cataplasmes que l'on appliquait sur
les tumeurs scrofuleuses. Hoffbert et Swediaur la préconisaient contre
les indurations cancéreuses et syphilitiques. Gilibert la disait propre
à calmer les douleurs de la goutte. Elle est aujourd'hui tout à fait
abandonnée, et n'est intéressante qu'au point de vue historique.

Les fruits de la mandragore sont quelquefois la cause d'empoisonnements chez les enfants, qui les prennent pour de petites pommes.
Le célèbre voyageur Pallas dit (*Voyage en diverses parties de l'empire
russe*, 1771-1776, t. I) qu'en Sibérie ils portent le nom de *Pommes
d'Adam*, et qu'ils jouissent de la réputation de guérir un grand nombre de maux. Ils sont aujourd'hui tout à fait inusités.

MANGLIER

Rhizophora mangle L. *Bruguiera gymnorhiza* Lhér.
(Rhizophorées.)

Le Manglier ou Palétuvier est un arbre de moyenne grandeur, à racines les unes traçantes à la surface du sol, les autres adventices et naissant sur la tige et les rameaux. La tige, haute de 4 à 6 mètres, ordinairement tortueuse, couverte d'une écorce épaisse, rugueuse, crevassée, brunâtre, se divise en rameaux nombreux, s'étendant au loin, portant des feuilles opposées, courtement pétiolées, très-grandes, ovales lancéolées, couvertes d'une efflorescence saline blanchâtre, marquées d'une nervure moyenne très-saillante à la face inférieure, qui est d'un vert pâle, et munies de stipules. Les fleurs sont jaune verdâtre, pendantes et accompagnées de deux bractées. Elles présentent un calice à divisions profondes, linéaires ; une corolle de dix à douze pétales carénés, ciliés, velus à la base ; des étamines en nombre double des pétales ; un ovaire semi-infère, surmonté d'un style trigone terminé par un stigmate trifide. Le fruit est une baie ovoïde, rougeâtre, pulpeuse, à une seule loge monosperme, surmonté du style persistant. La graine commence sa germination dans le fruit même, et ne s'en détache que lorsque la radicule s'est implantée dans le sol.

HABITAT. — Les mangliers habitent les régions chaudes des Indes Orientales et de l'Amérique ; on en trouve au Mexique, aux Antilles, à la Guyane, au Brésil, etc. Ils se rencontrent surtout aux embouchures des fleuves et le long des rivages de la mer, dans les terrains vaseux, où ils sont souvent baignés par les flots. Les racines soutiennent la tige au-dessus du sol, souvent à une assez grande hauteur. Ces arbres ne sont pas cultivés dans leur pays natal, et, en Europe, on ne les trouve pas même dans les jardins botaniques.

PARTIES USITÉES. — L'écorce, le suc qui en découle par incisions.

RÉCOLTE. — Lorsqu'on fait des incisions aux écorces des mangliers, il en découle un suc rouge qui, par dessiccation, fournit le kino de la Colombie. Ce produit, qu'un négociant français, M. Anthoine, a fait connaître le premier, se présente sous la forme de pains aplatis, du poids de 1,000 à 1,500 grammes, et porte à l'extérieur l'empreinte d'une feuille de palmier ou de canne d'Inde ; il est recouvert d'une poudre rouge qui lui donne l'aspect d'un sang-dragon commun (Guibourt, *Drogues simples*, t. III, p. 404). Il est friable, à cassure brillante, d'un rouge brunâtre ; sa saveur est astringente et amère ; son odeur est faible. Il est en grande partie soluble dans l'eau froide, plus soluble dans l'eau bouillante, qui se trouble par le refroidissement. Il se dissout presque en entier dans l'alcool.

A l'histoire des palétuviers se rattache un fait singulier et fort curieux. Certaines plages du Yucatan abondent en mangliers, dont les branches produisent les racines aériennes qui viennent s'implanter dans le sol, et forment un treillis souvent inextricable. Le flux et le reflux des eaux submergent tout à fait et laissent à sec les troncs et les racines des mangliers ; les huîtres, entraînées par la marée, sont retenues par les racines, s'y attachent et ensuite se joignent les unes aux autres. Les Indiens coupent les racines au-dessus et au-dessous de cette conglomération de mollusques, qu'ils apportent en ville et vendent sous le nom de grappes d'huîtres (*Racimo de ostiones*). Ces huîtres se conservent fraîches pendant trois ou quatre jours, pourvu qu'on les maintienne à l'ombre et attachées à la racine de manglier. M. le docteur Jourdanet, qui a exercé pendant vingt ans la médecine au Mexique, nous a rapporté que ces huîtres, qui sont mangées crues, ont souvent occasionné de véritables empoisonnements, caractérisés par une abolition presque complète de la sensibilité des lèvres d'abord, des extrémités ensuite ; de sorte que les malades ne se sentent pas marcher, et que la sensibilité tactile est abolie aux lèvres et aux mains. Il est très-probable que ce phénomène doit être attribué à une altération ou à une maladie des huîtres analogue à celle que l'on a constatée chez quelques poissons, crustacés ou mollusques, et nullement aux mangliers sur lesquels vivent ces animaux, car ces plantes ne sont pas vénéneuses.

Composition chimique. — Toutes les parties des mangliers sont riches en tannin analogue à celui des kinos et des sang-dragons.

Usages. — Suivant M. Batka, l'écorce du *R. mangle*, nommé *Mangrove*, dans quelques ouvrages, est acidule et astringente. Ce serait le *Cortex astringens* des auteurs (*Journ. de pharm.*, t. XVI, p. 296). Elle sert à tanner les cuirs. Celle du *R. gymnorrhiza* L. (*Bruguiera gymnorrhiza* Lam.) sert à teindre en noir. D'après Perrotet, l'écorce du *R. Tagal* est employée, en poudre, par les habitants des Philippines, en guise de quinquina.

Dans l'Inde, on mange l'écorce et les feuilles de certains rhizophoras. On fait cuire la moelle dans du vin de palmier ou du jus de poisson. Aux Antilles, et en général dans l'Amérique, d'après Pison et Margraff (*Hist. naturalis Brasiliæ*, 1648), on appliquait la poudre de rhizophoras sur la morsure des animaux venimeux. On s'en sert pour teindre en rouge. Les fruits sont bons à manger ; on en fait une sorte de vin aux Antilles (Labat, *Nouveau voyage aux îles de l'Amérique*, 1722, t. II, p. 193).

MANGOSTAN

Mangostana Indica Rumph. *Garcinia mangostana* L.
(Guttifères.)

Le Mangostan ou Mangoustan est un arbre de moyenne grandeur, dont la tige, haute de 6 à 7 mètres, droite, couverte d'une écorce crevassée et grisâtre, se divise en rameaux obliques, opposés, dont l'ensemble forme une cime assez régulière. Ils portent des feuilles opposées, à pétiole renflé, à limbe ovale lancéolé, aigu, long de 0ᵐ,15 à 0ᵐ,20 sur environ 0ᵐ,10 de largeur, entier, ferme, assez épais, lisse, d'un vert vif et brillant en dessus, olivâtre en dessous, marqué de nervures latérales parallèles. Les fleurs, de moyenne grandeur, rouge aurore, sont solitaires à l'extrémité de courts pédoncules axillaires et terminaux. Elles présentent un calice à quatre divisions ; une corolle à quatre pétales arrondis et concaves ; seize étamines à anthères arrondies ; un ovaire globuleux, offrant cinq à huit loges uniovulées, surmonté d'un style simple terminé par un stigmate étoilé et divisé en lobes dont le nombre égale celui des loges. Le fruit est sphérique, charnu, du volume d'une orange moyenne, renfermé dans une enveloppe ou coque épaisse de près d'un centimètre, vert jaunâtre en dehors, rouge en dedans et n'adhérant pas au fruit. L'intérieur est divisé en cinq à huit loges remplies d'une chair pulpeuse, blanche, succulente, dans laquelle se trouve une graine de la forme et de la grosseur d'une amande.

HABITAT. — Le mangostan est originaire des Moluques, d'où il a été transporté à Siam, à Malacca, à Java, à Luçon, et dans quelques régions voisines. Il est cultivé en grand dans les Indes, où on en fait des avenues ; mais, en Europe, on ne le trouve guère que dans les jardins botaniques, où il est même assez rare.

PARTIES USITÉES. — Les fruits, le suc qui découle de la plante.

Récolte. — Nous avons dit, en parlant du Guttier, comment Gaertner, après avoir réuni en un seul genre, qu'il nomma *Mangostana*, les deux genres *Garcinia* et *Morella*, de Linné, distinguait les deux *carcapulli* d'Acosta et de Lynscheten nomma le premier *Mangostana cambogia* et le second *M. morella*.

Le fruit appelé *mangoustan* est une sorte de baie à cinq loges, de la grosseur d'une orange, revêtu d'un épicarpe noir recouvrant une partie blanche charnue, et formant des espèces de côtes, molles, fondantes, à saveur sucrée, légèrement acidule, d'une odeur prononcée de framboises. Suivant Thunberg (*Voyage*, t. II, p. 377), c'est le plus délicieux fruit de l'Inde. D'après Rafles et Crawfurd (*Cat. des plantes de Java*), on le nomme, à Java, en langage du pays, le *Roi des fruits*.

La *Mangostana garcinia* donne, par incision de son écorce, un suc semblable à la gomme-gutte, mais moins actif. Les fruits en sont exempts, tandis que ceux de la mangue (*Mangifera indica* L., dont nous parlerons ailleurs, ont un léger goût de térébenthine.

Composition chimique. — Les fruits des *mangostana* renferment du sucre, un acide libre, un principe aromatique, de la pectine, de l'acide pectique, etc. Le suc résineux de ces plantes contient une matière gommeuse et une autre résineuse. Le *Mangostana malabarica* Gaert. (*Garcinia malabarica* Lam.) donne, par incision, une matière résineuse jaune, qui est si abondante dans le fruit, qu'elle transsude à travers le péricarpe et y forme une couche épaisse. On se sert de cette substance en guise de colle, pour la reliure principalement, et pour imprégner les tissus.

Usages. — Les mangostana et leurs produits sont tout à fait inconnus en France. L'écorce des fruits (épicarpe) d'un pourpre noir, est regardée comme astringente et vermifuge. La partie charnue (sarcocarpe) est très-rafraîchissante; on la croit utile dans les fièvres inflammatoires, le scorbut, etc. Elle est un peu laxative.

Les épicarpes d'autres *mangostana* et *garcinia* sont employés comme astringents. Les fruits jeunes du *M. malabarica*, en décoction, sont regardés, dans l'Inde, comme un bon remède contre les aphtes et les crevasses de la langue (Rhéede, *Hort. Malab.*, t. III, p. 41).

MANGUIER

Mangifera Indica L.
(Térébinthacées - Pistaciées.)

Le Manguier ou Arbre de Mango est un arbre dont la tige, haute de 10 à 15 mètres, couverte d'une écorce épaisse, rugueuse et noirâtre, se divise en rameaux nombreux, dont l'ensemble forme une cime large et étalée, et qui portent vers leur sommet des feuilles alternes, oblongues lancéolées, entières, longues d'environ 0ᵐ,20 sur 0ᵐ,05 de largeur, fermes et coriaces. Les fleurs, petites, blanches, teintées de rouge, quelquefois polygames par avortement, sont disposées en grappes, dont la réunion constitue une large panicule terminale. Elles présentent un calice profondément divisé en cinq lobes égaux et caducs; une corolle à cinq pétales oblongs, sessiles, étalés, alternant avec les divisions du calice; cinq étamines; un ovaire ovoïde, libre, inséré sur un disque glanduleux, et portant un style latéral terminé par un stigmate obtus, globuleux, qui devient d'un rouge carmin après l'épanouissement de la fleur. Le fruit est une drupe ovoïde, jaune, rouge, noire ou verdâtre, de forme assez variable, du volume d'une poire ordinaire, renfermant, sous une peau mince mais ferme, une chair pulpeuse, jaune, succulente quoique filandreuse. Le noyau large et aplati qui s'y trouve contient une amande un peu charnue et très-amère.

Habitat. — Le manguier est originaire du Malabar et des régions voisines, d'où il a été transporté et naturalisé à Cayenne, aux Antilles et à l'île Maurice. On le cultive en grand dans ces divers pays. En Europe, on ne le rencontre que dans les jardins botaniques; il exige la serre chaude, et se multiplie de boutures étouffées.

Parties usitées. — Les feuilles, le bois, le fruit, les graines, le suc résineux qui découle de la plante.

Récolte. — Les fruits des manguiers, qui sont des plus usités des tropiques, se récoltent à leur maturité. Le bois de l'arbre est très-estimé dans l'Inde; il sert, avec celui de santal, à brûler les personnes de distinction. Les feuilles sont employées pour orner les maisons les jours de fête.

Composition chimique. — Les fruits des manguiers, nommés *Mangues*, renferment très-probablement, comme tous les autres fruits

charnus, du sucre, un acide organique, de la pectine et de l'acide
pectique. Les graines présentent une amande tournée en spirale,
formée de deux cotylédons qui paraissent être constitués par des
pièces articulées. Cette amande est fortement astringente, et, d'après
M. Avequin (*Journ. de pharm.*, t. XVII, p. 421), renferme une grande
proportion d'acide gallique libre, que l'on pourrait en extraire éco-
nomiquement et facilement.

USAGES. — Les mangues sont très-recherchées dans l'Inde et en
Amérique ; on les mange partout où elles mûrissent. Leur chair est
jaune, filandreuse, surtout autour du noyau, d'où le nom de *Mangue
à perruque*, qu'on leur donne à l'Ile de France. Leur saveur est fondante, sucrée, légèrement térébenthinée. On les mange pelées, coupées par tranches, avec du vin, du sucre et des aromates. On les fait
bouillir quelquefois. On les conserve salées et en compotes, ou con-
fites soit au sucre soit au vinaigre.

Il y a beaucoup de variétés de ce fruit. Quelques-unes ne sentent
pas la térébenthine ; d'autres ont la chair rouge. La mangue de Java
pèse jusqu'à sept livres. On regarde leur chair comme nourrissante
et rafraîchissante, propre à calmer les douleurs intestinales, et à
guérir du scorbut. Il est probable que le fruit nommé *Bilubo* aux Philippines est une sorte de mangue.

Les branches et les fruits des mangliers laissent exsuder, avant leur
maturité, un suc résineux, qu'on a préconisé comme anti-syphilitique. Les feuilles jouissent d'une réputation anti-odontalgique fort
usurpée. Les amandes passent pour être anthelmintiques.

MANIOC

Manihot edulis Plum. *Jatropha manihot* L.
(Euphorbiacées - Crotonées.)

Le Manioc est un arbrisseau à racine très-épaisse, charnue, féculente. La tige, haute de 2 à 3 mètres, noueuse, tendre, cassante, couverte d'une écorce lisse, verdâtre ou rougeâtre, et remplie d'une
moelle très-abondante, se divise, vers le sommet, en un petit nombre de rameaux cassants, portant des feuilles alternes, longuement
pétiolées, très-grandes, lisses, assez fermes, vert clair en dessus,
glauques en dessous, palmées, profondément divisées en trois, cinq
ou sept lobes aigus et entiers. Les fleurs, rougeâtres, monoïques, sont

disposées en grappes terminales ; les mâles ont un calice pétaloïde à
cinq divisions, et dix étamines monadelphes ; les femelles ont le
calice à cinq divisions plus profondes, et un ovaire à trois loges, surmontées chacune d'un style simple à stigmate bifide. Le fruit est une
capsule arrondie, lisse, légèrement ridée, à trois loges, se séparant à
la maturité en trois coques, dont chacune renferme une graine
ovoïde, aplatie, luisante, caronculée, d'un gris blanchâtre mêlé de
taches un peu plus foncées (Pl. 32).

HABITAT. — Originaire de l'Amérique du Nord, et particulièrement du Mexique et de la Caroline, le manioc a été introduit aux
Antilles et dans les régions chaudes de l'Amérique centrale.

CULTURE. — Cet arbrisseau n'a été jusqu'à ce jour cultivé, en Europe, que dans les jardins botaniques, où on le tient en serre chaude.
Il paraît cependant susceptible d'être cultivé en pleine terre, du
moins dans les contrées méridionales. Les graines ne reproduisant
guère que le type sauvage, il serait préférable de faire venir d'Amérique les variétés à grosses racines que l'on y cultive généralement,
et qui se multiplient avec la plus grande facilité par éclats de pieds
ou par rejetons.

PARTIES USITÉES. — La moelle, les racines.

RÉCOLTE. — Le manihot, manioc ou magnoc est une des plantes
les plus nécessaires à l'homme. Le nombre des individus qui s'en
nourrissent presque exclusivement dépasse de beaucoup celui des
hommes qui mangent du blé. On en connaît un grand nombre d'espèces. Deux variétés doivent surtout nous occuper, tant à cause de
l'usage qu'on en fait, comme matière alimentaire, qu'en raison du
poison violent qu'elles renferment, à côté de la fécule la plus inoffensive.

La première espèce porte le nom de *Manioc doux, Camagnoc,
Aipi, Juca dulce* (*Manihot Aipi* Pohl.), ne renferme aucun principe
dangereux. La racine peut être mangée cuite sous le cendre ou dans
l'eau, comme on le fait des pommes de terre. Les animaux la mangent crue. L'autre espèce, nommée plus spécialement *Manihot, Manioc amer, Juca amarya, Mandiiba, Mandioca*, (*Manihot utilissima*
Pohl., *Janipha manihot* Kunth), contient, dans sa racine, un poison
des plus violents.

COMPOSITION CHIMIQUE. — Le principe actif du manioc vénéneux est,
d'après MM. Boutron et O. Henry, de l'acide cyanhydrique, ou un

corps qui se transforme facilement en cet acide. Il tue tous les animaux, en causant des vomissements, des convulsions, des sueurs
froides, et détermine rapidement la mort. D'après Rajon, exposé
à l'air, il perd ses propriétés en trente-six heures ; il les perd également par la coction. Le docteur Firmin, de Surinam, M. Ricord
Madiana ont isolé ce principe par distillation, et MM. Boutron et
O. Henry ont déterminé sa nature. Le traitement de cet empoisonnement consiste dans des affusions d'eau froide le long du rachis, et
des inspirations chlorées ; quant au sucre, au rocou, à l'eau de mer
et aux sucs de diverses plantes, qui ont été successivement proposés
comme antidotes, on ne doit y avoir aucune confiance.

Le suc de la plante laisse déposer une fécule fine qui est la *moussache* ; elle est formée de grains arrondis, égaux en volume, d'un
diamètre de $\frac{1}{34}$ de millimètre, présentant à leur centre un point noir.
Quand cette fécule humide est séchée sur des plaques chaudes,
des grains crèvent et s'agglomèrent en petites masses irrégulières,
qui forment le *tapioka*. Celui-ci, pulvérisé et soumis à l'action de
la vapeur d'iode, prend une couleur chamois. Ce caractère ne peut
servir à le distinguer des faux tapiokas que l'on fabrique avec
toute espèce de fécule et dont la plupart prennent la même coloration.
Le vrai tapioka est en grumeaux irréguliers, composés de grains
agglomérés, tandis que le factice est en fragments presque réguliers,
d'une structure homogène non granulée.

Usages. — Comme toutes les fécules, celle du manioc peut être
utilisée en médecine comme émolliente, mais c'est surtout comme
aliment qu'elle est précieuse. On la mange sous la forme de différents produits qui portent le nom de *Couaque, Cassave, Moussache*
ou *Cipipa, Tapioka,* etc.

La *farine de manioc* est un mélange d'amidon, de fibre végétale et
d'un peu de matière extractive. On la mélange à la farine de froment
pour en faire du pain. On l'obtient en enlevant l'écorce de la racine
de manioc, en réduisant le corps de la racine en pulpe, au moyen de
la râpe, et en passant au travers d'un sac de palmier de forme particulière, ou en exprimant à la presse. La fécule est desséchée sous
des cheminées, puis elle est pulvérisée.

La *couaque* s'obtient en séchant sur des claies, exposées à la chaleur, la fécule de l'opération précédente ; on la crible ensuite pour
l'obtenir d'un volume à peu près égal ; on la chauffe par petites par-

ties dans des chaudières de fonte, moyennement chauffées, jusqu'à ce que la fécule ait subi un commencement de torréfaction. Elle se gonfle beaucoup dans l'eau et dans le bouillon.

Pour obtenir la *cassave*, on étend la fécule non séchée en forme de gâteau mince sur une plaque de fer chauffée ; le mucilage et l'amidon, en cuisant, se tiennent entre eux et forment un gâteau solide, qui est très-estimé des créoles.

Nous avons dit que la moussache était la fécule séchée à l'air. On la vend quelquefois pour de l'*arow-root* ; mais elle s'en distingue par ses granules sphériques, beaucoup plus petits que ceux de l'arow-root, et que ceux de l'amidon de blé.

Le tapioka sert à faire des bouillies, des potages. Il n'est pas complétement soluble dans l'eau. Ce liquide bouillant, forme, avec lui, une espèce d'empois qui présente un caractère particulier de transparence et de viscosité. Il reste un résidu, sous forme de flocons muqueux, qui sont colorés par l'iode. Il est probable que ce sont des débris de cellules tapissées de fécule.

MARCHANTIE

Marchantia polymorpha L.
(Hépatiques.)

La Marchantie polymorphe, vulgairement appelée Hépatique des fontaines, est une petite plante cryptogame, à frondes (expansions foliacées) longues de 0ᵐ,05 à 0ᵐ,10, lobées ou pennatifides, à divisions obtuses, presque entières, glabres, d'un vert foncé, ponctuées en dessus, marquées en dessous de nervures anastomosées, couvertes de nombreuses fibres radicales. Les organes reproducteurs sont portés sur des pédicules de deux sortes. Les mâles, longs de 0ᵐ,01 à 0ᵐ,02, naissent sur le bord des divisions de la fronde, et se terminent par un disque membraneux, lamelleux et blanc en dessous, à huit divisions renfermées dans la membrane du disque, et contenant la matière fécondante. Les pédicules femelles, longs de 0ᵐ,03 à 0ᵐ,04, rougeâtres à la base, velus, opaques, striés, un peu tortillés, naissent également sur les bords de la fronde, dans de petites cavités, et se divisent au sommet en dix rayons linéaires, rabattus, puis étalés, recouvrant deux ou trois *fleurs* femelles, entourées d'écailles blanches, et dont une seule fructifie. Le *fruit* est une petite capsule à quatre valves. On observe encore sur la fronde des cupules sessiles, remplies de petits corps lenticulaires, qui paraissent être des bulbilles ou gemmes.

Cette plante présente de nombreuses variétés, que plusieurs auteurs ont élevées au rang d'espèces, et parmi lesquelles on remarque la Marchantie hémisphérique (*M. hemisphærica* L.).

HABITAT. — Les marchanties sont très-communes en Europe ; on les trouve dans les lieux humides et ombragés, au bord des puits, des fossés, des fontaines, dans les cours inhabitées, etc. C'est à peine si on les cultive dans quelques jardins botaniques.

PARTIES USITÉES. — Toute la plante.

RÉCOLTE. — L'hépatique des fontaines, que l'on trouve souvent dans les cours ombragées et humides, peut être recueillie pendant toutes les saisons, mais il vaut mieux la cueillir lorsqu'elle est dans toute sa vigueur, c'est-à-dire en été. Après avoir séparé les frondes mortes, on la fait sécher au soleil ou à l'étuve. On la conserve dans un endroit sec et à l'abri du contact de l'air.

COMPOSITION CHIMIQUE. — L'odeur de marchantie est fade, insipide et marécageuse. On ne sait rien sur sa composition.

USAGES. — La marchantie tire son nom d'hépatique de la propriété qu'on lui attribuait de guérir les engorgements abdominaux, et principalement ceux du foie. Regardée comme diurétique, dépurative et détersive, elle a été vantée par Lieutaud dans les engorgements du foie et les maladies chroniques de la peau. M. Short, médecin de l'Infirmerie royale d'Édimbourg, lui attribue des propriétés diurétiques et dit l'avoir employée avec succès contre les hydropisies ; il l'applique sous forme de cataplasmes, qu'il prépare avec la plante fraîche, bouillie et pulpée dans l'eau et de la farine de lin. Il pose ces cataplasmes sur le ventre et les renouvelle souvent, pendant plusieurs jours. Si, après quinze jours ou un mois de bons effets ne se sont pas produits, il est inutile de continuer. Cette médication, dit M. Short, jette quelquefois les malades dans une grande faiblesse, qui oblige à en suspendre l'emploi. Malgré les résultats que dit avoir obtenus le médecin d'Édimbourg, ce mode de traitement des hydropisies trouvera beaucoup d'incrédules et peu d'imitateurs. M. Cazin a employé la marchantia dans deux cas d'anasarque : dans le premier, les effets ont été nuls ; dans le second, la plante avait été administrée *intus et extra* ; les effets diurétiques ont été assez prononcés.

M. le docteur Levrat-Perrotton dit avoir employé avec succès la
marchantie contre la gravelle ; le docteur Gensoul l'emploie souvent
comme diurétique et en obtient de bons résultats. Elle mérite donc
l'attention des praticiens. Les anciens connaissaient cette plante, et
Pallini dit d'elle : « *Apud medicos olim in usu erat (Marchantia) in
morbis hepatis et vesicæ.* » Le *M. conica* jouit des mêmes propriétés
que le *M. polymorpha*.

MARJOLAINE

Majorana hortensis Mœnch. *Origanum majorana* L.
(Labiées - Saturéiées.)

La Marjolaine des jardins, appelée aussi Grand Origan, est une
plante vivace, à racines grêles, fibreuses. La tige, haute de 0^m,30
à 0^m,50, sous-ligneuse à la base, tétragone, grêle, pubescente, ferme,
dressée, très-rameuse, porte des feuilles opposées, pétiolées, petites,
ovales-oblongues, obtuses, entières, cotonneuses, blanchâtres. Les
fleurs, petites, blanches ou purpurines, accompagnées de bractées
colorées, sont disposées en épis courts, tétragones arrondis, compactes, formant par leur réunion des corymbes dont l'ensemble constitue une grande panicule terminale. Elles présentent un calice à
deux lèvres, la supérieure beaucoup plus grande ; une corolle à deux
lèvres, la supérieure échancrée, l'inférieure trifide ; quatre étamines
didynames, à anthères rougeâtres ; un pistil composé de quatre
carpelles uniovulés, surmonté d'un style simple et d'un stigmate
bifide. Le fruit se compose de quatre akènes lisses.

La Marjolaine à coquilles ou Origan d'Égypte (*M. crassifolia* Benth.,
Origanum Ægyptiacum Auct.) est aussi vivace, et se distingue de la
précédente, surtout par ses feuilles plus grandes, sessiles, épaisses,
cotonneuses, ainsi que les rameaux, les bractées et le calice.

Habitat. — Ces deux plantes sont originaires de la région méditerranéenne, où elles croissent dans les lieux découverts.

Culture. — La marjolaine demande une exposition chaude, une
terre légère et assez sèche. On la multiplie de graines, de boutures
et d'éclats de pieds, au printemps ou à l'automne. Dans le Nord, elle
exige, durant l'hiver, une couverture ou l'orangerie. La marjolaine
à coquilles est encore plus délicate.

Parties usitées. — Les sommités fleuries.

Récolte. — On doit récolter la marjolaine au moment de la floraison : On coupe la tige à la base ; on attache les sommités en petits bouquets peu serrés, afin que l'air puisse circuler à l'intérieur ; on les dispose en chapelets avec de la ficelle et on les suspend en guirlandes, au séchoir ou au grenier, mais toujours à l'ombre. Lorsque la plante est sèche, on la conserve dans des boîtes ou dans des sacs parfaitement fermés et à l'abri de la lumière.

Composition chimique. — Toutes les parties de la marjolaine exhalent une odeur aromatique très-forte, analogue à celle de la sauge, du thym et du romarin. Sa saveur est chaude, aromatique. Dans le midi de l'Europe, on l'emploie comme condiment pour l'art culinaire. Elle doit ses propriétés à une huile essentielle oxygénée qu'on en sépare par distillation. D'après Proust, la marjolaine des pays chauds, comme d'ailleurs beaucoup d'autres labiées, contient du camphre ; elle renferme en outre un principe amer assez abondant.

Usages. — La marjolaine entre dans la composition de l'*Eau générale*, de l'*Eau impériale*, de la *Poudre sternutatoire*, du *Sirop d'armoise composé*, du *Baume tranquille*, etc. On en préparait autrefois l'*Onguent de marjolaine*. On l'emploie surtout en infusion et on en fait une eau distillée. Elle présente un des aromatiques indigènes les plus agréables, et si elle est aujourd'hui tombée dans un oubli presque complet, cela doit être attribué à ce que plusieurs plantes de la même famille jouissent des mêmes propriétés, et qu'on peut, sans inconvénient, les substituer les unes aux autres.

La marjolaine était autrefois employée dans les maladies nerveuses. On la prescrivait dans les paralysies, les vertiges, l'épilepsie, etc. On la regardait comme expectorante contre le catarrhe muqueux, et comme propre à donner plus de force et de tonicité au tissu pulmonaire. Elle passait aussi pour donner de la force à l'estomac.

D'après Paulet, la marjolaine est l'*Amaracos* de Théophraste. Selon Stackouse, ce nom devrait être appliqué à la marjolaine coquille, (*O. Egyptiacum* L., *M. crassifolia* Benth). Dioscoride indique la marjolaine d'Héraclée (*O. Heracleoticum* L. et l'*O. onites* L., *O. Smyrneum* L. etc.), comme propres à remédier à la piqûre des serpents. Murray signale l'*O. creticum* L. comme salutaire pour calmer les douleurs dentaires. On l'emploie comme condiment.

MAROUTE

Maruta fœtida Cass. *Anthemis cotula* L.
(Composées - Sénécionidées.)

La Maroute, appelée aussi Camomille des chiens ou Camomille puante, est une plante annuelle, à racines fibreuses. La tige, haute de $0^m,25$ à $0^m,50$, un peu anguleuse, striée, glabre ou à peine pubescente, dressée ou ascendante, très-rameuse, porte des feuilles alternes, sessiles, bipennées, à segments linéaires étroits et pointus, presque glabres, d'un vert assez foncé, d'une odeur très-forte. Les fleurs, jaunes au centre, blanches à la circonférence, sont disposées en capitules solitaires à l'extrémité des rameaux, à réceptacle conique, saillant, offrant à la base de chaque fleur une écaille étroite et subulée, entouré d'un involucre à folioles scarieuses, étroites, blanchâtres sur les bords, imbriquées. Les fleurs du centre sont tubuleuses et hermaphrodites; elles ont cinq étamines épigynes soudées par les anthères, et un ovaire simple, infère, uniovulé, surmonté d'un style simple et d'un stigmate bifide; celles de la circonférence sont ligulées et femelles, quelquefois stériles. Le fruit est un akène ovoïde, gris brunâtre, marqué de dix côtes longitudinales décomposées en tubercules saillants. Les akènes d'un même capitule sont souvent inégaux.

HABITAT. — La maroute est commune dans presque toutes les régions de l'Europe; on la trouve en abondance dans les moissons, les champs en friche, les lieux cultivés, au bord des chemins, le long des ruisseaux et des marais, etc.

CULTURE. — Cette plante n'est pas cultivée exclusivement pour l'usage médical; elle croit dans tous les sols, et se propage très-facilement par graines, semées en place au printemps. Mais on préfère les pieds qui croissent à l'état spontané.

PARTIES USITÉES. — Les inflorescences, ou capitules.

RÉCOLTE. — La maroute doit être récoltée lorsque l'inflorescence est parfaitement développée. On coupe les pédoncules au sommet, de manière à séparer le capitule [seul, et on fait sécher au grenier ou au séchoir, mais toujours à l'ombre. Il faut éviter de cueillir les fleurs lorsqu'elles sont mouillées, parce qu'alors elles se noircissent en séchant.

Composition chimique. — La maroute répand une odeur des plus infectes, surtout lorsqu'on la froisse; elle la doit à une huile essentielle qu'on peut en séparer par distillation. Elle est d'un vert bleuâtre et d'une odeur très-forte. On a prétendu que comme les matricaires dont elle est voisine, elle pouvait fournir une sorte de camphre cristallisé, mais de nouvelles recherches sont nécessaires à cet égard.

Usages. — L'odeur fétide de cette plante la fait regarder comme un excellent succédané de l'assa-fœtida. C'est donc contre les névroses, et plus spécialement contre l'hystérie qu'on l'a administrée, tantôt en poudre, tantôt sous forme de tisane; on la faisait prendre contre les gastralgies, les entéralgies et les coliques venteuses. Elle était regardée comme un très-bon carminatif. Peyrilhe prétend l'avoir donnée avec succès contre les fièvres intermittentes rebelles au quinquina. Roques dit que son infusion, administrée au moment du frisson, peut empêcher le retour de l'accès, comme le ferait l'absinthe ou la camomille. Zimmermann place l'infusion de maroute immédiatement après l'opium pour combattre la dysentérie, ce qui nous paraît un peu hasardé. Il la considère comme antiseptique. Gilibert la faisait prendre contre les scrofules. On l'a administrée pour combattre les accidents nerveux qui précèdent ou qui suivent la menstruation. M. Cazin l'a employée avec succès dans la dysménorrhée nerveuse et dans les gastralgies accompagnées de flatuosités. M. Dubois de Tournay a préconisé l'infusion de cette plante dans les pneumatoses.

La camomille des champs (*Anthemis arvensis* L.) jouit d'une amertume très-prononcée. Roques la considère comme un de nos meilleurs fébrifuges indigènes. On la substitue souvent à la matricaire. La camomille des teinturiers, ou œil de bœuf (*Anthemis tinctoria* L.) possède des propriétés analogues. Elle fournit à la teinture une couleur jaune.

MARRONNIER D'INDE

Æsculus hippocastanum L.
(Hippocastanées.)

Le Marronnier d'Inde est un grand et bel arbre, à racine pivotante et ramifiée. La tige, haute de 20 à 25 mètres, couverte d'une écorce rugueuse et d'un brun grisâtre, se divise en rameaux nombreux, opposés, dont l'ensemble forme une large cime pyramidale, et qui se terminent par des bourgeons très-gros, ovoïdes, pointus, à écailles imbriquées, glutineuses. Ils portent des feuilles opposées, à pétioles très-longs, renflés et articulés à la base, à limbe très-grand, digité, divisé en cinq ou sept folioles obovales, acuminées, rétrécies à la base, dentées, d'un beau vert en dessus, plus pâles en dessous. Les fleurs, grandes, blanches, tachées de rose, odorantes, sont groupées en longues et larges panicules terminales. Elles présentent un calice campanulé, à cinq lobes obtus et ciliés, caduc ; une corolle irrégulière à cinq pétales inégaux, libres, étalés, un peu onduleux et ciliés, onguiculés à la base ; sept étamines saillantes, insérées sur un disque annulaire, à filets arqués, déclinés, à anthères rougeâtres ; un ovaire libre, arrondi, épineux, à trois loges biovulées, surmonté d'un style réfléchi terminé par un très-petit stigmate. Le fruit est une capsule charnue-coriace, globuleuse, épineuse, s'ouvrant en deux ou trois valves, et renfermant une à quatre graines très-grosses, arrondies, déformées par compression, à testa ligneux luisant, marqué d'un hile très-large, et à cotylédons très-volumineux.

HABITAT. — Originaire d'Asie, cet arbre est aujourd'hui répandu et presque naturalisé en Europe. On le plante fréquemment dans les parcs et les jardins ; on en fait des avenues et il commence même à s'introduire dans les forêts.

PARTIES USITÉES. — L'écorce, les fruits.

RÉCOLTE. — L'écorce doit être récoltée au printemps et être prise sur des branches de moyenne grosseur. Après l'avoir séparée du bois, on la fait sécher. Dans le commerce, on la trouve en morceaux roulés, d'un brun jaunâtre en dehors, d'un jaune fauve en dedans. La cassure est très-fibreuse, la saveur amère ; les écorces présentent une épaisseur variable ; on la trouve même quelquefois en fragments aplatis. Les fruits sont récoltés à l'automne.

COMPOSITION CHIMIQUE. — L'écorce de marronnier d'Inde est riche en tannin. Sa saveur est astringente et amère. La potasse précipite son infusion avec coloration bleue. D'après MM. Pelletier et Caventou, elle contient une matière astringente rougeâtre, une huile verte, une matière colorante jaune, un acide, de la gomme, du ligneux.

Le fruit ou marron d'Inde a une saveur amère extrêmement désagréable. Il contient une substance neutre que M. Cazoneri, qui l'a

découverte, a nommée *Esculine*, et qui a été étudiée par Trommsdorff,
MM. Minor, Mouchon, Frémy, etc.

M. Lepage, de Gisors, a trouvé que les marrons d'Inde décorti-
qués contenaient pour 100 parties : eau, 45; tissu végétal, 8,50;
fécule, 17,50 ; huile douce saponifiable, 6,50 ; glucose, 6,75 ; substance particulière douce, 3,70 ; saponine ou principe amer, 4,45 ;
matière protéique (albumine ou caséine), 3,35 ; gomme, 2,70 ; acides
divers et sels, 1,55. La fécule est combinée avec un principe amer
que l'on peut enlever par des lavages à l'eau alcaline, procédé autrefois proposé par Parmentier, remis depuis en vigueur par M. Flan-
drin et par MM. Remilly et Thibierge. M. Raspail a proposé les lavages
à l'eau acidulée de la pulpe de marrons pour enlever le principe
amer.

L'esculine est cristallisable, incolore, amère, inodore, peu soluble
dans l'eau et l'alcool froids, plus soluble dans l'alcool bouillant, à peu
près insoluble dans l'éther. Trommsdorff a signalé, le premier, un
phénomène fort curieux de dichroïsme que présente la solution
aqueuse d'esculine ; elle paraît incolore par transmission et bleue
par réflexion. Cette coloration augmente par les alcalis. Le chlore la
colore en rouge ; elle précipite par le sous-acétate de plomb et réduit
les sels de cuivre à l'état de protoxyde (Zwenger). Chauffée lentement,
elle fond à 160°, et, plus tard, donne un produit cristallisable
nommé *Esculétine*. Les acides sulfurique et chlorhydrique étendus
et la synaptase transforment l'esculine en glycose et en esculetine.
C'est, par conséquent, un glycoside.

La saponine des marrons d'Inde, traitée par les alcalis, produit
l'acide esculique dont la formule $= C^{26} H^{43} O^{12}$.

Usages. — La fécule du marron d'Inde peut être employée dans
un grand nombre d'industries pour remplacer l'amidon. En raison
de la saponine qu'il contient, on s'en est servi, dans certaines localités pour savonner le linge. On a quelquefois employé la fécule
comme cosmétique, en place de pâte d'amandes. On a voulu l'introduire dans la bougie stéarique : celle-ci devenait alors plus dure,
mais elle brûlait très-mal. Le charlatanisme prône comme un spécifique contre la goutte et le rhumatisme, une huile qu'on dit en extraire au moyen de l'éther. Cette prétendue propriété de l'huile de
marrons d'Inde de guérir les douleurs diverses doit être placée sur la
même ligne que la vieille croyance populaire d'après laquelle il suffit

de porter trois marrons d'Inde dans une poche, placée à gauche, pour être guéri et préservé de toute espèce de maux. Il n'est pas de préjugé, pour si ridicule qu'il soit, qui n'ait encore des adhérents, ni d'absurdité que la spéculation ne puisse exploiter.

Un pharmacien distingué de Lyon, M. Mouchon, a beaucoup préconisé l'esculine comme fébrifuge. Les observations publiées par M. le docteur Durand de Lunel, celles qui ont été recueillies à Lyon et à Saint-Étienne, semblent donner quelque valeur à ce médicament. Toutefois, nous croyons que de nouvelles expériences sont nécessaires, surtout dans les pays où les fièvres intermittentes sont endémiques, tels que l'Algérie, les Dombes, la Sologne et les Landes de Gascogne, avant de se prononcer définitivement sur la valeur de ce médicament : car si les observations de M. Durand sont favorables à l'esculine, celles de M. Vernay lui sont contraires.

Depuis 1720, époque à laquelle le président Bon proposa à l'Académie des sciences l'écorce de marronnier d'Inde comme fébrifuge, elle n'a cessé d'être employée dans divers pays d'Europe, et il est résulté de tous ces essais que si elle paraît guérir quelquefois les fièvres légères, elle est impuissante dans un grand nombre de cas ; aussi est-elle aujourd'hui à peu près abandonnée. On l'employait en poudre ou en décoction à la dose de 4 à 6 grammes comme tonique, et de 15 à 20 grammes comme fébrifuge. A l'extérieur, la poudre est regardée comme tonique, détersive et anti-septique. Coste et Wilmet l'ont quelquefois substituée, avec avantage, au quinquina, pour certains pansements.

MARRUBE

Marrubium vulgare L.
(Labiées – Stachydées.)

Le Marrube blanc ou commun est une plante vivace, à racines épaisses, ligneuses, fibreuses, blanchâtres. Les tiges, hautes de 0ᵐ,35 à 0ᵐ,65, fermes, tétragones, cotonneuses blanchâtres, dressées, un peu rameuses, portent des feuilles opposées, pétiolées, ovales aiguës, crénelées, crépues, ridées, d'un vert cendré, cotonneuses, surtout en dessous. Les fleurs, blanches, petites, sessiles, peu nombreuses, très-serrées, sont groupées en faux verticilles axillaires, compactes, accompagnées de bractées courtes, aiguës, subulées. Elles présentent

un calice tubuleux, cylindrique, velu, strié, à dix dents alternativement grandes et petites ; une corolle irrégulière, bilabiée, à tube
légèrement arqué et dépassant le calice, à limbe divisé en deux
lèvres, la supérieure dressée, plane, étroite et bifide, l'inférieure à
trois lobes inégaux, dont deux latéraux petits, ovales et obtus, et un
médian plus grand et échancré ; quatre étamines didynames très-
courtes, incluses ; un ovaire composé de quatre carpelles libres, uniovulés, insérés sur un disque charnu, et surmonté d'un style simple,
court, terminé par un stigmate bifide. Le fruit se compose de quatre
akènes cunéiformes obovales, lisses et glabres, à trois angles arrondis, renfermés dans le calice persistant.

HABITAT. — Le marrube blanc est commun dans toute l'Europe ; il
croît en abondance dans les lieux incultes, les décombres, au bord
des chemins et des fossés, etc.

CULTURE. — Cette plante, assez abondante à l'état sauvage pour
suffire aux besoins de la médecine, n'est cultivée que dans les jardins
botaniques. Elle vient à peu près dans tous les sols, et se propage très-
facilement par graines, ou par éclats de pieds, plantés à la fin de
l'hiver.

PARTIES USITÉES. — Les feuilles, les sommités fleuries.

RÉCOLTE. — La récolte du marrube se fait au moment de la floraison. Il perd une partie de ses propriétés par la dessiccation,
qui doit être faite à l'ombre ; mais il conserve son principe amer.
Les feuilles se courbent en dessus, de sorte que lorsque la plante est
sèche, la partie inférieure des feuilles, qui est plus blanche, devient
plus apparente.

COMPOSITION CHIMIQUE. — Lorsque le marrube est frais, il répand
une odeur forte, légèrement musquée. Sa saveur est chaude, amère,
nauséeuse. Elle doit être attribuée à une huile volatile. Le suc de la
plante précipite abondamment en noir par les persels de fer. On a
même fait de l'encre par ce procédé. Cette réaction prouve sa richesse
en tannin. On y trouve également de l'acide gallique et un principe
amer. Ses principes sont solubles dans l'eau et dans l'alcool.

USAGES. — Malgré l'enthousiasme avec lequel Cullen et Dehaen ont
vanté le marrube, il est tout à fait inusité de nos jours. Gilibert le
regardait comme un dépuratif puissant et comme une des meilleures
plantes d'Europe. On employait autrefois son suc ou son infusion
contre toutes sortes de maladies, mais plus spécialement contre les

affections de poitrine. Hufeland vantait l'infusion contre les irritations bronchiques, le catarrhe chronique et même la phthisie. A. de
Jussieu l'a employé contre l'ictère. Mérat et Delens le recommandent
dans le rhumatisme chronique. Linné dit l'avoir employé avec succès pour combattre le ptyalisme mercuriel. Wauthers le prescrivait
contre les fièvres journalières et les fièvres intermittentes, lorsque
surtout celles-ci étaient accompagnées d'engorgements des viscères,
et c'est surtout dans ces cas qu'on lui attribuait des propriétés souve-
raines. Mais, d'après Zacatus Lusitanus, Forestus, Chomel, etc., on
ne peut l'employer dans ces cas, ainsi que dans l'ictère et les engorgements du foie que lorsqu'il n'y a ni douleurs, ni inflammations, ni
pléthore sanguine.

Le marrube a été très-préconisé contre la chlorose et l'anémie, et
regardé comme un reconstituant de sang. Borelli l'employait dans
tous les cas d'anémie, et Freind (*Emmenalogia*, Londini, 1717, p. 160)
assure que le suc de cette plante, mêlé au sang, rend celui-ci plus
vermeil et plus fluide. Suivant Alibert, c'est à tort que cette plante
est tombée dans l'oubli. D'après M. Cazin, elle agit particulièrement
sur le système pulmonaire et doit être rapprochée, par ses effets, de
l'hysope, du lierre terrestre, du pouliot, que l'on préfère, selon
nous, avec raison.

MARUM

Teucrium marum L.
(Labiées - Ajugoïdées.)

Le Marum, appelé aussi Germandrée maritime, Herbe aux
chats, etc., est un sous-arbrisseau, à racines ligneuses, fibreuses. La
tige, haute de 0ᵐ,30 à 0ᵐ,50, ligneuse à la base, se divise en rameaux
nombreux, opposés, presque cylindriques, grêles et effilés, cotonneux et pulvérulents, blanchâtres, dressés, portant des feuilles opposées, courtement pétiolées, très-petites, ovales, aiguës, entières, à
bords roulés en dessous, rétrécies brusquement à la base, vert foncé
en dessus, blanches et cotonneuses en dessous. Les fleurs, purpurines, terminent de courts pédoncules, solitaires ou géminés à l'aisselle des feuilles supérieures, et constituent par leur réunion une
grappe oblongue, terminale, presque unilatérale. Elles présentent un
calice tubuleux, assez large, un peu bossu à la base, à cinq dents
presque égales, lancéolées, rougeâtre, couvert de poils cotonneux

blanchâtres ; une corolle irrégulière, à tube redressé, à limbe divisé en deux lèvres, la supérieure à peine marquée, profondément bifide, terminé par deux dents saillantes et dressées, l'inférieure grande, à trois lobes, dont deux latéraux petits, et un médian plus large, arrondi, concave ; quatre étamines didynames, saillantes ; un ovaire composé de quatre carpelles uniovulés, surmonté d'un style simple terminé par un stigmate bifide. Le fruit se compose de quatre akènes ovoïdes, entourés par le calice persistant.

HABITAT. — Le marum est originaire de la région méditerranéenne, où il croît dans les lieux stériles. On ne le cultive que dans les jardins botaniques. Dans le Nord, il exige l'orangerie durant l'hiver. On doit surtout le garantir contre les chats.

PARTIES USITÉES. — Les sommités fleuries, les feuilles.

RÉCOLTE. — On peut recueillir les feuilles de marum pendant tout l'été ; l'inflorescence se récolte au moment de la floraison. La dessiccation s'opère facilement et ne lui fait perdre aucune de ses propriétés.

COMPOSITION CHIMIQUE. — Comme tous les teucrium, le marum possède une odeur forte, aromatique, pénétrante, une saveur amère. Il renferme une huile volatile d'une odeur camphrée très-prononcée. D'après Bley (*Bull. des sc. méd.*, t. XXII, p. 256), on y trouverait, outre l'essence du tannin, de l'acide gallique, de l'extractif, de l'albumine, du phosphate de chaux, du gluten : cela nous paraît très-douteux. Les principes actifs sont solubles dans l'eau et dans l'alcool.

USAGES. — Le marum, d'après Matthiole (*Com.* 38), est le μάρον de Dioscoride, le *Lamaracus* de Galien et de Paul d'Égine, le *Sampsuchus* de Théophraste. Il a été regardé comme tonique, excitant et sternutatoire. Il agit, dit-on, sur le système nerveux et est regardé comme efficace dans tous les cas d'atonie générale et de débilité.

Cartheuser et Linné ont proclamé les vertus du marum, et Wédelius lui donnait le nom de Polychreste. Bodard, qui a beaucoup expérimenté les plantes indigènes, place le marum parmi les cordiaux, et il compare les effets qu'il produit à ceux du camphre. Il assure qu'il s'oppose à l'augmentation de la sécrétion biliaire, ranime l'appétit, favorise les fonctions digestives et rémédie à la lenteur du système circulatoire (*Bot. méd. comp.*, t. III, p. 150). Chaumeton déplore l'oubli dans lequel une plante aussi précieuse est tombée ; mais il n'y a rien qui doive nous surprendre, et cela doit être attribué à l'exagération avec laquelle des plantes, actives d'ailleurs, et qui auraient pu rendre des services, administrées avec sagesse et discernement, ont été préconisées à outrance contre des maladies incurables ou des lésions qui nécessitent l'intervention du chirurgien. C'est ainsi que nous avons vu Hufeland et M. Mayer d'Arbon assurer que la poudre de marume prisé guérissait les polypes du nez et s'opposait à leur reproduction.

Au *Teucrium Marum* on peut, sans inconvénient, substituer l'ivette (*T. chamœpitis* L.); l'ivette musquée (*T. iva*); le botrys (*T. botrys*); la sauge des bois (*T. scorodonia*); la germandrée des montagnes (*T. montanum*); la germandrée polium (*T. polium*), préconisée en Orient contre la rage, et la germandrée fleurs en tête (*T. capitatum*).

MASSETTE
Typha latifolia et *angustifolia* L.
(Typhacées.)

La Massette à larges feuilles (*T. latifolia* L.), vulgairement appelée Canne de Jonc, Chandelle, Masse d'eau, Matelasse, Quenouille, Roche, Roseau de la passion, Roseau des étangs, etc., est une plante vivace, à souche rampante, traçante. Les feuilles, toutes radicales, sont très-longues, alternes, engaînantes, fasciculées, planes, d'un vert glauque. La tige ou hampe, haute de 2 mètres et plus, robuste, dressée, se termine par deux épis ou chatons floraux cylindriques, superposés, sortant chacun d'une longue spathe lancéolée aiguë; les mâles, situées à la partie supérieure et dont l'axe persiste après la floraison, se composent d'étamines soudées deux à quatre par leurs filets, terminées par des anthères à connectif proéminent, et entourées de longues soies qui ne sont que des étamines avortées; les feuilles ont un ovaire libre, à une seule loge uniovulée, surmonté d'un style allongé, capillaire, que termine un stigmate élargi en languette, et sont entourées aussi de longues soies qui paraissent être des étamines ou des pistils rudimentaires. Le fruit est un akène, porté sur un pédicelle capillaire, muni de longues soies dilatées au sommet (Pl. 33).

La Massette à feuilles étroites (*T. angustifolia* L.) est aussi vivace, et se distingue de la précédente par sa taille moins élevée; ses feuilles plus étroites, convexes en dehors, un peu concaves en dedans, dépassant souvent la tige; ses deux chatons plus distants, et ses stigmates linéaires.

HABITAT. — Ces plantes sont répandues dans toutes les régions de l'Europe; elles croissent dans les étangs et les marais.

CULTURE. — Les massettes sont très-rustiques, et se propagent facilement par graines, semées au printemps en terre forte et humide, et mieux encore par la division des souches.

PARTIES USITÉES. — La racine, le duvet, le pollen.

RÉCOLTE. — La racine se récolte en automne, après la floraison; le duvet est cueilli au moment où il se détache de l'axe.

COMPOSITION CHIMIQUE. — M. Raspail, qui a analysé la racine de massette, y a trouvé une substance féculente qui rougit à l'air. M. Lecoq en a isolé un huitième de son poids de fécule, qui forme empois avec l'eau. Elle est plus abondante en automne. Le même chimiste dit avoir trouvé des cristaux de phosphate de chaux dans les tiges? (*Journal de ch. méd.*, t. IV, p. 777).

USAGES. — Les Kalmouks mangent la racine de massette. Elle est d'une grande ressource aux époques de disette. Dans divers pays de l'Europe, on la mange en salade, ou confite au vinaigre. D'après Gmelin, les sangliers en sont très-avides. Les feuilles servent à couvrir les chaumières; on en fait des nattes, des paillassons, et on en rembourre des chaises. Le duvet a été travaillé dans ces derniers temps; on en a fabriqué une espèce de drap feutré assez solide.

En Sibérie, la racine et les feuilles de massette sont employées contre le scorbut (*Découvertes des Russes*, t. III, p. 450). Aublet (*Guyane*, p. 847), dit qu'elle est utile dans la gonorrhée et la blennorrhagie. Gmelin lui attribue la propriété de faire cesser le hoquet (*Flore de Siber.*, t. I, p. 134).

On a essayé de faire des édredons avec le duvet doux et soyeux des massettes, mais il se tasse et n'est pas élastique. On s'en sert avec succès pour le pansement des brûlures. Le docteur Vignal a démontré ses bons effets dans ces cas, et M. le docteur Durand s'en est servi pour les engelures ulcérées.

D'après De Candolle (*Essai sur les propriétés des plantes*, p. 304), le pollen des massettes, qui est très-abondant, peut remplacer le lycopode; mais la récolte de ce pollen coûterait plus cher que le lycopode lui-même. D'ailleurs, celui-ci renferme une matière ciro-résineuse qui le rend imperméable à l'eau, ce qui est très-précieux pour les écorchures, et pour rouler les pilules afin de les préserver de l'humidité.

MATÉ

Ilex Mate Saint-Hil. *Ilex Paraguensis* Lamb.
(Ilicinées.)

Le Maté, appelé aussi Thé du Paraguay ou Herbe du Paraguay, est un grand arbre, à rameaux touffus, portant des feuilles alternes, presque sessiles, ovales, oblongues ou lancéolées, grandes, un peu obtuses, dentées, coriaces, luisantes. Les fleurs, blanches, sont groupées en cymes corymbiformes serrées, à l'aisselle des feuilles de la partie moyenne des rameaux. Elles présentent un calice à quatre sépales arrondis, concaves; une corolle à quatre pétales arrondis; quatre étamines, à filets courts; un ovaire à quatre loges uniovulées, surmonté d'un stigmate sessile quadrilobé. Le fruit est une drupe rouge, de la grosseur d'un grain de poivre, à quatre noyaux monospermes.

HABITAT. — Le maté croît au Paraguay, dans les parties méridionales du Brésil et dans les régions voisines; on le trouve surtout dans les forêts. Il n'est cultivé, en Europe, que dans les serres chaudes des jardins botaniques; on le tient en pots remplis de terre de bruyère mélangée de terre franche.

PARTIES USITÉES. — Les feuilles.

RÉCOLTE. — Le maté, *Yerba maté, Gon gouha, Thé des jésuites, Thé du Paraguay*, que Martius avait cru d'abord être son *Cassine gongouha*, et qu'il a reconnu ensuite être différent, est une plante dont les Brésiliens et tous les habitants de l'Amérique centrale font une consommation considérable. Le commerce de cette plante monte à plusieurs millions par année. *Maté*, nom sous lequel on désigne la boisson, veut dire herbe en brésilien, comme qui dirait *herbe par excellence*. Après avoir récolté ses feuilles vertes, on les fait sécher avec soin, et on les comprime pour qu'elles occupent un moins grand volume.

COMPOSITION CHIMIQUE. — L'analyse complète du maté n'a pas été faite d'une manière satisfaisante : on y a trouvé de la *Caféine* en proportions assez considérables, et nous ferons remarquer que ce principe immédiat, dont nous avons déjà parlé (voyez Café, tome I, p. 213), se retrouve dans un grand nombre de substances qui sont employées dans divers pays pour préparer des boissons alimentaires, ou du moins pouvant, jusqu'à un certain point, suppléer aux aliments en conservant les forces, ou en diminuant la dépense de combustion organique. C'est ainsi que les mineurs belges prennent l'infusion du café; les Chinois, les Anglais, etc., le thé; les Portugais et les Brésiliens, la guarana; et les Américains, le maté. Or, toutes ces substances contiennent de la caféine en assez grande proportion.

USAGES. — Les Brésiliens, les habitants du Paraguay, ceux de l'Amérique centrale et de l'Amérique du Sud préparent l'infusion du maté de la manière suivante : On met les feuilles, légèrement torréfiées, avec un peu de sucre, dans une espèce de gourde ou de calebasse (*Calabasa*); on y verse de l'eau bouillante, et, après quelques instants de contact, on aspire le liquide avec un petit tube en paille, ou de toute autre matière. Dans les visites, on offre cette boisson aux visiteurs, et on passe ainsi la calebasse, contenant l'infusion, de main en main. Le plus souvent on emploie, pour boire le maté, un chalumeau terminé par une sphère percée de petits trous (*Bombilia*). On fait plusieurs infusions successives, avec la même herbe, en ajoutant du sucre chaque fois; la première infusion est consommée par le domestique qui prépare le maté.

L'infusion de maté est considérée comme tonique, diurétique et diaphorétique. Sa saveur n'est pas très-agréable, mais on s'y habitue rapidement, et il est alors difficile de s'en passer. On lui attribue surtout la propriété de soutenir les forces, comme le fait la *Coca* (Voyez ce mot, *Flore médicale*, tome I, p. 356). Dans d'autres pays, les habitants du Paraguay entreprennent de longs voyages sans emporter d'autres provisions que la *Yerba maté*. Lorsqu'ils rencontrent une source, ils préparent leur infusion, et celle-ci est souvent le seul aliment qu'ils prennent pendant trois ou quatre jours.

A. de Saint-Hilaire a démontré que le thé du Paraguay était produit par l'*Ilex maté*, qu'il nomma d'abord *Ilex paraguensis*. Mais il a existé, à une certaine époque, parmi les auteurs, une certaine confusion sur l'origine de cette plante. On l'a rapportée au *Cassina paragua* L. et au *Psoralea glandulosa* L. Mais il paraît que dans l'Amérique du Sud on boit l'infusion de ces différentes plantes, ainsi que celle d'un *Luxemburgia*.

Le *Thé des Apalaches*, ou *Apalachina*, qui est produit par l'*Ilex vomitoria* Aiton, et qui croît abondamment dans la Virginie, la Caroline et la Floride, a été confondu, souvent à tort, avec le thé du Paraguay. Ses feuilles, prises en infusion, sont aussi regardées comme toniques et stomachiques ; mais, à dose un peu élevée, elles sont purgatives et même vomitives. Les Indiens du sud de l'Union les font griller d'abord, puis ils en boivent des infusions qu'ils prennent comme diurétique, contre la goutte, la néphrite, les calculs, etc. Ils en font usage pour exciter leur courage lorsqu'ils vont à la guerre. Cette boisson possède en effet des propriétés enivrantes, analogues à celles que produit le chanvre des Indiens. Les fruits sont plus spécialement vomitifs. On attribue aux feuilles la propriété de calmer la faim.

MATICO

Piper elongatum Vahl. *Artanthe elongata* Miq. *Steffensia elongata* Kunth.
(Pipéracées.)

Le Matico ou Moho-Moho est un arbrisseau, dont la tige noueuse se divise en branches glabres à gros nœuds, subdivisées en rameaux pubescents, portant des feuilles alternes, stipulées, courtement pétiolées, lancéolées, obliques, longuement acuminées, un peu cordiformes à la base, longues d'environ $0^m,20$ sur $0^m,05$ de largeur, un peu coriaces, verruqueuses et rudes en dessus, plus pâles, réticulées et pubescentes en dessous. Les fleurs sont groupées en épis pédonculés, compactes, légèrement recourbés, opposés aux feuilles, et accompagnées de bractées pédicellées, peltées, ciliées, coriaces, glanduleuses, convexes, à bords un peu étalés, persistantes. Elles renferment trois ou quatre étamines, à filets arrondis, glabres, et à anthères réniformes-cordées ; un ovaire sessile, ovoïde, tétragone, surmonté de deux à quatre stigmates sessiles, filiformes, subulés. Le fruit est une baie presque sèche à la maturité, ovoïde, tétragone, glabre, aromatique, à péricarpe mince sur les côtés, légèrement gonflé au sommet, renfermant une graine de même forme, tronquée au sommet, à testa écailleux, à albumen dur et presque corné.

Cette espèce présente plusieurs variétés : l'une à entre-nœuds et à pétioles plus longs, l'autre glabre dans toutes ses parties, etc.

Habitat. — Le matico croît dans les contrées chaudes de l'Amérique du Sud, au Pérou, au Chili, dans la Bolivie, etc. La variété à longs entre-nœuds se trouve au Brésil, dans les forêts d'Ithea (province de Bahia); la variété glabre croît au bord des ruisseaux, près de Contenda (province des Mines). Quelques espèces du même genre se trouvent aux environs de Quito, à Oxaca sur les Cordilières Mexicaines, à une altitude de 1,000 à 2,000 mètres.

PARTIES USITÉES. — Les feuilles.

RÉCOLTE. — Les feuilles de matico, telles qu'on les trouve dans le commerce, sont lancéolées, légèrement crénelées, à rainures profondes, d'un brun foncé à la partie supérieure et d'un vert pâle à l'inférieure. Celle-ci est parsemée de points transparents légèrement pubescents. Lorsqu'on les froisse, elles exhalent une odeur de menthe assez prononcée. Leur saveur, d'abord nulle, devient bientôt amère et âcre. Elles paraissent avoir subi quelquefois une forte compression, et les Péruviens recommandent de les faire griller, lorsqu'on les destine à l'usage externe.

COMPOSITION CHIMIQUE. — M. le docteur Hodges, qui a analysé les feuilles de matico, y a trouvé de la chlorophylle, un peu de résine vert foncé, une matière colorante brune, une matière colorante jaune, de la gomme, du nitrate de potasse, un principe amer (maticine), une huile aromatique volatile, des sels, du ligneux.

La *maticine* est une résine molle, d'un vert foncé. D'après cet auteur, le matico ne renfermerait ni tannin, ni acide gallique, tandis que des analyses antérieures y avaient signalé des quantités considérables de tannin; et dans un travail récent, M. J. Marcotte y a constaté la présence de ce principe astringent. Il y a trouvé, de plus, un acide organique fixe qu'il a nommé *acide artanthique*, dont l'étude chimique laisse encore beaucoup à désirer.

USAGES. — Le matico tire, dit-on, son nom d'un soldat ainsi nommé qui, le premier, l'employa accidentellement contre une hémorrhagie. Aussi le nomme-t-on, dans toute l'Amérique du Sud, où il est très-employé, *Herbe du soldat*. Les Indiens l'employaient depuis fort longtemps comme hémostatique; il est vrai qu'ils aidaient à ses effets par la compression; mais ils le regardent comme un astringent si puissant, qu'appliqué sur un vaisseau ouvert, il en détermine l'occlusion, *quel que soit*, disent-ils, *son calibre!*

C'est en 1827 que M. Frow (*The North Americ, med. and surg.*, oct. 1827) fit connaître le matico. Plus tard, M. le docteur Dutrouil, de Bordeaux, le rapporta du Pérou. Il en offrit à MM. Mérat et Delens, qui le décrivirent dans leur *Dictionnaire d'histoire naturelle* (tome IV, page 254). En 1835, un capitaine de navire, venant du Pérou, en rapporta à Anvers. M. Sommé, chirurgien de cette ville, constata ses effets astringents, et M. Vanhaesendonck améliora, en l'employant, l'état de quelques malades atteints de catarrhes pulmonaires chroniques, et même de phthisie. En 1850, M. de Santa Cruz, ambassadeur de Bolivie, en envoya à l'Académie de médecine de Paris, où il fut l'objet d'un rapport fait par MM. Mérat et Velpeau, dans lequel étaient constatés les résultats obtenus par M. Sommé, ainsi que ceux acquis par M. Lane, qui dataient de 1843. Mais ce n'est que depuis 1852, époque à laquelle M. Dorvault décrivit le matico, qu'il commença à être connu en France.

Dans le traité de thérapeutique de MM. Trousseau et Pidoux, que nous étions chargé de revoir pour ce qui concernait la pharmacologie et la matière médicale, nous avons placé le matico parmi les stimulants, et non dans les astringents. La famille à laquelle appartient cette plante, sa richesse en huile volatile et en résine odorante, sa saveur, et surtout son odeur, justifient assez cette classification et démontrent ses propriétés balsamiques, aromatiques, toniques et stimulantes.

D'après M. Martius, le matico serait employé au Pérou comme aphrodisiaque. M. Jeffreys, de Liverpool, dit l'avoir employé avec succès contre les maladies des muqueuses, telles que les gonorrhées, les leucorrhées, les ménorrhagies, les catarrhes de la vessie, ainsi que dans les hémorroïdes et les épistaxis. M. H. Lane a confirmé une partie de ces bons effets. M. Lesaulnier a administré avec succès le sirop de matico aux malades atteints de dyspepsies accompagnées de gastralgies, et MM. Trousseau et Pidoux regardent cette plante comme destinée à jouer un rôle important en thérapeutique. Le travail le plus complet qui ait été fait sur cette plante est dû à M. le docteur Cazentre, de Bordeaux.

Le matico est administré en poudre, en pilules, en infusion ou décoction (10 à 20 grammes pour un litre d'eau), l'extrait alcoolique à la dose de 0,20 à 0,40 et le sirop à la dose de 20 à 60 grammes.

MATRICAIRE

Matricaria Chamomilla L. *Pyrethrum Chamomilla* Coss. et Germ.
(Composées - Sénécionidées.)

La Matricaire Camomille, ou Camomille ordinaire des officines, est une plante annuelle, dont la tige, haute de $0^m,30$ à $0^m,50$, striée, glabre, dressée, ascendante ou diffuse, très-rameuse, porte des feuilles alternes, sessiles, épaisses, charnues, glabres, bipennées ou tripennées, à segments linéaires, allongés, étalés. Les fleurs, jaunes au centre, blanches à la circonférence, odorantes, sont groupées en capitules solitaires au sommet des rameaux, très-nombreux, à réceptacle creux, ovoïde-conique aigu, entouré d'un involucre à folioles oblongues, largement scarieuses, blanchâtres. Les fleurs du centre, tubuleuses et hermaphrodites, ont cinq étamines soudées par les anthères, et un ovaire infère, uniovulé, surmonté d'un style simple et d'un stigmate bifide; celles de la circonférence sont ligulées et femelles, quelquefois stériles. Le fruit est un akène très-petit, blanc jaunâtre, presque cylindrique, à trois angles mousses, légèrement arqué, terminé par un rebord obtus ou tranchant, plus rarement par une couronne membraneuse.

La matricaire inodore (*M. inodora* Auct., *Chrysanthemum inodorum* L., *Pyrethrum inodorum* Smith) est aussi annuelle, et se distingue de la précédente par ses fleurs presque inodores; son réceptacle plein, obtus, arrondi-conique; ses akènes brun noirâtre, finement chagrinés, à quatre angles mousses.

La plante désignée communément en pharmacie sous le nom de *matricaire* appartient au genre Pyrèthre (Voyez ce mot).

HABITAT. — Ces deux plantes sont communes dans les moissons, les lieux incultes, etc. On ne les cultive que dans les jardins botaniques.

PARTIES USITÉES. — Les inflorescences ou capitules.

RÉCOLTE. — On récolte les fleurs de la camomille vraie, ou camomille commune, à l'époque de la floraison. On cueille les capitules isolés et on les fait sécher au grenier ou à l'étuve. On lui substitue quelquefois la camomille des champs (*Anthemis arvensis*), dont les capitules sont plus grands et garnis de paillettes, et on lui préfère la camomille romaine (*anthemis nobilis*). Elle est aussi quelquefois mélangée dans le commerce avec la matricaire odorante (*Matricaria suaveolens*), qui se distingue par ses capitules plus petits et par leur odeur plus forte. Elles jouissent d'ailleurs, d'après Loiseleur-Deslonchamps, des mêmes propriétés.

COMPOSITION CHIMIQUE. — Les matricaires doivent leurs propriétés à une huile essentielle que l'on obtient en Allemagne par distillation. Elle est épaisse, bleu foncé, opaque ; mais, par rectification, M. Guibourt l'a obtenue très-fluide, d'un bleu indigo. Son odeur est toute particulière, moins pénétrante que celle de la camomille romaine, et moins agréable. Les capitules secs ont une odeur agréable, peu amère.

USAGES. — Les fleurs de la camomille commune sont très-employées en Allemagne, et on les préfère à la camomille romaine. Elles sont rarement usitées en France. Les anciens, parmi lesquels nous citerons Dioscoride, Zacatus Lusitanus, Rivière, Morton, Hoffmann, Vogel, Pitcairn, Herberden, Cullen et Wauters, prescrivaient les fleurs pulvérisées dans le vin, à la dose de quatre à huit grammes, contre les fièvres intermittentes. On doit rapporter à cette plante ce que l'on trouve dans les anciens auteurs sur la camomille romaine. On l'a regardée comme stomachique, vermifuge, antispasmodique, etc.

L'essence de matricaire, analysée par MM. Dessaignes et Chautard, était produite par le *Pyrethrum parthenium* Smith, dont nous parlerons plus loin.

MAUVE

Malva sylvestris et rotundifolia L.
(Malvacées – Malvées.)

La Mauve sauvage ou grande Mauve (*M. sylvestris* L.) est une plante bisannuelle ou vivace, à racine pivotante, presque simple, charnue, blanchâtre. Les tiges, hautes de $0^m,30$ à $0^m,80$, cylindriques, rameuses, velues-hérissées, dressées, portent des feuilles alternes, longuement pétiolées, réniformes, arrondies, à cinq ou sept lobes peu profonds, obtus, crénelés. Les fleurs, purpurines, longuement pédonculées, sont groupées en fascicules axillaires. Elles présentent un calicule à trois divisions étroites ; un calice campanulé, à cinq divisions aiguës ; une corolle à cinq pétales obcordés, onguiculés, échancrés au sommet ; des étamines nombreuses, monadelphes ;

un ovaire composé de nombreux carpelles uniovulés, verticillés, surmontés de styles en nombre égal, soudés entre eux, et libres seulement dans leur partie supérieure, qui se termine par un stigmate simple. Le fruit est composé de nombreuses coques monospermes, fortement réticulées, indéhiscentes, groupées en verticille autour d'un axe central commun.

La mauve à feuilles rondes ou Petite mauve (*M. rotundifolia* L.) se distingue de la précédente par sa taille plus petite ; ses tiges couchées, pubescentes ; ses feuilles plus arrondies ; ses fleurs blanc rosé ou rose lilacé, plus petites ; ses carpelles non réticulés.

Nous citerons encore les mauves glabre (*M. glabra* Lam.), crépue (*M. crispa* L.), musquée (*M. moschata* L.), etc.

Habitat. — Ces plantes sont communes dans les diverses régions de l'Europe ; on les trouve dans les champs, les bois, les lieux incultes, le long des haies, au bord des chemins, etc.

Culture. — Les mauves sont peu cultivées pour l'usage médical. Elles viennent dans tous les sols, mais mieux dans une terre chaude, douce et substantielle. On les propage très-facilement de graines semées au printemps, ou bien aussitôt après la maturité.

Parties usitées. — Les racines, les feuilles, les fleurs, les graines.

Récolte. — Les racines des mauves, rarement employées, doivent être récoltées à l'automne, après la floraison. Elles ne se trouvent pas dans le commerce, et ce n'est guère que dans les campagnes qu'on en fait usage. Les feuilles, que l'on cueille isolées et que l'on fait sécher, se récoltent au mois de juin ou de juillet. Les fleurs sont récoltées à la main pendant l'été, les unes après les autres, au fur et à mesure de leur épanouissement. Fraîches, elles sont d'un rose tendre ; elles deviennent d'un beau bleu par la dessiccation, qui doit être opérée rapidement au soleil. On doit les conserver à l'abri de la lumière, dans un endroit sec. On recueille les graines à la maturité du fruit.

Composition chimique. — Toutes les parties des différentes espèces de mauves sont riches en mucilage visqueux. Les racines, d'après Spielmann, renferment le quart de leur poids de mucilage. Les fleurs contiennent une belle matière colorante bleue, qui est extrêmement sensible à l'action des acides, qui la rougissent, et à celle des alcalis, qui la verdissent. On en fait des infusions et un sirop employés comme réactifs de ces agents.

Depuis quelques années, les fleurs de mauve du commerce sont fournies par le *M. glabra* Lam., que l'on cultive exprès dans les jardins, qui, sèches, donne des fleurs plus grandes et d'un beau bleu, et, fraîches, des fleurs d'un beau rouge. Cette plante paraît originaire de la Chine.

Usages. — Dans toutes les phlegmasies internes et externes, la mauve est employée avec succès; elle agit comme les semences de lin et la racine de guimauve. Dans les maladies de poitrine, on préfère employer l'infusion des fleurs soit seule, soit associée avec du lait. La racine est quelquefois administrée en décoction sucrée avec du miel. Avec les feuilles hachées on fait des décoctions concentrées que l'on peut appliquer seules en cataplasmes, ou dans lesquelles on ajoute quelquefois un peu de farine de lin. Les feuilles, mangées en guise d'épinards, étaient vantées par Amatus Lusitanus contre les ardeurs d'urine. On les préconise sous cette forme contre les phlegmasies chroniques du tube digestif, la constipation, les irritations des voies biliaires, la néphrite, la cystite, les toux sèches. La décoction des feuilles et des racines est appliquée sous forme de lotions, de fomentations, de collyre, de lavements, toutes les fois qu'il s'agit de calmer des parties irritées et enflammées.

Les *M. rotundifolia*, *glabra*, *moschata* et *crispa* jouissent des mêmes propriétés. L'écorce de la première, d'après Cavanilles, donne un liber qui est employé en Espagne à fabriquer des cordes. Les graines du *M. moschata* peuvent être employées, d'après M. Hannon, de Bruxelles, comme anti-spasmodiques. On peut en retirer une huile essentielle, qu'on a nommée *Musc végétal*, et que l'on peut, dit ce médecin, substituer au musc animal.

MÉDICINIER

Jatropha curcas L. *Castiglionea lobata* R. et P.
(Euphorbiacées – Crotonées.)

Le Médicinier purgatif ou cathartique est un arbrisseau, dont la tige, haute de 3 à 4 mètres, couverte d'une écorce grisâtre et lisse, sécrétant un suc laiteux âcre, se divise en rameaux nombreux, touffus, cassants, portant des feuilles alternes, longuement pétiolées, grandes, palmées, à cinq lobes entiers, cordées à la base, épaisses, lisses, luisantes, d'un vert foncé, couvertes de poils urticants. Les fleurs, petites, monoïques, d'un vert blanchâtre, sont groupées en ombelles terminales. Elles présentent un calice petit, à cinq dents. Les mâles ont une corolle en entonnoir, à limbe divisé en cinq lobes lancéolés; dix étamines monadelphes, disposées sur deux rangs, les cinq extérieures plus courtes. Les fleurs femelles ont une corolle à cinq pétales; un ovaire libre ovoïde, marqué de trois sillons, à trois loges uniovulées, surmonté de trois styles terminés chacun par un stigmate bifide. Le fruit est une capsule arrondie, brunâtre, du volume d'une noix ordinaire, se séparant à la maturité en trois coques, dont chacune est surmontée d'un style persistant et renferme une graine ovoïde, oblongue, aplatie, noirâtre, de la grosseur d'un haricot.

Nous citerons les Médiciniers brûlant (*J. urens* L.), acuminé (*J. acuminata* Lam., *J. pandurœfolia* And.), multifide (*J. multifida* L.), etc.

Habitat. — Ces arbrisseaux croissent dans l'Amérique tropicale, aux Antilles, à la Nouvelle-Grenade, à la Guyane, etc.

Culture. — Le Médicinier cathartique est cultivé en grand aux Antilles, où l'on en fait des haies de clôture. Il vient mieux dans les endroits humides, et se propage facilement par boutures ou par graines. En Europe, il exige la serre chaude.

Parties usitées. — Les graines, l'huile qu'on en extrait.

Récolte. — La graine de médicinier ressemble, par la forme, à celle du ricin; elle s'en distingue en ce qu'elle est faiblement luisante, privée de caroncule, et sans écusson comprimé sur le dos; la face extérieure est bombée, avec un angle peu marqué; celui de la face inférieure l'est davantage; l'épisperme est dur, compacte; l'amande, enveloppée d'une pellicule blanche, est souvent recouverte de paillettes cristallines très-brillantes. On a prétendu que le principe purgatif était seulement dans l'embryon, et que l'endosperme, ou albumen très-développé, n'en renfermait pas; mais cela n'est pas plus exact que pour le ricin. Dans toutes les contrées chaudes de l'Amérique, d'où vient cette graine, les amandes écrasées dans du lait purgent très-bien; exprimées, elles fournissent une huile analogue à celle du ricin, que l'on n'emploie pas, en raison de sa rancidité. Anciennement, on la mêlait à l'huile de ricin d'Amérique, ce qui la rendait plus active.

La *Noisette purgative*, ou *médicinier d'Espagne* (*Jatropha multi-*

fida L., *Curcas multifida*) a des semences de la grosseur d'une noisette, arrondies, anguleuses, à épisperme lisse et marbré, épais. L'amande, blanchâtre, est fortement purgative. L'arbrisseau qui la produit vient de l'Amérique méridionale.

Le médicinier sauvage (*Jatropha gossypifolia* L.), donne des semences qui ressemblent à celles du ricin, mais elles sont plus petites. Elles portent une caroncule charnue très-développée sans l'écusson comprimé qui distingue le ricin. L'épisperme est lisse, luisant et fauve, avec des taches blanches et noires.

COMPOSITION CHIMIQUE. — Un kilogramme de graines de *Jatropha curcas* fournit 344 grammes d'épisperme et 656 grammes d'amandes, dont on peut retirer, par expression, 265 grammes d'une huile incolore très-fluide, qui laisse précipiter par le froid une grande quantité de stéarine. Quoiqu'elle diffère totalement de l'huile de ricin par son peu de solubilité dans l'alcool, qui n'en dissout que quatre pour cent environ, elle doit s'en rapprocher par la composition et par les produits qu'elle fournit au contact des alcalis et par la distillation sèche (Voyez Ricin). M. Soubeiran a trouvé dans les amandes de l'huile fixe, du gluten, de la gomme, un principe sucré, de l'acide malique, un acide gras et une matière âcre particulière. Il ajoute que Nimmo de Glascow a analysé sous le nom d'huile de *Croton tiglium* celle du *J. curcas*, tandis que MM. Pelletier et Caventou ont fait l'inverse.

USAGES. — Le médicinier, qui croit en Afrique, en Amérique et aux Antilles, sous les noms de *Pignon de Barbarie et des Barbades, Noix des Barbades, Noix américaine*, est très-actif; il provoque les vomissements et purge violemment, comme l'ont reconnu MM. Geoffroy, Soubeiran, etc. Orfila a vu qu'il tuait les chiens à la dose de quatre à douze grammes. Son huile est moins active que celle du *Croton tiglium*, et beaucoup plus que celle de ricin. Elle purge à la dose de quatre à douze gouttes. Dans l'Inde, on l'emploie en frictions contre la gale, les dartres, les rhumatismes. On s'en sert pour l'éclairage, et M. Lunan assure qu'associée avec son poids d'axonge, elle forme un onguent très-bon contre les hémorroïdes (Ainslie, *Mat. médic.*, t. II, p. 47). Elle contient une matière âcre dont on peut la priver en l'agitant avec de l'alcool. Kunth dit que dans l'Amérique du Sud on prend les amandes du médicinier dans du chocolat ou dans de l'eau sucrée. Le docteur Revel, de Canton, dit qu'on en fait des vernis. M. Lherminier rapporte que les Nègres emploient mystérieusement les feuilles en nombre impair, et Descourtils prétend que c'est le contre-poison du mancenillier (*Flore méd. des Antilles*, t. II, p. 304).

MÉLAMPYRE

Melampyrum arvense L.
(Personées – Rhinanthées.)

Le Mélampyre dés champs ou des moissons, vulgairement appelé Blé de vache, Queue de renard, Rougeole, Rougerole, etc., est une plante annuelle, à racines fibreuses, vivant en parasites sur celles des graminées. La tige, haute de $0^m,30$ à $0^m,50$, velue, roide, dressée, rameuse, porte des feuilles opposées, sessiles, lancéolées linéaires, rudes. Les supérieures sont modifiées en bractées ovales lancéolées ou acuminées, laciniées à lobes très-longs linéaires aigus, d'un beau rouge. Les fleurs, purpurines, plus ou moins tachées de jaune, sont disposées en épis presque cylindriques. Elles présentent un calice à ube pubescent, à limbe partagé en divisions triangulaires, lancéolées, terminées en une pointe sétacée, très-longue, rouge ; une corolle bilabiée, à lèvre supérieure en casque, échancrée, comprimée, à lèvre inférieure plane, trifide, tachée de jaune ; quatre étamines incluses, didynames, à anthères barbues à la base, qui est prolongée en pointe ; un ovaire à deux loges biovulées, surmonté d'un style simple à stigmate obtus. Le fruit est une capsule ovoïde, acuminée, comprimée, bivalve, à deux loges contenant chacune deux graines ovoïdes-oblongues un peu anguleuses.

Nous mentionnerons les Mélampyres à crêtes (*M. cristatum* L.), des prés (*M. pratense* L.), des bois (*M. sylvaticum* L.), etc.

HABITAT. — Le mélampyre commun est répandu dans presque toute l'Europe ; on le trouve dans les moissons, dans les champs en friche, dans les prairies artificielles ; les autres espèces se rencontrent surtout dans les bois. Les mélampyres, qui sont, le commun du moins, un fléau pour l'agriculture, et que l'on cherche plutôt à détruire, ne sont cultivés que dans les jardins botaniques.

PARTIES USITÉES. — Les semences, les feuilles.

RÉCOLTE. — Le mélampyre tire son nom de μθλαε, noir, et de

πυρός, blé. Il croît dans les moissons. On le récolte avec le blé et se mêlant avec lui à l'époque du battage.

COMPOSITION CHIMIQUE. — Le *M. arvense*, qui croît dans les terres fortes, est un bon fourrage pour les bestiaux, surtout pour les vaches, ce qui lui a fait donner un de ses noms vulgaires. D'après Linné (*Flora Suec.*), les *M. arvense* et *M. sylvaticum* L. donnent au beurre des animaux une couleur jaune.

Les graines de mélampyre ont été analysées par M. le docteur Gaspard, de Saint-Étienne. Il y a trouvé une matière caséiforme très-soluble dans les alcalis, insoluble dans l'alcool et les acides, précipitable par le tannin ; un peu d'albumine, du sucre incristallisable, une gomme résine, une substance blanche, considérée comme de la stéarine, une espèce d'oléine et une matière colorante très-soluble dans l'eau et dans l'alcool, du ligneux et des sels (*Journ. de pharm.*, t. XV, p. 74).

USAGES. — D'après M. Tessier, la graine de mélampyre, mêlée au froment, donne une farine qui produit un pain amer, mais non nuisible (*Mém. de la soc. roy. de méd.*, 1780, p. 363). C'est aussi l'avis de l'abbé Rosier ; et nous sommes loin de partager cette sécurité. Les farines mélampyrées donnent un pain incolore, s'il n'est pas fermenté. Il est au contraire d'un rouge violacé, si la fermentation a eu lieu. M. Dizé attribue ce développement de couleur à la matière colorante se dissolvant ou, peut-être, se produisant au contact de l'acide acétique qui se forme pendant la fermentation de la pâte à pain. Aussi conseille-t-il, pour reconnaître la farine mélampyrée, d'en délayer dans du vinaigre affaibli pour en faire une pâte ferme que l'on fait cuire dans une cuillère ; si la farine contient du mélampyre, le pain devient violet (*Journal de pharm.*, t. XV, p. 71).

MÉLASTOME

Melastoma Malabathricum L.
(Mélastomacées - Mélastomées.)

Le Mélastome du Malabar est un arbrisseau, dont la tige, haute d'environ un mètre, se divise en rameaux opposés, décussés, hispides, portant des feuilles opposées, ovales-oblongues, rudes sur les deux faces, marquées de cinq ou sept nervures longitudinales, réunies par de nombreuses nervures transversales parallèles. Les fleurs,

d'un beau rose, sont disposées en panicule lâche terminale, feuillée. Elles présentent un calice à six sépales caducs ; une corolle
à six pétales ; douze étamines, à anthères munies d'un appendice bicorne ; un ovaire à six loges multiovulées, surmonté d'un
style et d'un stigmate simples. Le fruit est une baie noire, polysperme.

Nous citerons encore le Mélastome thé (*M. theezans* Bonpl.)

HABITAT. — La première espèce croît au Malabar et à Ceylan ; la
seconde, au Pérou et dans les contrées voisines.

PARTIES USITÉES. — Les feuilles, les fleurs, les fruits.

RÉCOLTE. — Le genre mélastoma tire son nom de μέλας, noir, et
de στόμα, bouche, car les fruits de ces plantes, originaires de l'Amérique du Sud, donnent un suc noir qui colore fortement la salive.
On peut l'employer comme de l'encre.

COMPOSITION CHIMIQUE. — Les fruits des mélastomes sont doux et
sucrés. On les mange dans divers pays. Les singes en sont, dit-on,
très-friands. D'après Martius, au Brésil, on donne le nom d'*onmianga-
pixerica* à des mélastomes avec le suc des baies fermentées desquels
on fait une sorte de vin ou de vinaigre.

USAGES. — Sous le nom de *Méle*, on désigne, aux Antilles, les
petits fruits doux. Or, c'est le nom que l'on donne dans ce pays aux
fruits des divers mélastomes. On y mange ceux du *M. flavescens* Aubl.,
et du *M. guianensis* Poiret. A Cayenne, ceux du *M. spicata* Aubl.,
ainsi que ceux du *M. succosa* Aubl., appelés *Caca Henriette*, sont recherchés pour leur bon goût. Le bois macaque *M. tococa* Lam. (*Tococa
Guianensis* Aubl.) donne des fruits recherchés comme aliments.

Les feuilles et les fleurs sont réputées astringentes. En effet,
d'après Aublet, la décoction du *M. alata* sert, dans la Guyane, à laver
les vieux ulcères. Les fleurs du *M. grandiflora* Aubl. y sont usitées
contre la toux. L'amadou de Panama ou *Yesca de Panama*, dont on
transporte de grandes quantités à la Havane, et qui sert à étancher
le sang, est préparé avec les fibres des feuilles du *M. holosericea* L.
Les feuilles écrasées du *M. lævigata* Aubl. s'appliquent sur les
piqûres. Les feuilles et les fruits de plusieurs de ces plantes sont employés pour la teinture en noir. Dans l'Inde, on s'en sert encore
contre la dysenterie, la leucorrhée. D'après Horsfield, au Brésil, sous
le nom d'*Aninga-Pari*, on emploie les feuilles séchées et pulvérisées
du *M. pauciflora* Lam. contre les ulcères. On les applique aussi

fraîches et contusées. Le suc des feuilles du *M. tamonea* Sw. (*Fother-gilla mirabilis* Aubl.) est appliqué sur les piqûres pour les adoucir, et à Popayan on boit en infusion théiforme les feuilles du *M. theœrans* Humb. et Bonpl., arbuste odorant dont l'infusion aromatique est préférable, d'après Bonpland, à celle du thé ordinaire. Cet arbuste pourrait être cultivé en pleine terre dans le midi de la France.

MÉLÈZE

Larix Europœa D. C. *Pinus larix* L. *Abies larix* Poir.
(Conifères – Abiétinées.)

Le Mélèze est un grand arbre, à racines pivotantes. La tige, qui atteint jusqu'à 40 mètres de hauteur, est ordinairement très-droite et couverte d'une écorce lisse. Elle se divise en nombreux rameaux, à écorce écailleuse, et dont l'ensemble constitue une cime pyramidale. Les feuilles, d'abord fasciculées sur le vieux bois, plus tard alternes par suite de l'allongement du rameau, sont linéaires, étroites, presque planes, molles, lisses, d'un vert gai, caduques. Les fleurs sont monoïques, et disposées en chatons : les mâles en forme de bourgeons, solitaires et latéraux, composés d'écailles imbriquées, dont chacune porte en dessous deux lobes d'anthère ; les femelles latéraux, ovoïdes, composés d'écailles imbriquées, accrescentes ; obtuses, munies en dedans d'une bractée membraneuse et colorée, et portant à leur base deux ovales nus. Le fruit est un cône presque sessile, assez petit, dressé, ovoïde, à écailles ligneuses, obtuses, minces même au sommet, concaves, portant chacune à leur base deux graines à testa coriace, prolongé au sommet en une aile membraneuse.

Habitat. — Le mélèze appartient aux pays froids et aux montagnes élevées. C'est à peu près le dernier arbre que l'on rencontre en s'élevant sur les Alpes. Il se plaît néanmoins sur le bas des coteaux et dans les plus profondes vallées. Il croît moins bien dans les climats tempérés, et ne forme pas de grands massifs dans les plaines ; mais il est répandu dans les parcs et les jardins paysagers. Nous ne dirons rien ici de sa culture, qui appartient essentiellement au domaine de l'art forestier.

Parties usitées. — La térébenthine qui découle des troncs, la matière sucrée ou manne de Briançon, rarement les feuilles et les rameaux.

Récolte. — Le mélèze perd ses feuilles l'hiver, il faut donc couper les rameaux pendant l'été; on les fait brûler pour fumigations.

La Manne de Briançon (*Manna Brigantiaca* des pharmacopées) produite par cet arbre est en petits grains de la grosseur de la coriandre, blancs, gluants; on les trouve surtout sur les feuilles des vieux arbres dans les mois de juin et de juillet; il faut récolter la manne le matin, car les rayons solaires la font disparaître; d'après Villars elle est légèrement purgative; les habitants des environs de Briançon l'emploient; elle jaunit en vieillissant et possède alors une odeur nauséabonde désagréable; elle est très-rare (*Journ. des pharm.*, t. VIII, p. 335).

Dioscoride dit que de son temps on apportait de la Gaule subalpine (la Savoie), une résine que les habitants nommaient *Larice*, c'est-à-dire retirée du *Larix*. Pline ajoute : « La résine du *Larix* est abondante, elle a la couleur du miel, elle est plus tenace et ne durcit jamais. » Galien dit que, « parmi les résines il y en a deux très-douces, la première nommée *Térébenthine* et la seconde *Larice*; » ailleurs il l'assimile à la térébenthine et il dit qu'on peut employer le *Larice* pour remplacer celle-ci dans la préparation des médicaments; cette térébenthine du mélèze est épaisse, consistante, opaque, d'une odeur particulière forte, tenace, plus faible que celle de la térébenthine citronnée du sapin, et que celle de Bordeaux; sa saveur est amère et persistante; elle ne s'épaissit pas à l'air comme celle du pin. Pline et Jean Bauhin avaient signalé cette propriété non siccative; elle ne s'épaissit pas davantage au contact d'un seizième de magnésie; elle est complétement soluble dans cinq parties d'alcool à 86° C.; elle constitue la *Térébenthine fine ordinaire* ou *Térébenthine de Strasbourg*; on la tire de Suisse; elle est toujours un peu nébuleuse.

Les fissures naturelles du mélèze produisent très-peu de térébenthine. Pour augmenter la récolte on fait des entailles avec une hache, ou des trous avec des tarières, à un mètre de hauteur, et en continuant, à un mètre de distance, jusqu'à quatre ou cinq mètres de hauteur; à chaque trou on adapte un canal en bois qui conduit la résine dans une auge, d'où on la retire pour la filtrer; le trou est rebouché avec une cheville, que l'on rouvre tous les quinze jours. La récolte dure de mai à septembre. Un beau mélèze peut fournir trois ou quatre kilogrammes par an et produire pendant cinquante ans, mais le bois est alors moins estimé.

Le bois du mélèze est rougeâtre, plus fort et plus serré que celui du sapin ; il résiste pendant des siècles à l'action destructive de l'eau, de l'air et du soleil ; les chalets en Suisse sont construits avec ce bois.

C'est sur les vieux troncs du mélèze que croît l'agaric blanc (*Polyporus officinalis*) dont nous parlerons plus loin (Voyez Polypore).

COMPOSITION CHIMIQUE. — Les mélèzes sont des arbres résineux, la térébenthine qu'ils fournissent, distillée avec de l'eau, donne 15,24 pour 100 d'une essence incolore très-fluide, d'une odeur douce non désagréable, lorsqu'elle a été obtenue par distillation avec de l'eau ; elle dévie le plan de polarisation de la lumière polarisée vers la droite de 5°, 8. Après la distillation de la térébenthine du mélèze, il reste pour résidu une matière résineuse analogue à la colophane ou arcanson.

La *Manne de Briançon* est formée presque en entier par un sucre particulier que M. Berthelot a étudié et nommé Mélézitose; on l'extrait en traitant cette manne par l'alcool bouillant; on obtient des petits cristaux, courts, durs, brillants, qui paraissent avoir la même forme que le sucre de canne, et qui séchés à 100° en ont la même composition. Avant la dessiccation, ils contiennent un équivalent d'eau ; le mélézitose est dextrogyre. Au contact des acides et à 100°, son pouvoir rotatoire diminue presque de moitié et devient égal à celui de la glycose de raisin. Il fermente, ne donne pas d'acide mucique par l'acide azotique, et se réduit par le réactif de Frommberg (Berthelot).

USAGES. — Nous avons déjà dit que la Manne de Briançon était très-peu employée. Son action purgative est moitié moindre, à peu près, que celle de la manne du frêne.

Les térébenthines, quelle que soit leur origine, jouissent les unes et les autres des mêmes propriétés thérapeutiques. Ce sont des stimulants qui agissent plus spécialement sur les muqueuses pulmonaire et vésicale, qui augmentent l'exhalation cutanée, la sécrétion urinaire et l'expectoration. On emploie celle du mélèze dans toutes les affections catarrhales des muqueuses bronchique, urinaire, uréthrale, etc. C'est un excellent remède contre les douleurs rhumatismales. M. Martinet l'a employée avec le plus grand succès contre le lombago et la sciatique. Elle convient, d'ailleurs, dans un grand nombre de névralgies. C'est plus spécialement l'essence de térébenthine dont on fait usage dans ces cas. Elle a été vantée par M. Récamier et par un grand nombre de médecins. Il serait trop long d'énumérer seulement les cas dans lesquels la térébenthine du mélèze ou son essence ont été employées.

A l'extérieur, l'essence seule ou associée à d'autres substances a été employée comme rubéfiante contre les douleurs. Elle fait partie du *baume de Fioraventi*, ou *alcoolat de térébenthine composé*. La pâte de térébenthine est la base du *savon de Starkey* et des *digestifs* divers, employés comme détersifs. On solidifie la térébenthine par l'ébullition dans l'eau, ce qui constitue la *Térébenthine cuite*, ou par la magnésie. C'est sous cette forme qu'on l'administre dans les catarrhes divers, la gonorrhée, la blennorrhée, la leucorrhée atoniques, les diarrhées muqueuses, la cystite, la strangurie, etc., etc.

L'essence de térébenthine a été utilisée avec succès contre certaines ophthalmies catarrhales. On l'a appliquée en frictions le long du rachis, contre les convulsions des enfants. Émulsionnée avec un jaune d'œuf, elle est anthelmintique et tue très-bien les ascarides lombricoïdes, les oxyures, et même le tœnia. A forte dose, elle peut produire une diarrhée violente, des vomissements. Cependant on a pu, dans certains cas, en porter graduellement la dose jusqu'à cent et cent cinquante grammes. On l'a conseillée pour combattre l'empoisonnement par l'acide cyanhydrique et même par l'opium. On s'en est servi comme désinfectant dans la gangrène d'hôpital, etc.

La térébenthine et les résines qui en dérivent sont la base d'un grand nombre d'onguents et d'emplâtres composés. Nous reviendrons sur les résines de térébenthine en parlant du pin sylvestre, et nous traiterons en même temps du goudron, quoique celui-ci puisse être préparé avec le mélèze et autres conifères.

MÉLIANTHE

Melianthus major et minor L.
(Zygophyllées.)

Le Mélianthe pyramidal (*M. major* L.), vulgairement nommé Pimprenelle d'Afrique, est un arbrisseau, dont la tige, haute de 2 à 3 mètres, cylindrique, porte des feuilles alternes, imparipennées, à pétiole muni à la base de deux stipules soudées en une seule, ovale, membraneuse, très-grande, intrapétiolaire, à limbe composé de cinq ou sept folioles opposées, sessiles, décurrentes, oblongues, dentées, glauques. Les fleurs, petites, irrégulières, d'un rouge foncé, sont disposées en grappes pyramidales, sur des pédoncules munis chacun d'une bractée. Elles présentent un calice ample, pétaloïde, à cinq divisions inégales, les deux supérieures plus grandes, planes et lancéolées, comme les latérales qu'elles recouvrent, l'inférieure très-courte, gibbeuse à la base, capuchonnée au sommet, creusée à la base en une cavité qui renferme un nectaire ; une corolle à cinq pétales plus courts que le calice, ligulés, le supérieur très-petit ou presque nul, les quatre autres déclinés, velus et connivents dans leur partie moyenne, libres à la base et au sommet ; quatre étamines didynames, les deux supérieures libres, les deux inférieures plus courtes et cohérentes à la base ; un ovaire quadriloculaire à la base, uniloculaire au sommet, pluriovulé, surmonté d'un style strié, fistuleux, terminé par un stigmate quadrilobé. Le fruit est une capsule membraneuse, vésiculeuse, à quatre loges ailées, cohérentes à la base, libres au sommet et monospermes.

Le Mélianthe à feuilles étroites (*M. minor* L.) se distingue du précédent par sa taille plus petite, ses feuilles à neuf folioles blanchâtres et velues en dessous, et ses fleurs jaune rougeâtre.

HABITAT. — Ces deux arbrisseaux sont originaires du cap de Bonne-Espérance. Ils sont quelquefois cultivés dans nos orangeries.

PARTIES USITÉES. — Les feuilles, le suc qui en découle.

COMPOSITION CHIMIQUE. — Ces plantes contiennent deux principes distincts : d'abord, la matière sucrée, à laquelle elles doivent leur nom, puis un principe odorant fétide, rappelant l'odeur du stramonium, et dont la nature chimique est inconnue.

USAGES. — Le genre *Melianthus* tire son nom de μέλι, miel, et de ανθος, fleur, à cause du suc sucré qui découle de ses feuilles. Les différentes parties de ces plantes n'existent pas dans la matière médicale française. D'après Lémery (*Dict. des drog.*, p. 484), les Hottentots sucent, pour se rafraîchir, la liqueur miellée qui s'écoule des glandes situées entre les pétales. Ce liquide est noirâtre et si abondant qu'il tache le sol et les feuilles sur lesquelles il tombe. Il est réputé comme cordial et pectoral.

MÉLILOT

Melilotus officinalis Willd. *M. macrorhiza* Pers. *M. altissima* Thuill.
(Légumineuses – Lotées.)

Le Mélilot officinal, appelé aussi Mirlirot, Trèfle de cheval, est une plante bisannuelle, à racines fortes, fibreuses, blanchâtres. Les tiges, hautes de $0^m,50$ à un mètre, cylindriques, glabres, striées, dressées ou ascendantes, portent des feuilles alternes, munies de stipules à la base, pétiolées, à trois folioles oblongues, très-étroites, tronquées au sommet, dentées, glabres. Les fleurs, jaunes, très-petites, sont disposées en longues grappes dressées. Elles présentent un calice campanulé, à cinq dents ; une corolle papilionacée, à ailes aussi longues que l'étendard, à carène obtuse ; dix étamines diadelphes ; un ovaire libre, à une seule loge biovulée, surmonté d'un style simple, filiforme, terminé par un petit stigmate en tête. Le fruit est une gousse velue, ridée, atténuée au sommet, surmontée du style persistant, et contenant deux petites graines réniformes.

Le Mélilot de champs (*M. arvensis* Wallr., *M. diffusa* Koch) est aussi bisannuel, et se distingue du précédent par sa taille moitié plus petite ; ses feuilles à folioles ovales, plus larges ; ses gousses glabres, rugueuses, presque obtuses, renfermant huit à dix graines.

Le Mélilot bleu (*M. cœrulea* Lam.), appelé aussi Trèfle musqué, Lotier odorant, Baume du Pérou, etc., est annuel et tient le milieu, pour la taille, entre les deux précédents. Il se reconnaît d'ailleurs à ses fleurs bleuâtres en grappes ovoïdes compactes, ses gousses striées longitudinalement, et son odeur aromatique.

Le Mélilot blanc (*M. leucantha* Koch, *M. alba* Thuill.) est caractérisé par ses fleurs blanches, à long étendard, et ses gousses à trois ou quatre graines.

Habitat. — Toutes ces plantes, sauf le mélilot bleu, qui est originaire de la Bohème, se trouvent dans presque toute l'Europe. On les rencontre dans les prairies naturelles et artificielles, les moissons, au bord des chemins, sur la lisière des bois, dans les jardins, etc.

Parties usitées. — Les sommités fleuries.

Récolte. — On récolte le mélilot au mois de juin ou de juillet. On en forme des paquets que l'on dispose en guirlandes, et que l'on fait sécher au grenier. Le mélilot doit conserver sa couleur jaune ; son

odeur s'exalte par la dessiccation. D'après M. Chatin, on vend sur les
marchés de Paris, pour le mélilot officinal, le mélilot des champs
(*M. arvensis* Wallr.). On distingue celui-ci en ce que les bottes sont
plus courtes, et toujours mélangées d'un grand nombre de plantes
étrangères. Il est d'ailleurs moins aromatique.

COMPOSITION CHIMIQUE. — Vogel, en 1820, avait cru reconnaître,
dans le mélilot, la présence de l'acide benzoïque, mais les recherches
ultérieures de MM. Chevallier, Thubeuf, Cadet, Guillemette, ont
démontré que ce prétendu acide benzoïque était de la *coumarine*, tout
à fait semblable à celle que l'on trouve dans la fève Tonka. C'est une
substance blanche, qui fond à 50°, et bout à 270°, d'une odeur très-
agréable, plus soluble dans l'eau bouillante que dans l'eau froide.
Elle cristallise, d'après M. de Laprovostaye, en prismes rectangulaires droits, appartenant au système rhomboïdal. Traitée par la potasse, à chaud, elle se transforme en acide coumarique. La formule de la coumarine $= C^{18}H^6O^4$.

USAGES. — Le mélilot est placé dans la classe des émollients, et
jouit de la réputation d'être résolutif, anodin, carminatif. Haller le
regardait comme suspect (*Hist. stap. helv.*, n° 362), et Bulliard (*Plant.
vénén.*, p. 374), dit qu'en séchant, il prend de l'âcreté. Ses propriétés médicales sont mal connues. On lui a attribué une foule de
vertus contradictoires ; on l'a préconisé contre les coliques, les rhumatismes, les dysenteries, la dysurie, la néphrite, les douleurs
utérines, l'inflammation des viscères abdominaux, la leucorrhée,
l'angine, etc., etc. ; mais, malgré les faits avancés par Michaelis, Haller et Tournefort, le mélilot n'est plus employé à l'intérieur. Pour
l'usage externe, Ettmuller et Simon Pauli, ont recommandé l'infusion en fomentation sur le ventre. Chomel dit que le mélilot lui a souvent réussi contre les coliques venteuses. En Allemagne, on l'ajoute
dans les bains pour la goutte, les rhumatismes, etc. Les lavements
jouissent de la réputation d'être vermifuges et carminatifs. Roques
employait l'infusion mêlée au miel dans les ophthalmies inflammatoires ; l'eau distillée est quelquefois encore employée à cet usage.
On préparait autrefois une huile et un emplâtre de mélilot, que l'on
regardait comme résolutifs.

Le mélilot blanc (*M. alba*), et le mélilot élevé (*M. altissima*) jouissent
des mêmes propriétés que le mélilot officinal ; quant au mélilot bleu
(*M. cœrellea*), en Bohême et en Allemagne, il remplace le mélilot ordi-

naire; son odeur est très-forte et très-persistante. En Silésie, on l'emploie à la place de thé. En Suisse, on en aromatise le fromage de *chapsigre* (*schabzieger* des Allemands). Matthiole dit (*Comment. in Diosco*, p. 426) qu'en Italie, on en prépare des eaux de senteur; il ajoute que le suc de la plante, versé dans les yeux, guérit les éblouissements.

Le nom de *Trifolium caballinum* a été donné au mélilot officinal, parce que les chevaux aiment beaucoup à le trouver dans leur fourrage; les éleveurs anglais ont le soin d'y en ajouter. Valmont de Bomare dit qu'il suffit d'en mettre une pincée dans le corps d'un lapin de chou pour lui donner le parfum du lapin de garenne. On emploie les fleurs de mélilot pour préparer des parfums et des cosmétiques. On pourrait s'en servir pour remplacer la fève Tonka et le substituer au tabac. En Moldavie et en Alsace, on met des paquets de cette plante dans les fourrures et les vêtements, afin d'en éloigner les insectes destructeurs.

MÉLINET

Cerinthe aspera Roth. *C. major* L.
(Borraginées — Borragées.)

Le Mélinet rude ou Grand Mélinet est une plante annuelle, dont la tige glabre, succulente, un peu rameuse, porte des feuilles alternes, larges, ovales, oblongues, obtuses, ciliées, un peu glauques, parsemées de petits points tuberculeux, rudes et blancs; les inférieures pétiolées, spatulées; les supérieures embrassantes, auriculées, cordées, obtuses, mucronées. Les fleurs, assez grandes, jaunes, quelquefois pourprées dans leur milieu, sont réunies en grappes scorpioïdes, dont l'ensemble forme presque une cime. Elles présentent un calice persistant, profondément divisé en cinq lobes inégaux; une corolle à tube renflé, à gorge nue, à limbe divisé en cinq dents larges, courtes, acuminées, réfléchies; cinq étamines, à filets courts, élargis, à anthères hastées, divisées en deux lobes un peu obtus, divergents à la base; un ovaire à quatre loges uniovulées, surmonté d'un style simple terminé par un stigmate obtus. Le fruit se compose de deux nucules, dont l'ensemble présente quatre loges monospermes.

Le Mélinet glabre (*C. glabra* Willd.) est regardé par la plupart des botanistes comme une simple variété du précédent, dont il diffère par ses feuilles glabres, non ciliées, et ses fleurs plus petites, d'un jaune pâle.

Le Mélinet à petites fleurs (*C. minor* L.) ressemble beaucoup au mélinet glabre; il s'en distingue facilement par sa souche vivace et sa corolle à lobes aigus et profonds.

HABITAT. — Le mélinet rude se trouve dans le midi de l'Europe; il croit de préférence dans les champs sablonneux. Le mélinet à petites fleurs habite surtout les Alpes.

PARTIES USITÉES. — Les feuilles.

RÉCOLTE. — Le *Cerinthe major* L. doit être récolté à l'époque de la floraison. Linné en distinguait deux variétés, que Roth et De Candole ont élevées au rang d'espèces; l'une est le *C. aspera*, dont les feuilles, d'un vert bleuâtre, sont parsemées de petites aspérités blanches, cornées et prolongées en poils rudes; l'autre espèce, le *C. glabra*, dont les feuilles ne sont ni ciliées, ni velues, présente à peine quelques taches blanches, écailleuses, ressemblant à des fragments d'émail ou de faïence. La dessiccation des feuilles de cérinthe s'opère facilement, mais elles noircissent toujours un peu en se desséchant; il faut les conserver à l'abri de la lumière, et surtout de l'humidité.

COMPOSITION CHIMIQUE. — Comme toutes les borraginées, les feuilles de mélinet sont charnues, aqueuses, et contiennent beaucoup de mucilage dans leur jeune âge; plus tard, elles deviennent moins émollientes, et plus riches en principes extractifs; elles sont alors amères et dépuratives, et astringentes.

USAGES. — Sous le nom de cérinthe, Virgile paraît désigner le *Satureia timbra* L. ou le *Satureia capitata* L. D'après Tendre, c'est Linné qui a appliqué ce nom à la plante de la famille des borraginées, dont nous venons de parler. Lemery, dans son Dictionnaire des drogues, indique le *C. major* comme astringent et rafraîchissant. On l'a autrefois prescrit contre les maladies des yeux. Dans la pratique sérieuse, on n'en use pas aujourd'hui, du moins en France.

MÉLISSE

Melissa officinalis L.
(Labiées – Satureiées.)

La Mélisse ou Citronnelle est une plante vivace à souche longue, traçante, un peu ligneuse, munie de fibres radicales. La tige, haute de $0^m,40$ à $0^m,80$, tétragone, cannelée, pubescente, dressée, plus ou moins rameuse, porte des feuilles opposées, longuement pétiolées, ovales, crénelées, pubescentes, luisantes et d'un vert foncé en dessus, plus pâles en dessous. Les fleurs, blanches, courtement pédonculées, accompagnées de bractées oblongues mucronées, sont disposées en glomérules, à l'aisselle des feuilles supérieures. Elles présentent un calice assez grand, strié, campanulé ou tubuleux, évasé au sommet, profondément divisé en deux lèvres, la supérieure tridentée, l'inférieure bifide; une corolle à tube long, arqué, à limbe divisé en deux lèvres, la supérieure droite et échancrée, l'inférieure trilobée; quatre étamines didynames, incluses; un pistil formé de quatre carpelles uniovulés, surmonté d'un style simple terminé par un stigmate bifide. Le fruit se compose de quatre akènes entourés par le calice persistant.

Habitat. — La mélisse croît dans les régions méridionales de l'Europe; elle habite surtout les terrains incultes, le bord des haies, la lisière des bois. Cultivée depuis longtemps dans les jardins, elle s'est naturalisée dans plusieurs localités.

Culture. — La mélisse est cultivée assez fréquemment pour l'usage médical. Elle demande une exposition chaude, et, bien que venant dans presque tous les sols, elle préfère une terre légère. On la propage de graines, semées en planche au printemps, et d'éclats de pieds faits dans cette saison, ou de préférence à l'automne. Dès qu'elle a pris possession du sol, elle se ressème le plus souvent d'elle-même.

Parties usitées. — Les feuilles et les sommités.

Récolte. — La récolte de la mélisse se fait vers le mois de mai, avant la floraison; plus tard elle acquiert une odeur assez désagréable analogue à l'odeur de la punaise. Tantôt on cueille les feuilles isolées, tantôt les sommités fleuries; on fait sécher les feuilles au grenier, ainsi que les sommités que l'on dispose en guirlandes. Elle perd une partie de ses principes aromatiques par la dessiccation; mais lorsqu'on froisse les feuilles sèches, elles répandent une odeur des plus suaves. Il faut conserver ces feuilles dans un lieu sec; la lumière les décolore, l'humidité les noircit.

COMPOSITION CHIMIQUE. — Toutes les parties de la plante, surtout les feuilles, lorsqu'on les a cueillies avant la floraison, exhalent une odeur de citron des plus prononcée, mais plus suave, que celle de ce fruit. Sa saveur est chaude, aromatique, peu amère. Ses propriétés sont dues à une huile essentielle oxygénée, et à un principe extractif amer, peu abondant.

USAGES. — Les Latins nommaient la mélisse *Citrago* et les anciens *Melisphylle* et *Melisphyllon*, qui signifie feuille de miel. Virgile recommande d'en mettre à portée des abeilles, d'où est venue l'épithète d'*apiastrum*. L'action légèrement stimulante qu'elle exerce sur le système nerveux lui a valu les qualifications, peu employées de nos jours, de céphalique, cordiale, stomachique, carminative, etc. Elle est cependant considérée comme légèrement stimulante et antispasmodique. Elle convient dans les affections nerveuses, l'hystérie, les cardialgies, les spasmes, les vertiges, la migraine, dans tous les cas d'atonie générale. Hoffmann l'administrait en poudre contre l'hypocondrie, et Rivière en infusion vineuse contre la manie. On la conseille quelquefois contre le catarrhe chronique des vieillards. Son infusion théiforme est d'un fréquent usage contre les flatuosités, l'inappétence, les indigestions. Les Arabes en faisaient grand cas, comme cordial. Rondelet, Forestius, Gratarolus, Fernel, Rivière, Hoffmann, la prescrivaient comme cordiale et stomachique.

Comme cela a lieu en toutes choses, on a exagéré les propriétés de la mélisse. Peyrilhe en faisait la boisson habituelle des syphilitiques. Il prétendait qu'il suffisait d'en mettre de la poudre dans la chemise du malade pour guérir l'aménorrhée. Simon Pauli dit qu'il convient d'en mêler au pain pour le même objet.

C'est surtout en infusion théiforme, à la dose de quinze grammes pour un litre d'eau bouillante, que la mélisse est employée. On en fait une eau distillée. Elle est la base de l'*Eau de mélisse composée* ou *alcoolat de mélisse composé, Eau des Carmes déchaussés*, que l'on emploie souvent avec succès, tantôt en inhalations, tantôt à l'intérieur, à la dose d'une cuillerée à café pour un verre d'eau sucrée, contre la syncope, les défaillances, les flatuosités. Les feuilles de mélisse entraient dans l'*eau générale*, l'eau divine, *l'eau impériale*, le *sirop d'armoise composé*, dans la *poudre chalybée*, etc.

Le *Melisse Calamentha* L. ou Calament, Calament des montagnes, et le *Melissa Nepeta*, Calament des Anglais, jouissent des mêmes propriétés. La mélisse *bâtarde*, ou mélisse punaise, mélisse sauvage, mélisse de Tragus, est le *Melissa Melissophyllum*. Le *Dracocephalum L. Moldavicum* porte le nom de *Mélisse de Moldavie*, le *Dracocephalum Canariense* L., porte le nom de Mélisse des Canaries et de *M. turcica*. Enfin la mélisse de Constantinople est le *Molucella Lœvis* L.

MÉLITTE

Melittis melissophyllum L.
(Labiées – Stachydées.)

Le Mélitte à feuilles de mélisse, vulgairement appelé Mélissot, Mélisse des bois ou sauvage, Mélisse bâtarde, Herbe sacrée, etc., est une plante vivace, à souche traçante. Sa tige, haute de $0^m,30$ à $0^m,60$, simple, rarement rameuse, robuste, simple, plus ou moins velue ou pubescente, dressée, porte des feuilles opposées, longuement pétiolées, assez grandes, ovales-aiguës, quelquefois cordiformes à la base, crénelées ou dentées, les inférieures plus petites. Les fleurs, très-grandes, blanches, tachées de rouge pourpre, pédonculées, sont solitaires ou géminées, plus rarement ternées, à l'aisselle des feuilles. Elles présentent un calice très-ample, membraneux, campanulé, veiné, obscurément partagé en deux lèvres, la supérieure plus grande, à peine lobée ou presque entière, l'inférieure divisée en deux lobes arrondis; une corolle à tube ample, dépassant le calice, à limbe divisé en deux lèvres, la supérieure droite, arrondie, entière ou à peine échancrée, un peu concave, l'inférieure à trois lobes étalés, le médian plus grand; quatre étamines didynames, incluses, à anthères à deux lobes divergents, rapprochées par paires en forme de croix; un pistil composé de quatre carpelles uniovulés, surmonté d'un style simple terminé par un stigmate bilobé. Le fruit se compose de quatre akènes ovoïdes arrondis, lisses ou finement réticulés ou pubescents, entourés par le calice persistant.

HABITAT. — Cette plante est commune dans l'Europe centrale et méridionale, surtout dans les régions montueuses; elle habite les bois. On ne la cultive que dans les jardins botaniques ou d'agrément; elle demande une exposition ombragée, une terre légère, et se multiplie facilement de graines ou d'éclats de pieds.

PARTIES USITÉES. — Les feuilles, les sommités, la racine.

RÉCOLTE. — Les feuilles et les sommités de la mélisse sauvage sont rarement employées en médecine. On les cueille au moment de la floraison. Les fleurs, très-belles, sont difficiles à conserver avec leur blancheur; elles perdent une portion de leur odeur par la dessiccation. La racine est récoltée en octobre.

COMPOSITION CHIMIQUE. — L'odeur, assez désagréable, que répand cette plante, lui a fait donner le nom de *Mélisse puante* ou *de punaise*. L'analyse n'en a pas encore été faite.

USAGES. — La racine de mélisse sauvage ressemble beaucoup à celle de la petite aristoloche (*Aristolochia Pistolochia* L.). D'après Leméry, cette dernière aurait été donnée, par substitution trompeuse, pour celle de *Melittes Melissophyllum*, mais il y a peu de probabilité, celle-ci étant beaucoup plus commune que l'autre.

Les Caraïbes emploient, dit-on, la mélissse sauvage sous le nom de Kouyiary. Tournefort et Garidel l'ont recommandée contre les rétentions d'urines. Elle est inusitée aujourd'hui, et c'est bien à tort qu'on lui a attribué les mêmes propriétés qu'à la mélisse officinale.

MÉNISPERME

Menispermum Canadense L. *Cissampelos smilacina* Jacq.
(Ménispermées.)

Le Ménisperme du Canada est un arbrisseau, dont la tige, haute de 5 à 6 mètres, s'enroule autour des corps voisins et porte des feuilles alternes, longuement pétiolées, peltées, cordiformes, arrondies ou anguleuses, entières, lisses, d'un vert foncé en dessus, plus pâles en dessous, marquées de nervures fortement saillantes et un peu roulées sur les bords. Les fleurs, dioïques, petites, verdâtres, sont groupées en grappes axillaires; elles présentent un calice de six à douze sépales, ternés ou quaternés, disposés sur deux ou trois rangs; une corolle formée d'un nombre égal de pétales. Les mâles ont les étamines en nombre double, hypogynes, disposées sur deux ou quatre rangs, à filets linéaires, à anthères quadrilobées. Les femelles ont un pistil composé de quatre ou cinq carpelles libres, uniovulés, surmontés chacun d'un style court terminé par un stigmate trifide. Le fruit est une drupe noirâtre, pisiforme, à noyau osseux, renfermant une seule graine réniforme (Pl. 34.).

Nous citerons encore le Ménisperme de Caroline (*M. Carolinianum* L.), à feuilles cordiformes, velues en dessous, à fleurs odorantes et à fruits rouges; et le Ménisperme de Virginie (*M. Virginianum* L.), à feuilles peltées, cordiformes, lobées, et à fruits bleus.

HABITAT. — Ces diverses espèces se trouvent dans l'Amérique du Nord; elles croissent surtout au bord des rivières.

CULTURE. — Les ménispermes ne sont cultivés, chez nous, que dans les jardins botaniques ou d'agrément. Ils se contentent de la terre ordinaire, et se multiplient de drageons et de boutures. La première espèce est la plus rustique.

PARTIES USITÉES. — Les racines, les tiges.

COMPOSITION CHIMIQUE. — Toutes les plantes de la famille des ménispermées se font remarquer par l'abondance d'un principe amer, souvent toxique, mais, la plupart du temps, tout à fait inactif. Les racines du *M. Canadense* ont une saveur douceâtre, mucilagineuse d'abord, et plus tard très-amère. Cette propriété la rapproche de la racine de rhubarbe et de celle de colombo. La tige est moins amère, elle possède une saveur amarescente, herbacée, mucilagineuse, et un peu nauséeuse.

USAGES. — Les produits des ménispermes ne se trouvent pas dans le commerce. Les racines sont tout au plus de la grosseur d'une plume à écrire; elles sont d'un jaune clair, et renferment, ainsi que les tiges, une matière colorante jaune, que l'on pourrait utiliser. Les racines du *M. Canadense* doivent, en raison de leurs propriétés, être placées parmi les toniques amers. En Amérique, on emploie le ménisperme comme tonique, dépuratif; on en fait usage contre les maladies de la peau. D'après le capitaine Wright, les Malais emploient, contre les fièvres intermittentes, et avec autant de succès que le quinquina, les racines de différents *Menispermum* (Ainslie, *Mat. ind.*, t. II, p. 378). Nous ne donnons qu'une médiocre confiance à cette opinion.

MENTHE

Mentha piperita L. *M. pyramidalis* Ten.
(Labiées – Menthoïdées.)

Le genre Menthe renferme plusieurs espèces employées en méde-cine, ou susceptibles de l'être. La plus importante est la Menthe poivrée (*M. piperita* L.), plante vivace, à rhizome long, rampant, traçant, chevelu. Sa tige, haute de 0^m,30 à 0^m,50, tétragone, glabre ou à peine pubescente, dressée ou ascendante, se divise en rameaux opposés, dressés, portant des feuilles opposées, courtement pétiolées, ovales-oblongues lancéolées, aiguës, dentées en scie, d'un beau vert foncé en dessus, plus pâles en dessous, glabres ou tout au plus pré-sentant quelques poils le long des nervures, qui sont assez fortement saillantes. Les fleurs, violacées, à pédicelles glabres, forment des épis assez courts, ovoïdes, très-compactes, à l'extrémité des ra-meaux. Elles présentent un calice tubuleux, presque régulier et cylindrique, strié, à cinq dents aiguës, ciliées, les deux supérieures un peu plus courtes; une corolle en entonnoir, à tube court, évasé vers la gorge, à limbe divisé en quatre lobes d'égale longueur, le supérieur un peu plus large et échancré; quatre étamines presque égales, divergentes; un pistil composé de quatre carpelles uniovulés, surmonté d'un style grêle, filiforme, saillant, terminé par un stig-mate bifide. Le fruit se compose de quatre akènes lisses, entourés par le calice persistant.

La Menthe sauvage (*M. sylvestris* L.) est aussi vivace, comme toutes les suivantes, et se distingue par ses feuilles sessiles, à dents aiguës; ses fleurs rose pâle, rarement blanches, disposées en épis cylin-driques.

La Menthe cultivée (*M. sativa* L., *M. gentilis* Auct.), vulgaire-ment appelée Baume des jardins, est caractérisée par ses fleurs d'un beau rose, en glomérules nombreux, espacés à l'aisselle des feuilles.

La Menthe aquatique (*M. aquatica* L.) se reconnaît à ses feuilles pétiolées, et à ses fleurs en glomérules rapprochés en têtes globuleuses.

Le Pouliot (*M. pulegium* L.) se distingue aisément de toutes les espèces précédentes par son calice, dont la gorge est fermée, après la floraison, par un anneau de poils connivents en cône.

HABITAT. — Toutes ces plantes sont abondamment répandues en

Europe ; on les trouve surtout dans les lieux humides, au bord des eaux, le long des fossés et des chemins herbeux, dans les champs et les jardins, etc.

CULTURE. — La menthe poivrée et celle des jardins sont les seules qui soient cultivées pour l'usage médical. Elles préfèrent une terre franche, légère et fraîche. On les propage quelquefois de graines, mais le plus souvent par drageons, qui reprennent très-facilement, si on les plante en automne, ou mieux en mars. Les autres espèces se cultivent de même, mais seulement dans les jardins botaniques.

PARTIES USITÉES. — Les feuilles, les sommités fleuries.

RÉCOLTE. — Les feuilles des menthes s'emploient presque toujours sèches. On les recueille en juillet, un peu avant la floraison. La dessiccation doit être opérée rapidement ; on rejette les feuilles qui ne sont pas vertes, et dont l'odeur n'est pas forte et agréable. Tantôt ce sont les feuilles isolées que l'on fait dessécher, tantôt ce sont les sommets ; ce dernier procédé est en usage pour le pouliot, par exemple.

COMPOSITION CHIMIQUE. — Presque toutes les menthes sont employées en médecine ; mais la menthe poivrée est la plus usitée. L'odeur de celle-ci est forte ; sa saveur est aromatique, accompagnée de fraîcheur à la bouche. Elle est riche en huile essentielle. On en prépare une eau distillée très-odorante.

L'essence de menthe la plus appréciée vient d'Angleterre ; les États-Unis d'Amérique en fournissent aussi, mais qui est moins estimée. Celle qu'on fabrique en France a toujours une saveur désagréable ; elle est la base des pastilles et des tablettes de menthe. On attribue la supériorité de l'essence d'Angleterre à la précaution que l'on prend dans ce pays de détruire toutes les autres espèces de menthe. Les Chinois la nomment *Lin-tsao*, ils appellent le pouliot *Pou-ho* ou *Po-ho*.

L'essence de menthe du commerce provenant de la menthe poivrée est un mélange d'une substance liquide et d'un corps solide qui présente de l'analogie avec le camphre. L'essence concrète examinée par M. Walter se dépose en cristaux incolores, peu solubles dans l'eau, très-solubles dans l'alcool et l'éther. Elle fond à 34° et bout à 213°. La densité de sa vapeur est de 5,62. Sa formule $= C^{20}H^{20}O^2$. L'acide phosphorique anhydre lui enlève deux équivalents d'eau et la transforme en menthène $= C^{20}H^{18}$. Celui-ci est liquide, incolore, très-fluide. Son odeur est très-fraîche ; sa densité est 0,85. Il bout

à 163°. L'essence de menthe d'Amérique se congèle presque à 0°.
Rectifiée avec soin en fractionnant les produits, on obtient par refroidissement du résidu, l'essence concrète en beaux prismes ; c'est le
Stéaroptène de menthe ; mais l'essence brute renferme, en outre,
une huile essentielle liquide ou *Élæoptène*, et une huile grasse susceptible de rancir. Celle-ci est séparée par le rectificateur au contact de l'eau, en même temps qu'on retire une portion du stéaroptène ; le produit obtenu est incolore, très-fluide, léger, d'une saveur
chaude, poivrée. Sa pesanteur spécifique est de 0,899 ; il bout à 190°,
et il est représenté par $= C^{20}H^{18}O^2$.

USAGES. — Les menthes sont des stimulants diffusibles, qui excitent toutes les fonctions et plus spécialement celles du canal digestif.
La menthe poivrée est à peu près la seule employée ; c'est d'ailleurs
celle dans laquelle les propriétés excitantes sont les plus développées.
On la regarde comme antispasmodique ; elle est prescrite dans tous les
cas où il y a des désordres nerveux graves, dans les céphalalgies, les
coliques, les vomissements nerveux, la tympanite nerveuse, le hoquet,
les flatuosités, les pertes périodiques avec des symptômes nerveux,
l'asthme humide, etc., etc. Elle convient dans tous les cas de débilité,
lorsqu'il s'agit de fortifier les organes, de ranimer les forces, d'exciter une fonction, de faciliter l'expectoration. On la fait prendre en
infusion aux anémiques, aux chlorotiques, aux lymphatiques, aux
vieillards, etc., etc. MM. Trousseau et Pidoux recommandent l'infusion de menthe dans la période de concentration du choléra asiatique.
Ils conseillent le sirop et l'eau distillée de menthe pour les enfants
qui vomissent pendant l'allaitement, pour le sevrage prématuré, dans
les fièvres typhoïdes à forme muqueuse. Barthez la conseillait pour
les goutteux. Alibert donnait la poudre à la dose de 1 à 2 grammes
dans les fièvres nerveuses. Bergius, Cullen, Knigge, Fr. Hoffmann, etc.,
en faisaient grand cas.

Hippocrate attribuait à la menthe une propriété anaphrodisiaque.
Plus tard, Dioscoride, au contraire, en parlait comme d'un breuvage
excitant les passions.

La pulpe de menthe a été proposée à l'intérieur comme résolutive
contre les engorgements laiteux des mamelles ; l'infusion aqueuse
ou vineuse a été proposée en lotions et fomentations, comme tonique
et résolutive contre les engorgements scrofuleux, les contusions, les
ecchymoses, pour panser les ulcères atoniques, etc. L'infusion, très-

chargée, a été conseillée contre la gale. L'alcoolat s'emploie en frictions contre les douleurs rhumatismales chroniques. L'essence entre dans la composition des eaux et des poudres dentifrices. A la dose de quelques gouttes, on l'emploie pour les gargarismes ; on s'en est servi contre les engorgements indolents des gencives. Elle entre dans divers liniments excitants. M. Bodard la regarde comme un succédané du camphre.

La menthe aquatique, *M. aquatica* L., la crépue, *M. crispa* L., le pouliot, *M. pulegium*, la menthe sauvage, *M. sylvestris*, la menthe verte, *M. viridis* L., la menthe gentille, *M. gentilis*, celle des champs, *M. arvensis* L., celle des jardins, *M. sativa* L., celle à odeur de citron, *M. citrata* L., jouissent toutes des mêmes propriétés que la menthe poivrée, mais elles sont moins actives. Le pouliot a surtout été employé comme expectorant. La menthe crépue a été recommandée par Celse, Huffeland, et plus récemment par M. Roques, dans un grand nombre de maladies.

MÉNYANTHE

Menyanthes trifoliata L.
(Gentianées – Ményanthées.)

Le Ményanthe trifolié, vulgairement appelé trèfle d'eau ou trèfle des marais, est une plante vivace, à rhizome cylindrique, épais, articulé, rameux, marqué de cicatrices annulaires, traçant, muni de racines fibreuses blanchâtres. Les feuilles, toutes radicales, sont alternes, à pétiole très-long, engaînant et membraneux à la base, à limbe divisé en trois folioles oblongues ou obovales, entières ou légèrement dentées, glabres, d'un vert un peu glauque, plus pâle en dessous. La hampe qui sort du centre de ses feuilles est nue, haute de 0^m,20 à 0^m,40, et se termine par une grappe de fleurs blanc rosé, pédonculées et munies de bractées lancéolées-aiguës. Chaque fleur présente un calice campanulé, profondément partagé en cinq divisions lancéolées obtuses; une corolle à entonnoir, à cinq divisions étalées, lancéolées, aiguës, barbues à la face interne, à bords roulés en dedans; cinq étamines incluses, à anthères brun jaunâtre; un ovaire libre, à une seule loge multiovulée, surmonté d'un style simple, filiforme, terminé par un stigmate bilobé. Le fruit est une capsule arrondie, uniloculaire, surmontée du style persistant, et renfermant de nombreuses graines ovoïdes, comprimées, jaunâtres, luisantes.

Habitat. — Le ményanthe trifolié est assez répandu en Europe ; il habite les localités marécageuses ou tourbeuses.

Culture. — Cette plante n'est cultivée que dans les jardins botaniques ou d'agrément. Elle demande un sol marécageux ou inondé. On peut la propager de graines semées au printemps, en terre de bruyère maintenue humide, et mieux d'éclats de pieds, faits à l'automne ou au printemps, en terre argileuse et tourbeuse.

Parties usitées. — Les feuilles, les tiges, les rhizomes.

Récolte. — Les feuilles doivent être cueillies à la fin de l'été. Lorsqu'elles sont séchées avec soin, elles conservent bien leur amertume, mais elles perdent un peu leur couleur verte. La plante, qui est souvent employée à l'état frais, peut être récoltée pendant tout l'été.

Composition chimique. — Le ményanthe, comme toutes les gentianées, possède une saveur extrêmement amère et un peu nauséeuse ; son odeur est faible. D'après Trommsdorf, il contient une fécule verte, de l'extractif amer, une gomme brune, de l'albumine, une matière animale non coagulable par la chaleur, et de l'inuline. M. Nativelle en a extrait une matière amère cristallisable qu'il a nommée *Ményanthine* et mieux *Ményanthène*. Ce sont des cristaux prismatiques aiguillés, blancs, courts, très-amers, solubles dans l'alcool bouillant, peu solubles dans l'éther et dans l'eau bouillante. M. Kromeger, qui a examiné la ményanthine l'a placé parmi les glycosides.

Usages. — L'amertume bien prononcée de cette plante l'a fait employer quelquefois par les brasseurs pour remplacer le houblon dans la bière. Elle doit être placée dans les toniques amers ; mais on la considère comme fébrifuge, anti-scorbutique, vermifuge, emménagogue. Elle est aujourd'hui peu employée, si ce n'est peut-être dans les maladies cutanées et les scrofules. Elle entre dans le sirop antiscorbutique du *Codex*. C'est alors la plante fraîche que l'on emploie ; elle concourt à donner à cette préparation une amertume très-prononcée.

Le trèfle d'eau convient dans toutes les maladies où les toniques amers sont indiqués ; mais il ne possède certainement aucune des propriétés spéciales qu'on lui a attribuées. Il est employé avec succès contre les cachexies, la chlorose, et surtout le scorbut ; mais Villiers le regardait comme antihydropisique. Boerhave et Bergius l'avaient trouvé utile contre la goutte ; Simon Scholtius disait en avoir obtenu de bons effets contre le rhumatisme articulaire aigu, et M. Double a appuyé cette opinion (*Journ. gén. de méd.*, t. LXXIV, p. 68). Cullen a constaté ses bons effets contre les affections herpétiques; Roques le conseille contre les dartres. En Angleterre, où l'éruption scorbutique est si fréquente, le suc de ményanthe est un remède populaire contre cette affection. Enfin la décoction des feuilles sèches ou le suc frais peuvent être employés pour le pansement des plaies atoniques.

D'après Linné (*Flore lap.* n° 80), les Lapons extraient du rhizome de cette plante une matière féculente comestible qu'ils font entrer dans la fabrication de leur pain. En Angleterre et dans plusieurs parties de l'Allemagne, les feuilles sèches de ményanthe remplacent partiellement, quelquefois même en totalité, le houblon dans la composition de la bière et du porter. On les préfère pour cet objet à la gentiane, qui donne à tous les liquides dans lesquels on la met une odeur particulière et persistante.

Le *M. Indica* L. est honoré par les Chinois comme une sorte de dieu Lare (Vallot, *Mém. de l'Acad. de Dijon*, 1829, p. 204). D'après Descourtils, elle remplace aux Antilles notre ményanthe. Au Japon, on mange, dit-on, en salade, les feuilles du *M. nymphoïdes* L., et au cap de Bonne-Espérance, c'est le *M. ovata* L. que l'on emploie pour le même usage.

D'après Théophraste (*Histoire des plantes*), le ményanthe se nomme en grec μήνανθος, mot formé de μήν, menstrue, et de ἄνθος, fleur, à cause des vertus emménagogues qu'on lui attribuait.

MERCURIALE

Mercurialis annua et perennis L.
(Euphorbiacées - Acalyphées.)

La Mercuriale annuelle (*M. annua* L.), vulgairement Mercuriale officinale, Foirolle, Rimberge, Vignette, etc., est une plante annuelle, à racine grêle, fibreuse, pivotante, blanchâtre. La tige, haute de $0^m,30$ à $0^m,50$, anguleuse, articulée, noueuse, glabre et lisse, dressée, se divise, souvent dès la base, en rameaux opposés, dressés, portant des feuilles opposées, pétiolées, ovales ou lancéolées, dentées, ciliées, glabres, molles, d'un vert pâle. Les fleurs sont verdâtres, dioïques, et présentent un calice à trois sépales soudés à la base. Les mâles, disposées en glomérules dont la réunion constitue

des épis nus, lâches, grêles, axillaires, opposés, longuement pédonculés, ont dix à vingt étamines. Les fleurs femelles, presque sessiles, groupées par deux ou trois à l'extrémité de courts pédoncules
axillaires, ont deux ou trois étamines rudimentaires, réduites à des
filets stériles ; un ovaire simple, à deux (rarement trois) loges uniovulées, surmonté d'un même nombre de styles courts, épais, portant
à la face interne un stigmate couvert de papilles glanduleuses. Le
fruit est une capsule, formée de deux (rarement trois) coques hispides, arrondies, contenant chacune une graine rugueuse.

La Mercuriale vivace (*M. perennis L.*), vulgairement Mercuriale
des bois ou Chou de chien, se distingue de la précédente par sa
durée ; son rhizome long, traçant, muni de nombreuses fibres radicales fasciculées ; ses tiges, hautes de $0^m,20$ à $0^m,40$, simples ; ses
feuilles pubescentes, d'un vert foncé ; ses fleurs femelles longuement
pédonculées, et ses capsules plus grosses.

Habitat. — Ces deux plantes sont communes en Europe ; la première
se trouve dans les lieux cultivés, les jardins, au voisinage des habitations ; la seconde croît dans les bois et les lieux ombragés. On ne
les cultive que dans les jardins botaniques.

Parties usitées. — Toute la plante.

Récolte. — La dessiccation enlève les propriétés de la mercuriale.
On ne l'emploie que fraîche, pour en extraire le suc. On la coupe
au moment de la floraison. Lorsqu'elle est montée en graines, on la
regarde comme moins active. On en extrait le suc par contusion,
expression et clarification à chaud, avec du miel ; on en prépare
le *miel de mercuriale*, ce qui est à peu près la seule forme sous
laquelle on administre cette plante. On en fait toutefois un extrait
au moyen du suc dépuré.

Composition chimique. — La mercuriale possède une odeur désagréable, une saveur amère, salée. D'après M. Feneulle, elle contient
un principe amer, du mucilage, de l'albumine, une matière grasse
incolore, une faible quantité d'huile volatile, de la potasse, quelques
sels (*Journ. de chim. médic*. t. II, p. 116). D'après M. Stanislas Martin
(*Bull. de Thérap*. t. XLII, p. 359), lorsqu'on la distille avec de l'eau,
on en obtient un hydrolat d'une odeur forte, vireuse, détestable, qui
provoque les vomissements. Les graines, comme toutes celles de la
même famille, renferment un albumen huileux. L'huile qu'on peut
en extraire par expression ou par l'éther, est purgative. On a extrait

de cette plante un principe immédiat, nommé *mercurialine*, dont l'étude chimique n'a pas été faite.

USAGES. — La mercuriale est laxative, mais elle est inconstante dans ses effets. C'est presque uniquement sous la forme de *miel de mercuriale*, qu'on l'emploie, à la dose de 60 grammes. M. Cazin assure que lorsqu'on l'emploie fraîchement cueillie, elle est plus constante dans ses effets. Le sirop de *longue vie* ou de *Calabre* de Zwinger, autrefois employé, et aujourd'hui tout à fait abandonné, avait pour base la mercuriale.

Hippocrate connaissait les propriétés purgatives de la mercuriale. Il la prescrivait pour expulser le placenta, après l'accouchement. Il la faisait appliquer sur les parties sexuelles. Dioscoride, Galien, Paul d'Égine, Oribase, l'employaient pour purger les femmes enceintes, et dans les fièvres intermittentes. D'après Brassavole, célèbre médecin et philosophe de Ferrare, mort en 1554, les paysans ferrarais en mettaient dans leurs potages, pour se purger. Gonan en faisait préparer une soupe, qu'il donnait à manger aux enfants, pour tuer les vers. Linné lui attribuait des propriétés hypnotiques qui n'ont pas été confirmées. Desbois, de Rochefort, la regarde comme diurétique. Bouillie dans de l'eau, elle cède au liquide son principe purgatif, et le résidu jouit, dit-on, de propriétés excellentes, ce qui, toutefois, est nié par Linné, Cranz, Bergius, Plenck, etc.

La mercuriale est employée dans les campagnes sous différentes formes. On introduit dans l'anus des feuilles et des sommités de mercuriale, broyées avec du miel ou de l'huile d'olive, pour combattre la constipation. M. Cazin regarde comme très-efficace, dans ce cas, un suppositoire fait avec une tige de chou et enduit de suc de mercuriale. C'est, dit-il, un remède souvent employé par les nourrices.

La mercuriale vivace (*M. perennis*) est très-active. Son ingestion a toujours été suivie d'accidents plus ou moins graves. Elle contient en assez grande quantité un principe colorant bleu, que l'on trouve dans la *maurelle*, vulgairement appelée *tournesol* (*Crozophora tinctoria* Neck. *Croton tinctorium*, *L.*).

Le *M. Tomentosa* a été, depuis Pline, le sujet des fables les plus absurdes ; les anciens Maures le nommaient *Carra*. Clusius dit qu'ils l'employaient dans les maladies des femmes.

La mercuriale, surtout la mercuriale vivace, est très-nuisible aux animaux ; M. Chorlet, vétérinaire, à Saint-Aignan (Loir-et-Cher), a cité des cas d'empoisonnements survenus à des vaches qui avaient mangé de la mercuriale annuelle.

Les médecins homœopathes reconnaissent à la mercuriale des propriétés laxatives. Ils l'emploient cependant rarement. Son signe est *smu* et son abréviation *mercurial*.

MESENNA

Albizzia anthelminthica Brong.
(Légumineuses-Mimosées.)

Le Mesenna ou Musenna est un arbre, dont la tige, haute de 4 à 6 mètres, couverte d'une écorce épaisse et très-rugueuse, se divise en rameaux portant des feuilles alternes, pétiolées, imparipennées, à trois ou quatre paires de folioles. Les fleurs, verdâtres, sessiles, sont disposées en cymes globuleuses. Elles présentent un calice campanulé, turbiné, à cinq dents ; une corolle régulière, campanulée, deux fois plus longue que le calice ; des étamines nombreuses, à filets blanchâtres, soudés à la base, à anthères vertes et très-petites ; un ovaire à une seule loge pluriovulée, surmonté d'un style blanchâtre terminé par un très-petit stigmate en tête. Le fruit est une gousse aplatie, blanchâtre, sèche, à une seule loge, renfermant plusieurs graines ovoïdes.

Le mesenna, généralement appelé *Musenna*, est nommé *Bisenna* par M. Aubert Roche ; et *Besenna*, par Aut. Petit, ainsi que par A. Richard dans sa *Flore d'Abyssinie*. Mais son véritable nom est *Mesenna*, en Ambara, et *Besenna*, en Tigré (Courbon). D'après M. Aubert Roche, le mesenna serait produit par le *Juniperus Virginiana* (*J. procera*, A. Rich.), (*Bullet. de l'Acad. de méd.*, t. VI, p. 498). A. Richard le rapporte à une légumineuse indéterminée, qu'il désigne sous le nom de *Besenna anthelminthica* ; M. Courbon ayant rapporté des fleurs et des fruits d'Abyssinie, M. Ad. Brongniart a placé l'arbre qui produit cette écorce à côté de l'acacia de la Haute-Égypte (*Acacia lebbek* Del., *Albizzia lebbeck* Bent), et l'a nommé *Albizzia anthelminthica*.

HABITAT. — Cet arbre croît en Abyssinie ; on le trouve surtout dans les lieux situés à une élévation moyenne. Il n'est pas encore connu dans les jardins de l'Europe, où il exigerait probablement la serre chaude, comme la plupart de ses congénères.

PARTIES USITÉES. — Les écorces.

Récolte. — L'écorce du mesenna se récolte en fragments plats, d'un brun rougeâtre, durs, compactes, inodores, d'une saveur mucilagineuse.

Composition chimique. — M. le professeur Gastinel, du Caire, a trouvé dans l'écorce de mesenna beaucoup de gomme, et un principe particulier analogue aux alcaloïdes, principe blanc amorphe et qui sature les acides. L'analyse du mesenna n'a pas été faite.

Usages. — C'est toujours de l'écorce que les Abyssiniens font usage. Ils l'emploient comme anthelminthique, et surtout contre le ténia. Ils l'administrent à la dose de 60 grammes, délayé dans un liquide quelconque, *taidje* (hydromel), *thalla* (sorte de bière) ou eau. Ils mélangent cette poudre avec de la farine pour en faire du pain. Ils la joignent au beurre, au miel, et en forment ainsi des boulettes qu'ils avalent. On prend le remède le matin à jeun, on mange trois ou quatre heures plus tard, et rien n'est changé aux habitudes. Dans la soirée, il survient une selle ordinairement solide, mêlée à de la sérosité, dans laquelle on trouve des fragments de tœnia. Mais ce n'est le plus souvent que le lendemain, que l'entozoaire est rendu comme broyé dans une selle séro-muqueuse. Les jours suivants on continue à rendre des fragments sous le même état.

Les Abyssiniens, qui sont tous atteints du ténia, prennent un téniacide tous les deux mois. Ils regardent le mesenna comme plus efficace que le cousso.

En 1848, à son retour de son voyage en Abyssinie, M. d'Abbadie, rapporta du mesenna qui fut expérimenté par le docteur Pruney-Bey, du Caire. D'après M. Gastinel, 30 grammes suffisent pour la médicamentation. M. d'Abbadie le préfère au cousso, parce que celui-ci est un purgatif drastique, qui détermine des nausées et n'effectue jamais une guérison radicale. Nous pouvons affirmer que le cousso, bien administré, ne détermine jamais d'accidents, et qu'il expulse parfaitement le ténia. Les effets purgatifs du mesenna ne sont pas non plus constants, puisqu'on est souvent obligé d'administrer à sa suite des évacuants.

M. Courbon attribue les insuccès du mesenna, qui ont été observés par des chirurgiens de marine, aux doses insuffisantes qu'ils ont administrées. Il ajoute que le mesenna est tout à fait insipide ; tandis que M. Aubert Roche dit : « Qu'on le prend incorporé à du miel, auquel il communique un goût de térébenthine. »

MÉTHONIQUE

Methonica superba Herm. *Gloriosa superba* L.
(Liliacées – Tulipées.)

La Méthonique superbe, appelée aussi Glorieuse du Malabar, est une plante vivace, à rhizome épais, tubéreux, jaunâtre, muni de fibres radicales. La tige, haute de 1ᵐ,50 à deux mètres, cylindrique, grêle, lisse, dressée, presque sarmenteuse et grimpante, porte des feuilles alternes, sessiles, lancéolées, très-longues, entières, rétrécies à la base, lisses, terminées en vrille. Les fleurs, grandes, d'un jaune orangé qui passe au rouge, naissent à l'extrémité de longs pédoncules solitaires à l'aisselle des feuilles supérieures. Elles présentent un périanthe à six divisions profondes, lancéolées aiguës, caniculées, brusquement réfléchies dès la base, ondulées sur les bords ; six étamines, un peu plus courtes que les divisions du périanthe, à anthères linéaires ; un ovaire libre, ovoïde, obtus, à trois angles arrondis, marqué de six sillons longitudinaux, à trois loges multiovulées, surmonté d'un style très-long, coudé à la base et terminé par un stigmate trifide. Le fruit est une capsule ovoïde, à trois loges renfermant chacune deux rangées de graines globuleuses et rougeâtres.

La Méthonique changeante (*M. simplex* H. P.) diffère de la précédente par sa tige plus droite et moins élevée ; ses feuilles plus larges ; ses fleurs plus grandes, à divisions non ondulées, passant successivement du vert au jaune et au rouge vif.

Habitat. — La méthonique superbe est originaire de la côte du Malabar. La méthonique changeante croît au Sénégal. Ces deux plantes ne sont guère cultivées, en Europe, que dans les jardins botaniques, où elles exigent la serre chaude. On les propage par caïeux, plantés en pots remplis de terre franche légère.

Parties usitées. — Les feuilles, les fleurs, les bulbes.

Composition chimique. — L'analyse chimique des méthoniques n'a pas été faite ; les feuilles ont une saveur amère, astringente, un peu âcre, les bulbes sont vénéneux.

Usages. — D'après Bodwich, les bulbes sont employés en Guinée, à l'état frais, contre les entorses ; on les pulpe avec divers aromates, et principalement avec la maniguette, ou graine de paradis

(*Amomum grana paradisi*, Amomées), et on les applique sous forme de cataplasmes (Walkenaër, *Voyages*, t. XII, p. 468). Les feuilles passent pour être astringentes. Tous ces produits sont tout à fait inusités et inconnus en France.

MÉUM

Méum athamanticum Jacq. *Athamanta meum* L. *Æthusa meum* L.
(Ombellifères – Séselinées.)

Le Méum, appelé aussi Fenouil des Alpes, Éthuse à feuilles capillaires, est une plante vivace, à racine fusiforme, rameuse, brunâtre, fibreuse, aromatique. La tige, haute de 0^m,35 à 0^m,65, cylindrique, striée, glabre, dressée, un peu rameuse au sommet, porte des feuilles alternes, les radicales pétiolées, les caulinaires presque sessiles, les unes et les autres grandes, très-découpées, trois fois ailées, divisées en segments linéaires, courts, aigus-subulés, et rappelant un peu celles du fenouil. Les feuilles, blanches, petites, sont disposées en ombelles terminales composées de douze à vingt rayons très-inégaux, à involucre nul ou réduit à un très-petit nombre de folioles linéaires, à involucelles formés de dix à douze folioles semblables. Elles présentent un calice très-petit, à limbe oblitéré, à cinq dents ; une corolle à cinq pétales presque égaux, obovales, acuminés, étalés, à sommet recourbé en dedans ; cinq étamines saillantes, à anthères arrondies ; un ovaire infère, à deux loges uniovulées, surmonté de deux styles divergents. Le fruit est un diakène ovoïde, allongé, présentant sur chaque face trois côtés saillants.

Le Méum mutelline (*M. mutellina* Gaertn., *Phellandrium mutellina* L.) est aussi vivace, et se distingue du précédent par ses feuilles à segments plus grands, ses ombelles à rayons presque égaux et ses fleurs blanc rosé.

HABITAT. — Ces deux plantes habitent l'Europe centrale ; on les trouve surtout dans les régions montagneuses. Elles sont abondantes sur les Alpes, les Pyrénées, les Vosges, etc.

CULTURE. — Le méum n'est cultivé que dans les jardins botaniques ; il préfère un terrain frais, et se multiplie de graines semées en automne, ou d'éclats de pieds. Sa culture est, du reste, celle des plantes Alpines.

PARTIES USITÉES. — Les racines, les fruits.

Récolte. — Le commerce fournit la racine de méum desséchée ; elle est grosse comme le petit doigt, longue de $0^m,11$ environ ; grise en dehors, blanche en dedans, elle ressemble à la racine de livèche surtout par son odeur et sa saveur, quoique ces qualités soient plus faibles dans la racine de méum. Elle est caractérisée par une couronne de poils fibreux, roides, qui entourent son collet, et forment une espèce de petit pinceau, semblable à celui que l'on trouve à celle du chardon Rolland, avec laquelle on pourrait quelquefois la confondre. Mais cette dernière est plus grosse, plus longue, et moins aromatique. La racine de méum est récoltée à l'automne. Après l'avoir lavée pour la débarrasser de la terre, on la fait sécher à l'étuve ou au grenier.

Les fruits sont rarement employés ; ils se distinguent par les côtes saillantes que portent chaque méricarpe ; les deux marginales sont très-développées. La coupe de chaque semence est demi-circulaire.

Composition chimique. — La racine de méum, dont la saveur est amère, âcre et aromatique, doit ses propriétés à une huile essentielle et à un principe résineux. Les fruits et les feuilles ont une odeur et une saveur analogues, qui ressemblent, quoique beaucoup moins prononcées, à celles de l'angélique, de l'ache et de la livèche.

Usages. — Le méum est aujourd'hui à peu près inusité. Sa racine entre dans la thériaque et le mithridate. Considérée comme tonique, stimulante et diurétique, elle était employée autrefois contre les affections atoniques des voies digestives. Dans l'asthme humide, on la regardait comme emménagogue, et quelques auteurs ont recommandé son infusion à la dose de 15 à 30 grammes pour un litre d'eau, contre les fièvres intermittentes ; on l'a administrée contre les affections hystériques. On l'a aussi employée comme masticatoire, et l'on recommandait d'en avaler le suc.

Les racines du méum mutelline (*M. mutellina*), et celles de l'*athamanta oreoselinum*, L., espèce très-commune, jouissent des mêmes propriétés.

MICHÉLIE

Michelia Champaca L. *M. suaveolens* Pers.
(Magnoliacées – Magnoliées.)

Le Champac ou Michélie odorante est un arbre, dont la tige, haute de 10 à 12 mètres, se divise en rameaux nombreux, étendus, divariqués, couverts d'une écorce verdâtre ponctuée, portant des feuilles alternes, pétiolées, ovales-oblongues, acuminées, atténuées à la base, entières, d'un vert foncé, marquées de nervures fortement saillantes et soyeuses, caduques, renfermées, avant leur développement, dans deux stipules réunies en bourgeon acuminé. Les fleurs, grandes, jaunes, odorantes, sont solitaires à l'extrémité de pédoncules soyeux, axillaires ou terminaux, et entourées, avant leur épanouissement, d'une bractée ou spathe soyeuse, caduque. Elles présentent un calice à trois sépales pétaloïdes, étalés, caducs ; une corolle à neuf pétales oblongs, légèrement tordus, disposés sur trois rangs, un peu étalés, caducs ; des étamines nombreuses à filets courts, à anthères munies d'un connectif saillant ; un pistil couvert d'ovaires nombreux, à une seule loge pluriovulée, formant une sorte d'épi imbriqué, et surmontés chacun d'un style filiforme, recourbé, terminé par un stigmate verruqueux charnu. Le fruit se compose de capsules arrondies, d'un vert pâle, ponctuées de blanc, renfermant chacune trois à sept graines rouges, convexes d'un côté et anguleuses de l'autre (Pl. 35).

Nous ne ferons que nommer les Michélies Tsiampac (*M. tsiampaca* L.), de montagne (*M. montana* Blum.), élevée (*M. excelsa* Wall.) Doltsopa (*M. doltsopa* Hamilt.), etc.

HABITAT. — Le champac croît dans la Malaisie et surtout aux Indes, où on le cultive dans les jardins.

PARTIES USITÉES. — Les feuilles, les fleurs, le fruit, les graines, et surtout l'écorce.

COMPOSITION CHIMIQUE. — Toutes les parties de la plante, mais surtout l'écorce, sont à la fois amères, et aromatiques, et même âcres. On retire de celle-ci, par distillation, une huile essentielle très-odorante ; l'écorce ne contient pas de tannin. Blume attribue ses propriétés à un principe extractif amer.

USAGES. — Le champac est, chez les Hindous, l'objet d'une grande vénération. Ils l'ont dédié à Vichnou, la seconde personne de la *Tri-mourti*, ou trinité Hindoue. D'après Blume, les fleurs de cette plante sont fétides quand elles sont seulement flétries, mais très-agréablement odorantes lorsqu'elles sont sèches ; fraîches et conservées dans les appartements, elles causent le vertige, et irritent le système nerveux. Les Javanais en ornent leur lit nuptial. Desséchées, on les met dans les vêtements, auxquels elles donnent une odeur agréable.

Les Javanais regardent le champac comme tonique, stimulant, anti-nerveux, diurétique, diaphorétique et fébrifuge. Les semences sont âcres, amères et résineuses. Ce sont elles surtout que l'on emploie contre les fièvres. On les mélange au gingembre, ou *Jaï*, à la Zédoaire ou *Kuaje*, au *Kananga* (*Unona odorata*). On frotte, avec ce mélange, les enfants atteints de fièvres intermittentes. Il est vrai que la plupart des auteurs ajoutent que c'est sans succès.

On attribue, à la décoction des racines, réduites en poudre, la propriété de provoquer les règles. On prétend, même qu'à dose élevée, elles possèdent des propriétés abortives. Les bourgeons, recouverts d'une résine aromatique, sont employés contre la gonorrhée ; les feuilles mêlées à la Zédoaire, et réduites en poudre, sont préconisées contre les affections arthritiques. On en prépare des bains , pour combattre les rhumatismes, ainsi que les douleurs arthritiques ; on en use en gargarismes contre l'angine et contre la fétidité de l'haleine. Le jus des baies, en friction sur le bas-ventre, jouit de propriétés carminatives ; et l'huile essentielle, également en friction, s'emploie contre les douleurs articulaires et les rhumatismes.

Le bois du champac est résistant ; on s'en sert pour la construction des bâtiments. Le fruit est comestible, mais peu agréable au goût. C'est à tort que J.-F. Dietrich, dans son *Dictionnaire de Jardinage et de Botanique*, dit que les Indiens mangent les graines du *M. champaca*. Il a confondu cette plante avec une autre. Une pareille erreur pourrait avoir des conséquences fâcheuses.

Les écorces et les feuilles des autres michélies jouissent des mêmes propriétés. Les bois des *M. tsiampaca* L, *Montana* Blum, *excelsa* Wall. et *Doltsopa* Hamilt., sont très-estimés pour les constructions.

MIKANIER

Mikania guaco et *scandens* Pers.
(Composées – Eupatoriées.)

Le Mikanier Guaca, appelé plus simplement Guaco, est un arbuste grimpant dont la tige, haute de 10 à 15 mètres, cylindrique à la base, anguleuse au sommet, volubile, se divise en nombreux rameaux striés et velus, portant des feuilles opposées, pétiolées, ovales, légèrement ondulées sur les bords, d'un vert blanchâtre. Les fleurs, blanches, sont groupées en capitules, dont l'ensemble forme des corymbes axillaires, opposés et feuillés. Elles sont monoclines et insérées sur un réceptacle nu, entouré d'un involucre à folioles, peu nombreuses et presque égales. Chacune de ces fleurs présente un calice en aigrette; une corolle tubuleuse; cinq étamines, à anthères soudées et saillantes; un ovaire infère, uniovulé, surmonté d'un style simple terminé par un stigmate proéminent, à deux branches divariquées. Le fruit est un akène pentagonal, surmonté d'une aigrette plumeuse.

Le Mikanier à feuilles de Morelle (*M. scandens* Pers.), confondu avec le précédent, ainsi que la plupart de ses congénères, sous le nom vulgaire de liane guaco, a des tiges grimpantes hautes de 2 à 4 mètres; des feuilles molles, cordiformes, d'un beau vert, et de petites fleurs purpurines, disposées en panicules.

Le Mikanier du Brésil (*M. stipulacea* Pers.) se reconnaît à ses feuilles hastées, velues, munies de deux stipules cunéiformes, et à ses akènes couronnés d'une aigrette pourpre.

Nous citerons encore les Mikaniers de Houston (*M. Houstonii* Pers.), de l'Orénoque (*M. Orenocensis* Pers.), herbacé (*M. herbacea* Pers.), etc.

Habitat. — Ces végétaux sont répandus dans les régions centrales de l'Amérique, depuis le Mexique jusqu'au Brésil, et croissent surtout dans les bois. Ils sont peu connus en Europe, et c'est à peine si on les y trouve dans les serres chaudes des jardins botaniques.

Parties usitées. — La racine, les feuilles, les fleurs.

Composition chimique. — M. Fauré, pharmacien de Bordeaux, qui a analysé les feuilles de guaco, y a trouvé une matière grasse, de la chlorophylle, une résine particulière (*Guacine*), une matière extractive et

astringente analogue au tannin , du ligneux. Les cendres renferment
des sulfates de soude et de chaux, du chlorure de sodium, du carbonate et du phosphate de chaux, de la silice et de l'oxyde de fer
(*Journ. de pharm*, **XXII**, 293 — 1836).

Usages. — Sous les noms de Guaco, de Huaco, etc., on a certainement confondu plusieurs plantes appartenant à des genres et à des
familles différents, et auxquelles on attribue la propriété de guérir de
la morsure des serpents venimeux ; l'une de ces plantes est le *Mikania
Guaco*, dont nous allons parler ; les autres appartiennent aux genres
Eryngium et *Aristolochia*.

D'après M. Roulin, on emploie au Mexique, sous le nom de Guaco
ou de Bejucos de Guaco (liane de Guaco), quatre espèces de mikaniers :
1° le vrai mikanier guaco de Mutis, qui a les fleurs blanches ; 2° une
autre espèce ou variété à fleurs violettes, employée à la Nouvelle-
Grenade sous le nom *Guaco morado* ; 3° le *Mikania amara* des Antilles ; 4° une autre espèce observée à Guatemala (*Revue des Deux-
Mondes*, 1er octobre 1833).

L'Académie de médecine a reçu du Mexique, sous le nom de
Guaco, une racine inodore, d'une saveur douceâtre, qui paraît être
inactive ; il est vrai que Cavanilles dit qu'elle perd ses propriétés par
la dessiccation. En Amérique, d'après MM. de Humboldt et Bonpland, c'est le suc de la plante que l'on emploie. Ce que nous
avons vu sous le nom de Guaco était des inflorescences analogues à
celles des eupatoires, qui ressemblaient à des fleurs d'arnica du commerce brisées. En effet, le genre *Mikania* dédié au botaniste Mikan,
est un démembrement du genre eupatorium. Enfin le guaco du
commerce présente souvent un mélange de tiges brisées, de feuilles
et de fleurs.

MM. de Humboldt et Bonpland, dans leurs *Plantes équinoxiales recueillies au Mexique*, citent des expériences de Mutis et d'autres qui
leur sont propres, expériences qui ne paraissent laisser aucun doute
sur les propriétés que possède le *Mikania guaco*, comme un prophylactique et un curatif de la morsure des serpents venimeux ; il est
vrai qu'à l'état sec la plante perd ses propriétés. D'après Cavanilles,
elle est amère, aromatique, vermifuge et stomachique. Il est vrai
que les propriétés antivenimeuses du guaco ont été révoquées en
doute par M. Rochoux, qui a longtemps habité les Antilles, et qui
affirme avoir vu à la Guadeloupe des serpents manger cette plante ;

mais nous ferons remarquer avec MM. Mérat et Delens que les serpents ne sont pas herbivores.

On a affirmé, sans preuves suffisantes, que le guaco guérissait la
rage, la fièvre jaune et le choléra, malgré les observations de Haw-
kins, celles du docteur Chabert et de M. Péreira de Bordeaux. Le
guaco est regardé comme inefficace dans ces maladies; les observations de MM. Dugès, Dubreuil, etc., ne laissent aucun doute à cet
égard. Quant aux faits relatifs au traitement avantageux de la blennorrhagie aiguë, au début, des chancres, des bubons, ulcères, etc.
par le guaco, signalés par M. Gomez de Valence, et par MM. Tur-
chetti et Massone, ils ont besoin d'être confirmés par de nouvelles
expériences.

La confiance des Indiens dans les effets du guaco est telle, qu'ils
ne partent jamais en voyage sans en emporter des feuilles dans leurs
poches.

Le *M. officinalis* Martius, est nommé au Brésil *Coracao de Jeva*.
Il y est employé comme succédané du quinquina et de la cascarille,
contre les pertes rémittentes, les faiblesses intestinales, etc. D'après
Martius, le *M. opifera* Mart., autre espèce du Brésil, donne un suc
en usage contre la morsure des serpents; c'est le *M. contrajerba*
Kunt. Le *Mikania guaco* est l'*Eupatorium satureiæfolium* de Linné.

MILLEPERTUIS

Hypericum perforatum L.
(Hypéricinées.)

Le Millepertuis, vulgairement Herbe de Saint-Jean ou Trescalan,
est une plante vivace, à racines ligneuses, un peu rameuses, brun
jaunâtre. Les tiges, hautes de 0^m,30 à 0^m,80, cylindriques, marquées de deux lignes saillantes alternes, fermes, rameuses, dressées
ou ascendantes, portent des feuilles opposées, sessiles, ovales, entières, vert foncé en dessus, glauques en dessous, criblées de petits
points glanduleux transparents. Les fleurs, d'un beau jaune d'or,
sont disposées en panicules terminales très-fournies. Elles présentent
un calice à cinq sépales lancéolés, aigus, étalés, persistants; une
corolle à cinq pétales ovales, obtus, étalés, bordés de petites glandes
noirâtres; des étamines en nombre indéfini, très-fines, saillantes, à
filets soudés en trois faisceaux, à anthères marquées d'un point noi-

râtre; un pistil à ovaire libre, ovoïde, à trois loges multiovulées, surmonté de trois styles libres, subulés, divergents, terminés chacun par un petit stigmate en tête. Le fruit est une capsule ovoïde, à trois loges, s'ouvrant en trois valves, et renfermant un grand nombre de petites graines oblongues.

Nous citerons encore les Millepertuis tétragone (*H. quadrangulare* L., *H. tetrapterum* Fries), baccifère (*H. bacciferum* L.), de Cayenne (*H. Cayennense* L.), et Androsème (*H. Androsæmum* L., *Androsæmum officinale* Fries), qui se distingue facilement des autres espèces par son fruit bacciforme indéhiscent.

Habitat. — Le millepertuis ordinaire est commun en Europe; il croît dans les lieux secs, au bord des chemins, sur la lisière des bois, etc. L'androsème habite surtout les endroits humides et ombragés. Les millepertuis baccifère et de Cayenne appartiennent à la Guyane. Ces plantes ne sont cultivées que dans les jardins botaniques.

Parties usitées. — Les sommités fleuries.

Récolte. — Elle se fait, pendant la floraison, au moment où les premières fleurs commencent de s'ouvrir. L'odeur et la saveur résineuse résident surtout dans les fleurs. On les dispose en paquets que l'on fait sécher au grenier. Il faut que ses fleurs, bien sèches, aient conservé leur belle couleur jaune pour être employées; on rejette celles qui sont noires ou rouges. On trouve quelquefois les fleurs mondées dans le commerce.

Composition chimique. — L'odeur aromatique et résineuse que répand le millepertuis est due à une matière résineuse qui découle des espèces arborescentes des pays chauds, lorsqu'on y fait des incisions. Ce suc jaune est analogue à celui des guttifères. Il est purgatif. Desséché, il ressemble assez à la gomme-gutte. Tel est celui qui est produit par le *Capia* de Pison et Margraff (*Vismia Guianensis* Pers., *Hypericum Guianens* Aubl., *H. bacciferum* L. F.). Les fleurs du millepertuis renferment deux matières colorantes : l'une jaune, insoluble dans l'eau; l'autre rouge, résineuse, et soluble dans l'alcool et dans les huiles. Ce dernier principe réside spécialement dans le stygmate et dans le fruit. Ces fleurs contiennent, en outre, une huile volatile et du tannin (*Journ. de pharm.*, t. XIII, p. 134). Les deux matières colorantes des millepertuis ont été fixées à l'aide de mordants sur le fil, la laine et la soie.

Usages. — Dans les temps d'ignorance et de superstition, le millepertuis a eu une réputation de sortilége qui lui a valu le nom de *Fuga dæmonum*. En 1714, Eysel soutint une thèse intitulée *de Fuga dæmonum*, et Georges-Wolfgang Wedel en soutint une autre, la même année, à Iéna, qui avait pour titre : *de Hyperico alias fuga dæmonium*. Ange Sala la recommande aussi contre les possessions démoniaques. On employait le millepertuis dans les maladies mentales. En Russie on s'en sert contre la rage.

Les anciens thérapeutistes, tels que Théophraste, Thomas, Bartholin, Tragus, Camerarius, etc., ont conseillé le millepertuis contre une foule de maladies. Matthiole, Paracelse, Fallope, Scopoli, Locher, Geoffroy ont beaucoup vanté ses propriétés prétendues vulnéraires et cicatrisantes. Ettmuller, célèbre médecin et botaniste allemand du dix-septième siècle, le considérait comme diurétique, et l'employait fréquemment contre les maladies des voies urinaires. Baglivi, qui ne jouissait pas, à la même époque, d'une moindre illustration en Italie, croyait qu'il pouvait guérir la pleurésie chronique. Aujourd'hui il est à peu près abandonné, quoique MM. Cazin et Dubois de Tournay en aient obtenu quelquefois de bons effets contre les catarrhes pulmonaires chroniques, certaines leucorrhées, le catarrhe vésical, etc.

Les sommités fleuries du millepertuis entrent dans la thériaque, le baume du Commandeur, le baume Tranquille, l'huile d'hypéricum, l'eau vulnéraire, le sirop d'armoise composé, la poudre contre la rage, ainsi que dans une foule d'autres préparations pharmaceutiques qui ne sont plus employées. En Suède, on se sert des fleurs pour colorer l'eau-de-vie.

L'androsème ou toutesaine (*Hypericum androsæmum* L.), tire un de ses noms des propriétés vulnéraires qu'on lui a attribuées. On la conseille en cataplasmes sur les brûlures, et pour arrêter les hémorrhagies. Le millepertuis tétragone (*H. quadrangulare* L.), très-recommandé par Bergius, n'a pas d'autres propriétés que celles du millepertuis commun.

Quoique peu employé en médecine homœopathique, le millepertuis est indiqué dans le Codex des médicaments homœopathiques. On lui attribue des propriétés résolutives et vulnéraires. Son signe est *Mhp* et son abréviation *Hyper*.

MIMUSOPS

Mimusops elengi L.
(Sapotacées.)

Le Mimusops elengi est un grand arbre, dont la tige droite, à écorce crevassée, se divise en rameaux cylindriques et grisâtres, portant des feuilles alternes, pétiolées, ovales-oblongues, entières, coriaces, glabres, luisantes, à nervure médiane saillante et donnant naissance à d'autres nervures très-fines et presque transversales. Les fleurs, d'un beau jaune, sont solitaires ou réunies en petits bouquets à l'aisselle des feuilles. Elles présentent un calice à huit divisions disposées sur deux rangs; une corolle à huit divisions entières ou trilobées; huit étamines fertiles, accompagnées d'un même nombre de filets stériles; un ovaire à huit loges, contenant autant d'ovules qui avortent pour la plupart. Le fruit est une drupe ovoïde, rouge à la maturité, renfermant une ou deux graines osseuses.

L'arbre est connu vulgairement sous les noms de *Marone*, *Cavequi*, *Magouden*, *Elengi*. Selon R. Brown, le genre *binectaria* de Forskahl doit être réuni au *mimusops*, dont il ne diffère que par les divisions extérieures de la corolle, qui sont deux fois bifides. L'*Achras dissecta* de Forster, n'est aussi qu'une espèce de *mimusops*, ce dernier genre est voisin de l'*Imbricaria* de Jussieu, qui en diffère par sa corolle dont les lanières trifides forment trois rangées, et par ses graines munies d'une crête saillante vers l'ombilic.

HABITAT. — Cet arbre est originaire des Indes, où il est fréquemment planté dans le voisinage des habitations; il croît aux Philippines et aux Moluques.

PARTIES USITÉES. — Le bois, les fleurs, les fruits.

COMPOSITION CHIMIQUE. — Les fruits renferment du sucre, de l'amidon, et une matière astringente. Les fleurs sont très-aromatiques.

USAGES. — Les Indiens mangent les fruits des mimusops; ils sont cependant très-astringents. Les fleurs, très-odorantes, servent à faire des colliers, et on en prépare, par distillation, une eau de senteur très-agréable (*Rumphius*, *Amb.*, II, 189).

Le *Mimusops kauki* L., *M. obtusifolia* Lam., que l'on trouve à l'île de France, donne un fruit rond, du volume d'une pomme, vert pâle, d'un goût sucré, farineux, que les nègres mangent. Le bois sert aux constructions.

MOLLÉ

Schinus mollé L.
(Térébinthacées – Pistaciées.)

Le Mollé des jardins ou à feuilles dentées, appelé aussi Poivrier du Pérou ou d'Amérique, Arbre au poivre, etc., est un grand arbre, dont la tige droite, couverte d'une écorce crevassée, laissant écouler un suc résineux très-odorant, se divise en rameaux nombreux, flexibles, effilés, pendants, qui portent des feuilles alternes, pétiolées, persistantes, imparipennées, composées de vingt à trente folioles lancéolées, sessiles, à odeur poivrée, la terminale très-longue. Les fleurs, blanches, dioïques, sont groupées en panicules terminales. Elles présentent un calice à cinq divisions égales, arrondies, persistantes; une corolle à cinq pétales obovales-oblongs, insérés entre le calice et un disque annulaire ondulé. Les mâles ont dix étamines, à filets libres et subulés, insérés sous le disque, à anthères arrondies; un ovaire rudimentaire. Les femelles ont des filets staminaux stériles; un ovaire libre, uniovulé, surmonté de trois styles très-courts dont chacun est terminé par un petit stigmate en tête. Le fruit est une drupe charnue, globuleuse, à saveur poivrée, renfermant un noyau osseux, monosperme.

HABITAT. — Le mollé est originaire des régions centrales de l'Amérique, où il s'étend depuis le Mexique jusqu'au Chili; il habite surtout les plaines et les vallées. Il s'est naturalisé dans quelques autres régions, et jusque dans le midi de l'Europe.

CULTURE. — Cet arbre croît en pleine terre dans le midi de la France; mais dans le nord il exige l'orangerie ou la serre tempérée. Il préfère une terre franche, légère. On le multiplie de graines, semées sur couche au printemps, et quelquefois aussi de marcottes. On emploie rarement les boutures, dont la reprise est difficile.

PARTIES USITÉES. — L'écorce, les fruits, le suc qui découle de la plante.

COMPOSITION CHIMIQUE. — La résine, que l'on obtient par évaporation du suc laiteux qui s'écoule lorsqu'on coupe les feuilles et les jeunes rameaux du mollé, est extrêmement rare, et à peu près inconnue en Europe. Les fruits donnent, par macération dans l'eau et par fermentation, une liqueur alcoolique très-échauffante, qui, exposée à l'air, s'acidifie, et peut alors remplacer le vinaigre. Les écorces sont amères et astringentes.

Usages. — Les différentes parties de cette plante ne sont pas connues dans la matière médicale. Les feuilles fraîches, qui ont une odeur rappelant celle du fenouil, quand elles sont brisées par fragments et jetées sur l'eau, semblent s'y mouvoir, ce qui nous paraît devoir être attribué à un suc non miscible à l'eau qui en découle.

Monard, qui le premier a figuré cette plante, rapporte, d'après P. Cicca, que la décoction de l'écorce et des feuilles est employée, au Pérou, pour guérir les douleurs et l'œdème des membres inférieurs. On l'emploie en fomentations. Avec les petits rameaux, on fait des cure-dents. On attribue à la résine du mollé, dissoute dans du lait, la propriété de dissiper les éblouissements. Cette résine, blanche, molle, opaque, est employée contre la carie des dents. On dit qu'elle est purgative. D'après Bertero, le mollé, cité par Molina *Chili*, 140, ne serait pas le même que le précédent, et, sous le nom de *Schinus huïgan*, il en signale un autre qui serait le *Schinus areira* L. ou *Larocira* de Pison et Margraff. C'est un arbre qui sent la térébenthine ; par distillation de ses feuilles fraîches, on obtient une eau aromatique qui est employée pour la toilette. Au Brésil, son écorce est regardée comme fébrifuge. D'après Buchner, elle renferme du tannin, et elle pourrait remplacer le cachou (*Journ. de chim. méd.*, VI, 204-1830).

MOLUCELLE

Molucella lævis et *spinosa* L.
(Labiées - Stachydées.)

La Molucelle lisse (*M. lævis* L.), appelée aussi vulgairement, mais à tort, Mélisse des Moluques, est une plante annuelle, dont la tige droite, haute de 0^m,65, unie, rameuse, porte des feuilles opposées, longuement pétiolées, arrondies, dentées, molles, presque glabres, d'un vert gai. Les fleurs, blanc-jaunâtre, accompagnées de bractées subulées, roides, piquantes, sont groupées en faux verticilles axillaires. Elles présentent un calice campanulé, très-ample, évasé, membraneux, strié, réticulé, à cinq dents épineuses ; une corolle incluse, à tube court, à limbe profondément divisé en deux lèvres, la supérieure entière, convexe et dressée, l'inférieure à trois lobes, les deux latéraux un peu dressés, le médian large, obcordé, étalé; quatre étamines didynames ; un ovaire composé de quatre carpelles uniovulés, surmonté d'un style simple terminé par un stigmate bifide. Le fruit se compose de quatre akènes trigones, tronqués au sommet, entourés par le calice persistant.

La Molucelle épineuse (*M. spinosa* L.) est aussi annuelle, et se distingue de la précédente par ses feuilles ovales, un peu cordées à la base, incisées ou lobées ; son calice plus grand, presque bilabié, à dix dents épineuses ; sa corolle plus longue, d'un rose tendre, à lèvre supérieure largement échancrée et velue sur le dos.

La Molucelle frutescente (*M. frutescens* L.) est un arbrisseau très-épineux, dont la tige, haute de $0^m,35$ à $0^m,65$, porte des feuilles pétiolées, petites, ovales, obtuses, pubescentes, et des fleurs blanchâtres.

HABITAT. — Ces plantes habitent l'Asie Mineure, la Syrie, la Perse. On les cultive depuis longtemps dans nos jardins, et quelques-unes sont naturalisées dans l'Europe méridionale.

PARTIES USITÉES. — Les feuilles.

COMPOSITION CHIMIQUE. — Toutes les molucelles possèdent une odeur forte, que l'on a comparée à celle du melon. Leur saveur est aromatique, un peu âcre et amère.

USAGES. — C'est la molucelle lisse que l'on emploie le plus fréquemment. Elle est cependant peu usitée en France. On a attribué à ses feuilles des propriétés cordiales, vulnéraires et céphaliques. On l'emploie le plus souvent pour aromatiser des liqueurs alcooliques. Les Orientaux s'en servent, dit-on, contre les hernies. On ne la trouve pas dans nos officines.

MOMORDIQUE

Momordica Balsamina et *Charantia* L.
(Cucurbitacées.)

La Momordique balsamine (*M. balsamina* L.), appelée aussi Pomme de Merveille, est une plante annuelle, dont la tige grimpante, longue d'environ un mètre, anguleuse, rameuse, munie de vrilles simples, porte des feuilles alternes, pétiolées, palmées, à cinq lobes dentés, glabres et luisantes. Les fleurs, jaunâtres, monoïques, sont solitaires à l'extrémité de pédoncules axillaires, grêles, qui portent vers leur milieu une bractée foliacée, cordiforme, dentée. Les mâles ont un calice court, campanulé, à cinq divisions étalées; une corolle à cinq divisions obtuses, un peu ondulées, étalées ; cinq étamines triadelphes, à anthères conniventes, uniloculaires, à connectif épais, ondulé. Les femelles ont un calice à tube ovoïde, adhérent ; le limbe, ainsi que la corolle, comme dans les fleurs mâles ; trois étamines rudimentaires ; un ovaire infère, ovoïde, à trois loges multiovulées, surmonté d'un style cylindrique terminé par un stigmate trifide. Le fruit est une péponide, ovoïde-arrondie, amincie aux deux bouts, tuberculeuse, d'un jaune orangé à la maturité, s'ouvrant irrégulièrement, et laissant voir une pulpe charnue, rouge sanguin, dans laquelle sont disséminées de nombreuses graines brunâtres, à arille rouge.

La Momordique à feuilles de vigne (*M. charantia* L.), appelée aussi Pandipane ou Papareh, se distingue de la précédente par ses dimensions deux fois plus grandes ; ses feuilles à sept lobes velus ainsi que les vrilles ; ses fruits oblongs, acuminés, anguleux, à pulpe jaune.

La Momordique sauvage ou d'Europe a été décrite à l'article Elaterium (V. ce mot).

Habitat. — Ces deux plantes sont originaires de l'Inde. Elles sont cultivées, en Europe, dans les jardins botaniques, et on les trouve aussi assez répandues comme végétaux d'ornement.

Parties usitées. — Les racines, les feuilles, les fruits.

Récolte. — Les racines doivent être arrachées à l'automne.

Composition chimique. — Tous les momordica renferment, dans les feuilles, les racines ou les fruits, un principe âcre, plus ou moin irritant et purgatif ; mais on ne sait pas s'ils contiennent le principe blanc, cristallisable, amer, styptique, insoluble dans l'eau, soluble dans l'alcool et dans l'éther, que l'on a trouvé dans *l'elaterium*, et désigné sous le nom d'*Élatérine*.

Usages. — Les fruits des plantes du genre *elaterium* sont employés à leur maturité, ceux surtout que l'on mange, tels sont les *M. luffa* L., en Égypte, le *M. operculata* L. ou *Gatole*, que l'on cultive aux îles de France et à Bourbon, le *M. pedata* L., que, d'après Feuillée, on mange, au Pérou, sous le nom de *caïqua*. Quelques auteurs pensent que les *momordica*, dont les fruits sont purgatifs, appartiennent au genre *ecbalium*.

D'après Descourtilz (*Flore méd. des Antilles*, III, 62), dans l'Inde, le fruit du *M. balsamina* est nommé *Nexiquen*; il sert à préparer un extrait qu'on emploie à faible dose, car il est très-vénéneux, contre l'hydropisie; la chair, appliquée en topique, est regardée comme rafraîchissante et siccative; avec l'huile d'olive, on prépare une huile composée qui est employée, en frictions, comme vulnéraire et balsamique; on croit même que c'est de cette propriété qu'elle tire son nom de *Balsamina*. Aux Philippines, cette plante croît dans les haies; elle y est connue sous les noms de *Pavia*, de *Palla*, d'*Appaclia*; ses feuilles y sont appliquées topiquement, contre les céphalalgies, et comme siccatives sur les plaies; la décoction y est regardée comme vomitive.

Dans l'Inde et en Amérique, la *Momordica charantia* L. donne des feuilles d'une odeur forte; elles sont employées dans ces pays à la place du houblon et comme vermifuge. D'après Aublet (*Guiane*, II, 886), les Malabares en mettent dans leur *caris*. A la Jamaïque, la décoction de ces feuilles est usitée pour faciliter l'écoulement des lochies.

Nous citerons encore le *Momordica cylindrica* L. dont le fruit, très-amer, est purgatif, et dont le suc, introduit dans les narines, détermine un flux nasal abondant, propre à guérir les céphalalgies, et même, a-t-on dit, l'apoplexie. La racine du *Momordica dioica* Roxb. de l'Inde est, au contraire, regardée comme émolliente. Les médecins du pays l'emploient en électuaire contre les hémorrhoïdes confluentes, et dans les inflammations intestinales (Ainslie, *Mat. ind.*, II, 274).

MONARDE

Monarda didyma et fistulosa L.
(Labiées - Monardées.)

La Monarde didyme ou écarlate (*M. didyma* L., *M. coccinea* Mich., *M. purpurea* Lam.), appelée aussi Monarde pourpre ou à fleurs roses, Thé d'Oswego ou de Pensylvanie, etc., est une plante vivace, dont les tiges, hautes de 0^m,50 à un mètre, tétragones, robustes, velues-hérissées, rameuses au sommet, portent des feuilles opposées, pétiolées, ovales lancéolées, acuminées, cordées à la base, velues hérissées, dentées, d'un vert gai, les florales sessiles, oblongues-lancéolées, colorées. Les fleurs, nombreuses, rouge ponceau, accompagnées de bractées linéaires aiguës de même couleur, sont groupées en fascicules globuleux terminaux. Elles présentent un calice tubuleux, strié, pourpré, à cinq dents aiguës presque égales; une corolle à tube grêle et longuement saillant, à gorge dilatée, à limbe divisé en deux lèvres presque égales, l'inférieure trilobée, à lobe médian allongé et échancré; deux étamines saillantes, accompagnées de deux filets staminaux stériles, rudimentaires ou presque nuls; un ovaire composé de quatre carpelles uniovulés, surmonté d'un style simple terminé par un stigmate bifide. Le fruit se compose de quatre akènes lisses, entourés par le calice persistant.

La Monarde fistuleuse ou velue (*M. fistulosa* L., *M. media* W.), est aussi vivace, et se distingue de la précédente par sa taille ordinairement plus élevée; ses feuilles oblongues-lancéolées, aiguës, pubescentes; ses fleurs à calice non coloré, à corolle velue en dehors, rose, passant quelquefois au pourpre et au violet.

Habitat. — Ces deux plantes sont originaires de l'Amérique du Nord; la première croît plus particulièrement dans la Pensylvanie, la seconde au Canada. D'un tempérament rustique et d'une culture facile, elles sont assez répandues dans les jardins d'agrément.

Parties usitées. — Les feuilles et les sommités fleuries.

Récolte. — Les feuilles et les sommités doivent être cueillies à l'époque de la floraison. On les fait dessécher dans un lieu chaud, mais à l'ombre. Elles perdent une partie de leurs propriétés par la dessiccation.

Composition chimique. — Toutes les parties des monardes possèdent une odeur forte, suave, pénétrante, due très-probablement à une huile essentielle, ce qui leur fait attribuer des propriétés analogues à celles de la menthe, de la sauge et du romarin. Toutefois, leur odeur est moins forte et moins flatteuse que celle de ces plantes.

Nous rappellerons que le célèbre chimiste Proust, d'Angers, mort en 1826, a, depuis longtemps, signalé la présence du camphre dans les labiées des pays chauds; ce produit est identique à celui des laurinées.

Usages. — Les Américains préparent, avec les feuilles de monarde, des infusions théiformes assez agréables, que l'on prend contre les débilités de l'estomac, la gastralgie, etc. Bodard conseillait d'employer cette plante comme un succédané de la muscade et du macis. Aux États-Unis, la monarde fistuleuse est employée comme tonique amer antispasmodique. On la prescrit contre les fièvres intermittentes, d'après Schœpf (*Mat. méd. améric.*).

En Pensylvanie, les feuilles de la monarde coccinée, qui possèdent une odeur très-agréable, sont employées à la place de thé. A Philadelphie, on trouve la monarde ponctuée qui contient une huile

essentielle et, dit-on, du camphre. On l'emploie pour calmer les
nausées, les vomissements, les fièvres bilieuses (*Bullet. des scienc.
méd. de Féruss.*, t. XI, p. 302).

MONBIN

Spondias monbin et *myrobalanus* L.
(Térébinthacées - Spondiacées.)

Le Monbin à fruits rouges (*S. monbin* L.), vulgairement appelé
Prunier d'Espagne, est un arbre, dont la tige, haute de 10 à 12 mètres, droite, peu rameuse, porte des feuilles alternes, pétiolées, imparipennées, composées d'une vingtaine de folioles ovales, entières,
luisantes. Les fleurs, petites, rouges, solitaires ou germinées sur
chaque pédoncule, forment des grappes courtes à l'extrémité des
rameaux. Elles présentent un calice petit, caduc, campanulé, à cinq
dents ; une corolle à cinq pétales étalés ; dix étamines courtes, alternativement grandes et petites, insérées sur un disque glanduleux ;
un ovaire à cinq loges uniovulées, surmonté d'autant de styles et de
stigmates distincts. Le fruit est une drupe ovoïde, pourpre orangé,
odorante, renfermant un noyau fibreux, pentagonal, à cinq loges
monospermes.

Le Monbin blanc, ou à fruits jaunes (*S. myrobalanus* L.) est un
arbre élevé, dont la tige, couverte d'une écorce rugueuse et grisâtre,
se divise en rameaux nombreux, portant des feuilles très-grandes,
imparipennées, d'un vert gai, douces au toucher. Les fleurs, blanches et petites, sont disposées en longues panicules, et présentent la
même structure que celles de l'espèce précédente. Ses fruits sont des
drupes jaunâtres.

Nous ne ferons que nommer le Monbin de Cythère (*S. cytherea* L.).

Habitat. — Les deux premières espèces croissent aux Antilles, à
Carthagène, à la Guyane, etc ; la dernière, à Otaïti.

Culture. — Les monbins sont cultivés en grand dans leur
pays natal ; on les multiplie très-facilement de boutures faites au
printemps. On peut aussi les propager par semis. En Europe,
on les multiplie de la même manière ; mais ils exigent la serre
chaude.

Parties usitées. — Les racines, les écorces, le bois, les fruits, la
résine et la gomme qui découle des arbres.

Récolte. — Les fruits des divers mombins sont récoltés à leur maturité.

Composition chimique. — On ne sait rien sur la composition chimique des différents produits des monbins ou spondias ; les usages que l'on fait des fruits font supposer qu'ils se rapprochent, par leur composition, de nos prunes.

Usages. — Le seul produit que l'on trouve quelquefois dans la matière médicale, appartenant à ces plantes, est la *Gomme d'amara*, qui est brunâtre, transparente, soluble dans l'eau, un peu amère. Lamarck, en décrivant le *spondias amara* (*Encyclop. bot.*, t. IV, p. 261), qui produirait cette gomme, n'en fait pas mention. Il ne faut pas la confondre avec une résine transparente que les naturels de Taïti nomment *Tapon*, qui suinte de l'écorce du *S. cytherea*, et qui sert à calfater les pirogues, qui sont souvent faites avec le bois du même arbre.

On mange crus les fruits des monbins pourpres (*S. purpurea*) et blancs (*S. lutea*), ainsi que ceux d'autres espèces. Les fruits du *S. purpurea* Lam. *S. monbra* L. (*non* Jacq.), *S. myrobolanus* Jacq. (*non* L.), sont employés, aux Antilles, à faire des gelées et des confitures. Les cochons les mangent avec avidité (Labat, *Nouv. Voyage*, t. VIII, p. 216). A la Martinique, on les nomme *Hucare*. Les fruits du *S. lutea*, *S. monbra* Jacq. (*non* L.), *S. myrobolanus* L. (*non* Jacq.), sont jaunes. Aux Antilles et à Cayenne, on les nomme *Prunes d'Amérique*. Ils sont aigrelets ; on en fait des tisanes rafraîchissantes. Il en est de même de ceux du *S. cytherea*, que l'on ne mange guère que cuits. Les habitants des îles de la Société et des îles Hermites, dans la mer du Sud, ainsi que ceux de l'île de France ou Maurice, dans la mer des Indes, en usent aussi comme aliment.

On croit que l'*Ambulam* de Réede, *S. mangifera* W. (*mangifera pennata* L.), est le même, ou une variété du *S. amara* Lam. Son suc sert, aux Malabares, à préparer, avec du riz, une sorte de pain qu'ils nomment *Apen*. Sa racine est employée, au lieu de pessaire, pour exciter les règles ; l'écorce, pulvérisée et bouillie dans du lait, est employée contre la dysenterie, et on a vanté la décoction du bois contre la gonorrhée. Enfin, on prétend que le fruit, pilé avec les feuilles, apaise les douleurs d'oreille (*Hort. malab.*, t. I, p. 50).

MONÉSIA

Chrysophyllum glycyphlœum Cas.
(Sapotacées.)

Le Monésia ou Mohica est un arbre de moyenne grandeur, dont la tige, couverte d'une écorce épaisse, compacte, brun foncé, à épiderme grisâtre, se divise en rameaux portant des feuilles alternes, ovales-lancéolées, d'un vert gai en dessus, soyeuses et à reflets métalliques en dessous. Les fleurs sont petites, solitaires et axillaires. Elles présentent un calice à cinq divisions ; une corolle campanulée, à limbe divisé en cinq lobes étalés ; cinq étamines hypogynes ; un ovaire libre, globuleux, à deux loges pluriovulées, surmonté d'un style simple terminé par un stigmate bifide. Le fruit est une baie ovoïde, lisse, renfermant quatre graines aplaties, à amande huileuse.

Habitat. — Cet arbre croît au Brésil ; il n'est guère connu que depuis un petit nombre d'années ; aussi ne le trouve-t-on pas encore dans nos cultures.

Parties usitées. — Les écorces, les fruits, l'extrait.

Récolte. — L'arbre auquel on attribue l'écorce que l'on récolte pour la droguerie sous le nom de *Monésia*, de *Mohica*, de *Buranhem*, ou de *Guaranhem*, et qui nous vient du Brésil, a été décrit par Pison et Margraff (*Hist. nat. Brasiliæ*, publiée par Jean de Laët, 1648) sous le nom de *Ibirœ*. Il a été reconnu par Biedel, pour un *Chrysophyllum*, et nommé par Casaretti *Chrysophyllum glycyphlœum* (*Journ. de pharm. et de chim.*, t. VI, p. 64). Virey croit que c'est avec l'écorce de cet arbre, que l'on obtient l'extrait de monésia, qui nous vient tout préparé du Brésil, et celui que l'on fabrique en France. Mais, certains auteurs ont attribué le même extrait au Palétuvier (*rhizophora gymnorhiza* L.) ; d'autres, à l'*Acacia cochleocarpa* Mart., à l'*Acacia virginalis*, et au *Chrysophyllum caïnito*, ou *Caïmitier*, *Cahimitier*, qui croît aux Antilles. Le nom de *Chrysophyllum*, vient de la couleur dorée que présente le dessous des feuilles de cet arbre.

L'écorce de monésia se récolte en morceaux assez épais. Elle est très-compacte, pesante, dure, d'un brun rougeâtre, sa cassure est nette, non fibreuse. Elle possède une saveur douce, sucrée, mucilagineuse, qui devient bientôt âcre, amère et astringente.

L'extrait de monésia est noir, plus ou moins sec, en masses plates, enfermées dans des feuilles de papier. Sa saveur, d'abord douce et sucrée, devient astringente, amère, très-âcre et très-désagréable.

D'après M. Latour, l'extrait de monésia est quelquefois falsifié avec l'extrait du bois de campêche, dont la saveur sucrée se rapproche de celle du monésia. Mais celui-ci mousse dans la bouche, et colore la salive en brun rougeâtre ; tandis que l'extrait de campêche ne mousse pas et colore la salive en violet.

COMPOSITION CHIMIQUE. — MM. Heydenreich, Bernard Derosne, O. Henry et Payen ont analysé le monésia. Ces derniers chimistes ont trouvé à l'écorce la composition suivante : Matière grasse, cire et chlorophylle 1,2 ; glycyrrhizine 1,4 ; monésine (matière analogue à la saponine) 4,7 ; tannin 7,5 ; matière colorante rouge (acide rubinique) 9,2 ; malate, acide de chaux 1,3 ; sels de potasse, de chaux, silice, etc. 3 ; pectine et ligneux 71,7 ; total 100. C'est la glycyrrhizine qui lui donne la saveur sucrée, et c'est à la monésine qu'elle doit la propriété de mousser dans l'eau.

USAGES. — Lorsqu'en 1839, M. Bernard Derosne fit connaître, dans la pratique médicale, le monésia, il l'annonça comme un tonique astringent, qui n'irritait pas le tissu, et qui n'agissait que contre les flux muqueux et sanguins, passifs et actifs. Il le préconisait dans la chlorose, comme siccatif pour le traitement des plaies et des ulcères, dans tous les cas, en un mot, où la ratania était employée ; mais il lui donnait sur celle-ci l'avantage de ne pas enflammer les parties auxquelles on l'appliquait.

Expérimenté, depuis cette époque, par un grand nombre de médecins et chirurgiens, au nombre desquels nous citerons, MM. Forget de Strasbourg, Alquié, A Bérard, Hervez de Chegoin, Lisfranc, Manec, Monod, Martin Saint-Ange, Trousseau, en France ; MM. Billing, Holmes, Jones, Ruppel, Sigmond, en Angleterre ; MM. Nancrède à Philadelphie, et l'Herminier à la Guadeloupe, l'extrait de monésia a été reconnu pour être bien inférieur à l'extrait de ratania et surtout au kino, comme astringent ; il ne possède aucun des avantages qu'on lui avait attribués ; aussi ses préparations sont-elles aujourd'hui très-peu employées.

L'écorce de monésia était administrée en poudre, en décoction, sous forme d'extrait, de sirop, de pilules, de vin et de teinture, à l'extérieur, comme siccatif. C'était surtout de la solution concentrée d'extrait que l'on faisait usage. On en a retiré de bons effets dans le traitement des fissures du sein et de l'anus, dans les engelures ulcérées. On en faisait des pommades ; avec la poudre de monésia on saupoudrait les plaies.

Mais, c'est surtout contre les écoulements muqueux et sanguins, dans la leucorrhée, la vaginite, la blennorrhée et les hémorragies, que l'extrait de monésia a été employé. Quant à son usage interne, appliqué contre les faiblesses d'estomac, les bronchites, la phthisie, il n'a donné que des résultats douteux dans quelques cas, nuls dans d'autres.

Le genre *Chrysophyllum* renferme des espèces dont les fruits sont comestibles. Ces fruits varient de grosseur, depuis celle d'une olive (*C. oliviforme* Lam.), jusqu'à celle d'une pomme (*C. cainito* L.); leur chair est blanche et rafraîchissante ; l'amande est huileuse ; la chair du *Chrysophyllum macrophyllum* Lam. présente une teinte jaune, d'où lui est venu le nom de *Jaune d'œuf*. Le fruit du *Chrysophyllum philippense*, des îles Philippines, est de la grosseur d'une poire de Rousselet. Il a été observé par M. Perrotet, à Cayenne. On mange celui du *Chrysophyllum macoucou* Aubl.

MONIMIE

Monimia rotundifolia Dup.-Th.
(Monimiacées – Amborées.)

La Monimie à feuilles rondes est un arbrisseau, dont la tige, haute de 3 à 4 mètres, se divise en rameaux diffus, opposés, portant des feuilles opposées, pétiolées, arrondies, entières, longues de 0^m,10, membraneuses, couvertes de poils étalés et fugaces à la face supérieure, cotonneuses à l'inférieure. Les fleurs, dioïques, très-petites, munies de bractées caduques, écailleuses, jaune orangé, d'une odeur agréable, sont groupées en panicules axillaires. Elles sont dépourvues de corolle. Les mâles ont un involucre globuleux, terminé au sommet par quatre dents ; des étamines nombreuses appliquées contre les parois. Les femelles ont un involucre globuleux, ouvert seulement au sommet, velu à l'intérieur ; un pistil composé de cinq à dix carpelles à une seule loge uniovulée, surmontés chacun d'un style simple, dressé, et attachés sur la paroi interne de l'involucre. Le fruit se compose de nombreuses drupes monospermes, enveloppées par l'involucre qui s'est accru en prenant une consistance charnue.

La Monimie à feuilles ovales (*M. ovalifolia* Dup.-Th.) se distingue de la précédente par ses feuilles ovales, plus petites, entières, un peu rétrécies à la base; ses fleurs disposées en grappes axillaires latérales, opposées, quelquefois terminales, plus petites, à pédicelles beaucoup plus courts, inégaux, quelquefois nuls.

HABITAT. — Ces arbrisseaux, répandus dans l'hémisphère austral, se trouvent particulièrement aux îles Maurice et de la Réunion, à Madagascar, à Java, etc., où ils croissent surtout dans les régions montagneuses. Ils sont peu connus en Europe, et c'est à peine si on les rencontre dans les serres chaudes des grands jardins botaniques, où leur conservation est assez difficile.

PARTIES USITÉES. — Les écorces, les fruits.

COMPOSITION CHIMIQUE. — Les fruits des monimies sont acides et sucrés. Ils se rapprochent, par leur composition chimique et leur saveur, de ceux des figuiers.

USAGES. — Les écorces des monimies ont été employées comme fébrifuges. On les a aussi préconisées contre les vers, mais elles sont tout à fait inusitées. Les fruits sont émollients et rafraîchissants.

MONODORE

Monodora myristica Dun. *Anona myristica* Gaertn.
(Anonacées.)

Le Monodore aromatique est un arbre, dont la tige, haute de 6 à 7 mètres, rameuse, porte des feuilles alternes, persistantes. Les fleurs, grandes, d'abord blanches, puis passant au jaune, ponctuées de brun, sont solitaires à l'extrémité de pédoncules latéraux, accompagnés d'une bractée foliacée. Elles présentent un calice à trois sépales crispés, ondulés, réfléchis; une corolle à six pétales hypogynes, soudés à la base et disposés sur deux rangs, les trois extérieurs assez larges, carénés, ondulés, crispés, étalés; les trois intérieurs plus étroits, un peu cordiformes, ciliés en dedans, connivents; des étamines nombreuses, hypogynes, insérées sur le côté d'un torus convexe, à filets très-courts, à anthères oblongues; un pistil à ovaire simple, stipité, à une seule loge multiovulée, surmonté d'un stigmate sessile. Le fruit est une grosse baie globuleuse, jaune, lisse, charnue, uniloculaire, renfermant plusieurs graines ovoïdes allongées, anguleuses, couleur rouille (Pl. 36).

Habitat. — Cet arbre est originaire de l'Afrique tropicale, probablement de la Nigritie, d'où il a été transporté à la Jamaïque et sur le continent américain. On le trouve surtout dans les jardins; aux Antilles, ses fruits mûrissent mal.

Culture. — Le monodore aromatique ne se trouve, en Europe, que dans les serres chaudes, où il est rare. Il demande un sol composé de terre franche et de sable. On le multiplie de boutures étouffées, prises sur le bois aoûté.

Parties usitées. — Les fruits, les graines.

Récolte. — Les fruits du *Monodora myristica* Dun, sont récoltés à leur maturité; les graines sont logées dans la pulpe et sont devenues anguleuses par suite de leur pression mutuelle; elles sont disposées dans le fruit avec une telle économie que si on les enlève, on ne peut en faire tenir la même quantité dans le même espace.

Composition chimique. — Les graines renferment une huile essentielle analogue à celle de la muscade; ces deux huiles se ressemblent tellement qu'il est à peu près impossible de les distinguer l'une de l'autre. Cependant celle des monodores est moins piquante et un peu moins aromatique.

Usages. — Le fruit et les graines du *Monodora myristica* peuvent remplacer la muscade. Ils possèdent, comme cette amande, des propriétés stomachiques et stimulantes qui les font employer comme aromates condimentaires. Ces produits sont inusités en Europe.

MORELLE

Solanum nigrum L.
(Solanées.)

La Morelle noire ou commune, appelée aussi vulgairement Mourelle, Morette, Crève-chien, etc., est une plante annuelle, à racine fibreuse, blanchâtre. La tige, haute de 0ᵐ,30 à 0ᵐ,60, anguleuse, pubescente, dressée, se divise en rameaux diffus, anguleux, portant des feuilles alternes, pétiolées, ovales aiguës, atténuées à la base, sinuées ou dentées, plus ou moins pubescentes, molles, succulentes, d'un vert sombre. Les fleurs, blanches, petites, pédicellées, sont réunies, au nombre de trois à six, en cimes ombelliformes. Elles présentent un calice très-petit, à cinq lobes courts, triangulaires; une corolle rotacée, à cinq divisions ovales-aiguës, étalées; cinq étamines saillantes, à filets très-courts, à anthères conniventes; un ovaire libre globuleux, multiovulé, surmonté d'un style simple, terminé par un stigmate obtus. Le fruit est une baie globuleuse, pisiforme, ordinairement noire, quelquefois verdâtre, jaune ou rouge, portée sur un pédoncule réfléchi et renfermant plusieurs graines arrondies.

Cette plante présente un certain nombre de variétés, que plusieurs auteurs ont regardées comme des espèces distinctes. Telles sont les Morelles jaunâtres (*S. ochroleucum* Bast., *S. luteo virescens* Gimel), naine (*S. humile* Bernh.), écarlate (*S. miniatum* Bernh.), velue (*S. villosum* Lam.), etc.

A ce genre appartiennent aussi la pomme de terre, l'aubergine ou mélongène, et la douce-amère (Voyez ce mot).

HABITAT. — La morelle noire est commune en Europe; on la trouve en abondance dans les lieux cultivés, les décombres, au bord des chemins, etc. On ne la cultive que dans les jardins botaniques.

PARTIES USITÉES. — La plante entière, les fruits.

RÉCOLTE. — La récolte de la morelle se fait au commencement de l'automne, depuis l'époque de la floraison jusqu'à la maturité des fruits; la plante possède alors toute son énergie. On la fait dessécher à l'étuve et au grenier. On va même jusqu'à prétendre, sans que cela soit prouvé, que l'énergie augmente par la dessiccation. Lorsqu'on veut, au contraire, employer la morelle comme aliment, on la cueille très-jeune.

COMPOSITION CHIMIQUE. — La morelle noire a été analysée par M. Desfosses, de Besançon, qui a trouvé dans les baies un principe immédiat qu'il a nommé *solanine*, principe que l'on trouve également ment dans les fruits des divers autres solanum, et plus particulièrement dans ceux du *Solanum pseudo-capsicum*, ou *faux piment, pomme-d'amour*, qui est une cause fréquente d'empoisonnement chez les enfants disposés à prendre ses fruits pour des cerises. Nous avons déjà donné les caractères de la *solanine* en parlant de la Douce-amère (Voyez douce-amère, *Flore méd.*, t. I, page 474).

USAGES. — La morelle est loin de posséder les propriétés narcotiques de la plupart des autres solanées; Dioscoride (lib. IV, c. 66) mentionne son usage comme plante alimentaire; les créoles des îles Maurice et de la Réunion, ainsi que ceux des Antilles, mangent, sous le nom de *Brèdes*, du *Solanum nodiflorum*, variété du

Solanum nigrum, à la manière des épinards ; ils le préfèrent même à ceux-ci. D'après Dunal et de Candolle, on mange la morelle aux environs de Paris, et on la vend quelquefois hachée en guise d'épinards. Cependant les observations publiées par M. Bourgogne, médecin à Condé (*Journal de chimie médicale*, 1827), et celles de M. Pihan-Dufeillay, médecin à Nantes (*Journal l'Esculape*, 2ᵉ année, 7 mars 1840), sembleraient démontrer que, dans quelques cas du moins, la morelle exercerait sur l'économie animale une action assez énergique ; les fruits surtout ont été regardés comme plus toxiques ; mais M. Dunal a pu faire prendre à des animaux et ingérer lui-même jusqu'à cent baies de morelle sans en éprouver le moindre inconvénient. Wepfer parle de trois enfants chez lesquels ces fruits ont occasionné le délire, la cardialgie et les distorsions des membres, et on a cité des cas où des moutons, après avoir mangé de la morelle, étaient morts ayant offert auparavant des symptômes nerveux, tels que vertiges ; à l'autopsie de ces animaux on a constaté une vive inflammation des voies digestives et de la vessie, qui était fortement contractée (*Journ. de chim., de pharm. et de toxicol.*, 1827). Orfila a pu empoisonner des chiens par l'administration interne et l'application externe de l'extrait de morelle. M. Dunal lui-même a remarqué que ce suc, appliqué sur les yeux, contractait la pupille. Il paraît donc certain que si la morelle peut être mangée impunément dans sa jeunesse, dans certains cas elle exerce une action délétère. Il est probable que l'eau lui enlève, à l'ébullition, ses principes actifs : c'est ce qui pourrait expliquer les contradictions que l'on remarque dans les effets qu'elle produit.

La morelle est très-rarement employée à l'intérieur ; on l'administre quelquefois en injections vaginales et rectales, comme émollient, adoucissant et calmant contre les coliques ; pour l'usage extérieur, on en prépare des cataplasmes regardés comme calmants et maturatifs. On employait ces cataplasmes contre le cancer, les hémorrhoïdes douloureuses, les fissures du mamelon, les ulcères douloureux, les scrofules, etc. Alibert les ordonnait pour calmer le prurit produit par les dartres vives. Celse prescrivait les feuilles incorporées à l'axonge contre l'érysipèle. Le docteur Bone les employait contre les tics douloureux. La décoction est quelquefois employée en fomentations contre le rhumatisme articulaire aigu (Cazin).

La morelle servait autrefois à préparer une eau distillée qui était regardée comme calmant ; on en faisait une huile par digestion. Elle entrait dans l'*onguent populeum*, le *baume tranquille*, etc.

En médecine homœopathique, les feuilles de morelle sont quelquefois employées comme calmantes et sédatives ; leur signe est *msn.n* et son abréviation *Sol. nig.* Plusieurs autres solanum jouissent des mêmes propriétés.

MORINDE

Morinda umbellata et *royoc* L.
(Rubiacées – Guettardées.)

La Morinde à ombelles (*M. umbellata* L.) est un arbrisseau, dont la tige, haute de 2 à 3 mètres, se divise en rameaux étalés, portant des feuilles lancéolées, aiguës, rudes au toucher. Les fleurs, blanches, petites, sont agglomérées en capitules, dont la réunion constitue une sorte d'ombelle. Elles présentent un calice urcéolé, persistant, à cinq dents très-courtes ; une corolle monopétale, à tube assez long, à gorge garnie de poils, à limbe partagé en cinq divisions étalées ; cinq étamines incluses, à filets très-courts, à anthères linéaires et presque sessiles ; un ovaire à deux loges uniovulées, surmonté d'un style simple terminé par un stigmate bifide. Le fruit, constitué par une réunion de baies, portées sur un réceptacle globuleux, est charnu, anguleux, comprimé, ombiliqué, à quatre noyaux cartilagineux, dont chacun renferme une ou deux graines.

Le Morinde royoc (*M. royoc* L.), appelé aussi Fausse rhubarbe, est un arbrisseau dont la tige, haute de 3 à 4 mètres, grêle et flexible, se divise en rameaux courts et sarmenteux, portant des feuilles opposées, pétiolées, ovales aiguës, glabres et lisses. Les fleurs, blanches, sont groupées en capitules globuleux à l'aisselle des feuilles vers l'extrémité des rameaux ; la corolle a le tube étroit, le limbe divisé en cinq lobes ovales aigus, rabattus en dehors. Le fruit est arrondi, charnu et assez semblable à une mûre.

Citons aussi la Morinde à feuilles d'oranger (*M. citrifolia* L.).

Habitat. — Ces arbrisseaux croissent dans les régions chaudes des deux continents ; on les trouve en Chine, en Cochinchine, aux Moluques, au Mexique, à la Guyane, etc.

Parties usitées. — Les racines, les feuilles, les fruits.

Récolte. — Les fruits du *Morinda* doivent être cueillis à la maturité ; les racines, récoltées à l'automne, sont plus riches en matières colorantes.

COMPOSITION CHIMIQUE. — On ne sait rien de positif sur la composition chimique de ces plantes, mais leurs usages en thérapeutique et en teinture doivent faire supposer qu'elles sont riches en tannin.

USAGES. — Le fruit du *Morinda citrifolia* est connu dans l'Inde sous les noms de *Cada, Calava* et *Nano.* A Taïti, sa racine donne une teinture safranée. Dans l'Inde, en Chine, dans l'Amérique du Sud, à Cayenne, la racine du *M. royoc* L. est employée à faire de l'encre et de la teinture ; celle du *M. umbellata* L. sert à teindre en jaune.

Dans l'Inde, les fruits des morinda, cuits sous la cendre, sont mangés pour combattre la dysentérie, l'asthme, les vers, et, dit-on aussi, comme emménagogues. L'extrait des racines purge à petites doses ; il est vermifuge, stomachique, et on l'emploie contre la diarrhée (*Flore des Antilles*, t. II, p. 251).

Les médecins des Tamouls, peuple de la famille malabare, qui habitent le Karnat, emploient, d'après Ainslie (*Mat. ind.*, t. II, p. 253), les fruits du *M. umbellata* comme vermifuges, et prescrivent ses feuilles en décoction, associées à des aromates, dans les cas de dysentérie, de lienterie, à la dose d'une demi-tasse par jour.

MORINGA

Moringa oleifera Lam. *Guilandina Moringa* L. *Hyperanthera* Forsk.
(Légumineuses – Moringées.)

Le Moringa oléifère ou Ben est un arbre de moyenne grandeur, dont la tige droite, haute de 7 à 8 mètres, couverte d'une écorce noirâtre, se divise en rameaux à écorce verte, portant des feuilles alternes, deux fois ailées, imparipennées, à folioles ternées. Les fleurs, blanches, sont disposées en panicules terminales. Elles présentent un calice à cinq sépales presque égaux, oblongs, un peu soudés à la base, caducs ; une corolle à cinq pétales presque égaux, le supérieur redressé ; dix étamines inégales, à filets libres, à anthères uniloculaires ; un ovaire multiovulé, surmonté d'un style filiforme, aigu. Le fruit est une capsule striée, allongée, s'ouvrant en trois valves et renfermant plusieurs graines trigones, à cotylédons épais et huileux.

Habitat. — Cet arbre est répandu à Ceylan et au Malabar. Il croît dans les sables, et les Hindous le cultivent dans leurs jardins. En Europe, on ne le trouve que dans les serres chaudes des jardins botaniques.

Parties usitées. — Les racines, les feuilles, les fleurs, les graines.

Récolte. — La graine est la seule partie que l'on trouve dans le commerce. Elle est connue sous le nom de *Semence de Ben*, ou *Noix de Ben*. Les Grecs la nommaient βάλανος μυρεψικός (gland de parfum), et les Latins *Glans unguentaria*; on l'appelait aussi *Balanus myrepsus*, *Glans ægyptiaca*, *Benalbum*. On recevait les semences d'Égypte et d'Arabie. Mais le végétal qui les produit (*M. aptera* Gaertner), croît en Éthiopie, en Judée, en Espagne, d'après Matthiole, et aux Moluques. Belon dit l'avoir vu sur le mont Sinaï. Il ajoute (*Singularités*, p. 281) qu'il a le port du bouleau, et que les habitants tirent de l'huile de ses graines. On le trouve aussi aux environs de Smyrne, où on le nomme *Moruythee blanche*. Il y est très-employé contre la dysentérie.

Endlicher (*Gen, plant.*, pl. 1321, n° 6811) a divisé le genre Moringa en deux sections, l'une (la section *Balanus*) à graines dépourvues d'ailes, l'autre (*Moringa*) à graines pourvues de trois ailes. Le ben ailé (*Moringa pterygosperma* Gaertn, *Hyperanthera moringa* Wild., *Anoma morungo* Lour.), est produit par un arbre qui croît aux Moluques, aux Philippines, dans la Cochinchine, dans l'Inde, à Ceylan, aux Antilles. Ses graines sont de la grosseur d'un pois, noirâtres à l'extérieur, arrondies, triangulaires, et pourvues de trois ailes blanches papyracées; l'épisperme est blanc, spongieux, fragile, l'amande huileuse, amère. Le fruit de cette espèce a été décrit et figuré par Gaertner (*Carpologia*, t. II, p. 314); Burmann (*Thes. Zeylan*, 163, t. VI); Rumphius (*Amb.*, I, 184, t. 74 et 75) et Rheède (*Hort. malab.*, VI, t. II) ont figuré la plante. Dans les divers pays où elle croît, on l'a désignée sous les noms de *Melangay*, *Moringa*, *Moringa*, *Moringou*, etc., d'où l'on a fait définitivement *Moringa*.

Les semences de ben sans ailes, ou *Ben aptère*, *Moringa aptera* Gaertn., sont celles du commerce. L'espèce à laquelle elles appartiennent ne paraît pas avoir été inconnue à Linné, qui dit que les semences venues d'Asie étaient ailées sur les bords; celles d'Afrique sont dépourvues d'ailes. M. Decaisne a décrit les fruits et les graines du *Moringa aptera*. Les semences du commerce sont ovées, trigones, turbinées, marquées d'un ombilic blanc ; le testa gris, noirâtre en dedans, revêtu d'une membrane blanche et épaisse en dehors, est sous-crustacé, peu dur. Ce sont les noix de ben grises du commerce ; mais elles sont souvent mélangées de noix de ben blanches, plus estimées. Celles-ci sont d'un blanc verdâtre ; le fruit qui les produit est représenté dans Pomet, dans le *Matthiole* de Gaspard Bauhin ; dans l'*Historia universalis plantarum*, de Jean Bauhin (3 vol. in-fol., 1660) ; dans le *Stirpium sciagraphia*, de Chabræus (Genève, 1677, in-fol.). Il est décrit par M. Guibourt (*Hist. nat. des drog. simp.*, t. III, p. 359, 4ᵉ édit.). Cet auteur indique le *Moringa disperma* comme étant l'espèce qui fournit le ben officinal. Enfin le *M. polygona* D. C., *Hyperanthera decandra* Willd., *Anoma moringa* Lour., produit un fruit à semences ailées.

COMPOSITION CHIMIQUE. — Les semences des divers moringa, mais surtout les noix de ben du commerce, produisent, par expression, une huile douce, dont la proportion peut aller jusqu'à 45 et 50 pour cent, lorsqu'on l'extrait au moyen des dissolvants. Elle est inodore et rancit très-difficilement : aussi les parfumeurs l'estiment-ils beaucoup pour isoler le parfum des fleurs, par la méthode de l'*enfleurage*, qui consiste à interposer des flanelles imbibées d'huile, avec des couches de pétales odorants, et à exprimer le tout. Les horlogers recherchent aussi beaucoup l'huile de ben. Cette huile se sépare avec le temps en deux couches, l'une est solide, et l'autre reste fluide ; c'est celle-ci qui était préférée par les horlogers, avant qu'on eût trouvé dans la saponification incomplète de l'huile d'olive, le moyen de se procurer de l'oléine pure, non oxydable et n'agissant pas sur les métaux, notamment sur le cuivre.

USAGES. — L'amande des noix de ben est amère et purgative ; fraîche on la mange. D'après Dioscoride (*lib*. I, C. 152), toutes les parties du *M. pterygosperma* sont âcres ; la racine est même, dit-on, vésicante. On compare son action à celle du raifort, et les feuilles ont été appliquées comme toniques, stimulantes, rubéfiantes ; dans la paralysie, l'œdème, le choléra-morbus, le tétanos, les morsures des serpents ; ce qui revient à dire qu'on les a employées, comme cela arrive souvent, sans aucun discernement. Les feuilles, les fleurs et les fruits sont administrés sous forme de pilules, contre les fièvres, les affections nerveuses. Cependant Joseph d'Acosta, dit (*De pro-*

curundii Indorum salute, 1588) qu'au Malabar, on porte les fruits au marché, et M. Perrotet ajoute qu'à Java, les jeunes feuilles remplacent l'oseille.

D'après Ainslie (*Mat. ind.*, t. I, p. 176), l'huile de ben est employée au Bengale en frictions, contre la goutte et le rhumatisme.

C'est à tort que quelques auteurs ont attribué le bois néphrétique au *Moringa pterygosperma*.

MOUTARDE

Sinapis nigra L. *S. incana* Thuill. *Brassica nigra* Koch.
(Crucifères - Brassicées.)

La Moutarde noire ou Sénevé est une plante annuelle, à racines blanches, assez épaisses, fibreuses. La tige, haute de 0^m,60 à 1 mètre, assez robuste, rameuse, glauque, velue, dressée, porte des feuilles alternes, pétiolées, les inférieures grandes, lyrées, pennatifides, à lobe terminal très-grand et plus ou moins sinué, les supérieures lancéolées, atténuées aux deux extrémités, entières ou sinuées. Les fleurs, d'un jaune pâle, sont groupées en grappes terminales. Elles présentent un calice à quatre sépales étalés; une corolle à quatre pétales opposés en croix; six étamines tétradynames; un ovaire allongé-linéaire, à quatre loges multiovulées, surmonté d'un stigmate presque sessile. Le fruit est une silique linéaire, à valves carénées, renfermant des graines brun noirâtre (Pl. 37).

La Moutarde blanche (*S. alba* L.) est aussi annuelle, et se distingue de la précédente par sa taille moins élevée ; ses feuilles plus profondément découpées ; ses siliques étalées à la maturité ; ses graines jaunâtres, finement ponctuées, disposées sur deux rangs.

La Moutarde sauvage ou Sanve (*S. arvensis* L.) est encore une plante annuelle qui diffère de la moutarde blanche par ses feuilles supérieures inégalement sinuées-dentées, sessiles ou à peine pétiolées ; ses siliques glabres, et ses graines noires lisses.

Habitat. — Ces plantes sont communes en Europe ; on les trouve dans les lieux cultivés ou herbeux, au bord des chemins et des ruisseaux, etc.

Culture. — La moutarde noire préfère une terre douce, légère, un peu fraîche, bien ameublie et modérément fumée. On sème la graine clair et à la volée, au commencement du printemps. La plante ne demande plus ensuite d'autres soins que des binages et des sarclages.

PARTIES USITÉES. — Les semences.

RÉCOLTE. — La graine de moutarde du commerce provient de la culture de cette plante, qui se fait en Alsace, en Flandre et en Picardie ; la première est plus grosse que les deux autres. Elle présente des grains anguleux, ou comprimés en divers sens. Sa saveur est très-forte, elle est très-estimée. Elle donne une farine tirant beaucoup sur le jaune, et tout à fait jaune, si on sépare l'épisperme. Celle de Picardie est la plus petite des trois. Elle fournit une farine d'un gris noirâtre, mêlé de jaune verdâtre. Elle est moins forte et moins estimée.

Différentes graines de crucifères, telles que celles du colza, de la navette, peuvent être frauduleusement mélangées avec celles de la moutarde. Celles-ci sont menues, rougeâtres, ou recouvertes d'un enduit gris bleuâtre, ou blanchâtre ; leur saveur est très-âcre. Pilées, elles exhalent à peine de l'odeur, mais si on délaye la farine dans l'eau, on perçoit de suite une forte odeur piquante. Quant à la falsification de la farine de moutarde, par celle de graine de lin, du son, de la sciure de bois, elle est très-facile à reconnaître à l'œil nu ou à la loupe. La graine de moutarde, examinée à la loupe, est presque ronde, ou elliptique arrondie ; l'ombilic est à l'une des extrémités de l'ellipse, l'épisperme est rouge translucide et très-chagriné à sa surface, l'amande est jaune vif. Les grains blancs sont recouverts d'un enduit crétacé que l'on peut enlever.

La graine du *S. arvensis* L. est beaucoup plus grosse que celle de la moutarde officinale. Moins volumineuse que la blanche, examinée à la loupe, on remarque que sa surface est chagrinée. Elle est beaucoup moins active que la moutarde officinale, avec laquelle on la mélange souvent. Le pharmacien doit faire piler lui-même, et non moudre, la farine de moutarde nécessaire à sa consommation. La graine de moutarde blanche est beaucoup plus grosse que les précédentes. Sa couleur est jaune, la forme des grains est elliptique arrondie, l'amande est jaune, l'épisperme translucide, et sa surface est très-légèrement chagrinée.

COMPOSITION CHIMIQUE. — Boerhaave, et d'autres avant lui, avaient constaté que la moutarde renfermait une huile inoffensive fixe, et une huile volatile âcre, irritante et caustique. M. Thibierge constata la présence du soufre dans l'essence, celle d'une matière albumineuse dans le macéré aqueux ; par expression, il obtint une huile fixe peu odorante, à laquelle l'alcool enlevait son odeur ; il vit en outre que l'éther et l'alcool n'enlevaient pas le principe âcre de la moutarde. Cependant il conclut, à tort, à la préexistence de ce principe dans la graine. M. Guibourt démontra le premier que l'essence ne préexistait pas dans la moutarde, et qu'une température élevée, les acides, l'alcool, etc., s'opposaient à sa formation. Ce fait, extrêmement important, fut confirmé par MM. Robiquet et Boutron, et par M. Fauré, de Bordeaux. Ce dernier chimiste, après avoir admis d'abord qu'une température de 70° favorisait la formation de l'essence, prouva bientôt après, que *tous les corps ou agents qui coagulent l'albumine, s'opposaient à la formation de l'huile essentielle.*

C'est M. le professeur Bussy qui, le premier, a fait connaître les phénomènes de la formation de l'essence de moutarde. On supposait avant lui, que l'alcool qui enlevait au tourteau la propriété de produire de l'essence, agissait en enlevant un corps complexe très-sulfuré, différant de celui qui avait été trouvé déjà dans la moutarde blanche, par MM. O. Henry père et Garot, qu'ils avaient nommé *Sulfosinapisine* ou *sinapisine*, et laissait ainsi l'albumine dans le résidu.

M. Bussy a démontré qu'il existait dans la moutarde noire deux principes. L'un, la *Myrosine*, est une espèce de ferment, que l'on trouve également dans la moutarde blanche. L'autre, l'acide *Myronique*, est le corps fermentescible ; il ne se trouve que dans la moutarde noire, à l'état de *Myronate de potasse*. C'est par l'action de ces deux principes l'un sur l'autre, au contact de l'eau tiède, que se forme l'essence de moutarde ; et comme la *Myrosine* est une albumine, tous les agents qui coagulent l'albumine, s'opposent nécessairement à la formation de l'essence, ou comme on l'a dit, à la *fermentation sinapisique*.

Lorsqu'on exprime la farine de moutarde, on obtient une huile fixe, douce, qui peut être utilisée à divers usages. M. Robinet avait proposé de séparer cette huile, afin d'obtenir un tourteau plus actif. Celui-ci pulvérisé, et traité par l'alcool à 90° C. bouillant, lui cède le reste du corps gras, et coagule la *Myrosine*, ou la rend insoluble, c'est-à-dire impuissante. Ce résidu exprimé, et traité par l'eau bouillante, on a le *Myronate de potasse*, que l'on peut obtenir pur et cristallisé, et duquel on peut isoler l'*acide myronique*, au moyen de l'acide tartrique.

Si maintenant on prend du tourteau de moutarde blanche, si on le pulvérise, et si on le fait macérer dans l'eau tiède, on obtiendra, après filtration, un liquide renfermant un peu d'albumine, que l'on sépare par l'ébullition, et une matière mucilagineuse ou gommeuse, que l'on précipite par l'acétate de plomb. Après avoir séparé l'excès de métal par l'hydrogène sulfuré, on traite le liquide filtré par l'alcool absolu : on obtient alors la *Myrosine*. Or, celle-ci dissoute dans l'eau tiède, et mise en contact avec de l'acide myronique, extrait de la moutarde noire, on produit l'*essence de moutarde*; absolument comme avec l'*Émulsine* ou *Sinaptase*, des amandes douces, et l'*Amygdaline* des amandes amères, on obtient l'*essence d'amandes amères*.

L'essence de moutarde peut être considérée comme un sulfocyanure de sulfure d'un radical composé nommé *Allyle*, en effet

$$C^2\,Az\,S + C^6\,H^5 + S = C^8\,H^5\,Az\,S^2.$$

Sulfo-   allyle.   soufre.   essence
cyanogène.   de moutarde.

Et l'essence d'ail serait le sulfure du même radical ; de sorte qu'en traitant l'essence de moutarde par du potassium, on lui enlève un équivalent de sulfocyanogène, et on la transforme en essence d'ail, en effet :

$$C^8\,H^5\,Az\,S^2 + K = C^2\,Az\,S\,K + C^6\,H^5\,S.$$

Essence de   sulfocyanure   essence d'ail.
moutarde.   de potassium.

L'essence de moutarde, se combine avec un équivalent d'ammoniaque, pour former une base organique cristallisable, nommée *Thiosinnamine*.

$$C^8\,H^5\,Az\,S^2 + H^3\,Az = C^8\,H^8\,Az^2\,S^2.$$

Essence de   ammoniaque.   thiosinnamine.
moutarde.

La thiosinnamine, à son tour traitée par le bioxyde de mercure, ou par l'oxyde de plomb, produit une nouvelle base organique, la *Sinnamine* $= C^8\,H^7\,Az^2\,O$, lorsqu'elle est hydratée, et $C^8\,H^6\,Az^2$ lorsqu'elle est anhydre. D'un autre côté, l'essence de moutarde elle-même désulfurée par l'oxyde de plomb, produit du sulfure de plomb et une troisième base salifiable, la *Sinapoline* $= C^{14}\,H^{12}\,Az^2\,S^2$. Enfin la thiosinnamine peut se combiner avec des radicaux composés, ou ammoniaques alcooliques, tels que l'éthylammine, l'aniline, la naphtalidine, pour former des bases organiques nombreuses.

Le principe âcre de la moutarde blanche n'est pas volatil, il est probable que l'eau est nécessaire à sa formation ; aussi cette graine est-elle très-peu irritante. MM. O. Henry et Garot, avaient extrait de cette graine, au moyen de l'alcool, un corps cristallisable azoté, qui jouissait de la propriété de colorer les persels de fer en rouge cramoisi, et qu'ils avaient nommé *acide sulfosinapique*, nom qui a été changé plus tard en celui de *sulfo-sinapisine*. MM. Robiquet et Boutron ont extrait aussi de la moutarde blanche un autre principe qui se distingue de celui de MM. O. Henry et Garot, en ce qu'il ne colore pas les persels de fer.

Usages. — La farine de moutarde est appliquée à deux grands usages. On s'en sert comme rubéfiant, sous forme de poudre, de sinapismes, de pédiluves, manuluves, ou de bains entiers. En second lieu, elle est la base d'une préparation connue sous le nom de moutarde de table, qui est un apéritif et un digestif des plus recherchés.

L'expérience clinique a confirmé ce que la chimie avait avancé, à savoir que pour que la moutarde ait toute son activité, il faut la délayer dans de l'eau tiède de 30° à 40°. Une température de 70° à 100°, les acides, l'alcool, le tannin, etc., coagulent la myrosine, et l'on n'obtient que des médicaments inactifs. M. Trousseau a prouvé, en effet, par des expériences comparatives, que les sinapismes faits avec la farine de moutarde et du vinaigre très-fort, étaient moins rubéfiants que ceux qui avaient été préparés avec de la *sciure de bois et le même vinaigre*. Ce qui démontre que le vinaigre et la moutarde détruisent mutuellement leurs effets. C'est donc l'eau tiède qu'il faudra toujours employer pour les sinapismes et pour les bains ; une macération préalable dans le même liquide sera toujours préférable à l'immersion directe de la farine dans l'eau très-chaude.

Les cas dans lesquels les sinapismes, ou les bains révulsifs, partiels ou généraux, peuvent être employés avec succès, sont extrêmement nombreux. Ils sont utiles toutes les fois que l'on veut produire une dérivation, ou une excitation générale, comme dans l'apoplexie, la paralysie, les affections comateuses, les fièvres typhoïdes, quelques névralgies, la sciatique, l'emphysème pulmonaire, etc., etc. Tout sinapisme bien préparé doit agir en dix minutes, et ne pas rester

appliqué plus d'un quart d'heure, ou vingt minutes. Lorsque la sensibilité est pervertie ou abolie, lorsque le coma est profond, et que le
malade ne manifeste aucune douleur, il faut avoir le soin de changer
les sinapismes de place, sans cela il pourrait y avoir vésication, et
plus tard gangrène des parties. Dans ce cas, on combat les accidents
locaux à l'aide de cataplasmes narcotiques à base de belladone, de
jusquiame ou de stramonium.

Les pédiluves et les manuluves sinapisés, sont employés avec
succès dans les migraines, les céphalalgies intenses, pour rappeler
le cours des menstrues. Les bains généraux sinapisés sont conseillés
par M. Trousseau, dans l'algidité du choléra, contre le refroidissement qui survient chez les enfants atteints de convulsions, ou dans
la période suffocante du croup, etc.

A faible dose, à l'intérieur, la farine de moutarde noire est dépurative, purgative et antiscorbutique. On l'administre rarement en
France, plus souvent en Angleterre, où on l'utilise surtout comme
apéritive. La moutarde de table est préparée avec la fleur de farine
de moutarde noire, du vin, du vinaigre et divers aromates. Elle
excite l'appétit, augmente la sécrétion gastrique, et facilite aussi la
digestion.

La graine de moutarde blanche est employée avec succès comme
dépurative, à la dose d'une cuillerée à bouche, contre la constipation, les dyspepsies, l'apepsie, les flatuosités, en un mot dans
presque tous les cas où il y a des désordres digestifs graves. Le charlatanisme s'est emparé de cette médication, qui n'est pas quelquefois
sans danger, et qui sera toujours plus efficace, lorsqu'elle sera dirigée
par le médecin. Inutile d'ajouter que la moutarde blanche des pharmacies vaut certainement autant que celle qui est préconisée
comme jouissant de propriétés plus spéciales qu'elle est loin de
posséder.

MM. Woelher et Liébig ont proposé, sous le nom de révulsif de
moutarde, une solution d'essence dans l'alcool. L'essence pure a été
elle-même conseillée, dans les cas où il s'agissait d'opérer sûrement
et promptement la rubéfaction.

MUCUNA
Mucuna pruriens et *urens* Adans.
(Légumineuses – Phaséolées.)

Le Mucuna pois à gratter (*M. pruriens* Adans., *Dolichos pruriens* L.), appelé aussi Liane à gratter, Pois pouilleux, OEil de bourrique, etc., est un arbrisseau dont la tige, longue de plusieurs mètres, sarmenteuse, grimpante, épaisse, couverte d'une écorce grisâtre et velue, porte des feuilles alternes, à trois folioles ovales, allongées, velues et presque soyeuses en dessous. Les fleurs, papilionacées, forment de longues grappes pendantes, axillaires et terminales ; elles ont l'étendard rouge incarnat, les ailes pourpre violacé et la carène verdâtre. Le fruit est une gousse longue, courbée en S, ridée, rouge brunâtre, noircissant à la maturité, couverte de poils courts, pointus, fragiles ; elle s'ouvre en deux valves, et renferme des graines assez grosses, arrondies, aplaties, à testa coriace, d'un rouge brun, marquées d'un ombilic noirâtre, très-long.

Le Mucuna à gousses ridées (*M. urens* Adans., *Dolichos urens* L.), appelé aussi Liane à Cacone, se distingue du précédent par ses feuilles à folioles ovales, acuminées ; ses fleurs jaunes tachées de pourpre ; ses gousses, longues de 0ᵐ,10 à 0ᵐ,15, brunes, marquées de rides saillantes, renfermant quatre à six graines très-grosses, brunes, arrondies, aplaties, chagrinées, marquées d'un cercle noir sur les bords.

Le Mucuna gigantesque (*M. gigantea* Adans.) est caractérisé par les dimensions considérables de ses gousses.

HABITAT. — La première espèce habite les Indes Orientales, et il paraît qu'elle se trouve aussi aux Antilles. Les deux autres croissent dans ces îles et dans les parties de l'Amérique du Sud qui en sont voisines. Ces plantes se rencontrent dans les lieux incultes, et surtout dans les bois, où leurs longues tiges grimpent le long des arbres. Elles sont peu cultivées dans leur pays natal, et en Europe on les trouve à peine dans les serres chaudes des jardins botaniques.

PARTIES USITÉES. — Les gousses, les poils qui les recouvrent, les graines.

RÉCOLTE. — Sous les noms de *Pois à gratter* ou de *Pois pouilleux*, on emploie quelquefois les gousses de plusieurs légumineuses recouvertes de poils piquants. On en connaît deux espèces :

1° Les *gros Pois pouilleux*, *Œil de bourrique* (*Zoophtalmum*, Brown, *Mucuna urens* DC., *Dolichos urens* L.), dont les gousses, renflées à l'endroit des semences, plissées transversalement, sont couvertes de poils caducs, roux, fins, durs et acérés, qui causent une vive démangeaison en s'implantant dans la peau ; les graines, très-grosses, portent le nom vulgaire d'*Œil de bourrique*, à cause de leur ressemblance avec l'œil d'un âne ; mais M. Guibourt fait remarquer qu'elles ressemblent beaucoup plus à celui d'une chèvre ; elles sont rondes, un peu aplaties, avec un épisperme brun rougeâtre chagriné, entourées dans les deux tiers de leur circonférence par un hile circulaire creux noir, avec un rebord dont la couleur brune est affaiblie et presque blanche dans la partie la plus voisine de l'ombilic ;

2° Les *petits Pois pouilleux* (*Stizolobium* Browne *Mucuna pruriens* DC., *Dolichos pruriens* L.) sont produits par une plante qui est commune aux Antilles, dans l'Inde et aux îles Moluques ; les gousses, plus petites que les précédentes, non ridées, sont indéhiscentes, présentent une suture saillante et sont recouvertes de poils roussâtres brillants et qui produisent une vive démangeaison lorsqu'on les touche ; les graines, de la grosseur d'un petit haricot, sont brunes, luisantes, non chagrinées, avec un hile uni, latéral, très-court, avec un bord proéminent très-dur.

Le *Mucuna pruriens*, d'une hauteur excessive, est connu dans l'Inde sous le nom de *Cadjuet*. Les Européens le nomment *Pois à gratter*, et ses semences sont appelées *Fèves puantes*. Dans l'Inde, le *Mucuna urens* porte le nom de *Cowhage*. Il est remarquable par l'aspect de ses fleurs à étendard couleur de chair, à ailes pourpres et à carène verte.

COMPOSITION CHIMIQUE. — D'après Martius, les pois de ces fruits renferment du tannin et des traces de résine (*Bull. des sc. méd. de Férussac*, t. XII, p. 254). Ce sont les poils seuls qui agissent. On ne sait pas à quelle substance ils doivent leurs propriétés irritantes.

USAGES. — Les poils qui recouvrent les gousses des *Mucuna* ont été proposés comme urticants dans le cas où l'on voudrait déterminer une vive et rapide rubéfaction. Le frottement seul suffit pour faire disparaître les démangeaisons qu'ils déterminent, mais les frictions huileuses agissent beaucoup mieux encore. Ces poils, incorporés dans du miel, dans de la thériaque ou tout autre électuaire, ont été proposés comme vermifuges par Bancroft et Kerr. Ils ont été employés par Palmer, Rudolphi, Bremser, Chamberlain, etc. Ils ne déterminent aucune douleur intestinale ; mais ce moyen n'est plus employé.

Rhéede dit que les semences sont aphrodisiaques, et que les racines, en décoction, sont utiles dans les catarrhes. Aux Barbades, les gousses des *M. pruriens*, infusées dans de la bière, sont administrées dans l'hydropisie (Ray, *Historia Plantarum*, 1686 à 1704, 3 vol. in-fol., t. I, p. 887).

MUFLIER

Antirrhinum majus L.
(Personées – Antirrhinées.)

Le Muflier des jardins ou à grandes fleurs, appelé aussi Gueule de lion, Gueule de loup, Mufle de veau, Mufleau, etc., est une plante bisannuelle ou vivace, à racines rameuses, blanchâtres. La tige, haute de $0^m,10$ à $0^m,80$, cylindrique, ferme, dressée, un peu rameuse, glabre à la base, pubescente ou glanduleuse au sommet, porte des feuilles alternes, courtement pétiolées ou presque sessiles, entières, planes, glabres, d'un vert foncé, à nervure médiane fortement saillante en dessous, un peu épaisses, étalées ; les inférieures oblongues lancéolées, les supérieures lancéolées linéaires. Les fleurs, d'un beau rouge pourpre et à gorge jaune dans le type, mais de couleurs trèsvariables, sont réunies en grappes terminales munies de bractées courtes. Elles présentent un calice à cinq divisions presque égales, ovales ou arrondies, pubescentes-glanduleuses ; une corolle trèsgrande, personée, à tube large, renflé à la base, un peu comprimé au milieu, à limbe divisé en deux lèvres, la supérieure à deux lobes réfléchis en dehors, l'inférieure trilobée et présentant un palais saillant bilobé et velu qui ferme complètement la gorge ; quatre étamines incluses, didynames, ayant des anthères à deux lobes divergents ; un ovaire à deux loges inégales, multiovulées, surmonté d'un style simple terminé par un stigmate obtus. Le fruit est une capsule à base oblique, à deux loges inégales, s'ouvrant au sommet par trois trous, et renfermant un grand nombre de petites graines noires.

On rapportait autrefois à ce genre quelques espèces à corolle prolongée en éperon à la base, qui forment aujourd'hui le genre Linaire (*Voir ce mot*).

Habitat. — Originaire des régions méridionales, où il croît dans les lieux secs, sur les rochers, les vieux murs, etc., le muflier est naturalisé dans le Nord et fréquemment cultivé dans les jardins d'agrément.

Parties usitées. — Les feuilles, les fleurs, les racines.

Récolte. — Les feuilles rarement employées, doivent être récoltées à l'époque de la floraison, les fleurs à leur complet épanouissement, les graines à la maturité du fruit.

Composition chimique. — Les mufliers se rapprochent beaucoup, par leur composition et leurs propriétés, des linaires dont nous avons parlé ; ce sont des plantes inodores, amères. D'après Gmelin (*Découvertes des Russes*, t. II, p. 238), on extrait en Perse des semences, une huile fixe, excellente, et aussi bonne à manger que l'huile d'olive. Pour l'obtenir on fait chauffer les graines, on les réduit en pâte et on exprime à chaud, entre des plaques métalliques. D'ailleurs cette huile est très-peu abondante.

Usages. — D'après Vogel (*Hist. mat. méd.*, p. 124), les mufliers avaient autrefois dans certains pays, la réputation vulgaire de chasser les esprits, de détruire les charmes et les maléfices. A un point de vue moins déraisonnable, on leur a attribué des propriétés stimulantes ; on en use peu aujourd'hui ; cependant on a conseillé de les appliquer sous forme de cataplasmes sur les tumeurs.

D'après Loureiro, en Cochinchine, on nourrit les porcs avec l'*A. porcinum* Louv. ; l'*A. orontium*, ou *tête de mort*, et l'*A. spurium*, sont indiqués comme usités, mais sans spécification de propriétés.

MUGUET

Convallaria maialis L.
(Liliacées – Asparagées.)

Le muguet de mai ou Lis des vallées est une plante vivace, à rhizome horizontal, noueux, longuement traçant, émettant au dessous de chaque nœud des fibres radicales grêles, fasciculées, blanchâtres, et au-dessus des feuilles radicales, pétiolées, ovales, aiguës, entières, glabres, d'un beau vert, réunies par deux et entourées à leur base d'écailles engaînantes. Les fleurs, blanches, odorantes, sont groupées en grappe au sommet d'une hampe ou pédoncule radical, latéral, haut de $0^m,10$ à $0^m,20$, demi-cylindrique, un peu incliné. Elles sont portées sur des pédicelles longs d'environ $0^m,01$, situés à l'aisselle de bractées très-courtes, et présentent un périanthe campanulé-urcéolé, à six dents réfléchies en dehors; six étamines, insérées à la base du périanthe; un ovaire libre, à trois loges biovulées, surmonté d'un style simple, assez épais, terminé par un stigmate obtus, à trois angles mousses. Le fruit est une petite baie pisiforme, rouge, contenant trois graines.

Le Sceau de Salomon (*C. polygonatum* L., *Polygonatum vulgare* Desf.) est aussi vivace; son rhizome long, épais, charnu, blanchâtre, marqué de cicatrices à la face supérieure, donne naissance à des tiges droites, hautes de 0^m,30 à 0^m,50, anguleuses, striées, portant des feuilles alternes, presque sessiles, ovales oblongues, glabres, rejetées d'un seul côté. Les fleurs, blanches, à sommet vert, inodores, terminent des pédoncules axillaires pendants et rejetés du côté opposé aux feuilles. Elles ont un périanthe tubuleux-cylindrique. Les baies sont d'un noir bleuâtre.

HABITAT. — Ces deux plantes sont communes en Europe; elles croissent dans les bois, les pâturages ombragés, etc. On ne les cultive guère que dans les jardins botaniques ou d'agrément.

PARTIES USITÉES. — Les rhizomes, les fleurs, les fruits.

RÉCOLTE. — Les fleurs du muguet de mai doivent être récoltées au printemps, au moment où elles s'ouvrent. On les fait sécher rapidement au soleil, et on les conserve dans un lieu sec; elles perdent leur odeur, mais elles conservent leur saveur.

Les rhizomes sont récoltés à l'automne. Ce sont plus spécialement ceux du *Sceau de Salomon* (*Polygonatum vulgare* Desf., *Convallaria polygonatum* L.) que l'on emploie. Ils forment une souche vivace horizontale, longue, blanche, charnue, grosse comme le doigt, portant à sa partie inférieure un grand nombre de radicules; cette souche porte à sa surface des empreintes circulaires ou elliptiques, profondes, auxquelles la plante doit son nom de *sceau de Salomon*.

COMPOSITION CHIMIQUE. — Toutes les parties des convallaria possèdent une saveur âcre, amère et nauseuse. L'analyse chimique n'en a pas été faite; le nom de muguet a été donné à la fleur du *C. Maïalis*, à cause de l'odeur musquée et agréable que répandent ses fleurs. Cette odeur est d'ailleurs assez forte, pour qu'elle puisse produire des accidents, lorsque la plante est placée dans des appartements fermés.

USAGES. — Les fleurs du muguet de mai ont été regardées comme

céphaliques, et antispasmodiques. On les a employées quelquefois
comme purgatives et vomitives, d'après Moosdorf. M. Wauthers les
a conseillées comme un succédané de la scammonée, et M. Cazin les
a employées fraîches, à la dose de un à deux grammes, mêlées à
du miel, contre les fièvres intermittentes automnales. Elles ont l'inconvénient de produire de violentes coliques.

D'après J.-H. Schulze, l'extrait alcoolique des fleurs est amer et
purgatif; Peyrilhe, Cartheuser et Klein, l'avaient indiqué comme
pouvant être substitué à l'aloès. Les baies ont été employées, par
MM. Senckenberg père et fils, contre l'épilepsie idiopathique, et
les fièvres intermittentes.

La propriété la moins contestée que l'on reconnaisse au muguet
de mai, c'est d'être un sternutatoire violent, lorsqu'on prise la poudre grossière des fleurs. On emploie cette poudre contre les migraines
et les grandes douleurs de tête; on la prescrit contre les fluxions
chroniques des yeux et des oreilles, et contre les vertiges succédant
à la suppression du mucus nasal.

On préparait autrefois une eau distillée de fleurs de muguet, que
l'on nommait *Eau d'or*. On lui attribuait la propriété de ranimer les
forces vitales.

Le rhizome et le fruit du sceau de Salomon sont vomitifs d'après
Schroder; Hermann les prescrivait contre la goutte et les affections
rhumatismales. En Russie, d'après Martius, on les emploie contre
la rage; c'est dans ce pays un remède populaire, ce qui est loin,
assurément, de signifier que ce soit un remède effectif. On regardait
autrefois le sceau de Salomon comme vulnéraire, et on l'appliquait
sur les plaies et les contusions. On en préparait une eau distillée, qui
était regardée comme cosmétique; les Baskirs, peuple de Russie,
appartenant à la famille turque, emploient la souche fraîche comme
telle (*Bullet. des scienc. méd.*, de Férussac, t. XVI, p. 71). Les fleurs
et les rhizomes du *C. multiflora*, jouissent des mêmes propriétés.

MUNGO

Ophiorhiza mungos L.
(Rubiacées – Hédyotidées.)

L'Orphiorhize mungo est une plante vivace, dont la tige sousfrutescente, peu élevée, porte des feuilles opposées, stipulées, cour-

tement pétiolées, ovales-lancéolées, atténuées aux deux extrémités, glabres et membraneuses. Les fleurs, petites, sessiles, sont groupées en épis dont la réunion constitue des cimes ombelliformes, rameuses, terminales et pédonculées. Elles présentent un calice court, turbiné, persistant, à cinq dents; une corolle en entonnoir, à tube court, à limbe partagé en cinq divisions ovales obtuses, velues à l'intérieur, étalées, cinq étamines à filets courts, à anthères saillantes; un ovaire à deux loges multiovulées, surmonté d'un style filiforme terminé par un stigmate globuleux et bilobé. Le fruit est une capsule comprimée, à deux loges renfermant un grand nombre de petites graines brunâtres.

Habitat. — Le mungo croît dans l'Indoustan, à Ceylan, à Java, etc. On le trouve à peine en Europe, dans quelques jardins botaniques.

Parties usitées. — Les racines.

Récolte. — Peu de substances ont porté autant de noms que la racine de *Mungo* ou *Mongo*, ou de *Mangouste*. On l'a encore nommée *Chonlin*, *Chouline*, *Chuline*, *Souline*, *Racine d'or*, *Racine jaune*, *Racine amère de la Chine*; d'après M. Guibourt, la racine désignée sous le nom de *Foli des Chinois* est analogue au *Chynlen* de Bergius (*Mat. méd.*, t. II, p. 967), et au *Raiz de mungo* décrit par Rumphius, que Linné attribue à l'*Ophioxylon serpentinum* L. de la famille des *Apocynées*, que Loureiro et certains auteurs font venir du *Thalictrum sinense*, et plusieurs autres de l'*Ophiorrhiza mungos* Lin. M. Guibourt, contrairement à l'opinion de Linné, rapporte la racine de mungo au *Radix mustelæ*, ou *Raiz de mungo* de Rumphius. Sous le nom de *racines de chylen*, cet auteur décrit deux substances : l'une qui lui a été remise par M. Idt, sous le nom de *Racine d'or*, est de la grosseur d'une plume à écrire, longue de deux à trois centimètres, tortueuse, d'un jaune obscur, inodore et très-amère; elle donne, avec l'eau, une infusion jaune qui rougit par le sulfate de fer; la seconde espèce, que M. Guibourt tenait de M. Lodibert, est plus grosse et peut acquérir le volume du doigt; sa longueur est de cinq à six centimètres.

Composition chimique. — La racine de mungo ou de chylen n'a pas été analysée. On sait seulement qu'elle renferme en abondance un principe amer, et une matière colorante jaune. La matière extractive s'y trouve quelquefois en si grande quantité, que sa cassure est vitreuse.

Usages. — De même que l'ophiorrhiza a pour étymologie ὄφις, serpent, ῥίζα, racine, la racine de mungo ou de mangouste, tire son nom d'une espèce d'animal appelée mungo ou mongo, appartenant au genre Mangoustan, qui est très-voisin du genre Civette, parce que cet animal, regardé dans les pays qu'il habite comme un ennemi acharné des reptiles, ronge, pour se guérir, la racine de la plante dont il est question quand il est mordu par un serpent. On va même jusqu'à dire qu'il mange de cette racine lorsqu'il se dispose à aller combattre ces reptiles. Ce fait, tout extraordinaire qu'il paraisse, est attesté par Garcias, Kæmpfer et Rumphius. Il a conduit les habitants de l'Indoustan, de Ceylan, des îles de la Sonde et des Moluques, à l'employer contre la morsure des animaux venimeux et contre la rage.

Parmi les substances dites *Serpentaires*, c'est-à-dire employées contre la morsure des serpents venimeux, celle de mungo ou de mangouste a été l'une des plus estimées. Garcias la décrit sous le nom de *Lignum colubrinum, arimum, seu laudatissimum*, et le nom de bois de couleuvre lui est donné dans beaucoup d'ouvrages.

Elle entre, dit-on, dans la composition des fameuses *Pierres de Goa*, espèces de bézoards artificiels, très-recherchés autrefois contre un grand nombre de maladies.

Bergius dit que la racine de chylen est vomitive et qu'il l'a souvent employée avec avantage en Chine. A Batavia, on s'en sert contre les coliques, les fièvres putrides, et les vomissements. On l'administre en décoction.

MURIER

Morus nigra L.
(Morées.)

Le Mûrier noir est un arbre dont la tige, haute de 10 à 12 mètres, irrégulière, couverte d'une écorce rude et grisâtre, à suc laiteux, se divise en rameaux nombreux, longs, étalés, portant des feuilles alternes, pétiolées, ovales-aiguës, profondément échancrées en cœur à la base, dentées, quelquefois lobées, assez épaisses, velues, rudes au toucher, d'un vert sombre. Les fleurs monoïques, petites, verdâtres, sont groupées en épis ou chatons axillaires pédonculés. Les mâles, en épis allongés, ont un calice à quatre sépales ovales, soudés à la base, concaves, étalés lors de la floraison ; quatre étamines à filets grêles, rugueux. Les fleurs femelles, en épis ovoïdes ou arrondis, ont le calice à quatre sépales ovales, concaves, libres, dressés, opposés par paires, devenant charnus et succulents à la maturité; un ovaire libre, à deux loges inégales, uniovulées, surmonté de deux styles grêles, dont le stigmate occupe la face interne. Le fruit est une sorose ovoïde, pourpre noirâtre, formée en grande partie par la réunion et la soudure des calices charnus succulents, dont chacun renferme un petit akène.

On remarque encore dans ce genre le Mùrier blanc (*M. alba* L.), et le Mùrier de Chine ou à papier (*M. papyrifera* L.), devenu le type du genre *Broussonnetia* de Duhamel.

Habitat. — Originaire de la Perse, ou même de la Chine, d'après quelques auteurs, le mûrier noir est aujourd'hui cultivé et presque naturalisé dans les régions méridionales de l'Europe.

Culture. — Cet arbre est très-rustique; il préfère toutefois une exposition abritée et un peu ombragée, un terrain meuble et substantiel. On le propage de graines, et mieux de marcottes ou de boutures; on ne transplante les jeunes pieds que lorsqu'ils sont assez forts. La taille se réduit à enlever le bois mort et à éclaircir les parties trop touffues.

Parties usitées. — L'écorce de la racine, les feuilles et les fruits.

Récolte. — L'écorce de la racine très-employée autrefois, et qui l'est à peine aujourd'hui, doit être recueillie avant la maturité des fruits. On la donne en infusion; la dose est de 5 à 15 grammes, et sèche en poudre de 2 à 4 grammes. Les fruits sont récoltés un peu avant leur parfaite maturité, lorsqu'ils perdent leur couleur rouge pour en prendre une noire.

Composition chimique. — L'écorce des divers mûriers, surtout celle du mùrier à papier (*M. papyrifera*), est très-riche en fibres. Les fruits sont mucilagineux, acides et sucrés. Ils renferment en effet de la pectine, de l'acide pectique, de l'acide tartrique et du sucre.

Usages. — Les fruits du mûrier, nommés mûres, servent à préparer un sirop qui se fait avec le suc légèrement fermenté, dans lequel on fait dissoudre, à une douce chaleur, le double de son poids de sucre. Ce sirop est regardé comme acidulé, rafraîchissant; il est très-agréable à boire. On l'emploie surtout sous forme de gargarismes et de collutoires, dans les inflammations de la gorge et de la bouche. On le prescrit quelquefois à la dose de 60 grammes contre les fièvres bilieuses, putrides et inflammatoires, ainsi que dans les phlegmasies légères. Le fruit fermenté peut être transformé en un vin assez agréable, mais qui se conserve mal. On peut en fabriquer du vinaigre et en extraire de l'alcool par distillation. D'après le naturaliste Pallas, ces diverses opérations se pratiquent en Sibérie.

Déjà à l'époque de Dioscoride, l'écorce de racine de mûrier était employée comme anthelmintique ; un grand nombre d'auteurs, parmi lesquels nous citerons Jérôme Mercurialis, Daniel Sennert, Nicolas Andry, la recommandèrent contre les lombrics et le ténia. Lieutaud au contraire assure qu'elle ne possède aucune propriété vermifuge. Pline dit qu'elle est tout à la fois purgative et vermifuge. Cette écorce est aujourd'hui tout à fait inusitée dans la pratique médicale.

D'après Antoine Ferrein (*Mat. méd.*, t. I, p. 279, t. III, p. 312) et Desbois de Rochefort (*Mat. méd.*, t. II, 197), la racine même du mûrier blanc jouit de propriétés vermifuges.

Les feuilles du mûrier noir peuvent servir à nourrir les vers à soie ; mais on leur préfère avec juste raison celles du mûrier blanc, surtout celles du mûrier multicaule (*M. multicaulis* Perrottet), dont les feuilles sont plus grandes et plus nombreuses. Le *M. tinctoria* L., *Broussonetia tinctoria* Kunth, de l'Amérique du Sud et du Nord, fournit un bois, nommé fustoc, employé pour la teinture en jaune. Le *M. papyrifera* L., *Broussonetia papyrifera* Vent., appelé *Aouta* à Taïti et *Tchukou* en Chine, fournit des fibres qui servent à fabriquer des pagnes et autres vêtements. On en fait aussi du papier et des cordes.

MUSCADIER

Myristica officinalis L. *M. moschata* Lam.
(Myristicées.)

Le Muscadier aromatique est un arbre, dont la tige, haute de 10 à 12 mètres, droite, couverte d'une écorce peu épaisse, assez unie, brun jaunâtre, se divise en rameaux étalés, couverts d'une écorce luisante et d'un beau vert, portant des feuilles alternes, pétiolées, grandes, ovales lancéolées, coriaces, vert foncé en dessus, blanchâtres en dessous, persistantes. Les fleurs, dioïques, petites, jaunâtres, pendantes à l'extrémité de pédicelles longs et grêles, sont réunies, au nombre de quatre à six, en fascicules portés sur des pédoncules axillaires très-courts. Elles présentent un calice campanulé, à trois divisions ovales aiguës, pubescentes, et sont dépourvues de corolle.

Les mâles renferment ordinairement douze étamines, soudées à la fois par les filets et par les anthères en un tube court. Les femelles ont un ovaire libre, ovoïde, à une seule loge uniovulée. Le fruit est une drupe arrondie ou un peu allongée, lisse et d'un vert blanchâtre, du volume d'une petite orange. Le péricarpe ou brou, à chair blanche et filandreuse, s'ouvre par le haut en deux valves charnues, épaisses, laissant voir un arille (ou mieux un faux arille ou *arillode*) découpé en lanières, qui passe de la teinte carnée au rouge écarlate vif (*macis*). On trouve enfin la graine (*noix muscade*), qui, sous une enveloppe fragile, renferme une amande grosse, ovoïde, à chair très-dure, blanche, huileuse, très-odorante (Pl. 38).

Habitat. — Le muscadier croît dans les régions chaudes de l'Inde, aux îles de la Sonde, aux Moluques, et notamment aux îles de Banda. C'est de là qu'il a été importé successivement aux îles de France et de la Réunion, au Bengale, à Sumatra, à Cayenne, aux Antilles, etc. Sous nos climats, on ne peut le cultiver qu'en serre chaude.

Parties usitées. — Les amandes ou *Muscades*, et l'arillode ou *Macis*.

Récolte. — L'amande de muscadier se trouve dans le commerce dépourvue de ses enveloppes. Elle est arrondie, un peu ovoïde, de la grosseur du pouce, et au-dessus elle présente des rides et des sillons nombreux gris blanchâtres, brun rougeâtres sur les saillies; coupée, elle montre un intérieur gris, veiné de rouge ; sa consistance est dure, quoique se laissant entamer au couteau; l'odeur en est forte, aromatique, la saveur huileuse, âcre et chaude. On doit préférer les muscades grosses et pesantes; la matière blanche que l'on trouve dans les sillons est du carbonate de chaux, provenant de l'usage qu'on a en Asie de les tremper dans l'eau de chaux avant de les livrer au commerce. Cette opération a pour but d'empêcher les insectes d'attaquer l'amande. Souvent, dans le commerce, les trous faits par les larves sont bouchés avec une pâte préparée avec la poudre et le beurre de muscade.

Les *Muscades de Cayenne* sont plus petites, moins huileuses que celles des Moluques. On en trouve rarement en France. Elles arrivent entourées de leurs coques et quelquefois même de leur *macis* ; l'épisperme est brun foncé, ou noir, luisant, comme verni. Voici d'ailleurs les dimensions des deux muscades.

	Longueur des coques.	Largeur.	Longueur des amandes.	Épaisseur.
Muscades des Moluques. . .	0m,027 à 0m,031	0m,023 à 0m,024	0m,023 à 0m,026	0m,020 à 0m,021
— de Cayenne. . .	0m,025 à 0m,027	0m,017 à 0m,018	0m,019 à 0m,022	0m,015 à 0m,018

La muscade ronde des Moluques est nommée quelquefois *Muscade femelle*, et *Muscade cultivée*.

On désigne encore sous le nom de *Muscade longue des Moluques*, ou de *Muscade sauvage* et de *Muscade mâle*, l'amande du *Myristica tomentosa* Thunb. et Willd., *M. fatua* Houtt et Blum., *M. dactyloïdes* Gaertn., arbre très-élevé dont les fruits sont elliptiques et cotonneux; la semence est également elliptique terminée en pointe mousse, longue de $0^m,04$, et large de $0^m,025$ environ. Elle est toujours recouverte de sa coque; celle-ci porte l'impression d'un macis divisé en quatre bandes allant de la base au sommet; l'amande est marbrée en dedans, mais moins huileuse que celle des Moluques.

Le *Macis*, ou la fausse arille, a été improprement appelé quelquefois *Fleur de muscade*. Ce sont des espèces de capsules entourant presque complétement la graine, laissant des dépressions sur l'épisperme; dans le commerce, le macis est en lanières plates, déchiquetées, cartilagineuses, cassantes, d'une couleur qui varie du jaune au jaune rougeâtre. On le trempe dans l'eau de mer pour lui conserver sa flexibilité; il est plus aromatique que les autres parties du fruit, sa saveur est chaude, aromatique, très-agréable, moins âcre que celle de la muscade.

Parmi les plantes du même genre, qui fournissent des semences plus ou moins comparables à la muscade, nous signalerons le *M. spuria* des îles Philippines, le *M. madagascariensis* de Madagascar, le *M. bicuiba* du Brésil, le *M. otoba* de la Colombie, et le *M. sebifera* (*Virola sebifera* Aubl.), dont la semence fournit un suif jaunâtre peu aromatique, qui sert à faire des bougies.

COMPOSITION CHIMIQUE. — Par la distillation des muscades avec de l'eau, on obtient une huile essentielle; par expression des amandes pulvérisées, on extrait un mélange d'huile fixe et d'huile volatile, qui est désigné dans le commerce sous le nom de *Beurre de muscade*. On prépare ce produit sur les lieux de production, avec les amandes brisées, ou avec les rebuts; il nous arrive sous la forme de pains carrés longs, enveloppés de feuilles de palmier. Il est solide, gras, onctueux, friable, jaune pâle, marbré en jaune, rougeâtre, son odeur est très-forte. Celui du commerce est souvent altéré, soit par l'addition de matières grasses inodores, soit par soustraction de l'essence; on dit même qu'on le colore par le curcuma. Les pharmaciens consciencieux le préparent eux-mêmes ; il est alors jaune pâle, d'une odeur forte et très-suave, d'une apparence cristalline.

M. Playfair a extrait du beurre de muscade une matière grasse qui fond à 31° et qu'il a nommée *Myristicine*. Celle-ci étant saponifiée par les acides, produit l'acide *Myristicique* qui fond à 43°, et qui peut être représenté par $C^{28}H^{27}, O^3HO = C^{28}H^{28}O^4$, il est monobasique. D'après MM. Pelouze et Frémy, la myristicine ne serait que de la margarine modifiée dans sa cristallisation.

Le macis contient deux huiles fixes, l'une soluble dans l'alcool, l'autre jaune soluble en même temps dans l'éther, plus une essence qu'on obtient par distillation, qui est incolore, très-fluide, d'une odeur suave ; sa densité est de 0,928.

On trouve depuis quelque temps dans le commerce deux cires, qui sont produites par des myristicas : la première est la *Cire d'Ocuba* : elle est d'un blanc jaunâtre, soluble dans l'alcool bouillant, fusible à 36° 5 ; on l'extrait de l'amande de plusieurs *myristicas*, et principalement du *M. ocuba* ; la seconde nommée cire de *Bicuiba* paraît provenir du *M. bicuiba* ; elle est d'un blanc jaunâtre, soluble dans l'alcool bouillant, et fusible à 35°.

Usages. — La muscade et le macis sont des condiments aromatiques, très fréquemment employés dans l'art culinaire, peu usités en médecine. On en fait un usage considérable aux Indes Orientales ; les habitants des Moluques en assaisonnent leurs mets et leurs boissons. Ces condiments entrent dans une foule de liqueurs cordiales et stomachiques ; ils aident à la digestion, en augmentant la sécrétion gastrique ; ils conviennent dans la faiblesse de l'estomac et des autres viscères abdominaux. Employés à l'excès, ils peuvent produire une surexcitation susceptible d'aller jusqu'à une sorte d'ivresse. Ils augmentent la circulation et la chaleur animale. Bontius, Lobel, Ettmuller et Ainslie, en faisaient le plus grand cas. Ferrein dit qu'on les emploie contre les fièvres putrides, adynamiques et pestilentielles. Cullen et Hoffmann les conseillent seuls, ou associés à d'autres substances contre les fièvres intermittentes. Ils entrent dans une foule de médicaments composés, parmi lesquels nous signalerons ceux que l'on emploie encore quelquefois, tels que : le *Diaphœnix*, l'*Esprit carminatif de Sylvius*, l'*Eau de mélisse des carmes*, l'*Élixir de Garus*, la *Thériaque*, le *Vinaigre antiseptique* ou *des Quatre voleurs*, etc., etc.

Le beurre de muscade est le principe actif du *Baume Nerval*, très-employé contre les douleurs. Il fait lui-même partie du *Liniment de Rosen*, très-fréquemment usité contre la coqueluche et les douleurs.

Le muscadier *otoba* donne un macis qui, incorporé à la graisse, est employé contre la goutte, les rhumatismes et la gale. Zea rapporte qu'il découle de cet arbre une gomme-résine nommée *Otolea* qui, d'après Alibert (*Mat. méd.*, t. II, p. 250), est employée contre une foule de maladies.

Nous avons dit plus haut que la semence de muscadier à suif (*M. sebifera*) était employée dans l'industrie pour faire des bougies, et que l'on trouvait dans le commerce deux genres de cires produits par des muscadiers : la cire d'Ocuba et la cire de Bicuiba.

MUSSÆNDA

Mussænda luteola Del. *Ophiorhiza lanceolata* Forsk.
(Rubiacées - Gardéniées.)

Le Mussænda est un arbrisseau à rameaux cylindriques, grêles, couverts d'une écorce brunâtre, velue, portant des feuilles opposées, munies de stipules presque sessiles, ovales lancéolées, atténuées aux deux extrémités, d'un vert pâle à la face inférieure, où les nervures sont saillantes. Les fleurs sont ternées et groupées en courtes panicules dichotomes. Elles présentent un calice adhérent, à cinq dents subulées, dont une plus grande, bractéiforme, jaunâtre, glabre, réticulée ; une corolle à tube grêle, dilaté au sommet, à limbe divisé en cinq lobes ovales lancéolés ; cinq étamines incluses ; un ovaire simple, arrondi, à deux loges multiovulées, surmonté d'un style capillaire, aussi long que le tube de la corolle, et terminé par un stigmate bifide.

Habitat. — Cet arbrisseau croît en Égypte. On ne le trouve, en Europe, que dans les jardins botaniques ; il exige la serre chaude.

Parties usitées. — Les écorces.

Récolte. — Plusieurs auteurs ont attribué au *Mussænda stadmanni* ou plutôt *Mussænda landia* Lam., un faux quinquina, que M. Guibourt désigne sous le nom de *Quinquina de l'Ile Bourbon* ; aux îles Maurice et de la Réunion, l'écorce de cette plante porte le nom de *Quinquina indigène* ; elle est roulée, couverte d'un épiderme gris noirâtre, avec des taches grises par places, à surface rugueuse, fissurée, ressemblant à du quinquina gris; son liber est mince, gorgé de suc à l'extérieur, dur, compacte, brun foncé.

COMPOSITION CHIMIQUE. — L'analyse des écorces des divers mussænda, toutes placées dans les faux quinquinas, n'a pas été faite ; elles présentent une saveur plutôt astringente qu'amère, et légèrement aromatique.

USAGES. — La qualité faiblement astringente de ces écorces n'est pas douteuse; on leur a attribué à tort des propriétés fébrifuges ; on ne les a employées que dans les lieux de production ; les fleurs de ces plantes sont usitées à l'Ile de France (Maurice) comme diurétiques et pectorales.

MYRICA

Myrica gale **L.**
(Myricées.)

Cet arbrisseau, qu'on appelle vulgairement Galé odorant, Piment royal ou aquatique, Myrte ou Poivre de Brabant, etc., ne dépasse guère la taille d'un mètre. Sa tige, très-rameuse, porte des feuilles alternes, courtement pétiolées, oblongues ou lancéolées, légèrement dentées dans leur partie supérieure, glabres ou à peine pubescentes, d'un vert assez foncé en dessus, plus pâle en dessous, parsemées de points résineux. Les fleurs, verdâtres, dioïques, sont groupées en chatons latéraux et terminaux. Les mâles sont placées à l'aisselle d'une écaille canaliculée, brunâtre, bordée de blanc; elles présentent quatre étamines à filets courts. Les fleurs femelles, placées également à l'aisselle d'une écaille munie, en dedans et à la base, de deux écailles plus petites, ont un ovaire sessile, uniovulé, surmonté de deux styles grêles, soudés à la base, et portant chacun un stigmate à la face interne. Le fruit est une baie, ou plutôt une petite drupe sèche, arrondie et monosperme.

Parmi les autres espèces que renferme ce genre, nous citerons l'Arbre à cire ou Cirier de la Louisiane (*M. cerifera* L.), petit arbre de 4 à 5 mètres de hauteur, à feuilles lancéolées et persistantes, à fruits petits, arrondis, charnus, d'un noir bleuâtre, recouverts d'une substance d'aspect farineux, blanc verdâtre, onctueux, qui n'est autre que de la cire; et le cirier de Pensylvanie (*M. Pensylvanica* Hort. Par.).

HABITAT. — Le Galé croît dans les régions septentrionales des deux hémisphères ; il habite surtout les lieux humides et marécageux. Les deux autres espèces sont propres à l'Amérique du Nord. Ces végétaux ne sont cultivés, en Europe, que dans les jardins botaniques.

Parties usitées. — Les feuilles, les fruits, les cires qu'ils produisent.

Récolte. — Les noms de Myrte, Batavel, Piment royal, etc., ont été donnés à cette plante à cause de l'odeur aromatique de ses feuilles ; les fruits du *Myrica* cirier ou arbre à cire (*M. cerifera* et *pensylvanica*) sont disposés en paquets très-serrés, recouverts de petits corps noirâtres, arrondis, portant des poils nombreux ; ces corps noirâtres, qui ont une odeur et une saveur de poivre très-marquées, laissent exsuder une matière cireuse d'un blanc de neige très-brillant ; aussi, ces plantes ont-elles été nommées Cirier de la Louisiane et Cirier de Pensylvanie ; et le *M. cordifolia* L. du Cap de Bonne-Espérance est appelé *Buisson de Cire.* Par ébullition des fruits dans l'eau, on obtient une cire qui sert à faire des bougies et qui, en brûlant, répand une odeur très-aromatique.

La cire des myrica vient des États-Unis. Elle est jaune ou verte ; la première est la plus aromatique ; elle serait obtenue, suivant Duhamel, en versant de l'eau bouillante sur les fruits placés sur un plan incliné ; et la seconde, par l'ébullition du résidu de l'opération précédente dans l'eau. Plus généralement, on jette les fruits dans l'eau bouillante ; au bout de quelque temps, la couche de cire qui les recouvrait s'en sépare et surnage ; elle est alors verdâtre, mais il est facile de l'épurer et de la blanchir. La cire de myrica est cassante au point de pouvoir être réduite en poudre ; mais il suffit de la presser fortement pour la rendre flexible et ductile comme celle des abeilles.

La cire des myrica fond à 43°, au lieu que celle d'abeilles fond à 65° ; elle ne prend pas le même lustre par le frottement ; mais ces deux défauts disparaissent en partie lorsqu'on la soumet à une longue ébullition dans l'eau ou qu'on la blanchit par l'exposition à l'air, en couches minces ; mais son point de fusion ne monte pas au-dessus de 49° ; le mélange de la cire d'abeilles avec celle des myrica se reconnaît à l'odeur, et à ce que le mélange étant plus fusible, se ramollit dans les doigts et s'y attache, tandis que la bonne cire d'abeilles peut être pétrie dans les doigts sans y adhérer.

Composition chimique. — Toutes les parties des myrica répandent une odeur aromatique assez agréable; les fruits peuvent donner, d'après M. Boussingault, jusqu'à 25 p. 100 de matière cireuse ; cette cire a été examinée par M. Chevreul, qui a vu qu'elle donne à la saponification des acides margarique, stéarique, oléique, et de la glycérine.

Usages. — Nous avons déjà dit que la cire des myrica servait à faire des bougies d'assez mauvaise qualité ; mais qui, malgré cela, sont assez recherchées à cause de l'odeur agréable qu'elles répandent en brûlant. Cette cire, ainsi préparée, se consume lentement. Dans la Caroline, on confectionne avec cette substance une espèce de cire à cacheter. D'après Thunberg (*Voyage au Japon par le cap de Bonne-Espérance*. t. I, p. 212), les Hottentots mangent la cire de myrica seule ou avec de la viande.

Dans l'Amérique du Nord, la racine du myrica cirier est employée en décoction comme astringente contre les hémorrhagies de l'utérus, et contre les infiltrations séreuses qui suivent les fièvres d'accès (de Candolle, *Essai*, etc., p. 272). Le *M. gale*, qui est recouvert d'une poussière aromatique jaune d'or, est employé pour chasser les insectes ; on emploie les feuilles, surtout en Chine, en infusion théiforme. comme stimulantes, cordiales et stomachiques. Champmann, Dana et Maun (*Mém. de l'Académie royale de médecine*, t. I, p. 459), disent que les racines du *M. pensylvanica* L. sont vomitives ; au Brésil, on emploie contre les douleurs une matière ciro-résineuse nommée dans le pays *Tabocas combicurbo* , que l'on croit provenir d'un myrica ; on la conserve dans des tiges creuses de végétaux (*Bullet. des Sciences médicales* de Férussac, t. XX, p. 278).

MYROBALAN

Terminalia chebula Lam. *Myrobalanus chebula* Gaertn.
(Combrétacées – Terminaliées.)

Le Myrobalan chébula est un arbre dont la tige, haute de 6 à 8 mèt., se divise en rameaux portant des feuilles presque opposées, pétiolées, ovales, entières, ramassées en bouquets à l'extrémité des rameaux. Les fleurs, polygames, sont groupées en verticilles, dont la réunion constitue une grappe terminale. Elles présentent un calice à limbe partagé en cinq divisions étalées, et sont dépourvues de corolle. Les fleurs mâles ont dix étamines saillantes ; les fleurs hermaphrodites ont, en outre, un ovaire infère, à une seule loge pluriovulée, surmonté d'un style et d'un stigmate simple. Le fruit, auquel s'applique plus particulièrement le nom de *Myrobalan*, est une drupe ovoïde, allongée, brunâtre, monosperme par avortement, à noyau allongé, épais, marqué de dix côtes obtuses.

Le mirobalan Indien n'est autre chose que le fruit de l'espèce précédente, cueilli longtemps avant sa maturité, et probablement piqué par un insecte. Il est très-petit, dur, compacte, d'un noir foncé, et présente une cavité à la place du noyau.

Le myrobalan citrin (*T. citrina* Roxb., *M. citrina* Gaertn.) n'est, suivant plusieurs auteurs, qu'une simple variété du chébule. Il est moitié moins gros, ovoïde, allongé, jaune pâle, à angles variables et ridés, à chair sèche et jaunâtre.

Le myrobalan belleric (*T. bellerica* Roxb., *M. bellerica* Gaertn.) est ovoïde, arrondi, brunâtre, et de la grosseur d'une olive.

Le myrobalan emblic est le fruit d'une euphorbiacée du genre Phyllanthe (V. ce mot).

Habitat. — Les Myrobalans chébules, indique et citrin, croissent dans l'Hindoustan et dans les régions voisines. On les trouve rarement dans les jardins botaniques de l'Europe.

Parties usitées. — Les fruits.

Le nom de *Myrobalan* vient de μύρον, onguent, parfum, et de βάλανος, *gland* ou *fruit*, soit que ce fruit ait été employé comme cosmétique, soit à cause de la confusion qui en a été faite par Pline et par d'autres auteurs, avec la noix de ben.

Le *Myrobalan citrin* se présente sous trois formes principales :

1° *Myrobalan jaune et ovoïde anguleux*, dont la substance du noyau présente des cavités rondes pleines d'une résine analogue au succin ;

2° *Myrobalan verdâtre et pyriforme*, ressemblant aux chébules par leur forme, mais en différant par leur couleur verdâtre, leur volume, qui est moins grand ;

3° *Myrobalan brunâtre et ovoïde arrondi*, à chair extérieure brune, presque noire, ou dure et compacte ; dans le commerce, on les vend souvent pour des myrobalans bellerics et pour des chébules.

Les *Myrobalans chébules* (*Myrobalanus chebulæ* Gaertner), allongés en poire, à angles souvent réguliers et rugueux, rudes au toucher, bruns jaunâtres ou verdâtres, pesants, à cassure luisante et résineuse ; leur saveur est astringente, l'amande est douce.

Les *Myrobalans indiens* se distinguent par leur petite taille, leur couleur noire, leur surface ridée, leur consistance dure ; leur saveur est astringente et aigrelette ; on croit que c'est le *chebule* cueilli avant sa maturité.

Le *Myrobalan belleric* (*Myrobalanus bellerica* Gaertner), est ovale, presque rond ; sa surface n'est pas rugueuse, ses angles sont arrondis ; il est terminé, du côté du pédoncule, en une pointe très-courte, et sa couleur est gris rougeâtre, mat et cendré ; sa chair est brunâtre, poreuse et friable ; son amande a un goût de noisette.

On trouve souvent mêlée aux myrobalans citrins du commerce une galle que les Indous nomment *Kadukai* et *Kadukai poo* (fleur de Kadukai), nom que l'on donne dans ce pays aux myrobalans citrins ; elle a été décrite par Samuel Dale, et par Geoffroy, sous le nom de *Fève du Bengale ;* ces auteurs pensaient que ce pouvait être le fruit du myrobalan citrin, devenu monstrueux par suite de la piqûre d'un insecte.

COMPOSITION CHIMIQUE. — Le nom de myrobalan fait supposer que ces fruits étaient autrefois odorants ; les fruits que nous connaissons sont tout à fait inodores, ce qui peut faire supposer qu'il n'y a pas identité complète entre ceux des anciens et les nôtres ; on croit que le myrobalan des Grecs était la *Noix muscade*, tandis que celui des Arabes était celui que nous connaissons ; il a une saveur sucrée et astringente.

USAGES. — On a regardé les myrobalans comme laxatifs d'abord, et astringents ensuite ; ils agissent comme la rhubarbe, qui constipe après avoir purgé ; on les a employés contre la diarrhée, la jaunisse, la dysentérie, etc. ; dans l'Hindoustan, on emploie les chébules contre les aphtes ; d'après Ainslie, ces fruits sont d'autant plus purgatifs qu'ils ne sont pas mûrs. Matthiole (Pietro-Andrea Mattioli, né à Sienne en 1500, mort en 1577) parle longuement des myrobalans ; il les vante dans un grand nombre de maladies ; ils entraient autrefois dans une infinité de préparations pharmaceutiques ; ils sont aujourd'hui inusités dans la médecine pratique française.

MYROXYLON

Myroxylum Peruiferum et *Toluiferum* Rich.
(Légumineuses - Sophorées.)

Le Myroxylon du Pérou (*M. peruiferum* Rich.), est un arbre de moyenne grandeur, très-résineux dans toutes ses parties. Sa tige, recouverte d'une écorce épaisse et lisse, se divise en rameaux tuberculeux, portant des feuilles alternes, à pétiole d'abord pubescent, puis glabre, à limbe imparipenné, composé de folioles alternes presque sessiles, ovales, acuminées, entières, glabres, d'un vert clair, parsemées de points glanduleux, transparents. Les fleurs, blanches ou blanc rosé, sont disposées en grappes rameuses à l'aisselle des feuilles supérieures. Elles présentent un calice campanulé, court, tronqué au sommet, à cinq dents peu marquées ; une corolle irrégulière à cinq pétales, longuement onguiculés, étalés, inégaux, le supérieur plus grand, arrondi, presque cordiforme, les quatre autres étroits, linéaires, aigus ; dix étamines, à filets libres, déclinés, à anthères ovoïdes, blanches ; un ovaire stipité, à une seule loge biovulée, surmonté d'un style court, arqué, terminé par un stigmate obtus. Le fruit est une gousse courtement pédicellée, membraneuse, ailée, longue de 0^m,12 à 0^m,15, plane, glabre, indéhiscente, épaisse et renflée au sommet, qui est obtus. L'intérieur présente une seule loge contenant une ou deux graines.

Le Myroxylon de Tolu (*M. toluiferum* Rich., *Toluifera balsamum* L.), très-voisin du précédent, en diffère surtout par ses folioles moins nombreuses, minces, membraneuses, lancéolées, longuement acuminées au sommet ; la terminale plus grande que les autres.

Quelques auteurs rapportent encore à ce genre le Myrosperme frutescent (*Myrospermum frutescens* Jacq.).

HABITAT. — Ces végétaux croissent dans l'Amérique méridionale, au Pérou, dans les hautes savanes de Tolu, près de Corozol, au midi de la Nouvelle-Grenade, sur les bords du Rio de la Magdalena, et jusqu'aux environs de Carthagène.

PARTIES USITÉES. — Les bois, les écorces, les baumes qu'on en extrait par divers procédés.

RÉCOLTE. — Tous les *Myroxylum* ou *Myrospermum* peuvent produire des baumes. Nous allons indiquer les principaux, ainsi que leur origine.

1° *Myroxylum frutescens* Jacquin (*Amér.*, p. 370, tab. 174, fig. 34. Kunth. *Nova genera*, t. VI, p. 370, tab. 570, 571), dont les loges du fruit renferment un suc résineux qui, d'après Jacquin, possède une odeur forte et désagréable ; cet arbre abonde à Carthagène, en Colombie, dans les montagnes de Caracas, sur les bords du Rio Guarico.

2° Le myroxylon (*Myroxylum peruiferum* Mutis, Linn. fils et Rich. ; *Myrospermum peruiferum* D.C. *Myrospermum pedicellatum* Lam.) ou baumier du Pérou, croît dans diverses provinces de l'Amérique du Sud ; les indigènes le nomment *Quinoquino*, *Chinochino*, *Chinachina* ; aussi, Joseph de Jussieu l'appelait-il *Quinquina* ; au Mexique, d'après François Hernandez (*Histoire des plantes, des animaux et des minéraux du Mexique*, en latin, Rome, 1651, in-fol.) on le nomme *Hoitziloxitl* ; au Brésil, on l'appelle, d'après Guillaume Pison, *Caburuba* ; à Santa-Fè-de-Bogota, à la Nouvelle-Grenade, il a reçu le nom de *Cabureira* ; mais M. Poiret doute avec raison, d'après Mérat et Delens, que ce soit le véritable baumier. Ce ne fut qu'en 1781 que J.-E. Mutis fit connaître celui-ci. Il fut décrit par Linné fils dans son *Supplementum*, p. 233.

3° Le *Myroxylum pubescens* Kunth (*Myrospermum pubescens* D.C., *Myrospermum peruiferum* Lamb.), cultivé aux environs de Carthagène et dans la province de Popayan, produit par incision le baume de l'Inde, qui est fauve, liquide, assez amer, cependant suave.

4° Le *Myroxylum toluiferum* ou *toluifera* Ach. Richard et Kunth ou *Myrospermum toluiferum* D.C. (vulgairement Baume de Tolu) a été nommé par Linné *Toluiferum balsamum*, par suite d'une erreur de Miller, qui avait joint à la description des feuilles le fruit d'une autre espèce ; J. de Jussieu l'avait placé dans les térébinthacées. L'un des auteurs de la *Flore du Pérou*, Ruiz, dit, dans un de ses mémoires, que le myrosperme baume de Tolu fournit à la fois le baume du Pérou et celui de Tolu, et que ces substances ne diffèrent que par le mode d'extraction et par la distance des pays d'où elles proviennent ; que la première nous vient en effet du Pérou et la seconde de Tolu, dans la province de Carthagène d'Amérique ; mais Achille Richard, après avoir un moment adopté cette manière de voir, reconnut sur l'examen de deux échantillons recueillis par Humboldt, que la dernière constituait une espèce distincte, à laquelle il donna le nom qu'elle porte aujourd'hui.

Le baume de Tolu, produit par le *Myrospermum toluiferum*, est sec ou mou. Autrefois, le *Baume de Tolu sec* nous arrivait dans des calebasses de grosseur variable, qui sont très-rares maintenant ; plus tard, il nous est venu dans des potiches de terre volumineuses et pesantes ; aujourd'hui, on l'enferme dans des caisses de fer-blanc du poids de 3 à 4 kilogrammes ; il est solide, cassant, se ramollit par la chaleur, et peut alors être roulé en pilules pour fondre tout à fait à une température plus élevée ; il est roux, jaunâtre ou brun verdâtre, transparent ou translucide ; il devient très-sec en vieillissant ; son odeur est douce, suave et parfumée ; sa saveur, aromatique d'abord, devient bientôt âcre ; lorsqu'on le chauffe au feu, il répand une fumée épaisse et agréable ; il est soluble dans l'alcool et dans l'éther. Bouilli dans l'eau, il lui cède des acides cinnamique et benzoïque, et d'autres matières dont nous parlerons plus loin.

On trouve depuis quelque temps dans le commerce un baume de Tolu plus mou, d'une odeur plus forte, moins aromatique que le précédent, plus opaque, qui vient du Brésil : il peut être utilement employé.

Le *Baume de Tolu mou* est expédié dans des boîtes en fer-blanc ; il a une consistance de poix molle ou de térébenthine épaisse ; il est plus transparent et plus foncé en couleur que le premier ; il est souvent mêlé à des impuretés ; sa saveur est moins marquée que celle du tolu sec ; sa saveur est plus suave et plus aromatique ; mais, d'après M. Guibourt, cela tient à ce qu'il est plus récent ; en l'exposant longtemps à l'air, il devient cassant, cristallin, sans diminuer de poids ; si, desséché de la sorte, on l'épuise par l'eau et si l'on sature le liquide par un alcali, on trouve qu'il renferme plus d'acide qu'à l'état mou, ce qui ne peut être attribué qu'à l'oxydation de l'essence.

M. Guibourt recommande de ne pas confondre le baume de Tolu mou avec le liquidambar, que quelques négociants peu consciencieux lui substituent, ou bien avec un mélange des deux, ou encore avec du Tolu déjà traité par l'eau ; le Tolu, dit ce savant, ne doit pas être opaque ; il ne doit pas contenir d'eau ; son odeur et sa saveur sont plus douces, moins âcres, et plus agréables que celles du styrax et du liquidambar.

Le myrosperme baume du Pérou (*Myroxylum peruiferum*) est

produit, d'après Ruiz, lorsqu'on incise l'écorce, un baume liquide blanchâtre, qui, en se solidifiant à l'air ou dans les calebasses dans lesquelles on l'enferme, porte le nom de *Baume blanc sec* ou de *Baume de Tolu*. D'après M. Guibourt, qui en a reçu un échantillon de M. Weddell, recueilli par ce botaniste lui-même au pied de l'arbre, en Bolivie, ce baume est solide, brun rougeâtre, translucide, dur, tenace; son odeur est plus aromatique et plus forte que celle du tolu ordinaire; sa saveur est parfumée, sans âcreté; ce produit porte le nom de *Baume du Pérou sec*, et il doit être regardé comme une variété du baume de Tolu, supérieure en qualité à celui-ci.

Le *Baume du Pérou brun*, que M. Guibourt a décrit aussi sous le nom de *Baume du Pérou en cocos*, et qu'il croit venu du Brésil, est probablement le *cabureicica* de Pison et Margraff, produit par le *caburciba*, arbre qui croît au Brésil, dans les provinces de Espirito-Santo et de Pernambuco. D'après M. Ph. Martius, les Indiens renferment ce baume dans les fruits non encore mûrs d'une espèce d'*eschweilera* ou *lecythis* (de λήκυθος, flacon, parce que ces fruits servent de tasses et de vases aux indigènes); il est demi-fluide, grumeleux, très-odorant, foncé en couleur, transparent lorsqu'il est en couches minces; sa saveur est douce et parfumée.

Le *Baume du Pérou noir*, appelé aussi *Baume du Pérou liquide du commerce*, ou *Baume de San Salvador*, est obtenu par incisions que l'on fait à un *Myrospermum* qui croît sur la côte de Sonsonate ou Zonzonate, dans l'État de San Salvador de Guatamala; aussi, M. Guibourt lui donne-t-il le nom de *Baume de San Salvador*, qui rappelle son origine; on avait cru d'abord que ce produit venait du Pérou, et qu'il était obtenu par décoction des rameaux dans l'eau; mais M. Guibourt fait remarquer, avec juste raison, qu'une matière ainsi obtenue, au lieu d'être plus liquide et plus aromatique que celle qui est extraite par incisions, devrait être, au contraire, plus consistante et moins odorante; en outre, elle ne devrait contenir que très-peu ou même pas d'acides benzoïque ou cinnamique, que l'eau dissout. Or, le baume du Pérou et celui de San Salvador en renferment beaucoup. Enfin, M. Guibourt relève une erreur commise par Jacquin, répétée plus tard par Chaumeton (l'un des auteurs de l'ancienne *Flore médicale*) et par Récluz, qui font préparer le baume du Pérou avec des semences, contrairement à ce qu'ont dit Hernandez,

Pison, Ruiz, de Humboldt, pour le *baume de Tolu*, M. Bazire pour le *baume de San Salvador*, et M. Weddell pour celui de *la Paz* (Haut-Pérou).

Le *baume de San Salvador* est rouge, brun foncé, transparent ; son odeur forte rappelle un peu celle du styrax ; sa saveur est très-âcre ; il se dissout dans l'alcool en donnant une solution trouble, et en laissant déposer une matière sucrée pulvérulente ; l'eau bouillante lui enlève beaucoup d'acide benzoïque ; on le falsifie souvent avec diverses essences, de l'alcool, etc.

COMPOSITION CHIMIQUE. — Le nom générique de *Myrospermum* (de μύρον, parfum, σπέρμα, graine), a été donné par Jacquin aux arbres qui produisent les divers baumes ; celui de *Myroxylon* (de μύρον, parfum, ξύλον, bois) donné par Mutis, leur convient beaucoup mieux, car c'est du bois, par incisions, et non de la semence, que l'on extrait ces baumes. Les semences des myroxilons renferment des cotylédons jaunâtres et huileux, ayant un goût de mélilot, et ne contiennent pas de baume ; les loges du fruit n'en contiennent pas non plus ; ce n'est que dans les lacunes du mésocarpe peu développé qu'on en trouve de petites quantités, bien insuffisantes, comme le fait remarquer M. Guibourt, pour fournir à la consommation.

Les produits résineux qui nous occupent sont de véritables *baumes*, c'est-à-dire des produits qui renferment de l'acide benzoïque ou de l'acide cinnamique, et le plus souvent les deux à la fois.

Le *baume de Tolu* a été analysé et étudié par M. Frémy ; ce chimiste y a trouvé deux résines distinctes : l'une très-soluble dans l'alcool, et l'autre peu soluble.

La résine $\alpha = C^{12}H^{38}O^6$, est soluble dans l'éther et les alcalis, et la résine $\beta = C^{56}H^{20}O^{10}$, est insoluble dans l'alcool ; très-cassante, elle se dissout dans la potasse ; la première, exposée à l'air, se transforme en résine β ; l'une et l'autre, traitées par l'acide azotique, donnent, à la distillation, de l'essence d'amandes amères.

Distillé avec de l'eau, le *baume de Tolu* fournit une essence complexe formée de trois corps volatiles : 1° le *Tolène*, qui bout à 100° (Deville) $= C^{10}H^8$, E Kopp ; 2° de l'acide benzoïque ; 3° de la cinnaméine bouillant à 340°.

Le *baume du Pérou liquide* contient, d'après M. Frémy, deux substances : l'une est liquide ; c'est la *cinnaméine* $= C^{54}H^{26}O^8$, qui, sous l'influence de la potasse, se transforme en *cinnamate de potasse* et en *Péruvine*; en effet,

$$C^{54} H^{30} O^{8} = (C^{18} H^{7} O^{3})^{2} + C^{18} H^{12} O^{2}$$
Cinnaméine.   Acide cinnamique.   Péruvine.

l'autre est solide, cristallisable, isomérique, avec l'hydrure de cinnamyle; c'est la *métacinnaméine* (Frémy). L'*acide cinnamique*, que l'on trouve dans le baume du Pérou, provient de l'oxydation de la cinnaméine et de la métacinnaméine; la cinnaméine, traitée par l'acide azotique ou le bioxyde de plomb, est transformée en essence d'amandes amères; enfin, le chlore la transforme en *chlorure de benzoïle*, que l'eau décompose en acides chlorhydrique et benzoïque.

Usages. — Les divers baumes de Tolu et du Pérou sont très-usités en parfumerie, particulièrement en Angleterre. En pharmacie, on en prépare un sirop et des tablettes; ce sont à peu près les deux seules formes sous lesquelles on en fait usage. On regarde avec juste raison ces préparations comme des modificateurs puissants des muqueuses; on les emploie avec le plus grand succès et à assez fortes doses contre les catarrhes de la vessie, les cystites, les inflammations de l'urètre, et un très-grand nombre d'autres affections des voies génito-urinaires; mais c'est surtout dans les maladies des bronches et des poumons qu'on en fait un fréquent usage : elles calment la toux, facilitent l'expectoration, et modifient avantageusement les sécrétions bronchiques; mais il ne faut pas croire, comme le disent d'anciens auteurs, particulièrement Frédéric Hoffmann et Morton, que les baumes de myroxilon guérissent la phthisie; on est aujourd'hui revenu de ces erreurs.

Ces baumes sont quelquefois employés dans les lieux de production pour le pansement des ulcères; on les fait entrer dans la composition de certains onguents et certaines pommades.

MYRTE

Myrtus communis L.
(Myrtacées – Myrtées.)

Le Myrte est un arbrisseau, dont la tige, haute de 5 à 6 mètres, se divise dès la base en rameaux nombreux, opposés, portant des feuilles opposées, courtement pétiolées, ovales-aiguës, entières, fermes, persistantes, d'un vert foncé, parsemées de petits points glanduleux transparents. Les fleurs, blanches, odorantes, sont portées sur de longs pédoncules dressés, solitaires à l'aisselle des feuilles. Elles présentent un calice glabre, lisse, à tube ovoïde et soudé avec l'ovaire, à limbe divisé en cinq dents ovales-aiguës ; une corolle à cinq pétales égaux, un peu concaves, étalés ; des étamines en nombre indéfini, à filets libres, disposées sur plusieurs rangs ; un ovaire infère, ovoïde, à trois loges multiovulées, surmonté d'un style et d'un stigmate simples. Le fruit est une petite baie ovoïde, noire (*M. melanocarpa* D. C.) ou blanche (*M. leucocarpa* D. C.), couronnée par le limbe persistant du calice, à trois loges renfermant chacune un grand nombre de graines réniformes, arquées, dont le bord externe est embrassé par une grande caroncule de même forme.

Nous citerons encore les Myrtes giroflée (*M. caryophyllata* L.) et piment (*M. pimenta* L., *M. aromatica* Poir., *Eugenia pimenta* D. C.).

Habitat. — Le myrte commun croît dans tout le pourtour du bassin méditerranéen ; les autres espèces appartiennent aux régions chaudes des deux continents.

Culture. — Le myrte demande une exposition chaude, une terre franche, légère, et mieux encore la terre de bruyère. On le propage de graines, de boutures et de marcottes, et on le rentre en hiver.

Parties usitées. — Les feuilles et les fruits.

Récolte. — Les feuilles nous arrivent sèches du Midi. Les fruits doivent être cueillis à la maturité et choisis récents, gros, secs et noirs, aromatiques et astringents.

Les fruits du *Myrtus pimenta* L., nommés encore *Amomi*, *Piment des Anglais*, *Toute épice*, *Piment et Poivre de la Jamaïque*, sont cueillis avant leur maturité. Ces fruits, tels qu'ils nous arrivent, sont de la grosseur d'un petit pois, presque sphériques, rougeâtres, couverts de petites tubérosités et couronnés par le limbe calicinal ; cette couronne est ordinairement détruite et réduite à un simple bourrelet par le frottement réciproque des fruits ; mais si elle est entière, on remarque que le limbe est recourbé en dedans. Le péricarpe présente une odeur très-forte, très-agréable, qui tient à la fois du girofle et de la cannelle. Le *M. pimenta* L. est le *M. arborea foliis laurinis aromatica* de Sloane. Charles de Lécluse et Plukenet ont décrit un arbre à feuilles elliptiques (*Myrtus acris* Willd), qui, d'après le second de ces auteurs, produirait aussi le piment de la Jamaïque. Il pourrait donc se faire que ces deux arbres fournissent en effet le piment de la Jamaïque. Néanmoins De Candolle, dans son *Prodromus* (t. III), nomma le *Myrtus pimenta* de Linné *Eugenia pimenta*, et le *Myrtus acris*, de Willdenow, *Myrcia acris*, ayant soin, en outre, de distinguer les fruits de ces deux plantes.

Le *Piment Tabago* ressemble tout à fait au piment de la Jamaïque, mais il est plus gros, moins rugueux et grisâtre. Sa couronne est plus petite, son péricarpe est moins aromatique. Il paraît avoir été cueilli dans un état de maturité complète. Peut-être est-il produit par le *Myrcia acris*. Quelques auteurs anciens mentionnent le *Piment de Tabasco*, État du Mexique, et ne parlent point du *Piment Tabago* (l'une des petites Antilles), soit par corruption de langage, soit parce qu'on en récolte dans l'un et l'autre de ces pays tropicaux.

Le *Piment couronné*, ou *Poivre de Thévet*, mentionné par Pomet (*Histoire générale des drogues simples et composées*, 1694, in-fol., et 1735, in-4°) ainsi que par Pierre-Jean-Baptiste Chomel (*Plantes usuelles*, 1761, 3 vol. in-12), vient des Antilles, et principalement de l'île Saint-Vincent. Il est produit par le *Myrtus pimentoïdes*, de Nées d'Esenbeck (*Myrcia pimentoïdes* D.C.); il ressemble tout à fait au *Myrcia acris*. Les fruits tuberculeux, très-aromatiques, sont terminés par une large couronne évasée en entonnoir et portant au sommet cinq dents calicinales. Les fruits sont un peu réniformes.

Composition chimique. — Toutes les plantes de la famille des Myrtacées se font remarquer par leur odeur aromatique, qui doit être attribuée à une huile essentielle que l'on peut en retirer par distillation, et qui est tout à fait analogue à celle du giroflier.

Usages. — Le myrte était le végétal favori des anciens, qui le consacraient à Vénus et en entouraient toujours le temple de cette déesse. Des couronnes de myrte étaient décernées aux vainqueurs des jeux de la Grèce; dans les festins, les convives en ceignaient leur tête. A Rome, deux myrtes étaient plantés devant le temple de Romulus Quirinus pour représenter l'ordre des Patriciens et celui des Plébéiens. Le parfum du myrte était fort estimé des peuples de l'antiquité; les branches et les fruits étaient employés pour parfumer les vins; on mettait les feuilles dans les bains; enfin, la plante tout entière était fréquemment usitée en médecine; on préparait avec ses feuilles une eau aromatique, appelée *eau d'ange*, très-recherchée pour la toilette; les baies entraient dans des compositions astringentes qui étaient très-réputées. Dioscoride et Pline recommandaient l'usage du myrte à l'intérieur, contre la débilité des organes digestifs, la diarrhée, la leucorrhée ; et, à l'extérieur, contre le relâchement des gencives, la chute du rectum, etc. Le botaniste Pierre Garidel (*Histoire des plantes des environs d'Aix-en-Provence*, 1715, in-fol.), donne la formule d'une huile préparée avec les feuilles et les fruits du myrte, dont il exagère les vertus. Aujourd'hui, le myrte n'est plus guère en faveur que comme arbuste d'agrément. Néanmoins ses fruits sont des condiments aromatiques très-estimés. Au Chili, on prépare avec les fruits rouges, arrondis ou ovoïdes, assez gros, du myrte ugni (*Myrtus Ugni molina*) une liqueur que les habitants de ce pays comparent aux meilleurs vins muscats. Les piments aromatiques du myrte sont employés chez nous comme on le fait du girofle, de la cannelle, du galanga, etc.

NANDHIROBA

Nandhiroba hederacea Plum. *Feuillea scandens* L.
(Cucurbitacées-Nandhirobées.)

Le Nandhiroba à feuilles de lierre, vulgairement appelée Liane contre-poison ou Boîte à savonnette, est un arbrisseau, dont la tige, longue de plusieurs mètres, grimpante, flexible, munie de vrilles simples et axillaires, porte des feuilles alternes, pétiolées, cordées, acuminées, palmées, à trois ou cinq lobes, longues de $0^m,12$ à $0^m,15$, larges de $0^m,10$, légèrement dentées, charnues, luisantes et d'un vert sombre. Les fleurs sont petites, rouges et dioïques. Les mâles, courtement pédonculées et disposées en longues panicules rameuses, ont un calice campanulé, à cinq divisions; une corolle à cinq pétales soudés à la base; dix étamines, alternativement stériles et fertiles, à anthères didymes; un ovaire rudimentaire, surmonté de trois styles dont la réunion constitue une sorte d'étoile qui ferme la gorge de la corolle. Les fleurs femelles, portées sur de courts pédoncules solitaires à l'aisselle des feuilles, ont un calice à tube adhérent, à limbe partagé en cinq divisions; une corolle à cinq pétales oblongs, alternant avec cinq appendices qui paraissent être des étamines avortées; un ovaire infère, trigone, à trois loges pluriovulées, surmonté de trois styles terminés chacun par un stigmate large, obtus et bifide. Le fruit est une péponide globuleuse, charnue, de $0^m,10$ à $0^m,15$ de diamètre, à enveloppe verte, ligneuse, cassante, comme chagrinée, assez épaisse, divisée vers le milieu de sa longueur par un bourrelet circulaire produit par le calice, et qui marque la section suivant laquelle elle s'ouvre à la maturité. L'intérieur est divisé en trois loges, qui renferment plusieurs graines ovales, aplaties, lisses et fauves, d'environ $0^m,03$ de diamètre, vulgairement appelées *Noix de serpent*.

HABITAT. — Cette plante croît dans les régions tropicales de l'Amérique; elle habite les bois et n'est pas cultivée.

PARTIES USITÉES. — Les semences.

RÉCOLTE. — Aux Antilles et dans toute l'Amérique du Sud on emploie, sous le nom de *Noix de serpent*, les graines des *Nandhiroba hederacea, scandens, cordifolia*. Ces graines sont larges, d'un fauve grisâtre. L'amande est jaunâtre.

COMPOSITION CHIMIQUE. — On a extrait par expression, de ces

semences, une huile fixe qu'on emploie pour brûler. Son extrême
amertume, disent Pison et Margraff (*Hist. naturalis Brasiliæ*, 1648
et 1658, in-fol.), empêche qu'on ne la mange. On a trouvé encore
dans ces graines une résine, de l'amidon, une matière muqueuse,
du ligneux et du parenchyme.

USAGES. — R. Brown, dans sa *Flore de Jamaïque* (p. 374), signale la
propriété que possède la noix de nandhiroba de neutraliser le venin
des serpents. On la regarde aussi comme un contre-poison des
substances toxiques végétales, comme celles du manioc, du mancenillier, etc. M. Drapiez dit en avoir obtenu de bons résultats sur des
animaux empoisonnés par la noix vomique, le *Rhus toxicodendron*
et la ciguë. On fait prendre cette noix broyée dans un peu d'eau, ou
on la réduit en pulpe et on l'applique sur les plaies par lesquelles l'absorption du poison s'est opérée. On estime aussi qu'elle est fébrifuge.
A petite dose, la noix de nandhiroba purge doucement. On fait remarquer qu'elle agit comme vomitive sur les animaux. On l'a souvent
administrée comme vermifuge.

A la Nouvelle-Grenade, on emploie, comme fébrifuge, les
amandes du *Feuillea Javilla* Kunth.

NARCISSE

Narcissus pseudo-narcissus L.
(Narcissées.)

Le Narcisse des prés ou faux narcisse, appelé aussi Narcisse sauvage ou des bois, Aïault, Jeannette, Porillon, Fleur de coucou, etc.,
est une plante vivace, à bulbe arrondi, oblong, formé d'écailles très-
serrées, émettant en dessous des racines fibreuses, fasciculées, blanchâtres, et en dessus des feuilles toutes radicales, linéaires, assez
larges, obtuses, aplaties ou légèrement canaliculées, un peu glauques.
Du centre de ces feuilles s'élève une hampe (vulgairement tige) haute
de 0^m,20 à 0^m,40, comprimée, à deux angles saillants, glauque, terminée par une seule fleur grande, jaune, peu odorante, un peu pen-
chée, renfermée, avant l'épanouissement, dans une grande spathe
membraneuse, blanchâtre, monophylle, qui se fend longitudinalement sur un de ses côtés. La fleur présente un périanthe en entonnoir, à tube adhérent à la base avec l'ovaire et prolongé en dessus,
évasé, jaune verdâtre, à limbe partagé en six divisions ovales, jaune

pâle ou soufre, à gorge surmontée d'une couronne tubuleuse, campanulée, d'un beau jaune, à bords frangés et ondulés ; six étamines insérées sur le tube du périanthe au-dessous de la couronne ; un ovaire infère, à trois loges pluriovulées, surmonté d'un style simple terminé par un stigmate à trois lobes peu marqués. Le fruit est une capsule arrondie, trigone, trivalve, à trois loges renfermant chacune plusieurs graines arrondies (Pl. 39).

HABITAT. — Le Narcisse des prés est assez commun en Europe ; il habite les bois et les pâturages ombragés.

CULTURE. — Cette plante n'est cultivée que dans les jardins botaniques ou d'agrément ; elle est rustique, croît à peu près dans tous les sols et se multiplie facilement par la division des caïeux.

PARTIES USITÉES. — Les bulbes, les feuilles et les fleurs.

RÉCOLTE. — Les bulbes doivent être récoltés pendant l'hiver, les fleurs à l'époque de leur épanouissement ; il faut les cueillir par un temps sec, les faire dessécher rapidement et les conserver dans un lieu sec, à l'abri de la lumière ; sans cela, ils verdissent et jouissent alors de propriétés différentes.

COMPOSITION CHIMIQUE. — Les bulbes de narcisse ont une saveur amère et âcre ; ils sont inodores. D'après M. Carpentier, les fleurs contiennent de l'acide gallique, du tannin, du mucilage, de l'extractif, de la résine, du chlorure de calcium, du ligneux (*Bulletin de pharm.*, t. III, p. 128). M. Caventou en a extrait une matière grasse odorante, une matière colorante jaune, de la gomme. M. Jourdain de Binche (*Encyclopédie des sciences médicales*, septembre 1839), a extrait de cette plante une matière qu'il a désignée sous le nom de *Narcitine*, et qu'il regarde comme le principe actif. C'est une matière blanche, transparente, d'une odeur suave, soluble dans l'eau, dans l'alcool et le vinaigre. D'après M. Jourdain de Binche, les squames contiendraient la moitié de leur poids de cette matière ; les fleurs en renfermeraient moins ; la hampe en contiendrait avant la floraison, et il n'y en aurait plus après cette époque. Il en serait de même des feuilles, et le contraire aurait lieu pour les bulbes. Tous ces faits auraient besoin d'être confirmés par de nouvelles observations. On a extrait des fleurs de narcisse une laque jaune.

USAGES. — Les bulbes de la plupart des narcisses, et principalement ceux du narcisse des poëtes (*N. poeticus*), du narcisse odorant (*N. odorus*) et du narcisse jonquille (*N. jonquilla*), sont âcres et vomitifs; les fleurs du narcisse-faux-narcisse (*Narcissus pseudo-narcissus*) sont seules employées.

Les propriétés vomitives du narcisse des prés sont incontestables, mais n'expliquent pas toutes les propriétés de cette plante. Plutarque, dans ses *Symposiaques* ou *Propos de table*, dit que le narcisse endort les nerfs. Pline prétend que son nom vient de νάρκη, engourdissement, parce que les personnes qui en respirent la fleur sont engourdies (Pline, *Hist. nat.*, lib. XXI, cap. 19). Les bulbes ont été employés comme vomitifs depuis Dioscoride. On leur a souvent substitué les fleurs pulvérisées. Loiseleur – Deslonchamps et d'autres auteurs assurent que la propriété vomitive de ces fleurs est d'autant plus prononcée qu'elles ont été récoltées par un temps de pluie et qu'elles sont devenues vertes en séchant. Tour à tour proposées contre la dysentérie, par M. Passaguay; contre les dartres et les convulsions, par le docteur Dufresnoy de Valenciennes, contre l'épilepsie, par le docteur Vaillechèse et par M. Michéa, qui assurent en avoir obtenu de bons effets, ainsi que dans l'hystérie, contre la chorée, par M. Porché, etc., etc., les fleurs de narcisse sont à peu près inusitées de nos jours. Néanmoins M. Cazin les a prescrites en infusion, ou sous forme de sirop, contre les catarrhes pulmonaires.

NASITOR

Lepidium sativum L. *Thlaspi sativum* Desf.
(Crucifères – Lépidinées.)

Le Nasitor, appelé aussi Passerage cultivée, Cresson alénois ou des jardins, est une plante annuelle, dont la tige, haute de $0^m,25$ à $0^m,50$, cylindrique, glabre, glauque, dressée, rameuse, porte des feuilles alternes, glabres et glauques; les radicales pétiolées, pennatiséquées, étalées en rosette, les supérieures sessiles, linéaires, entières. Les fleurs, blanches, très-petites, courtement pédonculées, sont réunies en grappes spiciformes à l'extrémité des rameaux. Elles présentent un calice à quatre sépales ovales, arrondis, obtus, un peu concaves en dedans; une corolle à quatre pétales spatulés, un peu étalés; six étamines tétradynames; un ovaire lenticulaire, comprimé, à deux loges uniovulées, surmonté d'un style simple, très-court, terminé par un stigmate en tête. Le fruit est une silicule lenticulaire, un peu échancrée au sommet, à deux loges monospermes, s'ouvrant en deux valves naviculaires, carénées, minces, membraneuses et un peu ailées (Pl. 40).

Habitat. — Originaire de l'Orient, le nasitor est aujourd'hui cultivé dans tous les jardins potagers de l'Europe, et s'est même naturalisé dans plusieurs localités.

Culture. — Cette plante ayant une végétation très-rapide, on la sème, tous les quinze jours, sur couche, depuis janvier jusqu'en mars, et en pleine terre durant la belle saison, en choisissant une exposition fraiche et ombragée. Elle demande des arrosements fréquents; on sarcle et on éclaircit au besoin. Par les temps chauds et dans les terrains secs, le nasitor, si on néglige de l'arroser, s'élève peu, et son âcreté est beaucoup plus prononcée. Cette plante a produit, par la culture, plusieurs variétés.

Parties usitées. — Les feuilles, la plante entière jeune.

Récolte. — Le cresson alénois est cueilli frais, lorsqu'on veut le manger, et c'est sous cet état qu'il a été employé quelquefois en médecine, car il perd toutes ses propriétés par la dessiccation. On administre le jus, qui s'obtient par expression des feuilles fortement contusées et par filtration à froid.

Composition chimique. — L'analyse de cette plante n'a pas été faite. Elle possède une saveur chaude, un peu âcre, piquante et agréable. Elle doit contenir une essence sulfurée ou les éléments nécessaires à sa formation, que l'on trouve dans toutes les plantes de la famille des crucifères.

Usages. — Le nasitor est employé le plus souvent pour assaisonner les salades et en relever le goût. Il est rare qu'on le mange seul. Comme le cresson de fontaine, dont nous avons déjà parlé, il possède des propriétés anti-scorbutiques qui le rendent utile à la santé. On le mange cru ou on fait boire le jus dépuré, plus rarement l'infusion vineuse ou la décoction contre les affections atoniques, les engorgements chroniques des viscères abdominaux, dans les hydropisies, l'anasarque, etc., etc. Ambroise Paré prescrivait cette plante pilée avec de la graisse de porc, qu'il appliquait sur les croûtes qui se forment sur la tête des enfants. Bodard a proposé de la substituer à l'écorce de winter comme tonique, antiscorbutique. Forestus faisait prendre le suc dans les affections soporeuses, à la dose de 30 à 120 grammes. Il est toujours très-facile de se procurer la plante fraiche, car ses graines germent en vingt-quatre heures. Le *Lepidium latifolium*, dont nous parlerons plus loin, jouit des mêmes propriétés (*Voyez Passerage*).

NAUCLÉE

Nauclea gambir Hunt. *Uncaria gambir* Roxb.
(Rubiacées - Cinchonées.)

La Nauclée gambir est un arbrisseau élevé, dont les tiges droites, cylindriques, se divisent en rameaux opposés, obscurément tétragones, effilés, étalés, glabres, portant des feuilles opposées, à stipules sessiles, ovales-obtuses, caduques, à pétiole très-court, à limbe ovale-aigu, entier, long de $0^m,10$ à $0^m,15$, glabre sur les deux faces, veiné, traversé par des nervures simples, latérales. Les fleurs, purpurines, odorantes, très-nombreuses, sont réunies en cymes ombelliformes, à l'extrémité de pédoncules courts, solitaires à l'aisselle des feuilles, et munis, vers leur milieu, d'un petit involucre formé de cinq folioles très courtes, conniventes à la base. Elles présentent un calice oblong, à cinq dents, persistant ; une corolle en entonnoir, à tube très-long et grêle, à gorge nue, à limbe divisé en cinq lobes ovales, aigus, étalés ; cinq étamines incluses ; un ovaire infère, à deux loges multiovulées, surmonté d'un style simple, grêle, filiforme, terminé par un stigmate simple ovoïde. Le fruit est une capsule, très-allongée, couronnée par le calice persistant, à deux loges renfermant de nombreuses graines très-petites, ailées, à albumen charnu.

La Nauclée d'Afrique (*N. Africana* Willd., *Uncaria inermis* Willd.) est un arbrisseau à feuilles larges, ovales, acuminées, longuement pédonculées. Les fleurs, réunies en cymes globuleuses sessiles, ont leurs étamines saillantes et réfléchies. Les capsules inférieures sont presque sessiles.

La Nauclée pourpre (*N. purpurea* Roxb., *N. orientalis* Poir., *Cephalanthus chinensis* Lam.) est un arbrisseau de 3 à 4 mètres, à feuilles pétiolées, ovales oblongues, acuminées, glabres, luisantes ; à fleurs pourpres, en cymes globuleuses, à l'extrémité de pédoncules terminaux solitaires ou ternés.

HABITAT. — Les nauclées habitent les régions tropicales de l'ancien continent. La nauclée pourpre et le gambir se trouvent aux Indes Orientales ; la nauclée d'Afrique, en Guinée, au Sénégal, etc. Elles ne sont cultivées que dans les serres chaudes des jardins botaniques.

PARTIES USITÉES. — L'extrait obtenu par l'évaporation de la décoction des branches et des bourgeons, ou *Gutta gambir*.

RÉCOLTE. — D'après Hunter (*Observations sur le Nauclea gambir*, etc., *Transact. of the Linn. soc. of London*, vol. IX, 1808), deux procédés sont employés pour extraire le *Gutta-gambir* des feuilles du *Nauclea gambir*. Dans le premier, on fait bouillir les feuilles, séparées de leur tige, dans de l'eau ; on évapore la décoction en consistance sirupeuse, et on laisse solidifier par le refroidissement ; on coupe alors en fragments carrés, que l'on fait sécher au soleil, en ayant le soin de les retourner souvent ; ainsi préparé, le *Gutta-Gambir* présente une couleur brune.

Le second procédé employé, d'après le docteur Campbell, de Bencoolen, pour le gambir, apporté de la côte malaise et de Sumatra, consiste à couper en petits fragments les feuilles et les jeunes branches, et à les faire infuser dans de l'eau pendant quelques heures ; il se dépose de la sorte une matière qu'on fait sécher au soleil, et qu'on façonne dans de petits moules arrondis.

D'après Roxburgh, le *Gambir* est le nom malais d'un extrait préparé avec les feuilles de l'*Uncaria gambir*, qui est à la fois émollient, et presque aussi astringent que le cachou. On l'obtient par ébullition des feuilles hachées dans de l'eau. C'est la fécule astringente déposée du *décoctum* qui est évaporée au soleil, qui prend consistance de pâte et se façonne dans des moules circulaires. Mais, dans d'autres parties du golfe de Bengale, la décoction des feuilles et des bourgeons est évaporée sur le feu et à la chaleur du soleil, jusqu'à consistance convenable pour pouvoir être divisée en petits pains carrés.

A Singapour, d'après Bennett, on prépare le gambir cubique en faisant bouillir deux fois les feuilles avec de l'eau, dans un chaudron nommé *qualie*, fait en écorces d'arbres cousues avec un fond de fer battu ; le résidu, épaissi et égoutté, est employé comme fumier pour les plantations du poivre. Par évaporation du liquide, on obtient un extrait ferme, d'un brun clair, jaunâtre et terreux, que l'on coule dans des moules oblongs ; lorsqu'il est solidifié, on le coupe en cubes que l'on fait sécher au soleil. Hunter dit qu'on y mêle du sagou, mais Bennett assure que cette fraude ne se pratique pas à Singapour. Le meilleur gambir vient de l'îlot de Riouw ou de Rhio, de l'île de Bintang et de Lingen ou Lingga, appelée aussi Lengan, possession des Malais indépendants. Les principaux lieux de fabrication sont, d'après Hunter, Rhio, Siak et Malacca, où l'on emploie plus généralement le procédé par ébullition.

Composition chimique. — Le gambir est une sorte de *kino* qui est, comme les cachous, riche en un tannin particulier que l'on a désigné, pour le cachou, sous le nom d'acide mimo-tannique, à cause du précipité vert qu'il donne avec les sels de fer, de sorte que les gambirs, les kinos et les cachous sont des extraits astringents de plantes diverses qu'il est souvent fort difficile de distinguer les uns des autres. Ce sont des mélanges, en proportions véritables, de fécule, de tannin, de matières extractives d'acide pectique. La première sensation que le gambir produit sur l'organe du goût, dit Hunter, est celle d'amertume et d'astringence ; mais il laisse ensuite un arrière-goût douceâtre très-persistant.

En Angleterre, sous le nom de *kino*, on emploie le kino d'Afrique, qui est produit par le *Pterocarpus erinaceus* (Légumineuses).

En France, on fait plus fréquemment usage du *kino d'Amboine* ou *vrai kino*, qui est produit par le *Nauclea gambir*. Ce dernier est en masses d'un brun rougeâtre, sèches, friables, brillantes, opaques, d'une saveur amère et astringente, un peu solubles dans l'eau et dans l'alcool. Sa solution précipite les persels de fer en noir verdâtre gélatineux. Elle précipite en gris les sels de plomb, et en rouge gélatineux le tartrate d'antimoine et de potasse.

Usages. — C'est l'anglais Fothergill, aussi célèbre comme bienfaiteur de l'humanité que comme médecin, mort en 1780, qui a introduit le kino dans la matière médicale, en 1758. Il est assez rarement employé. Astringent puissant, il a été employé avec succès, à l'intérieur, comme détersif et dessiccatif des plaies, et, à l'intérieur, comme le cachou, contre les diarrhées rebelles, la dysentérie, les hémoptisies, la leucorrhée, etc. On lui préfère généralement aujourd'hui l'extrait de ratanhia.

Aux Indes Orientales, on l'emploie comme astringent. On le fait mâcher avec les feuilles de bétel contre les aphthes (Ainslie, *Mat. méd.*, t. II, p. 106). Hunter dit qu'on lui a donné l'assurance qu'il agissait efficacement dans les angines, contre les aphtes, ainsi que dans les cas de diarrhée et de dysentérie. On fait, ajoute-t-il, infuser cette matière dans l'eau, à laquelle elle donne la couleur d'une infusion de thé. Les Malais la mêlent à de la chaux, et l'appliquent à l'extérieur sur les coupures, brûlures, etc. Mais l'usage le

plus fréquent qu'on en fait aux Indes Orientales, toujours d'après
Hunter, consiste à le mâcher en le mêlant avec des feuilles de bétel,
de la même manière que le cachou ; on choisit pour cela la qualité
la plus belle et la plus blanche. Au Sénégal, d'après M. Leprieur,
le *Nauclea africana* est employé en décoction et en bains contre les
fièvres. Fothergill le préconisait contre les flux immodérés, les fièvres
intermittentes. On l'associe souvent au quinquina, et Thilenius a
constaté les bons effets de la solution de kino, mêlée à l'eau de chaux,
contre la leucorrhée ; il introduisait dans le vagin une éponge imbi-
bée de ce mélange (*Med. und Chir.*). On a souvent aussi employé le
kino contre les ulcères de la gorge, de même que contre les aphthes.
Enfin, le kino est exporté en Chine et à Batavia, pour la teinture et
pour le tannage des cuirs.

NÉLUMBO

Nelumbium speciosum Willd. *Nymphœa nelumbo* L.
(Nélumbiacées.)

Le Nélumbo élégant, appelé aussi vulgairement Lis du Nil ou Lotus
rose, est une plante vivace, sécrétant un suc laiteux dans presque
toutes ses parties, à rhizome charnu, rameux, rampant, muni de
nombreuses fibres radicales. Les feuilles, portées sur de longs pétioles cylindriques et nus, sont très-larges, orbiculaires, peltées, om-
biliquées, glauques, couvertes d'une efflorescence veloutée qui ne
permet pas à l'eau de s'y arrêter. Les fleurs, très-grandes, d'un beau
rose vif, sont solitaires à l'extrémité de longs pédoncules radicaux.
Elles présentent un calice de six à huit sépales ovales lancéolés,
nuancés de vert en dehors ; une corolle de dix à douze pétales, blanchâtres à la base, rose carminé au sommet ; des étamines en nombre
indéfini, insérées en spires régulières au-dessous des ovaires, à anthères munies d'un connectif saillant ; un réceptacle en cône ren-
versé, surmonté d'un disque sessile, pelté, creusé de nombreuses
alvéoles dans chacune desquelles est inséré un pistil à ovaire ovoïde,
adhérent par la base, à une seule loge uniovulée, surmonté d'un style
simple, très-court, persistant, terminé par un stigmate entier légèrement déprimé. Le fruit est une capsule conique, ligneuse, surmontée
d'un large plateau, creusé aussi d'alvéoles nombreuses dont chacune
renferme une graine ovoïde, libre à la maturité, du volume d'une
noisette, à testa mince, dur, coriace et grisâtre (Pl. 41).

Habitat. — Le nélumbo est originaire de l'Orient ; on le trouve depuis la Chine et l'Indoustan jusqu'en Égypte. Il habite les eaux courantes ou stagnantes ; en Europe, on le cultive dans les *aquaria*.

Parties usitées. — Les racines, les fruits.

Composition chimique. — Les racines et les graines du nélumbo sont riches en fécule. Les anciens les réduisaient en farine et les mangeaient. Les fleurs sont un peu aromatiques. Raffeneau-Delile a fait sur des pieds de nélumbo, cultivés au jardin de Montpellier, quelques observations que voici en substance : lorsque l'eau séjourne un peu sur le centre de la feuille, il y a fréquemment émission naturelle d'air, par les bulles, à travers cette eau, et l'air, qui sort seulement de la tache centrale blanche, où se trouvent beaucoup d'autres stomates, y arrive du reste de la face supérieure de la même feuille ; à minuit, les feuilles qui avaient exhalé de l'air pendant le jour n'en donnaient plus ; à six heures du matin, comme le soleil ne les frappait point encore, elles n'étaient pas exhalantes ; elles le redevenaient pendant le reste de la journée ; cependant il s'est trouvé quelquefois des feuilles qui absorbaient et exhalaient dans tous les temps et à toutes les heures ; quelquefois on voyait sortir de l'air d'une partie des feuilles autre que leur centre, et dans laquelle on ne découvrait au microscope ni stomates ni ouvertures d'aucune sorte ; l'air exhalé par les feuilles de nélumbo n'a pas semblé différer de l'air atmosphérique ; il resta démontré à Raffeneau-Delile que chaque feuille de la plante est pourvue d'un système respiratoire complet, pour lequel le velouté possède la faculté absorbante, et les stomates celle seulement exhalante, ce qui est, dit cet auteur, sans exemple pour toute autre plante que celle-ci, la seule qui ait pu se prêter aux expériences qui décident si manifestement l'aspiration et l'exhalation (notes de Delile et de Dutrochet, dans les *Annales des sciences naturelles*, 2ᵉ sér., décembre 1841).

Usages. — Le nélumbo élégant (*Nelumbium speciosum*) est la *fève d'Égypte* (*faba Egyptiaca*, *fève pontique*, χύαμος αἰγύπτιος de Théophraste), le *Lys du Nil*, le *Nelumbo nucifera*, de Gaertner ; c'est le *Lotos sacré* qui surmonte la tête d'Isis et d'Osiris ; le *Tamara* de la mythologie indoue, qui sert de coque flottante à Vichnou et de siège à Brama. Les semences étaient interdites aux prêtres d'Égypte pendant un certain temps. Dans plusieurs contrées de l'Asie, particulièrement en Chine, le numbo est également considéré comme une plante sacrée, symbole de la fertilité. La plante, si célèbre sous le nom de *Lotus du Nil*, qui existait autrefois sur ce fleuve, a disparu ; elle a été retrouvée dans l'Indoustan par Rhéede, et dans les îles Moluques par Rhumphius. Aussi a-t-on pu vérifier les descriptions qu'en ont laissées les anciens, et principalement Théophraste. Raffeneau-Delile attribue sa disparition du Nil, d'abord à ce que la plante n'a pu se prêter sur les bords de ce fleuve aux variations de la sécheresse et des inondations, ensuite au courant du Nil et à la profondeur des canaux, puisque, dit-il, le *Lotus* ne prospère que dans les eaux peu profondes, tranquilles ou peu courantes.

Les graines fraîches du nélumbo ont la saveur de l'amande douce ; aussi les a-t-on fait entrer dans la composition des gâteaux et des pâtisseries. Avec du sucre, on en prépare, aux Indes Orientales, une pâte que l'on fait prendre contre la diarrhée, le marasme et le carreau. Les anciens Égyptiens trouvaient dans les rhizomes et dans les graines du lotus un aliment sain et assez abondant ; ils faisaient du pain avec les graines qui, fraîches, ont un goût assez agréable d'amande. Dioscoride rapporte qu'on propageait la plante en en jetant les semences dans l'eau, après les avoir enveloppées de limon pour leur faire atteindre le fond. Les Arabes retiraient, dit-on, par expression, du nélumbo, une huile qu'ils employaient en frictions contre les maladies des nerfs, les douleurs, etc. D'après Ainslie, (*Mat. méd.*, t. II, p. 240), Hippocrate aurait employé la racine du nélumbo. Dans l'Indoustan, en Chine et en Cochinchine, on mange cette racine bouillie dans de l'eau ou cuite sous la cendre. Lorsqu'elle est fraîche, il en découle un suc visqueux qu'on a employé contre la diarrhée et les vomissements. En Amérique, on mange les graines de nélumbo jaune (*Nelumbium luteum* Willd., *Cyamus flavicomus* Salisb., *Nymphæa nelumbo* Linn.).

A Java, les pétales du nélumbo sont regardés comme astringents, et on les emploie comme nous faisons chez nous les roses (*Propriétés des plantes de Java. Bulletin des sc. méd. de Férussac*, t. VIII, p. 210). Les fleurs servent à faire des couronnes et des chapelets. Les feuilles, en raison de leur grandeur et de leur force, sont employées, dans l'Indoustan, comme éventail.

NÉNUPHAR

Nuphar luteum Smith. *Nymphæa lutea* L.
(Nymphéacées.)

Le Nénuphar jaune ou Plateau est une plante vivace, à rhizome épais, charnu, couvert de cicatrices, rampant et traçant, émettant en dessous de nombreuses fibres radicales. Les feuilles, toutes radicales, longuement pétiolées, grandes, arrondies, entières, échancrées en cœur à la base, sont, les unes submergées, plus larges, molles, membraneuses, minces, presque transparentes, fortement ondulées ; les autres flottantes, ordinairement plus petites, coriaces, d'un vert foncé. Les fleurs, d'un jaune foncé, de moyenne grandeur, sont solitaires à l'extrémité de longs pédoncules axillaires. Elles présentent un calice à cinq sépales ovales arrondis, obtus, roides, colorés, persistants ; une corolle de dix à vingt pétales beaucoup plus courts que le calice, épais, charnus, disposés sur deux rangs, luisants à la face externe ; des étamines en nombre indéfini, hypogynes ; un ovaire libre, arrondi, ovoïde, à loges nombreuses multiovulées, surmonté d'un stigmate sessile, pelté, rayonnant, persistant, fortement ombiliqué à bords, entiers un peu ondulés. Le fruit est une capsule ventrue, rétrécie en col au sommet, à loges nombreuses, renfermant une pulpe abondante dans laquelle sont plongées de nombreuses graines à albumen double (Pl. 42).

HABITAT. — Le nénuphar est très-répandu en Europe ; il habite les eaux courantes ou dormantes. Le nénuphar bleu (*Nymphæa cærulea* Savigny) croit dans les rivières et les canaux de la Basse-Égypte, ainsi que le nénuphar lotus (*Nymphæa lotus* Linn.).

CULTURE. — Cette plante est cultivée dans les jardins botaniques et d'agrément, où elle sert à orner les pièces d'eau. Il lui faut une terre vaseuse ou argileuse et un peu tourbeuse. On la multiplie par la division des rhizomes, ou par graines, semées en juin et juillet, dans des pots ou terrines que l'on immerge aussitôt après.

PARTIES USITÉES. — Les rhizomes, les pétales.

RÉCOLTE. — Le rhizome du nénuphar jaune (*Nuphar luteum*), est blanc ; c'est celui que l'on emploie en médecine sous le nom de racine de nymphea ou de nénuphar. Celui du nénuphar blanc, au contraire, est jaune à l'intérieur et n'est pas employé.

Le rhizome du nénuphar jaune est gros, cylindrique, charnu, de la grosseur du bras environ. Il porte des empreintes nombreuses des feuilles. Il serait très-difficile et presque impossible de le dessécher entier. Aussi le coupe-t-on en lanières très-minces, que l'on expose au soleil, et que l'on roule quelquefois en petits paquets lorsqu'ils sont secs ; ils ont alors l'aspect de l'amadou, mais ils sont plus blancs, et on les reconnaît toujours aux cicatrices qu'ont laissées les feuilles en tombant.

Les pétales sont récoltés à l'époque du parfait développement de la fleur. On les fait sécher rapidement au soleil. Ce sont ceux du nénuphar blanc (*Nymphæa alba* Linn., vulgairement *Lys des étangs*, quelquefois aussi appelé *Nénuphar officinal*) que l'on emploie de préférence.

Composition chimique. — Toutes les parties des nénuphars sont riches en mucilage ; elles présentent, d'ailleurs, une saveur amère et styptique. Le rhizome contient du tannin et de l'acide gallique. M. Morin, de Rouen, y a trouvé, en outre, de l'amidon, du muqueux, du sucre incristallisable, de la résine, une matière azotée, des sels.

Usages. — Le *nénuphar bleu* (*Nymphæa cærulea*) et le *nénuphar lotus* (*N. lotus*), étaient, comme le nélumbo, l'objet d'une grande vénération chez les anciens Égyptiens ; ils les représentaient sur tous leurs monuments et parmi leurs hiéroglyphes ; on en retrouve la figure jusque sous les ruines de Philæ (Tachompso des anciens Égyptiens) et d'Edfou (Atbo des anciens Égyptiens, *Apollinopolis magna* des Grecs), à l'extrémité méridionale de la Haute-Égypte, où il paraît que ces plantes croissaient autrefois, mais d'où elles ont disparu depuis longtemps. Des faisceaux de feuilles et de fleurs de nénuphar bleu étaient figurés parmi les offrandes aux dieux dans les tableaux hiéroglyphiques. On en tressait aussi des couronnes. On mangeait sa graine et ses rhizomes. Le *nénuphar lotus* était plus spécialement consacré à Isis ; ses fruits, mêlés à des épis de blé, étaient le symbole de cette déesse et l'emblème de l'abondance. Aussi en trouve-t-on la figure sur un grand nombre de médailles égyptiennes. Le rhizome et la graine de ce nénuphar, comme ceux du précédent, étaient d'un usage alimentaire. Les graines, petites et arrondies, mais nombreuses dans chaque fruit, et qu'Hérodote compare à celles du millet, servaient à faire du pain. Selon Théophraste, on les retirait de l'intérieur des péricarpes en mettant les fruits en tas, les laissant pourrir et lavant ensuite le tout ; par ce moyen on les isolait de la pulpe dans laquelle elles sont plongées. Le rhizome, dont la consistance et le goût rappellent ceux de la châtaigne, était également apprécié. Les Égyptiens modernes comptent encore le nénuphar lotus parmi les substances alimentaires ; mais ils préfèrent à son rhizome celui du nénuphar bleu. L'un et l'autre ont leur place sur les marchés d'Égypte. Dans les temps de disette, on a essayé d'utiliser le rhizome du *nénuphar blanc* comme aliment, mais il ne renferme pas assez de fécule pour être d'un grand avantage. Dans certains pays, et principalement en Suède, les feuilles de nénuphar jaune servent à la nourriture des bestiaux ; des rhizomes, secs et pulvérisés, entrent dans la composition du pain.

Le rhizome et les graines du *nénuphar blanc* ont longtemps joui de la réputation, bien usurpée, d'avoir des propriétés sédatives et surtout anti-aphrodisiaques ; aussi, sous l'empire de cette croyance populaire, s'en faisait-il une immense consommation dans les maisons religieuses. Des expériences précises ont fait à la fin justice d'une idée si fausse ; et si quelques auteurs leur accordent encore de simples propriétés émollientes et rafraîchissantes, comme le seraient celles de la guimauve, par exemple, d'autres, au contraire, les considèrent comme toniques et amères. A l'état frais, la substance du nénuphar est rubéfiante ; aussi Delharding l'appliquait-il, sous forme de pulpe, à la plante des pieds, pour combattre les fièvres intermittentes, et Grégoire Horstius (*Observationes medicinales et pharmaceuticæ*, 1664, 2 vol. in-4°) dit-il que, mêlée à du beurre et appliquée sur la tête, elle rend les cheveux plus beaux et plus abondants. Nous laissons, bien entendu, cette opinion à son auteur.

NÉPHRODIE

Nephrodium filix mas Stramp. *Polystichum* Roth. *Aspidium* Sw. *Dryopteris* Matth.
(Fougères – Polypodiées.)

La Néphrodie fougère mâle est une plante vivace, à rhizome épais, rameux, traçant, couvert d'écailles brunâtres scarieuses, émettant en dessous des racines grêles, fibreuses, brun rougeâtre. Les frondes (vulgairement feuilles), toutes radicales, sont longues de 0ᵐ, 50 à un mètre, plus ou moins longuement pétiolées, oblongues lancéolées, pennatiséquées, à rachis couvert d'écailles, à segments un peu étalés, lancéolés pennés, offrant quinze à vingt-cinq paires de lobes oblongs-obtus, adhérents dans toute la largeur de leur base, crénelés dans leur partie inférieure, dentés au sommet. Les organes reproducteurs consistent en sporanges, disposés, à la face inférieure des feuilles, en groupes arrondis, assez gros, peu nombreux, formant deux lignes à la partie inférieure de chaque lobe et couverts d'un *indusium* membraneux, arrondi, réniforne et comme pelté.

HABITAT. — La fougère mâle est commune en Europe ; elle habite les bois et les buissons, les chemins creux, les fossés, etc. On ne la cultive que dans les jardins botaniques, où on la propage simplement par la transplantation des pieds sauvages.

PARTIES USITÉES. — La souche ou le rhizome, improprement nommé racine, les bourgeons.

RÉCOLTE. — Le rhizome de la néphrodie est plus actif à l'état frais qu'à l'état sec. Contrairement à l'opinion émise par quelques auteurs, nous pensons, avec M. Soubeiran, qu'il vaut mieux le recueillir en hiver ; il est certain que pendant l'été il est plus tendre et plus vert, mais il est alors moins actif. A l'état sec, il faut qu'il ait la cassure verte, d'une odeur un peu nauséeuse, d'une saveur d'abord douceâtre, puis astringente, amère, et même un peu âcre. Lorsque sa cassure présente une teinte brune, il a perdu la plus grande partie de ses propriétés. La souche est formée de tubercules oblongs, rangés tout autour et le long d'un axe commun, et recouverts d'une enveloppe brune, coriace et foliacée, entre lesquels tubercules on trouve de nombreuses écailles d'une couleur dorée.

On employait autrefois, concurremment avec la fougère mâle, la souche du *Polypodium felix femina* Lin. (*Athyrium felix femina* R.), qui est la petite fougère femelle, et celle du *Pteris aquilina* Lin., que l'on nommait la grande fougère femelle. Les frondes ou feuilles de celle-ci sont souvent employées pour coucher les enfants pendant l'été, dans le but de les tenir au frais, et aussi pour tuer les vers. D'après M. Timbal-Lagrave, de Toulouse, on trouve souvent dans le commerce les souches de fougère femelle (celles de l'*Aspidium angulare* et de l'*Aspidium aculeatum*), qui sont vendues pour celles de la fougère mâle. Quoique leurs propriétés soient analogues, il faut préférer la véritable fougère mâle. Malheureusement ces espèces ne se distinguent que par la forme des frondes et celle de l'indusium, et, comme on vend les souches isolées, la distinction est difficile à faire.

Composition chimique. — Le rhizome de fougère mâle a été analysé par M. Morin, de Rouen, qui y a trouvé une substance grasse, d'un jaune brunâtre, d'une odeur nauséabonde, d'une saveur très-désagréable ; elle paraît être formée de chlorophylle altérée, d'une huile volatile odorante, d'oléine et de stéarine ; cette matière complexe s'extrait par l'éther ; le résidu, repris par l'alcool, donne de l'acide gallique, du tannin, du sucre cristallisable ; l'eau enlève de la gomme et de l'amidon.

Trommsdorff avait séparé de l'extrait éthéré de fougère mâle, un corps cristallisé qu'il avait nommé *filicine*, et que M. Lucke a appelé acide *filicique* ; ce corps est insoluble dans l'eau, l'alcool faible, et l'acide acétique ; il se dissout dans l'alcool concentré et bouillant, et dans l'éther ; il fond à 161° et se prend par le refroidissement en une masse transparente d'un vert jaunâtre ; il se décompose à une plus haute température, en dégageant une odeur butyrique ; sa solution éthérée possède une réaction acide ; indépendamment de cet acide, l'extrait éthéré renferme une huile verte saponifiable, fournissant un acide gras qu'on a appelé *acide filixoïde* (*Arch. des pharm.* et *Journ. de pharmacie et de chim.*, 1852). Enfin, un pharmacien, M. Allard, a extrait de la souche de fougère mâle, un principe astringent analogue à celui du cachou et de la ratanhia.

D'après M. Peschier, de Genève, les bourgeons frais renferment une huile volatile, une résine brune, une huile grasse, une graisse solide, de l'extractif, et divers principes colorants. La cendre de fougère entre, dit-on, dans la composition de la porcelaine de Chine ; elle est très-riche en carbonate de potasse.

Usages. — On assure que les couches des enfants, les coussins et les matelas en feuilles de fougères, sont plus sains que ceux de plume. On les emploie surtout pour les scrofuleux et les rachitiques. Dans plusieurs pays, et notamment dans les contrées septentrionales, on mange les jeunes pousses de fougères à la place d'asperges. Plenck dit que les habitants de la Sibérie font bouillir les souches dans de la bière, ce qui donne à celle-ci une odeur de framboise et un goût agréable. Dans quelques contrées, on les fait manger aux porcs ; on prétend même qu'on en a mis dans le pain en Auvergne, pendant la disette de 1694. Enfin, les feuilles fraîches sont données aux bestiaux.

La fougère mâle était connue de Dioscoride (lib. IV, c. 128). Galien (*De simp. med.*, lib. VIII, et *Method. Medend.* lib. XIV, c. 19), Pline et Ætius (le premier médecin chrétien dont on ait un ouvrage sur la médecine, le *Tetrabiblos*, et qui, natif d'Amide en Mésopotamie, florissait à Alexandrie à la fin du cinquième siècle) la signalent comme vermifuge. Le célèbre médecin arabe Avicenne ajoute qu'elle provoque l'avortement. On l'a vantée contre la goutte, le rachitisme, le scorbut, etc. Quoiqu'on l'ait regardée longtemps comme inerte pour expulser les vers, elle est employée avec succès comme teniacide. Depuis les observations de M. Ebers, de Breslau, c'est l'extrait éthéré de fougère que, dans ce cas, l'on emploie à peu près exclusivement, à la dose de deux à quatre grammes; il est la base du remède de madame Nouffer. MM. Bourdier, Rouzel, Trousseau et Pidoux, ont indiqué des méthodes particulières d'administration, dont l'efficacité est incontestable. M. le professeur Christison, d'Édimbourg (*a Treatise on poisons*), a publié de nombreuses observations qui constatent l'efficacité de l'extrait éthéré de fougère contre le ténia.

La fougère femelle, quoique recommandée comme ténifuge, est bien loin de produire les mêmes effets.

D'après un travail récent de MM. Deschamps (d'Avalon), et Collas, l'extrait alcoolique de fougère mâle doit être préféré à l'extrait éthéré, dont l'action est souvent nulle.

NERPRUN

Rhamnus catharticus L.
(Rhamnées – Zizyphées.)

Le Nerprun purgatif est un arbrisseau, dont la tige, haute de 3 à 4 mètres, droite, couverte d'une écorce lisse et grisâtre, se divise en rameaux souvent terminés en pointe épineuse, portant des feuilles alternes ou opposées, groupées en rosette sur les rameaux florifères, pétiolées, ovales, aiguës, dentées, glabres, d'un vert foncé en dessus, jaunâtre en dessous. Les fleurs, polygames ou dioïques, d'un jaune verdâtre, petites, pédicellées, sont groupées en fascicule au sommet de rameaux latéraux très-courts. Elles présentent un calice campanulé ou urcéolé, persistant, à quatre divisions lancéolées, aiguës, étalées; une corolle à quatre pétales linéaires, très-petits, dressés; quatre étamines opposées aux pétales et un pistil rudimentaire dans les fleurs mâles; chez les femelles, un ovaire globuleux, déprimé, à quatre loges uniovulées, surmonté de deux à quatre styles soudés à la base, libres au sommet et terminés chacun par un stigmate obtus. Le fruit est une petite drupe globuleuse, pisiforme, glabre, noire, contenant deux à quatre noyaux monospermes (Pl. 43).

HABITAT. — Le nerprun est très-répandu en Europe; il habite les bois et les haies, surtout dans les lieux humides.

CULTURE. — Le nerprun est fréquemment cultivé dans les jardins; on l'emploie aussi pour faire des haies vives. Il est très-rustique et vient dans tous les sols et à toute exposition. On le propage de graines, semées en pépinière, en octobre, aussitôt après leur maturité; les jeunes sujets sont plantés à demeure à l'automne suivant. Un moyen plus expéditif consiste à faire des marcottes, qui s'enracinent facilement et donnent, la seconde année, des pieds plus forts.

PARTIES USITÉES. — Les fruits, l'écorce, le bois.

RÉCOLTE. — Les baies de nerprun (dont la couleur a fait donner vulgairement à l'espèce le nom de *Noirprun*, d'où est venu celui de nerprun) doivent être récoltées à leur maturité, c'est-à-dire en septembre et en octobre; on les choisit grosses, luisantes, abondantes en suc; on les fait quelquefois dessécher.

COMPOSITION CHIMIQUE. — D'après M. Vogel, le suc du nerprun cathartique contient de la rhamnine, de l'acide acétique, du mucilage, et une matière azotée; on a vu depuis que le mucilage était de la pectine; M. Fleury en a extrait une matière colorante jaune, à peiné purgative, qu'il a nommée *rhamnine*, et que M. Preisser a étudiée, dans les graines de Perse et d'Avignon; elle est blanche à l'état de pureté, et elle ne devient jaune que par l'action prolongée de l'air; elle paraît différer de la matière colorante jaune que M. Kane a extraite des graines de Perse et qu'il a nommée *chrysorhamnine*, celle-ci, bouillie, se transforme au contact de l'air en une autre matière jaune olive (*xanthorhamnine*), qui paraît exister dans les fruits mûrs, tandis que l'autre se trouve dans les fruits verts.

Muratori avait signalé dans le nerprun la présence d'un principe résineux, du sucre, de la gomme, une matière colorante jaune, une autre verte, et de l'acide malique, sous le nom de *rhamnine*. M. Pichon désigne une matière purgative, différente de la matière colorante jaune dont nous venons de parler. Pour M. Fleury, le principe colorant et purgatif serait l'*acide rhamnique*, analogue, probablement, à l'*acide frangulique* signalé par d'autres auteurs; il résulte de tout ceci que le principe purgatif du nerprun n'est pas encore connu.

USAGES. — Le *nerprun purgatif* (*Rhamnus catharticus* Linn.) est un des purgatifs cathartiques des plus actifs. Les propriétés purgatives que rappelle le nom de cette espèce résident dans les couches libériennes de l'écorce, et surtout dans les fruits. Les fruits écrasés et le suc fermenté au contact de la pellicule, donnent un liquide qui, étant filtré et évaporé en consistance d'extrait mou, constitue le *rob de nerprun*, autrefois employé, et qui ne l'est presque plus aujourd'hui; il entre cependant dans le lavement purgatif des peintres. Le même suc, dans lequel on fait fondre son poids de sucre, et que l'on fait cuire en consistance sirupeuse, produit le *sirop de nerprun*, la seule forme à peu près sous laquelle on emploie aujourd'hui les fruits.

Le sirop de nerprun s'emploie comme purgatif à la dose de trente à soixante grammes; on lui reproche de déterminer des coliques violentes. Quoiqu'on l'ait vanté comme vermifuge, contre les maladies cutanées et les hydropisies, il est à peu près aujourd'hui relégué dans la médecine vétérinaire, où on le regarde comme souverain contre la maladie des jeunes chiens.

Les baies de nerprun sont beaucoup plus actives qu'une quantité correspondante de sirop; quelques-uns de ces fruits suffisent pour purger abondamment; c'est un moyen précieux pour les habitants de nos campagnes. Gilibert prétend que deux baies, prises tous les matins à jeun, éloignent les accès de goutte.

Linné prescrivait les graines de nerprun, torréfiées et pulvérisées, comme purgatives; Tournefort les employait sèches et en poudre; ainsi que les fruits et l'écorce; elles agissent souvent comme *éméto-cathartiques*. M. Fleury en a extrait une huile fixe non purgative.

Le fruit du *nerprun bourdaine* ou *nerprun Bourgène* (*Rhamnus Frangula* Linn.), qui croît parmi les haies, les buissons et les taillis, jouit aussi de propriétés purgatives, mais moins prononcées que celles du fruit de *Rhamnus catharticus*. Ce fruit, d'abord rouge, devient noir en vieillissant. Le bois du nerprun bourdaine est très-léger et sert à faire du charbon qui entre dans la préparation de la poudre à canon; en moyenne, 100 kilogrammes de bois donnent 12 kilogrammes de charbon. Son écorce est purgative et constitue, dans les campagnes, un médicament populaire ; on l'a conseillée comme fébrifuge.

Le bois de nerprun en général est formé d'un aubier blanchâtre et d'un duramen rosé, comme satiné et presque transparent à sa surface, qui le rendrait propre à faire des meubles élégants s'il n'était pas de trop petite dimension.

L'écorce des nerpruns est riche en matière colorante jaune, et pourrait être utilisée pour la teinture ; mais on préfère employer à cet usage les fruits du nerprun des teinturiers (*Rhamnus infectorius* Linn.), que l'on connaît sous le nom de *graines d'Avignon*. On retire une couleur jaune estimée, vulgairement appelée *stil de grain*. Les Turcs s'en servent, dit-on, pour colorer leur cuir en jaune. Il nous vient d'Orient des fruits d'autres nerpruns, connus sous les noms de *graines de Perse*, d'*Andrinople* et de *Morée* ; ces fruits sont surtout produits par les *Rhamnus amygdalinus, oleoides* et *saxatilis*.

Les *graines de Perse*, les plus estimées de toutes, sont de la grosseur d'un petit pois, arrondies ; elles sont recouvertes d'un brou mince, vert jaunâtre, appliqué sur trois coques sèches et monospermes réunis, et formant un fruit trigone ou tétragone ; leur saveur est amère, leur odeur nauséeuse. Les *graines d'Avignon* sont plus petites et plus vertes ; elles présentent trois coques réunies et souvent deux seulement par avortement de la troisième. Leur odeur et leur saveur sont moins prononcées. Avec ces fruits, de la craie et de l'alun, on prépare une sorte de laque jaune, connue sous le nom de *stil de grain* ; le suc du fruit de *Rhamnus catharticus*, cueilli avant sa maturité, et mêlé à de la chaux et de la gomme, constitue le *vert de vessie*, très-employé en peinture. Enfin, c'est du *Rhamnus utilis*, ou *Loza* des Chinois, que l'on extrait la magnifique couleur verte, connue sous le nom de *vert de Chine*.

NIELLE

Agrostemma githago L. *Lychnis githago* Lam. *Githago segetum* D. C.
(Caryophyllées – Dianthées.)

La Nielle des champs, appelée aussi vulgairement Couronne des blés, est une plante annuelle, dont la tige, haute de 0^m,40 à 0^m,80, dressée, rameuse, dichotome au sommet, couverte de longs poils soyeux, porte des feuilles opposées, presque connées, linéaires allongées, velues, soyeuses, blanchâtres. Les fleurs, grandes, rouge violacé, sont solitaires à l'extrémité de longs pédoncules axillaires et terminaux. Elles présentent un calice tubuleux, soyeux, à limbe partagé en cinq divisions linéaires, aiguës, très-longues, à tube marqué de nervures; une corolle à cinq pétales à onglet linéaire, muni de bandelettes ailées, à limbe tronqué ou légèrement échancré; dix étamines; un ovaire libre à une seule loge multiovulée, surmonté de cinq styles. Le fruit est une capsule ovoïde, aiguë au sommet, uniloculaire, d'un brun jaunâtre, s'ouvrant au sommet par cinq dents, et entourée par le calice persistant, accru, renflé, ovoïde campanulé, à nervures ou côtes fortement saillantes. Elle renferme, sur un placenta central, un grand nombre de graines réniformes, tuberculeuses, brun noirâtre.

HABITAT. — Cette plante est commune en Europe. Elle ne se trouve guère que dans les moissons, et s'est naturalisée dans presque tous les pays où l'on cultive le blé.

CULTURE. — La nielle étant une plante nuisible à l'agriculture, on recherche plutôt les moyens de la détruire que de la propager. Aussi n'est-elle cultivée que dans les jardins botaniques, et quelquefois dans les massifs d'agrément. Elle est très-rustique, vient dans tous les sols, et se propage, avec la plus grande facilité, de graines semées en place au printemps.

PARTIES USITÉES. — Les graines, la plante entière.

RÉCOLTE. — Cette plante, qui est très-commune dans les blés, doit être récoltée en fleurs; les graines sont recueillies à la maturité du fruit. Elles sont noires, de la grosseur de celles de la vesce, recourbées sur elles-mêmes, avec un épisperme tuberculeux, rangées par lignes longitudinales. Le célèbre naturaliste anglais Ray les a comparées, lorsqu'on les regarde à la loupe, à un hérisson roulé.

COMPOSITION CHIMIQUE. — Les semences sont inodores; leur saveur d'abord peu prononcée et farineuse, est accompagnée d'un peu d'amertume et devient ensuite assez âcre. M. Malapert, de Poitiers, en a extrait de la *Saponine*, principe âcre et irritant, que l'on trouve dans un grand nombre de plantes de la même famille, et notamment dans la saponaire officinale, et dans la saponaire d'Orient.

USAGES. — D'après Simon Paulli, célèbre prélat et médecin danois, mort en 1680, la décoction des graines de nielle aurait été employée pour guérir les ulcères, les fistules, et contre les hémorrhagies. Selon Léonard Fusch, l'un des plus illustres médecins du seizième siècle, ce serait un bon remède contre la gale, la teigne et d'autres maladies de la peau. Mais aujourd'hui la nielle des blés est tout à fait abandonnée dans la pratique médicale.

Ce n'est plus que comme plante nuisible que la nielle intéresse le médecin. La farine des graines de nielle, mêlée au pain, le noircit et passe pour lui donner des propriétés extrêmement irritantes. C'est à sa présence que l'on a attribué les hémorrhagies intestinales graves que l'on a observées dans le Poitou. Il résulte d'expériences faites par M. Malapert, de Poitiers, qu'elle produit les mêmes accidents chez les animaux et notamment chez les poules, auxquelles on en fait manger les graines. La saponine isolée produirait les mêmes effets. Cependant il résulte d'expériences directes et antérieures de M. Cordier, que les semences, quoique âcres au gosier, ne sont pas nuisibles ; huit grammes en décoction n'ont causé à cet expérimentateur aucun accident ; d'après lui elles rendent le pain désagréable, mais non nuisible. Cette opinion a besoin d'être confirmée.

NIGELLE

Nigella arvensis, sativa et Damascena L.
(Renonculacées - Helléborées.)

La Nigelle des champs, appelée vulgairement Barbiche, Barbe de capucin, Nielle sauvage ou bâtarde, Poivrette commune, etc., est une plante annuelle, à tige haute de $0^m,15$ à $0^m,30$, grêle, dressée ou ascendante, rameuse, portant des feuilles alternes, pétiolées, profondément découpées en segments linéaires, pubescents. Les fleurs, grandes, d'un bleu pâle, sont solitaires à l'extrémité des rameaux. Elles présentent un calice à cinq sépales pétaloïdes, caducs ; une corolle de cinq à dix pétales très-courts, onguiculés, brusquement coudés, munis, au-dessus de l'onglet, d'une fossette nectarifère profonde couverte par une écaille, à limbe bifide ; des étamines nombreuses, à anthères munies d'un connectif saillant ; un pistil composé de trois à sept carpelles pluriovulés, dont chacun est surmonté d'un style et d'un stigmate simples. Le fruit se compose de trois à sept follicules oblongs, étroits, polyspermes, soudés dans leur moitié inférieure et prolongés en bec au sommet (Pl. 44).

La Nigelle cultivée ou Toute-épice (*N. sativa* L.) se distingue de la précédente par ses rameaux redressés ; ses sépales à onglet plus court que le limbe ; ses anthères mutiques ; ses follicules soudés jusqu'au sommet et formant une capsule ovoïde-globuleuse, chargée de glandes scabres.

La Nigelle de Damas (*N. damascena* L.), vulgairement cheveux de Vénus ou Patte d'araignée, est caractérisée par ses fleurs entourées d'un involucre à folioles très-découpées.

HABITAT. — Ces plantes habitent les moissons, les terrains maigres et meubles. La première est répandue dans presque toute l'Europe ; les deux autres sont propres aux régions méridionales. On les cultive dans les jardins botaniques ou d'ornement.

PARTIES USITÉES. — Les graines.

RÉCOLTE. — Les semences sont récoltées à la maturité des fruits. Elles sont noires, ce qui leur a valu leur nom grec de *Melanthium* (de μέλας, noir), et leur nom latin de *Nigella*, diminutif de *Nigra*. On les a aussi appelées *Melanospermum*. Les graines, à la grosseur près, ressemblent beaucoup à celles de staphysaigre (*Delphinium staphysagria*). Celles de la *Nigella arvensis* L. présentent l'aspect de la grosse poudre à canon : elles sont triangulaires et amincies en pointe à l'extrémité ombilicale. Leur épisperme est chagriné. Elles possèdent une odeur aromatique qui se rapproche beaucoup de celle du carvi, et non de celle du cumin. Aussi les a-t-on appelées *cumin noir*. Celles de la *Nigelle des champs* (*N. arvensis*) se distinguent en ce qu'elles sont moins noires ; leurs angles sont très-marqués, et leurs surfaces planes sont chagrinées sans plis transversaux.

Les semences de la *nigelle cultivée* (*N. sativa*) sont noires, excepté dans une variété où elles sont jaunes. Leurs surfaces planes sont plus profondément rugueuses que celles des espèces précédentes. Leur odeur aromatique tient à la fois de celle du citron et de la carotte (Guibourt). La variété citrine sent à la fois le poivre et le sassafras.

La *Nigella indica* de Roxburg, nommée par Ainslie *Nigella sativa*, est, d'après De Candolle, une variété de cette dernière espèce. On la nomme, aux Indes orientales, *Kara-jira*. Ses graines ont été confondues avec celles de la *Veronica anthelmintica* ; elles sont identiques aux graines venues d'Égypte, sous le nom de *graines noires* et de *suneg*. Enfin, il vient de Crète une autre variété de *Nigella sativa*, très-aromatique, qui est employée comme épice, en Orient. Quant à la graine de *Nigelle de Damas*, elle est plus grosse que les précédentes, complétement noire, triangulaire ; mais les surfaces, au lieu d'être planes, sont bombées, ce qui donne à cette graine une forme ovoïde.

On y trouve, de plus, de nombreux plis transversaux très-proéminents. Son odeur, très-agréable, ne peut pas être comparée à celle des autres espèces.

Il ne faut pas confondre, comme on l'a fait souvent, les vraies nigelles avec une plante qui porte souvent le même nom, mais qui est de fait la *Nielle des blés* (*Agrostemma githago*).

COMPOSITION CHIMIQUE. — On ne connaît pas la nature du principe qui donne l'odeur aromatique à la graine de nigelle; cet arome existe dans l'épisperme. Sa saveur est âcre et piquante. L'alcool lui enlève un principe amer et astringent, et, d'après Cartheuser, l'extrait aqueux est insipide.

USAGES. —Les Orientaux emploient les graines des nigelles comme épices. Les Égyptiens et les Orientaux en général, après les avoir pulvérisées, en saupoudrent le pain ou l'introduisent dans les gâteaux pour les rendre plus appétissants. Les femmes de ce pays leur attribuent la propriété d'augmenter l'embonpoint, ce qui, pour elles, constitue la beauté. Les anciens les regardaient comme incisives, apéritives, diurétiques, etc. Hippocrate les employait contre les catarrhes, et Arnaud de Villeneuve (l'un des plus grands linguistes, mais l'un des plus empiriques médecins du treizième siècle) les regardait comme emménagogues. D'après Bodart, auteur du *Cours de botanique médicale comparée*, elles augmentent la secrétion du lait. Peyrilhe les prescrivait contre les vers. Enfin, Wauters proposait de substituer cette graine aux épices exotiques. D'après Dioscoride, les graines de la nigelle des champs peuvent donner la mort. On ne les emploie plus guère en Europe, et encore dans quelques contrées seulement, que pour assaisonner les ragouts.

NOIX VOMIQUE

Strychnos nux vomica L.
(Apocynées – Strychnées.)

Le Strychnos noix vomique, Strychnos vomiquier, ou simplement Vomiquier, est un arbre de moyenne grandeur, dont la tige se divise en rameaux opposés, cylindriques, glabres, d'un vert terne, portant des feuilles opposées, courtement pétiolées, ovales, arrondies, entières, glabres et lisses. Les fleurs, blanches, petites, sont groupées en cymes corymbiformes terminales. Elles présentent un calice monosépale, à cinq divisions très-courtes; une corolle tubu-

leuse, un peu renflée vers la gorge, à limbe partagé en cinq divisions; cinq étamines incluses; un ovaire globuleux ovoïde, à une
seule loge multiovulée, surmonté d'un style et d'un stigmate simples.
Le fruit est une capsule ovoïde, du volume d'une orange, à enveloppe
extérieure crustacée, assez fragile, renfermant une pulpe aqueuse,
dans laquelle sont disséminées des graines orbiculaires, aplaties, om-
biliquées sur une de leurs faces, larges d'environ 0ᵐ,02, grisâtres et
pubescentes (Pl. 45).

Habitat. — Cet arbre croît dans les Indes orientales, particulièrement à Ceylan, sur la côte de Coromandel et au Malabar. On ne le
cultive, en Europe, que dans les jardins botaniques, où il exige la
serre chaude.

Parties usitées. — Les semences, l'écorce.

Récolte. — Le *Strychnos vomiquier* ou *Strychnos noix vomique*,
n'est autre que le *Caniram* de Rhéede (*Hort. malab.*, vol. I, p. 67,
tab. 47). Il a été décrit postérieurement par Loureiro et par Roxburgh. Rhéede indique trois espèces de *Caniram*. La première est le
Tseru-katu-valli-caniram; elle donne des semences ressemblant à celles
de la noix vomique, mais qui sont à peine amères; c'est le *Strychnos
minor* de Blume, qui, d'après M. Guibourt, diffère très-peu du *Caju-
ullar*, ou *Lignum colubrinum* de Rumphius, le même que le *Strychnos
ligustrina* Blum. La seconde espèce de *Caniram* de Rhéede, est le
Wallia-priva-nitica (*Hort. malab.*, t. VII, pl. 7), dont les feuilles
ressemblent à celles de la vigne. La troisième espèce est le *Modira
caniram* (*Hort. malab.*, t. VIII, p. 24), *Strychnos colubrina* L., qui
fournit le véritable *bois de couleuvre*, quoique celui-ci puisse également provenir du *Strychnos nux vomica*, d'après Commelin, et de plusieurs autres *Strychnos*, dont le fruit, très-gros, contient des graines
semblables à la noix vomique, que l'on y mêle dans le commerce,
mais qui s'en distinguent par leur couleur vert bleuâtre, foncée.

La noix vomique, telle qu'on la trouve dans le commerce, est
orbiculaire, aplatie, ayant l'aspect d'un bouton déformé. Elle est
grise, veloutée, douce au toucher; à l'intérieur, on trouve un
albumen corné, très-amer, soudé à l'épisperme, sur un point de la
circonférence. Elle présente une petite proéminence, qui répond
à la chalaze et à la radicule embryonnaire (Gaertn., *De fructibus*,
tab. 179).

L'écorce du vomiquier produit, d'après le docteur O'Shaugnessy, la fausse angusture que nous avons décrite et distinguée de l'angusture vraie (Voyez *Angusture*, *Flore médicale*, t. I, p. 89). Cette fausse angusture est très-riche en brucine. Quant au *Strychnos bois de couleuvre* (*Strichnos colubrina* L.), il n'est pas employé en médecine, et on le distingue par ses fibres blanches et soyeuses, nombreuses, mêlées aux fibres ligneuses, qui ont un peu l'apparence du bois de chêne.

COMPOSITION CHIMIQUE. — La noix vomique, d'abord analysée par Braconnot, a été l'objet d'un travail extrêmement important de MM. Pelletier et Caventou. Ils y ont trouvé de l'igazurate de strychnine, de l'igazurate de brucine, de la cire, une huile concrète, une matière colorante jaune, de la gomme, de l'amidon et de la bassorine. Quant à l'igazurine, plus récemment indiquée par M. Desnoix, il paraît certain que c'est un mélange de plusieurs alcalis organiques différents.

Les alcalis organiques existent dans la noix vomique à l'état de combinaison saline très-soluble dans l'eau et dans l'alcool. On croit, sans que cela soit positivement démontré, que l'acide igazurique ne diffère pas de l'acide lactique. La brucine, d'abord découverte par MM. Pelletier et Caventou, dans l'écorce de fausse angusture, a été retrouvée depuis dans la noix vomique et dans la *Fève de Saint-Ignace* (*S. ignatia* Berg. *Ignatia amara* Linn. fils, ou *Noix d'igazur*); seulement la fève de Saint-Ignace est plus riche en strychnine que la noix vomique (voir l'article *Strychnos ignatier*, *Flore médicale*, t. III). Les graines du vomiquier, de la grosseur d'une olive, sont dures, cornées, anguleuses. Elles se distinguent surtout par leur translucidité.

La *Strychnine* $= C^{44} H^{24} Az^2 O^8$, est un des poisons les plus terribles que l'on connaisse. Un centigramme suffit pour tuer un gros chien. Elle est blanche, cristallisable en octaèdres ou en prismes. Elle n'est ni fusible, ni volatile ; elle est extrêmement amère, et très-peu soluble dans l'alcool faible. Soluble dans l'acool concentré bouillant, elle bleuit par l'acide sulfurique et le bichromate de potasse, ou les bioxydes de plomb ou de manganèse. Ses solutions étendues sont précipitées en blanc par le chlore.

La *Brucine* $= C^{46} H^{25} Az^2 O^8 S$, H O, se distingue de la strychnine par sa très-grande solubilité dans l'alcool faible. Elle cristallise en prismes droits à base rhomboïdale. Elle se dissout dans 500 parties d'eau bouillante, et 800 parties d'eau froide. Elle est insoluble dans l'éther et très-soluble dans l'alcool. Elle est moins vénéneuse que la strychnine, l'acide azotique la colore en rouge de sang, la coloration passe au violet par l'addition d'un peu de proto-chlorure d'étain, le brôme la bleuit.

Comme la strychnine et la brucine sont peu solubles dans l'eau, on préfère employer leurs sels. C'est le sulfate qui est le plus usité.

USAGES. — La noix vomique, la strychnine et la brucine sont des poisons violents, qui agissent en abolissant les fonctions des nerfs du sentiment, et en laissant intacts les nerfs moteurs et le système musculaires. On les emploie souvent pour faire périr les animaux destructeurs des récoltes ; depuis longtemps, en Alsace, on a substitué à l'arsenic la strychnine, pour se débarrasser des renards qui sont tués sur place, tandis que l'arsenic n'agit que lentement et ne permet pas aux chasseurs de tirer des bénéfices de la vente de la peau de ces animaux.

Les strychnées déterminent des vertiges, qui rendent la démarche chancelante ; il survient ensuite des douleurs légères et une roideur des muscles du cou, ainsi que de ceux qui rapprochent les mâchoires. Le pharynx éprouve un resserrement notable, les muscles de la poitrine et de l'abdomen sont roidis. Il se manifeste bientôt des secousses convulsives et tétaniques, ressemblant à des secousses électriques ; la roideur devient générale, la tête est renversée en arrière, la respiration ne se fait plus, le pouls diminue, et la mort survient au milieu d'une stupeur et d'une insensibilité complètes.

Dans la pratique médicale, la noix vomique est employée en poudre, sous forme de teinture préparée au sixième, et sous celle d'extrait alcoolique. Elle entre dans la composition de la *Poudre de Hufeland* et des *Gouttes utérines de la reine d'Espagne*. Il serait impossible de pulvériser la noix vomique, tant sa dureté est grande. On commence par la râper, puis on la ramollit au moyen de la vapeur d'eau, et on la pile. On obtient ainsi une pâte que l'on fait sécher, et qui peut alors être pulvérisée facilement. L'écorce de la fausse angusture et la *fève de Saint-Ignace*, produits de l'Ignatier amer (*Ignatia amara* L.), ne sont pas employées.

En thérapeutique, on place ces médicaments dans les excitants du système musculaire, administrés à petite dose et au moment des repas. Ils ne troublent pas la digestion ; les facultés digestives sont exaltées, et les évacuations succèdent le plus souvent à une constipation passagère. Les sécrétions, à part la sécrétion urinaire, ne sont pas augmentées ; l'excrétion urinaire est rendue plus fréquente et plus énergique. Magendie et Marshall-Hall ont signalé une action toute particulière sur les nerfs pneumo-gastriques. Nous avons dit comment les strychnées agissent sur le système nerveux en général.

Il n'y a pas plus de deux siècles que les effets thérapeutiques de la noix vomique et de ses dérivés sont connus. L'action qu'ils exercent sur le système musculaire, avait conduit Fouquier à les employer contre les paralysies. On crut d'abord avoir obtenu de bons résultats. Mais les essais de Bretonneau, de Duméril et de Husson restreignirent leur emploi , et ne déposèrent pas en faveur de cette médication. Cependant M. Tanquerel des Planches en obtint de bons résultats dans les paralysies saturnines, et on les a depuis toujours employés dans ces cas.

Liston et M. Miquel ont conseillé la strychnine dans l'amaurose, et MM. Lafaye et Mauricet, mais surtout M. Trousseau, l'ont employée avec succès dans l'incontinence, ou la rétention d'urine dépendant d'une paralysie de la vessie. Niémann, et MM. Cazenave, Fouilhoux, Rougier, Trousseau, etc., l'ont beaucoup vantée dans le traitement de la *danse de saint-guy*, et, de fait, dans cette maladie, son usage est devenu à peu près général.

MM. Rœlants, Van Der Hoven, Van Anckeren, Meeburg, Lévie, Kriegerel, Jones ont obtenu de bons résultats de l'application de la noix vomique au traitement des névralgies faciales. M. Homolle s'en est bien trouvé pour faciliter la réduction des hernies, ainsi que dans les gastralgies, dans la dyspepsie, l'hypocondrie, etc.

La noix vomique est conseillée pour tuer les vers intestinaux, et même le ténia. Dans ce cas, il vaut mieux, à notre avis, faire usage d'autres médicaments moins dangereux et plus efficaces.

Les observations de M. Andral ont prouvé que la brucine agissait comme la strychnine, mais qu'elle était moins active. Cependant les expériences de M. Bricheteau et celles de M. Bouchardat, sembleraient démontrer que l'action de la brucine est plus énergique qu'on ne le pense généralement. M. Bricheteau l'administre d'abord à la dose d'un centigramme, augmentant chaque jour d'un centigramme, tant qu'il n'y a pas d'effet produit. Il l'a surtout administrée dans les hémiplégies survenues à la suite d'apoplexie.

Il n'est pour ainsi dire pas de maladies dans lesquelles a noix vomique, la strychnine et son nitrate, ne soient employés par les médecins homœopathes. Ils l'administrent pour combattre les effets des narcotiques, des liqueurs excitantes, et des alcooliques. Le signe de la noix vomique est *Avi. n.*, et son abréviation *Vom.* Pour la strychnine *Msy* et *Strychninum*, et pour le nitrate *Msy. n.* et *Strych. n.*

NOYER

Juglans regia L.
(Juglandées.)

Le noyer est un grand arbre, dont la tige, haute de 15 à 20 mètres, couverte d'une écorce gris cendré, se divise en branches et en rameaux à écorce blanchâtre, portant des bourgeons bruns et des feuilles alternes, pétiolées, articulées, imparipennées, composées de sept ou neuf folioles ovales aiguës, grandes, glabres, coriaces, d'un vert sombre. Les fleurs, qui paraissent avant les feuilles, sont monoïques. Les mâles, groupées en chatons cylindriques, brun noirâtre, pendants, ont un involucre pédicellé, à cinq ou six lobes membraneux, inégaux, concaves, muni en dehors d'une écaille bractéale, renfermant de nombreuses étamines insérées à diverses hauteurs, à filets très-courts, à anthères bilobées, acuminées par la saillie du connectif. Les fleurs femelles sont solitaires dans les involucres terminaux. Elles présentent un calice à tube adhérent à l'involucre et à l'ovaire, à limbe quadrifide ; un ovaire ovoïde, uniovulé, surmonté d'un style simple, court, et de deux stigmates allongés et courbés en dehors. Le fruit est ovoïde, et renferme dans une enveloppe verte et charnue (*brou*) un noyau ou coque (*noix*) à deux valves ligneuses, renfermant une seule graine divisée en quatre lobes très-irréguliers.

On remarque aussi dans ce genre les Noyers noir (*J. nigra* L.), cendré (*J. cinerea* L.), pacanier (*J. olivæformis* Mich.), blanc (*J. alba* Mich.), à feuilles de frène (*J. fraxinifolia* L.), etc.

HABITAT. — Les noyers commun et à feuilles de frène sont originaires de l'Asie Mineure et de la Perse ; les autres espèces le sont de l'Amérique du Nord. Le noyer commun est cultivé en grand comme arbre fruitier ; ses congénères ne se trouvent, en Europe, que dans les jardins botaniques ou les parcs d'agrément.

Parties usitées. — Le bois, l'écorce, les feuilles, les fleurs, le péricarpe ou brou, l'amande, les jeunes fruits.

Récolte. — L'écorce de noyer, rarement employée, doit être récoltée à l'automne. Les feuilles, très-odorantes lorsqu'elles sont jeunes, perdent leur odeur agréable en vieillissant. Aussi, faut-il les récolter lorsqu'elles ont acquis à peu près la moitié de leur développement. On les dispose en petits paquets, et on les fait sécher au soleil ou à l'étuve. Si elles sont mal desséchées, elles noircissent, il faut alors les rejeter. Les jeunes fruits que l'on pèle, et que l'on sert sur nos tables, sous le nom de *Cerneaux*, doivent être cueillis lorsque l'amande est un peu formée ; plus tard ils sont trop durs. Les noix que l'on mange, et dont on extrait de l'huile, sont récoltées à leur maturité, c'est-à-dire lorsque le péricarpe s'ouvre, et commence à se dessécher. C'est au contraire avant cette époque qu'il faut cueillir les fruits, lorsqu'on veut en utiliser le *Brou*, soit pour l'usage médical, soit pour la préparation de la liqueur de noix, soit encore pour la teinture.

Composition chimique. — Lorsqu'on froisse entre les doigts les feuilles de noyer, on perçoit une odeur forte, aromatique ; la saveur de ces feuilles est amère, résineuse et piquante. Le brou de noix est plutôt piquant qu'amer ; d'après Braconnot, il contient de l'amidon, de la chlorophylle, de l'acide malique, de l'acide citrique, des sels, du tannin, une matière âcre, amère. A l'air, le suc de brou de noix se colore et perd sa saveur amère. Il se précipite une matière résineuse.

L'amande de la noix contient environ la moitié de son poids d'une huile grasse.

Usages. — Le bois de noyer est fort estimé dans l'ébénisterie. On préfère celui du noyer cendré de l'Amérique septentrionale, dont le grain est fin, la couleur bistrée, et qui est susceptible d'un beau poli.

L'huile de noix est bonne à manger et très-siccative; elle est employée en peinture. Obtenue par expression à froid, cette huile est meilleure à manger que lorsque la même opération a été faite à chaud. Dans tous les cas, elle peut servir à fabriquer certains savons communs et les vernis gras. Le marc sert à nourrir les bestiaux.

Le brou de noix, qui sert à préparer une excellente liqueur de table, est surtout employé pour la teinture en noir ou en fauve des étoffes, des cuirs et des bois. Les feuilles servent à éloigner les insectes, et on éponge les chevaux avec leur décoction pour chasser les mouches. La séve fraîche contient un peu de sucre, qu'il serait impossible d'extraire industriellement avec profit.

Les différentes parties du noyer sont placées parmi les toniques amers. On les regarde comme astringentes, sudorifiques et détersives. Autrefois très-usitées en médecine, ces préparations étaient à peu près oubliées, lorsque M. Négrier, d'Angers, les vanta contre la scrofule. Elles sont, depuis lors, plus souvent prescrites dans cette maladie, ainsi que dans les affections herpétiques et vénériennes, l'ictère, les ulcères atoniques, scorbutiques, etc. On a même employé l'extrait de brou de noix comme anthelmintique. M. Baudelocque a appuyé les conclusions du travail de M. Négrier sur l'efficacité des préparations de feuilles de noyer, contre la scrofule. Malheureusement, les résultats obtenus n'ont pas été trouvés partout aussi satisfaisants. Le célèbre frère Côme, de l'ordre des Feuillants (Jean de Baseilhac, né en 1703, dans les environs de Tarbes, d'une famille qui exerçait la chirurgie), employait les feuilles de noyer contre l'ictère simple. Souberbielle, son élève, a cité plusieurs cas de guérison ; mais, on le sait, l'ictère simple (ou jaunisse) guérit le plus souvent tout seul.

Les feuilles de noyer appliquées topiquement sur les mamelles, ont été proposées par E. Kœnig, pour arrêter la sécrétion du lait. J. Bauhin, Vitet, Hunezowski, Home, Belloste, MM. Bois de Loury, Dubois de Tournay, Pomeyrol, Brugnier, etc., etc., ont préconisé la même application des feuilles, ou celle de l'eau distillée, de la décoction, de la solution d'extrait, etc., pour le traitement local des ulcères atoniques, scrofuleux, les flux leucorrhéiques, les ulcérations utérines, mais surtout contre la pustule maligne. D'après MM. Pomeyrol, Brugnier, Raphaël, Van Swygendoven, les feuilles et l'écorce fraîches de noyer, produisent d'excellents effets ; toutefois la confiance dans cette médication n'est pas assez grande, pour qu'il ne soit pas prudent de conseiller la cautérisation préalable, au moyen du fer rouge.

Hippocrate et Galien regardaient le brou de noix comme vermifuge. Fischer et Stadœ faisaient prendre l'extrait de noix dans l'eau contre les vers ; Peyrilhe, l'administrait dans du vin ; Hunezowski, le vantait contre les ulcères anciens.

D'après Rey, la pellicule coriace qui sépare les lobes de l'amande, et qui n'est autre chose que les placentas et l'épisperme frais a été administrée contre la dysentérie et ordonnée contre la fièvre. Solenander a préconisé l'infusion des fleurs, contre les hémorragies utérines, et le bénédictin Alexandre (Nicolas, mort en 1728, auteur d'une *Médecine et chirurgie des pauvres*, et d'un *Dictionnaire de botanique*), vantait la poudre des chatons de noyer, prise dans du vin, contre la dysentérie.

L'huile de noix, quoique signalée comme vermifuge et même ténifuge par Hippocrate, Galien, et par un grand nombre de médecins modernes, est à peine quelquefois employée aujourd'hui dans les campagnes. Scarpa et Caron du Villars proposaient de l'instiller dans l'œil, contre les taies de la cornée. On recommandait d'employer l'huile rance. Marc-Antoine Petit la rendait plus active en y ajoutant de l'émétique.

Quoique Schrœder, Ray, Buchner et Hoffman, aient constaté les propriétés vomitives de la seconde écorce, des branches et des racines, on n'en fait aucun usage. Wauters regardait ces parties comme rubéfiantes, et M. Ébrard, de Nimes, les employait en cataplasmes contre les fièvres intermittentes. Les propriétés vésicatives et rubéfiantes sont beaucoup plus marquées dans l'écorce du noyer cendré de l'Amérique septentrionale.

L'eau des trois noix des anciennes pharmacopées, très-employée autrefois, était préparée en trois fois et à trois époques différentes, avec les chatons fleuris, avec les noix nouées, et avec les noix mûres. Elle n'est plus prescrite aujourd'hui.

Les produits du noyer sont quelquefois employés en médecine homœopathique. Leur abréviation est *N. jugl.* et leur signe *Sjg n.* Mais, ainsi formulées, on ne voit pas bien quelles sont les parties qu'il faut employer.

NYCTAGE

Nyctago Jalapa D. C. *N. hortensis* Juss. *Mirabilis jalapa* L.
(Nyctaginées.)

Le Nyctage des jardins ou Faux jalap, désigné communément sous le nom de Belle-de-Nuit, est une plante vivace, mais connue et cultivée en Europe seulement comme plante annuelle. Sa racine est fusiforme, tubéreuse, charnue, brun noirâtre. La tige, haute de

0^m,50 à 1 mètre, cylindrique, noueuse, glabre, dressée, rameuse dichotome, porte des feuilles opposées, pétiolées, ovales-aiguës, un peu
cordées à la base, molles, ciliées, d'un vert foncé. Les fleurs, grandes,
rouges, jaunes, blanches ou panachées, courtement pédonculées,
sont groupées en cymes axillaires ou terminales. Elles présentent un
involucre caliciforme (calice), tubuleux campanulé, persistant, partagé presque jusqu'à sa base en cinq divisions ovales, lancéolées, aiguës, dressées; un périanthe pétaloïde (corolle) en entonnoir, à tube
long, grêle, s'évasant à sa partie supérieure, à limbe divisé en cinq
lobes obtus, plissés, échancrés, étalés; cinq étamines à filets grêles,
soudées en anneau à leur base et insérées sur un disque hypogyne;
un ovaire simple, libre, uniovulé, surmonté d'un long style saillant
terminé par un stigmate arrondi et glanduleux. Le fruit est un caryopse ovoïde, noirâtre, entouré par le calice, et renfermant une
graine à albumen farineux.

HABITAT. — La belle-de-nuit est originaire du Pérou; on la cultive aujourd'hui dans tous les jardins de l'Europe.

CULTURE. — Cette plante demande une terre un peu argileuse,
meuble et profonde. On la propage de graines, semées au printemps en place ou en pépinière. On arrose fréquemment en
été. A l'approche des gelées, on peut relever les tubercules et les
conserver en hiver, pour les remettre en place au printemps
suivant.

PARTIES USITÉES. — La racine.

RÉCOLTE. — La racine, qui doit être récoltée en automne, est
moins active quand elle est recueillie dans le Nord que quand elle
provient du Midi; en effet, Gilibert a vu qu'elle purgeait à Lyon et
qu'elle ne purgeait pas en Lithuanie. Cette racine est donc soumise à ce principe que nous avons déjà fait observer, à savoir que
les plantes des pays chauds perdent de leurs propriétés lorsqu'on les
transporte dans les pays froids.

On peut employer également les racines du *Mirabilis dichotoma*
et du *M. longiflora*. La première de ces plantes se distingue par ses
feuilles plus petites, et par ses fleurs pourprées, qui sont aussi bien
moins grandes que celles de l'espèce précédente. Elles s'épanouissent
à la nuit, d'où leur est venu le nom de *fleur de quatre heures*. La
seconde se distingue par l'odeur agréable et musquée qu'elle dégage
la nuit.

Les racines de ces plantes, que l'on trouve rarement dans le commerce, sont à peu près cylindriques, épaisses de $0^m,025$ à $0^m,035$, coupées en tronçons de $0^m,055$ à $0^m,440$, d'un gris foncé à l'extérieur, plus blanches à l'intérieur. Leur surface est marquée d'un très-grand nombre de cercles concentriques très-serrés; l'intérieur est également marqué des mêmes cercles. D'ailleurs cette racine est dure, compacte, pesante, d'une odeur très-nauséeuse, d'une saveur douceâtre d'abord, et un peu âcre ensuite.

Composition chimique. — La racine de belle-de-nuit contient beaucoup de principes gommeux et résineux; d'après Coste et Wilmet 120 grammes de cette racine, récoltée en octobre et médiocrement séchée, fournissent 25 grammes d'extrait aqueux et 12 grammes d'extrait résineux.

Usages. — La racine de *Mirabilis jalapa* n'est plus guère employée en médecine. Cependant Coste et Wilmet l'ont proposée comme purgative à la dose de 1 ou 2 grammes pour l'extrait aqueux, et moitié moindre pour l'extrait résineux; d'autre part, M. Cazin a employé cette racine en poudre, administrée dans un verre d'eau, chez les enfants lymphatiques et scrofuleux; ceux-ci en ont été purgés; Gilibert dit l'avoir employée avec succès pour tuer et expulser le ténia; enfin Bodart dit l'avoir employée avec avantage dans un grand nombre de maladies cutanées, et Roques la prescrivait associée au sucre. Quoiqu'on l'ait beaucoup préconisée contre les rhumatismes chroniques et les hydropisies, elle n'est jamais employée dans ces maladies.

La racine de *Mirabilis dichotoma* L. jouit absolument des mêmes propriétés que celle de l'espèce précédente, comme l'ont démontré Bergius, Peyrilhe, Gilibert, Coste et Wilmet; il en est de même de la racine du *M. longiflora*.

NYMPHÉA

Nymphæa alba L.
(Nymphéacées.)

Le Nymphéa blanc, appelé aussi Nénuphar blanc, lis des étangs, etc., est une plante vivace, à rhizome charnu, très-long et très-gros, rameux, noueux, brun-jaunâtre au dehors, blanc à l'intérieur, couvert de cicatrices, donnant naissance en dessous à de nombreuses fibres radicales, et au-dessus à des feuilles longuement pétiolées, nageantes, à limbe arrondi, très-grand, profondément échancré en cœur à la base, entier, lisse, luisant, d'un beau vert. Les fleurs, très-grandes, blanches ou d'un blanc rosé, sont solitaires à l'extrémité de longs pédoncules axillaires radicaux. Elles présentent un calice à quatre sépales libres, lancéolés, caducs, verdâtres en dehors, pétaloïdes à la face interne ; une corolle de quinze à vingt pétales lancéolés, disposés sur plusieurs rangs, les extérieurs égalant le calice, les intérieurs progressivement plus petits et portant au sommet une anthère plus ou moins développée ; des étamines en nombre indéfini ; un ovaire à loges nombreuses incomplètes multiovulées, enchâssé et presque complétement enveloppé dans un disque charnu, et surmonté de stigmates sessiles, étalés, rayonnants, soudés en un plateau convexe à bords crénelés, persistants. Le fruit est une capsule arrondie, charnue-herbacée, enchâssée dans le disque persistant, couronnée par le stigmate, marquée de cicatrices qui résultent de la chute des étamines et des pétales ; l'intérieur, divisé en loges nombreuses, renferme une pulpe abondante dans laquelle sont plongées de nombreuses graines à enveloppe succulente, à périsperme double, l'extérieur farineux et l'intérieur charnu (Pl. 46).

Habitat. — Cette plante est très-commune en Europe. On la trouve dans les eaux claires tranquilles ou peu rapides, les mares, les étangs, etc. Elle n'est cultivée que dans les jardins botaniques ou d'agrément.

Parties usitées. — Les rhizomes, les fleurs.

Récolte. — Nous avons déjà dit ailleurs (Voyez *Nénuphar*), que ce qu'on appelait improprement racine de nymphéa dans les pharmacies, était le rhizome blanc du *Nuphar lutea*, tandis que celui du *Nymphea alba* est jaunâtre à l'intérieur, et rendu presque noir à l'extérieur par la grande quantité de tubercules foliacés ou radicaux qui le recouvrent. Mais ces deux produits jouissent des mêmes propriétés, et pourraient sans inconvénient être substitués l'un à l'autre, soit comme aliment, soit comme médicament. On les arrache à l'automne, ou au printemps ; on les coupe en lanières longitudinales minces, et on les fait dessécher pour les conserver à l'abri de l'humidité, car les fragments spongieux ainsi obtenus sont très-hygrométriques.

Les fleurs blanches sont cueillies à leur parfait épanouissement.

On les fait sécher entières, ou coupées par fragments, car leur réceptacle est volumineux, épais et visqueux. Il est rare qu'on isole les pétales ; dans tous les cas, la dessiccation doit être très-rapide.

Composition chimique. — Le rhizome de nymphéa a été analysé par M. Morin, de Rouen, qui y a trouvé de l'amidon, une matière muqueuse, du tannin, de l'acide gallique, de la résine, une matière végéto-animale, quelques acides végétaux et des sels (*Journ. de pharm.* t. VII, p. 450).

Usages. — Les fleurs et les rhizomes de nymphéas ont joui et jouissent encore de la réputation d'être des sédatifs puissants, des hypnotiques précieux. On leur a surtout attribué la propriété de calmer les passions, ce qui a dû engager à en faire consommation dans les couvents. Cependant les Tartares et les Égyptiens s'en nourrissent, après les avoir fait cuire dans l'eau, et ils préparent une sorte de pain avec les graines de la plante, sans que cette alimentation paraisse nuire, d'après Pallas, à la fécondité de ceux qui en font usage. La saveur styptique et un peu amère de la pulpe, indique plutôt une action irritante qu'énervante, et si on l'applique en cataplasmes, elle agit comme rubéfiante. Desbois de Rochefort, qui a vu beaucoup employer le nénuphar dans les couvents de son temps, a constaté que son emploi déterminait souvent des effets contraires à ceux qu'on en attendait.

La réputation du nénuphar comme anti-aphrodisiaque est d'ailleurs très-ancienne. Marquis croit qu'elle doit son origine à la blancheur virginale des fleurs de la plante et à l'habitation de celle-ci au milieu des eaux (*Dict. des scien. méd.*, t. XXXV, p. 439). Dioscoride et Pline avaient signalé cette prétendue propriété. On ordonnait en conséquence le nénuphar pour guérir les insomnies érotiques. Les chanteurs en faisaient usage pour conserver et perfectionner leur voix.

Rien ne confirme non plus les propriétés hypnotiques que l'on a attribuées au nénuphar. C'est plutôt comme émollient et adoucissant, qu'on le conseille dans la leucorrhée, la blennorrhagie, la dysentérie, etc. A une époque, la pulpe a été conseillée en épithème comme antifébrile, et Détharding prétend avoir guéri des fièvres intermittentes, en appliquant aux pieds la racine de nénuphar fraîche coupée par tranches. Le célèbre médecin écossais William Cullen (né en 1712, mort en 1790, qui attaqua la doctrine médicale de Boerhaave, et y substitua, comme on le sait, une doctrine nouvelle dans laquelle il attribuait le principal rôle au système nerveux, trop négligé par l'illustre recteur de l'Université de Leyde) crut devoir bannir, et non sans raison, le nénuphar de la matière médicale (*A treatise of the materia medica*, 1789).

Les Turcs font usage d'une eau distillée de nénuphar comme cosmétique. Dans quelques pays on prépare un sirop avec cette plante. Elle entrait autrefois, dans plusieurs préparations hypnotiques, aujourd'hui oubliées. D'après Scapoli (*Flora carniolica*, p. 316, n° 2), la racine est un poison pour les blattes et les grillons. Simon Pauli dit que les fleurs de nénuphar purifient l'air; aussi conseille-t-il d'en joncher les chambres des malades. Théophraste rapporte que les Béotiens employaient la plante qui nous occupe comme aliment.

OEILLET

Dianthus caryophyllus L. *D. coronarius* Lam.
(Cariophyllées- Dianthées.)

L'OEillet des fleuristes est une plante vivace, à souche sous-ligneuse, à racines fibreuses, fasciculées. Les tiges, d'abord stériles, couchées, articulées, noueuses, couronnées d'une rosette de feuilles imbriquées, deviennent l'année suivante des tiges fertiles, dressées ou ascendantes, hautes de $0^m,50$ à $0^m,60$, portant des feuilles opposées, connées, linéaires, assez épaisses, glabres, glauques, canaliculées, à nervure dorsale saillante. Les fleurs, rouges dans le type de l'espèce, mais de couleurs très-diverses dans les variétés cultivées, très-odorantes, sont solitaires à l'extrémité de la tige et des rameaux. Elles présentent un calicule formé de quatre écailles coriaces , ovales arrondies, courtes, à pointe mousse, disposées sur deux rangs et opposées par paires ; un calice tubuleux, cylindrique, atténué au sommet, à cinq dents lancéolées aiguës ; une corolle à cinq pétales à onglets aussi longs que le calice, à gorge munie de dix bandelettes ailées longitudinales, à limbe cunéiforme, entier, un peu découpé sur les bords ; dix étamines ; un ovaire simple, ovoïde, à une seule loge multiovulée, surmonté de deux styles. Le fruit est une capsule ovoïde, polysperme, s'ouvrant au sommet en quatre valves (Pl. 47).

Cette espèce présente de nombreuses variétés ; la seule qui nous intéresse ici est l'OEillet grenadin ou à ratafia.

HABITAT. — Originaire du nord de l'Afrique, l'œillet est aujourd'hui cultivé et naturalisé en Europe, en Amérique, etc.

CULTURE. — L'œillet grenadin est assez souvent cultivé en grand. On le propage par semis en pépinière. Les jeunes pieds sont repiqués en lignes, à $0^m,65$ de distance, et reçoivent tous les ans trois ou quatre labours ; à l'époque de la floraison, on fixe les tiges sur des échalas. Tous les quatre ou cinq ans, on renouvelle la plantation sur une autre place.

PARTIES USITÉES. — Les pétales.

RÉCOLTE. — L'œillet rouge est le seul qui soit employé par les pharmaciens et les liquoristes. On cueille les pétales à l'époque de l'épanouissement de la fleur. On enlève avec soin les onglets, et on fait sécher à l'étuve. Pour la préparation du sirop d'œillets, on emploie les pétales récents; quelquefois aussi il est préparé avec les fleurs sèches; mais alors on prescrit d'ajouter à leur infusion quelques clous de girofle.

COMPOSITION CHIMIQUE. — Le parfum agréable de l'œillet est tout à fait comparable à celui du girofle; c'est ce qui le fait employer par les parfumeurs et par les liquoristes. Ce parfum est dû à une huile essentielle, que l'on peut séparer par distillation, ou par le procédé *d'enfleurage* des parfumeurs, qui consiste à exprimer les fleurs avec des huiles fixes.

USAGES. — Les fleurs d'œillets ont été employées comme stimulantes, cordiales, stomachiques; elles sont aujourd'hui peu usitées. On en préparait une eau distillée et un vinaigre; on en fait aussi un sirop qui sert encore à édulcorer les potions cordiales. Elles entraient dans la composition de l'*Eau générale*, et de l'*Eau prophylactique*, dans la *Conserve d'œillet* et dans l'*Opiat de Salomon*. Elles servaient à préparer des liqueurs, d'où leur venait le nom d'*Œillet ratafia*.

En médecine, c'est surtout dans les fièvres malignes et typhoïdes, que le sirop d'œillet a été préconisé; il est aujourd'hui peu employé.

L'œillet de poëte (*Dianthus barbatus* L.), la mignardise (*D. plumarius* L.), celui des chartreux (*D. carthusianorum*), possèdent aussi, mais à un moindre degré, l'odeur de girofle. L'œillet rouge, ou à ratafia (*Dianthus ruber*), est souvent employé pour remplacer le *Dianthus caryophyllus*: il jouit des mêmes propriétés.

OENANTHE

Œnanthe crocata L.
(Ombellifères – Sésélinées.)

L'OEnanthe safranée, vulgairement appelée Pensacre, est une plante vivace, à racines fusiformes, renflées, tubéreuses, charnues, sécrétant un suc laiteux jaunâtre. La tige, haute de 0^m,65 à 1 mètre, cylindrique, fistuleuse, cannelée striée, glabre, dressée, rameuse au sommet, porte des feuilles alternes, pétiolées, engaînantes à la base, grandes, deux ou trois fois pennées, à segments presque cordiformes, dentés au sommet, glabres, d'un vert foncé, luisants en dessus. Les fleurs, petites, blanches, sont groupées en ombelles terminales trés-compactes, à rayons grèles, à involucre nul ou réduit à un petit nombre de folioles, à involucelles formés de plusieurs folioles; celles du centre des ombellules sont presque sessiles et fertiles ; celles de la circonférence, pédonculées, rayonnantes, stériles. Chaque fleur présente un calice très-petit, à cinq dents, persistant et accrescent ; une corolle à cinq pétales obovales, échancrés ; cinq étamines saillantes ; un ovaire infère, à deux loges uniovulées, surmonté de deux styles divergents. Le fruit est un diakène cylindrique, oblong, bordé, marqué de trois côtes sur chaque face et surmonté des styles persistants (Pl. 48).

On remarque dans le même genre l'OEnanthe fistuleuse (*Œ. fistulosa* L.), plante vivace, à tiges stolonifères à la base, à feuilles divisées en segments linéaires, à pétioles fistuleux.

Quelques auteurs rapportent aussi à ce genre la Phellandrie aquatique, qui sera l'objet d'un article spécial.

HABITAT. — Ces deux plantes sont assez communes en Europe ; elles croissent dans les lieux humides, au bord des rivières, dans les marais, etc. On ne les cultive que dans les jardins botaniques, où on les propage très-facilement par éclats de pied, faits dans un sol très-humide.

PARTIES USITÉES. — Toute la plante, surtout les racines.

RÉCOLTE. — Cette plante peut être confondue avec la phellandrie, (*Œnanthe phellandrium* Lam., *Phellandrium aquaticum* L.), qui est beaucoup moins vénéneuse. Le suc jaune de l'œnanthe safranée suffira pour établir la distinction. Les feuilles ont été quelquefois prises pour du céleri et du persil, et les racines pour des panais, ou des navets ; mais les feuilles ne présentent pas l'odeur aromatique de la première de ces plantes, et elles sont plus grandes que la seconde ; elles se distinguent d'ailleurs par leur odeur, et par les angles nombreux que présentent les pétioles et les pétiolules ; quant aux racines, on les reconnaît au suc lactescent qu'elles laissent écouler. L'œnanthe perd la plus grande partie de ses propriétés par la dessiccation.

COMPOSITION CHIMIQUE. — Le suc d'œnanthe est un poison violent. Les racines présentent une saveur douceâtre, aromatique, âcre, désagréable, qui les rend très-dangereuses, de sorte qu'on les mange souvent avec confiance ; mais elles déterminent bientôt une chaleur brûlante au gosier, des nausées, des vomissements, du vertige, du délire, des convulsions violentes et souvent la mort. On combat cet empoisonnement par les vomitifs et les laxatifs d'abord, ensuite par les émollients appliqués *intus et extra*, plus tard on fait prendre des boissons gazeuses et des potions éthérées.

MM. Cormerais et Pihan-Dufailly (de Nantes) ont donné l'analyse de l'œnanthe safranée (*Journ. de chim. méd.*, t. V, p. 459), mais ils n'en ont pas isolé et fait connaître le principe actif. Son suc exhale une odeur analogue à celle de la carotte. Cette racine contient de la résine, une huile volatile abondante, une huile concrète, de la gomme, de la mannite, de la fécule, de la cire et des sels. On croit que la racine est le principe actif.

Usages. — L'œnanthe safranée, est un des poisons des plus violents que l'on connaisse ; son suc et sa teinture alcoolique déterminent une vive rubéfaction. Elle est la cause d'empoisonnements fréquents dans l'ouest de la France, en Angleterre, en Hollande, en Corse, etc. Son application extérieure peut déterminer des accidents très-graves ; sur cinq personnes qui s'étaient frottées avec cette plante, pour se guérir de la gale, deux moururent (*Revue médicale*, février 1837).

L'œnanthe safranée est aujourd'hui complétement abandonnée des médecins allopathes. Les anciens l'employaient contre la toux, les affections de vessie. On l'a même préconisée contre la lèpre. Les médecins homœopathes l'emploient, dit-on, quelquefois, et elle est inscrite à leur *Codex* sous l'abréviation *œnant. croc* et le signe *Eœa.*

L'œnanthe à feuilles de pimprenelle (*Œ. pimpinelloïdes* L.) et l'*Œ. fistulosa* sont beaucoup moins actives. La racine de la première, ainsi que celle de l'*Œ. peucedanifolia* peuvent être mangées, mais il faut bien éviter les confusions ; il est plus prudent de s'abstenir.

OIGNON

Allium cepa L.

(Liliacées – Asphodélées.)

L'Oignon est une plante vivace, à bulbe arrondi ou ovoïde, ventru, très-gros, composé de tuniques épaisses, charnues, distinctes, alternant avec d'autres tuniques membraneuses, minces, transparentes, les extérieures sèches, minces, scarieuses, blanches, jaunes, rougeâtres ou brunes, insérées sur un plateau, qui est la véritable tige, d'où naissent en dessous des racines fibreuses, fasciculées, blanchâtres. La tige ou hampe, haute de 0^m,50 à 0^m,90, fistuleuse, renflée, ventrue vers le milieu, porte à sa base des fenilles cylindriques, fistuleuses, renflées. Les fleurs, petites, nombreuses, blanc verdâtre, longuement pédicellées, sont groupées en une ombelle terminale globuleuse, renfermée dans une spathe avant l'épanouissement. Elles présentent un périanthe à six divisions alternant sur deux rangs ; six étamines ; un ovaire à trois loges multiovulées, surmonté d'un style court. Le fruit est une capsule, renfermant des graines noires, trigones.

HABITAT. — Cette plante, dont la vraie patrie n'est pas bien connue, mais qu'on croit originaire de l'Orient, est cultivée en grand dans tous les jardins maraîchers, souvent aussi dans les champs et dans les vignes.

PARTIES USITÉES. — Le bulbe.

RÉCOLTE. — L'ognon ou oignon est récolté à l'automne, aussitôt que les feuilles jaunissent. On fait sécher les bulbes au soleil, tantôt isolés les uns des autres, tantôt réunis et tressés en cordes, au moyen des feuilles et d'un peu de paille. Quelquefois enfin, lorsque les bulbes sont petits, on coupe les feuilles avant de les faire sécher.

COMPOSITION CHIMIQUE.— Toutes les parties de ce végétal répandent une odeur forte et piquante, qui excite le larmoiement lorsqu'on le coupe; le bulbe surtout possède une saveur âcre et alliacée. Fourcroy et Vauquelin y ont trouvé une huile volatile incolore, âcre et odorante, du sucre incristallisable, de la gomme, une matière animale, des acides phosphorique et acétique, du phosphate et du citrate de chaux.

Le suc de l'oignon est sucré ; exposé à l'air, il se colore en rose, et éprouve la fermentation alcoolique d'abord, et acétique ensuite. Il forme alors un vinaigre qui est peu estimé. Par l'addition de la levûre de bière, la fermentation est plus active, et du liquide on peut alors retirer de l'alcool par distillation. Par la coction, l'oignon perd ses propriétés irritantes, en conséquence de la volatilisation de l'essence, et il reste alors mucilagineux et émollient.

USAGES. — L'oignon doux et sucré du Midi est préféré comme aliment; celui du Nord, qui est plus âcre et plus irritant, est préféré comme médicament.

Dans quelques pays, les oignons constituent la principale nourriture des habitants. On préfère pour manger la variété blanche, qui est plus sucrée et plus douce. En Italie, en Égypte, en Espagne,

dans le sud de la France, ils sont si doux qu'on peut les manger crus.
Mais c'est surtout comme assaisonnement, que la consommation est
considérable. Cependant les oignons rouges semés restent petits,
de la grosseur d'une noisette environ ; on en fait alors des ragoûts,
et on les fait confire dans du vinaigre avec des cornichons, des piments, etc. L'oignon cru jouit de la réputation bien usurpée de dissiper l'ivresse. Il est difficile à digérer et détermine des éructations
nidoreuses.

Le bulbe de l'oignon possède toutes les propriétés de l'ail, mais à
un moindre degré, il est moins rubéfiant ; cuit et mêlé à l'axonge ou à
de l'huile, il forme une pulpe très-estimée des habitants des campagnes,
comme maturative. On l'applique sous forme de cataplasme. Bouilli
dans l'eau, on en fait une tisane, qui est regardée comme expectorante, et que l'on a employée contre les rhumes, les catarrhes et autres
inflammations de la poitrine. D'après Belon (*Singularités*, p. 433),
les Turcs se préservent du goitre en mangeant beaucoup d'oignons
crus. Ils en font une grande consommation.

Le suc d'oignon jouit de la propriété d'être diurétique et lithontriptique. On a conseillé de le faire manger cru ou cuit aux graveleux. On
le recommande dans les hydropisies ; Lanzoni et Murray ont cité des
exemples de ses bons effets dans ces maladies. Malgré l'opinion de
l'école de Salerne, le suc en a été très-vanté contre l'alopécie. Asso-
cié à la diète lactée, l'oignon cru a été très-vanté par M. Serre,
d'Alais, comme diurétique, et il a employé avec succès cette
médication contre l'anasarque. Macéré dans du vin, on le regarde
comme vermifuge. Le suc d'oignon, vanté autrefois contre la surdité, n'est plus employé aujourd'hui. Les cataplasmes de bulbes
cuits sont appliqués sur les tumeurs, les phlegmons, les clous, les
panaris, etc.

On trouve dans l'*Hierobotanicon* d'Olaüs Celsius un article très-
intéressant sur les oignons, article remarqué par Langlès dans son
édition du *Voyage en Perse* de Chardin (Paris, 1814).

Le *Poireau* (*Allium porrum*) est employé, comme l'oignon, en
guise d'assaisonnement. Avec les feuilles, on a fait des lavements
stimulants et des cataplasmes maturatifs.

OLIBAN

Boswellia serrata Roxb.
(Térébinthacées.)

Le végétal qui produit la substance connue sous le nom d'Oliban ou Encens de l'Inde est un arbre, dont les rameaux portent, vers leur extrémité, des feuilles imparipennées, à folioles alternes, oblongues, obliques, pubescentes, en général au nombre de dix paires. Les fleurs, petites, verdâtres, sont disposées en épis axillaires dressés, longs de $0^m,06$ à $0^m,08$, plus courts que les feuilles. Elles présentent un calice libre, à cinq divisions; une corolle à cinq pétales; dix étamines, à filets alternativement longs et courts, insérés, ainsi que l'ovaire, sur un disque charnu, en forme de coupe, à bords crénelés; un ovaire à trois loges multiovées, surmonté d'un style cylindrique, terminé par un stigmate trilobé. Le fruit est une capsule trigone, s'ouvrant en trois valves, à trois loges monospermes.

HABITAT. — Cet arbre, dont le tronc laisse exsuder une matière résineuse, habite les Indes Orientales; il est assez commun dans certaines forêts. En Europe, on le trouve à peine dans quelques jardins botaniques.

PARTIES USITÉES. — La gomme-résine, oliban ou encens.

RÉCOLTE. — On distingue dans le commerce deux sortes d'encens, celui d'Afrique, dont l'origine est encore inconnue, dont on attribue la production au *Balsamodendrum Kataf*, aux *Juniperus Lycia, Phœnicea, thurifera*, au *Pinus tœda*, au *Terminalia catappa*, etc., et qui, dans tous les cas, découle évidemment d'un arbre de la famille des Térébinthacées; et le véritable encens, connu sous les noms d'*Oliban*, d'*Encens mâle*, ou d'*Encens indien* (ou mieux *indou*), gomme-résine, produite, comme on vient de le voir, par le *Boswellia serrata* Roxb., et qui abonde dans le Bengale, aux environs de Calcutta. L'encens indien est bien préférable à celui d'Arabie, qui, selon Niebuhr, se récolte à Dafar.

L'*Encens d'Afrique* est en petits marrons rougeâtres ou jaune-pâle. Sa cassure est cireuse, translucide ou opaque, ce qui le distingue du mastic, qui est toujours transparent. Il se ramollit dans la bouche; sa saveur est légèrement âcre. Il possède une odeur musquée; quelquefois il est en larmes plus petites, mêlées de débris d'écorces.

Les marrons sont souvent mélangés dans les ballots avec de petits cristaux de spath calcaire (carbonate de chaux) plus ou moins réguliers. Il est probable qu'ils y ont été ajoutés pour frauder le commerce.

L'*Encens indien*, qui arrive en grandes caisses, est formé de larmes jaunes, demi opaques, arrondies, plus volumineuses que celles de l'encens d'Afrique. Son odeur est parfumée, sa saveur aromatique. Les substances étrangères qu'on mêle à l'encens sont la sandaraque, le mastic et autres résines.

Sous le nom d'*encens de Suède* ou de *Russie*, on emploie, dans ces pays, et on a quelquefois reçu en France une résine qui est le produit de plusieurs conifères, et très-certainement, d'après M. Guibourt, de l'*Epicea* et du *Pin Laricio*.

On donne encore le nom d'*encens* au *Selinum palustre*, et celui d'*encensoir* au Romarin, à cause de l'essence balsamique qu'on en tire.

Composition chimique. — L'encens est incomplétement soluble dans l'eau et dans l'alcool. Il fond difficilement à la chaleur. Il brûle avec une flamme blanche au contact d'une bougie. Distillé à sec, il produit une petite quantité d'huile volatile.

Dans le commerce, on donnait autrefois le nom d'*encens mâle* à celui qui était en larmes plus nettes, plus pures et mieux détachées, et celui d'*encens femelle* aux larmes moins sèches, irrégulières ou soudées entre elles.

D'après M. Braconnot, l'oliban contient, pour 100 parties : résine soluble dans l'alcool, 56 ; gomme soluble dans l'eau, 30,8 ; résidu insoluble dans l'eau et dans l'alcool, 5,2 ; huile volatile, 8 (*Ann. de chim.*, t, LVIII, p. 60).

Usages. — Le principal emploi que l'on fasse aujourd'hui de l'encens consiste à le brûler dans les églises catholiques. Depuis les temps les plus anciens on le brûlait dans les temples, probablement à cause de l'habitude qu'ont eue presque tous les peuples de faire des sacrifices d'animaux, d'où il devait résulter des émanations putrides que l'on cherchait à masquer par des vapeurs aromatiques.

L'encens entre dans la composition de la thériaque, du baume de Fioraventi et de divers emplâtres.

Hippocrate et Galien le prescrivaient dans les maladies de poitrine, la diarrhée, la leucorrhée, l'asthme humide, et les anciens Égyptiens en faisaient grand usage pour les embaumements.

L'écorce de l'arbre qui produit l'encens était autrefois employée, sous le nom de *Cortex Thuris*, comme astringente. On la trouve dans les caisses d'encens.

Le nom d'encens a été appliqué, comme on l'a dit au paragraphe Récolte, à plusieurs résines produites par des arbres appartenant à diverses familles; mais il doit être réservé aux substances que nous venons d'analyser.

OLIVIER

Olea Europæa L.
Oléinées — Oléées.

L'Olivier est un arbre dont la tige, qui peut acquérir une hauteur de 10 à 15 mètres, est couverte d'une écorce lisse, cendrée, et se divise en branches et en rameaux tortueux, dont l'ensemble forme une cime irrégulière. Les feuilles sont opposées, courtement pétiolées, oblongues, étroites, lancéolées, aiguës, entières, fermes, dures et coriaces, lisses, d'un vert grisâtre en dessus, blanchâtres en dessous, persistantes. Les fleurs, petites, blanc jaunâtre, forment des grappes courtes et serrées à l'aisselle des feuilles de l'extrémité des rameaux. Elles présentent un calice très-petit, à quatre dents courtes, étalées; une corolle campanulée, à tube court, à limbe divisé en quatre lobes aigus, étalés; deux étamines saillantes, insérées sur le tube de la corolle; un ovaire simple, libre, ovoïde, à deux loges biovulées, surmonté d'un style simple, très-court, épais, terminé par un stigmate épais, allongé, bilobé. Le fruit est une drupe ovoïde, violet noirâtre à la maturité, monosperme par avortement.

Cette description s'applique à l'Olivier cultivé. Le type sauvage s'en distingue par ses feuilles ovales, plus courtes et plus larges, et ses rameaux endurcis-épineux à l'extrémité.

Nous citerons encore l'Olivier odorant (*O. fragrans* L.), caractérisé par ses feuilles ovales-lancéolées, dentées en scie, et par ses fleurs solitaires à l'extrémité de pédoncules latéraux, agrégés.

Habitat. — L'Olivier commun nous est venu de l'Asie Mineure; introduit en Provence par les Phocéens fondateurs de Marseille, il s'est répandu et naturalisé dans toutes les contrées de l'Europe méridionale et du nord de l'Afrique, où il est cultivé en grand, comme arbre fruitier et oléagineux. Il croît spontanément en Perse, en Syrie, en Arabie, dans la chaîne de l'Atlas. L'Olivier odorant

croît en Chine et au Japon, et ne se trouve, en Europe, que dans les
jardins botaniques.

PARTIES USITÉES. — Les feuilles, le bois, l'écorce, les fruits ou olives,
la gomme d'olivier.

RÉCOLTE. — Les feuilles d'olivier, d'un rare usage aujourd'hui,
sont cueillies au mois de mai et de juin ; il en est de même de
l'écorce. On les fait dessécher et on les conserve pour l'usage.

Les olives vertes destinées à être servies sur nos tables sont cueillies avant leur maturité, au mois de juin et de juillet. On les conserve dans de l'eau salée ou *saumure*. On en connaît plusieurs variétés. Les plus estimées sont les olives longues ou *Pichoulines*.

Pour l'extraction de l'huile, on cueille les olives à leur parfaite
maturité, c'est-à-dire lorsqu'elles sont d'un violet tellement foncé,
qu'elles paraissent noires. On écrase les fruits au moulin ; l'huile qui
s'écoule ou qui surnage sans expression porte, à Montpellier, le nom
d'*Huile vierge*, tandis qu'à Aix-en-Provence, on nomme ainsi l'huile
obtenue par première expression. Cette *huile d'Aix* est très-douce,
un peu verdâtre, d'un goût de fruit prononcé, très-solidifiable par
le froid ; elle est fort recherchée pour la table.

Sous le nom d'*Huile ordinaire* on fabrique, à Montpellier, une huile
obtenue par expression des olives écrasées, mélangées avec de l'eau
bouillante. A Aix, on l'obtient de la même manière avec les olives
qui ont déjà servi à préparer l'huile vierge. Cette huile est jaune,
moins solidifiable que la précédente, douce au goût, très-estimée
pour la table et pour les préparations pharmaceutiques.

Les olives fraîches, abandonnées en tas considérables avant d'être
écrasées, fermentent, c'est-à-dire que le parenchyme se ramollit, ce
qui permet d'en retirer l'huile plus facilement. Pour cela, on mélange les fruits fermentés et écrasés avec de l'eau bouillante et on
exprime. L'huile ainsi obtenue est plus abondante ; on la nomme
Huile fermentée ; elle est âcre, elle a quelquefois un goût de moisi.
Ce procédé, très-suivi en Italie, en Espagne et en Algérie, est à peu
près abandonné en France.

Enfin, on donne le nom d'*Huile tournante*, ou *Huile d'enfer*, à un
produit que l'on obtient en faisant bouillir avec de l'eau tous les rési-
dus des opérations précédentes, et en soumettant à une nouvelle expression. L'huile ainsi obtenue est désagréable, infecte ; elle n'est
employée que pour les savonneries et pour l'éclairage. Enfin, l'eau

qui a servi à ces diverses opérations est conduite dans de grands ré-
servoirs nommés *Enfers*, et, après quelques jours de repos, on en
sépare une huile employée aux mêmes usages que la précédente.

L'huile d'olives est souvent falsifiée, dans le commerce, au
moyen de l'huile blanche, ou huile d'œillette, qui est préparée avec
les graines de pavots, et qui est beaucoup moins estimée. Les procédés employés pour reconnaître cette fraude sont les suivants :
1° l'huile d'olives pure se congèle vers 11° + O ; le point de congé-
lation est d'autant plus retardé qu'elle renferme de l'huile blanche ; 2° l'huile d'olives pure, agitée dans un flacon, fait très-peu de
chapelet, c'est-à-dire que les globules d'air enfermés dans l'huile
par l'agitation disparaissent rapidement, tandis qu'ils persistent très-
longtemps dans l'huile blanche ; 3° l'huile d'olives pure, mise en
contact d'une petite quantité de nitrate acide de mercure (Réactif
Poutet) ou d'acide nitrique nitreux, se solidifie en se transformant en
acides oléique, margarique et éloïdique. Cette solidification est d'autant plus retardée que l'huile examinée contient une plus forte proportion d'huile blanche, et elle n'a pas lieu si on opère sur l'huile
blanche pure ; 4° l'abbé Rousseau a construit un instrument qu'il a
nommé *diagomètre*, qui sert à démontrer la pureté de l'huile d'olives ;
il est basé sur le principe que l'huile d'olives conduit l'électri-
cité 625 fois moins que les autres huiles végétales, et qu'il suffit
d'ajouter deux gouttes d'huile d'œillette ou de faîne à 10 grammes
d'huile pure pour quadrupler son pouvoir conducteur (*Journ. de
pharm.*, t. IX, p. 587, et t. X, p. 216). Le principe de cet instrument est basé sur l'action qu'exerce un courant électrique à faible
tension, produit par une pile sèche, sur l'aiguille aimantée ; 5° enfin,
sous le nom d'*élaïomètres*, on a construit des *densimètres* qui servent à démontrer la pureté de l'huile d'olives. Les plus employés sont
ceux de Lefèvre et de M. Gobley.

La gomme d'olivier, qui était très en réputation chez les anciens,
nous venait autrefois de l'Éthiopie. Aujourd'hui elle est récoltée sur
les oliviers qui croissent dans le royaume de Naples ; elle ressemble
à la sarcocolle ; elle est sous forme de petites larmes rougeâtres,
transparentes ou opaques, quelquefois agglomérées, se ramollis-
sant par la chaleur ; elles sont solubles dans l'alcool bouillant. Le
liquide laisse déposer par refroidissement une matière particulière
que M. Pelletier a désignée sous le nom d'*Olivile* : c'est une matière

blanche fusible à 70°; elle n'est pas azotée et elle se dissout dans les alcalis. Cette substance a été plus récemment étudiée par M. Lévy.

COMPOSITION CHIMIQUE. — Toutes les parties de l'olivier renferment une matière âcre et amère. Pelletier, qui a analysé les feuilles, y a trouvé une matière acide colorante, de l'acide gallique, une matière grasse, de la chlorophylle, de la cire végétale, de l'acide malique, de la gomme et de la fibre végétale (*Journ. de pharm.*, octob. 1823). Pallas (*Journal des scienc. médic.*, t. XLIX, p. 257), a constaté, dans les feuilles et dans l'écorce, la présence de l'*olivile*.

L'huile d'olives a une densité de 0,9153; elle est composée d'un mélange de margarine et d'oléine. Sous l'influence des alcalis elle se dédouble en acides oléique et margarique et en glycérine.

USAGES. — L'huile d'olives est le véhicule des huiles médicinales simples ou composées, qui toutes s'obtiennent par digestion des substances fraîches ou sèches au contact de l'eau avec l'huile. Elle entre dans la composition de certaines pommades ou onguents, des savons à base de potasse ou de soude, et de l'emplâtre simple ou savon à base d'oxyde de plomb.

La gomme ou résine d'olivier, autrefois employée à l'extérieur comme cicatrisante et vulnéraire, est tout à fait inusitée aujourd'hui.

Les feuilles et l'écorce d'olivier ont joui d'une très-grande réputation comme propres à remplacer le quinquina dans le traitement des fièvres intermittentes, dans les fièvres typhoïdes, les maladies atoniques. Très-vantées par Pallas et par le docteur Bonnet, et dans ces derniers temps par M. Faucher, elles sont aujourd'hui à peu près inusitées.

L'huile d'olives est souvent employée à l'extérieur comme émolliente et adoucissante; elle sert à préparer l'*huile camphrée*, qui est un léger rubéfiant. Mêlée à l'eau de chaux, elle constitue le liniment oléo-calcaire, très-employé contre les brûlures au premier et au second degré. A l'intérieur, elle est souvent administrée pour combattre les empoisonnements par les substances irritantes. Elle exerce, d'ailleurs, sur le canal intestinal, une légère action laxative.

Le marc d'olives a été proposé contre le rhumatisme chronique, la goutte et la paralysie. On l'appliquait sous forme de cataplasmes, on plongeait même dans ce cas le corps entier dans le marc d'olives, moyen qui n'est pas sans danger.

Les fleurs de l'*Olea fragrans* L., ou *Lanhou* des Chinois servent à donner l'odeur au thé dit *Chulan* ou *Schoulang*, que l'on mélange aux feuilles d'une variété de thé vert. Cette addition de fleurs aromatiques se fait encore avec les fleurs du *Camellia sesanqua* et celles du *Mongorium sambac*, de la famille des Jasminées. C'est ce qu'on appelle *chulaner* le thé.

Le bois de l'olivier est jaunâtre, marbré de veines brunes, très-dur, compacte, susceptible d'un beau poli, et n'est sujet ni à se fendre, ni à être attaqué par les insectes. Les sculpteurs anciens le préféraient à tout autre pour leurs ouvrages. Quoi qu'on en fasse peu d'usage aujourd'hui, il est éminemment propre aux ouvrages de tour de tabletterie et d'ébénisterie. C'est un excellent bois de chauffage.

OMPHALÉE

Omphalea diandra et *triandra* L.
(Euphorbiacées – Acalyphées.)

L'Omphalée grimpante ou à deux étamines (*O. diandra* L., *O. cordata* Swartz) est un arbrisseau, dont la tige se divise en longs rameaux sarmenteux et grimpants, portant des feuilles alternes, stipulées, pétiolées, cordiformes, aiguës, entières, pubescentes à la face inférieure. Les fleurs, petites, verdâtres, monoïques, munies de bractées lancéolées obtuses, sont disposées en grandes panicules terminales. Elles présentent un calice à quatre divisions inégales, arrondies, concaves, charnues, et sont dépourvues de corolle. Les mâles ont deux étamines incluses, à anthères roses, didymes, sessiles, insérées sur un disque hypogyne pelté, glanduleux, bilobé, pourpre violacé. Les femelles ont un ovaire arrondi, à trois angles mousses et à trois sillons, divisé en trois loges uniovulées, surmonté d'un style court, épais, terminé par un stigmate bifide. Le fruit est une grosse baie globuleuse, jaunâtre, à trois loges remplies d'une pulpe molle, filandreuse, blanchâtre, et contenant chacune une graine à coque dure et brunâtre.

L'Omphalée à trois étamines (*O. triandra* L., *O. nucifera* Swartz), vulgairement Noisetier d'Amérique, est un arbre, dont la tige, haute de 12 à 15 mètres, se divise en rameaux portant des feuilles alternes, oblongues, obtuses, entières, glabres, longues de 0^m,20 à 0^m,30, et des fleurs verdâtres, groupées en panicules longues de 0^m,75 environ, d'abord dressées, puis pendantes. Ces fleurs ont un calice à cinq divisions, dont trois plus grandes, colorées et membraneuses sur les bords. Les mâles ont trois étamines, insérées sur un disque rouge pourpre. Le reste est comme dans l'espèce précédente.

HABITAT. — Les omphalées croissent dans les régions équatoriales de l'Amérique, notamment aux Antilles et à la Guyane. Elles habitent surtout les plages maritimes, et ne sont pas cultivées. En Europe, on ne les trouve que dans les jardins botaniques.

PARTIES USITÉES. — Les semences, le suc desséché.

RÉCOLTE. — Les fruits de l'omphalée ou *Omphalier* renferment des graines qui sont employées. Ces fruits portent le nom de *Graines de l'Anse*, du lieu où croît la plante qui les produit. Les naturels du pays appellent la plante *Liane papaye*.

COMPOSITION CHIMIQUE. — Les amandes donnent, par expression, une huile douce, bonne à manger. Par incision de la plante, on obtient un suc blanc qui, étant concrété au soleil ou au feu, fournit du caoutchouc d'assez bonne qualité.

USAGES. — Les amandes des omphalées sont comestibles ; seulement Aublet recommande d'en séparer l'embryon, qui les rend purgatives. M. Pérottet ne cite pas cette particularité ; il dit simplement qu'elles sont bonnes à manger, et qu'on en fait des cerneaux (*Ann. de la Société Linn. de Paris*, mai 1824).

Le Noisetier de l'Amérique ou de Saint-Domingue (*Omphalea triandra*) porte un fruit dont les graines sont analogues à nos noisettes. On en retire une huile regardée comme pectorale. On les mange ; mais elles rancissent très-vite (Nicholson, *Histoire natur. de Saint-Domingue*, t. II, p. 226). L'huile est administrée aux femmes en couches, et les fleurs sont regardées comme astringentes (*Flore méd. des Antilles*, t. II, p. 52).

OPOPANAX

Opopanax Chironium Koch. *Laserpitium Chironium* L.
(Ombellifères - Peucédanées.)

L'Opopanax ou Panacée est une plante vivace, à racine épaisse, rameuse. La tige, haute de 1 à 2 mètres, cylindrique, fistuleuse, striée, rude, hispide à la base, porte des feuilles alternes, longuement pétiolées, un peu épaisses ; les inférieures simples, cordiformes ; les caulinaires à pourtour triangulaire, à segments pennés ou ternés, ou

bien deux fois pennatiséquées, à segments obliques, cordiformes; les
supérieures presque réduites au pétiole élargi et engainant. Les
fleurs, jaunes, sont groupées en larges ombelles planes, terminales,
à rayons nombreux, entourées d'un involucre et munies d'involucelles à plusieurs folioles. Elles présentent un calice à bord oblitéré:
une corolle à cinq pétales arrondis, entiers, inégaux. Le fruit est un
diakène ovale, comprimé, marqué de trois côtes sur chaque face, et
entouré d'une aile membraneuse épaisse.

HABITAT. — L'opopanax croît sur les bords du bassin méditerranéen. On ne le cultive que dans les jardins botaniques.

PARTIES USITÉES. — La gomme-résine opopanax.

RÉCOLTE. — La gomme-résine opopanax passait pour être extraite
d'une plante nommée *Panaces heracleum* par Dioscoride et dont les
caractères se rapprochent de l'*Heracleum panaces* L.; mais on l'attribue aujourd'hui à l'*Opopanax Chironium* Koch. On trouve cette
gomme-résine, dans le commerce, en larmes et en masses.

L'opopanax en larmes est en fragments variables de grosseur,
mais ne dépassant jamais celle d'une petite noix. Ces fragments sont
rougeâtres ou jaunâtres, légers, friables, amers, aromatiques, souvent attaqués par les larves d'insectes, ce qui les distingue, ainsi que
leur légèreté, de la myrrhe, avec laquelle on peut les confondre. Leur
opacité, leur friabilité, leur légèreté et leur destruction par les larves
sont dues à de l'amidon que cette substance contient en abondance.

L'opopanax en masses est sous forme de grumeaux agglutinés, jaunâtres en dehors, blanchâtres en dedans, odorants, ressemblant au
galbanum. Il n'est pas attaqué par les larves.

L'opopanax nous vient généralement du Levant, et particulièrement de la Syrie, par Marseille, quoique l'on en récolte aussi aux
Indes-Orientales. Cultivée en France, la plante ne fournit pas de
gomme-résine.

COMPOSITION CHIMIQUE. — D'après M. Pelletier, l'opopanax contient, pour 100 parties : résine, 42,00; gomme, 33,4; amidon, 4,2;
extractif d'acide malique, 4,4; ligneux, 9,8; cire, 0,3; huile volatile, 3,9.

USAGES.— L'opopanax est le *Baryosmos* de Dioscoride. La gomme-
résine est regardée comme anti-spasmodique, et comparée, par ses
effets, aux autres gommes-résines d'ombellifères. On l'a quelquefois
employée comme antihystérique et emménagogue. Elle entre dans

une foule de médicaments polypharmaques, parmi lesquels nous citerons la thériaque, l'emplâtre diabotanum et le *manus Dei*. Cette
gomme, regardée comme tonique et excitante est très–peu employée de nos jours. Cependant son odeur forte peut faire supposer
qu'elle possède des propriétés réelles.

ORANGER

Citrus aurantium L.
(Hespéridées.)

L'Oranger est un arbre de moyenne grandeur, à racines traçantes,
jaunâtres. La tige, droite, robuste, couverte d'une écorce brun cendré, se divise en branches et en rameaux, dont l'ensemble forme
une cime arrondie, et qui portent des feuilles alternes, articulées, à
pétiole ailé, à limbe oblong, pointu, glabre, luisant, d'un vert un
peu jaunâtre, parsemé de points glanduleux, transparents. Les fleurs,
grandes, blanches, très-odorantes, sont disposées en grappes courtes,
terminales. Elles présentent un calice court, à cinq divisions étalées ;
une corolle à cinq pétales ovales, obtus, épais, un peu charnus,
glanduleux ; une vingtaine d'étamines, à filets réunis en plusieurs
faisceaux et rapprochés en tube ; un ovaire globuleux, à huit à dix
loges, surmonté d'un style court, terminé par un stigmate épais,
arrondi, jaunâtre. Le fruit est une hespéridie arrondie, rouge orangé,
renfermant une pulpe fibreuse, douce, sucrée et légèrement acidule.

HABITAT. — Originaire de l'Asie orientale et méridionale, l'oranger est aujourd'hui cultivé sur tout le pourtour du bassin méditerranéen.

PARTIES USITÉES. — Les feuilles, les fleurs, les fruits, les zestes ou
écorce des fruits, le bois, les petits fruits ou orangettes.

RÉCOLTE. — Nous avons dit ailleurs, en parlant du bigaradier
(Voyez *Flore médicale*, t. I, p. 180), que les diverses préparations de
fleurs d'oranger employées en médecine, en pharmacie et en parfumerie étaient faites avec les différentes parties de cet arbre et non
avec le véritable oranger, *Citrus aurantium*.

Pour tout ce qui est relatif à la récolte des feuilles, des fleurs et
des écorces d'oranger, nous renverrons à l'article BIGARADIER (*Flore
médicale*, t. I, p. 180) et au mot CITRONNIER (*Flore médicale*, t. I,

p. 350). Ce que nous disons de ces deux plantes peut également se rapporter à l'oranger vrai, dont les différentes parties peuvent être substituées à celles du bigaradier, quoiqu'elles soient moins suaves. Nous ajouterons seulement quelques détails à ceux que nous avons déjà donnés sur les bois de ces plantes, qui sont presque toujours confondus sous le nom de bois de citronnier ou de citron. On a désigné sous ce dernier nom des bois d'origines bien différentes : ainsi le *bois de citron de Cayenne* ou *bois jaune de Cayenne* est le *bois de Licari* ou *bois de rose de Cayenne*; il est produit par un arbre de la famille des laurinées, le *Licaria Guianensis* (*bois de citron du Mexique*), ou *Lignaloe* ou *Linaluë* (bois d'aloès), est attribué à un *Amyris*. Quant au bois de *Citrus* d'Afrique (dont on faisait du temps de Cicéron et de Pline des tables d'un prix si considérable, qu'on en cite une qui appartenait à Tibère, dont le diamètre était de 1^{m},226 et dont la valeur était portée à plus de 100,000 francs de notre monnaie), il est certain qu'il était produit par un arbre de la famille des conifères, des genres *Thuya juniperus* ou *Cupressus*.

Les *pois à cautères* qu'on faisait autrefois, et qu'on nommait *pois d'oranges*, pouvaient être préparés avec toute espèce de bois du genre *Citrus*, ou bien avec les petits fruits à peine développés, ou orangettes.

Les fruits de l'oranger doux que l'on mange sont plus ou moins globuleux, quelquefois un peu déprimés (tels que ceux nommés *mandarines*), revêtus d'un zeste lisse ou à peine rugueux, présentant une couleur jaune safranée, recouvrant une pulpe mince, filamenteuse, insipide ou un peu amère, et n'adhérant pas à la baie qui est très-volumineuse et se laisse séparer facilement en huit ou dix loges, formées chacune par de grandes vésicules oblongues pleines d'un suc doux, sucré, agréable, portant vers leur angle interne une ou deux graines, blanches, oblongues et assez volumineuses.

L'oranger du Portugal est le plus commun, puis vient celui de Chine (Ferrari, Tab., 427), l'*oranger à fruit rouge*, l'*oranger à écorce douce*, celui à écorce épaisse (Ferrari, 379), l'oranger à fruit nain, l'oranger à fleurs doubles, donnant des fruits qui en renferment souvent un second à l'intérieur; la pampelmous d'Amboine (*C. aurantium decumanum*) dont les fruits énormes sont connus sous le nom de *pampelmous*, et par corruption *pamplemousses*; puis enfin un nombre considérable d'hybrides, parmi lesquels nous citerons l'oranger à *figure de limon* ou *lime orangée* (Ferrari, Tab., 385), l'*oranger à fruit panché de blanc* (Ferrari, Tab., 399), et l'oranger à fruit strié (Ferrari, Tab., 401), etc.

Quant aux fruits de l'oranger ou *oranges*, on les distingue par les noms de leurs variétés ou par leur provenance. Les *oranges mandarines*, quoique plus petites, sont les plus estimées; puis viennent, pour la consommation en Europe, les oranges de Portugal, de Valence, de Blidah, d'Italie, de Nice, de Provence, etc.

Les écorces d'oranges douces, que l'on vend quelquefois dans le commerce comme *écorces d'oranges amères*, s'en distinguent par leur nature spongieuse, par leur saveur fade et peu amère.

COMPOSITION CHIMIQUE. — A cet égard encore, tout ce que nous avons dit relativement à la composition chimique du bigaradier et du citronnier s'applique également à l'oranger, si ce n'est toutefois que les parties sont moins riches en essences, que les fruits contiennent moins d'acide citrique et plus de sucre. Quant aux essences retirées des différentes parties de ces plantes, quoiqu'elles paraissent identiques sous le rapport de leur composition chimique et de quelques-unes de leurs propriétés physiques, on les distingue en parfumerie et on leur donne les noms de leurs fruits respectifs. Rappelons que celle que l'on extrait du zeste de l'orange est la plus légère de celles des aurantiacées, puisque à l'état brut sa densité est de 0,844, et de 0,835 lorsqu'elle est distillée. C'est aussi celle qui agit le plus fortement sur la lumière polarisée; elle la dévie de 127 vers la droite.

USAGES. — Les feuilles et les fleurs d'oranger sont classées parmi les médicaments antispasmodiques; on les emploie en infusion, soit seules, soit mélangées avec les fleurs de tilleul. L'*eau de fleurs d'oranger*, qui devrait être toujours préparée avec les fleurs, est souvent falsifiée par la présence des feuilles. On considère encore ces préparations comme toniques, stomachiques, vermifuges, sudorifiques et même fébrifuges; on les emploie dans tous les cas où il y a des désordres nerveux plus ou moins caractérisés, dans les névroses, les toux convulsives, les fièvres typhoïdes, etc., mais souvent aussi à titre d'aromatisant dans les potions. L'art culinaire, la confiserie, la pâtisserie et les liquoristes en consomment beaucoup plus que la médecine.

Les feuilles, autrefois si vantées contre l'épilepsie par Locher,

Dehaen, Welse, Storch, Hufeland, etc., sont tout à fait abandonnées aujourd'hui dans cette maladie, ainsi que dans l'onanisme, cas dans lequel Tissot démontre leur impuissance; mais avec Dehaen, ce dernier leur accorde quelque efficacité dans la chorée, la toux convulsive et l'hystérie. M. le professeur Dupré, de Montpellier, les conseille en infusion très-chaude, prise immédiatement après l'huile de foie de morue, dans le but de faire supporter celle-ci.

Les fleurs d'oranger ne sont employées que sous la forme d'eau distillée. L'écorce d'orange est tonique et stimulante ; on en prépare un sirop qui est employé avec succès dans tous les cas de débilité générale. M. Hannon, de Bruxelles, recommande l'essence dans les cas de névroses gastro-intestinales.

Les fruits et les sucs, mêlés à l'eau sucrée, forment l'*orangeade*, excellente boisson que l'on donne aux malades dans les fièvres inflammatoires bilieuses, putrides et adynamiques, dans les hémorragies, le scorbut, les irritations gastriques et génito-urinaires, etc. Le *sirop d'oranges* fait avec le suc se donne dans le même cas que l'orangeade.

La pulpe cuite d'oranges a été conseillée par le docteur Wright, sous forme de cataplasmes pour panser les ulcères fétides. Ferrein (*Mat. méd.*, t. III, p. 86) préconisait la partie blanche du fruit contre la dysurie. Enfin nous avons indiqué ailleurs l'usage que l'on fait encore quelquefois des pois d'oranges et des orangettes pour le pansement des cautères.

ORCANETTE

L'Orcanette, Buglose tinctoriale ou Grenil tinctorial, en arabe Alkanna, est une plante vivace, à racine dure, ligneuse, rameuse, rougeâtre. La tige, haute de 0^m,20 à 0^m,30, ascendante ou couchée, faible, pubescente-laineuse ou hispide, porte des feuilles alternes, étroites, lancéolées, hispides, rudes au toucher ; les radicales pétiolées et groupées en rosette ; les caulinaires sessiles, cordiformes, embrassantes. Les fleurs, ordinairement bleues, mais passant quelquefois au pourpre ou au blanc, sont réunies en grappes unilatérales, terminales, munies de bractées et roulées en crosse ou scorpioïdes. Elles présentent un calice turbiné, à cinq divisions; une corolle en entonnoir, à tube velu en dedans, ainsi que la gorge, qui est ouverte et munie de cinq callosités glabres, à limbe divisé en cinq lobes obtus; cinq étamines incluses; un pistil composé de deux carpelles à deux loges uniovulées, formant une sorte d'ovaire quadrilobé, surmonté d'un style simple terminé par un stigmate bifide. Le fruit se compose de quatre akènes tuberculeux, entourés par le calice persistant.

On a donné aussi le nom d'orcanette à plusieurs autres plantes de la même famille. Telles sont la lycopside vésiculeuse ou orcanette à vessies (*Lycopsis vesicaria* L., *Echioïdes violacea* Desf.), l'onosma gigantesque (*Onosma gigantea* Lam.) et l'onosma vipérine ou orcanette jaune (*Onosma echioïdes* L.)

HABITAT. — La véritable orcanette ou alkanna se trouve dans les régions méridionales de la France et de l'Europe. Elle croît de préférence dans les lieux arides et pierreux. On ne la cultive que dans les jardins botaniques.

PARTIES USITÉES. — Les racines.

RÉCOLTE. — Dans le commerce, la racine d'orcanette que l'on récolte se présente sous la forme de fragments brisés de la grosseur du doigt, recouverts d'une écorce foliacée écailleuse, ridée, brisée, d'un violet foncé; le corps ligneux est formé de fibres distinctes, accolées, rouges à l'extérieur, mais blanches à l'intérieur. Cette racine est inodore, peu sapide.

COMPOSITION CHIMIQUE. — D'après M. John, l'orcanette présente la composition suivante : anchusine, 5,50; matières extractives, 1,0; gomme, 6,25; ligneux, 18,0; matières indéterminées, 65,0; perte, 4,25; total, 100.

L'anchusine $= C^{38} H^{26} O^{8}$ a été étudiée par Pelletier; elle est insoluble dans l'eau, très-soluble dans l'alcool et dans l'acide acétique; les alcalis et les terres alcalines lui donnent une belle coloration bleue; le chlore et les acides la détruisent; l'acétate neutre, le sous-acétate de plomb, le proto-chlorure d'étain, les sels de fer et d'alumine la précipitent. On l'obtient en épuisant l'orcanette par l'eau, séchant le résidu que l'on reprend par de l'alcool aiguisé d'acide chlorhydrique, évaporant la liqueur en consistance sirupeuse et agitant avec de l'éther qui dissout l'anchusine, que l'on isole par l'évaporation spontanée.

M. John, de Berlin, regarde l'anchusine comme un principe particulier, et la nomme *pseudo-alkannin* pour la distinguer de la couleur
de l'alkanna. M. Chevreul a trouvé de l'acide phocénique dans la
racine d'orcanette.

Usages. — L'orcanette n'est pas employée en médecine; on s'en
sert en pharmacie pour colorer les pommades en rose; le principe
colorant est, en effet, très-soluble dans les corps gras. Aux États-
Unis, l'*A. Virginica* fut employée à l'instar de l'orcanette. Dans le
nord de l'Europe, on trouve l'*A. officinalis* L., qui, au rapport de
Mayer, est regardée par les habitants de Strityki comme infaillible
contre la rage (*Nouv. Bibliot. méd.*, 1828, t. III, p. 443, extrait du
Journal d'Hufeland).

Les diverses plantes de la même famille, auxquelles on a donné
le nom d'orcanette, renferment dans leurs racines une matière
colorante analogue à celle que l'on trouve dans l'*A. tinctoria*.

ORCHIS

Orchis mascula, Morio et conopsea L.
(Orchidées-Ophrydées.)

L'Orchis mâle (*O. mascula* L.), appelé quelquefois Salep ou Saty-
rion, est une plante vivace, à bulbes entiers, ovoïdes, blancs, charnus,
entourés de racines fibreuses, grêles, cylindriques, fasciculées. La
tige, haute de 0^m,40 à 0^m,50, cylindrique, glabre, simple, porte des
feuilles alternes, ovales-oblongues ou lancéolées, glabres, luisantes,
quelquefois marquées de taches brunes, et se termine par un épi
lâche, allongé, de fleurs purpurines, rarement blanches. Chaque
fleur est située à l'aisselle d'une bractée, membraneuse, colorée, à
une seule nervure, et présente un périanthe pétaloïde, à six divisions
alternant sur deux rangs; les trois extérieures libres, ovales-oblongues; deux des intérieures latérales, étalées, puis réfléchies; la troisième (*labelle*) pubescente, à trois lobes larges, dentés, le médian
échancré, prolongé en éperon ascendant ou horizontal, cylindrique,
épais, obtus; une étamine à anthère persistante, à deux lobes, remplis de grains de pollen agglomérés en masses; un ovaire infère,
formé de trois carpelles, à une seule loge multiovulée, à trois placentas pariétaux saillants, surmonté d'un stigmate glanduleux, sessile.
Le fruit est une capsule trigone, surmontée des restes du périanthe,

à une seule loge s'ouvrant en trois valves et renfermant un grand nombre de graines très-petites (Pl. 49).

L'orchis morion (*O. Morio* L.) est aussi vivace, et se distingue du précédent par ses bulbes entiers et arrondis; par sa tige moins élevée; ses fleurs d'un rose lilas ou violacé, à divisions conniventes ou en casque arrondi, obtus, veiné de vert, à labelle oblong, divisé en trois lobes larges, obtus, présentant des taches blanches ponctuées de lilas; enfin, son éperon oblong, conique, un peu comprimé (Pl. 49).

L'orchis à long éperon (*O. conopsea* L., *Gymnadenia* Rich.) est une plante vivace, à bulbes palmés; la tige, haute de 0ᵐ,40 à 0ᵐ,60, porte des feuilles lancéolées, linéaires, allongées. Les fleurs, rosées ou purpurines, odorantes, placées à l'aisselle de bractées lancéolées, à trois nervures, sont disposées en épi compacte, cylindrique, allongé, aigu, terminal. Elles présentent un périanthe à six divisions; les trois extérieures latérales, étalées, la supérieure connivente en casque avec les deux divisions intérieures; le labelle à trois lobes ovales, obtus, prolongé en éperon grêle, arqué, aigu, deux fois plus long que l'ovaire.

HABITAT. — Ces plantes sont assez abondamment répandues en Europe; on les trouve surtout dans les prés et les pâturages humides, sur la lisière et dans les clairières des bois. On ne les cultive que dans les jardins botaniques, où l'on se contente de transplanter des pieds sauvages, qui sont en général assez difficiles à conserver.

PARTIES USITÉES. — Les tubercules ou salep.

RÉCOLTE. — Geoffroy a démontré le premier que les tubercules des différents *Orchis* indigènes, privés de leur épiderme, lavés, plongés dans l'eau bouillante et séchés, donnaient un salep en tout semblable à celui des Orientaux et qu'ils peuvent le remplacer. Quoiqu'on ait obtenu ainsi un salep qui rivalise avec celui d'Orient, cette exploitation n'est pas faite en France. Les espèces d'orchidées susceptibles d'en fournir sont les *Orchis morio, muscula, militaris*, etc., les *Orchis fusca, bifolia, latifolia, pyramidalis, hircina* et *maculata*, et les *Ophrys apifera, arachnites*, et *anthpophora*.

Le salep du commerce nous vient de la Turquie, de la Natolie et de la Perse. Ce sont de petits bulbes ovoïdes, enfilés sous forme de chapelets; ils sont gris jaunâtre, translucides, d'un aspect corné; leur odeur, très-faible, rappelle un peu celle du mélilot; leur saveur est mucilagineuse et salée; ils ont l'aspect de la gomme.

Sous le nom de *salep royal* (*Badshah saleb*), il vient des Indes Orientales un gros salep, dont chaque bulbe est long de 0^m,03 à 0^m,05 et du poids de 15 à 47 grammes; il a l'aspect du salep ordinaire, mais il s'en distingue par son amertume, un peu d'âcreté et son absence d'amidon, de sorte que si cette espèce de salep devenait abondant, on ne pourrait pas le substituer au produit oriental. M. Lindley croit que le *salep royal* qui nous vient de Bombay, est produit par une tulipe croissant dans l'Afghanistan, peut-être la tulipe *Œil de soleil* (*Tulipa oculus solis*, Saint-Amans).

D'après MM. Mathieu de Dombasle et Beissenhirte, le moment le plus favorable à la récolte du salep est celui où la végétation extérieure de l'année cesse; le bulbe ancien est détruit, mais le nouveau est très-succulent. On ne récolte que ce dernier; on enlève les radicelles, on les lave, on les enfile en forme de chapelets et on fait bouillir à grande eau, jusqu'à ce que quelques bulbes soient transformés en pulpe mucilagineuse; on fait ensuite sécher au soleil ou à l'étuve; l'ébullition a pour but de rendre les bulbes diaphanes et de leur enlever leur odeur.

Composition chimique. — Le salep est formé de grandes cellules, entourées d'un méat épais, peu translucide, formé de granules d'amidon, que l'on ne retrouve pas dans les cellules; celles-ci renferment une matière insoluble, mais très-expansible dans l'eau, et que l'on a prise pour de la *Bassorine*. On y trouve en même temps une matière mucilagineuse soluble, que l'on croit être un état de cohésion de la partie insoluble; enfin on trouve dans le salep un peu de matière azotée, du sel marin et du phosphate de chaux.

Mis dans l'eau, le salep se gonfle plutôt qu'il ne se dissout; pour le réduire en poudre, il est indispensable de le laisser macérer pendant douze heures dans de l'eau; on l'essuie avec un linge rude et on le pile dans un mortier de fer. Le salep de Perse est plus insoluble que celui de nos climats.

L'amidon du salep, de même que celui du sagou, n'a pas la même structure que celui de la pomme de terre et des céréales; il est formé d'une masse pulpeuse insoluble dans l'eau bouillante, mais s'y gonflant considérablement.

Usages. — Le salep n'est employé qu'en poudre; c'est un analeptique et non un médicament. Délayé dans de l'eau, du bouillon ou du lait, il sert à préparer des bouillies ou des gelées destinées à sustenter légèrement les convalescents, à tromper leur faim, en leur donnant peu de matière alimentaire sous un grand volume. On le fait entrer dans des pâtes et du chocolat; on le regarde comme émollient et adoucissant; on le fait prendre dans les irritations de poitrine, la phthisie, la fièvre hectique, le marasme, les irritations intestinales, la diarrhée, la dysentérie chronique.

M. Dubois, de Tournay, a proposé la poudre de salep pour remplacer l'amidon dans la confection des bandages inamovibles, mais la dextrine remplit mieux le même but et coûte moins cher.

La famille des orchidées donne encore à la médecine les feuilles de *faham*, *fahon* ou *fahum*, produit par l'*Angræcum fragrans* Dup.-Thou. Cette dernière plante croît aux îles Maurice et Bourbon; elle est remarquable par son odeur, qui se rapproche de celle de la vanille et de la fève Tonka. On l'administre en infusion théiforme et on en fait un sirop agréable; elle est administrée comme digestive et dans la phthisie.

ORGE

Hordeum vulgare, hexastichon et distichon L.
(Graminées - Tricticées.)

L'Orge commune (*H. vulgare* L.) est une plante annuelle, à racines fibreuses, capillaires. Les tiges (chaumes), peu nombreuses ou presque solitaires, hautes d'environ un mètre, assez robustes, fistuleuses, noueuses, dressées, glabres et un peu glauques, portent des feuilles alternes, engaînantes, planes, lancéolées-linéaires, très-aiguës, glabres, un peu rudes au toucher. Les fleurs, verdâtres, sont groupées en épi serré terminal, dont l'axe présente des dents alternes, portant chacune trois épillets. Chaque épillet est accompagné d'une glume à deux valves linéaires, aiguës, glauques, terminées par une soie très-longue et très-fine. La fleur unique de l'épillet a une glumelle à deux valves, la supérieure marquée de deux carènes, l'inférieure convexe, à sommet terminé par une longue arête; trois étamines pendantes; un ovaire simple, velu au sommet, surmonté de deux stigmates plumeux. Le fruit est un caryopse oblong, un peu comprimé et jaunâtre.

L'orge carrée ou à six rangs (*H. hexastichon* L.), plus connue sous le nom d'*orge d'hiver*, est aussi annuelle et diffère à peine de la précédente; elle s'en distingue néanmoins par son épi plus court, plus épais, presque tronqué, nettement hexagonal, à six séries longitudinales et également proéminentes d'épillets, tandis qu'il y a seulement quatre séries proéminentes dans l'orge commune.

L'orge distique ou à deux rangs (*H. distichon* L.), appelée aussi vulgairement *Pamelle* ou *Poumelle*, est un peu plus distincte des deux autres. Elle a toujours six séries d'épillets, mais deux seulement sont proéminentes. Les épillets moyens ont une fleur hermaphrodite, distique, munie d'une arête robuste beaucoup plus longue que l'épi ; les latéraux ont une fleur stérile, rudimentaire, dépourvue d'arête.

Habitat. — Ces plantes, dont on ignore la vraie patrie, mais que les anciens ont cru originaires de la Sicile, sont aujourd'hui cultivées en grand, surtout dans les terrains maigres et les pays froids.

Parties usitées. — Les fruits.

Récolte. — Il n'est personne qui ne sache à quelle époque et comment se fait la récolte de l'orge en général.

Composition chimique. — La farine d'orge délayée dans l'eau et malaxée, à l'état de pâte, dans un linge serré, rien ne passe à cause de l'adhérence du gluten avec l'amidon. Cependant en opérant avec des précautions convenables, Einhof a pu opérer cette opération, et l'analyse a fourni les résultats suivants : amidon et glutine, 67.18 ; fibre végétale, glutine et amidon, 7.29 ; albumine, 1.15 ; glutine, 3.52 ; sucre, 5.21 ; gomme, 4.62 ; phosphate de chaux, 0.24 ; eau, 9.37 ; perte. 1.42. Total : 100.

La *diastase* s'obtient en précipitant une infusion d'orge germée par l'alcool ; c'est une matière solide, blanche, neutre, amorphe, soluble dans l'eau et dans l'alcool faible ; elle n'a pas été analysée ; nous en reparlons plus loin.

Usages. — D'après Pline, l'orge a été un des premiers aliments de l'homme civilisé ; le pain qu'on en prépare se dessèche rapide-, ment. La nature de l'amidon de l'orge ne permet pas, en effet, d'en fabriquer un pain de bonne qualité. Celui que l'on fait dans certaines contrées du Nord est très-indigeste. L'orge est généralement réservée pour la nourriture des animaux herbivores et pour la fabrication de la bière.

En médecine, on emploie l'*orge mondé* et l'*orge perlé* (les deux seuls cas où le mot orge s'emploie avec un adjectif masculin) ; ils s'obtiennent l'un et l'autre en faisant passer les grains de l'orge entre deux meules placées horizontalement à distance : dans l'orge ger-

mée, le grain perd seulement sa glume, sa glumelle, et conserve
son tégument propre; pour l'*orge perlé*, les meules sont plus rapprochées graduellement, de manière à réduire peu à peu le grain à
un petit globule blanc et farineux.

L'*orge mondé* ou *perlé* réduit en farine grossière et séché au four
constitue l'*orge grue*, *griot* ou *gruau*, qu'il ne faut pas confondre
avec le gruau d'avoine; la décoction de ces grains, concentrée jusqu'à
consistance de gelée, constitue la *crème d'orge*.

L'orge germée qui est employée pour la fabrication de la bière, est
aussi employée en médecine; on la trouve toute préparée chez les brasseurs, mais on peut la préparer soi-même; pour cela on plonge l'orge
dans l'eau, on sépare les grains avariés qui surnagent, on laisse en
contact jusqu'à ce que les grains soient ramollis; on presse et on
étend en couches minces sur le sol carrelé d'une pièce nommée *ger-
moir*, qui doit être située de manière à ce qu'elle éprouve peu de variations de température; la germination commence, la radicule sort
du grain et forme ce qu'on appelle les *pattes d'araignée*. On arrête
alors la germination en portant l'orge dans une étuve fortement
chauffée, et même en la torréfiant dans un appareil nommé *touraille*.
On ne dépasse pas 30° à 40° lorsqu'on veut faire la bière blanche et
80° pour la jaune ou ambrée; le malt est alors criblé pour séparer les
germes; il doit se dissoudre en entier dans de l'eau à 70°, à l'exception de la pellicule. Lorsque la germination est poussée trop loin,
jusqu'au point où la gemmule perce l'enveloppe externe du fruit, la
diastase est détruite, et l'orge ne peut plus servir à fabriquer de la
bière. Cette *diastase*, qui se forme pendant la germination, est une
substance azotée, jouant le rôle de ferment énergique, qui jouit de
la propriété de transformer l'amidon en dextrine et en sucre, de sorte
qu'au contact de l'eau chaude cette transformation s'opère et il ne
reste plus que l'enveloppe de l'orge, qui porte alors le nom de *drèche*,
et sert à nourrir les bestiaux. Le liquide sucré ainsi obtenu est mis
à fermenter au contact d'une décoction de houblon; le sucre se dédouble en alcool, acide carbonique, en d'autres produits secondaires,
et une portion de la dextrine non saccharifiée concourt à donner du
corps à la bière, c'est-à-dire à augmenter la densité de celle-ci.

L'orge est placée dans la classe des émollients; sa décoction, qui doit
être très-prolongée, est employée, au sortir de sa préparation, dans les
maladies aiguës et inflammatoires; on en use aussi, comme léger

analeptique, dans les affections chroniques fébriles avec irritation. Les propriétés diurétiques qu'on lui a attribuées l'ont fait employer contre l'anasarque ; c'est surtout l'orge hexastique ou à six rangs qu'on a conseillée dans ce cas.

La décoction de malt, la bière de malt concentrée, ont été employées dans les gastralgies, la dyspepsie ; la diastase qu'elles contiennent, agissant comme la diastase salivaire, facilite la digestion des matières amylacées. Magbride, Lind, Huscam, Percy et d'autres médecins ont conseillé ces boissons contre le scorbut. Perceval les disait efficaces contre les scrofules, mais on préfère dans ce cas la bière elle-même, qui est amère, nourrissante et tonique ; celle-ci apaise la soif, excite les sécrétions, et plus particulièrement celle des urines. Quant aux propriétés anthelmintiques que l'on a attribuées à la bière éventée, elles sont très-douteuses.

La levûre de bière, vantée comme antiseptique et administrée dans les fièvres putrides, les fièvres muqueuses vermineuses, a perdu sa réputation. Williams l'appliquait à l'extérieur, comme antiseptique, pour le pansement des plaies gangreneuses et sordides. Moss la faisait prendre délayée dans du lait pour les éruptions furonculeuses. MM. Bird, Herepath, Bouchardat, etc., etc., qui l'ont proposée contre la glycosurie, n'en ont pas obtenu les bons effets qu'ils en avait espérés. Ajoutons que, d'après M. E. Baudrimont, cette substance administrée à un enfant atteint de diabète sucré a déterminé au bout de trois jours des symptômes d'ivresse. Gibson et Magbribge avaient proposé la décoction de drèche contre le scorbut. Henning la recommande dans les maladies éruptives. Rush dit en avoir obtenu de bons effets dans les ulcères de mauvais caractère. Enfin les bains de drèche chauds ont été employés dans les rhumatismes, les engorgements articulaires chroniques, etc. La levûre de bière est aujourd'hui tout à fait inusitée.

ORIGAN

Origanum vulgare et dictamnus L.
(Labiées-Saturéiées.)

L'Origan commun (*O. vulgare* L.), est une plante vivace, à rhizome sous-ligneux, noirâtre, rampant, muni de racines fibreuses. La tige, haute de 0ᵐ,35 à 0ᵐ,65, à quatre angles mousses, pubescente, rougeâtre, dressée, rameuse à sa partie supérieure, porte des feuilles opposées, pétiolées, ovales, denticulées, d'un vert foncé, velues surtout en dessous. Les fleurs, petites, rosées, rarement blanches, insérées à l'aisselle de bractées ordinairement colorées en rouge pourpre, sont groupées en corymbes terminaux, dont l'ensemble constitue une grande panicule feuillée. Elles présentent un calice tubuleux campanulé, à dix ou douze nervures saillantes, à cinq dents presque égales et à gorge velue ; une corolle à tube assez long, à limbe divisé en deux lèvres, la supérieure droite, presque plane et échancrée, l'inférieure étalée à trois lobes presque égaux ; quatre étamines didynames, saillantes et divergentes, à anthères munies d'un connectif large et presque triangulaire ; un pistil composé de quatre carpelles uniovulés, surmonté d'un style simple, saillant, terminé par un stigmate bifide. Le fruit se compose de quatre akènes ovoïdes arrondis.

Le dictame de Crète (*O. dictamnus* L.. *Amaracus* Benth.), est un sous-arbrisseau, dont la tige, haute de 0ᵐ,35, laineuse, rameuse, diffuse dès la base, porte des feuilles opposées, pétiolées, arrondies, assez grandes, épaisses et molles ; des fleurs pourpres, à bractées colorées.

A ce genre appartiennent encore les marjolaines commune et d'Égypte, qui ont fait l'objet d'un article spécial.

Habitat. — L'origan commun est très-répandu en Europe ; il habite les bois, les prés secs, les buissons, les lieux incultes, les haies, etc. Le nom de l'origan ou dictame de Crète dit assez sa patrie. Ces deux plantes ne sont cultivées que dans les jardins botaniques.

Parties usitées. — Les feuilles, les sommités fleuries.

Récolte. — L'origan vulgaire (mot qui vient de ὄρος, montagne, γάνος, joie, joie de la montagne) se récolte en pleine floraison ; on le dispose en petits paquets et en guirlandes et on le fait sécher au grenier ; il conserve toutes ses propriétés par la dessiccation. On le remplace quelquefois par la marjolaine qui est moins odorante.

Le dictame de Crète du commerce (*Origanum dictamnus*), se distingue par la forme ovale arrondie de ses feuilles, qui d'ailleurs sont recouvertes d'un duvet cotonneux, épais et blanchâtre ; les supérieures sont sessiles, arrondies et rougeâtres, ainsi que les bractées, et les unes et les autres sont recouvertes de nombreux points glanduleux. Dans le commerce, le *dictame de Crète* est souvent comprimé en petits pains cubiques ou allongés.

Composition chimique. — L'origan doit ses propriétés excitantes à une huile essentielle qui, comme celle de la plupart des Labiées, laisse déposer ensuite une matière analogue au camphre; il renferme en outre une substance gommo-résineuse amère; l'essence qu'il fournit est analogue à celles de marjolaine, de thym et de serpolet; elle jouit des mêmes propriétés et s'emploie dans les mêmes cas, surtout en parfumerie.

Usages. — Les origans sont regardés comme stimulants, stomachiques, expectorants, sudorifiques et même emménagogues; ils ont été employés dans la débilité générale, l'aménorrhée, les engorgements viscéraux, etc.; mais c'est surtout en infusions ou en fumigations qu'on s'en est servi contre l'asthme humide, les catarrhes chroniques, les douleurs rhumatismales, le torticolis, etc.

D'après Murray (*Apparatus*, etc., t. II, p. 172), l'origan, quand on en suspend quelques poignées dans les tonneaux, empêche la bière de tourner. Il entre dans l'*eau vulnéraire*, l'*eau d'arquebusade*, le *sirop d'armoise composé* et de *stœchas*, la *poudre sternutatoire*, etc.

Dès l'antiquité la plus reculée, le dictame était regardé comme un précieux vulnéraire; les poëtes l'ont souvent chanté, et Virgile dit que son héros, Énée, fut guéri par les soins invisibles de Vénus, sa mère, à l'aide de cette plante. Le dictame tire son nom de *Dicté*, montagne et promontoire de l'île de Crète, d'où la nymphe Dicté s'était, selon la fable, jetée dans la mer pour échapper aux poursuites de Minos. On le cueille aussi sur le mont Ida et sur d'autres points. Il contient une huile essentielle dont les Anglais font un fréquent usage contre les douleurs. D'après Tournefort, on l'emploie contre les fièvres tierces, les pâles couleurs, etc. (Ferrein, *Mat. méd.* t. II, p. 70). Le dictame de Crète entre dans la composition de la *thériaque*, du *diascordium* et de la *confection d'hyacinthe*.

ORME

Ulmus campestris L.
(Ulmacées.)

L'Orme est un arbre à racines fortes, nombreuses, pivotantes et traçantes, produisant de nombreux drageons. La tige, haute de

30 mètres, droite, régulière, couverte d'une écorce épaisse, rugueuse ou subéreuse, se divise en branches et en rameaux distiques,
dont l'ensemble forme une cime arrondie, très-épaisse. Les feuilles
sont alternes, distiques, pétiolées, inéquilatérales, obliques à la base,
dentées, rudes, épaisses, vert foncé en dessus. Les fleurs, qui paraissent avant les feuilles, sont rougeâtres et groupées en fascicules latéraux sessiles. Elles présentent un calice membraneux, campanulé, à
cinq lobes ; cinq étamines ; un ovaire libre, à deux loges uniovulées, surmonté de deux styles larges, divergents, dont la face interne
est occupée par le stigmate. Le fruit est une samare arrondie, membraneuse, monosperme par avortement.

Habitat. — L'orme est abondamment répandu en Europe, surtout dans les régions tempérées. On le trouve dans les forêts, mélangé avec d'autres essences. Il est cultivé le plus souvent comme
arbre d'avenue.

Parties usitées. — La seconde écorce ou liber, autrefois les feuilles
et le bois.

Récolte. — La seconde écorce ou liber de l'orme est détachée
avant la floraison ; on commence par enlever l'épiderme, puis on
divise le liber en lanières longues et étroites, que l'on roule en
petits paquets allongés et que l'on fait sécher. C'est ainsi qu'on trouve
cette écorce dans le commerce ; elle a un aspect rougeâtre ; on la
reconnaît à l'absence d'épiderme, à sa grande flexibilité et à sa saveur mucilagineuse et astringente ; elle est mince et inodore.

On trouve souvent sur les feuilles de l'orme des vésicules ou *galles*
de la grosseur du poing, qui contiennent une eau claire, appelée *eau
d'orme* dans certains ouvrages anciens ; elle est douce et visqueuse.
Ces galles sont produites par un insecte, le *Tentredo ulmi* L.; vers
l'automne, ces productions se dessèchent, les insectes meurent, on
y trouve alors un résidu noirâtre appelé *baume d'orme*.

Les fruits ou samares, qui jonchent la terre vers la fin d'avril,
étaient connus sous le nom de *pain de hanneton*.

Composition chimique. — L'écorce d'orme est riche en amidon
et en mucilage ; la décoction rougeâtre, visqueuse, colore en noir les
sels de fer. D'après Vauquelin, la sève de l'orme contient du carbonate de chaux, de l'acétate de potasse (*Ann. de Chim.*, t. XXVII,
p. 32). Ses cendres renferment une forte proportion de sels alcalins.

L'*ulmine*, découvert par Klaproth dans les excrétions des racines des ormes, est un acide que l'on trouve dans le terreau et dans toutes les matières organiques en décomposition ; elle joue un très-grand rôle en agriculture ; on l'a encore nommée *acide ulmique*, *géine*, *acide géique*.

USAGES. — L'eau d'orme dont nous avons parlé était autrefois employée dans les maux d'yeux, contre les coups, les contusions, après avoir été filtrée pour en séparer les pucerons. D'après Gmelin (*Découv. des Russes*, t. II, p. 357), le *baume d'orme* était conseillé contre les maladies de poitrine. Dioscoride (lib., I, c. 95), dit que de son temps on mangeait les jeunes pousses et les feuilles d'orme. Pallas (*Voyages*, t. V, p. 318), dit qu'elles sont purgatives. Aujourd'hui on n'emploie plus que l'écorce d'orme. Les anciens et surtout Dioscoride, vantaient cette écorce contre un grand nombre d'affections cutanées. On n'en faisait plus usage, lorsqu'un médecin anglais, Lyson, la recommanda de nouveau contre les maladies de la peau, et prétendit avoir guéri, par ce moyen, des affections qui simulaient la lèpre. Lettsom, Banan, Gilibert, confirmèrent ses observations et ajoutèrent qu'on pourrait l'employer avec succès contre les vieux rhumatismes. Swédiaur la recommanda de nouveau contre les maladies cutanées, Struve contre l'ascite. M. Duvergier l'a employée avec succès, dans l'eczéma chronique, comme un excellent modificateur de la constitution. Cependant Sauvages la regarde comme trop débilitante, à cause des doses énormes auxquelles il faut l'employer, et Dubois de Rochefort dit qu'elle a plutôt réussi à ceux qui l'ont vendue qu'à ceux qui en ont usé ; nous partageons volontiers cet avis, appuyé de l'autorité d'Alibert.

L'écorce d'*orme pyramidal*, est administrée sous forme de tisane, de sirop ou d'extrait ; on l'a vantée il y a peu d'années contre les maladies syphilitiques, dans lesquelles pourtant elle ne produit aucun effet satisfaisant.

Les charpentiers, les constructeurs de navires, les charrons surtout font grand usage du bois d'orme ; celui que l'on nomme *tortillard* sert à une foule d'usages ; il est dur et rougeâtre ; les fortes excroissances noueuses naissant sur les troncs, sont recherchées par les ébénistes, qui en font des meubles d'une grande beauté. Le bois d'orme se conserve longtemps dans l'eau, ce qui le rend très-propre à la construction des quilles de navires, des tuyaux de conduite, des pilotis. Comme bois de chauffage, on a estimé sa valeur, comparativement à celle du bois de hêtre :: 1259 : 1540, et réduit en charbon :: 1407 : 1600. Les feuilles d'orme sont utilisées dans quelques contrées pour la nourriture du bétail ; assez souvent on les fait bouillir dans l'eau pour la nourriture des bestiaux.

ORPIN

Sedum Telephium, Cepæa, acre, etc. L.
(Crassulacées.)

L'Orpin reprise (*S. telephium* L.), appelé aussi Herbe à la coupure, Herbe aux charpentiers, Grassette, Joubarbe des vignes, Fève épaisse, etc., est une plante vivace, à racines épaisses, tubéreuses. La tige, haute de 0ᵐ,30 à 0ᵐ,60, charnue, rougeâtre, rameuse au sommet, porte des feuilles alternes, sessiles, ovales, aiguës, dentées, charnues, épaisses, glabres, vert glauque ou rougeâtre. Les fleurs, blanches ou purpurines, sont groupées en corymbe terminal, à rameaux épars. Elles présentent un calice à cinq sépales ovales, épais ; une corolle à cinq pétales étalés, recourbés ; dix étamines, accompagnées d'écailles hypogynes ; un ovaire composé de cinq carpelles pluriovulés, surmontés chacun d'un style, qui porte un stigmate à la face interne. Le fruit se compose de cinq follicules libres, s'ouvrant à l'intérieur et renfermant chacun plusieurs graines très-petites.

L'Orpin à larges feuilles (*S. latifolium* Bertol., *S. maximum* Sut.) est une espèce très-voisine, peut-être même une simple variété du précédent, dont il diffère par sa tige plus haute ; ses feuilles très-grandes, ordinairement opposées ; ses fleurs d'un blanc jaunâtre, à pétales non recourbés en dehors.

L'Orpin Rose (*S. Rhodiola* D.C., *Rhodiola rosea* L.) est aussi vivace ; ses racines sont tubéreuses et odorantes ; ses feuilles, alternes, rapprochées, dressées, ovales-oblongues, dentées au sommet. Ses fleurs, purpurines ou un peu jaunâtres, ordinairement dioïques, présentent un calice à quatre sépales ; une corolle à quatre pétales ; huit étamines ; un ovaire et un fruit à quatre carpelles.

L'Orpin Cépée ou Faux oignon (*S. cepæa* L.) est une plante annuelle, dont la tige, pubescente, glanduleuse, porte des feuilles opposées ou verticillées, obovales-cunéiformes, et des fleurs d'un blanc rosé, en petites grappes étalées, dont l'ensemble forme une panicule terminale.

L'Orpin âcre (*S. acre* L.), appelé aussi Vermiculaire brûlante, est une plante vivace, à souche rameuse, gazonnante. Ses tiges, nombreuses, diffuses, nues, couchées et radicantes à la base, puis ascendantes, portent, dans leur partie supérieure, des feuilles alternes, obtuses, ovoïdes, comprimées au sommet, arrondies et prolongées à la base, imbriquées sur les rejets stériles. Les fleurs, d'un beau jaune d'or, presque sessiles, sont groupées en épis scorpioïdes, dont l'ensemble constitue un corymbe terminal. Elles présentent un calice à cinq dents obtuses, prolongées à la base ; une corolle à cinq pétales longs, aigus, étalés ; dix étamines. Le fruit est composé de cinq follicules divergents.

L'Orpin blanc (*S. album* L.), vulgairement Trique-madame, a aussi une souche vivace et rameuse. Ses tiges, hautes de $0^m,25$ à $0^m,50$, portent des feuilles alternes, oblongues, charnues, glabres, étalées, et des fleurs blanches ou rosées, groupées en corymbe terminal.

L'Orpin réfléchi (*S. reflexum* L.) est un sous-arbrisseau, dont la souche rameuse émet de nombreuses tiges, la plupart stériles. Les tiges fertiles, hautes de $0^m,20$ à $0^m,40$, couchées et radicantes à la base, puis ascendantes, portent des feuilles alternes, cylindriques, très-charnues, lisses, aiguës, prolongées en éperon à la base. Les fleurs, jaunes, presque sessiles, sont groupées en épis scorpioïdes, dont l'ensemble forme un corymbe terminal.

HABITAT. — Ces plantes sont abondamment répandues dans les diverses régions de l'Europe ; elles croissent dans les lieux montueux, stériles, pierreux, sur les rochers et les vieux murs.

CULTURE. — Les orpins ne sont guère cultivés que dans les jardins botaniques ou d'agrément. On propage très-facilement les espèces annuelles de graines semées sur couche ou en place au printemps, et les espèces vivaces, d'éclats de pieds, faits au printemps ou à l'automne.

PARTIES USITÉES. — Les feuilles, la plante entière.

RÉCOLTE. — Les divers orpins frais peuvent être récoltés pendant toute la belle saison. Leur dessiccation est difficile, car ils sont très-charnus. Lorsqu'on les suspend la tête en bas, les fleurs restent fraîches. On les a quelquefois conservées en macération dans l'huile.

COMPOSITION CHIMIQUE. — L'orpin reprise (*Sedum telephium*), est inodore; ses feuilles sont insipides et un peu visqueuses; les fleurs et les racines sont âcres et acerbes; le suc contient du malate de chaux.

Usages. — Les noms de *Reprise*, d'*Orpin reprise*, que l'on donnait autrefois à cette plante indiquaient les propriétés vulnéraires qu'on lui attribuait. Les gens du peuple l'appliquent, en effet, sur les coupures. Par sa nature âcre, elle doit plutôt retarder la cicatrisation que la hâter. L'orpin est, d'ailleurs, employé aux mêmes usages que la joubarbe des toits.

Le nom latin de *Sedum* donné à ces plantes viendrait, d'après Mérat et Delens, de *sedere*, s'asseoir, parce qu'elles s'étalent sur les pierres, et non de *sedare*, apaiser, comme on l'a prétendu.

L'orpin âcre ou vermiculaire brûlante donne un suc âcre et brûlant, vomitif autrefois employé, d'après Linné, en Suède, contre les fièvres intermittentes, dans de la bière ou dans du vin. On l'emploie généralement contre le scorbut. Gesner et Borrichius prétendent avoir guéri des milliers de scorbutiques par ce moyen, et Bulow, médecin suédois, l'administrait en décoction, dans de la bière, contre cette maladie. C'est spécialement contre l'épilepsie que cette plante a été très-vantée, surtout en Allemagne; mais de nombreux essais ont démontré son impuissance contre cette terrible maladie, et il en a été de même dans le cancer, contre lequel le docteur Marquet l'avait préconisée. Le suc de l'orpin âcre a été vanté comme susceptible de détruire les cors aux pieds, mais on ne croit plus à ses effets.

L'orpin blanc entrait autrefois dans *l'onguent populeum*. Il n'est plus employé. On peut le manger en salade.

L'orpin reprise (*S. telephium*) a été regardé comme rafraîchissant, vulnéraire et résolutif. Son suc a été autrefois préconisé contre les hémorroïdes. Aujourd'hui il est abandonné.

ORTIE

Urtica urens, dioica et pilulifera L.
(Urticées.)

L'Ortie brûlante (*U. urens* L.), appelée aussi Ortie grièche ou Petite Ortie, est une plante annuelle, à racine pivotante, fibreuse, blanchâtre. La tige, haute de 0^m,25 à 0^m,50, anguleuse, cannelée, hérissée de poils urticants, verte ou rougeâtre, rameuse dès la base, dressée, ascendante ou étalée, porte des feuilles opposées, pétiolées ovales, larges, aiguës, profondément dentées, d'un vert foncé surtout en dessus, un peu luisantes, parsemées de quelques poils urticants. Les fleurs, monoïques, verdâtres, sont réunies en grappes courtes, presque sessiles, axillaires, opposées et comme verticillées. Les mâles ont un calice à quatre sépales presque égaux, soudés à la base, étalés après la floraison ; quatre étamines à filets grêles, élastiques et irritables. Les femelles ont un calice à quatre sépales, opposés sur deux rangs, les extérieures très-petites ou avortées ; un ovaire simple, libre, uniovulé, surmonté d'un stigmate sessile, en pinceau. Le fruit est un akène oblong, comprimé, lisse, luisant.

L'Ortie dioïque ou grande Ortie (*U. dioïca* L.) est vivace, et diffère de la précédente par sa taille plus élevée ; ses feuilles cordées à la base et ses fleurs dioïques, en grappes grêles.

L'Ortie pilulifère ou Ortie romaine (*U. pilulifera* L.) est une plante bisannuelle ou vivace, à tiges ordinairement rameuses, portant des feuilles très-profondément dentées, et des fleurs monoïques, les mâles en grappes grêles, les femelles en têtes globuleuses.

Parmi les espèces exotiques, nous citerons l'Ortie crénulée (*U. crenulata* Roxb.), l'Ortie blanche (*U. nivea* L.), le Rami (*U. utilis* Blum.).

Habitat. — Les trois orties que nous avons décrites sont abondamment répandues en Europe ; elles croissent dans les lieux cultivés ou incultes, les décombres, au pied des murs, etc. On ne les cultive que dans les jardins botaniques.

Parties usitées. — Toute la plante, les fruits.

Récolte. — L'ortie brûlante peut être récoltée fraîche pendant tout l'été, lorsqu'on veut l'employer pour pratiquer l'urtication. Lorsqu'elle est sèche, les poils urticants ne piquent plus. Les fruits renferment des semences légèrement oléagineuses, que l'on récolte à la maturité et que l'on fait sécher au soleil.

Composition chimique. — L'ortie brûlante (*Urtica urens*) est presque inodore ; sa saveur est herbacée, aigrelette et astringente. M. Saladin, qui l'a analysée (*Journ. de chim. méd.*, t. VI, p. 492), y a trouvé du carbonate acide d'ammoniaque, surtout dans les vésicules de la base des aiguillons ; une matière azotée, de la cire, une matière muqueuse, une matière colorante noirâtre, du tannin, de l'acide gallique, de l'azotate de potasse et de la chlorophylle. Le même auteur a trouvé dans la grande ortie (*U. dioïca* L.) du nitrate de chaux, du chlorure de sodium, du phosphate de potasse, de l'acétate de chaux, de la silice, du ligneux et de l'oxyde de fer.

Usages. — Les jeunes pousses d'ortie sont mangées dans plusieurs pays. On les fait bouillir dans l'eau et on les accommode en guise d'épinards. On les fait aussi manger aux bestiaux, surtout aux jeunes dindons, mêlées avec de la farine. Les graines d'ortie excitent l'appétit des volailles. Les maquignons en mêlent quelquefois une certaine quantité à l'avoine, pour donner aux chevaux un air vif et un poil brillant.

Les diverses espèces du genre *Urtica* fournissent des fibres très-estimées. Les Kamschadales et les Baskirs les emploient à la fabrication des cordes, des toiles et des filets pour la pêche. Les Hollandais en ont préparé de beaux tissus. Mais c'est surtout avec l'ortie de la Chine ou ortie blanche (*Urtica nivea*), d'une culture nouvelle en France, qu'on fabrique des tissus qui peuvent être comparés, pour leur finesse et leur blancheur, à la plus belle batiste. M. Decaisne et d'autres botanistes ont aussi fort justement vanté, comme plante textile, l'*Urtica utilis* Bl., qui porte à Java le nom de *Rami*; mais sa culture paraît devoir être plus difficile en Europe que celle de l'ortie blanche qui semble propre aux climats tempérés.

Les Égyptiens extrayaient de l'huile des graines de l'ortie brûlante. D'après Murray, Argstrom attribue à l'ortie plantée autour des ruches la propriété de chasser les grenouilles, dont le voisinage est, dit-on, un obstacle à la sortie des abeilles. Les écrevisses se conservent très-bien dans les orties fraîches.

On a attribué aux diverses orties des propriétés astringentes, et on les a recommandées contre l'hémoptysie, la méthorragie et l'hématemèse. Elles ont été vantées dans ces cas par Zacutus Luzitanus, Scopoli, Lazerne, Geoffroy, Desbois de Rochefort, Peyroux, Lange, Rivière, Joseph Franck et Sydenham employaient l'ortie contre l'avortement; Cocchius la disait propre à faire disparaître les tubercules pulmonaires; d'après Lieutaud, les feuilles ou les racines, introduites dans le nez, arrêtaient les hémorragies nasales; M. Ginestet a conseillé le suc de cette plante contre les ménorrhagies, et M. Fiard l'a employé contre le diabète.

Gesner conseillait la racine d'ortie contre la jaunisse. L'infusion et le suc ont été usités contre le rhumatisme, la goutte, la gravelle, la rougeole, les catarrhes chroniques, l'asthme humide, la pleurésie, etc.

D'après Matthiole, les anciens considéraient la semence d'ortie comme dangereuse. Sérapion prétend que 20 à 30 graines suffisent pour purger. L'ortie est regardée comme emménagogue, purgative, diurétique, vermifuge et même fébrifuge. Bulliard dit qu'il faut l'employer avec précaution. Quoique Linné, Vogel, Richter aient employé les semences d'ortie contre les flux diarrhéiques, Faber contre la dysentérie, Hufeland contre la leucorrhée, elles sont aujourd'hui, ainsi que la plante elle-même, à peu près inusitées, bien qu'on en ait, récemment encore, proposé l'emploi, ainsi que de ses fleurs ou de ses graines, contre les maladies de la peau, les fièvres intermittentes, les rhumatismes et même les paralysies, etc. Nous croyons que c'est avec juste raison que Cullen, Alibert et Peyrilhe les ont bannies de la matière médicale. C'est tout au plus si on s'en sert quelquefois encore pour pratiquer l'urtication, c'est-à-dire pour provoquer un érythème localisé contre les douleurs, etc. Les feuilles, hachées, étaient employées autrefois pour panser les ulcères sanieux et gangreneux.

OSEILLE

Rumex acetosa L.
(Polygonées.)

L'Oseille est une plante vivace, à rhizome rampant, brun noirâtre, muni de racines fibreuses jaunâtres. La tige, haute de $0^m,60$ à 1 mètre, cylindrique, cannelée, glabre, dressée, rameuse au sommet, porte des feuilles alternes, un peu glauques en dessous : les inférieures pétiolées, oblongues ou ovales, sagittées, longues de $0^m,10$ et plus ; les supérieures plus étroites, sessiles, amplexicaules. Les fleurs, dioïques, petites, verdâtres, sont disposées en faux verticilles, et présentent un calice à six sépales alternant sur deux rangs. Les mâles ont six étamines, opposées par paires aux sépales extérieurs ; les femelles, un ovaire simple, trigone, uniovulé, surmonté de trois styles filiformes, terminés chacun par un stigmate multifide, en pinceau. Le fruit est un akène trigone, brun, luisant, renfermé dans le calice persistant et accru.

HABITAT. — Cette plante est commune en Europe ; elle croît dans les bois et les prés. On la cultive dans les jardins potagers.

PARTIES USITÉES. — Les racines, les feuilles, autrefois les fruits improprement appelés semence.

Récolte. — La culture donne des feuilles vertes pendant toute l'année; mais elles ne possèdent l'acidité qu'on y recherche pour l'usage médical que lorsqu'elles sont bien développées et parfaitement vertes, c'est-à-dire vers la fin de l'été. La racine que l'on arrache à l'automne, qu'on lave et que l'on fait sécher, est rougeâtre, longue, très-fibreuse, inodore, d'une saveur amère et astringente. Sous le nom d'oseille, on peut employer encore les feuilles des *Rumex acetosella* et *scutatus,* qui jouissent des mêmes propriétés. Lorsqu'on veut employer les racines fraîches, il vaut mieux les récolter au printemps.

Composition chimique. — L'acidité des feuilles d'oseille est due à la présence du bioxalate de potasse $= \mathrm{^2C^2O^3, KO\,HO} = \mathrm{C^4HO^7, KO}$, ou sel d'oseille, qui est quelquefois un quadroxalate. En Suisse et en Souabe, on en extrait ce sel; mais c'est surtout de l'*Oxalis acetosella* ou *alleluia* (Oxalidées) qu'on le retire. L'oseille contient, en outre, du mucilage, de la fécule, etc., et, ce qui est douteux, de l'acide tartrique.

Usages. — L'oseille domestique, nommée encore *oseille des prés, surelle, aigrette, vinette, patience acide,* entre dans la composition du *bouillon aux herbes,* qui n'est qu'un apozème usité comme rafraîchissant, employé pour faciliter l'action des purgatifs, rafraîchissant qui renferme, en outre, du cerfeuil, du beurre et du sel de cuisine. L'oseille entre aussi dans la composition des sucs d'herbes dont elle facilite la clarification, et auxquels elle donne une saveur acide agréable.

Les propriétés légèrement laxatives, diurétiques et antiscorbutiques de l'oseille l'ont fait fréquemment employer dans les affections bilieuses, inflammatoires, dans les embarras gastriques, le scorbut, les fièvres putrides, etc. Quoique Desbois, de Rochefort, assure que le suc d'oseille guérit les fièvres intermittentes comme par enchantement, il n'est guère, et avec raison, employé dans ce but. Il semble plus efficace dans les fièvres intermittentes printanières qui d'ailleurs guérissent le plus souvent toutes seules. On recommande, dans tous les cas, de préférer l'oseille sauvage.

On comprend que l'oseille mâchée agisse bien dans le scorbut; aussi l'a-t-on employée avec succès dans cette maladie, ainsi que dans le *purpura hemorrhagica.* Récamier la vantait contre l'acrodynie; mais on peut assurer que ce ne sont que les manifestations de ces maladies, que quelques-uns de leurs symptômes principaux que l'on fait ainsi disparaître, et non pas les maladies elles-mêmes.

L'oseille est un aliment agréable, mais son usage prolongé peut déterminer des calculs muraux d'oxalate de chaux, surtout chez les individus qui sont sous l'influence d'une diathère calculeuse. Ce fait a été signalé par Magendie.

Boyer, Burnet, Pinel, Richerand, etc., ont employé avec succès les cataplasmes d'oseille cuite mêlée à l'axonge et à la farine de lin, comme maturatifs et résolutifs, dans l'hygroma, sur les tumeurs scrofuleuses, les ulcères putrides gangréneux et sordides. Le docteur Missa (de Soissons) a proposé de faire mâcher les feuilles pour combattre les accidents produits par les substances végétales âcres, comme l'arum, la bryone, les euphorbes, etc., etc.

Le sel d'oseille entre dans la composition des *tablettes contre la soif*; il est employé dans la teinture et pour enlever les taches d'encre sur les linges blancs.

OSMONDE

Osmunda regalis L.
(Fougères-Osmondées.)

L'Osmonde royale, appelée aussi Fougère royale ou Fougère fleurie, est une plante vivace, à souche épaisse, rampante, émettant en dessous des racines fibreuses, allongées, d'un brun foncé, et en dessus des frondes (*feuilles*), disposées en touffe, les unes fertiles, les autres stériles, enroulées en crosse pendant la préfloraison. Ces frondes, toutes radicales, longues de 0^m,60 à 1^m,20, ont un pétiole robuste, dilaté à la base, à bords presque membraneux, un peu arqué et terminé en un bec très-étroit au niveau de l'insertion; un limbe très-ample, deux fois pennatiséqué, à segments stériles peu nombreux, espacés, oblongs, divisés en lobes assez amples, oblongs-lancéolés, glabres, à nervures transparentes. Les segments fructifères sont rapprochés en une panicule terminale, à lobes contractés linéaires, couverts de groupes de sporanges arrondis, pédicellés et d'un brun fauve à la maturité (Pl. 50).

HABITAT. — L'osmonde croît dans les bois humides, les marais, les tourbières, au bord des eaux, etc. On ne la cultive que dans les jardins botaniques, où on la propage simplement par la transplantation de jeunes pieds sauvages.

PARTIES USITÉES. — Les rhizomes, nommés vulgairement *racines*, et les expansions foliacées, nommées vulgairement *feuilles*.

RÉCOLTE. — Les frondes ou feuilles, qui sont d'ailleurs peu employées, doivent être récoltées lorsqu'elles ont acquis tout leur développement; les rhizomes sont arrachés à l'automne; on les divise pour les faire sécher plus facilement.

COMPOSITION CHIMIQUE. — L'analyse de l'osmonde n'a pas été faite, mais, comme toutes les autres fougères, elle renferme du tannin et probablement une huile odorante analogue à celle que l'on trouve dans la fougère mâle.

USAGES. — Cette plante, considérée autrefois comme vulnéraire, astringente et diurétique, était employée dans une foule de maladies, pour les contusions, les blessures, les hernies, la gravelle, etc. Hermann et Allioni l'ont vantée contre le rachitisme, et M. Aubert, de Genève, a plus spécialement indiqué l'espèce de rachitisme dans lequel elle agissait surtout. D'après cet auteur, elle paraît exercer une action spéciale sur les *viscères du bas-ventre*; elle purge un peu, et il pense que c'est spécialement contre le carreau et les affections glanduleuses qu'elle convient plus particulièrement. M. Cazin dit s'en être bien trouvé dans les engorgements mésentériques. Dans le mal vertébral et dans les affections scrofuleuses des os, contre lesquels on l'a proposée, elle n'a produit aucun bon résultat. Nous sommes porté à prêter peu de foi aux nombreux faits cités par le D Heidenreich (*Journ. de chim. méd.*, t. VIII, p. 395, 2° série, 1842), qui préconise l'ortie pour la cure radicale des hernies simples.

Les feuilles ou expansions foliacées de l'osmonde royale sont souvent employées par les paysans, comme celles de la fougère ordinaire, pour faire des lits aux enfants scrofuleux et rachitiques, mais rien ne démontre l'utilité de cette pratique.

L'*Osmunda* (*anemia*) *tomentosa* Sav., qui croît à Buénos-Ayres, a une odeur très-prononcée de myrrhe. L'*Osmunda* (*botrychicum*) *cicutaria* Sav., de Saint-Domingue, est appelée par les naturels *herbe aux serpents*, parce que l'on est dans l'habitude de l'appliquer sur la piqûre faite par ces reptiles. L'*Osmunda lancea* Thunb., aussi de Saint-Domingue, est regardée aux Antilles comme hépatique (*Flore méd. des Antilles*, t. II, p. 320); elle renferme une fécule nourrissante. L'*Osmunda marginalis* Sav. (*Mohria crenata* Desv.) et sa variété, l'*Osmunda thurifraga* Sw. (*Adianthum cafrorum* L.) sentent l'encens. Enfin les alchimistes recherchaient beaucoup autrefois, dans leurs pratiques superstitieuses, les feuilles de l'*Osmunda* (*bothrychium*) *lunaria* L., à cause de leur ressemblance avec le croissant de la lune.

FIN DU DEUXIÈME VOLUME DE LA FLORE.

TABLE DES MATIÈRES

DU DEUXIÈME VOLUME DE LA FLORE MÉDICALE ET USUELLE DU XIXe SIÈCLE

O

FIN DE LA TABLE DU DEUXIÈME VOLUME

DE LA FLORE MÉDICALE.

Paris. — Imprimerie de P.-A. BOURDIER et Cie, rue des Poitevins, 6.